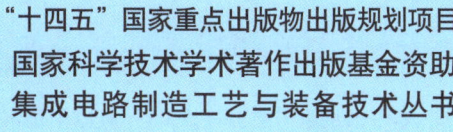

"十四五"国家重点出版物出版规划项目

国家科学技术学术著作出版基金资助

集成电路制造工艺与装备技术丛书

总主编 尤 政

原子层沉积技术
——从制造原理到装备应用

陈蓉 单斌 曹坤 刘潇 著

Atomic Layer Deposition Technology:
From Manufacturing Principles to Equipments and Applications

华中科技大学出版社

http://press.hust.edu.cn

中国·武汉

内 容 简 介

本书围绕原子层沉积技术,针对原子层沉积工艺、纳米结构可控制造方法、智能制造装备研发和应用等方面进行阐述。全书共分为9章。其中,第1章阐述了原子层沉积技术的基本原理与工艺;第2和3章分别介绍了原子层沉积过程、微纳米颗粒原子层沉积技术与装备;第4章对选择性原子层沉积工艺进行了详细介绍;第5~9章讨论了原子层沉积技术在光致发光、电致发光、柔性封装、催化与能源材料等领域的应用,是前述章节理论方法的验证与拓展。

本书可作为半导体、泛半导体、能源催化等领域从事材料、工艺和装备方面工作的研究人员和工程技术人员的参考用书,也可作为高等院校先进电子制造、能源环境相关专业的教材和教学辅导书。

图书在版编目(CIP)数据

原子层沉积技术:从制造原理到装备应用/陈蓉等著. -- 武汉:华中科技大学出版社,2025.5. -- (集成电路制造工艺与装备技术丛书). -- ISBN 978-7-5772-1800-7

Ⅰ. TB3

中国国家版本馆 CIP 数据核字第 202514CQ26 号

原子层沉积技术——从制造原理到装备应用
Yuanziceng Chenji Jishu——Cong Zhizao Yuanli dao Zhuangbei Yingyong

陈 蓉 单 斌
曹 坤 刘 潇　著

策划编辑:俞道凯　张少奇
责任编辑:李梦阳
封面设计:原色设计
责任校对:李　琴
责任监印:朱　玢
出版发行:华中科技大学出版社(中国·武汉)　　　电话:(027)81321913
　　　　　武汉市东湖新技术开发区华工科技园　　　邮编:430223
录　　排:武汉市洪山区佳年华文印部
印　　刷:武汉市洪林印务有限公司
开　　本:710mm×1000mm　1/16
印　　张:33.25
字　　数:572千字
版　　次:2025年5月第1版第1次印刷
定　　价:168.00元

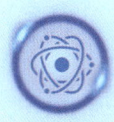

集成电路制造工艺与装备技术丛书
编审委员会

主　　任　尤　政

执行主任　缪向水

- -

委　　员（按姓氏笔画排序）

于洪宇（南方科技大学）　　　　　　　万　青（南京大学）

韦亚一（中国科学院微电子研究所）　　尹周平（华中科技大学）

龙世兵（中国科学技术大学）　　　　　卢革宇（吉林大学）

田艳红（哈尔滨工业大学）　　　　　　史铁林（华中科技大学）

朱文辉（中南大学）　　　　　　　　　伍广朋（浙江大学）

仟天令（清华大学）　　　　　　　　　刘泽文（清华大学）

孙志梅（北京航空航天大学）　　　　　李　泠（中国科学院微电子研究所）

杨玉超（北京大学）　　　　　　　　　杨树明（西安交通大学）

吴燕庆（北京大学）　　　　　　　　　张万里（电子科技大学）

张建华（上海大学）　　　　　　　　　苑伟政（西北工业大学）

林　楠（北京航空航天大学）　　　　　周　鹏（复旦大学）

施　毅（南京大学）　　　　　　　　　郭宇铮（武汉大学）

韩根全（西安电子科技大学）　　　　　廖　蕾（湖南大学）

学术秘书

徐　明（华中科技大学）　　　　　　　马　波（华中科技大学）

作者简介

　　陈　蓉　华中科技大学机械科学与工程学院教授、国家重大人才工程特聘教授、国家级科技创新领军人才、海外高层次青年人才。曾就职于美国应用材料公司、英特尔研究院，回国后带领团队从事原子级制造研究，构建了以原子层沉积为核心的理论-工艺-装备-应用体系，并在芯片、显示、新能源等领域进行示范应用。主持国家重点研发计划颠覆性技术创新重点专项、国家自然科学基金重点项目、973计划青年科学家专题项目等，在*Nature Communications*、*Engineering*、*International Journal of Educational Methodology*（IJEM）等国际权威期刊发表论文200余篇，获得专利授权100余项（含10余项国际专利）。作为国际标准化组织第107技术委员会（ISO/TC 107）原子层沉积工作组召集人，主持起草并发布了首个原子层沉积国际标准。担任首届亚太原子层沉积大会主席、国际原子层沉积/刻蚀大会组委会委员、国际电化学学会原子层沉积分会组委会委员等。荣获科学探索奖、中国青年科技奖、中国科协求是杰出青年成果转化奖，牵头获得湖北省技术发明奖一等奖两项，成果入选"科创中国"先导技术榜两项。在国际上，获得IEEE SMC杰出学术贡献奖、日内瓦国际发明展特别金奖等。

作者简介

单 斌 华中科技大学材料科学与工程学院教授、博士生导师，兼任中国科学院宁波材料技术与工程研究所客座研究员，入选教育部新世纪优秀人才支持计划。主要研究方向是计算材料学、先进催化与原子层沉积的跨尺度模拟，以及人工智能在材料中的应用。主持和参与了国家自然科学基金重点项目、面上项目，国家重大科学研究计划项目，以及湖北省自然科学基金杰出青年项目等多项国家级及省部级项目。在*Science*、*Chem*、*Nature Communications*、*Physical Review Letters*等国际权威期刊上发表论文200余篇，他引达8000余次，获得发明专利授权60余项；获得日内瓦国际发明展特别金奖、湖北省技术发明奖一等奖两项、稀土科学技术奖二等奖、湖北专利奖银奖等奖项。

曹 坤 华中科技大学机械科学与工程学院教授、博士生导师，国家级青年人才。主要研究方向为原子层沉积/刻蚀、区域选择性原子层沉积、原子级制造装备研发等，面向集成电路先进制程研发、先进存储器制造工艺、光电子器件与传感器等应用领域。以第一作者或通讯作者在*Nature Communications*、*Small*、*Science Bulletin*等国内外期刊发表SCI论文40余篇。获得湖北省科协优秀科技论文、IJEM期刊年度最佳论文、*Journal of Vacuum Science & Technology A*期刊年度"most read"论文等。获得国家发明专利授权40余项，参研项目获湖北省技术发明奖一等奖两项、日内瓦国际发明展特别金奖等。担任国家重点研发计划课题负责人，主持国家自然科学基金面上项目、青年科学基金项目。作为技术骨干参与国家自然科学基金重点项目/国际（地区）合作研究与交流项目、湖北省自然科学基金创新群体项目等。

作者简介

刘潇 华中科技大学机械科学与工程学院副教授、博士生导师。主要研究方向为颗粒原子层包覆方法和装备，以及其在航空航天、新能源汽车、环境催化等领域的应用。主持国家自然科学基金面上项目、青年科学基金项目，国家重点研发计划课题，博士后创新人才支持计划项目等。在*Nature Communications*、*Angewandte Chemie International Edition*、IJEM等国际权威期刊以第一作者或通讯作者发表SCI论文30余篇，获得发明专利授权20余项。获得博士后创新人才支持计划创新成果奖、中国硅酸盐学会优秀博士学位论文提名奖、湖北省优秀学士学位论文、湖北省技术发明奖一等奖、稀土科学技术奖二等奖、湖北专利奖等。项目成果入选"科创中国"先导技术榜、全国颠覆性技术创新大赛优胜项目。

总序一

在全球数字化转型的浪潮下，集成电路作为信息技术产业的核心载体，其技术演进水平与产业发展规模已成为衡量国家科技竞争力和综合国力的关键指标。从消费电子领域的智能手机、个人计算机，到国家安全领域的国防信息化装备，集成电路已深度融入现代社会的各个关键环节，构成了支撑国家经济社会发展的战略性、基础性与先导性产业基石。

伴随新一轮科技革命和产业变革的加速演进，全球集成电路产业竞争格局持续重构，其战略重要性日益凸显。为提升集成电路产业的核心竞争力，我国相继出台了一系列中长期发展规划与产业扶持政策，着力推动我国从制造大国向制造强国转变。在相关政策的驱动下，我国集成电路产业生态持续完善，迎来了历史性发展机遇。

基于此，华中科技大学出版社邀请国内外顶尖专家学者，共同推出"集成电路制造工艺与装备技术丛书"。本丛书精准锚定行业发展前沿，系统梳理了集成电路制造领域的创新性研究成果与工程实践经验；以高端装备、成套工艺、关键材料、封装测试四大核心领域为框架，构建起完整的产业知识体系，全面呈现了集成电路制造全产业链技术发展图景。

本丛书成功入选"十四五"国家重点出版物出版规划项目。这既是对其学术价值与出版价值的权威认定，也标志着本丛书在推动我国集成电路产业发展进程中肩负着重要使命。本丛书汇聚了众多行业专家的智慧结晶，系统总结了我国集成电路制造工艺与装备技术领域的理论研究与工程实践成果，将为行业科研人员、工程技术人员及高校师生在技术研发、工程实践与专业学习等方面提供重要参考。

期望本丛书在出版发行后,能够有效促进我国集成电路制造工艺与装备技术的创新发展,助力我国在全球集成电路产业竞争中占据战略制高点,推动我国集成电路产业实现跨越式发展。

中国科学院院士

发展中国家科学院院士

中国科学院大学研究员

2025 年 5 月

# 总序二

  集成电路产业作为信息技术产业的核心基石与发展引擎,已深度融入国民经济与社会发展的各个领域。其技术水平与产业规模不仅是衡量国家综合实力的重要指标,更是全球集成电路竞争的关键要素。在数字经济蓬勃发展的时代背景下,这一作为现代文明基石的战略性产业,正以前所未有的态势重塑全球科技与产业格局。

  在《中华人民共和国国民经济和社会发展第十四个五年规划和 2035 年远景目标纲要》与《中国制造 2025》的指引下,集成电路产业被明确定位于战略性、基础性和先导性产业,成为推动经济转型、优化产业结构、筑牢国家安全屏障的关键支撑。我国集成电路产业发展潜力巨大,但自主创新任务艰巨,作为产业链中游的制造环节,其技术水平直接关乎我国科技自立自强与国防安全的战略走向,也是提升我国综合竞争力的关键所在。

  华中科技大学出版社紧跟国家科技发展步伐,汇聚国内外顶尖专家的力量,精心打造了"集成电路制造工艺与装备技术丛书"。这套学术著作以集成电路制造领域的前沿研究与学术成果为主体,涵盖高端装备、成套工艺、关键材料、封装测试四大核心模块。本丛书立足国际视野,聚焦行业科技前沿与产业重大需求,全面总结了芯片制造领域科研攻关的最新成果,以推动学科发展与产业升级为宗旨,具有深厚的学术价值、突出的经济价值、重要的社会价值与长远的文献价值。

  本丛书的出版,为集成电路技术的研究与成果转化提供了理论支撑和实践

指导,助力关键技术的突破与推广,加速产业的优化与升级,对增强我国自主创新能力、构建自主可控的产业生态具有深远意义。其社会效益与经济效益,将在我国集成电路产业迈向中高端的进程中持续显现。

本丛书,是对我国集成电路人深耕细作、矢志创新的致敬。期望它能够成为工程师案头的"工艺百科全书"、科研工作者的"创新指南"、产业升级的"技术风向标",为中国集成电路产业创新发展注入强劲动力,助力我国在全球科技竞争中勇立潮头,书写集成电路产业发展的新篇章!

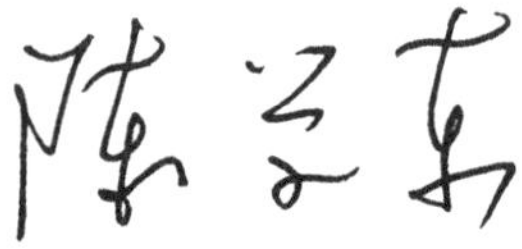

中国工程院院士

华中科技大学教授

2025 年 5 月

 **序一**

  制造业的每一次进步,都伴随着加工精度的跨越式提升。近年来,制造工艺不断突破微米、纳米尺度的极限,原子尺度的精准操控技术逐渐成为制造领域全新的前沿方向。这种原子级加工技术不仅代表着未来制造的发展趋势,也为制造学科的理论体系重塑提供了全新思路。随着制造技术向微观尺度的推进,表面与界面效应开始占据主导地位,量子效应和材料的微观结构特性凸显。与传统制造技术以宏观力学和统计分析为基础不同,原子级制造融合了机械工程、控制工程、材料科学、物理化学等多个学科的创新成果,迫切需要从基础理论到方法论的全面革新,从而形成一个多学科交叉的新型制造科学体系。

  作为原子级制造的典型代表技术,原子层沉积技术独具一格。它凭借单原子层自限制性反应的特殊机理,实现了"原子积木"的逐层搭建,精度达到埃米(10^{-10} m)级,可以实现高度复杂纳米结构的设计和制造。该技术并非简单的尺度缩小,而是通过对表面活性位点的精确操控,实现了前所未有的制造精度和结构设计灵活性,从而能够构建高复杂性的纳米结构和功能器件。如今,原子层沉积技术已从实验室走向工业生产,在集成电路、光电器件和能源存储领域逐步得到应用,特别是在微纳电子结构的设计与制造中,其精准控制的特点使之不可替代。

  《原子层沉积技术——从制造原理到装备应用》由陈蓉教授团队倾力撰写,全面呈现了团队在原子层沉积领域的最新研究成果与技术积累。本书特色突出,不仅系统地介绍了原子层沉积的基本原理与方法,还重点展示了适用于特殊制造的创新装备与工艺,例如大幅宽快速空间隔离技术与微纳米粉体材料的原子层包覆技术等。尤其值得一提的是,本书从装备研发到工艺优化,全方位展现了原子级制造所具有的跨尺度、多学科融合特色,精准把握了微纳制造领域发展的核心需求,能够有效助力相关产业技术升级与创新人才培养,具有重要的学术与产业价值。

中国科学院院士

华中科技大学学术委员会主任

2025 年 5 月

 **序二**

制造业的发展脉络,宛如一部波澜壮阔的史诗,镌刻着人类社会文明进步的印记。制造技术水平的每一次跃升,既是衡量社会生产力发展高度的标尺,更是推动人类生活方式发生翻天覆地变化的强大引擎。回溯人类历史长河,从人类早期简单工具的制作,到近代工业革命带来的巨大飞跃,制造精度逐步迈入亚毫米、微米、亚微米、纳米时代,如今正迅速向更为精准的原子尺度推进。原子级制造通过对物质结构的精确操控,实现对原子层次的增减调控。这一前沿制造领域的兴起,标志着传统宏观制造理论向多学科交叉融合理论的转变,构成了未来高端制造的战略制高点。

原子层沉积技术是原子级制造的重要典型代表之一,其核心在于利用自限制性化学反应,实现对材料薄膜的原子级精准控制。原子层沉积技术发展历程中的关键节点彰显了技术突破与应用拓展的协同演进:20 世纪 70 年代,苏联科学家 Stanislav Koltsov 与 Valentin Aleskovsky 阐述了分子层叠反应,芬兰科学家 Tuomo Suntola 博士开发了原子层外延设备并成功沉积 ZnS:Mn 薄膜,奠定了自限制性表面反应的理论基础;20 世纪 90 年代末至 21 世纪初,原子层沉积技术被国际半导体产业协会列为与微电子工艺兼容的候选技术,开启了对该技术独立研究的新篇章;2007 年,英特尔在 45 nm 处理器中引入原子层沉积的高 κ 栅介质层,这一应用成功解决了场效应晶体管因线宽缩小而引起的漏电流难题,为摩尔定律的延续注入了新的活力,推动其向更小线宽迈进,也使原子层沉积技术在半导体领域崭露头角,成为行业瞩目的焦点。

时至今日,原子层沉积技术已成为集成电路制造领域不可或缺的先进薄膜技术,广泛用于栅介质、金属电极、功函数调控层等关键薄膜层的制备,并且实现了大规模产业化应用。随着集成电路特征尺寸的不断缩小,以及器件结构的三维化和材料体系的多元化,原子层沉积技术在未来将承担更为重大的使命,尤其在逻辑芯片、存储芯片等核心器件制造中扮演更为关键的角色。同时,其应用领域也在不断拓展,逐渐渗透到发光显示、新能源材料、环境治理、生物医疗等新兴领域,展现出巨大的发展潜力和广阔的应用前景。

《原子层沉积技术——从制造原理到装备应用》一书由陈蓉教授领衔,全面系统地总结了作者团队在该领域多年的研究成果与实践经验;从基础理论出发,深入探讨了原子层沉积的原理、工艺及装备开发,涵盖了适用于大幅宽基底快速镀膜的空间隔离原子层沉积技术,以及用于大比表面积微米粉体材料的特色原子层包覆装备。此外,本书还详细阐述了多种材料体系与不同基底类型的原子层沉积工艺,尤其针对其在集成电路、显示领域的应用进行了深入分析与总结。本书在体现学术严谨性的同时,注重理论与实际工程应用的结合,不仅提升了读者对原子层沉积乃至薄膜技术的认知,更为我国集成电路制造技术的发展与创新提供了重要的理论指导与实践参考。相信本书的出版,必将进一步推动我国原子层沉积技术在集成电路制造领域的深化应用与产业化发展。

中国科学院院士

武汉大学集成电路学院院长

武汉大学工业科学研究院执行院长

武汉大学微电子学院副院长

IEEE/ASME 会士

2025 年 5 月

 **前言**

　　制造技术的进化历程,是一部人类突破认知界限、重塑物质世界的壮丽史诗。从蒸汽时代到信息时代,每一次制造技术的飞跃都深刻影响着人类文明。进入 21 世纪以来,制造技术正经历着前所未有的范式革命:制造精度从宏观尺度逐步迈向微观尺度,已突破纳米级,原子级制造成为新的制高点。原子层沉积(ALD)——这项诞生于 1974 年的技术,历经半个世纪的淬炼,正以原子级精准制造的颠覆性能力,成为新一轮产业变革的战略引擎。

　　回顾 ALD 技术半个世纪的发展历程,其大致可以划分为三个时期。在技术初现时期(20 世纪 70 年代至 90 年代),芬兰科学家 Tuomo Suntola 研发出原子层外延技术,奠定了 ALD 自限制性反应的核心原理。同时,苏联科学家也在探索低温氧化物沉积技术。这一阶段技术以实验室原创探索为特征,尚未涉及工业应用。在半导体驱动时期(21 世纪初至 10 年代),随着集成电路进入纳米节点,英特尔公司率先采用 ALD 技术制备高 κ 栅介质,突破了传统电介质薄膜的物理极限。同时,荷兰 ASM、美国应用材料公司等推动 ALD 设备的标准化,并使其进入集成电路制造企业。至此,ALD 技术实现了从"实验室技术"到"半导体工业支柱"的华丽转身。在技术爆发时期(21 世纪 20 年代至今),ALD 技术进入了全新的发展阶段:①沉积尺寸扩展,实现了从晶圆级到米级基底快速沉积的跨越;②材料体系延伸,从传统金属氧化物/氮化物向多元氧化物、二维材料、金属等延伸;③人工智能驱动,ASM 等企业实现了"制造-检测"闭环、前驱体理论设计、筛选与开发等;④绿色制造转型,削减高活性前驱体的使用等,以推动实现碳中和目标。ALD 技术的发展历程展现了多国科技力量竞合共生的全球化图景,本书立足这一恢宏背景,致力于呈现 ALD 技术的中国智慧与贡献。

区别于传统"工艺-材料"的著述维度,本书构建了涵盖"研究前沿-理论-工艺-装备-应用"的 ALD 五维创新体系,聚焦 ALD 方法论,具有以下特色。①前沿引领性——破解产业化核心瓶颈:攻克米级基底均匀性控制难题,打破常规 ALD 时间隔离顺序沉积模式,实现高速大面积沉积;开发离心流化、超声流化微纳米颗粒 ALD 装备,实现大比表面积微纳米颗粒材料,如锂电正极材料、催化剂材料、含能材料的原子层包覆;提出区域选择性沉积技术,实现薄膜在指定区域的选择性生长,解决集成电路先进节点的自对准沉积难题。②装备自主化——"工艺-装备"协同创新范式:本书强调工艺与装备并重,构建"工艺需求→装备设计→应用反馈"迭代链条。例如,建立微纳米颗粒流化耦合表面反应模型,其能够精确预测包覆均匀性,并且可以指导扩大化多场辅助流化床 ALD 系统开发;开发空间隔离 ALD 装备,沉积速率达到传统时序 ALD 的 10 倍以上;研发并集成原位监控与测量方法,实现膜厚度在线反馈调节,精度达亚纳米级。③应用拓展性——从实验室到产业的跨越:当前 ALD 技术已经应用于集成电路领域,且正快速向显示器件、新能源、环境催化等领域延伸,例如,面向光电器件领域,与 TCL、京东方等公司合作研发 OLED 封装层,提出 QLED 界面钝化、QLED 电子传输层制备以及 QLED 空穴注入层界面调控和结构优化方法;面向新能源领域,提出含能材料以及锂离子电池、氢燃料电池、太阳能电池等电极材料界面原子层调控方法等。可以预见,ALD 技术将在未来原子级制造领域发挥更大作用。

从内容架构层面来看,本书贯穿了 ALD 全链条知识,以"基础理论-核心装备-技术应用"为叙述主线,构建层次递进的知识框架。第 1 章技术全景:剖析 ALD 自限制性反应本质,对比主流工艺路线,如时序 ALD 与空间 ALD 技术,并预判 ALD 发展前沿方向。第 2 和 3 章装备创新:介绍空间隔离 ALD 反应器多物理场模型,解决高速沉积流场设计难题;揭示颗粒运动-传质-反应机制,研发流化床等粉体 ALD 包覆装备,实现微纳米颗粒材料批量一致性包覆。第 4 章选区沉积:提出表面终端基团精准调控策略与表面本征特性驱动固有选择性沉积策略,实现纳米图形区域选择性沉积。第 5 至 9 章应用拓展:解析 ALD 技术在光/电致发光、柔性电子、多相催化、能源材料领域中的创新方案。

　　本书凝聚了团队多年的合作与探索成果,尤其值得铭记的是科研过程中的"勇敢试错"——那些面对自制设备"罢工"时的手忙脚乱,包括真空泄漏、前驱体冷凝等情况,最终淬炼出了故障诊断的"条件反射"。谨以此书致敬曾昼夜守护第一代样机的邓章、何文杰、周涛、蒋华伟等;研发空间隔离 ALD 装备的邓匡举、宋光亮、王晓雷、李邹霜、陈元肖、马更;深入选择性 ALD 技术前沿的李易诚、蔡佳明、谷二艳、齐子廉、李豪杰、王威振;研发粉体 ALD 装备的段晨龙、竹鹏辉、曲锴、张晶、向俊任、弋戈、苏宇、唐思远等;探索 ALD 技术在发光显示领域中应用的李云、周彬泽、向勤勇、井尧、王鹏飞、耿世才、刘梦佳、许庆、张天威、文迪、张英豪、林源、袁睿鸽、张艺磊等;在催化与能源材料领域进行探索的黄彬、彭琪、稂耘、杨建锋、赵瑞、唐元亭、杜旭东、顿耀辉、邵华晨、胡志佳、黄朝君、卢杞梓、李嘉伟、蒋雪微、高宇欣、伍建华。感谢龚渺对相关 ALD 工艺的整体梳理、谢霜艳对文档的全面整理。由于无法一一列举,在此一并感谢。你们在反应腔前记录的每一组"异常数据",成为本书最珍贵的注脚。我们深知,原子级制造的发展仍需全球协作,书中的部分观点如"区域选择性沉积形核理论""微纳米颗粒原子层包覆模型"等仍需在实践中进一步检验。我们诚邀同人共同完善,期待本书能为 ALD 研究者提供中国视角和中国方案,推动该技术从"利器"迈向"普适制造"的新纪元。

　　本书部分图片提供彩色版本,读者可通过扫描二维码查看。

彩图

陈蓉　单斌　曹坤　刘潇

2025 年春于武汉

目录

第 1 章
原子层沉积基本原理与工艺

1.1　原子层沉积基本概念与历史发展

原子层沉积(atomic layer deposition，ALD)是一种基于表面自限制反应的先进薄膜沉积技术。其原理是通过交替引入两个或多个前驱体分子,这些分子在基底表面上以单个原子层的方式进行化学吸附和反应,从而形成厚度均匀和精确可控的薄膜。ALD 技术可以追溯到 1974 年。该技术由芬兰 Suntola 教授和苏联科学家 Aleskovsky 提出,旨在通过精确的气相前驱体交替沉积,实现薄膜的逐层生长,每一步均可控制到原子级。ALD 技术的优点包括精确的厚度控制、出色的均匀性和共形性、广泛的材料选择以及良好的适应复杂结构的能力。

ALD 能够制备各种类型的薄膜材料,包括氧化物、氮化物、金属和半导体。通过调节前驱体的组合和沉积顺序,ALD 还能实现复杂的多元化合物、异质结构、纳米层压材料、梯度层和掺杂结构,从而精确地定制材料的物理、化学和电学性质。在应用方面,ALD 技术展现了广泛的应用前景,其关键应用涵盖了多个领域,主要包括以下几个方面。

(1) 微电子领域:ALD 用于电介质材料和金属的制备,可满足半导体器件尺寸不断缩小和集成度不断提高的需求。

(2) 显示技术:通过优化材料的电子结构和表面特性,ALD 在有机发光二极管(OLED)、量子点发光二极管(QLED)、液晶显示屏(LCD)和微型发光二极管(Micro-LED)等显示技术中起到关键作用,显著改善了显示效果、提升能效并延长设备使用寿命。

(3) 光电子领域:ALD 为光伏电池、发光二极管和光探测器等光电子器件提供关键材料层和保护层,显著提高了光电转换效率、发光效率以及响应速度。

(4) 能源领域:ALD 用于锂电池、太阳能电池和燃料电池等能源器件的关键材料制备,例如电极、电解质及隔膜,有效提高了能量转换效率、循环寿命和安全性。

(5)催化领域:ALD 用于负载型金属催化剂的制备,通过在催化剂表面沉积保护层或修饰层,可以抑制催化剂烧结、失活或中毒,从而提升其活性与选择性。

此外,ALD 还在制备传感器、生物医学设备等器件和纳米复合材料等功能材料方面展示出广泛的应用前景。其能够精确调控材料的物理、化学和电学性质,在各个领域中都有重要的应用价值和发展潜力。

1.1.1 原子层沉积技术的基本概念

ALD 是一种基于有序、自限制饱和吸附的亚纳米级薄膜制备技术,其独特的生长方式和沉积特点,克服了传统薄膜沉积技术所遭遇的困境,特别是在低温工艺下能够实现对复杂三维结构的精确、有效的可控沉积。ALD 技术因其能同时满足材料多样化和生长精确可控的需求而备受关注。在 ALD 工艺过程中,不同前驱体之间的通入步骤将由惰性气体的吹扫过程进行隔离。以 Al$_2$O$_3$ 为例,一般来说,ALD 反应单个循环包含以下四个时序步骤(见图 1-1):

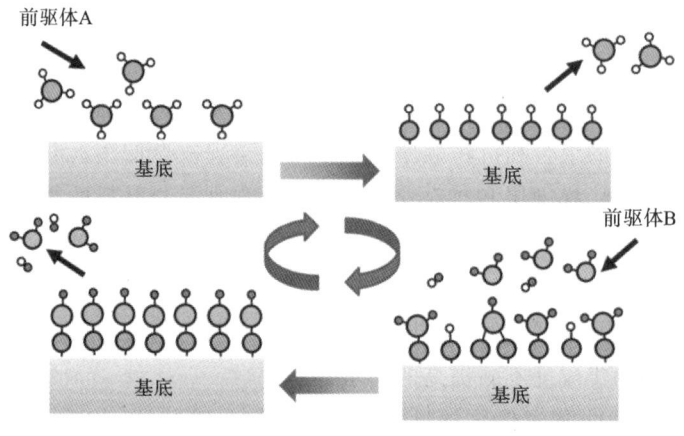

图 1-1 时序隔离 ALD 原理示意图

(1)通入 TMA(三甲基铝,前驱体 A),使其与表面活性位点—OH 充分反应,此时 TMA 未反应基团—CH$_3$ 暴露于表面;

$$Al(CH_3)_3 + —OH \longrightarrow —OAl(CH_3)_2 + CH_4 \uparrow$$

(2)通入惰性气体吹扫未反应的前驱体 A 和反应副产物;

（3）通入 H_2O（前驱体 B），H_2O 与 TMA 所暴露的活性位点进行反应，表面暴露活性位点—OH；

$$—OAl(CH_3)_2 + 2H_2O \longrightarrow —OAl(OH)_2 + 2CH_4 \uparrow$$

（4）通入惰性气体吹扫未反应的前驱体 B 和反应副产物。

每个 ALD 循环可以生长一层单原子厚度的薄膜。增加 ALD 循环次数可以使沉积薄膜的厚度增加。在每个 ALD 循环中，会发生两个化学反应，它们被称作 ALD 的半反应。半反应具有自限制性，当基底表面的初始活性基团全部参与前驱体 A 的反应并被生成的活性基团取代后，基底表面便不能够再与前驱体 A 进行反应，此时基底表面达到饱和吸附态。同样，对于第二个半反应，当基底表面达到饱和吸附态时，过量的前驱体 B 也不能与基底表面发生反应，薄膜厚度也不会再随前驱体 B 的通入而增加。通过两个表面半反应的交替进行，ALD 实现了薄膜的自限制性生长。对于材料相同的前驱体和基底，每个 ALD 循环生长的薄膜厚度是一致的，因此可以通过控制 ALD 的循环次数来实现薄膜厚度的精确控制。

值得注意的是，在 ALD 反应过程中，吹扫过程可有效地避免前驱体 A 和前驱体 B 直接接触而发生类似于化学气相沉积（CVD）技术中的空间体相反应，整个反应过程中不同前驱体均在基底表面完成化学反应。要实现 ALD 工艺的顺利进行，需满足以下条件。

（1）前驱体的挥发性：在 ALD 反应过程中，前驱体一般由惰性气体经过 ALD 阀时以脉冲方式带出，因此反应前驱体应该具有足够高的饱和蒸气压以保证脉冲过程中有足量的前驱体被通入反应腔体中，进而实现基底表面活性位点的充分消耗。

（2）前驱体的化学稳定性和活性：特定工艺条件下前驱体应该保持良好的化学稳定性而不发生自分解；由于 ALD 反应自限制性的要求，前驱体应能够在有限时间内实现在基底表面的饱和化学吸附。

（3）ALD 工艺温度：前驱体在基底表面形成化学吸附时需要跨越一定的势垒。采用特定前驱体的沉积工艺过程也存在特定的温度区间。温度过低时，前驱体在基底表面难以实现饱和化学吸附。与此同时，前驱体易在腔体内部或基底表面发生冷凝，导致其难以被吹扫干净，这也使得通入另一种前驱体时发生体相反应。而当温度过高时，容易导致逆反应的进行，沉积薄膜容易发生热分解或发生前驱体的脱附。一般氧化物薄膜温度区间为 $200\sim400\ ℃$。反应腔体温度为 ALD 提供所需的能量，并确保载气在吹扫阶段能够清除副产物和多余的前驱体(前驱体在腔体壁面和基底表面的脱附需要一定的温度来保证,如水分子在不锈钢表面的脱附需至少 120 ℃的温度)。在实际的工艺制定过程中,需要结合不同前驱体的理化特性来研究不同反应参数(如脉冲时间、吹扫时间、反应温度)条件下薄膜的沉积效率、形貌特征、微观结构和光电特性等,从而确定合适的沉积工艺条件。

(4)脉冲时间和吹扫时间:在 ALD 中,脉冲时间和吹扫时间对于确保薄膜的均匀性和可控沉积至关重要。脉冲时间指的是前驱体以脉冲方式引入反应腔体的持续时间,必须足够长以确保前驱体充分吸附到基底的活性位点上,但过长可能会导致不必要的前驱体消耗和副反应。吹扫时间则是指有效地去除未反应的前驱体和副产物的持续时间。吹扫步骤是为了有效地去除未反应的前驱体和副产物,其持续时间必须经过优化,以保证彻底清除多余的前驱体,同时不干扰已形成的单层结构。吹扫时间不足可能导致前驱体残留,从而影响薄膜的均匀性和质量。

(5)基底:选择适合的基底对于获取高质量的 ALD 薄膜至关重要。基底必须具有高度的热稳定性和化学稳定性,能够在 ALD 反应条件下保持表面平整和无缺陷,以支持薄膜的均匀生长。基底的表面能和结晶性直接影响到 ALD 过程中沉积薄膜的质量和性能。高表面能的基底有助于前驱体分子更均匀地进行吸附和反应,促进薄膜的均匀生长和增强其致密性。结晶性良好的基底能够引导沉积薄膜的晶体生长,提升薄膜的晶体质量和方向性。

(6)流场:优化气体流场,可以提高前驱体在反应腔体中的传输效率和均匀性。具有良好设计的流场能够确保前驱体通过脉冲方式精确地输送到基底表面,从而在每个 ALD 循环中实现精确的化学反应。这不仅包括对对流和扩散的控制,还包括对气体流动路径和速度分布的优化,以确保在整个腔体内形成稳定的反应环境。

1.1.2 ALD 技术的特点与优势

在 ALD 中,每种前驱体在基底表面的吸附都具有自限制性,即每次只吸附一层单分子层,而不会发生多层吸附。ALD 技术具有高可控性、高精确度、低温可沉积等特点,如图 1-2 所示。详细来说,相较于其他技术,ALD 技术的主要优势体现在以下几个方面。

(1)薄膜与基的结合能力强:反应过程中前驱体将与基底表面形成化学吸附,这使得薄膜附着力较强。

(2)厚度可控:基于表面自限制反应的原理,ALD 技术呈现出厚度可控的

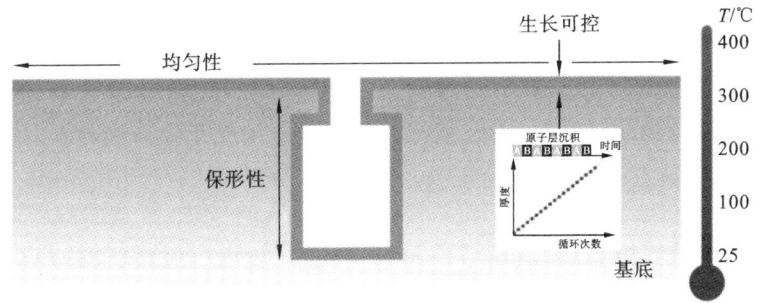

图 1-2　ALD 的特点[1]

特点。这种表面反应机制确保了其在复杂曲面上能实现良好的保形性;与此同时,单个循环的生长厚度保持稳定,通过控制循环次数可以实现沉积薄膜厚度的亚纳米级精度控制。

　　(3)高三维保形性:ALD 技术具有极高的均匀性和良好的保形性,能够在复杂的几何结构和孔隙中均匀沉积薄膜。

　　(4)所制备薄膜致密、超薄:在保证脉冲结束后多余前驱体和反应副产物被充分吹扫的条件下,ALD 技术可有效避免不同前驱体直接接触而发生体相反应,实现薄膜的逐层致密生长。ALD 技术可以沉积厚度小于 1 nm 的薄膜,在某些工业应用中薄膜厚度可低至 0.8 nm。

　　(5)沉积温度低:相比于物理气相沉积(PVD)和 CVD 等沉积技术,ALD 技术所需要的反应温度一般较低,比如,薄膜生长可在低温下进行,这对温度有限制的聚合物器件和生物材料涂层非常有吸引力。

　　(6)沉积均匀:固有的沉积均匀性和较小的沉积设备使得 ALD 技术可以在大面积基底上实现均匀沉积,适用于工业化生产。

　　结合不同薄膜材料特性,ALD 技术广泛用于制备光伏器件、扩散阻挡层、耐磨材料和光学薄膜等,并不断扩展应用于有机电子、能源、催化和医药等领域中。ALD 工艺的显著优势之一是低温窗口,这使其能够覆盖更广泛的薄膜材料。ALD 技术可以使用多种前驱体,主要包括无机前驱体和有机金属前驱体两大类。无机前驱体涵盖单一元素、二元化合物。有机金属前驱体则包括烷基金属(如 TMA、DEZ(二乙基锌))、环戊二烯基金属(如 Cp_2Mg(二茂镁)、Cp_2ZrCl_2(二氯二茂锆))、金属醇盐(如 $Ti(OiPr)_4$(四异丙醇钛))、β-二酮金属配合物(如 $Cu(acac)_2$(乙酰丙酮铜))、金属烷基胺/酰胺(如 TDMAHf(四(二甲基氨基)铪)、TDMASn(四(二甲基氨基)锡))以及硅胺基化合物(如 BTBAS(双叔丁基氨基硅烷))等。在选择前驱体时,需综合考虑其可挥发性、反应性、化学稳定性、反应产物活性、安全性和可供性等因素。如图 1-3 所示,大部分元素均可由 ALD 工艺进行制备。ALD 技术除了可以制备常见的金属氧化物、金属氮化物、非金属氧化物薄膜材料之外,也可以制备贵金属氧化物薄膜材料,这是化学气相沉积工艺无法实现的。

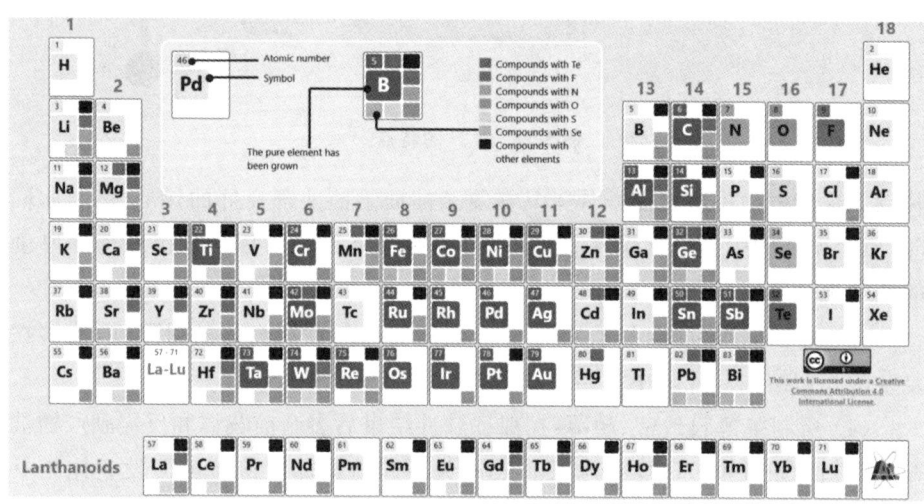

图 1-3 可以利用 ALD 沉积实现的元素列表[2]

1.1.3 原子层沉积技术的发展历程

20 世纪 60 年代,苏联的研究组在苏联科学院院士 Aleskovsky 教授的指导下,开展对催化剂和吸附剂表面的修饰研究。当采用 $TiCl_4$ 和 H_2O 作为前驱体,在高比表面积的硅胶上生长 TiO_2 时,该团队发现了交替序列的自限制表面半反应,并将该沉积工艺命名为"分子层沉积"(molecular layer deposition,MLD)。

最初,ALD 技术的开发主要是为了满足电致发光薄膜平板显示器对高质量薄膜的需求。1974 年 8 月至 9 月,他们设计并建立了世界上首个 ALE 沉积系统,并成功地以 Zn 和 S 为前驱体沉积出 ZnS 薄膜,随后又用 Sn 和 O_2 沉积了 SnO_2 薄膜。1977 年,他们获得了首个 ALD 发明专利(见图 1-4)。在后来的研究和专利中,他们还证实了使用 $ZnCl_2$、$MnCl_2$ 和 H_2S 沉积 Zn(Mn)S,使用 $TaCl_5$ 和 H_2O 生长 Ta_2O_5,使用 TMA 和 H_2O 生长 Al_2O_3 薄膜的可行性。通过改进生长工艺,可获得厚度可控、免除针孔、具有较好电学性能的绝缘薄膜和半导体薄膜。20 世纪 80 年代,相关研究直接促成 ALD 在电致发光薄膜大面积平板显示器上的商业化应用。为了拓展沉积材料的种类,若干类分子前驱体,如 $AlCl_3$、H_2O 和 H_2S 等,被引入 ALD 技术中。

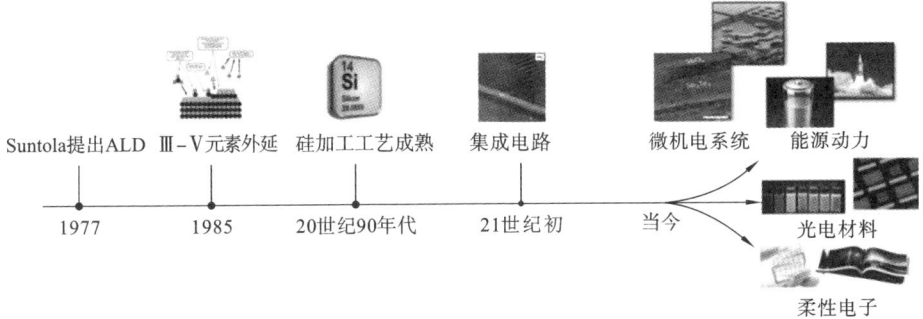

Suntola提出ALD   Ⅲ-Ⅴ元素外延   硅加工工艺成熟   集成电路   微机电系统   能源动力   光电材料   柔性电子

1977   1985   20世纪90年代   21世纪初   当今

图 1-4   ALD 技术的发展历程

20 世纪 80 年代,ALD 技术在元素半导体、Ⅲ-Ⅴ族和Ⅱ-Ⅵ族化合物半导体薄膜的制备方面引起了研究热潮。这些研究实现了一系列半导体薄膜的制备,如硅(Si)、砷化镓(GaAs)、铟镓合金(In_xGa_{1-x})、碲化镉(CdTe)等。此外,还获得了 ZnS/ZnTe 和 ZnSe/ZnTe 超晶格薄膜。值得注意的是,从这一时期开始,有机金属烷基化合物作为 ALD 的前驱体开始被广泛用于半导体薄膜的外延生长。

1990 年,第一届 ALD 国际学术会议在芬兰召开。当时计划每两年举行一次会议,并在欧洲、亚洲和美洲轮流举办。会议只进行了四届,议题主要集中在外延薄膜和化合物半导体方面,关于多晶和非晶薄膜方面的议题相当少。然而,化合物半导体的研究并未带来任何商业化的应用,ALD 方法也并未显示出比传统分子束外延和金属有机化学气相外延更明显的优势。1991 年,Herman 在综述中总结了 ALD 技术的发展,并介绍了 ALD 的定义及特点。ALD 是一种薄膜生长方法,其中结晶薄膜的组成元素以中性分子或原子脉冲形式被逐层输运到加热基底表面进行化学反应,外延层的厚度主要由沉积循环次数决定,对生长时间和反应剂流量不太敏感。

20 世纪 90 年代后期,这方面的研究逐渐沉寂,然而对Ⅲ-Ⅴ族化合物和烷基前驱体的研究兴趣却间接导致了 ALD 经典、具有代表性工艺的发现。1989 年,研究人员使用三甲基铝(TMA)和水前驱体沉积出 Al_2O_3 薄膜,此工艺成为后来研究 ALD 生长原理和表面化学反应的理想体系。此外,半导体行业的发展成为 ALD 技术突破的一大助力。随着微电子器件向"小而精"方向发展,行业对薄膜沉积技术提出了三项核心要求:首先,必须能够兼容多种功能材料;其次,需要实现纳米级精度的厚度控制和超均匀的表面形貌;最后,确保薄膜致密无缺陷。ALD 技术很好地满足了这些要求。在微电子领域,ALD 技术已被广泛应用于高 κ 栅极介质(包括栅极氧化物和电容器介质)、铁电材料以及电极与互连金属/氮化物等关键半导体材料的制备。

在 20 世纪末,随着集成电路集成度的不断提高,依据著名的摩尔定律和国际半导体产业协会公布的国际半导体技术发展路线图(见图 1-5),硅基半导体集成电路中金属-氧化物-半导体场效应晶体管(MOSFET)的特征尺寸已经缩小到纳米尺度。这一变化使得 ALD 技术在超薄三维共形薄膜沉积、深孔填充以及原子级厚度和组成的精确调控方面,显现出独特的优势和巨大的发展潜力。自 2001 年国际半导体产业协会将 ALD 技术与金属有机物化学气相沉积(MOCVD)和等离子体增强化学气相沉积(PECVD)并列为微电子工艺兼容的技术候选者以来,ALD 技术在微电子工业和纳米科技的推动下进入了快速发展的轨道。ALD 类似于增材制造,通过逐层沉积在特定区域实现图案化。对基底的特定区域进行改性,使前驱体仅在该特定区域吸附,从而使薄膜在 ALD 循环中仅在该特定区域生长。这种选择性沉积技术解决了光刻工艺中的精度和缺陷问题,实现了原子级精度的图案化[3]。同时,随着半导体器件效率的不断提升,其稳定性也面临更高的要求。ALD 技术具有优良的保形性,能够通过沉积一层薄薄的"保护层",显著延长器件的使用寿命,从而满足行业对器件稳

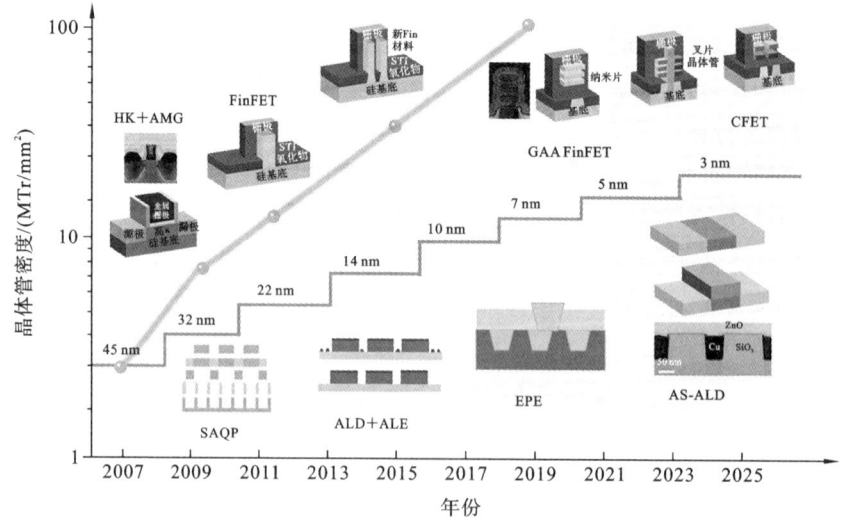

图 1-5　国际半导体技术发展路线图

定性的需求。

综上所述,ALD 技术的发展历程可以分为几个关键阶段:早期是萌芽阶段 (1960—1980 年),主要是理论上的探索和初步试验;接着是缓慢发展阶段 (1980—1990 年),此时技术进展较为缓慢,受限于前驱体和设备技术;随后是稳步发展阶段(1990—2000 年),ALD 技术逐渐成熟,应用领域开始扩展[4];而今是高速发展和广泛应用的阶段,在微电子器件、纳米材料及其他先进材料领域,ALD 技术的应用前景十分广阔。

1.2　原子层沉积表面反应原理

ALD 可以看作由具有自限制性的气-固化学反应所组成的连续反应过程。在气相混合反应物与固体表面的反应中,参与形成薄膜的原子被吸附于固体表面。与此同时,不参与薄膜形成的原子作为气相副产物被载气带出反应腔体。因此,了解 ALD 过程中的吸附理论对于研究 ALD 过程至关重要。

吸附反应可以划分为物理吸附和化学吸附,如图 1-6 所示。其判断依据为吸附分子与表面活性基团之间的作用强弱。物理吸附来自分子间较弱的相互作用,通常不会发生吸附分子结构上的改变,而化学吸附过程中会发生化学键的生成和断裂,化学键形成于吸附分子和表面活性基团之间。通过化学吸附,前驱体分子与基底表面形成化学键结合,且该过程具有自限制性,仅能在基底表面形成单原子层的化学吸附。

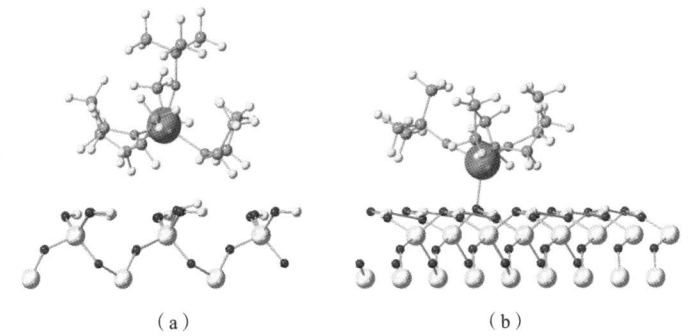

（a）　　　　　　　　　　（b）

图 1-6　典型的吸附类型:（a）物理吸附;（b）化学吸附

在 ALD 反应过程中,需要明确区分不同吸附单层的化学状态。如图 1-7 所示,表面吸附物种、前驱体分子 $Al(CH_3)_3$ 的单层以及最终形成的 Al_2O_3 单层具有完全不同的化学结构和组成。

（1）化学吸附单层的定义为在吸附表面上，反应物分子完全占据吸附位点时所形成的单分子层，如图 1-7(a)所示。吸附位点取决于吸附表面的结构和被吸附前驱体的特性。

（2）物理吸附单层的定义为物体分子以紧密排列的方式完全覆盖表面时所形成的单分子层，如图 1-7(b)所示。

（3）ALD 生长的单层薄膜的定义为在基底的晶面上完美生长的一层平面薄膜分子，如图 1-7(c)所示。

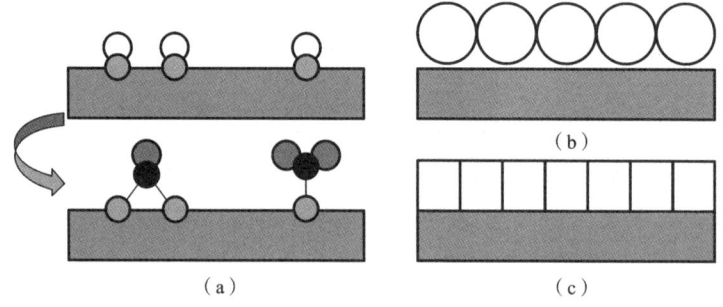

图 1-7　ALD 反应的三种单层：(a) 化学吸附单层；(b) 物理吸附单层；(c) 单层薄膜

在气体-固体反应中，吸附分子的数量随着时间的推移有几种不同的变化规律。当化学吸附导致产生挥发性副产物时，这些副产物能够很容易从表面上脱附并被清除，这种情况下的化学吸附基本上是不可逆的。在副产物未产生或未脱附的情况下，化学吸附可能是可逆的。在 ALD 循环的时间尺度内，无论是在前驱体脉冲后的净化阶段，还是在第二个反应物脉冲期间，吸附过程均表现为不可逆。因此，根据一般的吸附理论，物理吸附过程始终是可逆的，而化学吸附过程则可能是可逆的，也可能是不可逆的。由于 ALD 过程中吸附的不可逆特性，ALD 的吸附类型仅限于化学吸附，如图 1-8 所示。

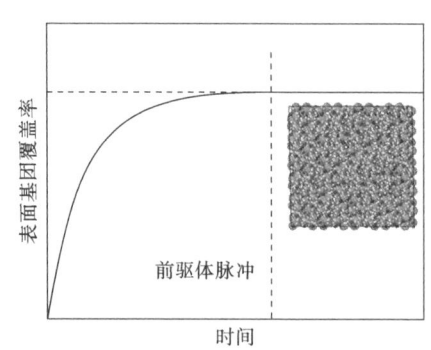

图 1-8　ALD 不可逆化学吸附

1.2.1　前驱体分子传质扩散

在研究 ALD 过程中，建立数值或分析模型是理解薄膜生长过程中关键参数的必要步骤。这些模型通常旨在描述在每个 ALD 半循环内表面覆盖率的变化,即吸附位点的反应分数。试验结果显示,这种覆盖率与每循环生长厚度(GPC)密切相关,从而影响沉积薄膜的最终厚度。如图 1-9(a)所示,化学吸附的活性—OH 位点覆盖率随着 ALD 循环次数的增加保持稳定。这表明每个ALD 循环中的反应概率和吸附位点利用率在一定范围内是恒定的,这对于确保 ALD 过程中薄膜的均匀性和一致性至关重要。图 1-9(b)展示了薄膜沉积厚度与 ALD 循环次数的关系,呈现出线性增长的趋势,这种线性关系反映了每个ALD 循环中新层薄膜的沉积量。在理想情况下,可以通过调整 ALD 过程中的关键参数(如前驱体的流量、反应时间和温度)来控制沉积速率,从而实现精确的薄膜厚度控制。

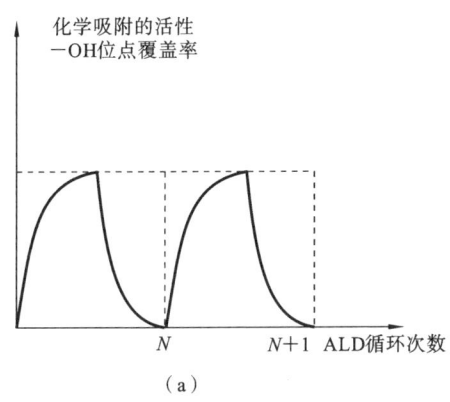
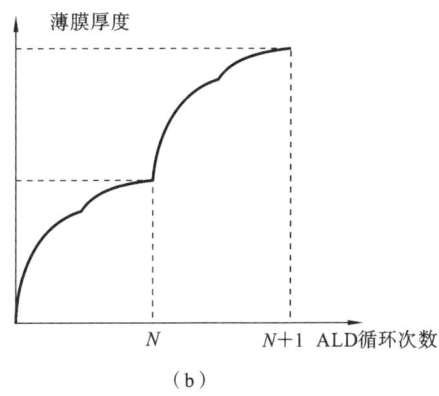

图 1-9　(a)表面活性位点覆盖率和(b)薄膜厚度与 ALD 循环次数的关系

　　气相沉积中的表面反应一般指气相反应物分子在固体表面发生官能团互换的过程。ALD 的脉冲输入、表面反应和吹扫等过程可分为以下几个步骤:① 反应物分子向固体表面扩散;② 扩散到固体表面的反应物分子被固体表面吸附,并与表面活性官能团发生反应;③ 表面反应生成的产物分子从固体表面脱附,并进入固体附近的边界层或气相中;④ 脱附的产物分子通过扩散远离固体表面。在组分传输计算中,壁面化学反应的边界条件通常不考虑壁面法向速度或因质量传递而产生的动量影响。这是因为相对于毗邻表面单元中的动量流,穿过表面的质量流量通常很小,因此净质量流量的动量可以忽略不计。

　　在 ALD 过程中,通过向 ALD 腔体中引入气相脉冲,惰性载气与气相前驱体分子形成混合气流。这些前驱体分子通过对流和扩散作用吸附到加热的基底表面,并与基底表面上的活性官能团发生化学反应。反应产物和未反应的前驱体随载气一起被抽出腔体。在大多数 ALD 化学反应过程中,气体反应物分

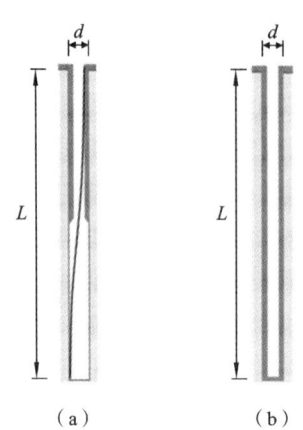

（a）　　　　　（b）

图 1-10　生长类型示意图：(a) 扩散限制；(b) 反应限制

子到达基底表面的速率远远小于表面反应速率。因此，到达基底表面的气体分子可以迅速参与表面反应，整个薄膜生长速率主要由质量传输过程（对流和扩散）控制。尽管表面反应也会释放热量，但这种热量相对较小，因此对生长速率的影响较小，生长速率主要受基底边界层流体参数（速度、温度和浓度）的影响。整个薄膜生长速率可以通过反应体系中各组分的浓度来调节和控制。如图 1-10 所示，ALD反应过程主要受到两种控制机制的影响：反应限制和扩散限制。在扩散限制型生长中，反应物分子在它们扩散到结构末端之前就已经被吸附。而在反应限制型生长中，气相反应物分

子的吸附相比于在高深宽比结构中的扩散需要更长的时间。反应物分子的扩散时间 t_d 与吸附时间 t_a 之比决定了生长类型，即反应限制型（$t_d/t_a \ll 1$）或扩散限制型（$t_d/t_a \gg 1$）。对于扩散时间 t_d，它表示反应物分子扩散到高深宽比结构末端所需的时间。对于在时间 t 内进行的分子扩散，其平均穿透深度随着 t 的平方根增加。因此，到达结构末端所需的时间与结构的深宽比的平方成正比，即 $t_d \propto AR^2$（其中 AR 表示深度 L 与直径 d 之比）。

在 ALD 过程中，吸附时间指的是填满一定比例的吸附位点所需的时间，其与发生吸附反应需要的平均碰撞次数成正比。在初始的干净表面上，单个位点平均碰撞次数等于 $1/s_0$，因此 $t_a \propto 1/s_0$，其中 s_0 是初始吸附概率。对于分子在沟槽中的扩散，扩散时间 t_d 与吸附时间 t_a 之比可以由等式 $\dfrac{t_d}{t_a} = \dfrac{3}{4} s_0 \left(\dfrac{L}{d} \right)^{2[5]}$，或

者简化的等式 $\dfrac{t_d}{t_a} \approx s_0 AR^2$ 计算得到。当 $s_0 AR^2 < 1$ 时，生长类型为反应限制型；当 $s_0 AR^2 > 100$ 时，生长类型则为扩散限制型。

在反应受限制的生长条件下，薄膜的生长速率是均匀的，因此在高深宽比结构中达到薄膜饱和所需的反应物质量与在平面基底上相同。具体来说，饱和剂量与 $\dfrac{1}{A_0 s_0}$ 成正比，其中 A_0 是每个吸附位点的平均有效面积。相比之下，在扩散限制模式下，高深宽比结构内的前驱体分子与壁面之间的反应速率非常快，前驱体分子一旦扩散到达孔内表面就会立即发生反应。而在前驱体反应受限

制的情况下,前驱体分子的扩散速度较快,但是表面反应的速率较慢,因此达到薄膜饱和覆盖所需的时间更长。扩散受限制的生长模拟如图 1-11 所示[6]。在这种情况下,前驱体的反应速率相对于扩散速度更快,这意味着反应物分子在到达沟槽深处之前就已经被吸附。因此,在接近入口处,薄膜会很快饱和,形成一个饱和区域;而在沟槽的深处,仍然存在大量未被充分吸附的空位。随后,靠近入口的区域达到吸附饱和,反应物分子向仍然有空吸附位点的"吸附前沿"扩散。这使得薄膜的生长逐渐向沟槽的深处传播。在沟槽深处,表面反应速率较低,导致需要更长的时间才能实现薄膜的饱和覆盖。

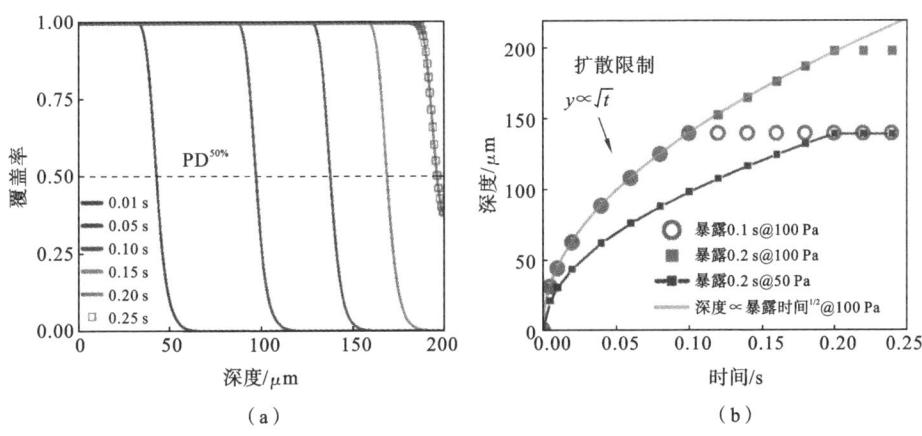

图 1-11　(a) 高深宽比结构中覆盖率-沉积深度关系;
(b) 扩散限制型生长中沉积深度-时间关系

值得注意的是,沉积薄膜的渗透深度并不仅仅取决于反应物分子扩散的时间,还取决于进入沟槽的反应物分子的数量。需要足够数量的反应物分子来"填满"吸附位点,才能达到特定的渗透深度。因此,渗透深度随着反应物剂量的增加而变化。这不是一个线性关系,因为并非每个进入沟槽的分子都会成功吸附在表面,有些可能会溢出沟槽。对于这种扩散过程,沉积薄膜的渗透深度按照 $PD^{50\%} \propto d\sqrt{A_0 Dose}$ 的关系增加,其中 $PD^{50\%}$ 是半厚度渗透深度,Dose 是反应物剂量。需要注意的是,当 A_0 较大时,表面上需要填充的吸附位点较少,因此沉积薄膜也会渗透得更深。

在扩散限制型生长中,沉积薄膜的渗透深度的表达式也可以用来预测饱和剂量 $Dose_{sat}$,因为当半厚度渗透深度 $PD^{50\%}$ 接近沟槽的总深度 L 时,通常吸附达到饱和状态。因此,有 $d\sqrt{A_0 Dose} \propto L$。饱和剂量不受反应物的反应性影响,而主要受深宽比和吸附位点数量的影响。虽然初始吸附概率 s_0 的大小不会直接影响扩散限制型生长过程中的渗透深度,但它确实会影响到覆盖率曲线的形状。

在等离子体 ALD 中,保持薄膜生长的一致性变得更为复杂。在这种过程中,扩散进入沟槽中的等离子体自由基不仅可能通过吸附损失,还可能通过再组合损失,其损失率由表面再组合概率 r 表示。这种再组合损失的存在通常导致所谓的再组合限制型生长,其中等离子体自由基进入高深宽比结构的深度受到再组合限制。要确定薄膜生长是否受再组合限制,可以使用 $r\mathrm{AR}^2$ 的值来判断。类似于前面部分讨论的参数 $s_0\mathrm{AR}^2$,$r\mathrm{AR}^2$ 的值表示扩散时间和再组合时间之比。当 $r\mathrm{AR}^2>1$ 时,等离子体自由基在扩散到沟槽的末端之前会再组合,因此薄膜生长受到再组合限制。当 $r\mathrm{AR}^2<1$ 时,等离子体自由基可以到达沟槽的末端,生长类型由参数 $s_0\mathrm{AR}^2$ 的值决定。

自由基的再组合衰减对高深宽比结构中薄膜生长规律产生显著影响。根据几种常见的氧化物表面的氧自由基重组系数 r,引入 $10^{-5}\sim10^{-2}$ 的重组系数范围,对高深宽比结构的扩散-表面反应模型进行研究[7]。如图 1-12(a)所示,相同的入口自由基密度条件下,不同重组系数对应的沉积剖面显示出自由基再组合对薄膜在孔内渗透深度的显著影响。较大的重组系数导致在相同等离子体处理时间内的渗透深度显著减小,同时厚度分布曲线的斜率随之增大,表明纳米结构内自由基的衰减速度更快。从图 1-12(b)可以看出,随着重组系数从 10^{-5} 增大至 10^{-2},深孔内均匀沉积的限制因素由扩散限制转变为自由基重组限制。这表明在深宽比大于 10 的情况下,保持沉积结构的形状变得更加困难。比较不同重组系数的影响,可知重组系数为 10^{-2} 时,等离子体活性自由基的密

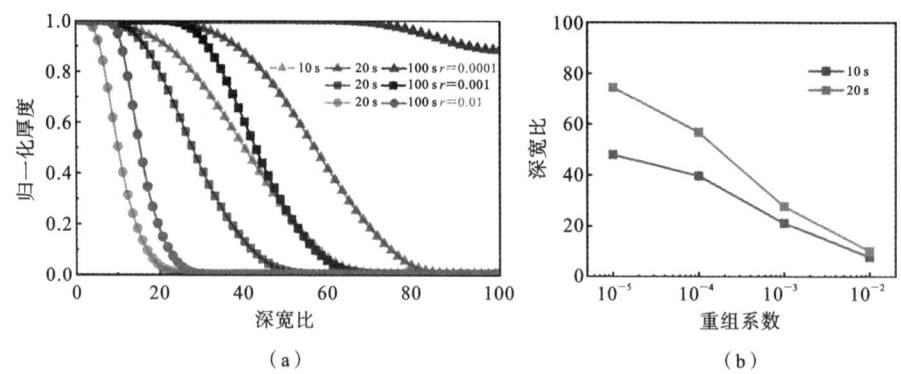

(a)　　　　　　　　　　　　(b)

图 1-12　深孔结构沉积受(a)深宽比和(b)重组系数的影响

度衰减非常严重,使得深孔结构内的沉积存在显著的困难。

此外,图 1-13 展示了复合损失如何影响薄膜的生长过程。首先,沟槽入口附近区域的表面达到了饱和状态。在这个饱和区域,由于不再发生吸附损失,等离子体自由基可以更深入地进入沟槽。然而,复合损失仍然存在,即使在饱和表面上也是如此,这最终限制了自由基可以扩散的深度。在研究了自由基重组对沉积的影响后,进一步探讨不同等离子体活性自由基密度对薄膜沉积保形性的影响。如图 1-13(a)所示,当等离子体能够给高深宽比结构提供更高的活性自由基密度时,尽管固有的浓度梯度仍然存在,但自由基的绝对数量显著增加。图 1-13(b)展示了不同等离子体自由基绝对数量条件、不同等离子体处理时间下纳米结构底部沉积厚度的变化。可以观察到,只有当自由基绝对数量或处理时间成倍增加时,才能实现高深宽比结构底部薄膜沉积厚度的线性增加。在复合限制型生长中,吸附概率对沉积薄膜的渗透深度的影响相对有限。相反,自由基的再组合损失和密度的变化对沉积薄膜的厚度和形状保持起到了决定性的作用。

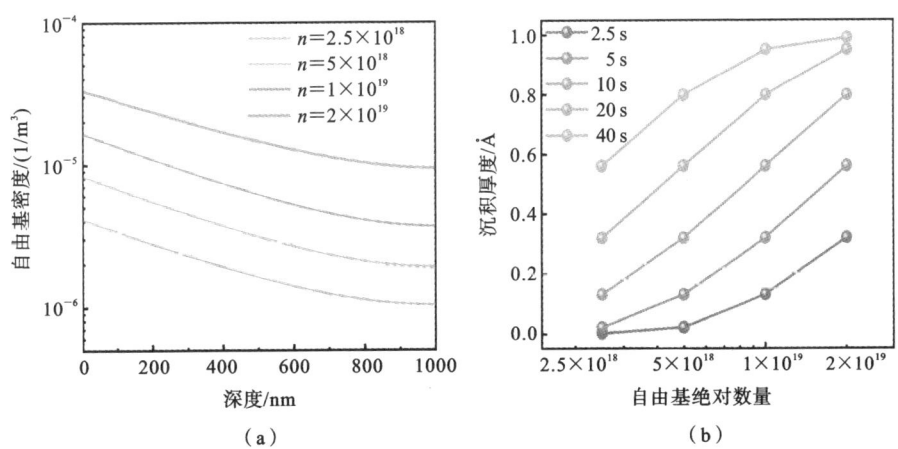

（a）   **（b）**

图 1-13 不同等离子体活性自由基密度和绝对数量对薄膜沉积保形性的影响:(a) 不同深度的自由基密度;(b) 沉积厚度与等离子体处理时间和自由基绝对数量的关系

1.2.2 前驱体吸附和反应动力学

理想的 ALD 生长过程,通过选择性交替把不同的前驱体暴露于基底的表面,在表面吸附并反应,形成沉积薄膜。吸附可以通过两种广义的机制进行:物理吸附和化学吸附。物理吸附通过分子间作用力,如范德瓦耳斯力或氢键,在前驱体和基底表面之间形成。化学吸附通常是前驱体与基底表面之间发生化学反应的结果,在两者之间会形成新的键。物理吸附通常不被认为是 ALD 生长的主要步骤,原因有两个。其一,基底表面与前驱体之间的分子间作用力通常很弱,这可能导致在 ALD 的净化步骤中前驱体分子从表面脱附。其二,通过范德瓦耳斯力进行的物理吸附没有自我限制的固有机制,因为范德瓦耳斯力不仅存在于基底表面和吸附的前驱体之间,还存在于不同前驱体分子之间。尽管如此,前驱体的物理吸附被认为在许多 ALD 过程中起到了重要作用。在 ALD 的大多数理论计算中,前驱体对表面的物理吸附通常被视为第一步,并被认为有助于后续的化学吸附。前驱体参与 ALD 反应的第一步都是气相前驱体分子在可访问的表面位点上的物理吸附或结合。这一步通常被假定为可逆过程,因为其既不会产生副产物,吸附分子又可能从表面脱附,所以该状态被定义为物理吸附态。在 ALD 过程中,物理吸附的动力学过程如式(1-1)和式(1-2)所示:

$$\mathcal{L}^* + A_g \overset{r_a}{\Rightarrow} \mathcal{L}^* A \tag{1-1}$$

$$\mathcal{L}^* A \overset{r_b}{\Rightarrow} \mathcal{L}^* + A_g \tag{1-2}$$

式(1-1)和式(1-2)分别表示 ALD 过程中前驱体在基底表面的吸附和脱附过程。其中,A_g 表示气相前驱体分子,$\mathcal{L}^*$ 表示基底表面的活性反应基团,$\mathcal{L}^* A$ 表示经过吸附过程后的基底表面生成的新的活性反应基团,r_a 和 r_b 分别表示吸附和脱附过程的反应速率。r_a 和 r_b 的计算公式分别为

$$r_a = k_a p_a (1-\theta) \tag{1-3}$$

$$r_b = k_b \theta \tag{1-4}$$

其中,θ 为表面上基团的覆盖率,$k = A e^{-\frac{E}{RT}}$ 为反应速率常数,$p_a = \frac{n_a}{n} p$ 为前驱体的分压。进一步结合朗缪尔(Langmuir)等温吸附关系,可以推导出:

$$\frac{d\theta}{dt} = r_a - r_b = k_a p_a (1-\theta) - k_b \theta \tag{1-5}$$

反应饱和后,化学吸附覆盖率保持为常数,即 $d\theta/dt = 0$。由式(1-5)可以得到 Langmuir 公式,该公式给出了平均覆盖率随反应前驱体分压的函数:

$$\theta^{eq} = \frac{k_a p_a}{k_a p_a + k_b} = \frac{p_a}{p_a + K^{-1}} \tag{1-6}$$

在式(1-6)中,用平衡吸附常数 K 代替了 k_a/k_b。在大多数可逆吸附例子中,θ^{eq} 随前驱体分压 p_a 的增大而增大,如图 1-14 所示。

求解式(1-6),当平衡吸附常数 K 逐渐变大时,有

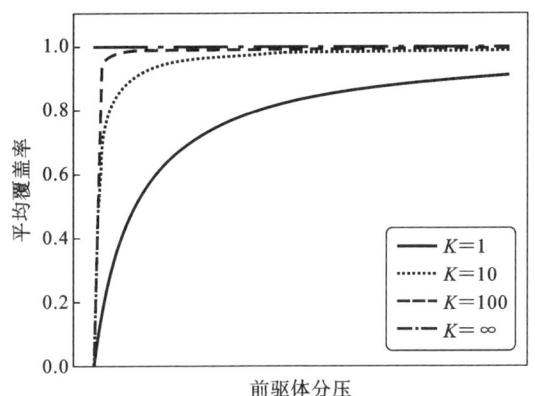

图 1-14　前驱体分压对可逆过程中平均覆盖率的影响

$$\lim_{K \to \infty} \theta^{\mathrm{eq}} = 1 \tag{1-7}$$

当 K 足够大时,即使在非常小的前驱体分压条件下,平衡覆盖率仍保持为 1,如图 1-14 所示。完成物理吸附后,前驱体还将进一步发生化学吸附。前驱体在沉积基底表面上的典型 ALD 反应动力学方程如下:

$$\mathrm{Pre(g)} + * \longleftrightarrow \mathrm{Pre}_{\mathrm{phy}}^{*} \tag{1-8}$$

$$\mathrm{Pre}_{\mathrm{phy}}^{*} \longleftrightarrow \mathrm{Pre}_{\mathrm{chem}}^{*} \tag{1-9}$$

式(1-8)表示前驱体的物理吸附,其中,$\mathrm{Pre(g)}$ 表示气相前驱体,$*$ 表示表面空位点,$\mathrm{Pre}_{\mathrm{phy}}^{*}$ 表示表面上物理吸附的前驱体。式(1-9)表征前驱体在表面的吸附转化过程,其通过表面反应实现从物理吸附态($\mathrm{Pre}_{\mathrm{phy}}^{*}$)到化学吸附态($\mathrm{Pre}_{\mathrm{chem}}^{*}$)的转变。假设 k_1^+、k_2^+ 为正向反应速率常数,k_1^-、k_2^- 为逆向反应速率常数,这两个反应的反应速率如下所示:

$$\begin{cases} r_{\mathrm{phy}} = k_1^+ P_{\mathrm{pre}} \theta_* - k_1^- \theta_{\mathrm{phy}} \\ r_{\mathrm{chem}} = k_2^+ \theta_{\mathrm{phy}} - k_2^- \theta_{\mathrm{chem}} \end{cases} \tag{1-10}$$

其中,P_{pre} 是前驱体的分压,θ_*、θ_{phy} 和 θ_{chem} 分别是基底表面上的空位点、物理吸附前驱体的覆盖率和化学吸附前驱体的覆盖率。反应体系的微分方程可以写为

$$\begin{cases} \dfrac{\mathrm{d}\theta_{\mathrm{phy}}}{\mathrm{d}t} = r_{\mathrm{phy}} - r_{\mathrm{chem}} = k_1^+ P_{\mathrm{pre}} \theta_* - k_1^- \theta_{\mathrm{phy}} - k_2^+ \theta_{\mathrm{phy}} + k_2^- \theta_{\mathrm{chem}} \\[2mm] \dfrac{\mathrm{d}\theta_{\mathrm{chem}}}{\mathrm{d}t} = r_{\mathrm{chem}} = k_2^+ \theta_{\mathrm{phy}} - k_2^- \theta_{\mathrm{chem}} \\[2mm] \theta_* + \theta_{\mathrm{phy}} + \theta_{\mathrm{chem}} = 1 \end{cases} \tag{1-11}$$

根据碰撞理论和过渡态理论可以估计式(1-11)中的各个反应速率常数。k_1^+ 可以通过碰撞理论来估计：

$$k_1^+ = \frac{S\sigma}{\sqrt{2\pi m_A k_B T}} \tag{1-12}$$

其中，σ 是吸附位点的表面积，m_A 是前驱体的质量，S 是无量纲的黏附系数，k_B 为玻尔兹曼常数。k_1^-、k_2^+ 和 k_2^- 的数值可通过密度泛函理论(DFT)计算得到的吸附能 E_{ads}、化学吸附时的反应势垒 E_b 和反应热 ΔE 推导得到：

$$\begin{cases} k_1^- = \dfrac{k_B T}{h} \exp\left(-\dfrac{E_{ads}}{k_B T}\right) \\[2mm] k_2^+ = \dfrac{k_B T}{h} \exp\left(-\dfrac{E_b}{k_B T}\right) \\[2mm] k_2^- = \dfrac{k_B T}{h} \exp\left(-\dfrac{E_b - \Delta E}{k_B T}\right) \end{cases} \tag{1-13}$$

假设前驱体在前半反应经历了 τ_{pulse} 时间的通气和 τ_{purge} 时间的吹扫，则需要分两段对微分方程式(1-11)进行演化求解。第一段的初始条件为 $[\theta_*, \theta_{phy}, \theta_{chem}] = [1, 0, 0]$，表示初始表面为干净表面，全部为空位点。经过 τ_{pulse} 时间的演化，可以求得前驱体通气后的表面状态，记为 $[\theta_*^{\tau_{pulse}}, \theta_{phy}^{\tau_{pulse}}, \theta_{chem}^{\tau_{pulse}}]$，该表面状态为后续吹扫过程的初态。之后在第二段求解中，将 $[\theta_*^{\tau_{pulse}}, \theta_{phy}^{\tau_{pulse}}, \theta_{chem}^{\tau_{pulse}}]$ 作为初态，演化 τ_{purge} 时间，同时吹扫过程中气相前驱体的分压可以近似为 0，即 $P_{pre} = 0$。最终演化得到的结果 $[\theta_*^{\tau_{pulse}+\tau_{purge}}, \theta_{phy}^{\tau_{pulse}+\tau_{purge}}, \theta_{chem}^{\tau_{pulse}+\tau_{purge}}]$ 为前半 ALD 循环表面的状态，并作为后半 ALD 循环氧化反应的初态[8]。

1.2.3 脉冲和吹扫时间

时间也是吸附过程中非常重要的一个参数，假定压力和温度恒定，可以得到 ALD 中基底表面覆盖率的函数表达式，即

$$\theta = \theta^{eq}\left[1 - e^{-(k_a p_a + k_b)t}\right] \tag{1-14}$$

对于不可逆化学吸附，式(1-14)可以简化为 $\theta = 1 - e^{-k_a p_a t}$。图 1-15 给出了不可逆化学吸附覆盖率 θ 随时间的变化。在前驱体 A 的反应阶段，化学吸附覆盖率随时间增加到 1，这个时候反应自动终止。分压 p_a 和反应速率常数 k_a 越大，反应完成得越快。在后面的惰性气体吹扫过程中，化学吸附覆盖率保持为常数。在接下来前驱体 B 的反应过程中，前驱体 A 的吸附数量减少，理想情况下应为 0。前驱体 B 将会在表面引入新的吸附类型，并且其覆盖率从 0 增加到 1，在后面的惰性气体吹扫过程中，仍然保持为常数。以上过程不断重复，化学

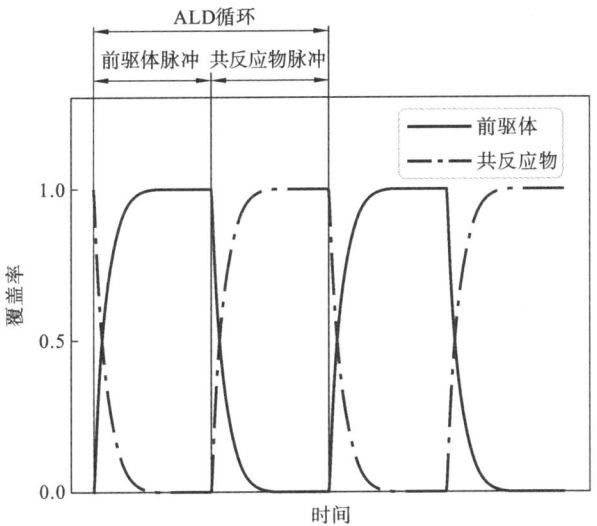

图 1-15　不可逆化学吸附覆盖率 θ 随时间的变化

吸附覆盖率也在 0 到 1 之间不断变化。

　　时间对化学吸附覆盖率的影响与对沉积质量的影响不同。如图 1-16(a)所示,在一个 ALD 循环内,沉积质量随时间先增加后降低。这是由于在前驱体脉冲阶段,前驱体吸附到表面上导致沉积质量增加。当共反应物氧化前驱体及配体时,沉积质量下降。在图 1-16(b)中,可以看到沉积质量随循环次数线性增加,这表明 ALD 具有自限制性。

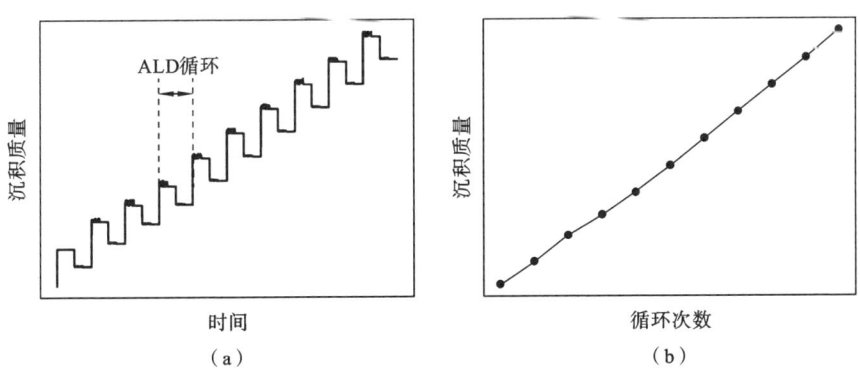

图 1-16　(a)沉积质量随时间的变化;(b)沉积质量随循环次数的变化

1.2.4　表面活性位点和空间位阻效应

为了便于对表面吸附反应进行分析,假定温度窗口内的 ALD 吸附反应过

程中只有吸附反应发生，而没有脱附反应发生，式(1-14)所示的表面覆盖率可变形表示为

$$\theta = 1 - e^{-k_a p_a t} = 1 - e^{-\left(A_a e^{-\frac{E_a}{RT}}\right) p_a t} \tag{1-15}$$

图 1-17 为满足式(1-15)的吸附关系曲线。随着时间的变化，基底表面基团覆盖率以指数形式从 0 升至无限接近 1，而基底表面剩余的活性位点覆盖率则同样以指数形式从 1 衰减至无限接近 0。理论上，只有当时间无限长时，表面基团覆盖率才能达到 1，此时基底表面的活性位点全部被消耗掉。但在实际实验以及模型计算中，通常不需要表面活性位点全部被消耗，只需要达到某一设定阈值即认为实现了完全的饱和吸附。这种判定依据源于典型的吸附曲线特性——在初始阶段基团覆盖率快速上升，可在较短时间内达到接近饱和的高覆盖率平台区。因此，在曲线中设定完成饱和吸附的阈值。在这里，假设当表面覆盖率 θ 大于 0.95 时，基底表面完成了饱和化学吸附，此时对应的时间 t_0 为基底表面完成饱和化学吸附的临界时间。在理论分析下根据式(1-15)可以发现，ALD 的反应温度 T、前驱体分压 p_a 以及反应时间 t 是影响化学吸附进程的关键因素，在后续研究中也将以此为基础探究不同工艺参数对吸附过程的影响以及不同 ALD 设备的沉积特性。

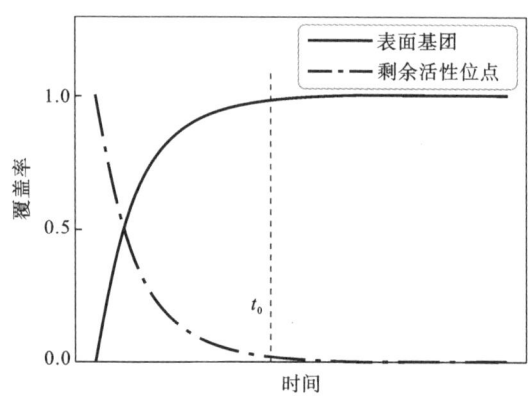

图 1-17 ALD 自限制半反应的表面基团以及剩余活性位点的覆盖率变化

在完全理想的条件下，ALD 反应中通过自限制性表面化学吸附反应，在每一个循环结束后生成单原子层(monolayer，ML)的薄膜。理想情况下，表面化学吸附覆盖率可达到 1。然而，对于最经典的三甲基铝和水的 ALD 沉积反应而言，实验测得每循环生长厚度约为 1 Å，仅有理论沉积单原子层厚度的 30% 左右。这种差异主要源于表面活性位点密度不足和前驱体分子的空间位阻效应。

随着表面活性位点的增加,沉积过程中表面化学吸附覆盖率 θ 会增加,生长速率也会随之增加。图 1-18 展示了不同活性基团浓度下表面化学吸附覆盖率随 ALD 循环次数的变化。具体而言,当表面活性基团的浓度偏低时,初期形核的分布较为稀疏,导致即使经过相同次数的循环,其表面覆盖率依然维持在较低水平。相反,如果活性基团的浓度较高,不仅初期形核数量大幅增加,而且达到表面完全覆盖所需的循环次数也大幅减少。

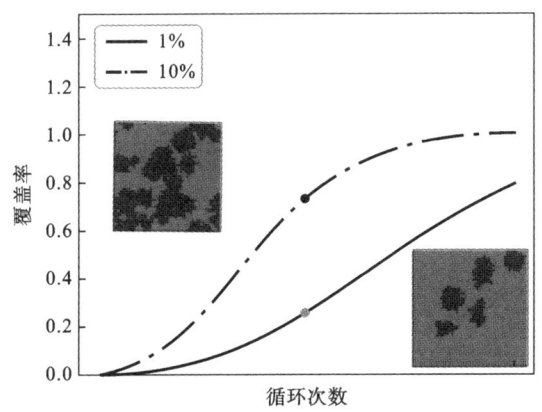

图 1-18　活性基团浓度对表面化学吸附覆盖率的影响

在饱和式不可逆化学吸附反应中,基底吸附前驱体的数量取决于反应机理和引起饱和反应的因素。当参与反应的表面活性位点数量和副产物释放量达到最大值时,可获得最大生长速率,此时反应将持续进行直至产生空间位阻效应终止。虽然理想情况下每个循环应形成一个完整材料单层,但实际过程往往偏离该假设。如图 1-19 所示,前驱体 $Hf(NEtMe)_4$(四(乙基甲基氨基)铪,TEMAHf)及其分解的配体(—NEtMe)体积较大,掩蔽了部分表面活性位点。这种情况会使得 ALD 出现伪饱和吸附反应状态,导致实际化学吸附覆盖率降低,进而使得 ALD 生长速率减小。

在 ALD 生长过程中,空间位阻效应的理论发展经历了三个重要模型。最早的模型 Ⅰ 使用了单层密堆积概念,由 Ritala 等人和 Morozov 等人在 1993 年提出,认为前驱体分子 ML_n 的尺寸决定了表面吸附的前驱体数量,进而决定沉积的最大反应速率。这个模型基于前驱体分子 ML_n 在基底表面发生物理吸附的假设,没有考虑前驱体分子 ML_n 通过与基底表面的基团发生配体交换形成 $ML_z(1 \leqslant z \leqslant n)$ 而化学吸附在基底表面。基于此,Ylilammi 提出了模型 Ⅱ,考虑前驱体分子与基底表面基团发生配体交换形成 $ML_z(1 \leqslant z \leqslant n)$,当

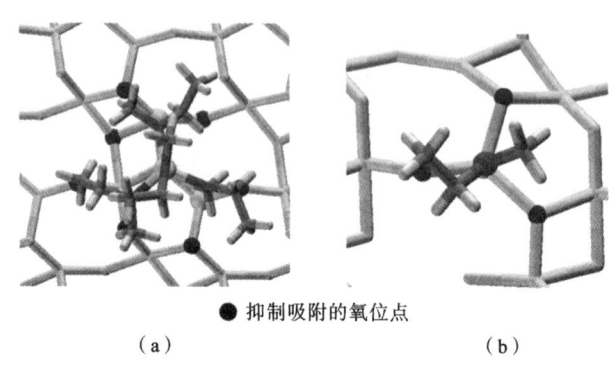

● 抑制吸附的氧位点

（a） （b）

图 1-19 （a）Hf(NEtMe)₄ 和（b）—NEtMe 对近邻位点吸附的影响

吸附配体 ML_z 在表面铺满时，生长速率最大；认为随着吸附配体 ML_z 尺寸的增加，生长速率将会减小，没有考虑吸附配体数量的影响。Siimon 和 Aarik 以及 Puurunen 各自独立地发展了模型Ⅲ来计算最大生长速率，通过配体的密堆积排布来计算最大吸附量，其排布方式类似于配体的物理单层结构。该模型揭示了一个重要规律：随着吸附配体尺寸的减小，ALD 的生长速率会相应增大。

根据空间位阻效应的三种模型可知，ALD GPC 均小于理想情况下的 ALD GPC。在 TEMAHf 和 O_3 的 ALD 反应中，若忽略空间位阻效应的影响，GPC 为单层晶格厚度（0.278 nm）。利用模型Ⅰ，考虑 TEMAHf 对近邻活性位点的阻碍，GPC 为 0.11 nm，与实验值 0.10 nm 接近。

1.2.5 薄膜生长模式及沉积速率的变化

ALD 生长过程中，前驱体在表面聚集的方式被称为生长模式。在每个循环中，完整的单层生长一般情况下是二维生长，因为根据 ALD 的反应原理，多层吸附需要被排除在外；而对于亚单层生长，其他生长模式均可能存在。

图 1-20 所示为三种生长模式的示意图。薄膜的生长模式有二维生长、随机生长和岛状生长。对于第一个 ALD 循环中在裸基底上的沉积，如果对前驱体吸附非常有利且基底表面有足够的化学吸附活性位点，那么前驱体的饱和吸附主要受吸附后剩余配体的位阻效应控制。这种位阻效应阻止了在一个 ALD 循环后完整的沉积材料层的形成。如果在接下来的 ALD 循环中仅有未填充的基底发生沉积，直到形成完整的单层，则被认为是二维生长。对于大多数 ALD 过程而言，二维生长通常被认为是理想生长模式，但在实际实验条件下很难实现。

通常,接下来的循环更倾向于在现有的 ALD 沉积材料上进行化学吸附,而不是在裸基底上进行化学吸附。这种生长方式被称为岛状生长,因为对 ALD 沉积材料的优先沉积将导致岛的形成和生长,这些岛状形核由裸基底分隔。一般来说,岛状生长可以在存在或不存在表面扩散的情况下发生。在表面扩散不发生的情况下,由于在每个循环中岛屿表面上会产生一个吸附前驱体的单层,因此岛的粒径将随循环次数呈线性增长。简单来说,岛状生长模式下,新的材料更倾向于在已经长好的材料上生长。岛状生长已经在多个 ALD 工艺中得到确认。随机生长是一种统计生长模式,新的材料在所有活性位点上生长的概率相同。由于自限制性反应,在 ALD 工艺中随机生长将会产生比连续生长更加平滑的层。随机生长至少已经在两个 ALD 工艺中得到阐述。理论和实验研究结果表明,ALD 按照非均匀形核机制发生,导致岛状生长模式的沉积。一般情况下,小岛结合成片状的过程在薄膜生长数十纳米后结束。在这个过程中通常存在表面自由能变化和晶格失配的情况。这就会导致形成的薄膜内部存在很多的晶界,从而呈现多晶的结构形态,并且不符合 ALD 逐层吸附原理,导致 ALD 反应按岛状生长模式进行,每循环生长厚度并不是理论上单原子层厚度。此外,在生长过程中生长模式可能会发生变化。例如,在开始的几个单层的生长过程中可能为二维生长,在后续生长过程中可能为岛状生长或者随机生长;也有可能开始为岛状生长,岛状生长形成连续膜后,二维生长可能开始发生。

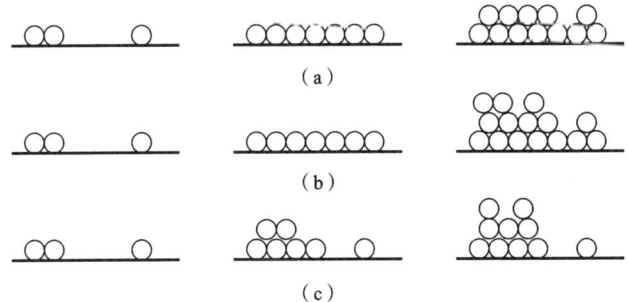

图 1-20 薄膜的不同生长模式:(a) 二维生长;(b) 随机生长;(c) 岛状生长

ALD 工艺通过材料沉积改变表面的化学沉积。初始 ALD 循环仅在原始基底上进行,后续循环则同时在基底和新生成的 ALD 材料上进行。经过多次循环后,基底的影响逐渐消失。根据 GPC 与循环次数之间的关系,可以将 ALD 工艺分成四种类型,如图 1-21 所示。在这四种类型中,在足够多的 ALD 循环后,GPC 都趋向于一个常数。在线性生长中,如图 1-21(a)所示,GPC 从第一个循环开始就保持为常数,生长总是处于一个稳定的状态。表面活性位点的数量在不同循环中保持恒定,或者吸附配体 ML_2 中 L 和 M 的数量之比保持不变时,都会导致吸附饱和。在基底促进生长中,如图 1-21(b)所示,GPC 在生长的早期比稳态时更高一些。在基底的活性位点比 ALD 生长薄膜材料的活性位点更多一些的情况下,这种生长会发生。图 1-21(c)和(d)所示为基底抑制生长,由于基底的活性位点比生长薄膜材料的活性位点要少,GPC 在生长的开始阶段比稳态时更低一些。对于图 1-21(d)所示情况,GPC 在达到稳定值之前会经历一个最高点。

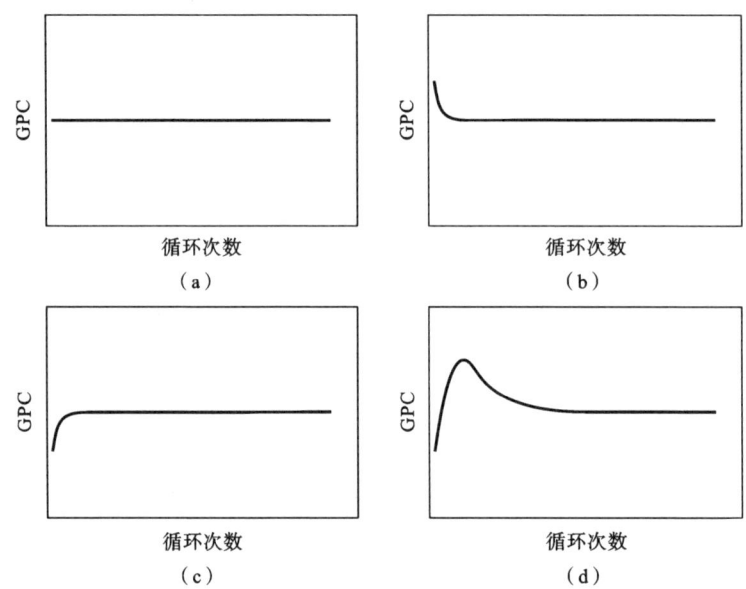

图 1-21 不同基底的活性位点数量 A_0 与 ALD 生长薄膜材料的活性位点数量 A_1 之比对应的 GPC 曲线:(a) $A_0/A_1=1$;(b) $A_0/A_1>1$;(c) $A_0/A_1<1$ 情形 1;(d) $A_0/A_1<1$ 情形 2

1.2.6 原子层沉积形核模型

除了形核生长外,表面扩散过程在部分 ALD 体系中起着重要的作用(见图 1-22)。在表面扩散不发生的情况下,岛的粒径是循环次数的线性函数,因为每个循环中颗粒表面都会化学吸附一层前驱体使得颗粒的尺寸均匀增加(与 GPC 有关)。而扩散过程会导致颗粒尺寸增加偏离线性关系。

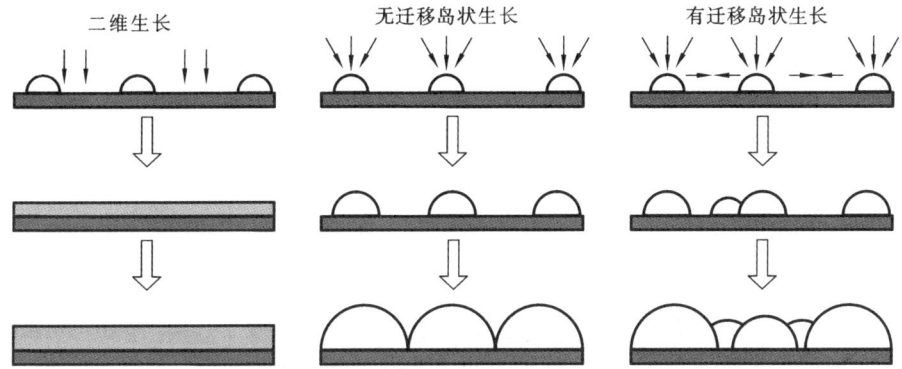

图 1-22　二维生长、岛状生长和扩散过程

本节建立了一个具有各向异性的生长模型来描述区域选择性原子层沉积（area-selective atomic layer deposition，AS-ALD）过程[9]，描述了原子尺度的前驱体反应速率与实验中产生的宏观选择性之间的关系。引入初始形核位点密度、每个 ALD 循环的形核位点密度、核的横向扩展、核的纵向扩展、核的熟化/迁移来拟合实验数据。该模型能很好地拟合实验观察到的不同工艺条件下的形核生长曲线。此外，DFT 计算数据和表面动力学也被引入模型，从而实现对部分工艺参数的预测和对薄膜生长曲线的拟合。

ALD 生长模型包含五个独立的参数（见图 1-23）：① 每个 ALD 循环核沿纵向的生长速率 $\dot{G}_v$（nm）；② 每个 ALD 循环核沿横向在基底上扩展的速率 $\dot{G}_l$（nm）；③ 每个 ALD 循环产生的新形核位点密度 $\dot{N}$（nm^{-2}）；④ 初始 ALD 循环中缺陷诱导的形核位点密度 $\hat{N}$（nm^{-2}）；⑤ 已形核区和未形核区之间由熟化/迁移导致的形核位点密度 $\dot{N}'$（nm^{-2}）。

在第 1 个 ALD 循环中，在缺陷位点和正常位点发生吸附与反应的前驱体分子都可以导致薄膜的初始形核。因此，第 1 个 ALD 循环后的形核位点密度 N^1 等于 $\hat{N}$ 和 $\dot{N}$ 之和：

$$N^1 = \hat{N} + \dot{N} \tag{1-16}$$

第 1 个 ALD 循环后，核所占据的面积可以表示为

$$A_{\text{nuclei}}^{1 \to 1} = A_s n^1 = A_s A N^1 \tag{1-17}$$

其中，A_s 和 A 分别表示每个位点的单位面积和基底的总面积。第 j 个 ALD 循环后形核区的总面积 A_{nuclei}^j 可以被定义为从以前所有循环到当前循环核所占据的面积的总和：

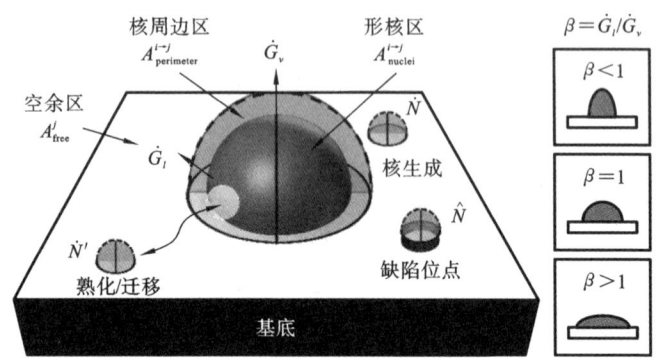

图 1-23 ALD 生长模型的示意图

$$A_{\text{nuclei}}^{j} = \sum_{i=1}^{j} A_{\text{nuclei}}^{i \to j}, \quad i < j \tag{1-18}$$

在随后的 ALD 循环中，新的形核位点来源于两个部分：一是正常的 ALD，其形核速率为 $\dot{N}$；二是形核区通过熟化/迁移过程产生的新增形核，其速率为 $\dot{N}'$。由于新增的形核位点主要来自形核区域向非形核区域的扩散，因此，在这里假定在第 j 个 ALD 循环中 A_{nuclei}^{j} 与 A 成正比。结合这两个形核过程，第 j 个循环中新增的形核密度可以描述为

$$N^{j} = \frac{A_{\text{free}}^{j-1}}{A}\left(\dot{N} + \frac{A_{\text{nuclei}}^{j-1}}{A}\dot{N}'\right), \quad j \geqslant 2 \tag{1-19}$$

其中，$\dfrac{A_{\text{free}}^{j-1}}{A}$ 表示新增的形核只能够发生在空余区，当表面完全被核占用时，形核位点的生成速率将平滑地衰减为零。在第 j 个循环中新形核总数可以表示为 $n^{j} = AN^{j}$，新形核的总面积则为 $A_{\text{nuclei}}^{j \to j} = A_s n^{j}$。

随后，在第 j 个循环中新形核将从下一个循环开始长大。每个核的长大面积等于核的周边区面积。因此，第 j 个循环和第 $j-1$ 个循环后的形核区面积（以在第 i 个 ALD 循环中产生的核为例）的关系是

$$A_{\text{nuclei}}^{i \to j} - A_{\text{nuclei}}^{i \to (j-1)} = A_{\text{perimeter}}^{i \to (j-1)}, \quad 1 \leqslant i \leqslant j-1 \tag{1-20}$$

式(1-20)中等号右边的项 $A_{\text{perimeter}}^{i \to (j-1)}$ 对应于核的周边区面积，其正比于核的周长 $L^{i \to (j-1)}$，比例系数则为核的横向扩展速率 $\dot{G}_l$，同时由于核的横向扩展只能够发生在空余区，因此还需要乘以当前空余区的比例：

$$A_{\text{nuclei}}^{i \to (j-1)} = \dot{G}_l \frac{A_{\text{free}}^{j-2}}{A} L^{i \to (j-1)}, \quad 1 \leqslant i \leqslant j-1 \tag{1-21}$$

在第 $j-1$ 个循环后,在第 i 个循环中产生的核的周长 $L^{i \to (j-1)}$ 可以利用几何的方法来估计。最常观察到的核的形状是半球形。如果考虑半球形的核,则其在基底上的投影为圆形,可以推导出核的周长和面积之间的关系:

$$\frac{A_{\text{nuclei}}^{i \to (j-1)}}{n^i} = \pi \left[\frac{L^{i \to (j-1)}}{2 \pi n^i} \right]^2 \tag{1-22}$$

由此,可以得到周长的表达式:

$$L^{i \to (j-1)} = 2 \sqrt{\pi} \sqrt{A_{\text{nuclei}}^{i \to (j-1)} n^i} \tag{1-23}$$

将 $L^{i \to (j-1)}$ 代入式(1-21)中,对于在第 i 个循环中产生的核,在第 $j-1$ 个循环后,核周边区面积和形核区面积之间的关系是

$$A_{\text{perimeter}}^{i \to (j-1)} = \beta \dot{G}_v \alpha \left(\frac{A_{\text{free}}^{j-2}}{A} \right) \sqrt{A_{\text{nuclei}}^{i \to (j-1)} n^i}, \quad \alpha = 2 \sqrt{\pi} \tag{1-24}$$

在第 j 个循环后,由于 ALD 的逐层生长特性,空余区的面积将减小。

$$A_{\text{free}}^j = A - \sum_{i=1}^j (A_{\text{nuclei}}^{i \to j} + A_{\text{perimeter}}^{i \to j}) \tag{1-25}$$

现在已经建立了所有的递归关系,那么就可以直接用 $\hat{N}$、$\dot{N}$、$\dot{N}'$、$\dot{G}_v$、β 的值迭代求解 $A_{\text{nuclei}}^{i \to j}$、$A_{\text{perimeter}}^{i \to j}$、$A_{\text{free}}^j$ 的值。迭代流程图如图 1-24 所示。

基于平均场的形核模型不仅可以描述 ALD 的形核生长行为,还可以基于详细的表面反应动力学预测 ALD 的动态形核生长行为。图 1-25 所示为形核模型与 ALD 表面反应过程的耦合关系示意图。基于典型 ALD 前半反应动力学可以得到表面物理吸附覆盖率 θ_{phy} 和化学吸附覆盖率 θ_{chem}。在后半个 ALD 循环中,那些与 θ_{phy} 和 θ_{chem} 相关的物种可以与共反应物完全反应,并对每个循环中的 $\dot{N}$ 做出贡献。因此 $\dot{N}$ 在时间 τ 上可以用式(1-26)表示。

$$\dot{N} = \theta_{\text{phy}}(\tau) + \theta_{\text{chem}}(\tau) \tag{1-26}$$

不同的 ALD 循环中,前驱体的反应速率保持恒定,正常 ALD 诱导非生长区形核的速率是稳定的。因此,正常 ALD 诱导形核位点密度 $\dot{N}$ 应与反应速率和空位点覆盖率成正比。$\dot{N}$ 可以由 DFT 结合微动力学方法计算得到。另外还有初始缺陷诱导形核位点密度 $\hat{N}$。二者共同构成了第 1 个 ALD 循环的形核,如图 1-25(b)所示。因此第 1 个 ALD 循环后非生长区的形核密度可表示为

$$N^1 = \hat{N} + \dot{N}$$

在接下来的循环中,已经存在的核会长大,并且每个 ALD 循环都会在空位点引入额外的核,如图 1-25(c)所示。此外,在此过程中还引入了另一个关于熟化/迁移的形核因素 $\dot{N}'$。非生长区表现出形核阻力,核与基底的结合可能较

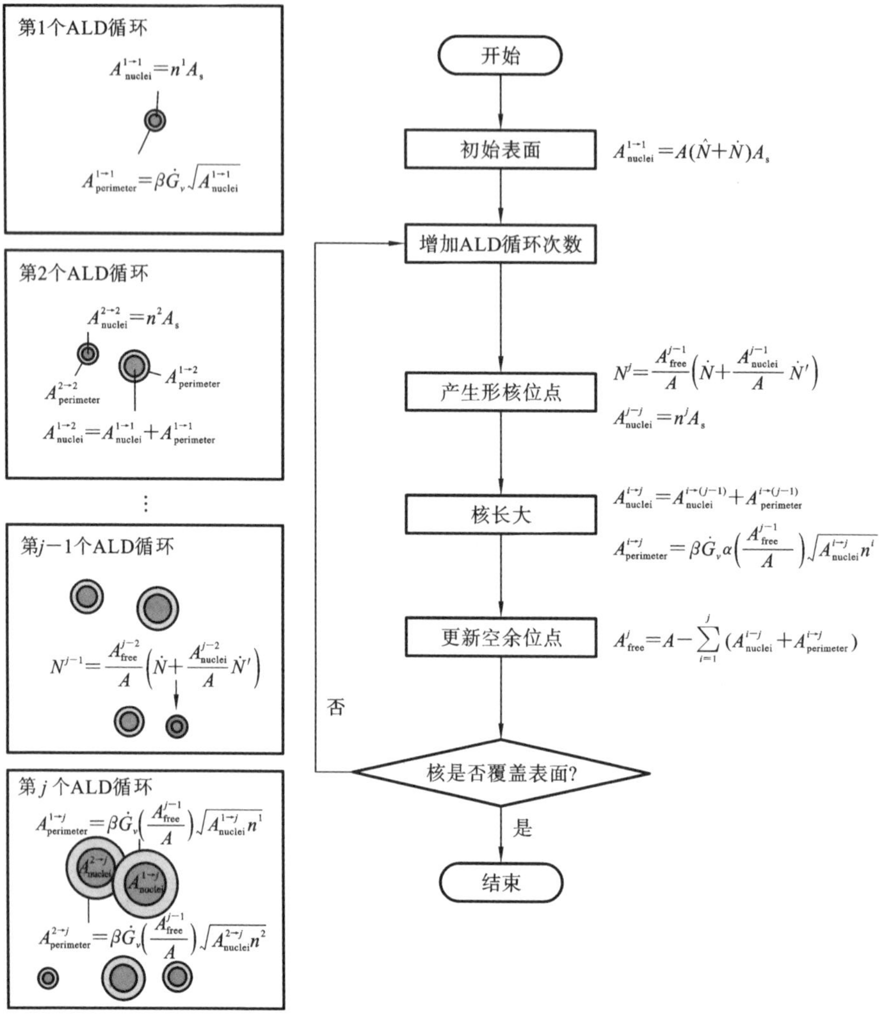

第1个ALD循环

$$A_{nuclei}^{1\rightarrow1}=n^1 A_s$$

$$A_{perimeter}^{1\rightarrow1}=\beta\dot{G}_v\sqrt{A_{nuclei}^{1\rightarrow1}}$$

第2个ALD循环

$$A_{nuclei}^{2\rightarrow2}=n^2 A_s$$

$$A_{perimeter}^{2\rightarrow2} \qquad A_{perimeter}^{1\rightarrow2}$$

$$A_{nuclei}^{1\rightarrow2}=A_{nuclei}^{1\rightarrow1}+A_{perimeter}^{1\rightarrow1}$$

$\vdots$

第$j-1$个ALD循环

$$N^{j-1}=\frac{A_{free}^{j-2}}{A}\left(\dot{N}+\frac{A_{nuclei}^{j-2}}{A}\dot{N}'\right)$$

第j个ALD循环

$$A_{perimeter}^{1\rightarrow j}=\beta\dot{G}_v\left(\frac{A_{free}^{j-1}}{A}\right)\sqrt{A_{nuclei}^{1\rightarrow j}n^1}$$

$$A_{perimeter}^{2\rightarrow j}=\beta\dot{G}_v\left(\frac{A_{free}^{j-1}}{A}\right)\sqrt{A_{nuclei}^{2\rightarrow j}n^2}$$

开始

初始表面 $\qquad A_{nuclei}^{1\rightarrow1}=A(\hat{N}+\dot{N})A_s$

增加ALD循环次数

产生形核位点 $\qquad N^j=\frac{A_{free}^{j-1}}{A}\left(\dot{N}+\frac{A_{nuclei}^{j-1}}{A}\dot{N}'\right)$

$$A_{nuclei}^{j\rightarrow j}=n^j A_s$$

核长大 $\qquad A_{nuclei}^{i\rightarrow j}=A_{nuclei}^{i\rightarrow(j-1)}+A_{perimeter}^{i\rightarrow(j-1)}$

$$A_{perimeter}^{i\rightarrow j}=\beta\dot{G}_v\alpha\left(\frac{A_{free}^{j-1}}{A}\right)\sqrt{A_{nuclei}^{i\rightarrow j}n^i}$$

更新空余位点 $\qquad A_{free}^j=A-\sum_{i=1}^{j}\left(A_{nuclei}^{i\rightarrow j}+A_{perimeter}^{i\rightarrow j}\right)$

否

核是否覆盖表面？

是

结束

图 1-24　模型迭代流程图

弱,因此有利于 ALD 循环过程中核的扩散。$\dot{N}'$为正,表明扩散诱导形核效应超过了熟化的影响。

图 1-25(d)展示了半椭球形核生长模型。ALD 会导致表面核的横向和纵向生长。由于基底上 ALD 生长与材料本身的生长不同,因此横向和纵向的生长速率不相同。各向异性参数 $\beta=\dot{G}_l/\dot{G}_v$ 反映核的形状。当 $\beta=1$ 时,表示各向同性生长,核呈半球形。$\dot{G}_l$ 和 $\dot{G}_v$ 之间的差异表明由前驱体与基底之间的相互作用导致的各向异性生长。如果基底抑制核的扩张,则会导致更多的圆柱形晶粒生成。

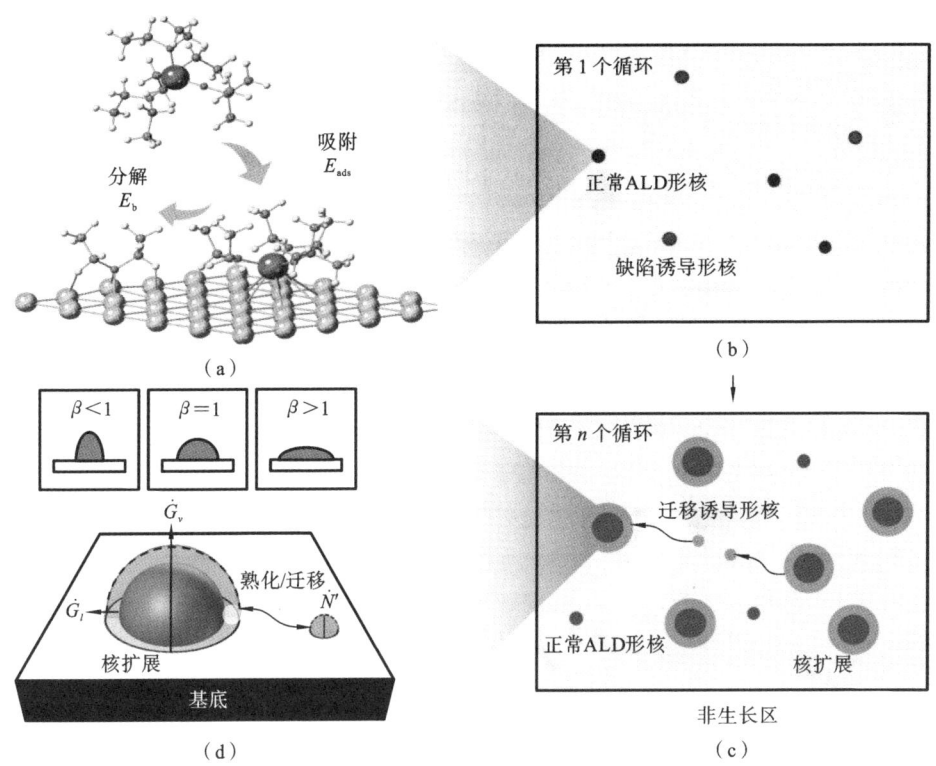

图 1-25　DFT 结合微动力学的 AS-ALD 形核模型:(a) 原子尺度 ALD 反应步骤;
(b) 第 1 个循坏形核位点;(c) 扩散诱导动态形核;(d) 各向异性核生长模型

一旦实验条件已知,如前驱体分压、温度以及脉冲和吹扫时间,就可以将这些参数和 DFT 计算结果结合起来,并通过微动力学来确定 $\dot{N}$。而如果没有实验生长曲线,其他参数 $\dot{N}'$、$\hat{N}$ 和 β 仍然难以确定。事实上,在合理设置形核参数的情况下,可以根据形核模型估算出覆盖率和形核延迟周期。参数 $\dot{N}'$ 大致在 $10^{-5} \sim 10^{-3}$ 范围内变化,这里使用 10^{-3} 作为估计值。参数 $\hat{N}$ 在 10^{-7} 和 10^{-3} 之间变化。由于 ALD 通常发生在干净的表面上,因此常用 $\hat{N}=10^{-6}$。

通过设置这三个参数,图 1-26 显示了不同 ALD 实验中预测的形核延迟周期与吸附能 E_{ads} 和反应势垒 E_b 的函数关系。等值线(虚线)表示预测的形核延迟周期在 2 到 200 之间的分布。研究发现,当吸附能低于 -0.8 eV 时,形核延迟周期主要取决于 E_b,这表明反应势垒在 ALD 中起着关键作用。而在吸附能高于 -0.80 eV 的区域,形核延迟周期则由吸附能和反应势垒共同决定。从热力学和动力学的角度来看,吸附能和反应势垒都对 AS-ALD 的生长起了作用。

圆点表示先前实验中报告的 AS-ALD 在不同基底上的生长情况。灰色数字表示根据 DFT 预测的吸附能和反应势垒得出的形核延迟周期,黑色数字表示实验值,以供比较。例如,"7/10"表示理论预测的形核延迟周期为 7,而实验测得的形核延迟周期为 10。通过比较这些预测值和实验值,可以发现形核模型对形核延迟周期的预测结果与实验结果基本吻合。

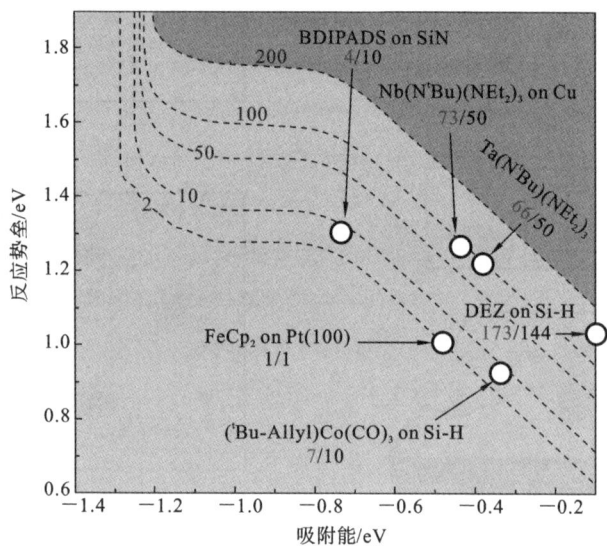

图 1-26　形核延迟周期与吸附能和反应势垒的函数关系

综上所述,ALD 技术是一种高精度的薄膜沉积技术,具有独特的自限制性气-固化学反应机制。其核心在于通过交替引入气相反应物,使其在固体表面发生化学吸附,从而形成单层薄膜。化学吸附通过化学键的生成和断裂,使分子与表面结合,确保每次前驱体暴露时仅形成一层吸附前驱体,从而保证了薄膜的均匀性和一致性。ALD 的表面反应原理复杂且精细,涉及前驱体分子传质扩散、吸附和反应动力学、脉冲和吹扫时间、表面活性位点以及空间位阻效应等多个方面。数值模型和分析方法可用于定量描述 ALD 过程。这些模型能够模拟反应物分子在腔体中的扩散行为以及表面化学反应动力学,从而揭示薄膜生长机制中的关键控制参数,例如前驱体吸附时间和薄膜沉积深度等。对于等离子体 ALD,薄膜的沉积深度不仅取决于反应物分子的扩散时间,还受到自由基再组合的影响。通过调整等离子体参数,可以进一步控制薄膜的性质和性能。通过优化 ALD 过程中的关键参数,如前驱体类型、反应时间、温度和等离子体条件,可以实现对薄膜厚度、均匀性、化学成分和电学性质的精确控制,满足不同应用的需求。这使得 ALD 在半导体、光电子器件、传感器和能源存储等领域展现出广阔的前景和重要的应用价值。

1.3 原子层沉积工艺调控原理

ALD 工艺的发展始于对前驱体和共反应物的选取。所选反应物需满足特定要求,例如要具备挥发性和反应性,才能适用于 ALD 工艺。此外,ALD 基础工艺参数还包括前驱体的加热温度、管路温度、沉积温度、反应物脉冲时间、惰性气体、载气流量等。上述基础工艺参数不仅会影响薄膜的沉积速率,也会影响薄膜的致密度、粗糙度和结晶度等,并最终影响薄膜服役时的光学和电学等性质。ALD 的主要特性和参数调控总结如图 1-27 所示。

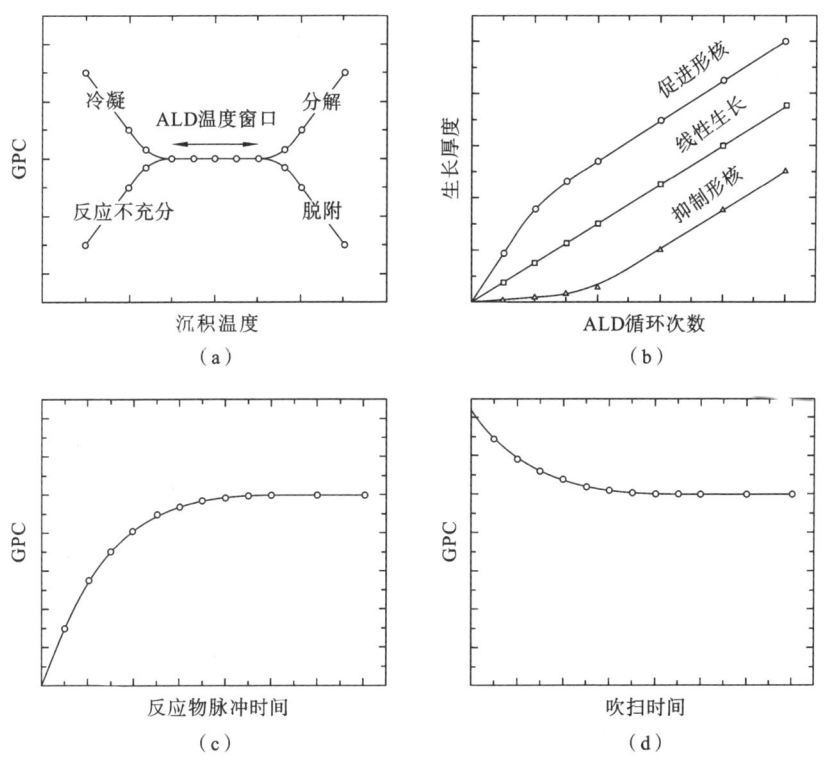

图 1-27 ALD 工艺的生长特性:(a) GPC 与沉积温度之间的关系;(b) 不同形核行为下生长厚度与 ALD 循环次数之间的关系;(c) GPC 与反应物脉冲时间之间的关系;(d) GPC 与吹扫时间之间的关系

1.3.1 前驱体与共反应物

前驱体分子将主要元素传递到表面。大多数情况下,主要元素可以是金属,例如 Mn 或 Ta,也可以是半导体或类金属(例如 Si)。ALD 前驱体通常是由有机配体和被有机配体包围的由中心金属组成的配位络合物。前驱体分子的化学性质,例如挥发性和热稳定性,很大程度上取决于配体。目前,各种各样的前驱体配体已经被研发出来,常见的配体包括卤素配体(—Cl、—F)、烷基配体(—CH₃、—C₂H₅)、羰基配体(—CO)、醇盐(—OC$_x$H$_y$)和环戊二烯基配体(—C₅H₅)等。在建立 ALD 工艺之前,必须确定前驱体和共反应物的合适组合。最重要的是,前驱体和共反应物分子应包含成膜所需的元素。此外,它们需要对前一个循环之后表面存在的基团具有反应性,否则后续吸附不能进行。同时,前驱体的挥发性、热稳定性和反应性需要足够高,否则不能实现目标薄膜的沉积。另外,反应物的一些其他特性,例如可用性和安全性,也是值得考虑的。

除选择前驱体外,还必须确定前驱体是如何被输运到反应室的。前驱体通常储存在小型不锈钢罐中。由克努森(Knudsen)关系式可知,分子量对前驱体的饱和蒸气压十分重要。

$$P_v = \frac{\Delta m}{2\pi r^2 \Delta t}\left(\frac{2\pi RT}{M}\right)^{\frac{1}{2}} \tag{1-27}$$

其中,P_v 是蒸气压,r 是孔的半径,$\Delta m/\Delta t$ 是质量渗出率,R 是通用气体常数,T 是温度,M 是分子摩尔质量。该式表明蒸气压与分子摩尔质量的平方根成反比。因此 ALD 前驱体的挥发性,可以通过前驱体分子的设计来控制。

选定合适的前驱体对于 ALD 过程至关重要,因为它决定了薄膜的化学成分和特性。在 ALD 过程中,前驱体的挥发性和饱和蒸气压在很大程度上决定了前驱体是如何被输运到反应室的。通常采用的方法包括蒸气吸入、载气辅助和起泡,这些方法旨在确保前驱体在反应室内达到适当的浓度。选定前驱体后,标准状态下的挥发性是固定的。前驱体在密封钢瓶中的饱和蒸气压取决于温度,当蒸气压高于反应室的基础压力时,前驱体能自发地进入反应室。但是,如果蒸气压低于基础压力,通常需要通过加热提高前驱体的饱和蒸气压,或者采用双端源瓶的方式,通过惰性气体携带前驱体蒸气进入反应室。输送管路中的加热温度通常比前驱体的加热温度高 10 ℃ 以上,以避免前驱体在管路中冷凝和堵塞。在 ALD 过程中,还使用两种类型的阀门来控制前驱体的流动:快速 ALD 阀和正常剂量阀。快速 ALD 阀用于毫秒级别的前驱体剂量控制,而正常剂量阀则用于更长时间的剂量控制,例如 1 s 以上。此外,针阀在整个 ALD 过程中保持开启状态,以确保微量反应物蒸气的稳定流动。除了前驱体外,选择合适的共反应物也是至关重要的。共反应物(如 O_2、H_2、H_2O、NH_3 和 H_2S 等)不仅影响薄膜的化学组成,还直接影响反应的参数,如沉积温度和脉冲时间等。对于一些具有挑战性的材料(如氟化物和金属),选择合适的共反应物更加困难,要求更高的工艺控制能力。

综上所述,前驱体和共反应物的选择,直接影响着最终薄膜的质量、厚度和性能,是 ALD 工艺中需要精心考虑和控制的关键步骤。

1.3.2 沉积温度窗口

前驱体吸附和脱附速率与温度之间的关系可以通过 Arrhenius 方程来描述,即

$$k_i = A e^{-\frac{E_i}{RT}} \tag{1-28}$$

转换式(1-28)的形式,可以得到 ALD 中基底表面覆盖率的函数表达式,即

$$\theta = \frac{k_a p_a}{k_a p_a + k_b} \cdot \left[1 - e^{-(k_a p_a + k_b)t}\right] \tag{1-29}$$

根据上述的理论分析,可以看到,基底表面覆盖率随时间呈指数变化,但由于脱附过程的存在,其表面覆盖率永远不可能达到 1。观察式(1-28)和式(1-29),可以发现,ALD 的化学吸附模型中,表面基团的吸附数量会受到温度的影响。

在真实的反应过程中,温度对吸附过程的影响要比式(1-28)所示的函数关系更加复杂。如图 1-27(a)所示,当温度变化时,前驱体分子往往会发生物理属性上的变化,从而影响整个 ALD 过程。当温度过低,低于特定前驱体材料的 ALD 温度窗口时,部分前驱体分子可能会在基底表面冷凝,从而导致薄膜沉积质量变差;此外,温度过低也可能导致基底表面的活性基团在有限时间内无法完成对前驱体分子的饱和吸附,从而导致 GPC 很小。而当温度太高,高于特定前驱体材料的 ALD 温度窗口时,过高的温度可能使前驱体材料分解,从而导致 ALD 循环无法完成;同时,过高的温度还会影响沉积的薄膜与基底的结合力,甚至会导致沉积在基底上的薄膜脱离。所以,ALD 温度窗口是影响薄膜沉积的关键因素。理论上,在 ALD 温度窗口中,GPC 不再随温度变化,是一个恒定值。在实际实验中,GPC 随温度的变化关系有四种。第一种,GPC 随温度上升而减小,这通常发生在反应表面活性位点的数量影响化学吸附物种的数量和种类,并且升高温度将降低反应表面活性位点的数量的情况下。这表明 ALD 反

应以物理吸附或结合为限制步骤,升高温度导致 GPC 减小的原因是较高的温度加速了脱附。脱附物种的数量取决于吹扫时间。第二种,GPC 保持为常数。例如,当空间位阻效应的影响使得表面活性位点的数量不影响吸附物种的数量时,GPC 会保持不变。但在某些情况下,不同温度下的 GPC 值并不相同。第三种,GPC 随温度上升而增大,当温度上升时一些新的势垒被克服或者一些新的反应被激活,导致 GPC 随温度上升而增大,但在低温下这种效应并不明显。这主要是因为在 ALD 反应中,化学吸附是速率限制步骤,较高的温度促进了表面反应,因此导致更快的饱和。第四种,GPC 随温度上升先增大后减小,一些反应在温度上升时被激活,但当温度继续上升时,反应活性位点的数量开始减少,从而导致 GPC 减小。

1.3.3 薄膜厚度控制

ALD 的一个重要特征是在每个循环中沉积相同数量的材料,从而实现精确的厚度控制。根据上述 ALD 特征,需要验证沉积工艺是否具有线性生长特性,即薄膜厚度与循环次数的函数关系。为了证实这一点,需要确定每个循环内厚度或材料的增加量,即 GPC。通过在沉积过程中原位监测材料的增加量可以确定 GPC,或者通过沉积不同循环次数的多个样品来测量 GPC。通常,线性生长可以通过测量薄膜厚度(例如椭圆偏振光谱法)验证,也可通过确定沉积原子的数量(例如卢瑟福背散射谱法)或沉积质量(例如石英晶体微天平)验证。

ALD 过程中,最初的薄膜生长可能与沉积后期的薄膜生长表现不同,需要针对不同应用薄膜厚度选取合适的循环次数,例如有些基底能促进形核,而有些基底则会抑制形核,如图 1-27(b)所示。对于功能薄膜,通常选择相对较厚的薄膜,一般厚度超过 10 nm。如果目标材料已经沉积,那么通常能继续沉积,因为在自身上生长是相对容易的。尽管常规应用需要快速形核,但是有时可以观察到不同基底上形核的差异。对于超薄膜,如果厚度小于 10 nm,则基底效应可能比较明显。这也许是选择性 ALD 工艺的起点,意味着在某些情况下延迟生长是有益的。这种基底效应可能是由不同的表面反应导致的,例如前驱体与初始基底表面化学基团的反应以及前驱体与已沉积薄膜表面基团的反应。在薄膜厚度达到一定临界值时,基底效应才能忽略不计。因此,在初始的若干次 ALD 循环内,前驱体的沉积行为可能表现出线性生长、加速生长或延迟生长等不同的特征。这种基底效应是固有选择性 ALD 的来源,即前驱体对基底表面的敏感性不同导致同一批次实验中不同材料表面沉积厚度的明显差异。通常情况下,形核抑制仅在初始的若干次循环内起作用,一旦突破形核孕育期的阈值,形核就会迅速发生。形核孕育期的阈值是指能够开始形成稳定薄膜的最小前驱体覆盖率值。研究形核抑制机理,有助于扩展选择性 ALD 的工艺窗口。使用椭圆偏振仪测试在若干次循环后不同基底表面上的薄膜厚度,分析基底和工艺条件对选择性 ALD 的影响规律,是选择性 ALD 研究的重要手段。

1.3.4　饱和吸附/脱附时间

一个 ALD 循环的脉冲时间包括前驱体(包括共反应物)脉冲时间和惰性气体吹扫时间。前驱体脉冲时间控制前驱体反应剂量,惰性气体的吹扫时间吹扫多余的前驱体及副产物,防止 CVD 反应发生。但是,某些现象可能会导致前驱体饱和曲线出现偏差,例如前驱体的冷凝或分解。此外,过短的共反应物脉冲时间会导致杂质混入,而过短的吹扫时间会导致寄生 CVD 反应(即前驱体和共反应物的直接反应)。在不影响薄膜质量的情况下,某些不饱和的反应可能有利于选择性 ALD 的实现。

理想情况下,在研究饱和吸附时,曲线会出现一个明显的平台,如图 1-27 (c)和(d)所示。这意味着当加入更多的前驱体/共反应物或延长吹扫时间时,GPC 不会再增大或减小。为了验证作为 ALD 关键特征的自限制性,必须将 GPC 确定为脉冲时间和吹扫时间的函数。在标准 AB 型(即前驱体和共反应物交替通入)ALD 工艺中,需要优化前驱体脉冲时间、前驱体吹扫时间、共反应物脉冲时间和共反应物吹扫时间。具体操作上,选取三个参数并保持不变,调控第四个参数。这个过程需要对每个参数都进行。通常,第一步是确认前驱体的饱和脉冲时间,其对 GPC 和薄膜质量的影响最大。在此之后,可以研究其他脉冲参数的饱和度,并且需要根据结果重复整个过程以确保准确率。

1.3.5　薄膜质量

在第一层 ALD 薄膜沉积后不久,检查生长材料是否包含预期的元素至关重要。除化学成分外,材料特性也非常重要。如果材料是导电的,通过简单的四点探针电导率测量可以判断材料是否具有高纯度。此外,快速评估折射率也可以确认是否获得了所需的材料。根据 ALD 薄膜的应用,还需要检查以下内容:光学性质(折射率、吸收系数)、电学性质(电阻率、载流子密度和迁移率)、薄膜的表面形态(粗糙度、结晶度)等。材料特性与薄膜的化学成分密切相关,应对其进行详细研究,并且调整化学成分以实现不同的材料特性。此外,大面积均匀一致性、保形性、薄膜环境敏感性和工艺稳定性也是值得研究的内容。如果薄膜在各个区域的沉积厚度不一致,或者批次之间难以重复,势必对其实际应用造成不利影响。

1.4 典型原子层沉积工艺

典型的 ALD 工艺通过精确控制前驱体在基底表面的自限制性反应,实现薄膜厚度的精确调控。这涉及前驱体脉冲时间、吹扫时间、前驱体加热温度、沉积温度及前驱体选择等工艺参数的优化。随着前驱体的不断开发和沉积工艺的改进,ALD 现已广泛用于金属、金属氧化物、氮化物、硫化物、碳化物等多种材料的制备,如 Pt、Ru、Pd、Ir、Rh 等金属,Al_2O_3、CoO_x、FeO_x、NiO_x 等金属氧化物,以及 $LaCoO_3$、$LaFeO_3$ 等多元化合物。

此外,ALD 技术适用于多种基底类型,包括硅、玻璃等平面基底,高深宽比、多孔等复杂结构基底,以及微纳米颗粒等。其高保形性允许薄膜在复杂表面上均匀沉积,形成与基底形状一致的三维薄膜。沉积材料和基底的多样性,使 ALD 在众多领域得到广泛应用。例如,硅基底常应用于半导体和微电子领域,ALD 可在硅片上沉积高 κ 栅介质材料(如 Al_2O_3、HfO_2、ZrO_2、Ta_2O_5、La_2O_3)用于晶体管栅极与动态随机存取存储器(DRAM)电容器,或沉积金属(如 Ir、Pt、Ru)作为金属栅极和铜互连线的扩散阻挡层。在玻璃基底上,ALD 可以沉积 ZnO、铟镓锌氧化物(IGZO)用于薄膜晶体管(TFT)的通道层,或沉积铟锡氧化物(ITO)、铝掺杂氧化锌(AZO)用于显示器电极,以提高亮度和能效。ALD 还可应用于量子点显示器中的钝化层和保护层,防止量子点氧化和降解。

在高深宽比结构(如纳米管、纳米线)和多孔结构中,ALD 技术同样展现出独特优势。比如,在碳纳米管上均匀沉积铂可以提高燃料电池的性能,或在 TiO_2 纳米管上沉积 CoO_x 或 Au 纳米颗粒可以提高光催化活性。对于柔性电子器件,ALD 在聚合物基底上沉积高质量阻隔层(如 Al_2O_3、SiO_2、TiO_2),可以显著提升器件阻隔性能,延长器件寿命。在生物医疗领域,ALD 可在植入或可穿戴设备上沉积生物相容性涂层,提高其耐磨性和生物相容性。此外,ALD 技术在微纳米颗粒催化剂上的应用也十分广泛,通过在其表面沉积贵金属或催化活性材料,形成高度分散的催化剂,应用于燃料电池、工业催化等领域。

ALD 技术的广泛应用不仅因为其高度精密的沉积过程,更在于其对不同沉积材料、不同基底的灵活性,使其成为制造领域、材料科学和工程领域中的重要工具。

1.4.1 原子层沉积材料种类

原子层沉积技术在金属材料制备中展现出极大的应用潜力,通过精准控制薄膜生长实现对材料性能的优化,推动了贵金属和非贵金属在催化、能源、电子等多个领域的广泛应用。如表 1-1 所示,这些金属材料包括 Pt、Ru、Pd、Ir、Rh、Ni、Cu 等。它们通过 ALD 技术不仅实现了高效的性能调控,还促进了绿色科技的发展,特别是在减少材料消耗和提高器件稳定性方面。

表 1-1   原子层沉积金属材料种类[10]

金属	前驱体	共反应物	T_{dep}/℃	GPC/Å
Pt	Pt(CpMe)Me₃	O_2	300	0.45
	MeCpPtMe₃	O_3	300	0.58
Ru	Ru(CpEt)₂	O_2	275	0.17~0.2
	Ru(CpEt)₂	O_2	250	0.47
Pd	Pd(hfac)₂	福尔马林	200	0.07
	Pd(hfac)₂	H_2	80	0.14~0.2
Ir	Ir(acac)₃	O_2	380	0.71
Rh	Rh(acac)₃	O_2	250	0.75
Ni	Ni(Cp)₂	NH₃ 等离子体	165	1.88
Cu	Cu(thd)₂	H_2	235	0.7
Al	AlMe₃	H_2 等离子体	250	1.5
Ti	TiCl₄	H_2 等离子体	250~400	1.5~1.7
Ta	TaCl₅	H_2 等离子体	250~400	1.67
Cr	Cr(MetBuCOCNtBu)₂	BH₃(NHMe₂)	170~185	0.08
Co	Co(MeiPrCOCNtBu)₂	BH₃(NHMe₂)	180	0.07
Fe	Fe(MetBuCOCNtBu)₂	BH₃(NHMe₂)	180	0.07
Mn	[Mn(MetBuCOCNtBu)₂]₂	BH₃(NHMe₂)	225	0.10
其他	Mo、Ag、Sn、Sb、W、Re、Os、Au			

首先,铂(Pt)作为广泛应用于催化领域的金属之一,ALD 技术可以在纳米尺度上对其进行精确控制[11]。在催化剂的制备中,ALD 能够逐层沉积 Pt 薄膜,有效调控催化活性位点[12],从而提升催化效率并减小贵金属的用量。例如,Pt 的沉积温度通常为 200~300 ℃,采用 MeCpPtMe₃(甲基环戊二烯基三甲基铂)作为前驱体,采用 O_2 或 O_3 作为氧化剂,交替进行沉积,每循环生长厚度为 0.03~0.05 Å。当沉积温度低于 200 ℃时,Pt 前驱体很难被 O_2 除去(O_3 除外),

在 350 ℃等较高温度下，Pt 前驱体发生热自分解，导致 Pt 生长缓慢；除 O_2 外，还有研究利用还原性气体 H_2 去除 Pt ALD 中的配体。

钌（Ru）薄膜的制备是 ALD 技术的另一个成功应用。钌作为贵金属，因其高催化活性和优异的抗中毒性能，在氢燃料电池等领域得到了广泛应用。ALD 技术通过逐层生长，可以实现对催化活性位点的精确控制，既提高了催化效率，又显著减小了钌的用量，因此对于实现高效且经济的催化过程具有巨大应用潜力。Ru ALD 工艺的沉积温度通常为 200～300 ℃，最典型的前驱体为 $Ru(CpEt)_2$（双（乙基环戊二烯）钌）和氧化剂 O_2。当沉积温度低于 200 ℃时，硅和熔融二氧化硅基底上未观察到薄膜沉积现象，随着沉积温度的升高，钌开始形核，最终形成薄膜；但沉积的薄膜由于附着力差，在 275 ℃以上的温度下开始形成水泡，这导致表面粗糙度很高。最佳沉积温度为 250～275 ℃，在此条件下可以获得相当光滑的薄膜表面，表面粗糙度约为 3 nm。除了 $Ru(CpEt)_2$ 和 O_2 外，ALD Ru 还有多种前驱体被广泛用于薄膜制备，包括 $Ru(CpEt)_2$ 和 NH_3、Ru(EBECH)（乙苯乙基-1,4-环己二烯基钌）和 O_2、$Ru(TMM)(CO)_3$（三羰基（三亚甲基甲烷）钌）和 O_2、$RuCp_2$（二茂钌）和 O_2 等。在半导体制造领域，钌薄膜通常用作导电层、连接层或存储层[13]。利用 ALD 技术，可以确保钌薄膜的均匀沉积，从而提高电子器件的稳定性、一致性和可靠性。

与钌不同，钯（Pd）ALD 工艺主要依赖还原剂，而非常见的氧化剂，最常用的前驱体是 $Pd(thd)_2$（双（四甲基庚二酮）钯），与福尔马林或 H_2 反应。与其他贵金属的 ALD 工艺不同，Pd ALD 工艺通常在较低温度（如 200 ℃）下使用福尔马林与 $Pd(hfac)_2$ 进行反应，以避免前驱体 $Pd(hfac)_2$ 在 230 ℃以上不稳定，每循环生长厚度为 0.02～0.03 nm。在较低温度（如 100 ℃或 80 ℃）下，福尔马林作为还原剂时，受活性的限制，在 ALD 过程中可以被 H_2 取代，在 SiO_2 或 TaO_x 上产生相似的生长速率。ALD 技术还可以通过改变 Pd 前驱体在载体上的暴露时间，方便地控制 Pd 纳米颗粒的分布。

铱（Ir）和铑（Rh）的 ALD 工艺也各具特点。常用的铱前驱体包括 $Ir(acac)_3$（乙酰丙酮铱）、Ir(CpMe)(COD)（甲基环戊二烯基（环辛二烯）合铱（Ⅰ））和 (MeCp)Ir(CHD)（(1,3-环己二烯)（甲基环戊二烯基）铱）等，在 225～400 ℃的温度范围内，以 O_2 作为氧化剂，生长速率为 0.02～0.08 nm/cycle。对于 Rh ALD，$Rh(acac)_3$（乙酰丙酮铑）是与 O_2 反应的唯一前驱体，在 225～325 ℃的沉积温度窗口内，生长速率为 0.05～0.19 nm/cycle。

ALD 技术在非贵金属薄膜的沉积中同样有着重要应用。比如，铜（Cu）薄膜在电子器件中常用作导电层,ALD 可以精确控制其电学性能,其在能源转换与存储设备中也扮演着关键角色。在非贵金属薄膜的 ALD 过程中,除金属前驱体与 H_2 或 NH_3 等还原剂直接反应外,考虑到其与氧的亲和力较强,相应的氧化物还可在 H_2 气氛下通过原位还原过程形成非贵金属纳米颗粒。对于 Ni ALD,有两种沉积途径是可行的,即 Ni(Cp)$_2$(二茂镍)-NH_3 等离子体和 Ni(acac)$_2$(乙酰丙酮镍)-O_2-H_2。Ni ALD 的温度窗口为 150~300 ℃,生长速率为 0.5~1.2 nm/cycle。对于 Cu ALD[14],常用的前驱体组合有 CuCl(氯化铜)-H_2、Cu(thd)$_2$(双(四甲基庚二酮)铜)-H_2、Cu(acac)$_2$(乙酰丙酮铜)-H_2 和 Cu(R-amd)$_2$(双(N,N′-二烷基乙酰氨基酸酯)合铜(Ⅰ))-H_2 等。在以 Cu(sBu-amd)$_2$(双(N,N′-二仲丁基乙脒基)合铜(Ⅰ))和 H_2 为前驱体的 ALD 过程中,在相对较低的沉积温度范围(150~190 ℃)内,Cu 在 SiO_2 或 Si_3N_4 基底上的生长速率为 0.15~0.2 nm/cycle。

除上述金属 ALD 工艺外,金属氧化物 ALD 工艺也广泛应用于各行各业。表 1-2 列出了部分金属氧化物的材料种类。Al_2O_3 作为一种重要的功能材料,具有优异的化学稳定性、热稳定性和绝缘性能。它在催化领域中常用于贵金属催化剂的表面涂层,以提高催化剂的稳定性和选择性;在电子器件领域,它常被用作金属-氧化物-金属(MOM)结构的隔离层或介电层,以提升电子器件的稳定性。此外,Al_2O_3 薄膜具有良好的绝缘性能和界面质量,可以有效减少器件中漏电流和电子迁移率的损失。因此,ALD 技术在 Al_2O_3 薄膜的制备和应用方面发挥着重要作用。Al_2O_3 ALD 工艺中,最常用的前驱体组合是 TMA 和 H_2O。其在氧化物基底上的 ALD 机理如下:前半反应中,TMA 与基底表面的羟基反应形成中间产物 $Al(CH_3)_x$($x=1,2$)和气态产物 CH_4,在后半反应中,通入的 H_2O 将中间产物 $Al(CH_3)_x$ 转化为 $Al(OH)_x$($x=1,2$)和 CH_4。除此之外,Al_2O_3 ALD 还有多种常用的前驱体组合,如 DMAI(二甲基异丙氨基铝)和 H_2O、TEA(三乙基铝)和 H_2O 等。

表 1-2 原子层沉积金属氧化物材料种类[14]

金属氧化物	前驱体	共反应物	T_{dep}/℃	GPC/Å
Al_2O_3	AlMe$_3$	H_2O	80~150	1~1.3
FeO_x	Fe(Cp)$_2$	O_3	180	0.16
NiO	Ni(Cp)$_2$	O_3	150	0.12
Co_3O_4	CoCp$_2$	O_3	150	0.37
HfO_2	Hf(NMe$_2$)$_4$	H_2O	250	1.2

续表

金属氧化物	前驱体	共反应物	$T_{dep}/℃$	GPC/Å
ZrO_2	$Zr(NMe_2)_4$	H_2O	200	1.1
ZnO	DEZ	H_2O	150	2
SnO_2	$Sn(NMe_2)_4$	H_2O	150	0.7
In_2O_3	InCp	O_3	200~450	1.3~2
TiO_2	$TiCl_4$	H_2O	100~200	1~1.3
Ga_2O_3	TMGa	O_3	250	0.52
Ta_2O_5	$Ta(N^tBu)(NEt_2)_3$	O_3	200	0.89
CeO_2	$Ce(thd)_4$	O_3	200	—
$ZnSnO_3$	$Sn(NMe_2)_4$-DEZ	H_2O	150	0.52~1.06
IGZO	DADI-TMGa-DZ	O_2	200~300	
其他	MnO_x,La_2O_3,Li_2O,BeO,B_2O_3,NaO,MgO,SiO_2,KO,CaO,Sc_2O_3,V_2O_3,CrO_x,CuO,GeO_2,Y_2O_3,Nb_2O_5,MoO_3,RuO_2,Rh_2O_3,PtO_x,PdO,Ag_2O,CdO,SbO_x,BaO,WO_3,IrO_2,PbO_2,Bi_2O_3,PrO_x,Nd_2O_3,Sm_2O_3,Eu_2O_3,Gd_2O_3,Dy_2O_3,Ho_2O_3,Er_2O_3,Tm_2O_3,Yb_2O_3,Lu_2O_3			

  CoO_x、FeO_x和NiO三种过渡金属氧化物的ALD工艺中最典型的是以$CoCp_2$（二茂钴）、$Fe(Cp)_2$（二茂铁）和$Ni(Cp)_2$（二茂镍）为前驱体，O_3或O_2为氧源的组合。这些过渡金属氧化物因其优良的物化性质而被广泛应用。在催化领域，过渡金属氧化物作为催化剂的载体提供活性位点，促进化学反应的进行；在电子器件中，它们常用作半导体材料、透明导电层或电解质。此外，它们还被应用于锂离子电池、太阳能电池和超级电容器等能源转换与存储设备以及传感器和生物医学器械中。CoO_x ALD工艺中，当沉积温度低于150 ℃时，由于缺乏热活化能，生长速率相对较小；在150~250 ℃的沉积温度窗口内，每循环生长厚度能达到0.37 Å，且生长稳定；当温度超过250 ℃时，生长速率突然增大，部分原因是前驱体在高温下发生热分解。FeO_x和NiO ALD工艺参数与CoO_x ALD工艺参数一致，但生长速率略有不同。FeO_x的ALD稳定每循环生长厚度稍小，能达到0.16 Å，FeO_x的ALD稳定每循环生长厚度仅为0.12 Å。除此之外，CoO_x、FeO_x和NiO ALD还有多种常用的前驱体组合，如$Co(^iPrAMD)_2$（双(N,N'-二异丙基乙酰脒基)合钴(Ⅱ)）和H_2O、TBF（叔丁基二茂铁）和O_3、$Ni(acac)_2$（乙酰丙酮镍）和O_3等。

氧化铪（HfO_2）和氧化锆（ZrO_2）的 ALD 工艺中最典型的是以 $Hf(NMe_2)_4$（四二甲氨基铪）和 $Zr(NMe_2)_4$（四二甲氨基锆）为前驱体，H_2O 为氧源的组合。HfO_2 在光学领域也有重要应用，作为光学涂层和光学材料的一部分，可用于制备高透明度、高折射率和耐腐蚀的光学元件；ALD 技术可以实现对 HfO_2 薄膜的精确控制，包括厚度、成分和结构，从而提高其在各种应用中的性能；当沉积温度为 150 ℃时，HfO_2 生长速率为 0.1 nm/cycle。ZrO_2 被广泛用于制备耐高温、耐腐蚀的陶瓷材料，如航空航天中的热障涂层和化学工业中的耐火材料；在电介质方面，ZrO_2 具有优异的绝缘性能和高介电常数，常用于电容器、介电波导和电子器件的制备；在光学领域，ZrO_2 用作高折射率、高透明度和耐腐蚀的光学涂层和光学材料的一部分；当沉积温度为 150 ℃时，ZrO_2 生长速率为 0.07 nm/cycle。除此之外，HfO_2 和 ZrO_2 ALD 还有多种常用的前驱体，如 $Hf(NEtMe)_4$（四（N-乙基-N-甲基氨基）铪）和 H_2O、$Hf(NEt_2)_4$（四（N,N-二乙基氨基）铪）和 H_2O、$Zr(NEtMe)_4$（四（N-乙基-N-甲基氨基）锆）和 H_2O、$Zr(NEt_2)_4$（四（N,N-二乙基氨基）锆）和 H_2O 等。

导电和半导体氧化物的导电性和光学透明度可以通过材料设计调节。这些氧化物通常被称为非晶半导体氧化物或透明导电氧化物，广泛应用于太阳能电池、显示器、存储器、逻辑电路、光子器件和传感器等领域。自 21 世纪初以来，ALD 工艺在掺杂和复合导电金属氧化物的制备中展现出显著优势，如可低温加工、优异的均匀性和一致性，以及对掺杂水平和成分的精确控制。这些优点源于 ALD 技术的表面化学反应自限制性，满足了对高质量、超薄材料日益增长的需求。常见的金属氧化物包括 ZnO、SnO_2、In_2O_3、TiO_2 和 Ga_2O_3。ZnO ALD 使用 DEZ（二乙基锌）和水作为前驱体，反应机理为：DEZ 与基底表面的羟基形成中间产物 $Zn(C_2H_5)$ 和气态 C_2H_6，水将 $Zn(C_2H_5)$ 转化为 $Zn(OH)$ 并释放 C_2H_6。TiO_2 ALD 使用多种前驱体作为钛源，如 $TiCl_4$（四氯化钛）、TTIP（四异丙氧基钛）和 $Ti(O^iPr)_4$（钛酸四异丙酯）。SnO_2 ALD 工艺中，$Sn(NMe_2)_4$（四（N,N-二甲基氨基）锡）作为前驱体，H_2O 或 O_3 作为氧源，沉积温度为 150 ℃时，SnO_2 的生长速率为 0.06 nm/cycle（H_2O）和 0.08 nm/cycle（O_3）。In_2O_3 ALD 使用不同的前驱体，如 InCp（环戊二烯基铟）、In(DADI)（二甲基二（3-二甲氨基丙基）铟）和 TMI（三甲基铟）。Ga_2O_3 ALD 主要使用 TMGa（三甲基镓）和 $GaEt_3$（三乙基镓）作为前驱体，氧源包括 O_3 和 O_2 等离子体。以 $GaEt_3$ 和 O_3 为例，沉积温度在 250～350 ℃范围内，Ga_2O_3 的生长速率为 0.03 nm/cycle。

半导体氧化物主要是基于铟、锌、锡和镓等金属中心的氧化物。为了提导电性、降低载流子密度并提高沟道材料的迁移率,研究者开发了一系列复合导电氧化物,如 InZnO、ZnSnO 和 IGZO。采用 ALD 和 PEALD(等离子体增强原子层沉积)大循环生长法,可以调整 In_2O_3、Ga_2O_3 和 ZnO 层的亚循环沉积次数,从而精确控制 IGZO 薄膜的化学成分。此外,通过调控各前驱体的分压,也可以实现对 IGZO 薄膜化学成分的精准控制。在典型的 IGZO ALD 工艺中,常用的金属前驱体包括 $In(DA)_2$(双(N,N'-二乙基丙烯酰胺)铟(Ⅲ))、TMGa 和 DEZ,氧源则通常是 O_2 等离子体。在铟源加热温度为 80 ℃、沉积温度为 200～300 ℃ 的条件下,采用 PEALD 大循环生长法($InO_x \times n$ 循环- $ZnO \times 1$ 循环- $GaO_x \times 1$ 循环),可以合成具有高迁移率的 IGZO 薄膜。

1.4.2 多元氧化物原子层沉积工艺

ALD 技术通过逐层沉积的方式,可以在纳米级别精确控制多元氧化物薄膜的成分和厚度。这种高精度的控制有助于实现复杂化合物的均匀沉积,确保材料在整个基底表面上具有一致的化学和物理特性。ALD 技术能够制备出在传统方法下难以获得的多元氧化物薄膜,如特定掺杂的功能氧化物薄膜。$LaCoO_3$ 作为一种钙钛矿型氧化物,广泛应用于催化材料、气敏传感器以及燃料电池等能源领域。在许多应用中,开发适用于复杂基底的 $LaCoO_3$ 薄膜沉积技术是必要的[15,16]。利用 ALD 制备多元氧化物 $LaCoO_3$ 薄膜,首先需要基础的 ALD 单元氧化物 La_2O_3、CoO_x 的工艺参数。之后在此研究基础上,采用改变交替脉冲比例的方法,制备镧钴元素比可控的镧钴氧薄膜,并且研究了不同元素比对薄膜微观形貌的影响。采用 $CoCp_2$(98%,二茂钴)和 O_3 作为 ALD -CoO_x 前驱体材料,采用 $La(thd)_3$(98%,三(2,2,6,6-四甲基-3,5-庚二酮酸)镧)和 O_3 作为 ALD - La_2O_3 前驱体材料,系统地研究了超薄膜的成分、表面形貌以及结晶性。ALD -CoO_x 具体的实验参数为:$CoCp_2$ 温度为 100 ℃,沉积温度范围为 100～300 ℃,整个 ALD 循环包括 1.6 s 的 $CoCp_2$ 脉冲和 2 s 的 O_3 脉冲,脉冲之间均通入 8 s 的 N_2 吹扫,稳定生长的 ALD 温度窗口为 150～250 ℃,生长速率趋于稳定值(0.37 Å/cycle)。ALD - La_2O_3 具体的实验参数为:$La(thd)_3$ 温度为 227 ℃,沉积温度范围为 100～400 ℃,整个 ALD 循环包括 1 s 镧源脉冲、8 s 吹扫时间、2 s O_3 脉冲和 8 s 吹扫时间,在沉积温度为 300 ℃ 时,生长速率趋于稳定值(0.27 Å/cycle)。不同沉积温度下薄膜的生长速率是不同的,采用 $La(thd)_3$ 与 O_3 作为前驱体的 ALD 生长类似于一个"上坡反应",即沉积温度越高,薄膜的生长速率越快。在高温下,薄膜的沉积均匀性以及杂质含量表明前驱体未发生分解,这有些违背经典的 ALD 温度窗口理论。随后,通过改变脉冲次数比来调节薄膜中镧钴元素比,可以利用 ALD 合成二元钙钛矿型氧化物。在脉冲次数比为 1∶1 时获得了镧钴元素比为 4.2∶1 的薄膜,在脉冲次数比为 1∶5 时获得了镧钴元素比为 1∶2.3 的薄膜,在脉冲次数比为 1∶10 时获得了镧钴元素比为 1∶4.2 的薄膜。

另一个例子是 $LaFeO_3$,它通常应用于微米铁酸镧光电极。其光电转换效率较低,光电流也较小,光阴极 P 型光电流难以观察。由于载流子扩散长度与光电极尺寸密切相关,因此开发纳米尺度的铁酸镧光电极非常重要。利用 ALD 制备多元氧化物 $LaFeO_3$ 薄膜,首先需要基础的 ALD 单元氧化物 La_2O_3、FeO_x 的工艺参数。采用 $La(thd)_3$(98%,三(2,2,6,6-四甲基-3,5-庚二酮酸)镧)和 O_3 作为 ALD-La_2O_3 前驱体材料,采用 $Fe(Cp)_2$ 和 O_3 作为 ALD-FeO_x 前驱体材料,制备了 FeO_x 薄膜;采用改变交替脉冲比例的方法,制备镧铁元素比可控的镧铁氧薄膜。经过实验工艺优化,其单元氧化物原子层沉积生长工艺参数如表 1-3 所示。$Fe(Cp)_2$ 温度在反应过程中维持在 100 ℃,沉积温度维持在 250 ℃。$La(thd)_3$ 温度在反应过程中维持在 227 ℃,沉积温度维持在 300 ℃。氧化铁在导电玻璃基底(FTO)上的生长速率约为 0.016 nm/cycle,氧化铁在 Si 平面基底上的生长速率约为 0.027 nm/cycle,因此完全可以利用 ALD 技术实现对纳米级厚度的氧化铁和氧化镧薄膜的精确可控生长,成功制备出纳米级铁酸镧平面光电极。

表 1-3　氧化铁和氧化镧的原子层沉积生长工艺参数

	原子层沉积工艺				沉积温度	$Fe(Cp)_2$ 温度	$La(thd)_3$ 温度
氧化铁	$Fe(Cp)_2$	N_2	O_3	N_2	250 ℃	100 ℃	—
	8 s	10 s	20 s	20 s			
氧化镧	$La(thd)_3$	N_2	O_3	N_2	300 ℃	—	227 ℃
	1 s	8 s	2 s	8 s			

1.4.3　高深宽比及多孔大比表面积基底沉积工艺

近年来,ALD 技术由于具有薄膜厚度纳米级精确可控、大面积沉积均匀以及三维台阶覆盖性能良好等特点,在各个工业及科研领域受到越来越广泛的重视。纳米催化材料是近年来科学研究的前沿和热点,ALD 技术作为一种薄膜沉积技术,在三维基底上均匀沉积具有催化活性的薄膜是其重要应用之一。利用 ALD 技术能够有效解决催化材料在三维复杂结构上沉积不均匀的问题;通过对 ALD 循环次数进行调控,可以有效控制生长催化剂材料的尺寸。本节以在高深宽比氧化钛纳米管基底的氧化钴(CoO_x)薄膜沉积工艺,以及在 PDMS/SiO_2 复合柔性基底内部孔隙有效填充氧化铝(Al_2O_3)薄膜沉积工艺为例。

CoO_x 薄膜具有优异的催化活性,能够大大提高 Fe_2O_3、$BiVO_4$ 等光阳极材料的表面析氧反应(oxygen evolution reaction,OER)。在实际应用中,上述高活性 ALD 催化薄膜通常需要在三维复杂结构上进行沉积。针对这一特点,以氧化钛多孔材料为模板,评估其在多孔高深宽比结构中的沉积均匀性,研究催化活性薄膜的沉积性能。对于 TiO_2 NTs(二氧化钛纳米管)这种纳米结构,不能有效地利用其高催化活性表面或者管口被堵住,是限制其光电性能进一步提高的重要原因。此外,合适的负载异质材料的厚度能够有效地抑制材料内部的光生载流子复合,这是影响光电化学(PEC)性能的主要因素。然而传统的液相方法很难精确控制异质材料的厚度,因此,对于 TiO_2 NTs 这种纳米结构,亟待开发出一种有效的负载方法,既能够保持钛管的高比表面积特性,又能够有效地调控负载层的厚度以优化其 PEC 性能[17]。

Co_3O_4 ALD 工艺采用 $CoCp_2$(二茂钴)为钴源,O_3 为氧源。$CoCp_2$ 温度为 100 ℃,沉积温度为 150 ℃。整个 ALD 循环包括 1.6 s 的 $CoCp_2$ 脉冲和 2 s 的 O_3 脉冲。此外,由于基底具有高深宽比的特点,因此每种前驱体的脉冲次数为两次(即两次钴源脉冲-吹扫-两次氧源脉冲-吹扫),并在前驱体脉冲之后保压 6 s,这有利于前驱体的充分扩散。原子层沉积制备 Co_3O_4/TiO_2 NTs 的实验过程示意图如图 1-28 所示。为了对比,实验中还利用液相静置法制备了 Co_3O_4/TiO_2 NTs。实验过程为:将 TiO_2 NTs 循环静置在"0.3 mol/L Co(NO_3)$_2$ 溶液—H_2O—0.3 mol/L Na(OH)溶液—H_2O"中各 30 min,最后将样品放在管式炉中在 200 ℃ 下退火 5 h。Co_3O_4 在 TiO_2 NTs 表面的生长速率为 0.04 nm/cycle,这与在硅片表面的生长速率几乎一致。

柔性封装是制约柔性电子器件(如柔性显示器、可穿戴电子传感器、电子皮肤、神经器件等)产业化的关键瓶颈。薄膜封装因其高透明性、轻量化和高灵活性等特性被认为是解决材料阻隔性和柔性之间矛盾的重要技术,但现有薄膜封装主要专注于其在冲击、弯折或卷曲等机械变形下的阻隔性,而在拉伸等极端柔性条件下保障阻隔性能的稳定性仍是一个巨大的挑战。在掺杂 SiO_2 纳米粒子对柔性基底 PDMS 进行改性的基础上,采用 Al_2O_3 ALD 实现 PDMS/SiO_2 基底内部孔隙的有效填充以解决阻隔性不佳的难题。通过对温度、曝光当量等沉

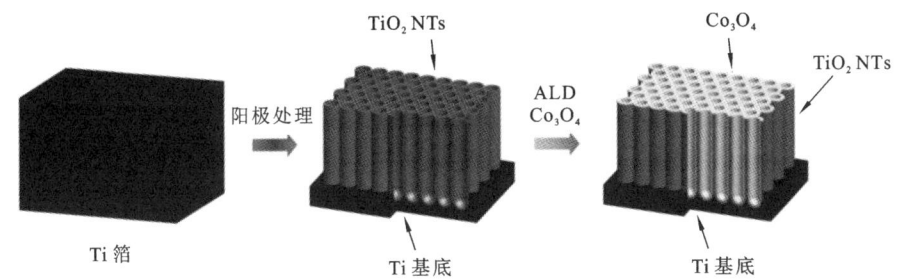

图 1-28 原子层沉积制备 Co_3O_4/TiO_2 NTs 的实验过程示意图

积工艺参数的优化,可实现气相前驱体向改性 PDMS 基底内部的有效渗透和扩散,并可开发获得具备高透明性、低渗透率和高弹性的抗疲劳拉伸 PDMS 杂化膜。它可应用于柔性电子领域的封装。

为了满足柔性封装的阻隔性要求,需要采用低温 Al_2O_3 基 ALI 工艺获取致密封装薄膜。在 ALI 工艺中,通过延长前驱体的曝光时间实现其在聚合物内部孔隙的渗透填充,进而在聚合物基底近表面形成致密的无机-有机混合层。利用石英晶体微天平(QCM)原位表征并揭示 ALI 工艺过程中 Al_2O_3 在硅片、PDMS 基底和 PDMS/SiO_2 基底的形核机理和生长过程,并通过优化 ALI 工艺实现 PDMS/SiO_2 基底近表面孔隙的有效填充,最终成功实现抗疲劳拉伸 PDMS 封装薄膜的制备。

对 Al_2O_3 基 ALI 循环过程中薄膜的生长特性进行探究,为下一步制备抗疲劳拉伸 PDMS 封装薄膜提供实验指导。实验参数设置如下:TMA(三甲基铝,99.9999%)和 H_2O(去离子水)分别作为金属有机前驱体和氧源前驱体,腔体反应温度设为 95 ℃。TMA 脉冲时间 t_{d1}- TMA 曝光时间 t_{e1}- TMA 吹扫时间 t_{p1}- H_2O 脉冲时间 t_{d2}- H_2O 曝光时间 t_{e2}- H_2O 吹扫时间 t_{p2},对应设为 0.5 s - 60 s - 60 s - 0.5 s - 60 s - 60 s。可以利用原位 QCM 对 Al_2O_3 基 ALI 循环过程中薄膜的生长行为进行监测,整个 ALI 循环过程中 QCM 总质量增重和单循环质量增益与 ALI 循环次数的关系分别如图 1-29(a)和(b)所示。在 ALI 工艺中,硅片表面的总质量增重与循环次数呈强线性相关,且其单循环质量增益稳定在约 105 ng/cm^2,如图 1-29(c)所示。特别地,PDMS 基底和 PDMS/SiO_2 基底表面的 Al_2O_3 基 ALI 生长行为可依据单循环质量增益划分为三个阶段,分别如图 1-29(d)~(f)和图 1-29(g)~(i)所示。值得注意的是,在内部形核阶段(阶段 Ⅰ)中,S_{20}PDMS 基底的单循环质量增益约为 93 ng/cm^2,而 PDMS 基底的单循环质量增益仅约为 49 ng/cm^2(见图 1-29(d)),两者相差近一倍。此外,经过约

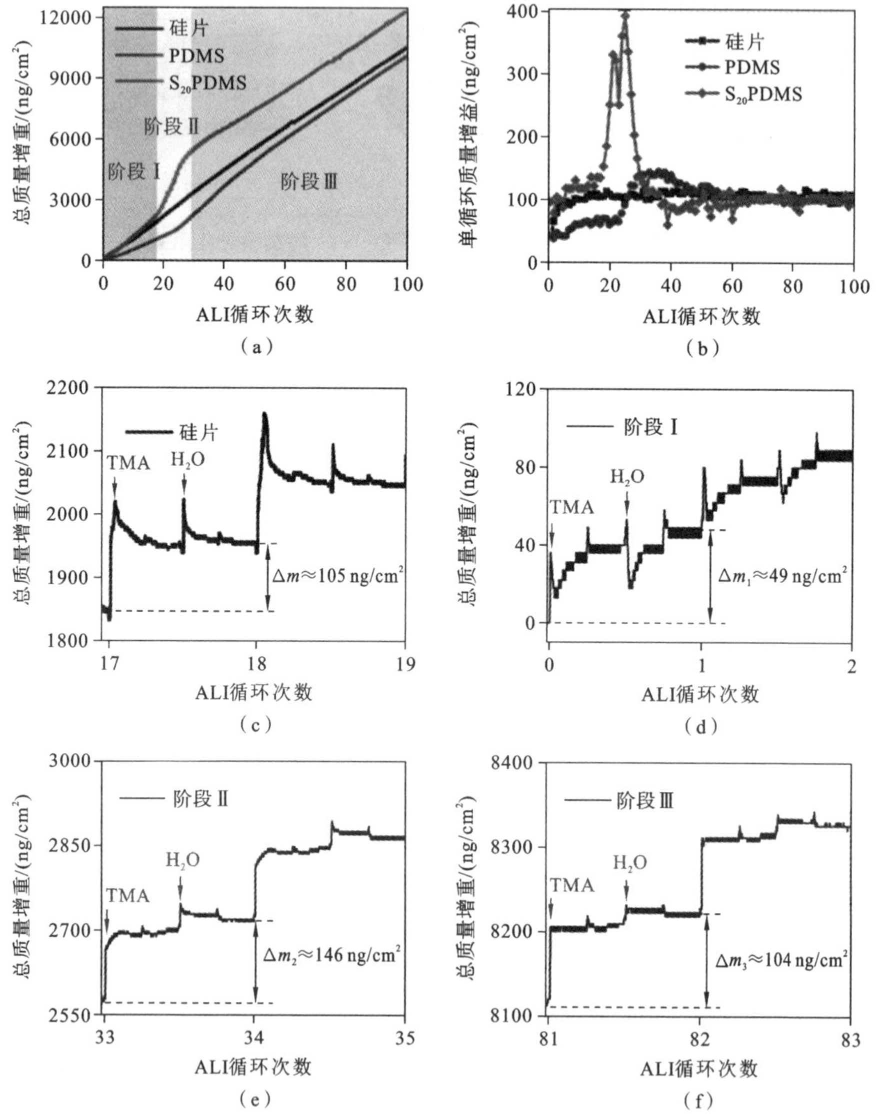

图1-29 ALI循环过程中生长特性分析:(a) 总质量增重和(b) 单循环质量增益与循环次数的关系;(c) 硅基底在表面沉积阶段的质量增重放大图;PDMS基底在(d) 内部形核阶段、(e) 孔隙填充阶段和(f) 表面沉积阶段的质量增重放大图;S$_{20}$ PDMS基底在(g) 内部形核阶段、(h) 孔隙填充阶段和(i) 表面沉积阶段的质量增重放大图

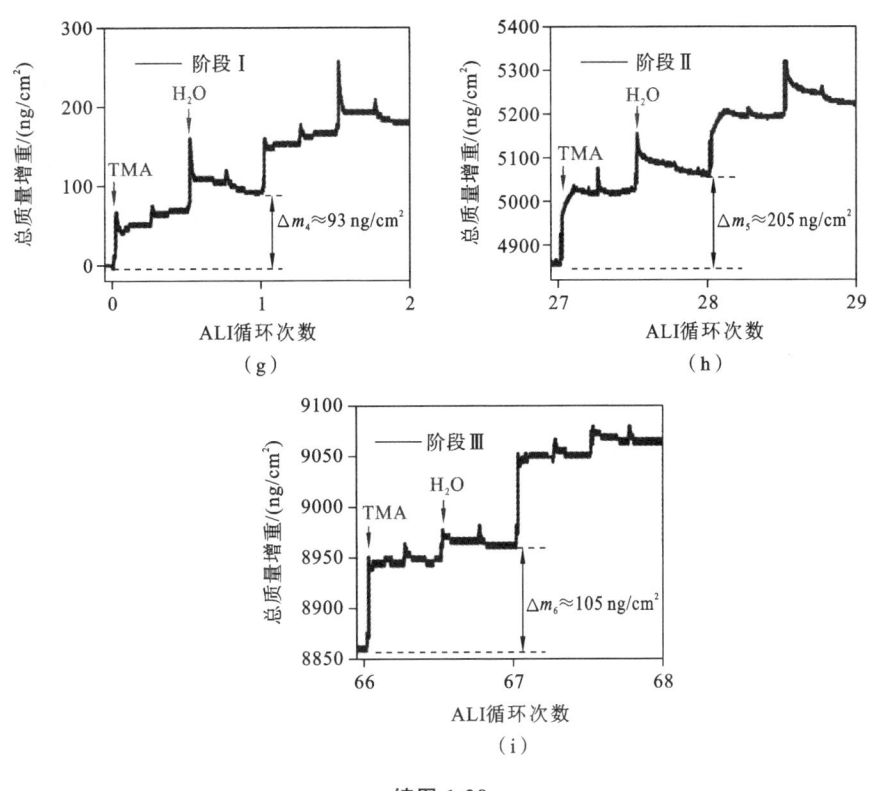

续图 1-29

17 次循环后,S_{20} PDMS 基底内初始形核位点被完全消耗,并开始形成 Al_2O_3 团簇。而对于 PDMS 基底而言,这一过程却需要约 23 次循环。如前所述,这是由于掺杂的 SiO_2 纳米粒子为 PDMS/SiO_2 基底内部引入大量的—OH 基团,并成为 Al_2O_3 团簇的形核位点。前驱体 TMA 与—OH 基团的化学吸附是放热的熵增反应,是一种自发反应。在形核结束后,孔隙填充阶段(阶段 II)中 PDMS/SiO_2 基底的单循环质量增益呈现出先增后减的趋势,但整体上仍高于硅片表面的单循环质量增益。对此,可以理解为:随着前驱体 TMA 和 H_2O 的不断通入,PDMS/SiO_2 基底内高比表面积的 Al_2O_3 团簇开始形成并合并,进而改变前驱体吸附的总活性位点量。由图 1-29(e)和(h)可知,前驱体 TMA 的曝光当量是 QCM 总质量增重的主要贡献,其中曝光时间是指脉冲时间与部分曝光时间(即渗透时间)之和。除此之外,在吹扫时间序列中,QCM 总质量增重基本保持恒定,进一步说明了低温 ALI 工艺中多余前驱体和副产物能被完全吹扫。最后,表面沉积阶段(阶段 III)中 PDMS/SiO_2 基底的单循环质量增益稳定在约 105 ng/cm^2,并呈现出与硅基底表面相似的线性生长趋势,这说明随着 PDMS/SiO_2

基底内孔隙的充分填充，Al_2O_3 开始在其表面连续成膜，并完全阻挡前驱体的渗透扩散。下面就 Al_2O_3 基 ALI 在 PDMS/SiO_2 基底上可能的生长机理进行阐述。

Al_2O_3 基 ALI 在 PDMS/SiO_2 基底上的生长机理是"形核—填充—覆盖"，如图 1-30 所示。① 气相前驱体向 PDMS/SiO_2 基底内部孔隙渗透和扩散，并同时与—OH 基团发生化学吸附，其中 Al_2O_3 生长经历了典型的内部形核阶段（阶段 Ⅰ：形核）；② 形核之后，多孔结构的 PDMS/SiO_2 基底内形核位点逐渐增加，Al_2O_3 团簇开始形成并大量生长，因而单循环质量增益大幅增加，但同时 Al_2O_3 团簇的大量生长和合并使 PDMS/SiO_2 基底内部孔隙开始闭合，进而导致单循环质量增益减小（阶段 Ⅱ：填充）；③ 随着基底内部孔隙的充分填充，Al_2O_3 在 PDMS/SiO_2 基底表面开始线性生长并连续成膜，其单循环质量增益与硅片表面的质量增益相同（阶段 Ⅲ：覆盖）。对此过程的研究为进一步提升柔性封装材料的阻隔性和机械稳定性提供了理论基础和实验指导。

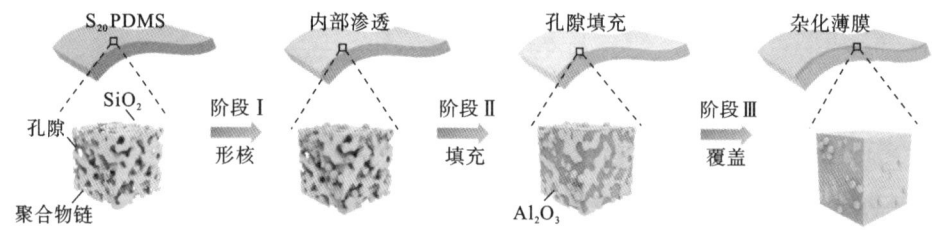

图 1-30　PDMS/SiO_2 基底上 Al_2O_3 基 ALI 生长机理示意图

1.4.4　微纳米颗粒表面包覆工艺

微纳米颗粒由于具有小尺寸效应与量子尺寸效应展现出许多常见块体材料所没有的物理化学特性。对微纳米颗粒的表面进行修饰、改性或包覆，使其具有适合应用需求的物理化学特性，是其广泛应用于环境、能源、电子、医疗、军事等领域的基础。ALD 是一种特殊的用于制备纳米薄膜的气相沉积方法，具有均匀性高、保形性高、成膜致密、反应温度相对较低等优点，能够精确控制颗粒包覆厚度和组分[18]。然而，微纳米颗粒由于粉体粒度小、比表面积大、表面能高且极易吸收空气中的水分，非常容易自发团聚而形成尺寸较大的团聚体，严重地阻碍了粉体材料的应用；同时，团聚体的形成导致内部的材料在 ALD 包覆过程中难以与前驱体接触，前驱体分子向内部扩散的传质速率较慢，从而影响最终的包覆均匀性。

前驱体的渗透深度与通入的前驱体浓度、保压时间等工艺参数强相关,为了提高前驱体的渗透深度,采用图 1-31(b)所示的与 ALD(见图 1-31(a))略有不同的气相沉积手段,即多脉冲渗透(multiple pulsed infiltration,MPI)。ALD工艺中两种前驱体的脉冲依次通入,并在脉冲结束后立即进行吹扫;而 MPI 工艺中两种前驱体的脉冲依旧交替通入,但在单个脉冲结束后立即封闭腔体,使得前驱体自由扩散,这一步骤也被称为保压(hold),保压结束后打开腔体进行吹扫。由此可知,MPI 工艺的核心在于延长前驱体的吸附时间,以实现前驱体的充分渗透和扩散。

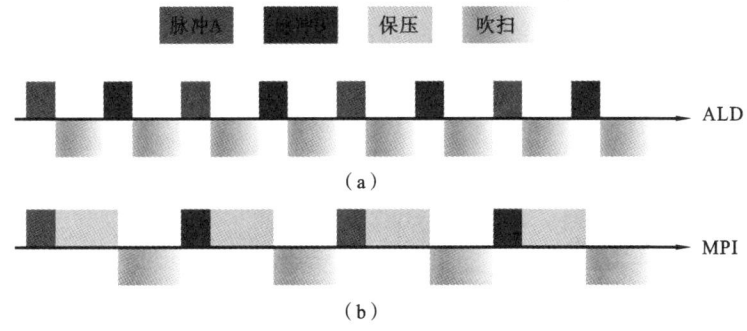

图 1-31　不同气相沉积手段示意图:(a) ALD;(b) MPI

基于颗粒离心流化技术,本节采用 MPI 工艺对微纳米颗粒进行包覆改性研究,以促进前驱体的扩散与颗粒间的传质,并探究各个工艺参数对沉积效率的影响,最终获得高均匀性、高一致性和高效的 ALD 工艺。以微纳米颗粒 ZnO 作为工艺研究对象,ZnO 比表面积为 $1 \ m^2/g$,包覆量级为 1 g,包覆反应为典型的 Al_2O_3 包覆反应,离心流化 ALD 设备转速设为 120 r/min,在 150 ℃的沉积温度下进行包覆实验。需要说明的是,工艺过程中 TMA 和 H_2O 的前驱体脉冲时间保持一致,保压时间和吹扫时间也保持一致。Al 含量的测定通过换算以 Al_2O_3 的包覆速率来表示,其中平面硅片上 Al_2O_3 的 ALD 线性生长速率为 0.1 nm/cycle。

基于 ALD 工艺的自限制性,研究 TMA/H_2O 前驱体脉冲时间对 ZnO 粉末表面 Al_2O_3 包覆均匀性的影响,此时,保压时间和吹扫时间需设为饱和值,根据经验将保压时间和吹扫时间均设为 60 s。在 TMA/H_2O 前驱体脉冲时间为0.5 s 时,Al_2O_3 在 ZnO 粉末表面的包覆因 ALD 包覆工艺的自限制性而达到饱和,生长速率达到 0.14 nm/cycle,与 Al_2O_3 在硅片表面的生长速率相符。ZnO 粉末表面 Al_2O_3 包覆具有优异的均匀性,Al_2O_3 包覆均匀性达到 95% 以上。其次,基于 ALD 工艺的自限制性,研究 TMA/H$_2$O 前驱体的吹扫时间对 ZnO 粉末表面 Al$_2$O$_3$ 包覆均匀性的影响,通过吹扫去除多余的前驱体和反应产物,此时脉冲时间设为上述饱和吸附时间,即 0.5 s,保压时间设为饱和保压时间,即 30 s。当将吹扫时间从 5 s 调节至 60 s 时,Al$_2$O$_3$ 在 ZnO 粉末表面的生长速率逐渐下降,这归因于吹扫时间不够时前驱体会在腔体内发生 CVD 反应,生长速率远大于 ALD 反应的正常速率,Al$_2$O$_3$ 在 ZnO 粉末表面包覆不均匀,Al$_2$O$_3$ 包覆均匀性只达到 90%;当 TMA/H$_2$O 前驱体脉冲之间的吹扫时间为 20 s 时,Al$_2$O$_3$ 在 ZnO 粉末表面的包覆过程呈现出 ALD 反应的自限制性,生长速率达到 0.14 nm/cycle,与 Al$_2$O$_3$ 在硅片表面的生长速率相符。样品中 ZnO 粉末表面的 Al$_2$O$_3$ 包覆均匀性优异,Al$_2$O$_3$ 包覆均匀性达到 95% 以上。随着沉积循环次数的增加,样品中由 Al 含量换算的薄膜厚度呈线性增加。结合样品的比表面积、Al$_2$O$_3$ 的密度等条件,计算出生长速率,为 0.14 nm/cycle,整体的线性生长速率与 Al$_2$O$_3$ 在硅片表面的生长速率相符。

本章参考文献

[1] ATOMICLIMITS. Atomiclimits imagebase[EB/OL]. [2024-11-08]. https://www.atomiclimits.com/imagebase/.

[2] ATOMICLIMITS. Database of ALD processes[EB/OL]. [2024-11-08]. https://www.atomiclimits.com/alddatabase/.

[3] CAO K, CAI J M, CHEN R. Inherently selective atomic layer deposition and applications[J]. Chemistry of Materials, 2020, 32(6): 2195-2207.

[4] JOHNSON R W, HULTQVIST A, BENT S F. A brief review of atomic layer deposition: from fundamentals to applications[J]. Materials Today, 2014, 17(5): 236-246.

[5] ARTS K, UTRIAINEN M, PUURUNEN R L, et al. Film conformality and extracted recombination probabilities of O atoms during plasma-assisted atomic layer deposition of SiO$_2$, TiO$_2$, Al$_2$O$_3$, and HfO$_2$[J]. The Journal of Physical Chemistry C, 2019, 123(44): 27030-27035.

[6] CHEN Y X, LI Z S, DAI Z, et al. Multiscale CFD modelling for conformal atomic layer deposition in high aspect ratio nanostructures[J]. Chemical Engineering Journal, 2023, 472: 144944.

[7] PAUL D, MOZETIC M, ZAPLOTNIK R, et al. A review of recombina-

tion coefficients of neutral oxygen atoms for various materials[J]. Materials, 2023, 16(5): 1774.

[8] LAN Y X, WEN Y W, LI Y C, et al. Selectivity dependence of atomic layer deposited manganese oxide on the precursor ligands on platinum facets [J]. Journal of Vacuum Science & Technology A, 2023, 41 (1): 012402.

[9] WEN Y W, LAN Y X, LI H J, et al. Nucleation delay in selective atomic layer deposition: density functional insights coupled numerical nucleation model[J]. The Journal of Physical Chemistry C, 2024, 128(24): 9915-9925.

[10] PUURUNEN R L. Surface chemistry of atomic layer deposition: a case study for the trimethylaluminum/water process[J]. Journal of Applied Physics, 2005, 97(12): 121301.

[11] CAI J M, ZHANG J, CAO K, et al. Selective passivation of Pt nanoparticles with enhanced sintering resistance and activity toward CO oxidation via atomic layer deposition[J]. ACS Applied Nano Materials, 2018, 1 (2): 522-530.

[12] CAO K, SHI L, GONG M, et al. Nanofence stabilized platinum nanoparticles catalyst via facet-selective atomic layer deposition[J]. Small, 2017, 13(32): 1700648.

[13] QI Z L, LI H J, CAO K, et al. Area selective deposition of Ru on W/ SiO_2 nanopatterns via sequential reactant dosing and thermal defect correction[J]. Chemistry of Materials, 2024, 36(17):8133-8140.

[14] MACKUS A J M, SCHNEIDER J R, MACLSAAC C, et al. Synthesis of doped, ternary, and quaternary materials by atomic layer deposition: a review[J]. Chemistry of Materials, 2019, 31(4): 1142-1183.

[15] LIU X, CHEN Z Z, WEN Y W, et al. Surface stabilities and NO oxidation kinetics on hexagonal-phase $LaCoO_3$ facets: a first-principles study [J]. Catalysis Science & Technology, 2014, 4(10): 3687-3696.

[16] ZHOU C, FENG Z J, ZHANG Y X, et al. Enhanced catalytic activity for NO oxidation over Ba doped $LaCoO_3$ catalyst[J]. RSC Advances, 2015, 5(36): 28054-28059.

[17] HUANG B, YANG W J, WEN Y W, et al. Co_3O_4-modified TiO_2 nano-

tube arrays via atomic layer deposition for improved visible-light photo-electrochemical performance[J]. ACS Applied Materials & Interfaces, 2015, 7(1): 422-431.

[18] CAO K, CAI J M, SHAN B, et al. Surface functionalization on nanoparticles via atomic layer deposition[J]. Science Bulletin, 2020, 65 (8): 678-688.

第2章
原子层沉积过程分析

原子层沉积(ALD)技术是通过向真空腔体中依次交替通入前驱体 A 脉冲、惰性气体、前驱体 B 脉冲、惰性气体,在时间上实现隔离,从而在基底表面沉积薄膜的一种技术。其操作压力通常在 0.1 Torr 到 10 Torr 之间(1 Torr = 133.32 Pa),通过真空泵连续抽气来维持反应器的真空环境[1]。为了保证薄膜沉积的原子级精度,在每个前驱体脉冲之后,往往需要较长的吹扫时间,以避免不同前驱体的直接接触,防止发生厚度不可控的气相反应[2]。薄膜的沉积效率往往由吹扫时间来决定[3],如图 2-1(a)所示。

空间隔离原子层沉积(spatial ALD,SALD)技术的原理是通过在空间上将不同反应物分隔开来,实现更高效的薄膜沉积过程[4,5]。基底在多个反应区域之间移动,每个区域分别引入特定的反应物,利用物理空间的分隔来避免反应物的交叉污染,从而实现同时沉积[6]。这种设计不仅大幅提高了沉积速率,还适用于大面积基底的处理,同时保留了 ALD 薄膜沉积的特性。它克服了传统 ALD 因时间隔离而依赖真空腔体的限制,解决了传统 ALD 难以满足高效、大面积的批量化工业生产需求的问题[7,8],如图 2-1(b)所示。

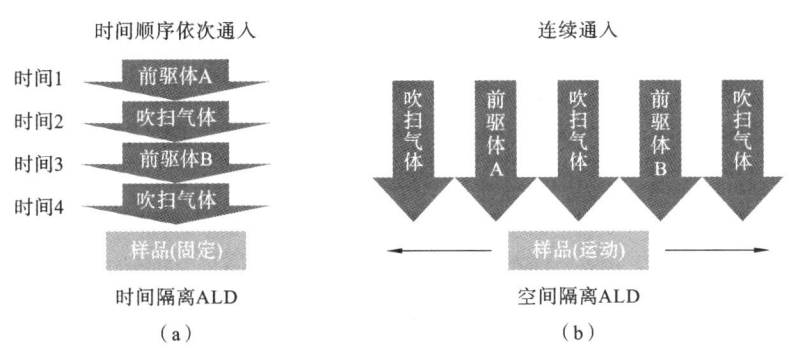

图 2-1　(a) 时间隔离 ALD 原理;(b) 空间隔离 ALD 原理

ALD 是一个复杂的多尺度、多物理量耦合过程。在薄膜沉积的过程中,从宏观腔体尺度、特征结构尺度到微观分子尺度,存在流体流动、传热传质、化学反应等多个物理化学过程的非线性耦合[9-11]。改变薄膜的沉积工艺将会对相应的物理化学过程产生不同程度的影响,进而影响薄膜的沉积精度、生长速率、一致性及前驱体利用率。因此,本章主要研究 ALD 反应器的几何结构和宏观的 ALD 工艺参数对薄膜沉积的影响。计算流体力学(computational fluid dynamics,CFD)不仅可以用于研究反应器内的流体流动,还适用于耦合传热传质、化学反应等过程。采用该方法对 ALD 反应过程中的前驱体浓度分布、表面反应速率等进行数值模拟,从而实现不同结构和工艺参数下的薄膜沉积的定量分析。

2.1 ALD 数值建模方法

2.1.1 ALD 过程建模

反应器中流体克努森数 $Kn \ll 1$ 时,其流动类型是连续介质流动。可以利用纳维-斯托克斯方程模拟 ALD 腔体的流场,来对腔体尺度下原子层沉积过程中的气体流动进行求解。描述气体流动的质量守恒方程与动量守恒方程如下。

质量守恒方程为

$$\frac{\partial \rho}{\partial t} + \nabla \cdot (\rho \boldsymbol{u}) = S_m \tag{2-1}$$

其中,ρ 是气体混合物的密度,$\boldsymbol{u}$ 是速度矢量,S_m 是质量源项。

动量守恒方程为

$$\frac{\partial (\rho \boldsymbol{u})}{\partial t} + \nabla \cdot (\rho \boldsymbol{uu}) = -\nabla p + \nabla \cdot [\mu (\nabla \boldsymbol{u} + \nabla \boldsymbol{u}^{\mathrm{T}})] + \boldsymbol{F} \tag{2-2}$$

其中,p 是压力,μ 是流体的黏度,$\boldsymbol{F}$ 是外部体积力。

具体到反应器中某个特定前驱体组分,其质量传递过程包括对流和扩散,质量守恒的传质方程表示如下:

$$\frac{\partial c_i}{\partial t} + \nabla \cdot \boldsymbol{J}_i + \boldsymbol{u} \cdot \nabla c_i = R_i \tag{2-3}$$

其中,$\boldsymbol{J}_i$ 是扩散通量,c_i 是每个气相物种的摩尔浓度,$\boldsymbol{u} \cdot \nabla c_i$ 代表流体流动对组分输运的贡献,R_i 是来自表面化学反应或质量传递边界的净通量。前驱体的扩散过程中浓度分布满足菲克定律:

$$\boldsymbol{J}_i = -D_i \nabla c_i \tag{2-4}$$

其中,D_i 是前驱体在反应器中的扩散系数,通常与压力成反比。腔体尺度的前驱体分子在载气中的二元分子扩散系数可以使用如下方程描述:

$$D_{ij} = \frac{1.01325 \times 10^{-2} T^{1.75} \left(\frac{1}{M_i} + \frac{1}{M_j} \right)^{0.5}}{P \left[\left(\sum V_i \right)^{\frac{1}{3}} + \left(\sum V_j \right)^{\frac{1}{3}} \right]^2} \tag{2-5}$$

其中,T 表示温度,M 是质量,P 是压力,V 是原子扩散体积(基于 Fuller 法计算)。针对前驱体在腔体尺度下的对流-扩散传质过程,载气流量、工艺压力、腔体结构等宏观工艺参数对其影响十分重要,而且腔体尺度的传质直接影响高深宽比微结构的前驱体供应,从而影响沉积的均匀性和保形性。

在腔体尺度模型中反应器流场与纳米结构顶部之间的界面被假定为平坦表面,并忽略了纳米结构与反应器之间流场的影响。当 ALD 工艺压力在 1 Torr 到 10 Torr 的范围内时,前驱体分子的平均自由程为微米尺度,比本章研究的孔径为 50 nm 的纳米结构尺度大几个数量级,使得其在纳米孔中呈自由分子流态。前驱体与孔壁之间频繁的碰撞限制了前驱体向纳米结构深处的传输,克努森扩散系数 D_{Kn} 可用于描述分子流态下前驱体分子的传质过程,满足菲克定律的扩散方程如下:

$$\frac{\partial c_i}{\partial t} - D_{Kn} \nabla^2 c_i = R_i \tag{2-6}$$

其中,c_i 是前驱体浓度,R_i 为反应源项。分子流态下克努森扩散系数 D_{Kn} 的计算公式如下:

$$D_{Kn} - d \sqrt{\frac{8 k_B T}{9 \pi m_p}} \tag{2-7}$$

其中,d 是孔的直径,k_B 是玻尔兹曼常数,T 是温度,m_p 是前驱体分子的质量。使用式(2-6)对应的一维形式的近似解析模型可描述一维深孔结构中前驱体及自由基的扩散传输过程。在给定腔体传质的入口边界条件和壁面化学反应机制等后,可采用数值离散方法计算扩散方程,数值离散方法使得求解兼具高效可行的优势,相比蒙特卡罗方法具有适合复杂结构的灵活性以及和宏观有限元耦合的便捷性。本章介绍的有限元方法可以求解三维高深宽比纳米结构中 ALD 的分子流质量传递的连续模型,也可以求解腔体尺度模型。此外,式(2-6)可以直接与化学反应速率方程耦合,进而用于沉积过程的计算。

典型的 ALD 表面化学动力学被视为组成 ALD 循环的两个半反应的交替序列,这在腔体尺度建模中发挥了有效作用。本章使用有限化学反应速率来描述前驱体的吸附、脱附及表面反应速率,薄膜的生长过程可以通过前驱体的羟基和有机配体基团的重复交换和沉积来计算。在单次循环的模拟中,由于饱和吸附后薄膜的生长速率一定,即可用图 2-2 所示的活性位点发生化学吸附的占比来表示薄膜沉积情况。

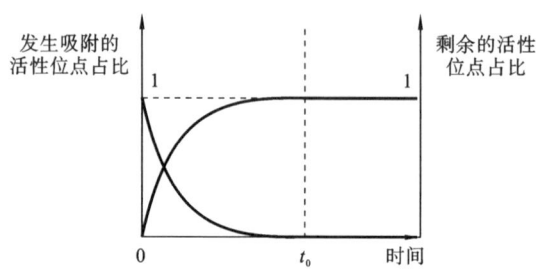

图 2-2 ALD 自限制半反应的表面覆盖率以及剩余活性位点随时间的变化

TMA 和 H_2O 的 ALD 反应动力学已经得到了深入的研究。需要指出的是,该机制通过交替沉积 O 原子和 Al 原子,既能计算 ALD 薄膜的自限制生长,又能计算前驱体和共反应物混合造成的 CVD 生长。在此,将—OH 在表面的吸附与 O 原子的沉积区分开来:—OH 与 TMA 反应形成—$OAlCH_3$ 被认为是 O 原子的沉积,而—$AlCH_3$ 与 H_2O 反应形成—AlOH 被认为是 Al 原子的沉积。CVD 型生长则考虑了前驱体和共反应物在同时暴露于纳米结构表面时的持续交替吸附和反应,而忽略了前驱体和共反应物之间的气相直接反应。这种方法基于气相反应的非自限制性特点:尽管表面活性位点不断被占据,但交替的半反应不断产生新活性位点,沉积速率并不受表面活性位点的可用性限制。因此,可以计算多重循环过程以及前驱体与共反应物直接进行 CVD 反应的效果。

$$2Al(CH_3)_{3(g)} + 3OH^*_{(s)} \underset{des}{\overset{ads}{\rightleftharpoons}} 2Al(CH_3)_{3(ads)}$$

$$2Al(CH_3)_{3(ads)} \longrightarrow OAl(CH_3)^*_{2(s)} + O_2 Al(CH_3)^*_{(s)} + 3CH_{4(g)} \uparrow$$

$$H_2O + DMA_{(s)} \underset{des}{\overset{ads}{\rightleftharpoons}} DMAH_2O_{(s)} \longrightarrow MMAOH^*_{(s)} + CH_{4(g)} \uparrow$$

$$H_2O + MMA_{(s)} \underset{des}{\overset{ads}{\rightleftharpoons}} MMAH_2O_{(s)} \longrightarrow AlOH^*_{(s)} + CH_{4(g)} \uparrow$$

$$H_2O + MMAOH^*_{(s)} \underset{des}{\overset{ads}{\rightleftharpoons}} MMA(OH)H_2O_{(s)} \longrightarrow Al(OH)^*_{2(s)} + CH_{4(g)} \uparrow$$

其中,[ ]$_{(g)}$、[ ]$_{(s)}$ 和 [ ]$_{(ads)}$ 分别代表气相组分、固相组分和吸附态组分。

SnO_2 ALD 是通过四(二甲氨基)锡(TDMASn)和 H_2O_2 实现的,其吸附反应原理如图 2-3 所示。根据关于 SnO_2 ALD 的文献实验和计算研究,在本节模型的工艺温度窗口下,SnO_2 的 ALD 反应过程中基团交换过程的影响相较于表面吸附和脱附的影响更为显著。为了拟合和验证本节的多尺度模型,使用简化的单步反应方法对 SnO_2 ALD 的 TDMASn 半反应进行了模拟。得益于多尺度模型中表面反应速率方法的灵活性,该模型既可以满足详细反应机制的耦合需求,又能实现关键步骤的分析。

$$Sn(DMA)_{4(g)} + 2OH_{(s)}^* \longrightarrow O_2Sn(DMA)_{2(s)}^* + 2HDMA_{(g)} \uparrow$$

$$O_2Sn(DMA)_{2(s)}^* + H_2O_{2(g)} \longrightarrow Sn(OH)_{2(s)}^* + O_{2(g)} + 2HDMA_{(g)} \uparrow$$

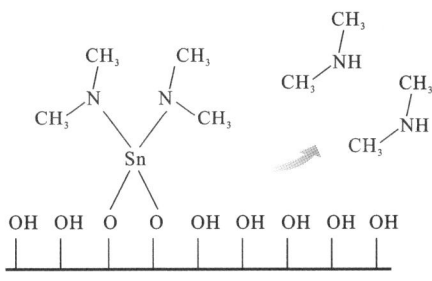

图 2-3 TDMASn 前驱体分子在羟基化表面的化学吸附

在该简化的反应模型中,动力学参数包括指前因子 A_a 和活化能 E_a,没有考虑 TDMASn 的吸附和脱附。TDMASn 的前半反应(即表面羟基的吸附反应)活化能约为 17.8 kcal/mol(0.77 eV),高于 0.52 eV 的 TMA 表面反应势垒,这种差异将影响高深宽比纳米结构中的表面反应速率和沉积过程。

羟基的吸附概率 s_{ini_OH} 是每循环生长厚度(GPC)的决定因素,—OH 基团被认为在从一个循环到下一个循环时会再生。无论是采用连续性方法还是采用蒙特卡罗方法来模拟 ALD 的表面吸附过程,前驱体的吸附概率对生长剖面都有重要影响,并且被视为可以根据沉积实验进行拟合调整的参数。在本研究中,TMA 的吸附概率 s_{ini_TMA} 参考了相关文献中的工作,并将上述详细的反应机制应用于表面反应模型。前驱体的吸附概率被定义为由基底表面反应造成的前驱体通量 f_{ads}(单位为 mol/($m^2 \cdot$ s))的变化。

$$f_{ads} = (1-\theta)\frac{s_0 p_A}{\sqrt{2\pi M_A RT}} \tag{2-8}$$

其中,θ 是吸附前驱体的表面覆盖率,s_0 是吸附概率,p_A 是前驱体的分压,M_A 为前驱体分子的摩尔质量。

脱附和每个表面反应(不包括吸附过程)的速率常数由 Arrhenius 方程得到:

$$k_a = A_a T e^{-\frac{E_a}{RT}} \quad\quad\quad (2-9)$$

吸附后和脱附后的表面反应被假设是不可逆的。将表面化学机制与前驱体传递相结合,可通过在质量传递方程中引入源项来实现。从气相到表面沉积的前驱体通量计算如下:

$$r_i = f_{ads} - k_{des} s_i \quad\quad\quad (2-10)$$

其中,r_i 是前驱体 i 的表面反应速率,k_{des} 是脱附速率常数,s_i 是表面物种 i 的表面浓度。表面化学反应被视为一阶反应。

ALD 表面反应参数表如表 2-1 所示。

表 2-1　ALD 表面反应参数表

参数	值	具体含义
$C_{OH,0}$	7.8 nm^{-2}	表面羟基浓度
$D_{Kn,TMA}$	$6.2 \times 10^{-6} \text{ m}^2/\text{s}$	TMA 克努森扩散系数
$s_{0,TMA}$	0.004	TMA 吸附概率
$A_{des,1,3,4}$	8.3×10^{12}	指前因子
M_{TMA}	72.1 g/mol	TMA 摩尔质量
$E_{des,1}$	58.6 kJ/mol	活化能
$A_{a,2\sim5}$	8.3×10^{12}	指前因子
$E_{a,2}$	50.0 kJ/mol	活化能
s_{0,H_2O}	0.01	H_2O 吸附概率
$E_{des,3\&4}$	55.0 kJ/mol	活化能
$E_{a,3\&4}$	67.5 kJ/mol	活化能
$E_{des,5}$	71.4 kJ/mol	活化能
$E_{a,5}$	87.8 kJ/mol	活化能
M_{TDMASn}	295.0 g/mol	TDMASn 摩尔质量
$D_{Kn,TDMASn}$	$1.6 \times 10^{-6} \text{ m}^2/\text{s}$	TDMASn 克努森扩散系数
$S_{boundary\_cells}$	$4.0 \times 10^{-4} \text{ m}^2$	边界面积
$A_{a,6}$	1.0×10^{12}	指前因子
$E_{a,6}$	70.3 kJ/mol	活化能

2.1.2　面向反应器的 ALD 过程分析

在 ALD 过程中,反应器中流动状态对基底沉积质量具有影响。反应器通常分为横流式与竖流式两种类型,对两种不同类型的反应器进行建模,通过耦合表面化学反应与传质过程,对 ALD 工艺参数(如温度、前驱体浓度、质量流量和压力等)进行定量讨论。以往的仿真模拟表明,高温下生长速率增加且表面沉积过程加快,但腔体内温度差对前驱体分布的影响不大。低压下腔体内层流状态使得气体分布更均匀,有助于高效的前驱体传输和利用。但在不同类型的反应器中,气体的均匀程度具有显著差异,因此薄膜质量不仅受工艺条件影响,也会受反应器类型影响。

对横流式腔体进行建模。首先在腔体尺度下进行流动传质和平面基底 TMA 表面半反应的耦合模拟,如图 2-4 所示,从腔体左侧入口到右侧出口的横截面的速度矢量分布图可以看出,腔体入口处速度很大,而在其他位置则相对

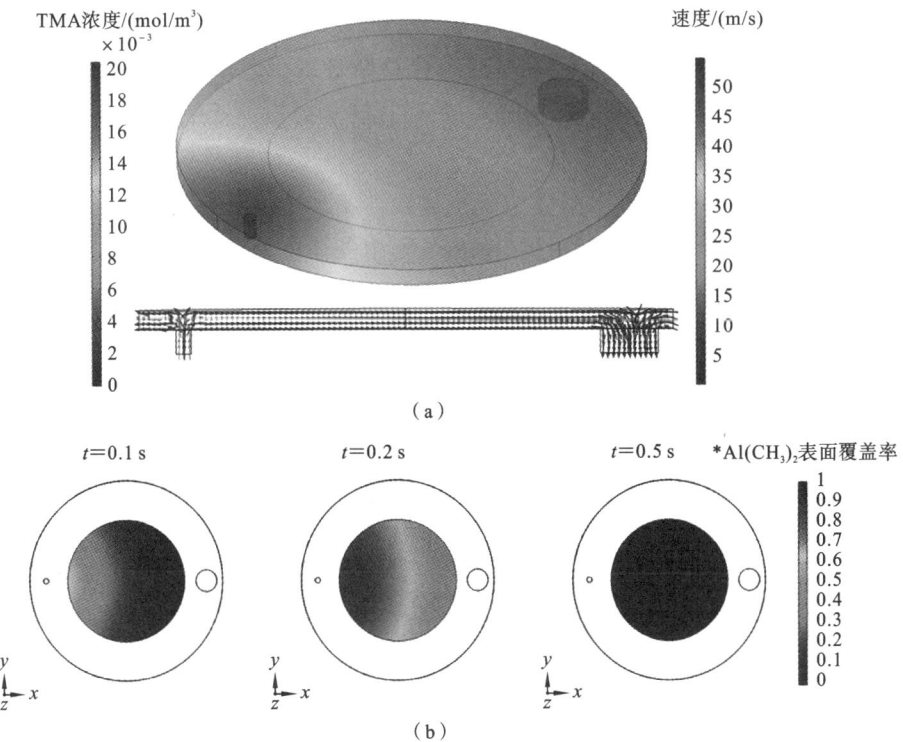

图 2-4　(a) 横流式腔体尺度的 TMA 浓度分布云图和速度矢量分布云图;(b) TMA 半反应的表面反应产物覆盖率分布云图

较小。0.1 s 的脉冲结束时腔体的前驱体浓度分布如图 2-4(a)所示,可以看出,在流速方向上存在明显的浓度分布梯度。图 2-4(b)展示了基底表面的第一个表面半反应产物覆盖率的演化过程,可以看出,在存在浓度梯度的条件下,初始阶段表面产物的覆盖率分布梯度和前驱体的浓度分布梯度的方向相同,这说明腔体尺度的传质是 ALD 表面反应过程的一个决定性因素。而随着反应时间的延长,在亚秒的时间尺度内,由于表面反应的自限制性,腔体内整个基底上表面反应产物的理论覆盖率也达到了均匀的分布。

脉冲时间和吹扫时间是前驱体用量的主要参数。一个前驱体脉冲过程可由宏观反应腔模型中的瞬态来展现,而其中各瞬间的速度分布、压力分布、前驱体浓度分布等均可在模型中进行定量追踪。此外,由于模型耦合了表面化学反应过程,亦可同时追踪瞬态中流体状态变化导致的表面覆盖率及其分布,如图 2-5 所示。因此,利用耦合气质传输和表面化学反应的宏观反应腔模型,可以研究温度、流量、压力等工艺参数对表面沉积过程的影响,并定量分析前驱体消耗和循环时间等效率因素。此耦合模型可用于追踪表面覆盖率和反应物、产物的空间分布,即可通过一定的浓度、时间组合判断特定工艺条件下前驱体最小消耗质量和残余前驱体的最短吹扫时间,从而优化和分析原子层沉积的循环次数和前驱体利用率。

在吹扫过程中,通过对腔体中各个位置前驱体浓度进行追踪,可获得不同位置吹扫时间分布。图 2-6 展示了吹扫过程中腔体中死角、基底和出口附近三个不同位置前驱体浓度随时间的变化。腔体不同位置的吹扫时间差异显著,靠近壁面的死角区域需要更长的吹扫时间,这无疑会降低整体的吹扫效率。如果以基底周围的前驱体浓度分布作为吹扫时间的参考标准,虽然可以缩短整体吹扫时间,但容易导致腔体中死角位置残留部分前驱体。在经过多次原子层沉积脉冲循环后,可在出口附近的死角位置观察到白色粉末,从而验证了仿真分析中吹扫效率和前驱体浓度分布的结论。此外,前驱体在腔体不同位置的浓度分布可用于发现吹扫死角和优化腔体结构。原子层沉积工艺的宏观反应腔模型可用于对速度、压力、浓度等流体状态参数进行定性分析,并为结构设计提供辅助参考。

对于采用 TDMASn 等反应活性较低的金属有机物前驱体的 ALD 工艺,为了确保前驱体与基底充分反应,通常会在前驱体脉冲结束后引入一个保压步骤。具体而言,在关闭出口阀门后,保持反应器内压力一定时间,即保压,以延长前驱体与基底的接触时间。在此期间,反应器内被设定为零流速和零通量边

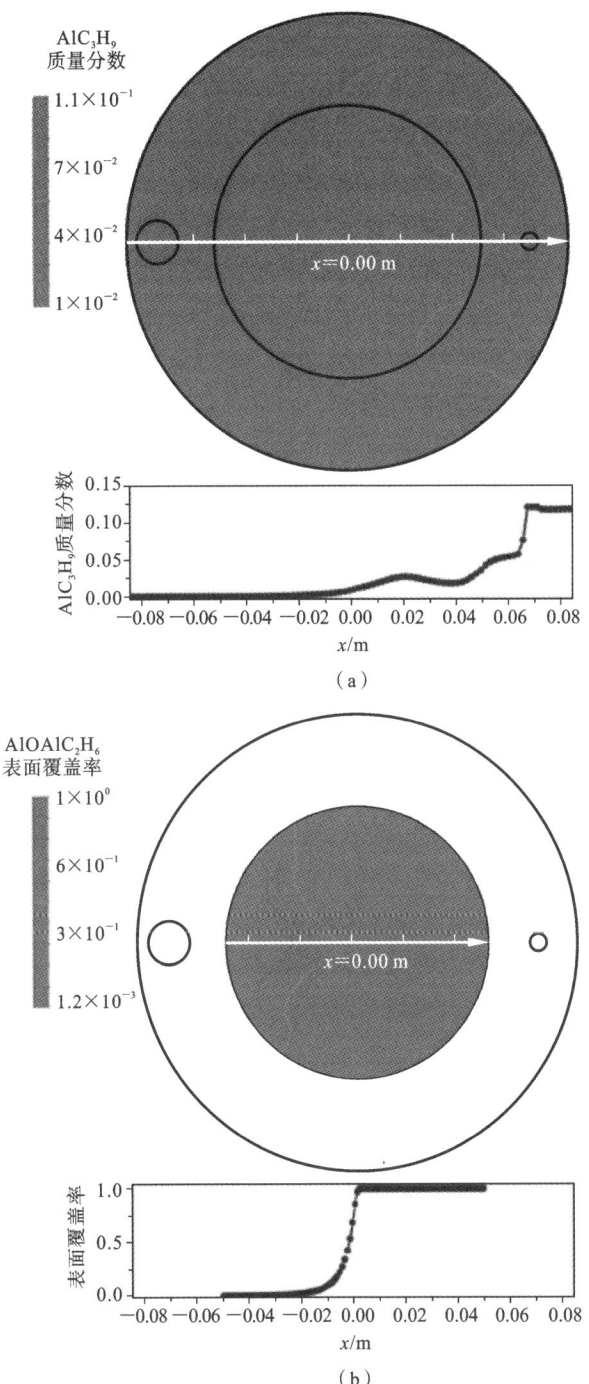

图 2-5　（a）在脉冲过程中前驱体浓度的瞬态分布;（b）瞬态脉冲下表面覆盖率及其分布

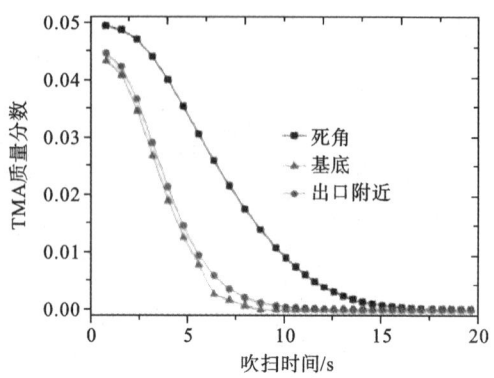

图 2-6　脉冲式瞬态仿真中死角、基底、出口附近三个位置前驱体浓度随时间的分布

界条件,以模拟一个封闭体系。为了深入研究保压对 ALD 过程的影响,我们对包括脉冲、保压和吹扫三个阶段的 TDMASn 半反应过程进行了数值模拟。由于模拟的简化,模型中暂未考虑 TDMASn 在反应器壁面和纳米结构上的物理吸附,因此模拟得到的吹扫效果可能较为理想。实际实验中,往往需要更长的吹扫时间以确保前驱体和共反应物彻底分离。由于前驱体暴露量的差异会直接影响不同位置纳米结构的覆盖均匀性,因此反应器内流场的均匀性和前驱体在空间上的分布是 ALD 工艺中的关键因素。图 2-7 展示了不同保压时间下,反应器内前驱体暴露量的分布情况。其中,暴露量通过对前驱体浓度和暴露时间进行积分获得。结果表明,与无保压条件相比,10 s 的保压时间使得反应器内前驱体暴露量增加了约一个数量级,并且显著改善了腔体平面基底上不同位置前驱体暴露量的均匀性,将其不均匀性从 6.5% 降低至 1.8%。

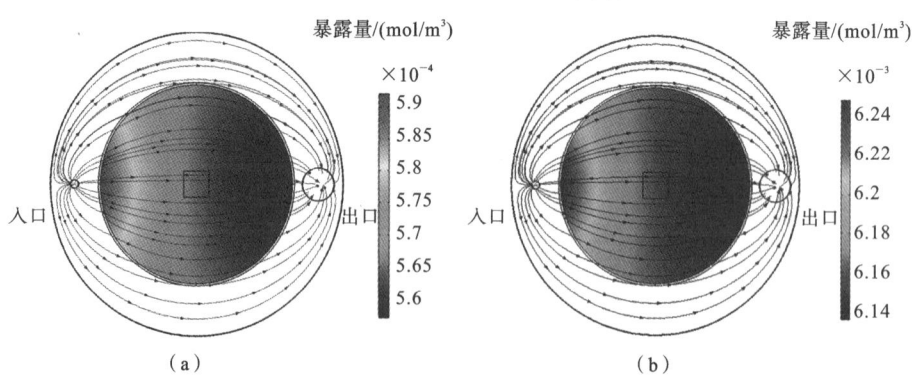

图 2-7　腔体尺度中的 TDMASn 前驱体暴露量比较:(a) 无保压;(b) 10 s 保压

对于垂直于基底进气的腔体结构,图 2-8 展示了模拟得到的平面基底上一个完整 ALD 循环中沉积厚度随吹扫流量和时间的变化,模拟中脉冲时间固定为 0.1 s。结果显示,随着吹扫时间的延长或吹扫流量的增大,基底上的沉积厚度逐渐减小。这表明在模拟的吹扫过程中,TMA 并未被完全去除,而是与后续通入的 H_2O 发生了反应。此外,从速度矢量分布可以看出,基底边缘的流速相对中心区域的流速更快,导致边缘处的前驱体供应更为充足,从而使得边缘的沉积厚度略高于中心区域的沉积厚度。

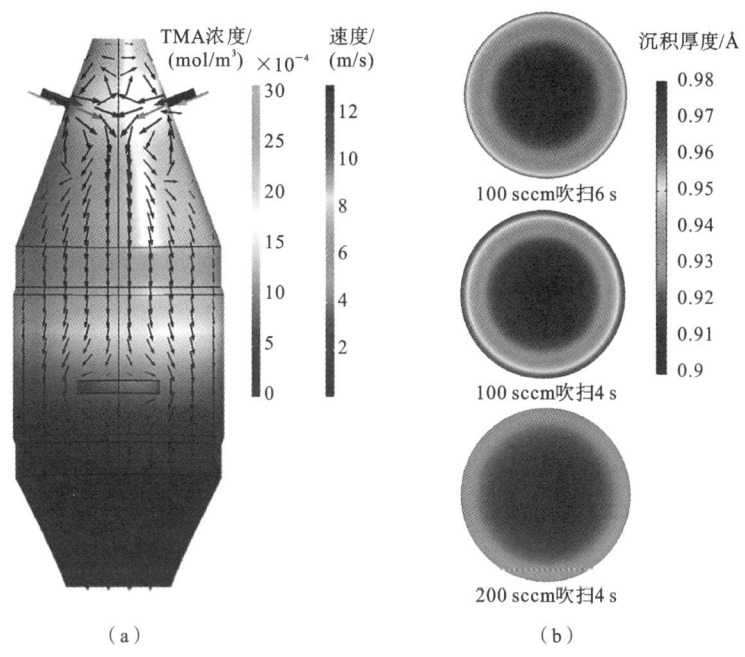

（a）   （b）

图 2-8　垂直进气反应器中(a) 前驱体浓度和流场分布;(b) 基底上沉积厚度随吹扫
　　　　时间和吹扫流量的变化

注:1 sccm=1 mL/min。

2.1.3　高深宽比纳米结构与宏观反应器耦合研究

上述耦合平面基底表面反应的腔体尺度模型为后续深宽比结构 ALD 的多尺度建模提供了基础。在多尺度建模中,对高深宽比结构中的传质-反应模型进行评估是必要的。使用有限元求解器 COMSOL 对高深宽比微通道结构的 2D 计算域进行离散化和求解,将根据式(2-7)计算得到有效扩散系数应用于扩散模拟。图 2-9(a)所示为高深宽比纳米结构中的前驱体浓度变化;图 2-9(b)中的沉积厚度达到饱和厚度的 50% 处被标记为虚线,其与沉积剖面曲线的交点对应深度可表示高深宽比结构中的 ALD 薄膜生长的渗透深度。对于扩散受限的沉积,表面反应远远快于前驱体扩散,渗透深度与暴露时间的平方根成正比。在同样的纳米结构中,模拟了 50 Pa 前驱体分压条件下的沉积过程。结果显示,相同暴露时间下,50 Pa 渗透深度比 100 Pa 渗透深度小,并且对于达到相同渗透深度所需的暴露时间,前者是后者的 2 倍,与 Gordon 模型预测的达到均匀覆盖所需的前驱体分压和暴露时间关系相符。需要指出的是,在实际的纳米结构基底上的 ALD 过程中,前驱体分压和暴露时间是与宏观腔体尺度息息相关的,因此须将高深宽比结构尺度与腔体尺度联系起来,以建立描述高深宽比结构 ALD 过程的准确模型。接下来将对多尺度数值模型进行展开,通过多尺度建模定量分析宏观 ALD 过程参数对沉积均匀性的影响机制。

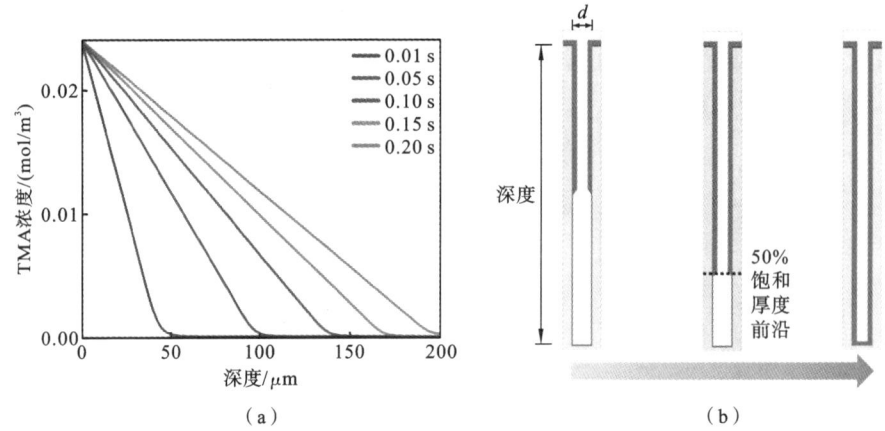

图 2-9　(a) 高深宽比纳米结构中的前驱体浓度变化;(b) 沉积厚度和渗透深度的定义

　　前驱体在反应器中的浓度分布对纳米结构入口处的前驱体浓度有重要影响,进而影响沉积速率。即使在载气不断流动的情况下,前驱体浓度仍然会在反应器和纳米结构之间保持动态平衡。在纳米结构的壁面,前驱体分子与表面活性位点发生配体交换,从而生长出一层新的原子,为了使表面反应和前驱体传质耦合起来,在描述表面物种的官能团替换时,表面物种和前驱体分子的吸附反应会消耗气相中的前驱体,因此需要将消耗量耦合到微结构中前驱体的扩散方程中。在模型中前驱体传质与表面反应之间的耦合通过式(2-6)和式(2-10)实现。得益于微分方程的描述方法,可以通过有限元方法同时且高效地计算分子流区域和表面反应模型。

腔体尺度模型具有离散的网格单元,网格的平均尺寸至少为数十微米,而纳米结构尺寸远远小于单个网格单元的尺寸。由于计算成本极高,几乎不可能使网格单元的尺寸缩小到几纳米级别,因此反应器流域和纳米结构流域必须分离。为了将两者耦合起来,我们引入了一种"探针节点"的概念。具体来说,将反应器边界处的宏观参数(如前驱体浓度)作为探针,实时传递给纳米结构入口处的虚拟节点。这样,纳米结构就能根据反应器中的实时变化进行相应的响应。因此,多尺度 ALD 系统可以分为两个计算域。使用适合每个部分的不同有限元网格尺寸来覆盖腔体尺度和纳米结构尺度,如图 2-10(a)所示。前驱体的质量交换发生在两个域之间的一个假设的平面边界上。高深宽比纳米结构中前驱体的消耗将被应用为通过平面边界的净通量,并与腔体尺度模型的质量传递方程进行耦合。基于反应器与基底边界处前驱体分布的连续性,建立腔体尺寸与纳米结构扩散模型入口参数之间的映射关系,以及在纳米结构表面反应中前驱体消耗速率与通过反应器基底边界单元的前驱体通量之间的等效关系,从而实现双向耦合,如图 2-10(b)所示。

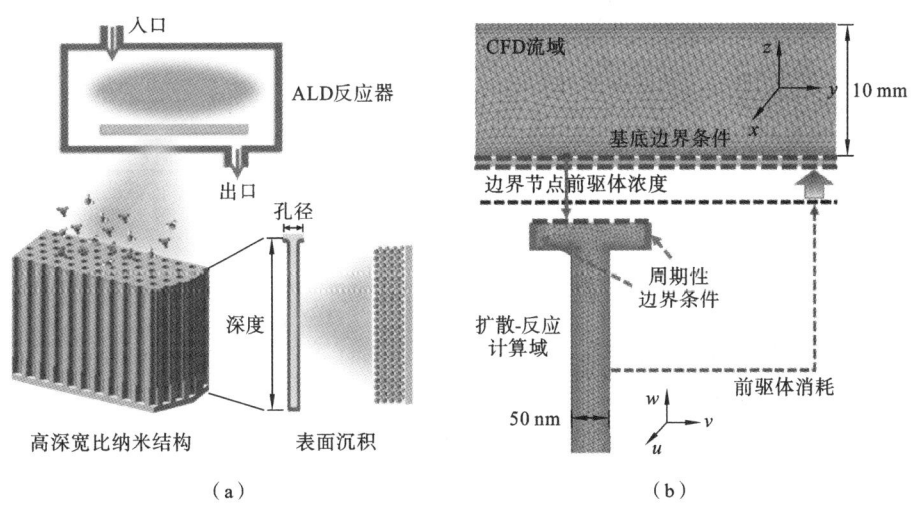

（a）　　　　　　　　　　　　　　　（b）

图 2-10　(a)将反应器和 3D 高深宽比纳米结构传质与 ALD 表面反应耦合的多尺度模型的示意图;(b)多尺度模型的有限元方法(2D 示例)

反应器尺度的对流扩散与进入纳米结构发生反应的前驱体通量之间的质量守恒关系可以等效如下:

$$R_{\text{precursor}} = \left(\int_{\text{structure-wall}} r_{\text{precursor}} \, \mathrm{d}S \right) / S_{\text{Top-boundary}} \tag{2-11}$$

其中,$S_{\text{Top-boundary}}$是在结构顶部的假设边界的面积,$r_{\text{precursor}}$是纳米结构表面反应速率。扩散-反应模型仅被用于求解位于基底中心的 3D 纳米结构,并未重复求解不同区域的纳米结构,只考虑了它们的前驱体消耗效果。

$$R_{i,\text{substrate\_boundary}}=\frac{c_i}{c_{\text{center}}}R_{\text{precursor}} \tag{2-12}$$

其中,c_{center}是基底中心处的前驱体浓度,c_i和$R_{i,\text{substrate\_boundary}}$分别是反应器基底上不同纳米结构位置的前驱体浓度和消耗速率。下文的仿真结果以位于基底中心处的纳米结构为例。多尺度模型是在 COMSOL Multiphysics® 上开发的,ALD 不同尺度中的质量传递方程和表面反应速率方程耦合后,通过有限元方法进行离散和数值求解,其二维模型的模拟结果如图 2-11 所示。

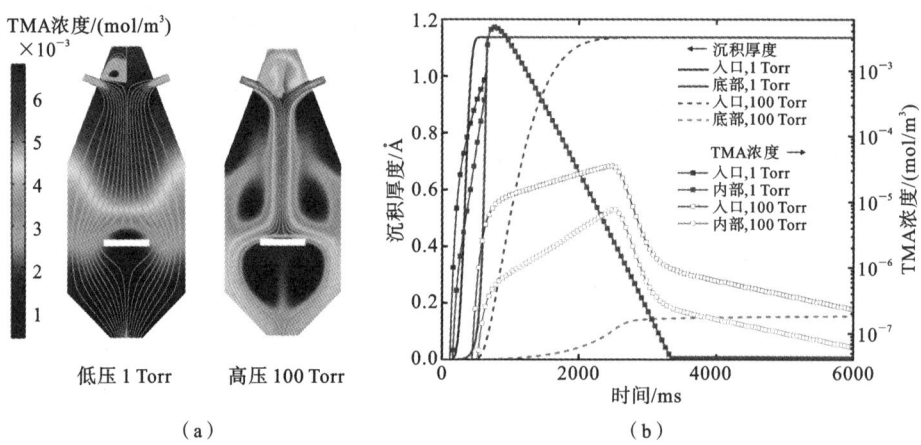

图 2-11　二维模型中(a)不同腔体压力下传质和(b) $1\ \mu m \times 50\ \mu m$ **纳米结构内沉积过程**

　　平均场数值模型虽然简化了微观细节,但其计算效率高、稳定性好,非常适合用于模拟复杂材料生长过程,可直接研究复杂结构和工艺参数之间的影响。从这一层面来看,由于避免了微观统计涨落的影响,该模型的计算收敛性和数值准确性能得到保证。通过耦合由计算流体力学确定的边界条件与由有限化学反应速率计算的表面反应过程,可高效地模拟高深宽比纳米结构上的 ALD 过程。基于多尺度模型,可以对高深宽比纳米结构上的 ALD 过程进行仿真,探究宏观工艺条件对沉积的影响。

　　以前驱体 TMA 和 H_2O 沉积 Al_2O_3 为例,在完成高深宽比纳米结构单尺度模拟,并分析前驱体暴露时间和分压对沉积保形性的关键影响的基础上,为了初步验证多尺度模型的可行性,将深孔传质-反应模型与宏观腔体的前驱体输运过程耦合,进行深孔保形沉积的多尺度定量仿真探究。进一步基于腔体尺度的计算流体力学方法,对比研究 1 Torr 低压和 100 Torr 高压的不同操作压力条件下的腔体尺度流场分布和前驱体浓度分布,模拟中腔体入口处的前驱体浓度保持一致,前驱体脉冲时间为 0.25 s。可以发现,在较低的操作压力下前驱体在腔体内部的分布更加均匀,由式(2-5)可知,这是由于低压条件下前驱体分子的扩散系数更大。压力较高的条件下前驱体浓度则主要集中在流动路径上,与之类似,腔体内的流速分布也比低压力条件下的流速分布更集中,在高压下腔体内部会产生回流。从不同操作压力下高深宽比结构中的薄膜沉积变化过程来看,低压条件能够更快地实现微结构底部的沉积;而在较高的操作压力下,高深宽比结构底部的前驱体浓度维持在较低的水平。模拟结果表明,低压下的快速传质可以提高前驱体在腔体中分布的均匀性和高深宽比结构内的前驱体浓度,以及改善高深宽比结构内沉积的均匀性。这也表明了腔体尺度传质对高深宽比结构的沉积具有重要影响,体现了进行腔体尺度和纳米结构尺度耦合模拟,以及研究宏观工艺参数对高深宽比结构均匀保形沉积的影响的必要性。

2.2 空间隔离 ALD 建模分析

2.2.1 空间隔离 ALD 系统仿真建模方法

空间隔离 ALD(SALD)沉积循环可以分解为动量传递过程、对流传热过程、质量转移过程以及相应的化学反应(包括体相和表面的反应)过程[12,13]。常压下 SALD 腔体内气体的流动类型与 2.1 节一致,仍视为连续介质流动,采用纳维-斯托克斯方程模拟腔体内气体的流动。

质量守恒的连续性方程为

$$\frac{\partial \rho}{\partial t} + \nabla \cdot (\rho \boldsymbol{u}) = S_m$$

动量守恒方程为

$$\frac{\partial (\rho \boldsymbol{u})}{\partial t} + \nabla \cdot (\rho \boldsymbol{u}\boldsymbol{u}) = -\nabla p + \nabla \cdot [\mu (\nabla \boldsymbol{u} + \nabla \boldsymbol{u}^{\mathrm{T}})] + \boldsymbol{F}$$

描述腔体内混合气体输运的对流与扩散方程如下:

$$\frac{\partial c_i}{\partial t} + \nabla \cdot \boldsymbol{J}_i + \boldsymbol{u} \cdot \nabla c_i = R_i$$

考虑热扩散的影响,$\boldsymbol{J}_i$ 通过 Maxwell-Stefan 方程来描述:

$$\boldsymbol{J}_i = -\sum_{\substack{j=1 \\ j \neq i}}^{N-1} \rho D_{ij} \nabla c_i - D_{T,i} \frac{\nabla T}{T} \tag{2-13}$$

其中，$D_{T,i}$ 表示热扩散系数。

SALD 腔体内存在着混合气体与基底之间的热交换，以及与其他反应腔体壁面之间的热交换，这可通过能量守恒方程来描述：

$$\frac{\partial}{\partial t}(\rho E)+\nabla \cdot [\boldsymbol{u} \cdot (\rho E + p)] = \nabla \cdot \left[\gamma \nabla T - \sum_I h_i \boldsymbol{J}_{h,i} + (\tilde{\tau} \cdot \boldsymbol{u})\right]$$

$$(2-14)$$

其中，γ 是材料的热导率，h_i 是混合气体中组分 i 的焓，$\boldsymbol{J}_{h,i}$ 表示混合气体中组分 i 的扩散通量，$\tilde{\tau}$ 是剪切张量。

通过联立求解上述方程，研究 SALD 连续沉积工艺的流体状态，从而得到前驱体气体在原子层沉积喷头、反应腔体和微间隙内的传质情况以及在基底表面的分布情况。

这里不考虑更为复杂、详细的化学反应过程，将腔体内的反应简化为两个表面半反应以及一个体相反应。

两个表面半反应定义为

$$Al(CH_3)_{3(g)}+OH^*_{(s)} \longrightarrow Al(CH_3)^*_{2(s)}+O_{(b)} \downarrow +CH_{4(g)} \uparrow$$

$$Al(CH_3)^*_{2(s)}+2H_2O_{(g)} \longrightarrow (OH)^*_{2(s)}+Al_{(b)} \downarrow +2CH_{4(g)} \uparrow$$

一个体相反应定义为

$$2Al(CH_3)_{3(g)}+3H_2O_{(g)} \longrightarrow Al_2O_{3(b)} \downarrow +6CH_{4(g)} \uparrow$$

其中，$[\,]_{(g)}$、$[\,]^*_{(s)}$ 和 $[\,]_{(b)}$ 分别代表气相组分、壁面组分以及体相组分。气态的 TMA 和去离子水作为本研究的两种前驱体。同时，三种壁面组分——$OH^*_{(s)}$、$Al(CH_3)^*_{2(s)}$ 和 $(OH)^*_{2(s)}$ 被定义为两个表面半反应中的活性反应基团，用以表明两个表面半反应的进行情况。$OH^*_{(s)}$ 被定义为初始的活性反应基团，其表面数密度为 $6/nm^2$，$Al(CH_3)^*_{2(s)}$ 被定义为第一个表面半反应的产物，$(OH)^*_{2(s)}$ 被定义为第二个表面半反应的产物。表 2-2 所示为典型 Al_2O_3 薄膜 ALD 过程的反应参数表。

表 2-2　典型 Al_2O_3 薄膜 ALD 过程的反应参数表

前驱体	基底表面活性反应基团	表面基团密度/$(kmol/m^2)$	指前因子/$(1/s)$	活化能/(kJ/mol)
TMA	OH^*	6.648×10^{-9}	3.7×10^{12}	50.1
H_2O	$Al(CH_3)^*_2$	6.648×10^{-9}	7.6×10^{14}	67.4

假设在反应腔体内有 N_g 种气相组分、N_b 种体相组分以及 N_s 种壁面组分，那么腔体内的化学反应可用如下通用表达式描述：

$$\sum_{i=1}^{N_g} g'_{i,r} G_i + \sum_{i=1}^{N_b} b'_{i,r} B_i + \sum_{i=1}^{N_s} s'_{i,r} S_i \overset{k_{f,r}}{\Rightarrow} \sum_{i=1}^{N_g} g''_{i,r} G_i + \sum_{i=1}^{N_b} b''_{i,r} B_i + \sum_{i=1}^{N_s} s''_{i,r} S_i$$

$$(2\text{-}15)$$

其中，G、B 和 S 分别是气相、体相和壁面组分；g'、b'、s' 和 g''、b''、s'' 分别是反应物和生成物的化学计量系数；r 代表第 r 个化学反应。

反应速率常数 $k_{f,r}$ 可由 Arrhenius 方程描述：

$$k_{f,r} = A_r T^{\beta_r} e^{-\frac{E_r}{RT}} \qquad (2\text{-}16)$$

其中，β_r 表示温度指数（在本节中假设为 0）。

ALD 反应腔体内的化学反应会使气相、体相以及壁面组分等发生变化。在本节的反应腔体中，基底表面发生的半反应是最受关注的，且对原子层沉积的影响最为关键，而这些壁面反应可以通过如下方程来描述：

$$\rho_{wall} D_i \frac{\partial c_{i,wall}}{\partial n} - \dot{m}_{dep} c_{i,wall} = M_i \hat{R}_{i,gas} \qquad (2\text{-}17)$$

$$\frac{\partial [S_i]_{wall}}{\partial t} = \hat{R}_{i,site} = k_{f,r} p_i (\rho_{site} - [S_i]_{wall}) \qquad (2\text{-}18)$$

其中，ρ_{wall} 是壁面区域组分的密度，$c_{i,wall}$ 是组分 i 在壁面气相邻近区域的浓度，n 是法线方向，$\hat{R}_i$ 是组分 i 的摩尔净产率或摩尔净消耗率。由于对流和扩散作用，来自壁面或到达壁面的每种气体组分的质量通量通过其在各化学反应中的消耗率或者产率进行平衡。

$\dot{m}_{dep}$ 表示体相物质的质量沉积速率，通过如下方程来描述：

$$\dot{m}_{dep} = \sum_{i=1}^{N_b} M_i \hat{R}_{i,bulk} \qquad (2\text{-}19)$$

$[S_i]_{wall}$ 表示在腔体壁面上组分 i 的浓度，定义为

$$[S_i]_{wall} = \rho_{site} \theta_i \qquad (2\text{-}20)$$

其中，ρ_{site} 是表面基团的数密度，θ_i 是组分 i 的壁面覆盖率。

2.2.2 空间隔离 ALD 流域空间优化和喷头设计

在薄膜沉积过程中，喷头结构对前驱体在基底上的分布和前驱体隔离至关重要。对喷头结构进行优化以提高前驱体在基底上分布的均匀性十分必要[13]。隔离气体通道的宽度反映了反应单元的隔离效果，确保在微间隙区域提供压力稳定的惰性气体，并在不同前驱体之间形成气体屏障，以防止前驱体交叉污染。通道宽度过大，会延长单个循环的行程，从而降低沉积效率。喷头单元与基底之间形成微间隙带，其高度直接影响该区域的压力。过大的微间隙带高度可能

导致前驱体交叉污染和较低的前驱体利用率;而过小的微间隙带高度则会降低前驱体分布的均匀性。

如果前驱体通道内部采用矩形结构,则难以获得均匀的气流分布。图 2-12 所示的结构旨在改善前驱体的分布均匀性,通过将上一级气流的流道分为两部分,实现了气流的均匀分散。整个前驱体通道结构分为 6 层,包括 5 个分气层(H_1, H_2, H_3, H_4, H_5)和 1 个扩散层(H),是一种多层分气结构。该结构设计了一些特殊的元素以促进前驱体的均匀扩散:首先,第 1 个分气层两侧的斜面结构有助于改变流动方向;其次,最后 1 个分气层的气体通道设计为两端呈喇叭状、中间为矩形的变截面结构,可以产生压力变化,有助于气体均匀扩散;最后,扩散层两侧的斜面结构可以保护气体在扩散过程中的流体状态不会被破坏。多层分气结构的设计包括以下三个重要的因素,这些因素影响气体分布的均匀性[14,15]。

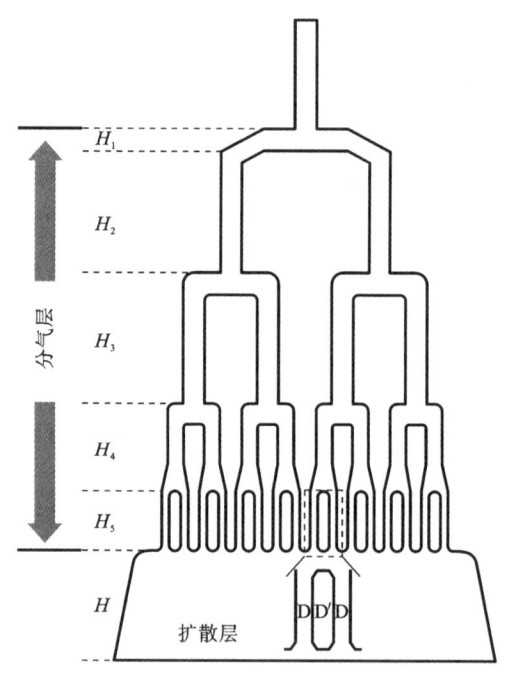

图 2-12　多层分气结构设计原理图

(1) 各个分气层的高度。不同的高度组合下气体分布均匀性不同。

(2) 最后 1 个分气层气体流道的宽度。气体从最后 1 个分气层流出时相当于一组平行气流,相邻气流之间扩散会相互影响。

（3）扩散层的高度。从最后 1 个分气层得到的气体流速在垂直于气体流动方向上呈余弦分布,随着扩散距离的增大,余弦分布振幅逐渐减小。

如果每个分气层的高度太小,那么在相同横截面上会导致较大的流速差异。如果其高度太大,流速会减小,流向不易改变。设计适当的分气层高度组合以获得均匀的气体分布很重要。前驱体流道尺寸为 92 mm×110 mm×4 mm。基底上 TMA 质量分数分布如图 2-13 所示,其中图 2-13(a)、(b)、(c)展示的是随着分气层高度的增大,基底上 TMA 质量分数分布情况。由此可知,第二种分气层高度组合下的 TMA 质量分数分布是最均匀的。对于图 2-13(d)所示的采用矩形结构的前驱体通道,TMA 质量分数分布均匀性较差。因此,通过采用模块化喷头的多层分气结构设计,TMA 质量分数分布的均匀性可以得到显著改善。第二种设计中每个分气层的高度依次为 4 mm、20 mm、24 mm、12 mm 和 12 mm。

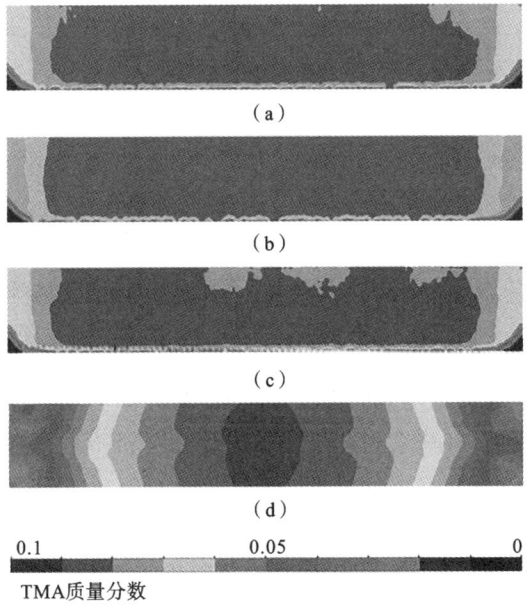

图 2-13　(a)～(c)多层分气结构的不同分气层高度组合下基底上 TMA 质量分数分布情况;
(d)采用矩形结构的前驱体通道中基底上 TMA 质量分数分布情况

第 4 个分气层将气体分为 8 路。第 5 个分气层宽度为 54 mm,由一系列相同的细小通道组成,通道的形状为两端呈喇叭状、中间呈矩形;分为 8 个部分,每一部分的结构相同,间距为 2 mm;每一部分的宽度为 5 mm,包含两路宽度为 D、间隔为 D' 的气体通道,可得到共计 16 路的平行气流。因为各路气流之间存在相互干扰,除必须考虑通道的形状外,还需要考虑通道的宽度及每个通道的间距对气体扩散的影响。图 2-14 展示了三种不同的气体通道宽度($D=1\,\text{mm}$,$1.5\,\text{mm}$,$2\,\text{mm}$)下薄膜生长质量的变化趋势。$D=1\,\text{mm}$ 时,因为通道宽度小,到达基底上的前驱体浓度和速度最大,薄膜生长最快;$D=2\,\text{mm}$ 时,通过宽度最大,到达基底上的前驱体浓度和速度最小,薄膜生长最慢。薄膜生长质量的方差随着生长速率的增大而增大,即均匀性降低。当通道宽度 D 过大时,通道之间的距离太小,各通道流出的气体之间干扰更大,导致通道相邻位置的前驱体分布不均匀,薄膜生长不均匀。在 $D=1.5\,\text{mm}$ 时,薄膜生长最均匀。

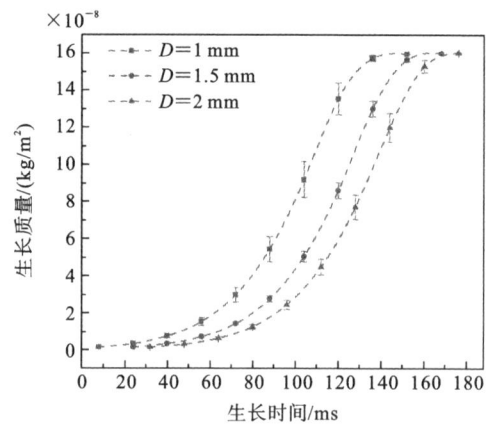

图 2-14　不同气体通道宽度下薄膜生长质量的变化趋势

气体从第 5 个分气层流出时,形成了多股平行气流,相邻的气流发生混合。气体流速在垂直于气体流动方向上按余弦规律变化,其余弦振幅随着垂直方向上扩散距离的增大而减小,直到趋于平坦。下面分析不同扩散层高度下薄膜生长均匀性,同时与没有分气层的矩形通道结构进行对比。图 2-15 显示的是基底表面与喷头对应区域中心轴一侧的薄膜生长均匀性,即从中间到边缘的薄膜生长均匀性。图 2-15(a)所示为矩形通道的薄膜生长质量曲线,当距离中间位置超过 5 mm 后,薄膜生长质量急剧下降,薄膜生长很不均匀。对于具有多层分气结构的通道,图 2-15(b)、(c)和(d)比较了不同扩散层高度下薄膜生长均匀性。扩散层高度较小时,气体流速分布不均匀,导致前驱体分布不均匀,薄膜生长的均匀性差。扩散层高度较大时,外侧气体在扩散过程中遇到了扩散层的侧壁,导致气流在侧壁附近的速度增大,破坏了之前流速均匀的状态。同时气体流出扩散层时,进入一个狭小的间隙,压力会发生变化。

前驱体通道采用多层分气结构而隔离气体通道沿用矩形结构,可以实现前

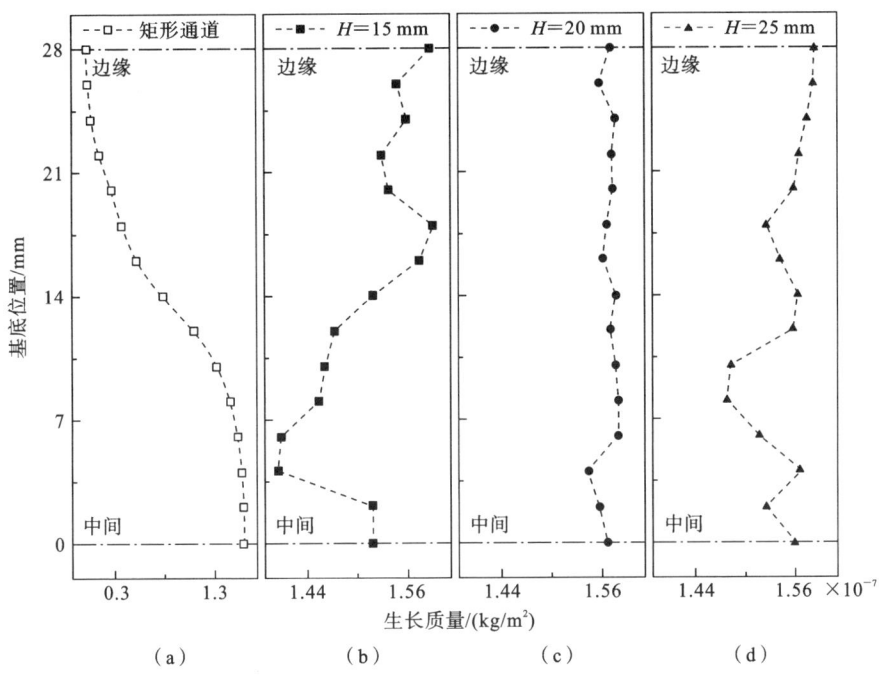

图 2-15　垂直于基底运动方向上薄膜生长质量分布

驱体在基底上的均匀分布。但是,前驱体通道和隔离气体通道结构不一致,导致微间隙带内在垂直于基底运动方向上的压力分布不一致。隔离气体通道采用矩形结构,隔离气体在中间位置流量较大,在两边流量较小,这与前驱体通道中气体的均匀分布不一致,导致通道边缘的前驱体不能被有效隔离,前驱体发生交叉污染。因此,隔离气体通道与前驱体通道均采用多层分气结构,以保证在垂直于基底运动方向上相同的压力分布。建立多层分气结构的反应单元模型,用以计算薄膜生长过程,并优化工艺参数。

喷头和基底的间隙称为微间隙带,微间隙带对原子层沉积具有很重要的影响。微间隙带可以通过升降平台进行精确控制。

喷头与基底的间隙会影响基底表面前驱体浓度,微间隙带高度对前驱体的分布和隔离有着重要的影响,通过调整微间隙带高度来模拟反应单元中的前驱体隔离效果,得到表 2-3 所示的不同微间隙带高度下有效隔离前驱体所需的最小隔离气体流量。当微间隙带高度过小时,前驱体无法实现均匀扩散,因此微间隙带高度应保持在 $250\ \mu m$ 以上。随着微间隙带高度的增大,所需的隔离气体流量也随之增大。然而,隔离气体流量过大会影响微间隙带内前驱体在基底上的均匀分布。当隔离气体流量超过约 1200 sccm 时,各通道抽气口的流速变得不均匀。因此,优化后反应单元的微间隙带高度应在 250~500 μm 范围内。

表 2-3　不同微间隙带高度下有效隔离前驱体所需的隔离气体流量

微间隙带高度/μm	250	500	750	1000
隔离气体流量/sccm	750	1800	3200	5000

此外,为了最大限度地消除 CVD,通过比较体相反应中产生的甲烷量以及表面半反应中沉积的薄膜厚度,可以分别计算出 CVD 和 ALD 对总薄膜厚度的贡献比例。避免前驱体混合的有效方法有两种:① 增加隔离气体流量以提高隔离度;② 增加喷头之间的距离以降低边界层的夹裹效应和前驱体的运输能力。图 2-16 显示了在不同隔离气体流量和喷头之间的距离下,由 CVD 反应引起的甲烷(CH_4)质量分数的变化和薄膜厚度的变化。结果表明,相较于增加隔离气

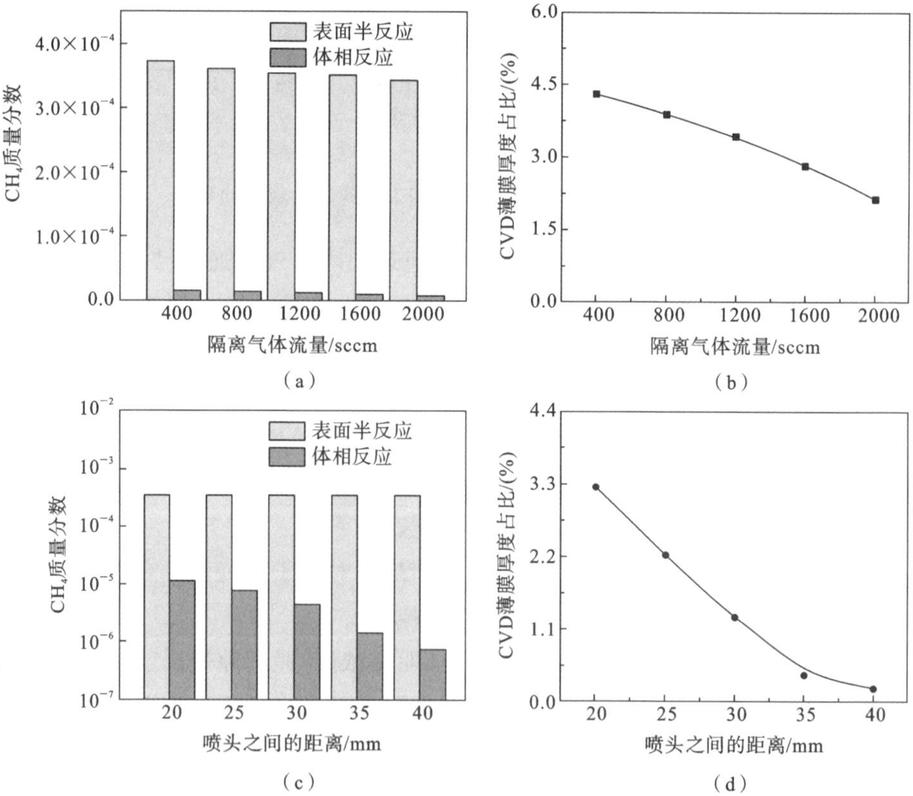

图 2-16　(a) 不同隔离气体流量下的 CH_4 质量分数变化;(b) 不同隔离气体流量下的 CVD 薄膜厚度占比;(c) 不同喷头之间的距离下的 CH_4 质量分数变化;(d) 不同喷头之间的距离下的 CVD 薄膜厚度占比

体流量,增加喷头之间的距离能够将 CVD 反应产物的浓度降低一个数量级,因此该方法被认为是一种更有效的方法。然而,喷头之间的距离太大会延长完成一个循环所需的时间,从而导致薄膜沉积速率变慢。

2.2.3 空间隔离 ALD 基底静态与动态流域研究

基于以上流动、传热、传质、反应过程的控制方程和 CFD 耦合化学反应动力学的方法,以自搭建的空间隔离 ALD 反应器为例,对运动基底表面的 Al_2O_3 薄膜的瞬态沉积过程进行数值建模。空间隔离 ALD 的流域结构主要由静止的喷头流域和运动的微间隙带流域组成。为了保证前驱体在垂直于基底运动方向上的均匀分布,采取二分法设计了分叉树形状的匀气喷头结构,如图 2-17(a)所示。

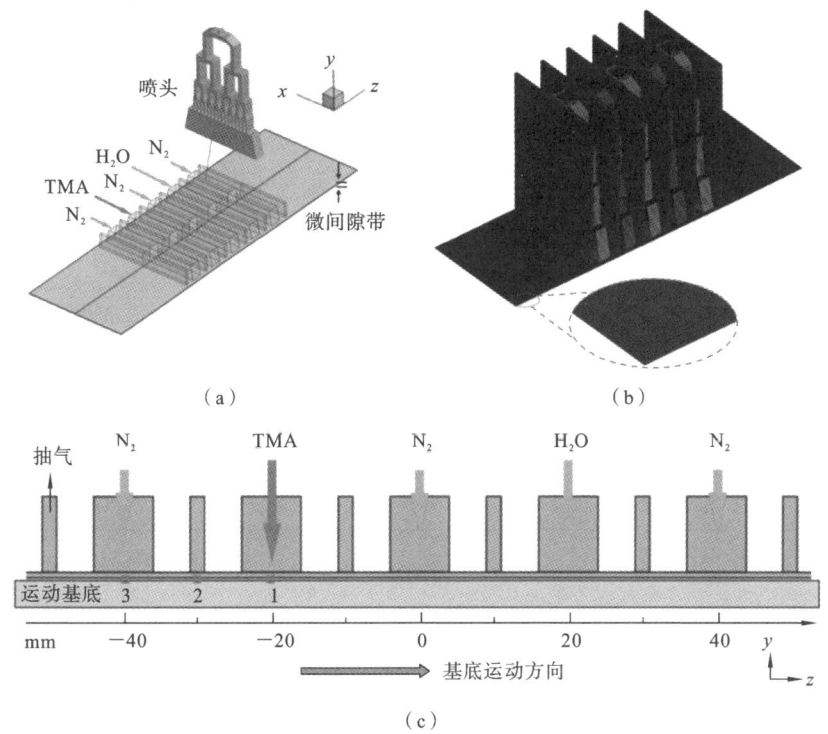

图 2-17 空间隔离 ALD 反应器的几何与网格模型:(a) 三维计算域;(b) 网格模型;
(c) 运动基底表面的样点(1,2,3)示意图

喷头沿 z 轴正向的排列顺序依次为隔离气体喷头、TMA 喷头、隔离气体喷头、H_2O 喷头、隔离气体喷头,每个喷头之间的距离为 20 mm。这样的布置可以使空间隔离 ALD 反应器具备一个最小的反应单元,同时可以保证前驱体之

间以及前驱体与氮气之间的隔离。空间隔离 ALD 反应器的出口与泵相连,反应过程中多余的前驱体和气相反应产物从上方的废气通道以及微间隙带的侧面出口排出。对空间隔离 ALD 过程进行模拟时,首先在三维建模软件中构建反应过程中涉及的流体域的三维模型,该模型包含 5 个匀气喷头、6 个矩形的废气通道,以及 1 个高度为 500 μm、长度为 200 mm、宽度为 50 mm 的微间隙带区域。

构建三维模型之后,对其进行网格划分。由于该模型较为规则,因此采用结构化网格的划分方式,相较于非结构化网格的划分方式,该方式有利于保证网格质量和提升计算效率。生成的空间隔离 ALD 的网格模型如图 2-17(b)所示,微间隙带区域在厚度方向上的网格被划分为 5 层,以提高微间隙带内的速度场、浓度场的计算精度。

划分好网格模型之后,需要对几何域的边界进行命名,并设置相应的边界条件。空间隔离 ALD 反应器中所有气体入口的流量均由质量流量控制器控制,因此将入口的边界类型设置为质量流量入口。相应地,前驱体以质量分数的形式进行设置。在出口处,由于抽气泵的存在,出口与腔体内部存在一定的压力差,因此将出口的类型设置为压力出口。除入口和出口之外,网格模型的其他边界面均设置为壁面,且微间隙带的底面设置为包含活性位点、可以激活表面反应的反应壁面,其余壁面不参与表面反应。基底温度为 120 ℃,气体入口和壁面温度均为 25 ℃。由于实验室的空间隔离 ALD 设备在常压下进行薄膜沉积,因此整个流体域的参考压力被设置为 101325 Pa。空间隔离 ALD 模型中的边界条件类型以及具体数值如表 2-4 所示。

表 2-4 空间隔离 ALD 模型边界条件参数表

边界条件	类型	数值
TMA 入口	质量流量入口	1000 sccm
H_2O 入口	质量流量入口	1000 sccm
N_2 入口	质量流量入口	1000 sccm
出口	压力出口(相对压力)	−200 Pa
喷头壁面温度	壁面	25 ℃
反应壁面温度	基底	80~120 ℃

完成边界条件设置之后,需要对计算模型设置合适的边界值,然后启动计算。由于在实验过程中先向反应腔体中通入 N_2,待气流稳定之后再进行沉积,

因此在模拟时将 N_2 的稳态流场分布作为计算前驱体浓度场分布的初始条件。
在本小节中,分别模拟了基底处于静止状态和基底处于运动状态时的基底表面的薄膜沉积情况,两者的计算设置具有一定差别。其中,当模拟静止基底表面薄膜的沉积过程时,基底处于静止状态,开启组分输运的同时即激活表面反应。该计算设置可以定量研究不同的工艺参数条件下前驱体在基底表面的吸附过程,但无法模拟整个 ALD 循环过程。当模拟运动基底表面薄膜的沉积过程时,首先计算基底静止时反应器内稳定的流场和浓度场的分布,然后设置基底运动并激活表面反应,模拟薄膜的瞬态沉积过程。该计算设置可以模拟整个 ALD 循环过程,且可以研究在不同的基底运动速度条件下基底表面的薄膜沉积行为。在所有计算中,对于激活表面反应的壁面,壁面上的初始活性位点均为 —OH,且覆盖率为 1。

边界条件和初始值设置完成后,开始计算空间隔离 ALD 中流场和浓度场的分布。其中,对稳态的流场或浓度场的计算,采取压力耦合方程组的半隐式方法(semi-implicit method for pressure-linked equations,SIMPLE);对瞬态沉积过程的计算,采取压力隐式算子分裂方法(pressure implicit with splitting of operators,PISO)。之后,对不同的网格模型进行计算,并观察网格的疏密程度对薄膜生长速率的影响。通过对比计算结果发现,当节点数增加至 918475 时,再往上增加节点数,薄膜的生长速率的波动程度小于 4%。因此,选取节点数为 918475 的网格模型进行数值分析。

首先研究了基底处于静止状态时,基底表面的活性位点吸附前驱体分子的瞬态过程。由对 ALD 表面吸附反应的分析可知,当前驱体 TMA 与基底表面接触时,基底表面的—OH 活性位点被消耗,并生成新的—$Al(CH_3)_2$ 活性位点。当基底温度为 90 ℃时,在不同的前驱体分压条件下,前驱体喷头正下方的基底表面的 ALD 半反应产物—$Al(CH_3)_2$ 表面覆盖率的瞬态变化如图 2-18(a)所示。可以看出,在不同的前驱体分压条件下,—$Al(CH_3)_2$ 表面覆盖率均呈现出先增大后趋近于 1 并保持不变的趋势,这表明基底表面的反应是具有自限制性的。当前驱体 TMA 的分压由 1.9 mbar 逐渐增大至 19.0 mbar 时,—$Al(CH_3)_2$ 表面覆盖率上升得越快,这意味着前驱体的吸附速率逐渐增大。假设当—$Al(CH_3)_2$ 表面覆盖率达到 0.95 时,基底表面的活性位点均发生了饱和吸附。不同前驱体分压条件下,达到饱和吸附所需的最短时间如图 2-18(b)所示。可以看出,前驱体 TMA 的饱和吸附时间在数十至数百毫秒的量级。随着前驱体 TMA 分压的增大,前驱体的饱和吸附时间逐渐下降,且下降的趋势逐渐

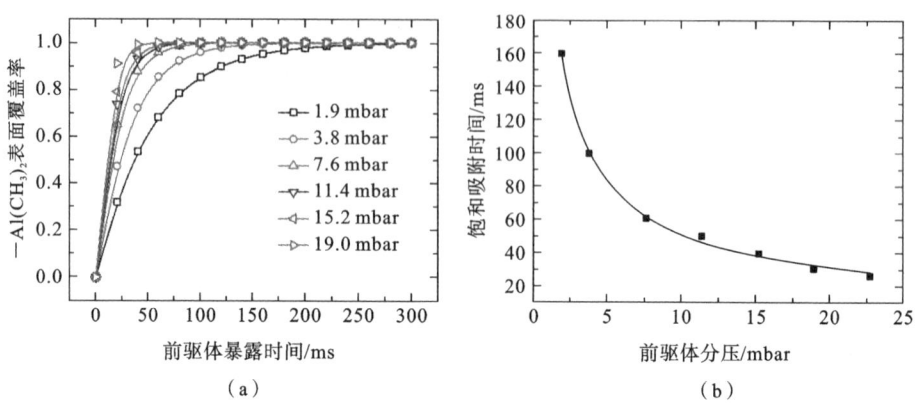

图 2-18 基底温度为 90 ℃时,不同前驱体分压条件下(a)—Al(CH$_3$)$_2$ 表面覆盖率的瞬态变化与(b)前驱体的饱和吸附时间

变缓。

由 ALD 表面反应速率的理论计算公式可知,除了前驱体分压之外,基底温度也对前驱体吸附速率具有较大的影响。为了定量研究基底温度对前驱体吸附速率的影响,按照实验中的可调范围,在仿真设置中,将基底温度范围设置为 80~120 ℃。图 2-19(a)所示为前驱体 TMA 分压为 11.4 mbar 时,不同基底温度条件下,—Al(CH$_3$)$_2$ 表面覆盖率随前驱体暴露时间的变化。可以看出,基底温度由 80 ℃逐渐上升至 120 ℃时,—Al(CH$_3$)$_2$ 表面覆盖率增大得越快。不同基底温度条件下,达到饱和吸附所需的最短时间如图 2-19(b)所示。可以看出,随着基底温度的升高,基底表面反应速率增大,前驱体的饱和吸附时间逐渐缩

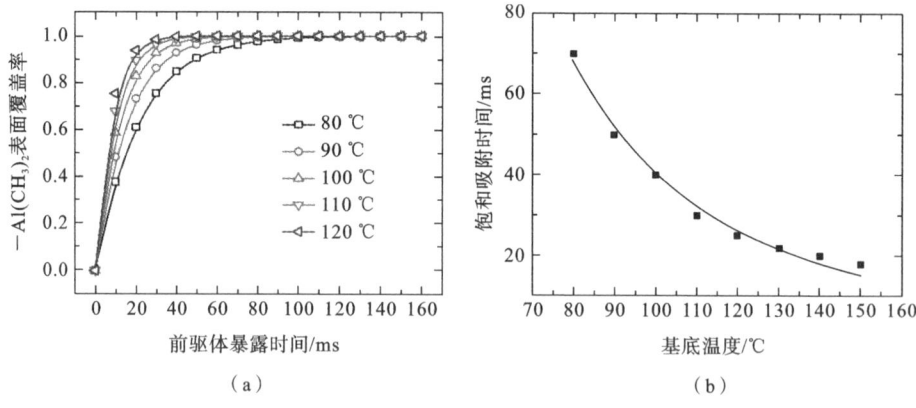

图 2-19 前驱体分压为 11.4 mbar 时,不同基底温度条件下(a)—Al(CH$_3$)$_2$ 表面覆盖率的瞬态变化与(b)前驱体的饱和吸附时间

短。同时,在固定的前驱体分压下,当基底温度波动达 50 ℃时,饱和吸附时间均处于数十毫秒的量级。这说明在 ALD 过程中,相比于调节基底温度,调节前驱体的分压可以使薄膜的生长速率变化更明显。

在研究了前驱体在静态基底表面的吸附过程的基础上,进一步研究薄膜在运动基底表面的沉积过程。为了获得较高的薄膜生长速率,根据上述的静态仿真结果,将前驱体 TMA 的分压设置为 7.6 mbar,基底温度设置为 120 ℃。值得注意的是,在空间隔离 ALD 中,基底运动会改变微间隙带内流体的流动状态,从而影响前驱体的传质和表面反应过程。为了模拟基底的运动,采取动态网格的方法,即对微间隙带的流体域施加一个水平方向的速度,该速度与基底的运动速度相同。

当基底的运动速度为 0.4 m/s 时,基底表面的前驱体 TMA 和 H_2O 的浓度分布以及 ALD 表面反应产物—$Al(CH_3)_2$ 和—$(OH)_2$ 表面覆盖率随时间的变化如图 2-20 所示。可以看出,随着基底的运动,基底表面的前驱体出现明显的

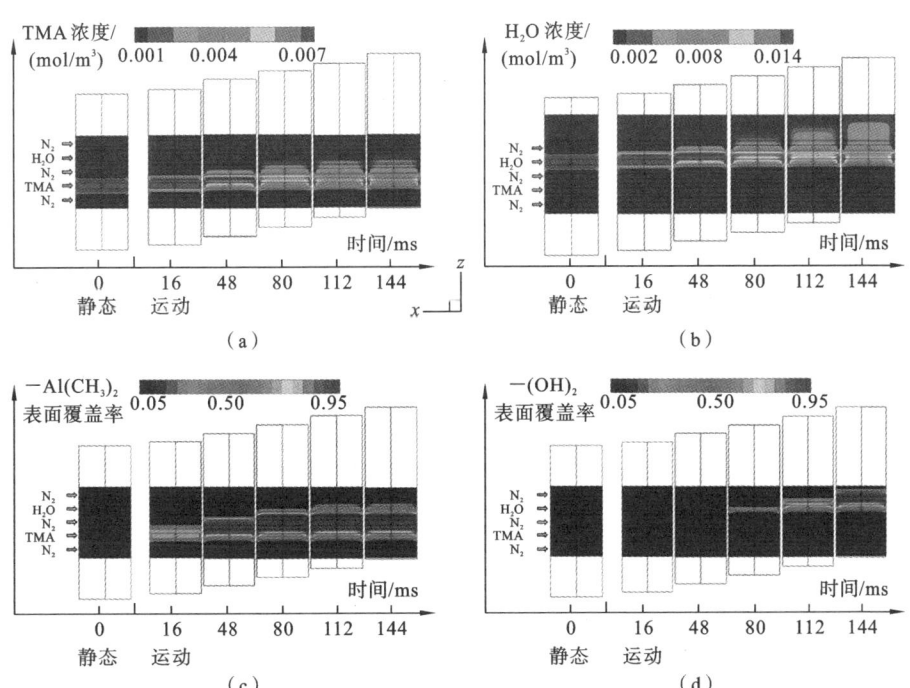

图 2-20 不同时刻的运动基底表面的前驱体浓度和 ALD 表面反应产物表面覆盖率的分布云图:(a) TMA 浓度;(b) H_2O 浓度;(c) —$Al(CH_3)_2$ 表面覆盖率;(d) —$(OH)_2$ 表面覆盖率

沿运动方向被拖曳的现象,在前驱体喷头下方的前驱体浓度分布逐渐出现了明显的非对称性。这是由于基底的运动使得微间隙带内的层流由泊肃叶流动变成了库埃特流动,运动壁面的流体具有与基底运动速度相等的速度,因此会夹带部分前驱体向前运动。同时,在基底运动的过程中,基底表面存在的活性基团也在发生反应。—Al(CH$_3$)$_2$最先出现在 TMA 喷头的下方,随着基底的运动,其在基底表面的覆盖范围逐渐增大。当—Al(CH$_3$)$_2$接触到 H$_2$O 前驱体时,H$_2$O 喷头的下方开始出现—(OH)$_2$。

为了研究基底运动速度对空间隔离 ALD 的薄膜生长速率的影响,在运动基底表面选取了三个样点 1、2、3,其中样点 1 位于 TMA 喷头的正下方,样点 2 位于抽气口的正下方,样点 3 位于 N$_2$ 喷头的正下方(见图 2-17(c))。当基底运动速度为 0.4 m/s、0.5 m/s、0.6 m/s、1.0 m/s 时,样点 1、2、3 的—Al(CH$_3$)$_2$和—(OH)$_2$表面覆盖率随时间的变化如图 2-21 所示。基底表面的初始活性位点均为—OH,随着基底沿 z 轴正方向的不断运动,样点 1、2、3 依次通过 TMA 喷头区域,基底表面的—OH 与 TMA 前驱体发生羟基吸附反应,导致—OH 被消耗,并在基底表面生成表面半反应产物—Al(CH$_3$)$_2$,使其覆盖率逐渐增大。由于表面反应的自限制性,表面覆盖率最大不超过 1。基底继续向右运动,样点经过隔离气体喷头之后到达 H$_2$O 喷头的下方,此时前驱体 H$_2$O 与基底表面的—Al(CH$_3$)$_2$发生反应,生成—(OH)$_2$,因此,—Al(CH$_3$)$_2$被消耗,其覆盖率逐渐下降,—(OH)$_2$表面覆盖率逐渐上升。生成的—(OH)$_2$可以在下一个 ALD 循环中继续与前驱体 TMA 发生化学吸附反应。在三个样点中,样点 1 首先生成—Al(CH$_3$)$_2$,因为其距离前驱体 TMA 喷头的位置最近。依次发生饱和吸附的为样点 2 和样点 3。类似地,样点 1 也首先与 H$_2$O 发生反应,之后是样点 2 和样点 3。

当基底运动速度为 0.4 m/s 时,样点 1、2、3 的第一半反应产物—Al(CH$_3$)$_2$的最大覆盖率均达到了 0.95 以上,这表明 TMA 在基底表面发生了饱和吸附。而当基底运动速度增加至 0.5 m/s 时,样点 1 的—Al(CH$_3$)$_2$的最大覆盖率小于 0.95,仅样点 2 和样点 3 达到了饱和吸附,这是因为样点 1 在前驱体喷头下方停留的时间不足。当基底运动速度进一步增加至 0.6 m/s 时,仅样点 2 达到了饱和吸附。这是因为样点 1 在 TMA 喷头正下方,未能与 TMA 喷头左侧的前驱体接触,导致前驱体在该活性位点上方的暴露时间不足。而样点 3 未达到饱和吸附的原因是基底运动一段时间之后,TMA 喷头下方的前驱体被基底拖曳,当样点 3 运动至 TMA 喷头下方时,喷头下方的前驱体浓度已经减小了。当基

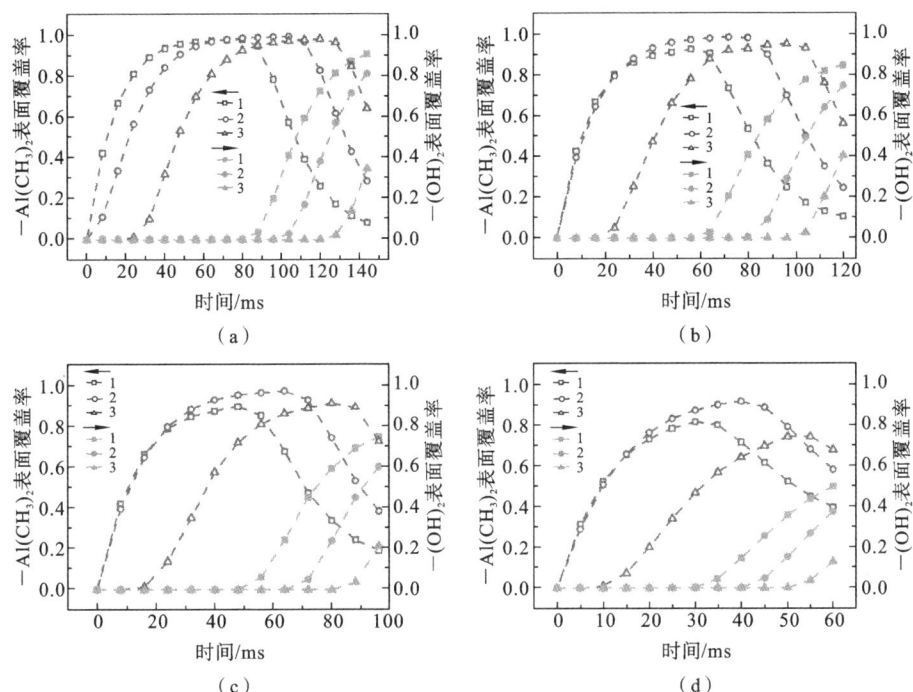

图 2-21 不同基底运动速度条件下,样点 1、2、3 的—Al(CH$_3$)$_2$ 和—(OH)$_2$ 表面覆盖率随时间的变化:(a) 0.4 m/s;(b) 0.5 m/s;(c) 0.6 m/s;(d) 1.0 m/s

底运动速度增加至 1 m/s 时,样点 1、2、3 均未达到饱和吸附,这是因为此时基底的运动速度过快,样点 1、2、3 处的活性位点在前驱体 TMA 区域的停留时间过短。因此,可以得出结论,随着基底运动速度由 0.4 m/s 增加至 1.0 m/s 时,基底表面的活性位点对前驱体分子的吸附状态逐渐由饱和吸附转向为不饱和吸附,薄膜的生长速率逐渐降低。

　　基底运动速度的选择在很大程度上决定了空间隔离 ALD 系统是否能实现薄膜的饱和生长。为了获得合适的饱和吸附速度,需要对两种半反应产物在不同基底运动速度下的表面覆盖率进行更深入的分析。在这里,我们选择了四种基底运动速度,分别为 0.4 m/s、0.5 m/s、0.6 m/s 和 1.0 m/s。通过比较图 2-21 不同基底运动速度下的覆盖率可知,当基底运动速度逐渐增大时,半反应产物的最大覆盖率逐渐降低。在我们的数值模型中,假定薄膜的生长速率与覆盖率成正比。因此,从图 2-21 可以得出结论,基底表面上的生长速率会随着基底运动速度的增加而下降。出现这一现象的主要原因是基底运动速度的增加缩短了活性位点的暴露时间。如果暴露时间小于 ALD 半反应的饱和时间,即 $t_{exposure} < t_{saturate}$,则不能实现饱和吸附。当基底运动速度大于 0.5 m/s 时,三个样点的平均覆盖率不能达到0.95。因此,可以认为,在基底温度为 120 ℃、TMA 分压为 7.6 mbar 和 H_2O 分压为 15.2 mbar 时,临界基底运动速度为 0.5 m/s。

GPC 是评估空间隔离 ALD 系统的重要指标。因此,对于空间隔离 ALD 过程的研究,一个能够精确预测不同基底运动速度下 GPC 的模型是至关重要的。图 2-22 显示了从 0.2 m/s 到 1.0 m/s 的不同基底运动速度下 Al_2O_3 薄膜的 GPC 实验数据和模拟数据。GPC 模拟数据通过两个不同的仿真模型获得。

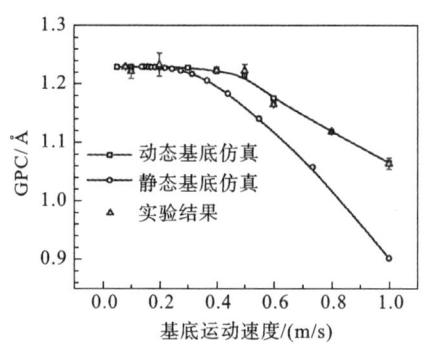

图 2-22 对比动态模型、静态模型以及实验中的 Al_2O_3 薄膜在不同基底运动速度下的 GPC

动态模型下的 GPC 由公式 GPC = $GPC_{sat} \cdot \theta$ 计算得出,根据实验结果,在该模型中将 GPC_{sat} 假定为1.23 Å。与此相对应,静态模型中的 GPC 是根据该模型中获得的饱和吸附时间以及基底运动速度间接计算出来的。例如,在静态下,沿基底运动方向的前驱体分布带位于前驱体喷头的两个相邻出口之间,因此,可以通过两个相邻出口之间的距离来计算前驱体分布带的宽度。将前驱体分布带的宽度除以饱和时间,可以获得在一定

的前驱体分压和基底温度条件下满足饱和吸附的极限基底运动速度。两种模型的仿真结果均表明,当基底运动速度小于 0.5 m/s 时,Al_2O_3 薄膜的 GPC 可达到约 1.2 Å,而当基底运动速度增加时,Al_2O_3 薄膜的 GPC 下降。随着基底运动速度的增加,生长速率的降低与暴露时间的减少相关。如果基底运动速度太高,导致暴露时间小于 ALD 半反应的饱和时间,则无法实现饱和吸附。然而,这种静态模型下的计算很难精确地揭示空间隔离 ALD 的真实过程。从图 2-22 中可以看到,在 0.3 m/s 至 1.0 m/s 的速度区间,静态模型的仿真结果与实验结果有很大的偏差,而动态模型的仿真结果则吻合良好。由此可知,采用动态网格方法的数值模型可以更准确地描述空间隔离 ALD 过程。

为了获得相对较高的生长速率,以及最大化利用前驱体,本节中还对基底运动速度进行了优化。因为在 SALD 模型中,TMA 和 H_2O 的引入通量比例为 1:2,这与它们相应表面反应的消耗率比值一致,因此 TMA 的用量就可以反映整个前驱体的使用量。为了计算前驱体的利用率,建立两种模型:一种使用

化学反应,另一种不使用化学反应。通过比较两种不同模型中的前驱体质量分数,可以得到前驱体的利用率。图 2-23 显示了在不同基底运动速度下的薄膜沉积速率和前驱物利用率的模拟结果。沉积速率随着基底运动速度的增加而逐渐增大,而前驱体利用率则迅速降低。不难看出,0.5 m/s 的速度是一个转折点(脱离线性的转变)。一方面,当基底运动速度超过 0.5 m/s 时,沉积速率高于 10 Å/s,但此时沉积速率会逐渐偏离线性增长,这种现象可归因于活性位点的不饱和吸附。当基体运动速度增加到 1 m/s 时,最大沉积速率可达到 16 Å/s,这与我们之前的工作报道的 100 nm/min 相符。另一方面,当基底运动速度超过 0.5 m/s 时,前驱体利用率会低于 7.5%,尽管此后的变化较小。根据以上模拟结果,可以根据直线型空间隔离 ALD 系统的相应要求来选择基底的最佳运动速度。在 SALD 仿真模型中,基底温度保持在 120 ℃,TMA 和 H_2O 的分压分别为 15.2 mbar 和 7.6 mbar。在该条件下,0.2 m/s 到 0.5 m/s 的速度范围可以保证相对较高的沉积速率和前驱体利用率。如果需要优先确保沉积速率,则可以选择较高的基底运动速度,如 0.5 m/s;但是,如果需要较高的前驱体利用率,则基底以 0.2 m/s 的较低速度运动比较合适。从另一个角度来看,如果要满足空间隔离 ALD 系统快速大批量薄膜制备的需求,则需要在保证饱和吸附的前提下,尽可能地提高前驱体分压以及基底运动速度。因为当基底运动速度过高时,基底表面的活性位点的暴露时间迅速缩短,确保饱和生长的方法之一就是通过增加前驱体的分压来缩短对应反应的饱和吸附时间。该现象也说明了空间隔离 ALD 系统中前驱体利用率和薄膜沉积速率之间的制约关系。

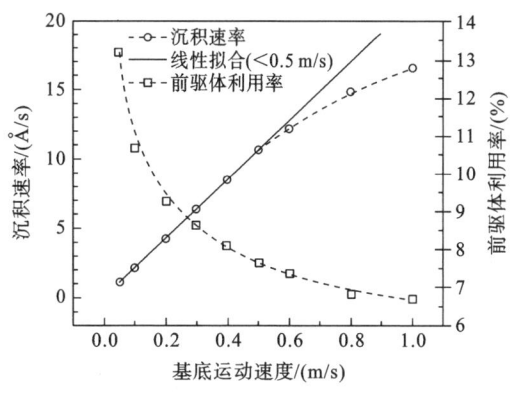

图 2-23　不同基底运动速度下的沉积速率和前驱体利用率

2.3　薄膜沉积工艺研究

2.3.1　面向高深宽比纳米结构的 ALD 工艺研究

在日益复杂的纳米结构中实现 ALD 技术的成功应用,合理的沉积工艺设计与优化至关重要,因此加强对 ALD 工艺过程的研究和理解显得尤为重要。ALD 本身是一个典型的多尺度过程,仅依靠实验与表征来揭示薄膜沉积的传质-反应机制及各工艺参数对沉积动力学的影响,不仅成本高昂,而且难以全面。借助数值模拟方法,可以有效预测薄膜沉积过程及其影响因素[16,17]。更重要的是,先进半导体器件制造等应用中的 ALD 过程往往涉及原子层沉积反应器腔体、纳米结构等多个尺度。因此,建立涵盖多工艺参数影响、多物理化学过程及多尺度耦合的数值模型,研究包括三维高深宽比纳米结构在内的 ALD 过程,有助于理解复杂的多尺度物理化学过程。多尺度数值仿真方法本身也具有重要的研究价值。

本小节重点探究脉冲步骤对 TMA 半反应沉积保形性的影响,由于没有引入 H_2O 半反应,并没有计算完整的吹扫过程。与单一的特征尺度模拟不同,多尺度模型考虑了反应器腔体中前驱体传质导致的前驱体浓度变化以及反应造成的消耗,高深宽比纳米结构入口处的前驱体分压没有被简化为恒定值。

通过改变 TMA 分压,在脉冲时间为 0.25 s 和载气流量为 300 sccm 的条件下,计算了不同情况下的前驱体浓度分布和覆盖率,如图 2-24 和图 2-25 所示。图 2-24 中,浓度-时间曲线的面积代表高深宽比纳米结构的前驱体暴露量,该面积受到前驱体分压和结构深宽比的显著影响。一般来说,入口处的浓度首先增加,然后是中部,最后是底部。在相同前驱体分压条件下,初始时由于在腔体尺度内前驱体的快速传输,入口处的前驱体浓度以几乎相等的速度增加。然而,随着表面反应的消耗和向纳米结构深处的扩散,前驱体浓度的分布趋势因不同的深宽比而不同。对于深度较浅($2\ \mu m$)和前驱体分压较高($160\ Pa$)的情况,最终三个位置的浓度能达到一致,表明理论上高深宽比纳米结构中前驱体实现了均匀分布。

对于 $5\ \mu m$ 和 $160\ Pa$ 的情况,浓度-时间曲线中存在两个峰值。这个现象可以解释为,前驱体浓度随着腔体内前驱体的传输而增大,然后因前驱体消耗大于 $2\ \mu m$ 深度情况下的前驱体消耗而减小。表面反应达到饱和后,由于自限制性,前驱体浓度不再受反应消耗的影响,纳米结构中三个位置的浓度-时间曲线

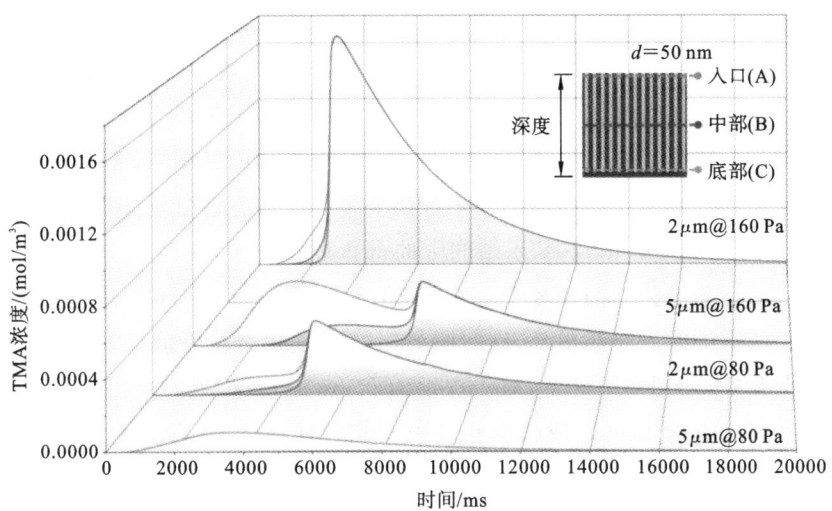

图 2-24　不同前驱体分压条件下不同深度的纳米结构中前驱体浓度的分布

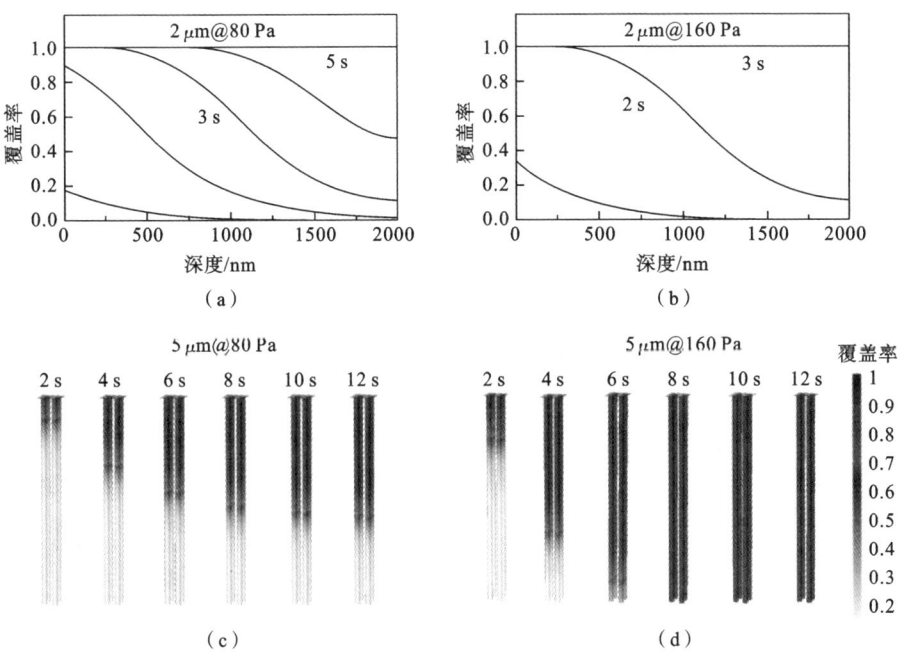

图 2-25　在不同前驱体分压下不同深度的纳米结构中覆盖率的变化

重合。这也表明在腔体中前驱体对于 5 μm 深度的保形沉积来说是充足的,但不像 2 μm 深度时那样过量。而在 5 μm 和 80 Pa 的情况下,前驱体供应不足,阻碍了纳米结构底部的饱和覆盖。由反应器中流动输运到高深宽比纳米结构入口的前驱体在向纳米结构深处扩散的过程中,不断被表面反应所消耗,并且在底部不能达到饱和覆盖,因此在纳米结构内没有出现前驱体浓度的峰值。

期望通过上述对高深宽比纳米结构中前驱体浓度分布的分析和比较,提高研究者对沉积保形性的理解。这四种条件下的沉积剖面如图 2-25 所示,其显示了表面反应产物覆盖率在纳米结构中的演变情况。前驱体分压分别为 80 Pa 和 160 Pa 时在深度为 2 μm 的纳米结构中的沉积过程表明,更高的前驱体分压可以更快实现均匀沉积。而相较于 160 Pa 的分压,在 80 Pa 分压条件下底部达到饱和覆盖所需的时间显然更长,这与图 2-24 中前驱体浓度峰值出现的时间顺序相印证。此外,在相同条件下,对于深度为 5 μm 的情况,实现均匀沉积需要更长的时间,80 Pa 较低的前驱体分压导致不均匀性高达 73.5%,这也与图 2-24 所示的纳米结构内前驱体的浓度分布相对应。总之,将通入反应器的前驱体分压与纳米结构的深宽比相应成比例地增大,可以在具有更高深宽比的纳米结构上有效地实现均匀沉积。因为这能使前驱体供应量成比例地增加,从而克服了前驱体消耗的限制。然而,过高的前驱体分压可能会加强不期望的气相反应,从而将杂质引入薄膜中。这反过来会降低薄膜的一致性,并且还会降低前驱体的利用率。因此,必须系统地调整和优化其他工艺参数,如流速、脉冲和保压时间等,将在后文对这些因素进行研究分析。

前驱体供应量对于高深宽比结构中的薄膜沉积具有重要意义,脉冲时间和载气流量也是前驱体供应量的主要参考指标。在高深宽比结构的 ALD 工艺中,多尺度模型有望定量分析这两个参数的影响。在本小节中,通过设置不同的脉冲时间和载气流量,计算了纳米结构中第一个半反应过程中前驱体的浓度分布及沉积剖面。在相同脉冲时间和不同载气流量下,以及在不同脉冲时间和相同载气流量下,纳米结构入口、中部和底部的前驱体浓度变化曲线如图 2-26 所示。纳米结构入口和底部的覆盖率演变如图 2-27 所示。可以观察到,较大的载气流量会使前驱体浓度增加更快并达到更高峰值。前驱体浓度的快速上升源于质量传递的加快,而较大的载气流量则意味着注入了更多的前驱体,从而使峰值浓度更高。因为提供了更充足的前驱体,较长的脉冲时间和较大的载气流量具有类似的效果。值得注意的是,在纳米结构中,即使在扩散限制下,前驱体会因浓度梯度驱动的传输作用而持续沉积,直至形成均匀沉积层或在底部达到饱和覆盖。模拟中当脉冲时间或载气流量分别变化时,使它们的积保持相同,以便进行更直接的比较。

薄膜的生长是通过 Al 原子和 O 原子的沉积来实现的,其中在 TMA 半反

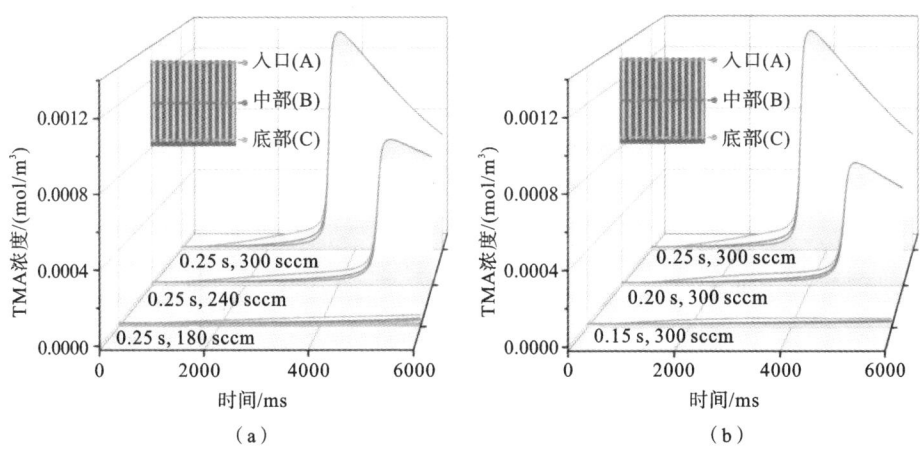

图 2-26　纳米结构中前驱体的浓度变化

应期间沉积 O,在 H_2O 半反应期间沉积 Al,而不希望的气相混合则会导致 Al 原子和 O 原子的同时沉积。不理想的 CVD 型沉积主要发生在纳米结构的入口处,会降低纳米结构入口处的有效孔径,因为新注入的共反应物在那里的浓度较高,如图 2-28(a)所示。

如图 2-28(b)和(c)所示,TMA 和 H_2O 的吹扫时间都持续了 10 s,但由于 TMA 的吹扫不完全,Al 和 O 原子的沉积不是自限制的。理想的自限制性沉积应表现为第一个半反应期间的 O 原子沉积速率稳定后,在 H_2O 脉冲之后不会进一步上升。

对于 200 sccm 和 7 s 的吹扫条件,CVD 效应更为显著,生长厚度比自限制性 ALD 每循环生长厚度高 4 倍,沉积不均匀性高达 41.8%。随着吹扫时间从 7 s 延长到 10 s,非自限制性生长厚度减小了约 50%。吹扫时间进一步延长到 14 s 时,生长厚度略微减小,不均匀性为 20.6%,仍未达到自限制性生长。但应该指出,吹扫时间过长意味着更长的工艺时间和更低的生产效率。

增大吹扫气体流量是降低由 CVD 引起的不均匀性的有效方法,如图 2-29 所示,在相同吹扫时间下,将流量从 200 sccm 提高到 400 sccm 时,入口处的沉积厚度明显减小,而无须延长吹扫时间。此外,以 400 sccm 流量吹扫 14 s,不均匀性可以进一步降低至 3.9%。模拟结果表明,如果吹扫气体流量成倍增大,可以节省多达一半的吹扫时间,以避免明显的非自限制性生长,显著提高 ALD 薄膜沉积速率。

高深宽比纳米结构中的 ALD 需要额外的前驱体扩散时间。此外,对于使

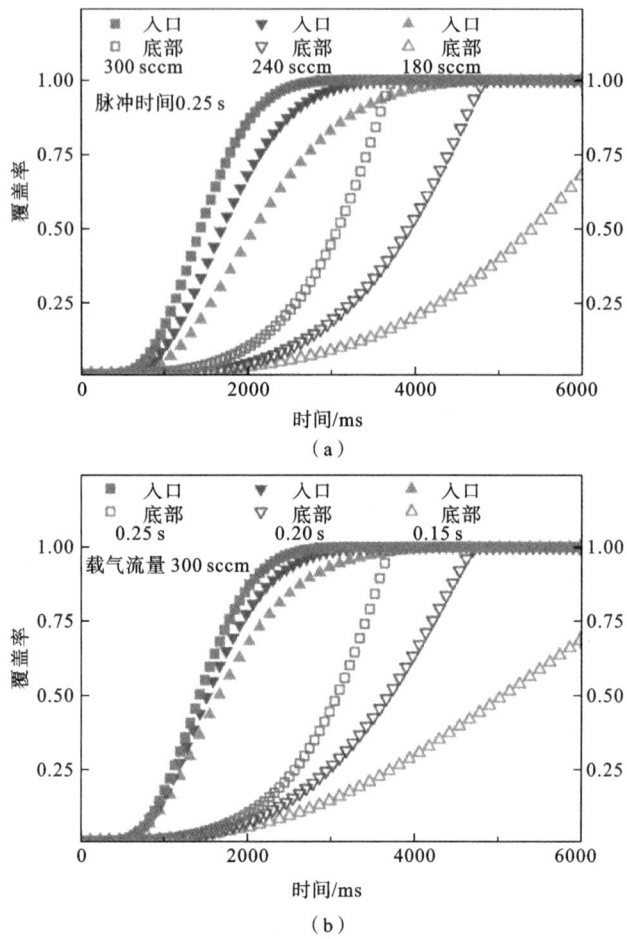

图 2-27　纳米结构入口和底部的覆盖率演变

用 TDMASn 等前驱体的 ALD,其反应性比 TMA 的反应性低,还需要额外的饱和反应时间,因此保压步骤被引入 ALD 工艺中。具体来说,在前驱体脉冲结束后,出口阀门关闭的一段时间称为保压时间。在图 2-30 中,利用深宽比纳米结构中的 ALD 模型对比了在 $50 \text{ nm} \times 2 \text{ } \mu\text{m}$ 结构中 TDMASn 和 TMA 的沉积,TDMASn 的沉积较慢且不均匀。

　　将保压工艺引入多尺度 ALD 数值模型中,在保压期间,将反应器的入口和出口边界设置为零流速和关于所有物种的零通量边界条件,模拟了包括脉冲、保压和吹扫步骤在内的 TDMASn 半反应。如图 2-31(a)所示,在保压时间为 10 s 的情况下,脉冲后入口和中部的前驱体浓度下降,底部的前驱体浓度保持稳定且一致,直到进行吹扫,在 $2 \text{ } \mu\text{m}$ 深的纳米结构中,均匀性相对较好。然而,

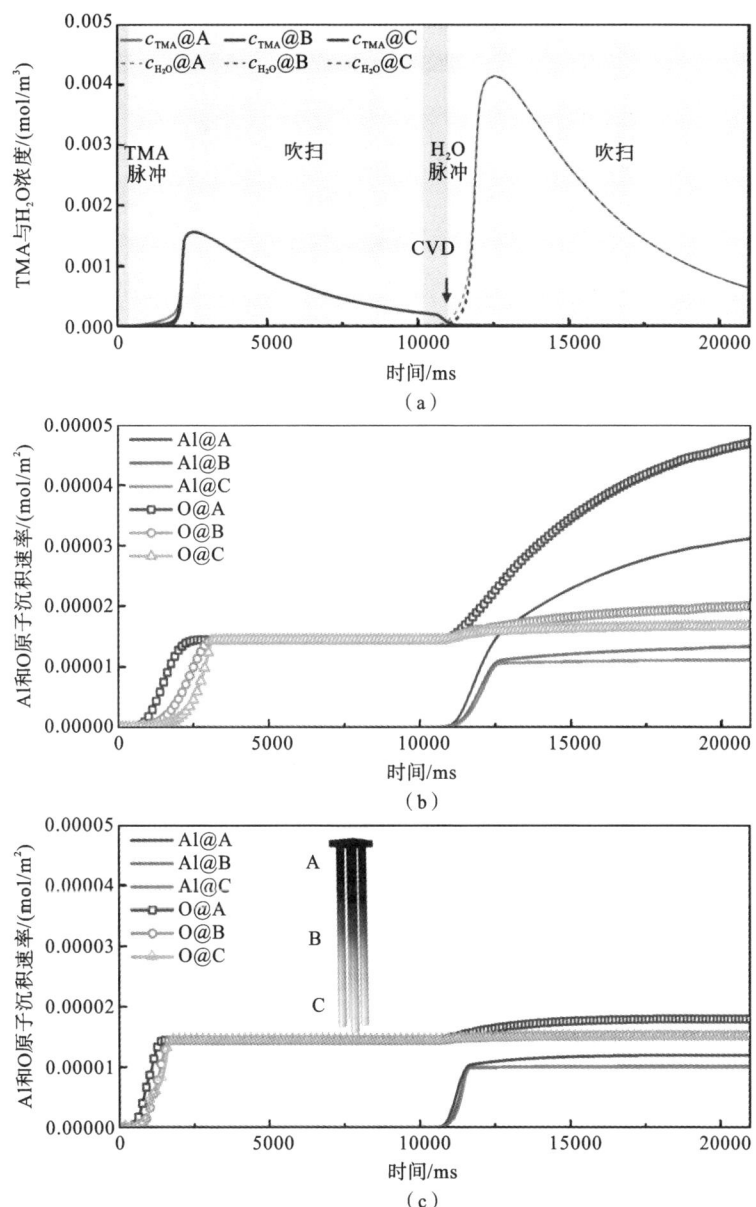

图 2-28 (a) 在完整周期内以 300 sccm 流量进行 10 s 的吹扫，TMA 与 H_2O 浓度的变化；(b) 以 200 sccm 流量和 (c) 以 400 sccm 流量进行 10 s 吹扫，Al 和 O 原子沉积速率的变化

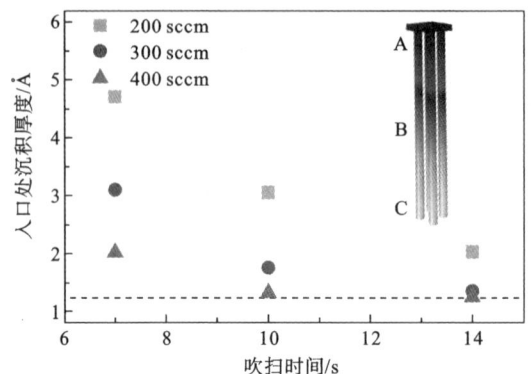

图 2-29　不同吹扫时间和吹扫气体流量下经过完整循环后入口处的沉积厚度

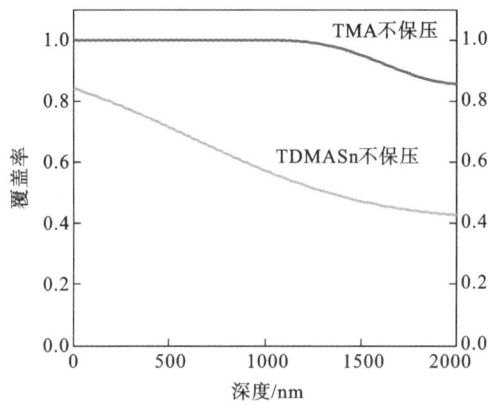

图 2-30　无保压情况下 TMA 和 TDMASn 半反应覆盖剖面

对于 5 μm 深的纳米结构,入口处的前驱体浓度显著下降,如图 2-31(b)所示,纳米结构中部和底部的前驱体浓度保持在较低水平,这是由于深宽比较高会导致前驱体供应不足。吹扫前入口处的浓度下降表示在保压期间表面反应消耗了前驱体,更大的下降意味着更多的前驱体消耗和相对不足的前驱体供应,也表明前驱体的利用率更高。进一步缩短保压时间,结果如图 2-31(c)所示。在 5 μm 深的纳米结构内,TMA/Al_2O_3 和 TDMASn/SnO_2 的沉积剖面比较如图 2-31(d)所示。对于 TDMASn/SnO_2 的沉积,保压 10 s 时,不均匀性为 24.0%,保压 20 s 时,不均匀性降至 14.1%。即使应用了更长的保压时间,覆盖仍然是不均匀的,这可以解释为前驱体的供应不足。模拟结果表明,虽然延长保压时间可以提高均匀性,但其有效性在很大程度上受到前驱体供应的限制,因此应避免不必要的保压时间。

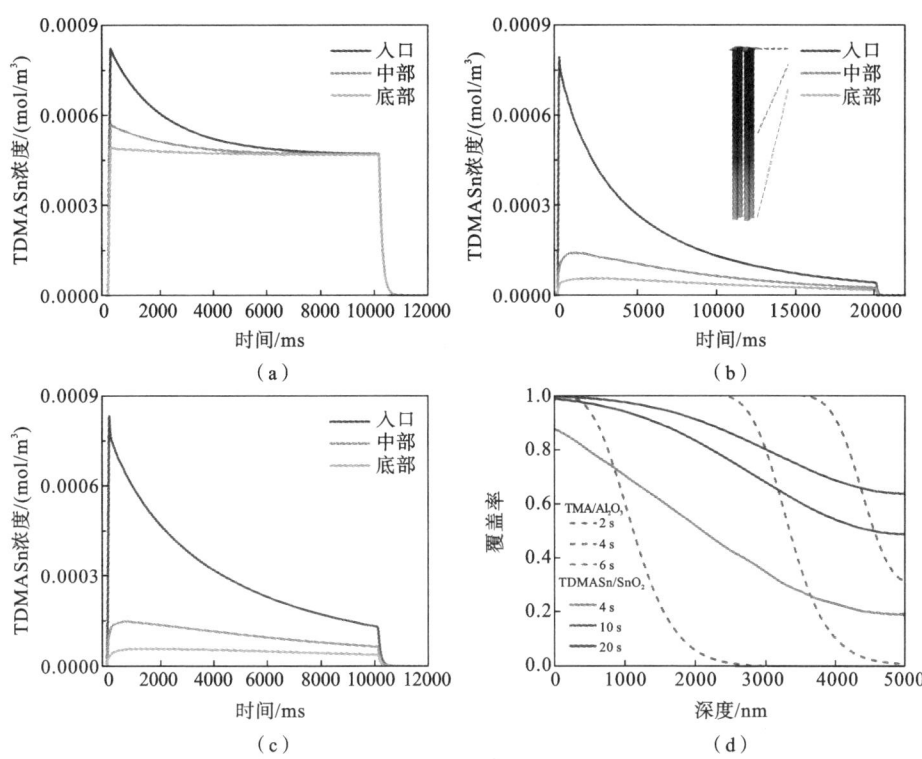

图 2-31　不同保压时间条件下纳米结构中 TDMASn 浓度分布：(a) 2 μm 深度、保压 10 s；
　　　　(b) 5 μm 深度、保压 20 s 和 (c) 5 μm 深度、保压 10 s。(d) TMA/Al_2O_3 和 TD-
　　　　MASn/SnO_2 的沉积剖面比较

2.3.2　面向米级幅宽的空间隔离 ALD 工艺研究

随着显示技术的迅速发展，消费者对显示屏提出了更大尺寸、更高分辨率和更宽色域的需求，同时企业也在逐步扩大玻璃基底的尺寸以提升生产效率。例如，三星已经投产"10.5"面板生产线，基底尺寸达到 2940 mm×3370 mm。以有机发光二极管（OLED）显示屏为例，为满足更大面板功能层的沉积需求，对相应技术和设备提出了更高的要求，以实现高效且均匀的薄膜沉积[18]。如图 2-32 所示，在实验室阶段的样品多为硅片，其表面的粗糙度约在微米级，相对于百微米级的微间隙带，其表面的薄膜制造过程较为稳定。而对于米级幅宽的玻璃基底而言，由于本身的加工误差、沉积过程中受热不均匀等问题，当基底尺寸为 2 m×1 m 时，玻璃基底发生翘曲的变形量将达到毫米级。在变形的基底表面进行空间隔离 ALD 时，基底的变形量会直接影响微间隙带高度的变化，进而影响微间隙带内的流场和前驱体质量分数的分布,导致基底上不同区域的薄膜沉积工况差异较大,影响前驱体的隔离效果和薄膜的沉积质量。

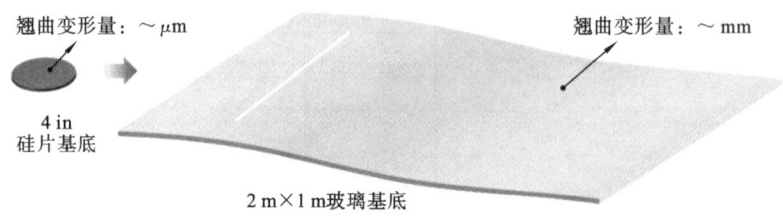

图 2-32　4 in 硅片与米级幅宽玻璃基底的变形量对比

　　在空间隔离 ALD 中,有效隔离前驱体是保证 ALD 薄膜厚度具有原子级精度的前提,否则前驱体将产生交叉污染,发生厚度不可控的气相反应,薄膜的均匀性降低。本小节首先系统地研究了微间隙带高度、进气速度、基底运动速度、沉积温度、沉积压力对前驱体和气相反应产物质量分数的影响,并确定了不同工艺条件下的变微间隙带的空间隔离 ALD 的薄膜沉积机制,在保证原子级精度和沉积速率的条件下,进一步定量优化前驱体利用率,降低薄膜的制备成本。

　　本小节中的空间隔离 ALD 几何计算域与 2.2 节中的模型几何计算域一致。其中,每个喷头进气口的流速约为 0.1 m/s,喷头之间的距离为 20 mm,喷头与抽气口的间距为 10 mm。为了保证基底不发生较大的上下振动,基底的运动速度不超过 0.2 m/s。喷头与基底表面的微间隙带高度在 0.5~1.5 mm 范围内波动。TMA 载气流量为 40 sccm,N_2 流量为 960 sccm,入口处 TMA 质量分数约为 0.0038。

　　为了研究基底变形对薄膜沉积过程的影响,首先分析了不同的微间隙带高度条件下的前驱体质量分数分布情况。当基底运动速度为 0.1 m/s,微间隙带高度分别为 0.5 mm、1.0 mm、1.5 mm 时,前驱体质量分数分布如图 2-33 所示。可以看出,随着微间隙带高度的增大,前驱体在喷头下方逐渐沿基底运动方向移动,前驱体在基底表面的分布范围逐渐增大,但前驱体喷头下方的 TMA 质量分数最大值逐渐降低。

　　由此可见,微间隙带高度越大,基底运动引起的前驱体拖曳效应越明显。对基底表面的前驱体质量分数在 x 轴上进行积分后发现,当微间隙带高度由 0.5 mm 增加至 1.5 mm 时,基底表面前驱体的总暴露量逐渐增大。然而,需要注意的是,前驱体暴露量的增加并不意味着基底表面前驱体分子的饱和吸附程度也随之增加。这是因为 ALD 反应的吸附速率与前驱体分压成正比,当前驱

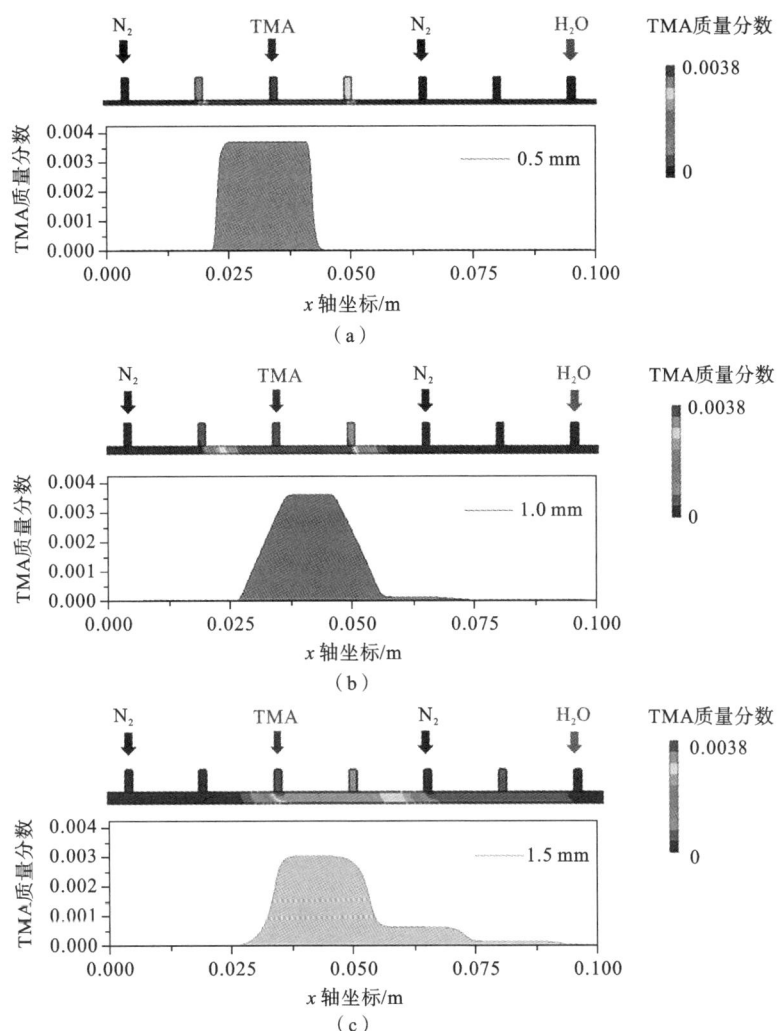

图 2-33 基底运动速度为 $0.1\ m/s$ 时,不同微间隙带高度条件下的 TMA 质量

分数分布:(a) $0.5\ mm$;(b) $1.0\ mm$;(c) $1.5\ mm$

体分压较低时,吸附速率也会相应降低。

在空间隔离 ALD 中,基底的运动速度是影响薄膜沉积速率的关键因素。在保证前驱体饱和吸附的前提下,基底的运动速度越快,薄膜的沉积速率越高。根据之前的分析,基底运动也是引起前驱体拖曳效应的关键因素,而拖曳效应的强度还受到微间隙带高度的影响。为了研究不同微间隙带高度条件下,基底运动速度对前驱体质量分数的影响,采用 $0.5\ mm$、$1.0\ mm$、$1.5\ mm$ 三种不同

的微间隙带高度,对不同基底运动速度条件下的前驱体质量分数和隔离情况进行了定量分析,结果如图 2-34 所示。

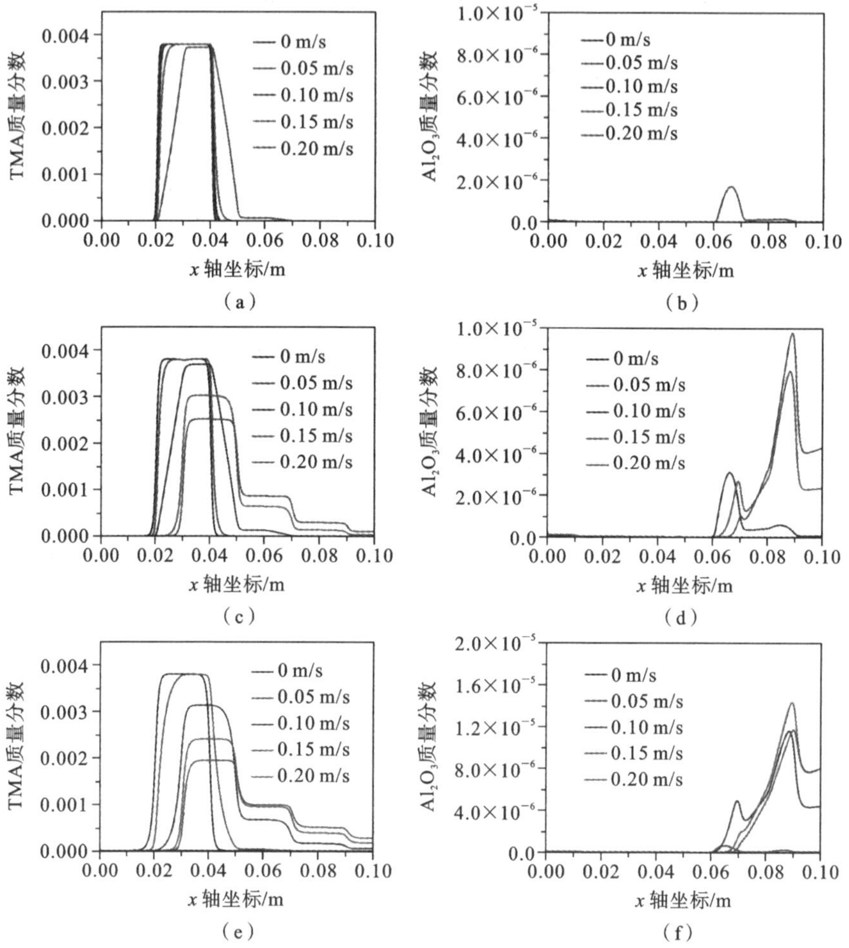

图 2-34　不同基底运动速度和不同微间隙带高度条件下基底表面的 TMA、Al$_2$O$_3$ 质量分数:(a) 0.5 mm TMA 质量分数;(b) 0.5 mm Al$_2$O$_3$ 质量分数;(c) 1.0 mm TMA 质量分数;(d) 1.0 mm Al$_2$O$_3$ 质量分数;(e) 1.5 mm TMA 质量分数;(f) 1.5 mm Al$_2$O$_3$ 质量分数

由图 2-34(a)和(b)可以看出,当微间隙带高度为 0.5 mm 时,基底表面的前驱体(TMA)的质量分数分布受基底运动速度的影响较小。当基底运动速度在 0~0.15 m/s 范围内时,前驱体质量分数在前驱体喷头下方呈现较对称的分布,且气相反应产物(Al$_2$O$_3$)的质量分数远小于 10^{-6}。当基底运动速度达 0.2

m/s 时,TMA 在基底表面有明显的拖曳现象,且气相反应产物的质量分数最大值接近 2×10^{-6}。当微间隙带高度增大至 1.0 mm 时,基底运动速度对前驱体和气相反应产物质量分数分布的影响如图 2-34(c) 和 (d) 所示。仅当基底的运动速度不超过 0.05 m/s 时,基底表面的前驱体质量分数呈现出较为对称的分布,且气相反应产物的质量分数远小于 10^{-6}。当基底运动速度大于 0.1 m/s 时,前驱体喷头下方的前驱体质量分数最大值逐渐降低,且有大量前驱体被拖曳至隔离气体喷头和 H_2O 喷头下方。当基底运动速度为 0.2 m/s 时,微间隙带内的气相反应产物质量分数接近 10^{-5} 数量级,将导致严重的颗粒物污染。当微间隙带高度继续增大至 1.5 mm 时,薄膜快速制造过程中气相反应产物质量分数进一步增加。仿真结果显示,仅当基底运动速度不超过 0.05 m/s 时,微间隙带内的气相反应产物质量分数在 10^{-6} 数量级。当基底运动速度为 $0.10 \sim 0.20$ m/s 时,前驱体喷头下方的前驱体质量分数最大值由 0.003 下降至 0.002,且 H_2O 喷头下方的前驱体质量分数由 0.0005 逐渐增大至 0.0008,相应的气相反应产物质量分数均大于 10^{-5},说明微间隙带内存在严重的颗粒物污染。

以上结果表明,将基底的微间隙带高度保持在 0.5 mm 以下可以有效保证基底运动速度在 0.2 m/s 时的前驱体隔离效果。然而,在空间隔离 ALD 中,随着基底运动速度的增加,基底的上下振动也会变大,导致微间隙带高度的波动加剧,从而削弱前驱体的隔离效果,限制了基底的运动速度及薄膜的沉积速率。由于在大规模生产中,大幅宽动态基底的波动是较难完全避免的,为了同时保证薄膜的沉积速率和沉积精度,有必要采取其他的工艺措施来保证基底高速运动下前驱体的有效隔离。

在空间隔离 ALD 中,影响前驱体隔离效果的另一个重要工艺参数是隔离气体喷头入口流速。为了确保前驱体在反应区域内不发生交叉污染,通常需要连续通入高流速的惰性气体。同时,前驱体喷头入口流速也会对隔离效果产生影响。当隔离气体流量恒定、前驱体喷头入口质量分数不变时,前驱体喷头入口流速越快,进入腔体的前驱体分子越多,从而增大了气相反应的发生概率。

为了定量分析前驱体喷头入口流速和隔离气体喷头入口流速对隔离效果的影响,选取了两种不同的进气方式进行分析。采取控制变量的方法进行仿真研究,将基底的运动速度固定为 0.1 m/s,微间隙带高度固定为 1.0 mm。第一种进气方式为所有进气口的流速都相等,第二种进气方式为前驱体喷头入口与隔离气体喷头入口具有不同的流速。按第一种进气方式,当前驱体和隔离气体喷头入口的流速均为 0.05 m/s 时,基底表面的 TMA 和 H_2O 质量分数如图

2-35(a)所示。按第二种进气方式,当前驱体喷头入口流速为 0.05 m/s、隔离气体喷头入口流速为 0.10 m/s 时,基底表面的 TMA 和 H_2O 质量分数分布如图 2-35(b)所示。可以看出,当隔离气体喷头入口流速大于前驱体喷头入口流速时,TMA 与 H_2O 质量分数分布的区域重叠面积更小,前驱体的隔离效果更好。在第一种进气方式下,同时改变前驱体与隔离气体喷头入口的流速,微间隙带内的最大 Al_2O_3 质量分数的变化如图 2-35(c)所示。可以看出,随着入口流速的增加,Al_2O_3 质量分数逐渐下降。同时,仅当入口流速增加至 0.08 m/s 以上时,Al_2O_3 质量分数可以下降至 10^{-6} 数量级。这表明在所有入口的进气速度相同时,需要向反应器内通入足够的气体来保证前驱体的隔离效果。在第二种进气方式下,将隔离气体喷头入口流速固定在 0.10 m/s,改变前驱体喷头入口流速,得到的微间隙带内的最大 Al_2O_3 质量分数的变化如图 2-35(d)所示。此时,微间隙带内的 Al_2O_3 质量分数均在 $3.5×10^{-6}$ 以下,前驱体的隔离效果比第一

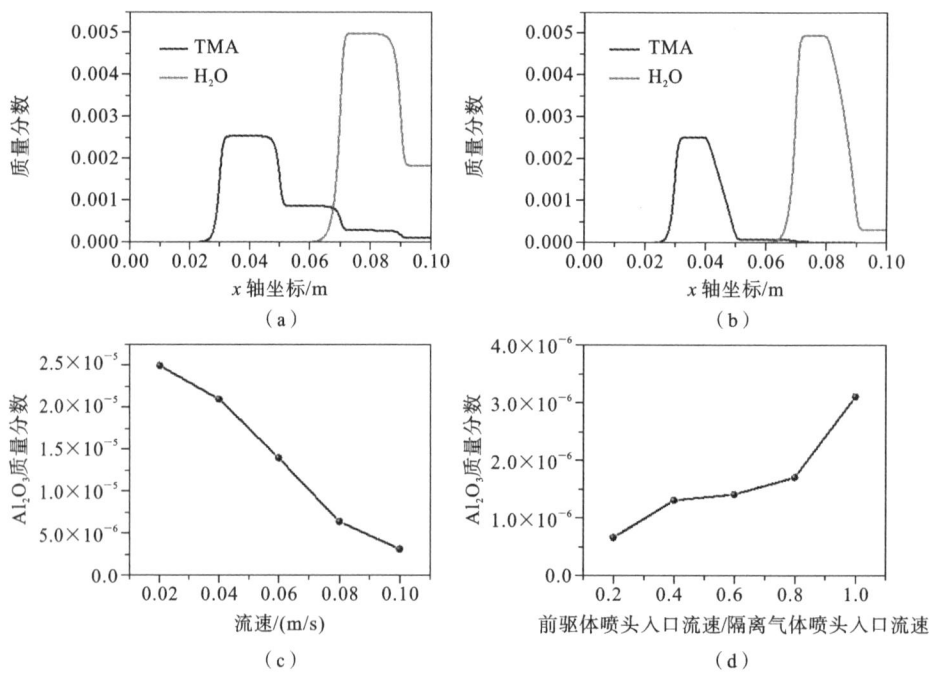

图 2-35 (a)前驱体与隔离气体喷头入口流速为 0.05 m/s 时,基底表面的 TMA 和 H_2O 质量分数分布;(b) 前驱体喷头入口流速为 0.05 m/s、隔离气体喷头入口流速为 0.10 m/s 时,基底表面的 TMA 和 H_2O 质量分数分布;(c) 不同入口流速条件下微间隙带内的最大 Al_2O_3 质量分数的变化;(d) 不同前驱体喷头入口流速与隔离气体喷头入口流速比例条件下微间隙带内最大 Al_2O_3 质量分数的变化

种进气方式的效果更好。同时,当前驱体喷头入口流速减小至 0.02 m/s 时,微间隙带内的 Al_2O_3 质量分数降低至 10^{-7} 数量级,可以保证薄膜的原子级精度沉积。

然而,尽管减小前驱体喷头入口流速有利于有效隔离前驱体和减小气体用量,但应该注意到,前驱体喷头入口流速调至过低会导致前驱体分子过少,不足以满足基底表面活性位点的饱和吸附需求。因此,在保证前驱体饱和吸附的条件下,将前驱体和隔离气体喷头入口的流速进行分开调控,适当增大隔离气体喷头入口流速,可以有效提高薄膜的制备精度和均匀性。

连续型空间隔离 ALD 按操作压力可以分为常压空间隔离 ALD 和低压空间隔离 ALD。从理论上分析,降低操作压力会显著减小气体的密度,增大前驱体或气相反应产物的分子扩散速率,影响前驱体的传质过程。同时,操作压力的改变还会引起前驱体分压发生变化,从而改变基底表面 ALD 反应的速率。

将喷头入口流速维持在 0.1 m/s,且喷头入口处的前驱体质量与载气质量之比不变时,在不同沉积压力下基底表面的前驱体浓度分布如图 2-36(a)所示。由理想气体状态方程可知,在温度不变的情况下,气体的浓度与气体的绝对压力成正比。因此,当操作压力由 0.01 atm 增大至 1 atm 时,入口处的氮气浓度逐渐增大。由于前驱体的质量分数保持不变,前驱体 TMA 的浓度也会相应增加两个数量级。增大操作压力将大大提高前驱体分子的吸附速率,基底表面反应的速率会相应增加。然而,由于前驱体通入量的增大,相应的气相反应产物的质量分数也逐渐增大,由 10^{-9} 数量级增大至 10^{-6} 数量级,如图 2-36(b)所示。

除了采用控制喷头入口流速不变的方式之外,还可以采用控制进气流量不变的方式进行沉积。与前一种方式相比,在进气流量不变的情况下,喷头入口

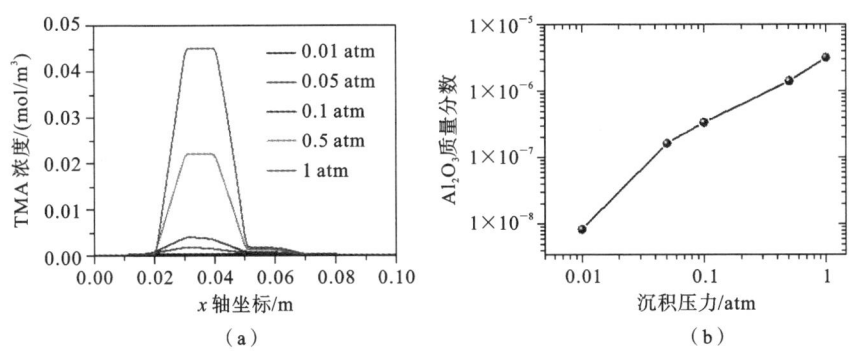

图 2-36　喷头入口流速不变,不同沉积压力下的(a)TMA 浓度和(b) Al_2O_3 质量分数的变化

流速与操作压力成反比,即操作压力越低,入口流速越高。由前面的分析可知,当喷头入口处前驱体与隔离气体的流速之比不变时,前驱体的隔离效果随着流速的增加而增强。而在保持入口处前驱体质量分数不变的情况下,入口处前驱体浓度也会随着沉积压力的降低而降低,如图 2-37(a)所示。此外,前驱体的拖曳效应也随着沉积压力的降低而逐渐削减。这是由于,当沉积压力逐渐降低时,前驱体分子的扩散速率逐渐增大,前驱体的传质机制由对流传质逐渐转变为扩散传质,因此沉积效果受到由对流传质引起的拖曳效应的影响较小。这两个方面的因素同时导致了微间隙带内气相反应产物的质量分数由 10^{-5} 数量级降低至 10^{-11} 数量级,如图 2-37(b)所示。与控制喷头入口流速不变的方式相比,控制进气流量不变的方式可以显著增强前驱体的隔离效果,保证薄膜的沉积精度。但同时由于前驱体分压较低且流速较快,大部分前驱体分子还未发生吸附就会被吹出反应器,造成更多前驱体的浪费。

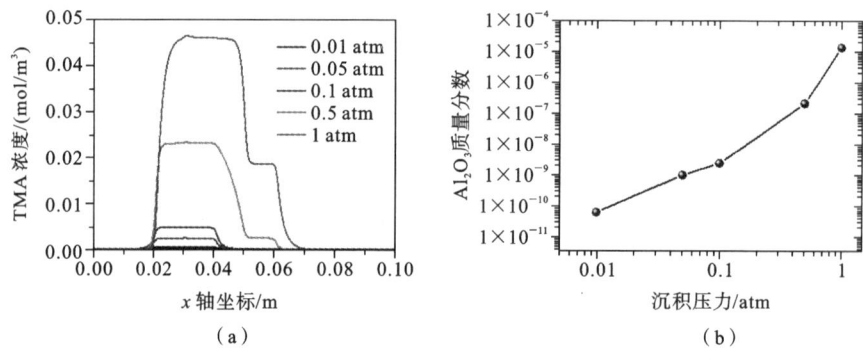

（a） （b）

图 2-37 进气流量不变时,不同沉积压力下的(a)TMA 浓度和(b)Al_2O_3 质量分数的变化

为了保证不同沉积压力下前驱体分子的吸附速率相近,在进气流量不变的情况下将入口处前驱体的浓度固定。基底的运动速度为 0.1 m/s 时,观察前驱体在反应器内的浓度分布,结果如图 2-38(a)所示。与 0.01 atm 和 0.1 atm 的沉积压力相比,当压力为 1 atm 时,前驱体 TMA 浓度在喷头入口两侧呈现出明显的非对称分布,运动基底将部分前驱体直接拖曳到了 H_2O 的反应区域。根据理想气体状态方程,这是由常压下的隔离气体流速较低导致的。此时,微间隙带内的 Al_2O_3 质量分数最高,Al_2O_3 质量分数达 10^{-5} 数量级。当沉积压力减小至 0.1 atm 时,Al_2O_3 质量分数最低;而随着沉积压力进一步下降至 0.01 atm,Al_2O_3 质量分数稍有升高。这是因为低压下前驱体的扩散速率较大,导致前驱体的交叉污染略有增加。

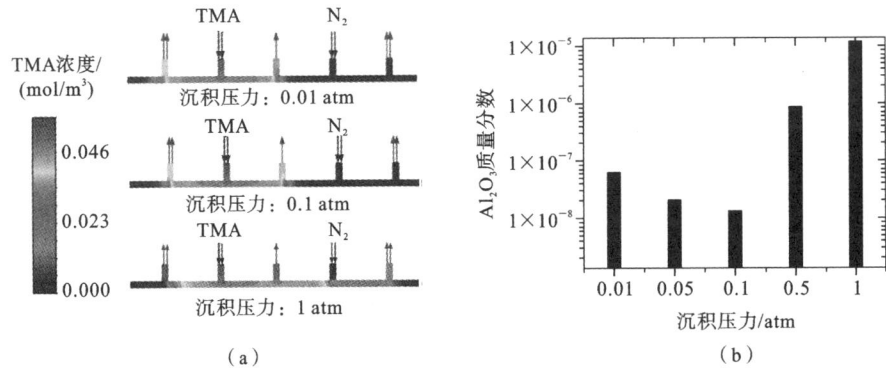

图 2-38 进气流量和入口处前驱体的浓度不变时,不同沉积压力下的(a)TMA 浓度分布和(b)Al_2O_3 质量分数的变化

  由上述分析可知,在常压空间隔离 ALD 中,基底的高速运动引起了前驱体在基底表面的拖曳行为,导致不同前驱体直接接触并发生气相反应。微间隙带高度越大,前驱体拖曳行为越明显,气相反应产物质量分数越高。而减少微间隙带内的气相反应产物的关键是增大隔离气体的流速。依据理想气体状态方程,在进气流量不变的情况下,沉积压力越低,气体体积越大,流速越大。在 0.1 atm 的沉积压力下,一方面进气口的气体流速较大,另一方面前驱体在腔体内的扩散速率不至于过高,因此可以将气相反应产物的质量分数保持在 10^{-7} 数量级以下。

  相比于常压空间隔离 ALD 工艺,低压空间隔离 ALD 工艺将沉积压力降低至 0.1 atm 虽然提高了前驱体的隔离效果,但也带来了前驱体分压过低的问题,需要更多的前驱体来保证基底表面的饱和吸附。同时,低压空间隔离 ALD 中的气体流速过快,会导致更多的前驱体未发生饱和吸附即被吹出腔体。在低压空间隔离 ALD 中,为了保证前驱体的饱和吸附和提高前驱体利用率,可以采取增大前驱体质量分数和减小进气流量的方式。然而,由于气相反应产物的生成与这两者同时相关,因此改变这两个参数都会影响薄膜的生长机制和基底表面的饱和吸附程度。为了保证 ALD 生长机制下的饱和吸附,研究了基底运动速度为 0.1 m/s 时,不同的进气流量、前驱体质量分数对腔体内气相反应产物质量分数和 GPC 的影响,结果如图 2-39 所示。考虑了基底变形带来的微间隙带高度变化,将微间隙带高度设置为 1.5 mm,以保证仿真的结果在极限情况下的有效性。同时,将低压与常压空间隔离 ALD 进行了对比研究,以方便不同工艺的选择。

由图 2-39 可以看出,在保证 ALD 生长机制下的饱和吸附的基础上,相比于常压空间隔离 ALD,低压空间隔离 ALD 的工艺选择范围更广,且所需的进气流量也较小;但是,至少需要将 TMA 质量分数增加至 0.011 以上。在常压空间隔离 ALD 中,在前驱体质量分数大于 0.002、进气流量大于 6×10^{-5} kg/s 时,前驱体均可以发生饱和吸附,但此时也容易发生气相反应,造成薄膜偏厚且不均匀。

根据上述结果,将低压和常压下的薄膜沉积情况按生长机制与饱和吸附程度分为四类:第一类为 ALD 生长机制,前驱体在基底表面处于非饱和吸附状态;第二类为 ALD 生长机制,前驱体在基底表面处于饱和吸附状态;第三类为 CVD 生长机制,前驱体在 ALD 过程中处于非饱和吸附状态;第四类为 CVD 生长机制,前驱体在 ALD 过程中处于饱和吸附状态。同时,对不同生长机制与饱和吸附程度下的前驱体利用率进行了分析,结果如图 2-40 所示。可以看出,不论是低压空间隔离 ALD 还是常压空间隔离 ALD,在进气流量和 TMA 质量分

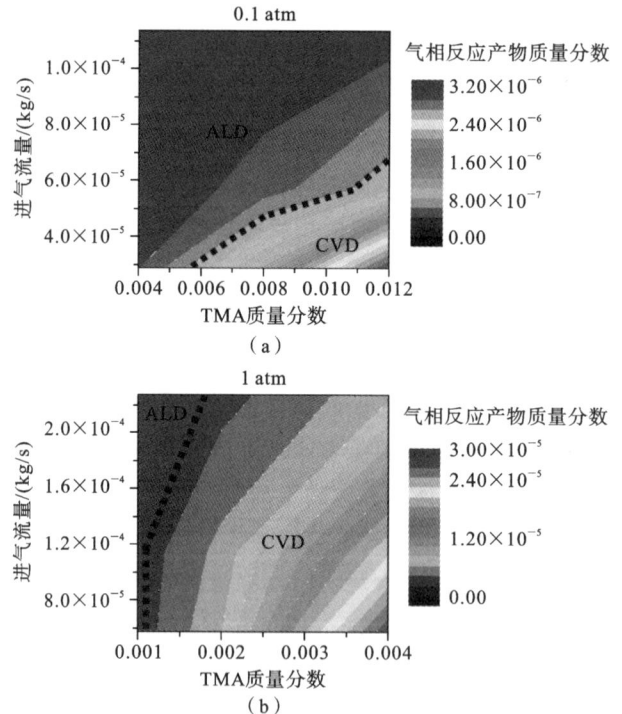

图 2-39 不同进气流量和 TMA 质量分数下微间隙带内的气相反应产物质量分数和 GPC:(a) 0.1 atm,气相反应产物质量分数;(b) 1 atm,气相反应产物质量分数;(c) 0.1 atm,GPC;(d) 1 atm,GPC

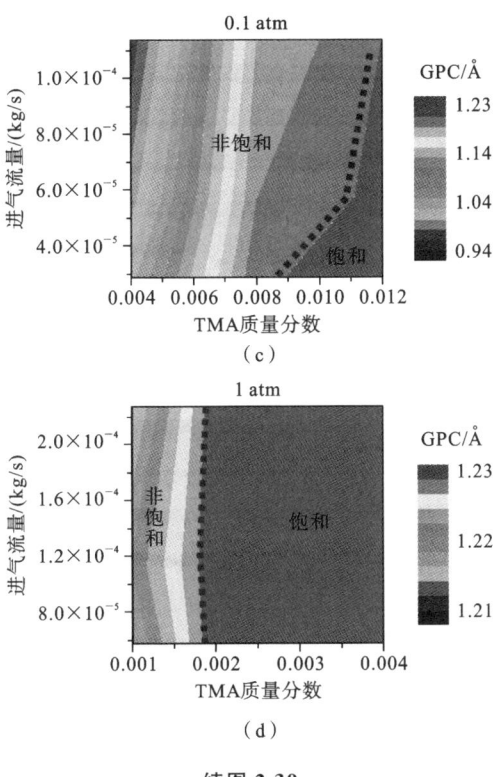

续图 2-39

数偏低、前驱体分子非饱和吸附的情况下,前驱体利用率都达到最高。随着进气流量和 TMA 质量分数的增大,前驱体利用率逐渐降低。在低压空间隔离 ALD 中,保证 ALD 生长机制下的饱和吸附时,前驱体利用率小于 16.5%。而在常压空间隔离 ALD 中,若需要保证 ALD 生长机制下的饱和吸附,则必须在 2.2×10^{-4} kg/s 的基础上进一步增大进气流量,此时氮气的用量是低压下的 4 倍以上。

总体而言,在动态变微间隙带的空间隔离 ALD 过程中,相比于常压下的沉积,将腔体压力设定为 0.1 atm 时,可以拓宽保证前驱体饱和吸附和原子级精度的工艺区间。基于该优点,与常压空间隔离 ALD 相比,低压空间隔离 ALD 可以节省 4 倍以上的氮气用量。然而,低压空间隔离 ALD 中的前驱体在反应器中的扩散速率较快,导致其利用率相对偏低。此时,为了提高前驱体利用率,需要在保证前驱体完全隔离的情况下,尽量降低进气流量并增大入口处的前驱体浓度。在实际应用过程中,需要综合考虑薄膜的沉积精度、均匀性、沉积速率,以及氮气、前驱体的用量等,来选择合适的沉积压力。

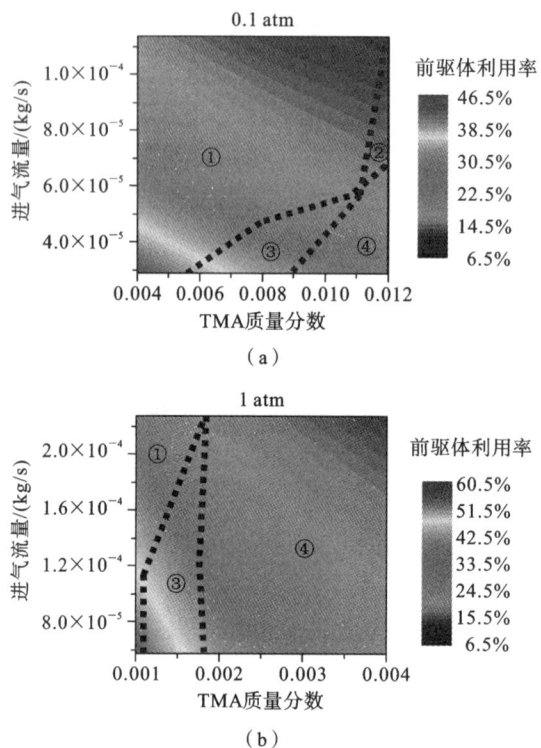

图 2-40 不同进气流量和 TMA 质量分数下,沉积压力为(a)0.1 atm 和(b)1 atm
时,不同生长机制与饱和吸附程度下的前驱体利用率

注:① ALD、非饱和吸附;② ALD、饱和吸附;③ CVD、非饱和吸附;④ CVD、饱和
吸附。

本章介绍了空间隔离 ALD 的宏观腔体尺度流动传质的建模方法、ALD
表面反应动力学以及高深宽比结构内的前驱体扩散-表面反应平均场模型。
通过腔体尺度的 CFD 模拟研究反应器内流场和前驱体浓度分布规律,而特征
尺度的仿真则表明高深宽比结构原子层沉积保形性受到前驱体克努森扩散
和供应限制,探明了受限传质条件下前驱体分压和暴露时间对高深宽比纳米
结构原子层沉积保形性的作用机制。基于平均场连续性传质方法,本章提出
了耦合腔体尺度 CFD 模型和特征尺度的高深宽比纳米结构 ALD 的多尺度有
限元模型。通过多尺度模拟,可以建立腔体工艺参数与纳米结构薄膜生长的
定量联系,为研究与优化宏观工艺参数对纳米结构 ALD 过程的影响规律提
供指导。

针对快速 ALD 薄膜沉积的空间隔离 ALD 过程的实现,本章建立了耦合流

体流动与表面化学反应的平面基底定量数值模型,明确了前驱体分压、沉积温度、基底运动速度与薄膜沉积速率之间的定量关系。通过耦合 CFD 与表面化学反应动力学模型,可以有效模拟空间隔离 ALD 基底表面活性位点对前驱体分子的自限制性吸附行为。进一步采用动态网格方法模拟基底运动,发现在基底运动的情况下,前驱体会发生明显的拖曳效应,导致前驱体喷头下方的前驱体浓度分布不对称。采用动态基底的空间隔离 ALD 模型可以准确模拟完整的 ALD 循环过程,研究不同基底运动速度下基底表面的 ALD 反应产物覆盖率变化。相较于静态基底,采用动态网格方法构建的空间隔离 ALD 模型能更准确地预测在不同基底运动速度下的薄膜沉积速率。

针对高深宽比纳米结构中 ALD 薄膜的保形性生长,本章建立了前驱体脉冲时间、保压时间、吹扫时间等工艺参数与薄膜沉积保形性的定量联系。为实现高深宽比结构的良好保形性,可以在脉冲阶段适当增加前驱体分压以与深宽比相匹配。提高载气流速和延长脉冲时间可以有效增加前驱体供应,从而改善高深宽比纳米结构的保形性。然而,与延长脉冲时间相比,增加流速对提升深孔内前驱体浓度相对有限,因为较高的流速会加速前驱体从腔体内去除,因此应避免气体流速过大。模拟结果显示,不理想的 CVD 型生长主要发生在纳米结构入口处,但随着气体流速增大和吹扫时间延长而有所减少。对于低反应活性的 ALD 前驱体,保压时间在实现保形沉积方面也起着关键作用。延长保压时间可以提高沉积的均匀性和一致性,但该方法的有效性受到脉冲期间前驱体供应量的限制。

针对大面积 ALD 薄膜的沉积,本章建立了扩展版的空间隔离 ALD 模型,定量优化了载气流量、沉积压力等工艺参数,以确保薄膜快速沉积的原子级精度和均匀性。在空间隔离 ALD 中,基底变形导致微间隙带高度增大,基底运动速度增大则引起前驱体在基底表面发生显著的拖曳效应,导致前驱体与另一前驱体直接接触并发生厚度不可控的气相反应,从而降低了薄膜的制备精度和均匀性。研究表明,减少气相反应产物的关键是提高隔离气体的流速,可以通过在保持进气流量不变的情况下,降低反应器腔体压力来实现。在低压空间隔离 ALD 中,为确保基底表面活性位点的饱和吸附,需要提高入口处前驱体的质量分数,以维持较高的前驱体浓度。同时,0.01 atm 的低压环境会导致前驱体分子之间发生剧烈交叉扩散,因此,0.1 atm 的低压环境最有利于减小气相反应产物浓度,确保薄膜沉积的原子级精度并提高薄膜的均匀性。为了在低压空间隔离 ALD 中提高前驱体利用率,可以适当降低入口处的进气流量。

本章参考文献

[1] RAIFORD J A，OYAKHIRE S T，BENT S F. Applications of atomic layer deposition and chemical vapor deposition for perovskite solar cells [J]. Energy & Environmental Science，2020,13(7)：1997-2023.

[2] LEE S，KIM J，OH J，et al. A discrete core-shell-like micro-light-emitting diode array grown on sapphire nano-membranes[J]. Scientific Reports，2020,10:7506.

[3] YOO K S，LEE C H，KIM D G，et al. High mobility and productivity of flexible In_2O_3 thin-film transistors on polyimide substrates via atmospheric pressure spatial atomic layer deposition[J]. Applied Surface Science，2024，646：158950.

[4] MAYDANNIK P S，KÄÄRIÄINEN T O，CAMERON D C. An atomic layer deposition process for moving flexible substrates [J]. Chemical Engineering Journal，2011，171(1):345-349.

[5] CHOI H，SHIN S，CHOI Y，et al. High throughput and scalable spatial atomic layer deposition of Al_2O_3 as a moisture barrier for flexible OLED display[C]//Proceedings of SID Symposium Digest of Technical Papers. San Jose：SID,2015：1043-1046.

[6] CONG W T，LI Z S,CAO K,et al. Transient analysis and process optimization of the spatial atomic layer deposition using the dynamic mesh method[J]. Chemical Engineering Science，2020，217：115513.

[7] 陈蓉,黄奕利,曹坤,等.一种模块化密封式空间隔离原子层沉积薄膜设备：CN201911015373.5[P].2020-01-07.

[8] LI Z S，CHEN Y X，NIE Y F，et al. Multiscale computational fluid dynamics modelling of spatial ALD on porous Li-ion battery electrodes[J]. Chemical Engineering Journal，2024，479：147486.

[9] CHEN R，LIN J L，HE W J，et al. Spatial atomic layer deposition of ZnO/TiO_2 nanolaminates[J]. Journal of Vacuum Science & Technology A，2016，34(5)：051502.

[10] WANG X L，LI Y，LIN J L，et al. Modular injector integrated linear apparatus with motion profile optimization for spatial atomic layer depo-

sition[J]. Review of Scientific Instruments, 2017, 88(11): 115108.

[11] CHEN Y X, LI Z S, DAI Z, et al. Multiscale CFD modelling for conformal atomic layer deposition in high aspect ratio nanostructures[J]. Chemical Engineering Journal, 2023, 472: 144944.

[12] DENG Z, HE W J, DUAN C L, et al. Mechanistic modeling study on process optimization and precursor utilization with atmospheric spatial atomic layer deposition[J]. Journal of Vacuum Science & Technology A, 2016, 34: 01A108.

[13] HE W J, ZHANG H T, CHEN Z Y, et al. Temperature control for nano-scale films by spatially-separated atomic layer deposition based on generalized predictive control[J]. IEEE Transactions on Nanotechnology, 2015, 14(6): 1094-1103.

[14] 陈蓉,何文杰,褚波,等. 一种用于制作原子层沉积膜的可拆卸喷头及装置: CN201310636874. 1[P]. 2014-03-12.

[15] 陈蓉,王晓雷,单斌,等. 一种用于空间隔离原子层沉积的模块化喷头及装置:CN201710336412. 6[P]. 2017-08-29.

[16] LI Z S, CAO K, LI X B, et al. Computational fluid dynamics modeling of spatial atomic layer deposition on microgroove substrates[J]. International Journal of Heat and Mass Transfer, 2021, 181: 121854.

[17] KUNENE T J, TARTIBU L K, UKOBA K, et al. Review of atomic layer deposition process, application and modeling tools[J]. Materials Today: Proceedings, 2022, 62(22): S95-S109.

[18] EDURA T, TSUGITA K, ADACHI C. Large-area deposition technology of high purity organic thin film by gas flow deposition[J]. Journal of the Vacuum Society of Japan, 2015, 58(3): 79-85.

第 3 章
微纳米颗粒原子层沉积技术与装备

在微纳米颗粒表面包覆原子级精度的超薄膜是提高其应用性能的重要手段,在储能、催化、传感器、生物医学等多个领域都有十分广泛的应用。通过ALD 技术可以实现微纳米颗粒表面精准的薄膜包覆,但如何提高包覆效率以实现工业级、批量化的颗粒改性是一个亟待解决的问题。

相比于一般的静态颗粒床 ALD,流化床 ALD 通过气流使颗粒在反应器中循环运动,提高了气固接触效率,是一种扩展性强的批量化颗粒 ALD 包覆技术。然而,由于微纳米颗粒之间的内聚力,颗粒总是以复杂团聚体的形式存在流化床中,前驱体在团聚体内的扩散受阻导致颗粒包覆一致性较差。有研究表明,引入外部物理场有助于加快反应器中固相颗粒的分散、传热、传质,以及反应,是一种有效的辅助流化手段。外部物理场辅助流化床 ALD 是一个涉及多尺度的复杂过程。宏观腔体尺度的流场、温度场和浓度场会直接受到颗粒的运动、前驱体在团聚体内的扩散以及颗粒表面反应的影响。而物理场会通过影响反应器壁面的性质,改变反应器内的气体流动状态与颗粒运动行为,进而影响反应器内和颗粒团聚体内的传质过程以及颗粒的包覆效率。对于如此复杂的过程,难以直接依据实验探讨其内在机理,而计算流体力学(CFD)可以很好地解决这一问题,它为研究人员提供了一个观察颗粒-流体耦合作用的"窗口",研究人员借此可以实时、精准地观察反应器内的前驱体扩散、颗粒的碰撞与破碎等在实验中难以直接观察的现象。通过 CFD 数值模拟,结合实验结果验证,我们能够更具体地从微观、宏观的角度探讨如何提高颗粒包覆效率。

本章将深入探讨流化床 ALD 工艺的数值模拟。从模型构建、数值方法选取到具体公式推导,我们将系统地阐述该过程。通过对颗粒团聚与破碎、颗粒-流体耦合作用的数值求解,读者可深入理解流化床 ALD 的微观机理。此外,本章还将结合实验研究,详细介绍流化床 ALD 的工艺流程、实验设备及相关软件。通过具体的微纳米颗粒包覆案例,将实验数据与数值模拟结果进行对比,验证模拟模型的准确性。通过对实验数据与数值模拟结果的综合分析,深入揭示在流化床 ALD 过程中微纳米颗粒表面包覆的内在机理。

3.1 微纳米颗粒流化状态分析

3.1.1 微纳米颗粒团聚现象

微纳米颗粒由于粒度小、比表面积大、表面能高,非常容易自发地团聚,尤其容易形成粒径较大的二次颗粒。团聚导致其内部的颗粒在原子层沉积过程中难以与前驱体接触,前驱体分子向其内部扩散较慢,从而影响最终包覆的均匀性。在 ALD 真空条件下,微纳米颗粒的团聚主要由以下因素造成。

(1)颗粒间的范德瓦耳斯力:颗粒之间普遍存在范德瓦耳斯力,起吸引作用,且其大小与颗粒之间距离的平方成反比。假设颗粒均为球形且其大小一致,如果近似认为颗粒之间的距离 D 远小于颗粒直径 d_p,则可以近似给出颗粒之间的范德瓦耳斯力 F_{vdw} 关于颗粒间距 D、颗粒直径 d_p、Hamaker 常数 A_H 的表达式,其中 Hamaker 常数 A_H 与颗粒的介电性能及流化气体介质密切相关[1-3]。

$$F_{vdw} = \frac{A_H d_p^3}{24 D^2} \tag{3-1}$$

颗粒之间的范德瓦耳斯力始终使其之间具有相互吸引的趋势,且水作为介质的 Hamaker 常数 A_H 比空气作为介质的 Hamaker 常数 A_H 要小很多,因此在 ALD 的气相环境中更难以分散纳米级的颗粒。具体而言,范德瓦耳斯力的有效距离可达 50 nm,是长程力。当粒径为几十微米的尺度时,范德瓦耳斯力作用开始突显,且随着颗粒间距的减小而逐渐增大。对于微纳米颗粒,典型的颗粒间范德瓦耳斯力 F_{vdw} 大小介于 0.4 nN 和 10 nN 之间。

(2)液桥力:在进行 ALD 实验前,微纳米颗粒常暴露在具有一定湿度的空气中,因此其表面往往会吸附一层水蒸气并形成一层液膜。环境湿度越大,颗粒亲液性越强,则越易形成液膜,液膜越厚。当颗粒相互接触时,相互重合的液膜之间将形成一个结合力,其大小取决于接触面积和液膜的抗拉强度。此外,颗粒表面液体分子的存在也会影响范德瓦耳斯力。虽然表面液膜的存在可以在一定程度上改善颗粒表面的不均匀性、增大颗粒接触面积并减小颗粒间距,从而影响范德瓦耳斯力大小,但其相比于液桥力可以忽略不计。两个半径均为 r 的球形颗粒之间的毛细作用力 $F_c \approx \pi \gamma r^2 \beta / D$,其中 γ 是液体表面张力,β 是半接触角。对于微纳米颗粒,典型的颗粒间毛细作用力 F_c 大小在 1 nN 至 20 nN

之间。从数量级上看,液桥力对于颗粒间的吸引起着非常显著的作用。因此,在沉积开始前需要将颗粒放入反应腔体内真空加热一定时间,从而蒸发颗粒表面吸附的水分子,消除液桥力的吸引作用。

在一个团聚体中,初级颗粒的数量 N_{aggl} 为

$$N_{aggl} \sim (r_{aggl}/r)^{D_f} \qquad (3\text{-}2)$$

其中,r_{aggl} 为团聚体半径,r 是初级颗粒半径,D_f 是团聚体结构的分形维数。对于由初级颗粒紧密堆积形成的团聚体而言,$D_f=3$,但一般而言,由初级颗粒形成的团聚体存在一些孔洞,因此其 $D_f<3$。颗粒本身的材料特性对最终形成的团聚体大小影响不大,但对形成过程有明显影响。典型的团聚体形成过程如下。

首先,由直径为 d_p 的初级颗粒形成网格状的三维结构,称之为亚团聚体,其直径 d_{sub} 为 1 μm 左右。这些亚团聚体之间由范德瓦耳斯力相互吸引,同时也因形成的三维结构而互相连接。其次,这些亚团聚体进一步集合形成简单团聚体,一般为球体或椭圆体,其直径 d_{simple} 在 1 μm 到 100 μm 之间。在流化过程中,这些简单团聚体进一步形成复杂团聚体,其直径 $d_{complex}$ 在 200 μm 到 300 μm 之间[4]。

为推导流化过程中复杂团聚体的尺寸,首先以微米尺度的初级颗粒为例。微米颗粒在流化过程中因为颗粒间的相互吸引作用力 F_{attr}($F_{attr}=F_{vdw}+F_c$)而团聚。在流化过程中,团聚体的重力与周围气流产生的摩擦力平衡,而这些摩擦力将对团聚体外围的颗粒簇产生剪切力 F_s,且 F_s 随着外围颗粒簇的增大而增大,因此最终限制了颗粒簇的生长。当相互吸引作用力 F_{attr} 大于剪切力 F_s 时,小尺寸的颗粒簇会继续与团聚体结合使得团聚体继续增大。因此,团聚体最终的大小可以通过由 $F_{attr}=F_s$ 建立的方程来预测[2,3,5]。复杂团聚体的直径为

$$d_{complex}=d_p^{0.679} d_{as}^{0.321} \Lambda^{-0.222} B^{0.365} o_g \qquad (3\text{-}3)$$

其中,Bo_g 是颗粒邦德数(含义为初级颗粒间的相互吸引作用力 F_{attr} 与初级颗粒重力 F_w 之比($Bo_g=F_{attr}/F_w$)),Λ 是流化床中有效加速度 g_{ef} 与重力加速度 g 之比($\Lambda=g_{ef}/g$),d_{as} 是简单团聚体的表面粗糙度(一般为 0.2 μm 左右)。当团聚体的加速度越大时,其最终的团聚尺寸越小。因此,一种特殊的流化床形式即离心流化床,能够有效减小团聚尺寸。在离心流化床中,有效加速度 g_{ef} 是可调的,对团聚体提供了额外的离心力。由于离心力的作用,团聚体的流化允许更大的流化气速度。因此,通过气流分布板(即床层截面)的前驱体流量也允许更大,且这种设计不易发生传统垂直式流化床的颗粒逸出问题,同时可有效减少微米颗粒流化中出现的气泡以及微纳米颗粒流化中出现的沟流。

3.1.2　微纳米颗粒的流化原理

微纳米颗粒在反应腔体中容易受到范德瓦耳斯力的影响而团聚,从而影响薄膜包覆的质量,因此在反应时需要引入额外的力来克服范德瓦耳斯力的作用,以达到分散效果[6]。工业中常用的做法是将微纳米颗粒放入流化床中并在流化床底部通入载气使微纳米颗粒在重力和气流曳力的作用下悬浮在气流中,这些悬浮于气流中的微纳米颗粒将表现出某些流体的特征。微纳米颗粒处在这种固体流化态时,在气流曳力和自身重力的作用下能够有效地克服范德瓦耳斯力,在反应过程中有利于避免微纳米颗粒出现严重的团聚现象[7]。图 3-1 所示为流化床原理图。气流在进入腔体之后带动颗粒向上运动,但在自身重力以及颗粒与颗粒之间、颗粒与壁面之间的相互碰撞作用下,颗粒将处于动态平衡,表现为在腔体内的上下往复运动[8]。

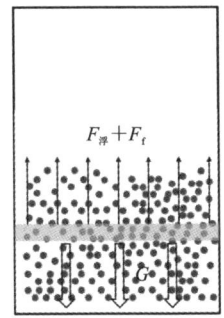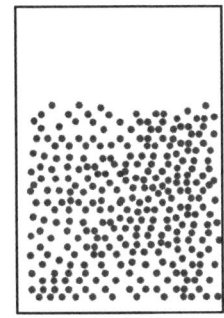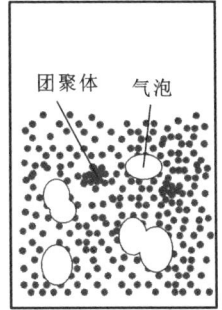

图 3-1　流化床原理图

如图 3-1 中右侧两图所示,固体颗粒流化状态根据气泡和床层的稳定性可以分为聚式流化状态和散式流化状态两类。在聚式流化状态下,系统中有大量的气泡存在。气泡在流化过程中不断合并和破灭,导致床层不稳定并出现沟流和腾涌现象。这种现象十分不利于 ALD 薄膜的均匀性[6,9,10]。散式流化状态下几乎没有气泡产生,因此固体颗粒床层十分稳定,颗粒在流体中分散得比较均匀。

对于颗粒直径在 20 μm 以下的超细微纳米颗粒,如果需要对其流化状态进行预测,可以将由流化床的最小流化速度 U_{mf} 计算得出的 Froude 数 Fr_{mf} 作为聚式流化和散式流化的判断依据:

$$Fr_{mf} = \frac{U_{mf}^2}{g d_p} \qquad (3-4)$$

当 $Fr_{mf} < 0.13$ 时，腔体内颗粒的流化状态为散式流化；当 $Fr_{mf} > 0.13$ 时，腔体内颗粒的流化状态为聚式流化。该方法为 Wilhelm 和 Kwauk 于 1948 年提出，对于直径较小、黏度较低的颗粒较为适用。

同时，也可在流化床的上下两端放置压力差传感器，通过测量不同流化速度下的床层压降来获得实际的最小流化速度。在 3.2 节将通过 ANSYS 软件对流化腔体的设计进行数字模拟以获得理论的最小流化速度，并验证设计高度是否能够满足实验所需的颗粒流化需求。

3.1.3 不同颗粒的分类及其流化现象

研究表明，气固流化床的流化特性受到固相颗粒平均直径 d_p 及其密度 ρ_p 与流化气体的密度 ρ_g 之差（$\Delta\rho = \rho_p - \rho_g$）的明显影响。依据大量实验结果，针对流化床中不同颗粒的流化特性，Geldart 提出了将不同尺寸和密度的颗粒分为四种，并在实际工程领域得到了广泛的认可和应用[11,12]。图 3-2 所示为依据密度和尺寸对颗粒进行分类的 Geldart 颗粒分类图，颗粒可分为 A、B、C、D 四类。其中，A 类颗粒直径较大，处于微米级，颗粒间团聚不明显，易于均匀流化，且属于散式流化，这有利于前驱体在均匀的颗粒间隙中扩散。材料领域新兴的纳米颗粒则属于 C 类颗粒，由于其直径很小，颗粒比表面积极大，极易发生团聚。纳米颗粒黏聚性强，在流化中常伴随着腾涌或沟流等现象，这对前驱体的均匀扩散造成不利影响，在常规领域中对这类颗粒普遍未能采用流化的表面处理方法。

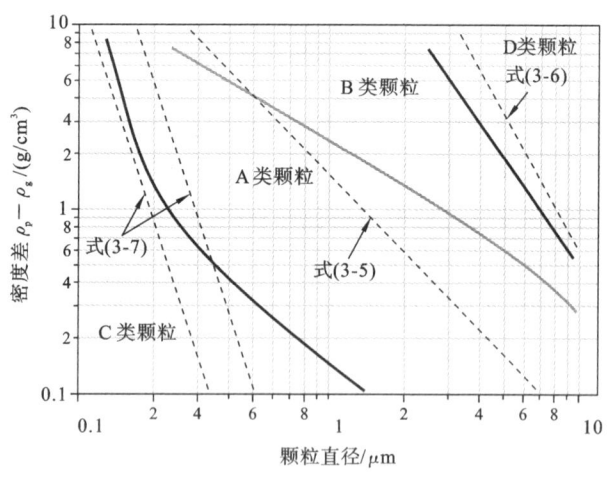

图 3-2　Geldart 颗粒分类图

（1）A 类颗粒：尺寸一般介于 $10~\mu\mathrm{m}$ 到 $100~\mu\mathrm{m}$ 之间，密度一般小于 1400 $\mathrm{kg/m^3}$。当 A 类颗粒床层中表观气速达到最小流化速度时，其开始均匀流化。此时床层高度通常会膨胀至初始高度的 $2\sim3$ 倍。其中，表观气速是指气体通过流化床时，不考虑床层内的构件，气体通过床层的平均流速，可以通过气体的流量除以床层总截面面积得到。当流化速度进一步增加直至超过 U_{mb} 时，床层开始出现气泡。气泡在向上运动过程中逐渐增大，并最终趋于稳定，直至上升到床层上表面。由于气泡的存在，颗粒呈现出交叉循环和快速混合的状态。

（2）B 类颗粒：密度和尺寸均大于 A 类颗粒。尺寸一般介于 $40~\mu\mathrm{m}$ 到 500 $\mu\mathrm{m}$ 之间，密度一般介于 $1400~\mathrm{kg/m^3}$ 到 $4000~\mathrm{kg/m^3}$ 之间。相比于 A 类颗粒，B 类颗粒流化速度达到最小流化速度时，床层就会出现气泡，因此不存在非鼓泡状流化阶段。B 类颗粒流化中床层膨胀较小，且颗粒之间的循环运动较少，混合作用较弱。气泡在上升的过程中会持续增大。

（3）C 类颗粒：C 类颗粒尺寸一般小于 $10~\mu\mathrm{m}$，其颗粒之间的相互吸引力远远大于气流作用在颗粒上的剪切力，颗粒间黏着性很强，因此流化困难。C 类颗粒床层以柱塞状形式被气流托起，因而产生从气流分布板到床层上表面的孔隙，或者大量的颗粒黏聚在一起被气流托起，形成床层断裂。这些现象都将引起较小的床层膨胀和较差的颗粒混合。因此，在对 C 类颗粒进行流化时，需要采用外场作用来改善流动性，破坏黏聚，比如机械振动或搅拌等。

（4）D 类颗粒：尺寸一般大于 $500~\mu\mathrm{m}$ 且其密度很大。此类颗粒所需的流化速度非常大，床层几乎不发生膨胀，颗粒的混合和喷射效果非常明显。D 类颗粒在流化中，往往伴有大气泡或节涌现象，难以获得均匀和稳定的床层，因此一般采用喷动方法对其进行处理。

A 类颗粒在达到初始流化状态后，先经历一个均匀膨胀的过程，即散式流化过程，再出现鼓泡现象。而 B 类颗粒在达到初始流化状态时直接伴随鼓泡现象。Grace 根据 Geldart 的研究并在大量实验数据的基础上提出了 A/B 类颗粒边界方程[13]：

$$\Delta\rho=\left[\left(101^3\frac{\mu^2}{\rho_g g}\frac{1}{d_p^3}\right)\rho_g\right]^{1/2.275} \tag{3-5}$$

其中，μ 为气体的黏度。

B/D 类颗粒由于尺寸较大，颗粒间相互作用力较小，因此 B/D 颗粒的分类边界主要取决于床层所受黏性力与惯性力的相对大小，二者边界方程为

$$\Delta\rho=148877\frac{\mu^2}{\rho_g g}\frac{1}{d_p^3} \tag{3-6}$$

C/A 类颗粒由于尺寸很小,颗粒间的相互作用力大,这对其流化状态有重要的影响,此外,颗粒表面粗糙度、硬度、湿度、导电率、磁性系数等也对 C/A 类颗粒的流化状态有一定影响。目前还没有关于 C/A 类颗粒流化状态分类的通用边界方程。考虑范德瓦耳斯力、颗粒有效重力和气体曳力时,C/A 类颗粒边界近似方程为[14]

$$\Delta\rho = (0.68^3 \sim 1.1^3)\frac{\mu^2}{\rho_g g}\frac{1}{d_p^3} \tag{3-7}$$

在气体流化床中,由于颗粒的重力以及有限的流导,通入的气流只有部分可以通过床层,其余部分在床层内部受到阻碍,因此在床层上下两侧产生了压力差,其随着流速的增大而增加。在流速达到某一特定大小时,作用于颗粒的向上的气流曳力将等于颗粒的表观重力($F_{up,drag} = F_{down,gravity}$),此时颗粒由气体托起,颗粒间距被拉大,床层开始流动。此时,床层两侧的压力差 ΔP 等于单位面积上床层的表观重力,并在流速继续增大的情况下保持不变。

$$\Delta P = H(1-\varepsilon)(\rho_p - \rho_g)g \tag{3-8}$$

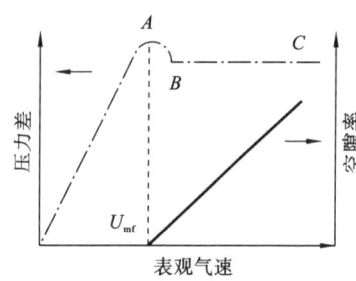

图 3-3 不同流化速度下床层两侧
压力差与空隙率的变化趋
势示意图

其中,H 是床层高度,ε 是床层空隙率。图 3-3 展示了随着流化速度的增加,床层两侧压力差变化的趋势。在初始的线性阶段,气流曳力不足以托起颗粒,颗粒层保持固定状态,气流仅从颗粒间微小空隙流过床层,产生压力差($F_{up,drag} < F_{down,gravity}$)。在 A 点,压力差较高是由于需要额外的力来克服颗粒与壁面之间的摩擦力以及床层和气流分布板之间的吸引力。在 BC 阶段,床层被充分流化,压力差可用式(3-8)来计算。

U_{mf} 是流化床最重要的特征参数之一,达到该速度是实现充分流化的必要条件。U_{mf} 随着颗粒直径 d_p 和颗粒密度 ρ_p 的增加而增大,且与流化气体的种类有关。通过联立式(3-8)和由层流态 Ergun 方程推出的固定床压力差方程,可以解得 U_{mf} 的值。对于直径小于 $100~\mu m$ 的颗粒,Baeyens 和 Geldart 给出了最常用的 U_{mf} 计算公式[15]:

$$U_{mf} = \frac{(\rho_p - \rho_g)^{0.934} g^{0.934} d_p^{1.8}}{1110\mu^{0.87}\rho_g^{0.066}} \tag{3-9}$$

在非鼓泡流化床中,当流速大于最小流化速度时,颗粒间距随着流速的增加而增大,而床层两侧压力差保持不变。颗粒间距增大的过程伴随着床层膨胀。在任意床层空隙率 ε 下,对应的床层高度为

$$H=\frac{1-\varepsilon_{PB}}{1-\varepsilon}H_{PB} \tag{3-10}$$

其中,ε_{PB} 和 H_{PB} 分别是初始固定床的空隙率和高度。

鼓泡流化床的膨胀可以通过两相流理论来描述。鼓泡流化床中包含两种相的流体:一种是气泡相,另一种是由围绕着气泡的流化颗粒所组成的乳化相[16]。流化气体的速度超过最小流化速度时,多余的气体会以气泡的形式通过床层。

通过乳化相的气体体积流量为 Q_{mf},通过气泡相的气体体积流量为 Q_B。根据图 3-4,Q 是通过床层的气体体积流量,Q_{mf} 是最小流化速度下的气体体积流量,也是通过乳化相的气体体积流量。因此,以气泡形式通过床层的气体体积流量为

$$Q_B=Q-Q_{mf}=UA-U_{mf}A=(U-U_{mf})A \tag{3-11}$$

其中,U 为流化气体速度,A 为通气截面面积。因此,利用气泡相所占据的床层的体积比 ε_B 可以来描述床层膨胀:

$$\varepsilon_B=\frac{H-H_{mf}}{H}=\frac{U-U_{mf}}{U} \tag{3-12}$$

其中,H 是 U 下的床层高度,H_{mf} 是 U_{mf} 下的床层高度。对于鼓泡流化床而言,气泡开始出现时的流化速度 U_{mb} 是一个重要的参数,其与气流和颗粒本身的性质有关[17]:

$$U_{mb}=2.07e^{0.716F}\left(\frac{d_p\rho_g^{0.06}}{\mu^{0.347}}\right) \tag{3-13}$$

其中,F 是直径小于 $45\ \mu m$ 的颗粒所占的比例,系数 2.07 的单位为 kg。

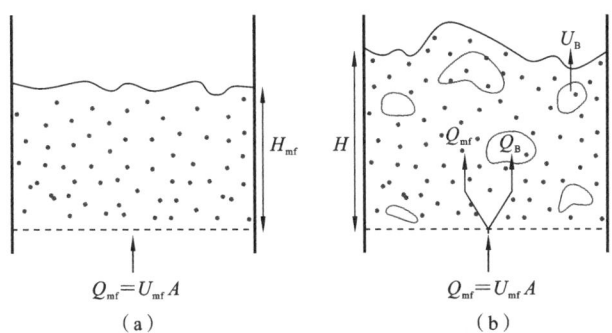

图 3-4 (a)非鼓泡和(b)鼓泡流化床中的气流运动

注:U_B 是气泡在床层内的上升速度。

对于小且轻的颗粒，$U_{mb} > U_{mf}$，对于大且重的颗粒，$U_{mb} = U_{mf}$。因此，对于大且重的颗粒，床层始终表现出鼓泡状流化，而对于小且轻的颗粒，床层在流速达到 U_{mf} 前表现为非鼓泡的流化，而在流速进一步增大直到大于 U_{mb} 后表现出鼓泡状流化。

本节对颗粒流化床数值模拟过程中的颗粒流化原理进行了简单介绍，这是我们了解颗粒流化机理的基础，也对数值模型的建立至关重要。不同尺寸的颗粒对应不同的流化行为，我们需要根据不同的流化行为来建立合适的数值模型。在验证数值模型的准确性时，除了对比数值模型与实际实验中的颗粒流化现象外，还可以根据本节中提供的公式计算理论压降、理论最小流化速度等参数，以此为基础来修正数值模型，这将有助于我们得到更为精确的结果。

3.2 基于欧拉两相流的颗粒原子层沉积计算

3.2.1 基于计算流体力学的原子层沉积建模

在微纳米颗粒的原子层沉积中，前驱体分子在床层内扩散到各个区域，还会向颗粒团聚体内部孔道扩散。由于对于绝大多数原子层沉积反应，前驱体分子与基底表面的活性位点的反应仅发生在毫秒级时间内，因此可以认为反应耗时主要是由前驱体在床层和团聚体内部孔道中的扩散决定的[18]。对于前者，将基于计算流体力学（CFD）建模；对于后者，将通过分子流理论建模。在建模过程中，将沉积基底（即微纳米颗粒）简化为球形，取实际团聚体的最大外围尺寸为其直径。

由于团聚体尺寸在微米级，且属于 Geldart A 类颗粒的范畴，本节采用 Eulerian-Eulerian 模型作为其流化模型[19,20]，且认为流化气体和前驱体气体不可压缩。

表 3-1 中列出了下文公式中各个参数所对应的含义。

表 3-1 公式中各参数含义

参数	含义	参数	含义
ε_g	气相体积分数	$\mu_{s,gol}$	碰撞黏度
ε_s	固相体积分数	$\mu_{s,kin}$	动力学黏度
σ_s	固相剪切应力	$\mu_{s,fr}$	摩擦黏度
ρ_g	气相密度	e	恩氏黏度

参数	含义	参数	含义
t	时间	d	颗粒直径
v_g	气相速度	τ_g	气相压力应变张量
ρ_s	固相密度	f_{gs}	动量交换因子
v_s	固相速度	ξ_g	气相物黏度
σ_g	气相剪切应力	μ_g	气相剪切黏度
g	重力加速度	T	温度
F_{gs}	浮力计算因子	P	压强
P_s	固相碰撞系数	τ_s	固相压力应变张量
P_g	气相碰撞系数	v_{rs}	自由沉降速度
ξ_s	固相物黏度	A	床层底面积
d_s	碰撞直径	g_0	颗粒分布函数
μ_s	固相剪切黏度	Θ	颗粒温度函数
ϕ	接触角度	I_{2D}	接触面惯性矩
Re	雷诺数	C	流导
D_s	颗粒形状因子	K	温度耗散系数

各相体积分数之和为 1：

$$\varepsilon_g + \varepsilon_s = 1 \tag{3-14}$$

固相和气相的连续性方程分别为

$$\frac{\partial \varepsilon_g \rho_g}{\partial t} + \nabla \cdot (\varepsilon_g \rho_g v_g) = 0 \tag{3-15}$$

$$\frac{\partial \varepsilon_s \rho_s}{\partial t} + \nabla \cdot (\varepsilon_s \rho_s v_s) = 0 \tag{3-16}$$

固相和气相的动量方程分别为

$$\frac{\partial}{\partial t} \varepsilon_g \rho_g v_g + \nabla \cdot (\varepsilon_g \rho_g v_g v_g) = \nabla \cdot \sigma_g - f_{gs} + \varepsilon_g \rho_g g \tag{3-17}$$

$$\frac{\partial}{\partial t} \varepsilon_s \rho_s v_s + \nabla \cdot (\varepsilon_s \rho_s v_s v_s) = \nabla \cdot \sigma_s - f_{gs} + \varepsilon_s \rho_s g \tag{3-18}$$

动量交换因子为

$$f_{gs} = -\varepsilon_s \nabla P_g - F_{gs} (v_s - v_g) \tag{3-19}$$

固相碰撞系数为

$$P_s = \rho_s \Theta + 2g_0 \varepsilon_s^2 \rho_s \Theta (1+e) \tag{3-20}$$

固相物黏度为

$$\xi_s = \frac{4}{3} \varepsilon_s \rho_s d_s g_0 (1+e) \sqrt{\frac{\Theta}{\pi}} \tag{3-21}$$

固相剪切黏度包含碰撞黏度、动力学黏度和摩擦黏度：

$$\mu_s = \mu_{s,\text{gol}} + \mu_{s,\text{kin}} + \mu_{s,\text{fr}} \tag{3-22}$$

碰撞黏度为

$$\mu_{s,\text{gol}} = \frac{4}{5} \varepsilon_s \rho_s d_s g_0 (1+e) \sqrt{\frac{\Theta}{\pi}} \tag{3-23}$$

由 Syamlal 简化的动力学黏度为

$$\mu_{s,\text{kin}} = \frac{\varepsilon_s \rho_s d \sqrt{\Theta \pi}}{6(4-e)} \left[1 + \frac{2}{5}(1+e)(3e-1)\varepsilon_s g_0 \right] \tag{3-24}$$

摩擦黏度为

$$\mu_{s,\text{fr}} = \frac{P_s \sin\phi}{2 \sqrt{I_{2D}}} \tag{3-25}$$

气、固相的压力应变张量分别为

$$\boldsymbol{\tau}_g = \varepsilon_g \left\{ \left(\xi_g - \frac{2}{3}\mu_g \right) (\nabla \cdot \boldsymbol{\mu}_g) I - \mu_g \left[(\nabla \cdot \boldsymbol{\mu}_g) + (\nabla \cdot \boldsymbol{\mu}_g)^{\mathrm{T}} \right] \right\} \tag{3-26}$$

$$\boldsymbol{\tau}_s = -\varepsilon_s \left\{ \left(\xi_s - \frac{2}{3}\mu_s \right) (\nabla \cdot \boldsymbol{\mu}_s) I - \mu_s \left[(\nabla \cdot \boldsymbol{\mu}_s) + (\nabla \cdot \boldsymbol{\mu}_s)^{\mathrm{T}} \right] \right\} \tag{3-27}$$

本章选择 Syamlal-O'Brein 阻力模型来模拟自由沉降速度 v_{rs}：

$$F_{gs} = \frac{3\varepsilon_s \varepsilon_g \rho_g}{4 v_{rs}^2 d} CD_s \left(\frac{Re}{v_{rs}} \right) | v_s - v_g | \tag{3-28}$$

$$v_{rs} = 0.5 \left[A - 0.06Re + \sqrt{(0.06Re)^2 + 0.12Re(2B-A) + A^2} \right] \tag{3-29}$$

其中，$A = a_1^{4.14}$；$a_1 \leqslant 0.85$ 时，$B = a_1^{1.28}$，$a_1 \geqslant 0.85$ 时，$B = a_1^{2.65}$。

颗粒分布函数为

$$g_0 = \left[1 - \left(\frac{\varepsilon_s}{\varepsilon_{s,\text{max}}} \right)^{1/3} \right]^{-1} \tag{3-30}$$

颗粒温度耗散与颗粒间的非弹性碰撞以及颗粒与夹持器壁面之间的碰撞有关。通过计算颗粒温度守恒方程可以求解颗粒温度：

$$\frac{3}{2} \frac{\partial}{\partial t} (\varepsilon_s \rho_g \theta) + \frac{3}{2} \nabla \cdot (\varepsilon_s \rho_g \theta v_s) = \left[\sigma_s \nabla v_s - \nabla \cdot q\theta - \gamma\theta + \phi_g \right] \tag{3-31}$$

其中，θ 为碰撞角度，q 为热通量，γ 为耗散率，ϕ_g 为流体项湍流温度。

颗粒温度定义为颗粒随机运动速度均方根的三分之一。本章假设颗粒能量被局部耗散,且对流和扩散造成的传热可忽略,因而采用以下颗粒温度方程:

$$\Theta = \left\{ \frac{-K_1 \varepsilon_s \operatorname{tr}(\boldsymbol{D}_s) + \sqrt{K_1^2 \operatorname{tr}^2(\boldsymbol{D}_s) + 4K_4 \varepsilon_s \left[K_2 \operatorname{tr}^2(\boldsymbol{D}_s) + 2K_3 \operatorname{tr}^2(\boldsymbol{D}_s) \right]}}{2\varepsilon_s K_4} \right\}^2$$

(3-32)

气体在计算过程中被视为理想气体,考虑由温度与压强变化导致的理想气体体积变化,流化床入口处气流速度 v 的计算公式为

$$v = (T/273)(101325/P)(f/A)$$

(3-33)

其中,f 为气体体积流量。

前驱体在团聚体内部的扩散是以分子流的形式在初级颗粒之间的孔道内进行的。考虑极端情况,对于平均直径为 d_c 的团聚体,最紧密的初级颗粒排列是等轴晶系简单立方排列,此时孔道最为狭窄,对前驱体分子的扩散影响最大,扩散所需时间最长。因此,此时取孔道长度 l_c 为团聚体半径($0.5d_c$)。孔道的半径 r_c 依据立方排列计算,具体为 $0.414r$,其中 r 是初级颗粒的半径。此时,分子流条件下圆柱形孔道的气流流导 C 为

$$C = \frac{4}{3} \sqrt{\frac{2\pi RT}{M}} \frac{r_c^3}{l_c}$$

(3-34)

在前驱体分子向团聚体内部扩散的初始阶段,团聚体中心部位的压力在仿真中被认为是 0,因此团聚体内外的压力差 ΔP 等于床层压力。进入孔道的 TMA 气体分子的通过量为

$$Q = C\Delta P$$

(3-35)

完成对孔道壁面所有活性位点的替换所需的前驱体分子数量 N 可以用孔道表面积($2\pi r_c l_c$)以及单位面积上的活性位点数量 S 来计算:

$$N = 2\pi r_c l_c \cdot S$$

(3-36)

因此,完成对孔道内部活性位点替换所需的时间 t_2 为

$$t_2 = \frac{N}{Q \cdot n} \propto \left(\frac{1}{n} \right) \propto \left(\frac{1}{\Delta P} \right)$$

(3-37)

其中,n 为前驱体分子量。

3.2.2 基于欧拉两相流的流化床模型

3.2.1 节对流化床的数值模拟中所运用到的求解方程进行了概括性介绍。对于具体的数值模型,还需有更精确的求解方程以控制求解过程。本小节针对目前运用范围较广的欧拉两相流模型进行介绍。

在微纳米颗粒流化的过程中,要想得到一个处于散式流化状态的流化床,必须要求载气气流进入流化床的速度不小于流化床的最小流化速度以及在流化过程中微纳米颗粒床层的膨胀高度小于流化腔体的高度。因此,在设计实验中最关键的反应腔体部分之前,通过数值模拟计算的方式对反应腔体的重要参数进行预估[21]。使用 ANSYS 软件中的 Fluent 模块进行仿真计算。Fluent 采用基于完全非结构化网格的有限体积法,其内自带多种流动模型,包括自由表面流模型、欧拉两相流模型、混合多相流模型、颗粒相模型、空穴两相流模型、湿蒸汽模型。

在微纳米颗粒 ALD 工艺中,主要涉及固-气两相的混合流动,其中气体为连续介质称为连续相,固体颗粒为不连续介质称为分散相。Fluent 根据模型所涉及的不同物理原理和数学方法将分散相计算分为三类:① 经典的连续介质力学方法;② 基于统计分子动力学的模拟方法;③ 介观层次上的模拟方法,即格子-玻尔兹曼方法[22]。由于在微纳米颗粒 ALD 过程中气体和固体介质的运动是随机混合且相互分离、相互作用的耦合过程,因此该过程适用于欧拉两相流模型。

在欧拉两相流模型中,如果涉及两相以上的流体相,必须要引入附加的守恒方程。对于相互混合且被视为连续统一的气固两相流,需要采用体积分数来描述。体积分数代表每一相所占据的空间比例,并且每一相均需单独满足质量和动量守恒定律[23]。

欧拉两相流模型中固相颗粒被当作流体处理。其能量守恒方程为

$$\frac{\partial}{\partial t}(\alpha_q \rho_q \boldsymbol{v}_q) + \nabla \cdot (\alpha_q \rho_q \boldsymbol{v}_q \boldsymbol{v}_q)$$

$$= -\alpha_q \nabla p + \nabla \cdot \boldsymbol{\tau}_q + \sum_{p=1}^{n}(\boldsymbol{R}_{pq} + \dot{m}_{pq}\boldsymbol{v}_{pq}) + \alpha_q \rho_q(\boldsymbol{F}_q + \boldsymbol{F}_{\text{lift},q} + \boldsymbol{F}_{\text{Vm},q}) \quad (3\text{-}38)$$

其中,α_q 是第 q 相的体积分数,ρ_q 是第 q 相的密度,$\boldsymbol{v}_q$ 是第 q 相的速度,$\boldsymbol{F}_q$、$\boldsymbol{F}_{\text{lift},q}$ 和 $\boldsymbol{F}_{\text{Vm},q}$ 分别是第 q 相的外部体积力、升力和虚拟质量力,$\boldsymbol{R}_{pq}$ 是第 p 相和第 q 相之间的相互作用力,p 是所有相间共同的压力,$\boldsymbol{\tau}_q$ 是第 q 相的压力应变张量:

$$\boldsymbol{\tau}_q = \alpha_q \mu_q (\nabla \boldsymbol{v}_q + \nabla \boldsymbol{v}_q^{\text{T}}) + \alpha_q \left(\lambda_q - \frac{2}{3}\mu_q\right) \nabla \cdot \boldsymbol{v}_q \boldsymbol{I} \quad (3\text{-}39)$$

其中,$\boldsymbol{I}$ 为剪切应力,μ_q 和 λ_q 分别是第 q 相的剪切黏度和体积黏度。

$\boldsymbol{v}_{pq}$ 是第 p 相和第 q 相之间的速度,定义如下:如果 $\dot{m}_{pq} > 0$,即第 p 相的质量传递到第 q 相,则 $\boldsymbol{v}_{pq} = \boldsymbol{v}_p$;如果 $\dot{m}_{pq} < 0$,则第 q 相的质量传递到第 p 相,则 $\boldsymbol{v}_{pq} = \boldsymbol{v}_q$。

3.2.3　基于欧拉模型的流化床模拟计算

对于流化床而言,流化腔体的直径越大、高度越高,其流化状态越接近于散式流化,内部气流的分布接近于平流,颗粒的分散越均匀,能够有效地抑制团聚体的产生。然而,受限于设备的体积以及实验过程中装取样品的便利性,应该限制流化腔体的体积。

针对 10 g 微纳米颗粒的流化床,选取的腔体的半径为 15 mm、长度为 200 mm。仿真选取的颗粒为直径为 200 nm 的二氧化硅微球。微纳米颗粒间空隙率为 0.74,流化气体为氮气,入口处的流速分别设置为 1 cm/s、1.5 cm/s、2 cm/s、2.5 cm/s、3 cm/s,出口处的压力为 0 Pa。

流化床中固体颗粒的运动状态可以用图 3-5 来描述,初始状态下微纳米颗粒处于静止状态,在重力的作用下自然堆积在一起,团聚较为严重;当流化气体从床层底部进入微纳米颗粒夹持器时,由于颗粒间空隙率较小,气流从颗粒间通过的阻力较大,相应地,微纳米颗粒由于受到气流的浮力和曳力作用将克服自身的重力开始向上运动,整体上微纳米颗粒床层开始膨胀;随着时间的推移,微纳米颗粒将继续在气流的作用下向上运动,当床层膨胀到一定高度时颗粒间空隙率较静止时大幅增加,此时气流对颗粒的作用力将减小并等于颗粒自身的重力,微纳米颗粒床层不再膨胀,流化床的高度也会稳定下来。

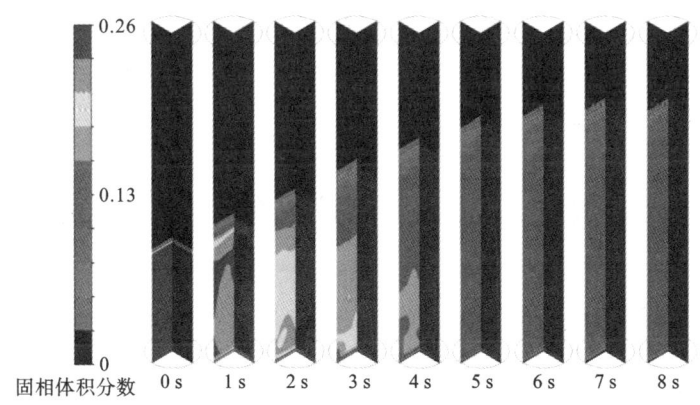

图 3-5　固相体积分数随时间的变化

由理论可知,微纳米颗粒完全流化后,流化气体受到的阻力大致等于颗粒自身的重力。由于阻力的大小固定,且与流化速度和颗粒间空隙率有关,因此流化床的理论高度与流化速度相关。在不同进气速度情况下,流化床的高度并不相同,通过对比仿真值和理论值,可以验证模型的正确性。如图 3-6 所示,随着流化速度的增大,床层高度也在不断增加且流化床内部的固体颗粒分布趋于均匀。

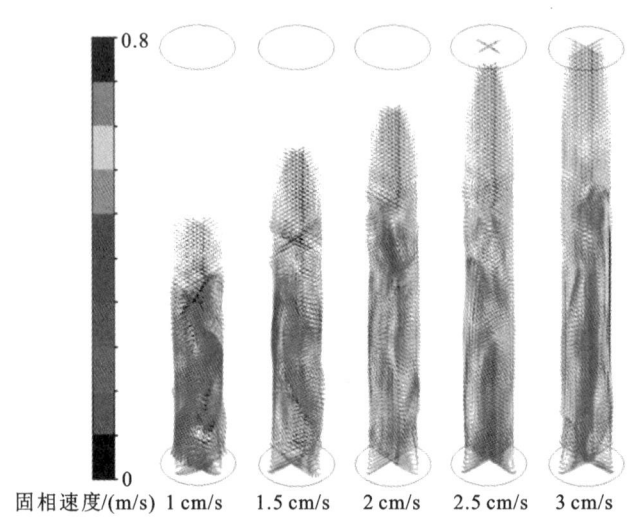

图 3-6　不同流化速度下固相速度分布云图

　　本小节在气固耦合作用基础上进一步添加了相间反应的数值建模过程,分为气固曳力、气固传质与传热两部分数值模型,以基于欧拉两相流方法的流化床数值模拟为例,逐步演示了普通圆柱形流化床的求解过程,结合气固两相控制方程,有助于更好地理解气固相互作用。

3.3　离心旋转式微纳米颗粒包覆仿真与装备研发

3.3.1　离心流化技术

　　Geldart C 类颗粒之间的范德瓦耳斯力远大于其他作用力,会形成较严重的团聚。前驱体要吸附在团聚体内部的颗粒表面需要通过复杂狭小的孔道,这往往会造成包覆均匀性下降以及工艺时间延长。减小团聚体尺寸将有利于前驱体在团聚体内部的扩散。在气相环境中,微纳米颗粒团聚体的分散方法主要有两种:一是通过机械方法使团聚体破裂;二是通过使颗粒带有同种电荷的方法引起相互排斥从而实现分散。本节主要采用机械方法,通过施加外力使软团聚体破裂。

在传统的垂直流化床中,团聚体的动态破裂主要依赖于颗粒碰撞和气流剪切力的作用。对于范德瓦耳斯力更大的 Geldart C 类颗粒,需要额外的作用力进一步促进破裂。当对流化床中的团聚体施加离心力时,如图 3-7 所示,克服团聚的合力因离心力 F_c 的加入而增大,从而减小了团聚体尺寸。Matsuda 等人从能量的角度给出了估算流化床中团聚体平均直径的公式(见式(3-40)),认为当外界提供的能量大于克服团聚所需的能量时团聚体将破裂[24]。

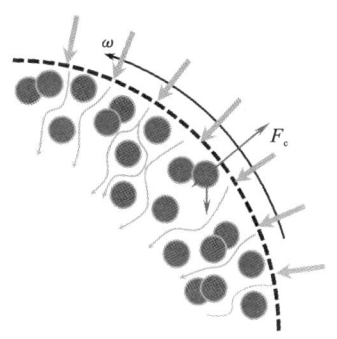

图 3-7 流化床中外加离心力分散软团聚体的示意图

$$d_c = \frac{3h_w}{8\pi\delta m c_c (\rho_p - \rho_c) d_p G^n} \left(1 + \frac{h_w}{8\pi^2 \delta^3 H_r}\right) \tag{3-40}$$

$$G = r_0 \omega^2 / g \tag{3-41}$$

其中,d_c 是团聚体平均直径,ρ_c 是团聚体密度,δ 是初级颗粒间范德瓦耳斯力最大时的间距,h_w 是利普希茨常数,G 是颗粒所受加速度与重力加速度的比值,H_r 是颗粒硬度系数,r_0 是颗粒旋转运动半径,ω 是颗粒旋转角速度,m 为颗粒质量,c_c 为外界能量因外界条件及装备构造不同而变化的相关系数。

本节采用离心流化技术进行微纳米颗粒原子层沉积设备的研发与相关工艺参数影响机理的研究,旨在实现单颗粒均匀包覆、提高整体工艺的效率和前驱体利用率。

离心流态是一种新型的适用于微纳米颗粒的气-固传质传热方法。如图 3-8 所示,固体颗粒放置在筒状装置中,随转轴以一定的速度旋转。颗粒因离心力作用而均匀分布在筒内壁,形成环状的颗粒床层。在没有气流作用时,床层呈固定状态,颗粒间基本不发生相对运动。当气体从筒外壁沿垂直于转轴的方向穿过床层时,颗粒受到气体曳力作用,其方向与离心力方向相反。当气流速度逐渐增加时,曳力逐渐增大,最终与离心力达到平衡。此时,床层达到临界状态。继续增大气流速度将造成床层内颗粒的间隙增大,颗粒开始运动,床层松动。在此条件下,床层所受的有效重力与在流化气流中的曳力平衡,继续增大气流速度时该平衡维持不变,颗粒悬浮在气流中做流化运动。

3.1.3 节中 Geldat C/A 类颗粒的边界方程体现了重力加速度的影响。在离心流化床中,Γ 表示重力加速度的倍数,即

$$\Gamma = g / 9.8 \tag{3-42}$$

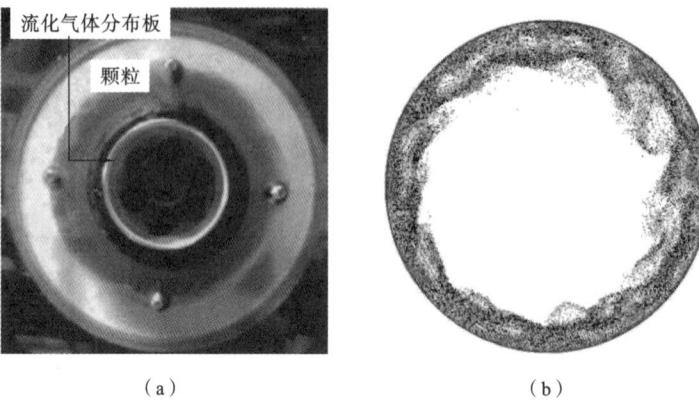

图 3-8 颗粒离心流化床:(a) 实物图;(b) 模拟图

在离心流化床中,$g \geqslant 9.8 \ \text{m/s}^2$,$\Gamma \geqslant 1$。C/A 类颗粒的边界方程则变为

$$\Delta \rho = (0.68^3 \sim 1.1^3) \frac{\mu^2}{\rho_g} \frac{1}{9.8 \Gamma d_p^3} \tag{3-43}$$

当通过增大圆周运动半径或转速时,床层所受的有效重力增加。如式(3-43)所示,C/A 类颗粒边界将左移。这意味着 C 类颗粒将在流化中表现出 A 类颗粒的运动特性,床层中腾涌和沟流得以消除,颗粒处于均匀稳定的散式流化状态。

离心流化床可通过调节转速改变颗粒所受的离心力,从而满足不同气流速度下的流态化需求。相比于传统重力式流化床,离心流化床具有许多优点。比如,由于有效重力的增加,流化时离心流化床允许更高的流速,从而增强气、固相之间的相互作用力,限制或减少气泡、沟流或腾涌的发生,改善超细颗粒的流化质量;在相同体积条件下,离心流化床气、固相接触面积大,能够大大缩短工艺时间,且空间结构紧凑;颗粒的有效重力可独立控制,增大有效重力有助于克服黏性剪切力,使颗粒从团聚体表面脱落,促进团聚体动态破裂,使每个颗粒表面均暴露于前驱体气相氛围中,实现单颗粒的均匀沉积。然而,目前离心流化方法尚未应用于微纳米颗粒的 ALD 包覆中,离心加速度对沉积过程中前驱体与颗粒表面接触的影响以及其对沉积工艺的改善效果仍待探究。

3.3.2　离心流化式 ALD 系统研制

由 3.3.1 节的理论分析可知,离心流化方法在稳定和均匀颗粒流化状态、减少流化中的腾涌和沟流、进一步促进团聚体动态破裂方面具有显著优势。该

方法正是解决原子层沉积技术应用于微纳米颗粒表面改性所面临问题的有效
途径。此外,当颗粒量相同时,离心流化床由于气、固相接触面积更大,床层高
度降低,床层内前驱体浓度分布达到稳定时的时间缩短。从理论分析来看,实
际前驱体脉冲时间比理论饱和沉积所需的最短脉冲时间短,因此总时间缩短,
从而提高了沉积效率。使用自主设计和搭建的离心流化式微纳米颗粒 ALD 装
置,对该方法的优越性和 3.2.1 节建立的基于计算流体力学的微纳米颗粒原子
层沉积模型进行验证,同时为后续的流化参数对沉积效率的影响机理研究与工
艺优化奠定基础。

图 3-9 所示为离心流化式 ALD 系统总成示意图[25]。该系统从功能上主要
分为以下几个模块:反应腔体、前驱体进气和流化气流供应系统、微纳米颗粒夹
持器、旋转运动传动与控制系统、真空抽气系统。其中,反应腔体内部形成的空
腔作为前驱体与微纳米颗粒的反应空间;载气输送系统设置在前驱体供应装置
的管道上,前驱体与该载气输送系统输出的载气一起被输送到反应腔体中,并
进入旋转的微纳米颗粒装载装置中与微纳米颗粒接触并进行原子层沉积反应,
从而在微纳米颗粒的表面形成包覆薄膜;微纳米颗粒夹持器安置在反应腔体中

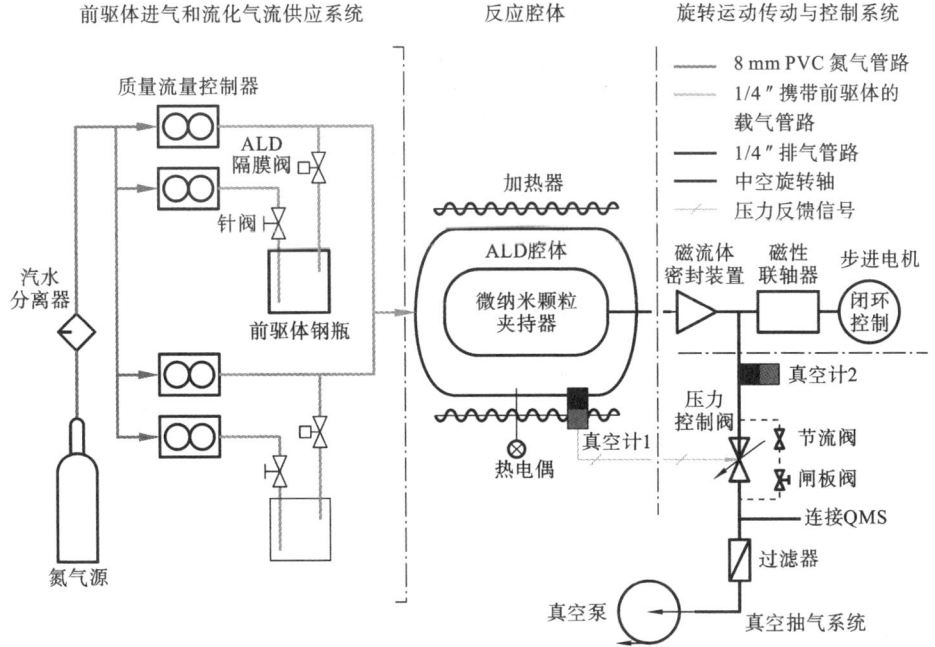

图 3-9　离心流化式 ALD 系统总成示意图

注:PVC—聚氯乙烯管路;QMS—四极杆质谱监测装置。

并轴向旋转,用于承载待修饰的微纳米颗粒,该夹持器一端与位于反应腔体外的旋转驱动机构连接,另一端与反应腔体外的真空系统连接;动力由外部步进电机提供,通过磁流体密封装置将旋转运动传递给微纳米颗粒夹持器,磁流体密封装置保证转轴在反应腔体连接处的真空密封,同时实现对微纳米颗粒层内侧的抽气。真空泵上游连接过滤器,用于去除反应废气中的有害物质,以延长真空泵的使用寿命;在抽气气路中预留有四极杆质谱仪集成接口,以满足对反应过程进行实时监测的需求。此外,该系统还具有加热与温度控制部分,其包括设置在腔体外部的环形加热器、前驱体管路上的加热装置以及温度传感器。图 3-10 所示为离心流化式 ALD 系统三维模型图。

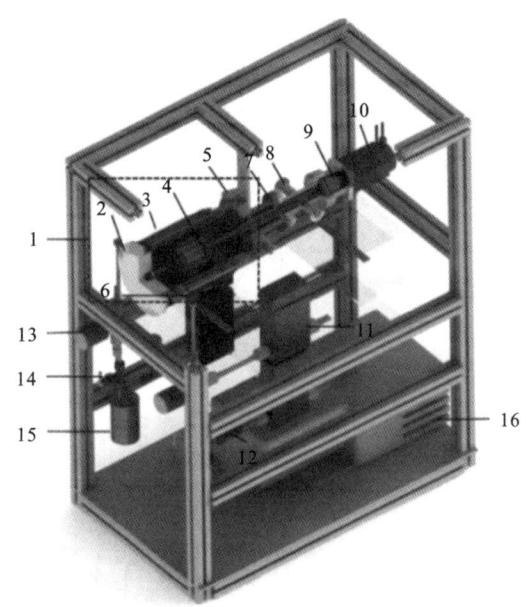

图 3-10 离心流化式 ALD 系统三维模型图

1—反应腔体;2—腔体盖;3—腔体加热器;4—微纳米颗粒夹持器;5—上游真空压力计;

6—前驱体和流化气流在腔体上的入口;7—磁流体密封装置;8—四通法兰;

9—磁性联轴器;10—步进电机;11—质量流量控制器;12—电磁阀;13—ALD 隔膜阀;

14—针阀;15—前驱体钢瓶;16—真空泵

在实际设计中,夹持器的尺寸、结构等对离心流化过程有着重要的影响。所设计的夹持器如图 3-11 所示。当颗粒随夹持器旋转并在周向形成一层微纳米颗粒床层后,流化气流沿径向流入,吹动微纳米颗粒床层进行流化,最终穿过微纳米颗粒床层与夹持器内侧滤网,沿空心轴流出。夹持器采用双层滤网设计,滤网由不锈钢制成。3000 目滤网的孔径约为 2 μm,能够有效防止微纳米颗粒的硬团聚体泄漏。内层和外层滤网均采用单层结构,以尽量减小滤网对气流的影响,从而有效控制反应的清洗阶段处在可以接受的时间范围内。夹持器采用 316 L 不锈钢材料,其侧面的通孔通过电火花加工完成,以保证直线度。夹持器内部表面有一定的粗糙度,尽量避免微纳米颗粒在不锈钢骨架上的黏附。每次实验结束后,将夹持器尤其是滤网放置于超声清洗机中,超声清洗 5 min,重复两次,以彻底清除滤网上残留的微纳米颗粒。定期用 NaOH 溶液浸泡滤网,去除生长在滤网不锈钢钢丝上的氧化物,防止因长时间使用而导致滤网堵塞。

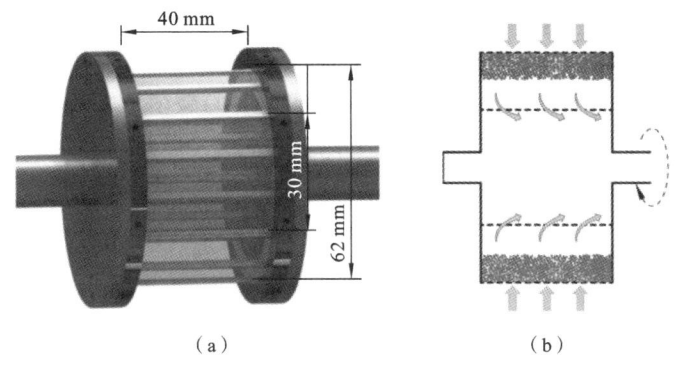

（a）　　　　　　　　　　　　　（b）

图 3-11　双层微纳米颗粒夹持器:(a) 模型图;(b) 原理图

3.3.3　流化实验与特性分析

在验证离心流化沉积中微纳米颗粒的流化稳定性方面,可以选用典型的球形 SiO_2 颗粒对床层压力差进行监测。这些颗粒的尺寸分布在 150 nm 和 300 nm 之间,比表面积为 11.08 m^2/g。在实际测量过程中,首先测量未装颗粒的空夹持器,将床层两侧两个真空计的示数差作为床层压力差的系统误差。在此基础上,通过对比两个真空计在不同流速下的读数来确定床层压力差。图 3-12(a) 展示了离心流化中床层压力差随表观气速、夹持器转速的变化关系。在 180 r/min、300 r/min、420 r/min 这三个转速下,床层压力差均先随着表观气速的增大而上升,然后逐渐稳定。在 300 r/min 下,当表观气速达到 6 cm/s 后,床层压力差变得稳定,近似于颗粒层所受到的有效重力,颗粒层达到完全流化状态,继续增大表观气速将不能增大压力差,但会使颗粒层进一步膨胀,床层间隙增大。当转速提高到 420 r/min 时,床层需要更大的气流曳力来平衡离心力,所以其最小流化速度增大到 8.4 cm/s,而床层稳定压力差也因有效重力的增大而上升。

相比而言,180 r/min 的转速刚刚超过使微纳米颗粒在圆周形成完整床层的临界值(172 r/min),床层内颗粒的运动较为混乱,因此其压力差并不稳定。图3-12(b)展示了在 8.4 cm/s 的表观气速下,床层压力差的功率谱密度分析。随着夹持器转速的增加,床层压力差功率谱密度的峰值波动频率逐渐增大,说明床层稳定性逐渐升高。与此同时,峰值频率所对应的功率谱密度强度先增加,说明床层的稳定性随着颗粒在夹持器内的旋转运动被破坏;当微纳米颗粒层形成完整周圈后,功率谱密度强度随着转速从 180 r/min 到 300 r/min 逐渐减小,表明床层流化的稳定性逐渐提高;当转速继续增大时,功率谱密度强度小幅增大,此时,表观气速不足以实现整个颗粒床层的充分流化,气流从床层的孔洞或沟流处通过,因此床层压力差出现小幅波动。

为验证 3.2.1 节所建立的基于计算流体力学的微纳米颗粒 ALD 模型对实际不同包覆材料、包覆颗粒基底的适用性和可行性,首先通过一定转速下床层压力差进行模型的验证。如图 3-12(a)所示,在 300 r/min 边界条件下,基于 Fluent 分别模拟不同表观气速下圆周形床层内侧和外侧之间的压力差。当入口表观气速小于 6.5 cm/s 时,随着表观气速的增加,压力差逐渐增大。当入口表观气速大于 6.5 cm/s 时,床层压力差达到约 30 Pa,与实验结果基本一致。当表观气速进一步增加时,床层压力差维持基本稳定,床层流化均匀,且内部动态平衡处于相对稳定的状态。依据 Davidson 和 Harrison 提出的流化床理论,对仿真点拟合曲线作两条切线,在交点处得到床层最小流化速度 5.8 cm/s,与根据实验结果用同样方法得到的最小流化速度 6 cm/s 非常接近。因此,所建立的模型在微纳米颗粒离心流化床中能够较为准确地反映两相流的状态。实验中由于还存在电机振动、滤网疏密差异等因素,因此相较于仿真结果,实验中压力差波动略为明显。在转速很低的情况下,床层内的颗粒没有形成完整的床层,因此气流从空余的侧壁直接进入夹持器并直接被真空泵抽走,颗粒不能被流化,床层内压力差非常小。当转速逐渐增加并达到 180 r/min 时,颗粒逐渐形成完整的圆周形床层,并在气流的作用下开始流化;当转速较低时,颗粒受到的有效重力较小,难以对流化床中的流化缺陷进行改善,因此床层压力差波动大,其功率谱密度强度大;当转速逐渐增大到 300 r/min 以上时,由于离心力的作用,颗粒所受到的有效重力增加,床层内的颗粒流化状态逐渐由不均匀、不稳定的聚式流化转变为均匀、稳定的散式流化,因此床层压力差波动减小,其功率谱密度强度降低(见图 3-12(b))。

此外,对于不同的转速条件,在不同的表观气速下,对稳定状态中压力差的

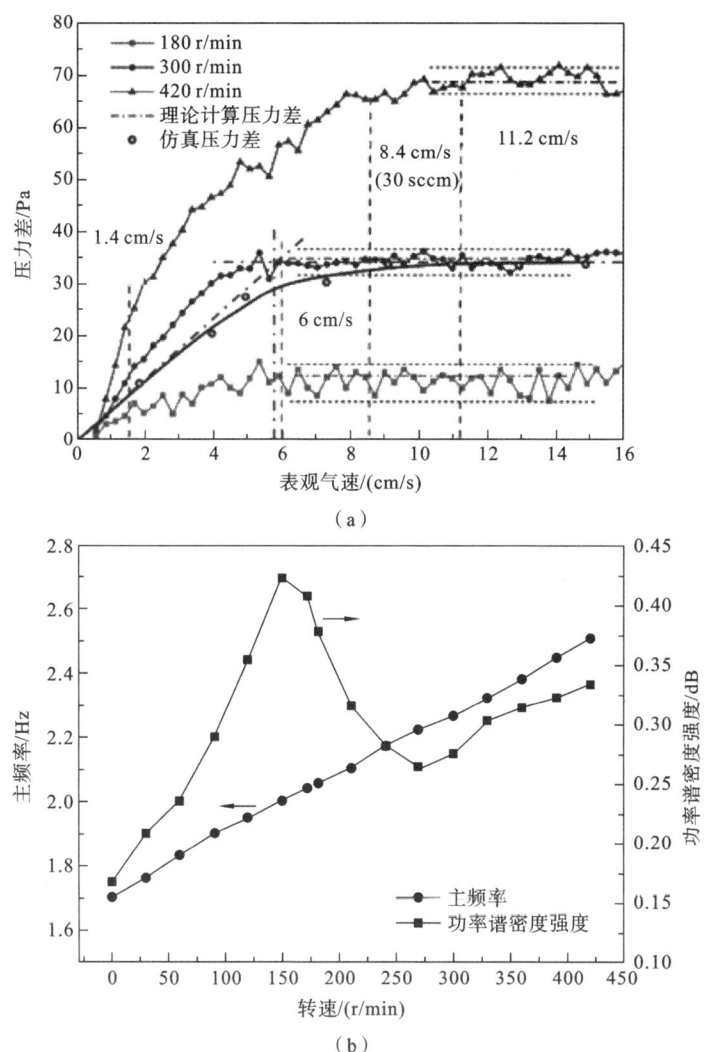

图3-12 (a) 离心流化 ALD 中床层压力差随表观气速、夹持器转速的变化关系；
(b) 离心流化稳定性的功率谱密度分析

波动进行检测。取 30 s 内的压力差标准差进行分析，如图 3-13 所示，尽管对于不同的转速，随着表观气速的增大，压力差的标准差均增大（这是由于气、固相之间的相互作用随着表观气速的增大而增强），但增长趋势有显著差别。在 180 r/min 转速较低的条件下，压力差的标准差在表观气速达到临界流化速度 11.2 cm/s 后急速增大，表现出不稳定的流化状态，床层内圈表面的颗粒上下波动明显。在 420 r/min 的转速下压力差的标准差有所减小。当转速为 300 r/min

时,压力差的标准差随着表观气速的增加而增大的程度最小,表现出良好的流化稳定性,这也证明了床层内颗粒流化均匀且稳定。

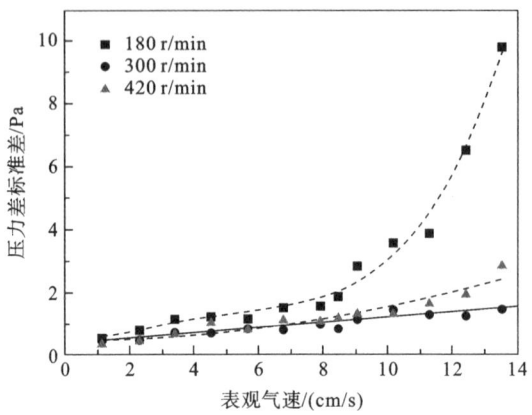

图 3-13　不同转速时床层压力差的标准差在不同表观气速下的变化

目前,针对微纳米颗粒的原子层沉积工艺的优化,已有研究大多集中在特定沉积基底或薄膜材料的生长工艺上,其目的主要是研究微观级的反应特性以及不同条件下所制备材料的特定性能。关于沉积效率的研究尚未见文献报道。微纳米颗粒具有极大的比表面积,其沉积工艺周期远远长于传统平面基底的沉积工艺周期,且饱和吸附所需的前驱体量也大大增加。对于催化等应用中昂贵前驱体的大量应用,提高其利用率将有效降低单位成本。因此,需要对不同工艺参数进行优化,进而缩短沉积工艺周期。数值建模分析能够有效预判各工艺参数在微纳米颗粒原子层包覆过程中对反应时间和前驱体利用率这两个关键性能指标的影响,从而减小实验优化的工作量。然而,目前对颗粒表面包覆反应的模拟大多利用分子动力学从微观的角度研究表面反应机理,而对大量颗粒的宏观沉积效率的模拟则鲜有报道。比利时根特大学的 Longrie 等人基于 MATLAB 建立了耦合氧化铝沉积反应的颗粒流化模型,研究了表观气速与前驱体利用率的关系,以及达到高利用率所需的床层高度,但仅针对传统垂直式流化床。针对离心流化床的颗粒原子层沉积的研究还未有报道。

本节根据离心流化床的特点,以及 ALD 过程中前驱体的扩散与分布特性,利用基于流化的微纳米颗粒原子层沉积模型的仿真计算,探究了流化速度、转速、前驱体浓度和床层高度等参数对所需最短工艺时间和前驱体利用率的影响。此外,为验证仿真分析的准确性,本节采用四极杆质谱仪对反应过程中的前驱体与副产物进行监测,确定反应进行程度,从而验证仿真结果,同时对各参数的作用进行分析,最终获得高效的沉积工艺。

本节利用质谱法对沉积过程中反应前驱体和副产物的分压进行实时监测,仍然以典型的 SiO_2 纳米微球表面沉积 Al_2O_3 薄膜为工艺研究的对象。前驱体通过载气稳定地通入反应腔体中,利用精密天平测量一定时间内前驱体钢瓶的质量变化,可以得到前驱体的输入速率。而通过分别测量反应腔体内单独通入流化气流,以及流化气流和前驱体混合气流时的压力值,能够计算得到总气流中前驱体的浓度。实验中通过对前驱体钢瓶针阀的开口调节、对流量计流量的控制,实现对前驱体输入速率和浓度的控制。

图 3-14 展示了 10 g 样品半反应质谱监测中反应物和副产物的信号变化。通过称量和计算,TMA 和 H_2O 的通入速率分别为 0.93 mg/s 和 0.35 mg/s。通入前驱体 TMA 后,出口处并没有立即监测到其信号,但迅速检测到了副产物 CH_4 的信号。在一定的时间内,CH_4 信号基本保持稳定,表明 TMA 分子与颗粒表面的活性位点发生了化学吸附。一定时间后,尽管前驱体 TMA 的脉冲仍在继续,但 CH_4 信号快速回落到其基准水平,同时出口处开始监测到 TMA 信号,这说明反应具有 ALD 自限制性:多余的前驱体不再参与反应,而是直接离开床层。值得注意的是,在反应的前期,前驱体 TMA 信号的缺失表明所有通入的前驱体均完全参与了颗粒表面的吸附。另一种前驱体 H_2O 的半反应与之类似,反应前期 H_2O 也完全参与反应。图 3-14 中 H_2O 信号的基线高于TMA 信号的基线,这主要是由于沉积开始前,腔体内壁残留的 H_2O 难以完全通过抽真空除去。此外,由于 H_2O 具有较大的黏度和较强的吸附性,其在每个半反应中也难以被完全吹扫。

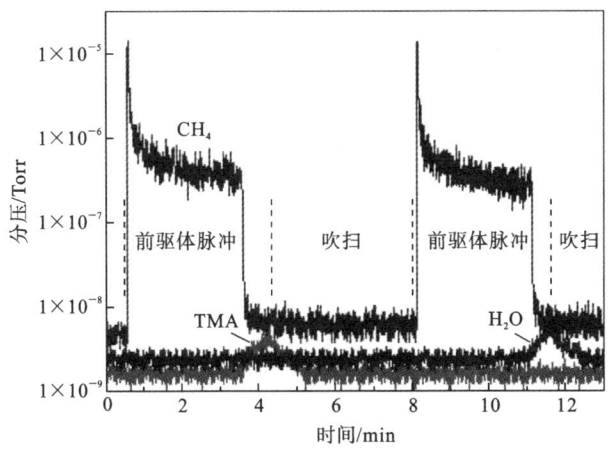

图 3-14 离心流化床 ALD 反应过程中前驱体与副产物的变化谱图

依据质谱检测结果,可以定量地探究反应所需最短脉冲时间以及对应工艺条件下的前驱体利用率。根据质谱曲线,CH_4 信号产生的时间被定义为最短脉冲时间 $t_{min\text{-}TMA}$ 和 $t_{min\text{-}H_2O}$。反应过程中前驱体向床层内的通入速率 $q_{min\text{-}TMA}$ 和 $q_{min\text{-}H_2O}$ 可通过称量前驱体钢瓶质量变化得到。实现所有颗粒饱和沉积的最小前驱体用量 $m_{min\text{-}TMA}$ 和 $m_{min\text{-}H_2O}$ 可利用 $t_{min\text{-}TMA}$、$t_{min\text{-}H_2O}$、$q_{min\text{-}TMA}$ 和 $q_{min\text{-}H_2O}$ 计算得到。根据 BET 方法测得 SiO_2 颗粒的比表面积为 11.08 m^2/g,非晶 Al_2O_3 的密度为 3.50 g/cm^3,平均生长速率 G 为 1.0 Å/cycle。理论上饱和生长所需前驱体用量的计算公式如下:

$$m_{cal\text{-}TMA} = m_p \cdot s \cdot G \cdot \rho_{Al_2O_3} \cdot \frac{144}{102} \tag{3-44}$$

$$m_{cal\text{-}H_2O} = m_p \cdot s \cdot G \cdot \rho_{Al_2O_3} \cdot \frac{54}{102} \tag{3-45}$$

其中,m_p 为颗粒质量,s 为颗粒比表面积。

因此,前驱体利用率为

$$\eta_{TMA} = m_{cal\text{-}TMA}/m_{min\text{-}TMA} \tag{3-46}$$

$$\eta_{H_2O} = m_{cal\text{-}H_2O}/m_{min\text{-}H_2O} \tag{3-47}$$

流化速度对颗粒的流动、分布以及气固传质有着重要的影响,因此也影响着前驱体在床层内的扩散。由于 H_2O 的黏度比 TMA 大,其在床层内的扩散较慢,因此作为主要研究对象。图 3-15 所示为前驱体 H_2O 的浓度为 26.6% 时,对所需最短脉冲时间和对应前驱体利用率的实验监测和仿真模拟结果。一方面,仿真模拟结果与实验监测结果匹配较好,证明了模型的可用性以及对应边界条件设置的合理性。另一方面,随着流化速度的增加,饱和吸附所需的时间缩短;前驱体的利用率先升高,然后在流化速度超过最小流化速度的临界值后开始下降。随着流化速度的增加,床层从固定状态开始松动,颗粒之间的空隙增大,这促进了前驱体的扩散,因此沉积时间缩短。与此同时,气固相之间的相互作用增强,前驱体与颗粒表面的接触更加充分,前驱体利用率也随之提高。但当流化速度进一步增大时,床层内的空隙过大,气固传质作用开始减弱,部分前驱体未与颗粒表面接触就通过空隙离开床层,从而导致前驱体利用率下降。尽管增大流化速度,可以增大单位时间内通入的前驱体量并缩短反应时间,但对于某些价格昂贵的前驱体,其高利用率同样非常重要,因此沉积过程中应选取最小流化速度,以实现充分的气固传质。

在离心流化床中,随着转速的增加,流化的稳定性增强,减少了 Geldart C 类颗粒流化过程中的腾涌和沟流,进一步促进了前驱体的均匀扩散和吸附,因此转

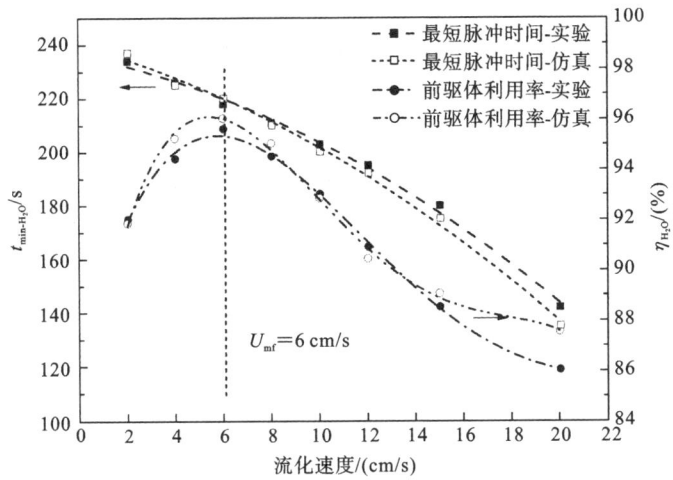

图 3-15　流化速度对最短脉冲时间和前驱体利用率的影响

速也是重要的工艺参数优化对象。如图 3-16 所示,当夹持器转速低于 180 r/min 时,颗粒尚不能在夹持器内形成完成的圆周形床层,导致部分前驱体通过滤网后直接被泵抽走,所需反应时间延长,前驱体利用率降低。随着转速的增加,颗粒逐渐形成完整的圆周形床层,前驱体需通过颗粒层才能被下游泵抽走,因此其更多地参与到反应中,前驱体利用率逐渐上升,所需最短脉冲时间缩短。当转速达到 300 r/min 时,前驱体利用率约为 98%,进一步增加转速时,床层的稳定性基本保持不变。虽然床层空隙率有所减小,但前驱体仍需完整地通过颗粒

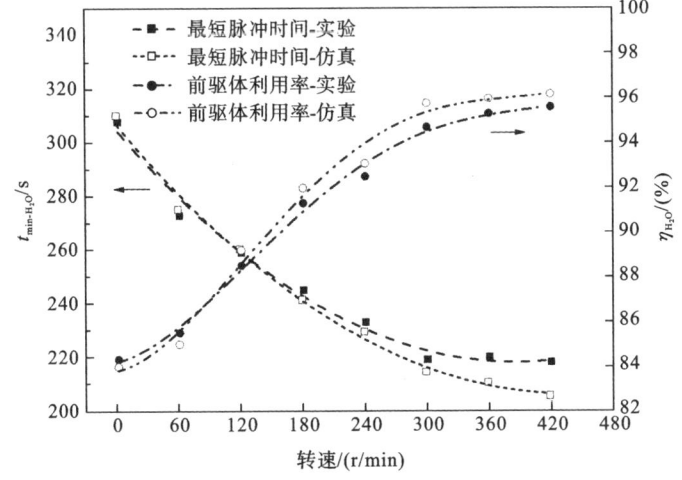

图 3-16　转速对最短脉冲时间和前驱体利用率的影响

层,故其利用率和对应的最短脉冲时间基本不变。考虑长时间高速工作对电机寿命的影响,以及高转速下需要更大的最小流化速度,即更多的载气流量,后续研究和应用中均采用 300 r/min 作为最优转速。

为进一步缩短最短脉冲时间,尤其是针对大量样品的反应耗时,可以通过改变前驱体供应速率和微纳米颗粒层厚度进行工艺优化。图 3-17 反映了最短脉冲时间和前驱体浪费率与前驱体质量分数之间的关系。当前驱体 H_2O 的质量分数从 0.07 上升到 0.7 时,完成饱和吸附所需最短脉冲时间迅速缩短,这是由于单位时间内进入微纳米颗粒层内的前驱体分子增加。但与此同时,随着供应速率的增大,未能参与反应的前驱体的分子越来越多,导致了更多的浪费。当前驱体 H_2O 的质量分数达到 0.7 时,尽管单位时间内进入颗粒层的分子增多,但其大部分都未能参与反应而是直接离开颗粒层,剩余的前驱体足以实现完全的包覆,因此最短脉冲时间没有进一步缩短。

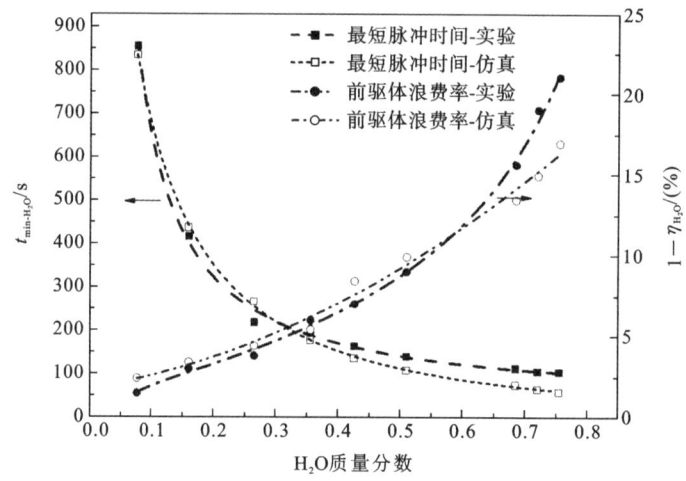

图 3-17 前驱体质量分数对最短脉冲时间和前驱体浪费率的影响

为解决上述当增大前驱体供应速率、缩短最短脉冲时间时前驱体利用率显著下降的问题,可以通过增加颗粒层的厚度以促使前驱体被更充分地利用。如图 3-18 所示,在质量分数为 0.76 的 H_2O 脉冲输入下,随着颗粒层内颗粒的增加,颗粒层厚度增大(图中以颗粒质量增加来体现),前驱体的利用率逐渐升高。当颗粒层厚度增大时,前驱体分子在颗粒层内的滞留时间延长,且残留在气泡里的前驱体分子随着气泡与颗粒的碰撞、破裂被释放到颗粒层中而参与反应,因此前驱体的利用率能够得到显著的提高。同时,最短脉冲时间随着颗粒层厚度的增加而延长,但其增长速率并不呈线性,而是逐渐减小。这是由于包覆反应总体上从外侧逐渐向内进行,而内侧夹持器半径稍小,微纳米颗粒也较少,因此其所需的脉冲时间相对于外侧略短,使完成整体包覆所需的最短脉冲时间增加变缓。当颗粒质量增大到 130 g 时,理论上需要 267 mg 的 H_2O 完成饱和吸附反应。而实际通过称量发现,该最短脉冲时间内 H_2O 瓶的质量减少了 273 mg,因此其利用率达到了 97.8%。

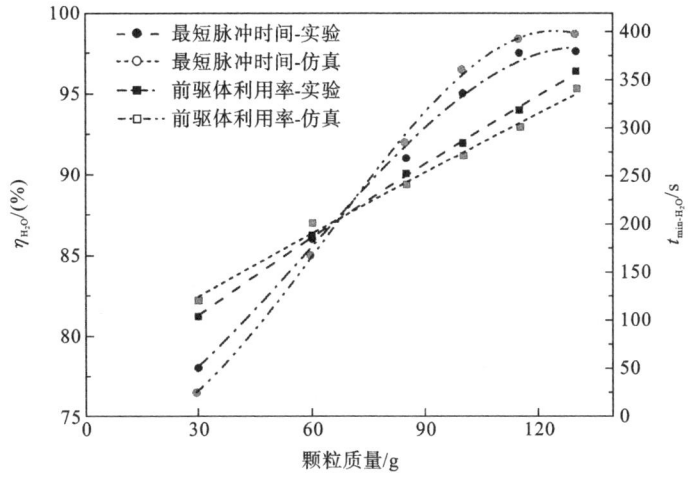

图 3-18 颗粒层厚度对最短脉冲时间和前驱体利用率的影响

前述的仿真和实验研究旨在具体分析每一个参数的作用。对各个参数进行实验和模拟时,将其他参数固定以探究单一参数的影响。但实际上,各个参数之间也存在相互影响。

流速-转速:当转速过低时,颗粒无法形成完整的圆周形床层,不能实现均匀的流化;当转速过高时,由于离心力更大,颗粒需要更大的气流曳力来平衡床层有效重力,才能实现稳定的充分流化,因此所需流速更大,成本更高;转速越大,传质传热最为剧烈的状态下临界流化速度越大,而在临界流化速度下前驱体分子与颗粒的接触最为充分,利用率最高。根据仿真模拟结果,绘制出流速-转速-前驱体利用率三维关系图谱(见图 3-19(a)),从而形象地反映流速和转速对前驱体利用率的耦合影响。在一定的转速下,选取最小流化速度,能够实现最为理想的气固质量交换,从而确保高达 98% 的前驱体利用率。

流速-转速-浓度:在一定转速条件下,达到最小流化速度时,气固接触最为充分,所以允许使用较高的前驱体浓度来加快工艺进程。当流速增大时,床层空隙增大,需要减小前驱体浓度以避免部分前驱体未参与反应即被带出床层;当流速过小,床层尚未被充分流化时,高浓度的前驱体由于流化的不均匀,易从部分孔道流出,造成浪费和不均匀的包覆。

流速-浓度-高度:当床层高度增加时,前驱体分子在床层内的滞留时间延长,与颗粒表面的接触时间延长,因此能够被更充分地利用。在较大的床层高度下,由于保证了前驱体利用率,因此允许更大浓度的前驱体进入床层以提高沉积效率。根据仿真结果,图 3-19(b)展示了不同床层高度下,供给不同浓度(以质量分数体现)前驱体时其利用率的变化图谱。总体上,前驱体利用率随着床层高度的增加而增大。在床层高度较小时,前驱体浓度的变化导致其利用率出现显著差异,而当床层高度较大时,前驱体浓度对其利用率产生的影响逐渐减小。

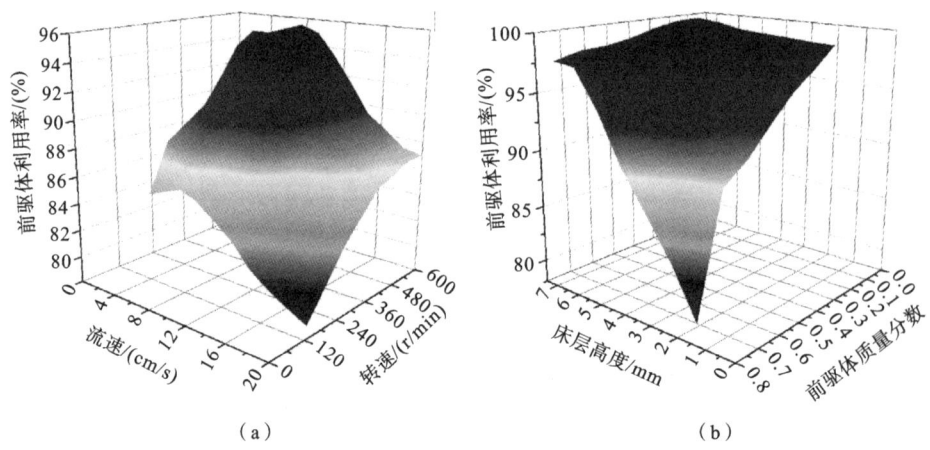

（a）   （b）

图 3-19　(a) 流速-转速-前驱体利用率关系图;(b) 浓度-高度-前驱体利用率关系图

当增加床层高度时,前驱体分子在床层内的滞留时间延长,与未饱和的颗粒表面进行吸附的概率增大,因此有利于提高前驱体利用率。在实际工业生产中,可以增加床层高度来降低前驱体成本。然而,由于在流化过程中,床层内颗粒间空隙增大,床层会发生膨胀,这也有利于前驱体的均匀扩散,因此在实际的操作过程中,床层高度 H_s 需控制在合理范围内,一方面预留充足空间进行流化,另一方面以较大的床层高度提高前驱体利用率。

$$\begin{cases} H_s \leqslant R - r_i \\ m_s = \rho_s \displaystyle\int_{r_i}^{r_0} (1-\varepsilon) 2\pi r L \, \mathrm{d}r \end{cases} \tag{3-48}$$

其中,R 为夹持器半径,r_i 为实际采用的床层内表面与圆心之间的半径,m_s 为实际颗粒用量,L 为夹持器长度。

3.4 超声流化式微纳米颗粒包覆仿真与装备研发

3.4.1 耦合颗粒运动与表面反应的流化床 ALD 模型

超声场有助于提升反应器中固相颗粒的分散性、传热和传质效率,以及反应速率,是一种有效的辅助流化手段。超声振动辅助流化床 ALD 是一个涉及多个尺度的复杂过程。在宏观腔体尺度,流场、温度场和浓度场会直接受到颗粒运动、颗粒团聚体内的扩散以及颗粒表面反应的影响。引入超声场后,它通过影响反应器壁面的性质,改变反应器内的气体流动状态与颗粒运动行为,进而影响反应器内和颗粒团聚体内的传质过程,以及颗粒的包覆效率。随着计算机科学和数值算法的快速发展,计算流体力学已成为研究流化床反应器中多尺度过程的有力工具,其可以通过耦合外场、流体动力学、扩散和反应动力学,研究宏观工艺条件对颗粒包覆过程的影响。Adnan 等人基于 CFD-DEM 模型,研究了流化床 CVD 过程中床层温度和入口气速对沉积速率的影响[26,27]。尽管计算流体力学方法在流化床反应器模拟中具有很高的可行性,但目前尚未应用到流化床 ALD 过程的研究中。

本节采用计算流体力学与离散单元法相耦合的技术,结合非均相颗粒表面反应动力学理论,模拟了超声振动流化床 ALD 反应器中的颗粒流化和包覆过程;采用动态网格法将超声振动引入反应器壁面,并利用离散单元法计算颗粒与颗粒之间和颗粒与壁面之间的相互作用;研究了超声振动作用下流化床 ALD 反应器内的气固流体动力学、前驱体浓度分布以及颗粒包覆过程;还进行了超声波振动振幅和前驱体脉冲时间的工艺优化,以提高薄膜沉积速率、薄膜均匀性和前驱体利用率。

为了简化计算过程,建立了伪二维流化床模型,以研究流化床 ALD 反应器中的颗粒流化和包覆过程,以及引入超声振动前后的变化。模型的几何形状如图3-20(a)所示,流化床尺寸为毫米级。为了保证颗粒的运动状态沿床层宽度方向不发生较大的变化,需要将流化床的宽度设置得尽可能小。同时,流化床的床层宽度应超过颗粒直径的 5 倍,壁面效应才可以对颗粒流化行为带来影响。流化床反应器的底部填充了黏性微米级颗粒,初始床层高度为 2 mm。在离散单元法中,颗粒与简单团聚体采用相同的属性设置。为了降低计算成本,选择

直径为 $40~\mu m$、密度为 $276~kg/m^3$ 的 SiO_2 简单团聚体作为离散单元法中的基本颗粒。颗粒的杨氏模量设定为 $100~Pa$,泊松比设定为 0.3。颗粒与壁面之间的摩擦系数和颗粒与颗粒之间的摩擦系数均设定为 0.3。颗粒碰撞后的恢复系数为 0.9,滚动摩擦系数为 0.01。

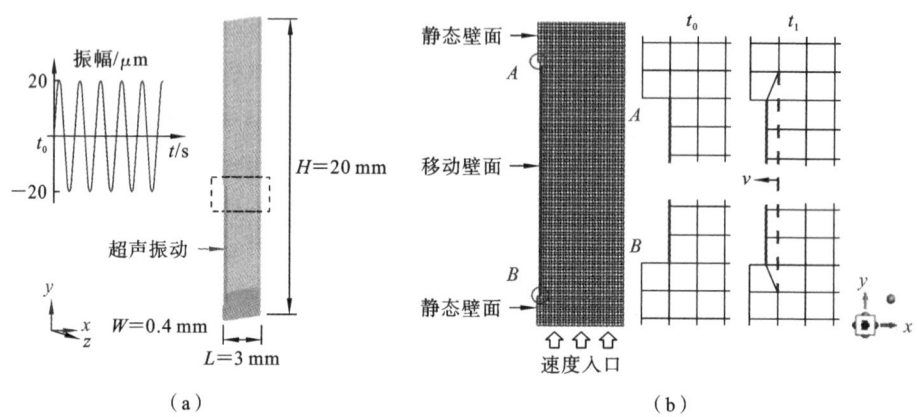

图 3-20 (a) 超声振动辅助流化床 ALD 反应器的伪二维几何模型及边界条件;(b) 流体计算域动态网格设置放大图

在实验过程中,超声振动是通过超声波发生器产生的,之后沿着超声变幅杆传递至流化床反应器的壁面,导致流化床的壁面产生超声振动。为了研究超声振动对颗粒流化过程的影响,采用动态网格的方法对流化床的侧壁施加恒幅恒频的超声振动。在此过程中,没有考虑超声能量的衰减,也没有考虑超声波在固体结构中的传播和反射。当超声振动作用于反应器壁面时,壁面的水平位移 s 和速度 v 分别表示为

$$s = A\sin[2\pi f(t-t_{us})] \tag{3-49}$$
$$v = A \cdot 2\pi f \cdot \cos[2\pi f(t-t_{us})] \tag{3-50}$$

其中,A 和 f 分别为超声振动的幅值和频率,t_{us} 为超声振动作用于流化床 ALD 反应器的时间。在 t_{us} 时刻,流化床的振动壁上施加了周期性的运动边界条件,如图 3-20(b) 所示。应用动态层铺法,使流体域中的网格能够随着超声振动在 x 轴方向周期性地发生变形。

参考实际大批量颗粒流化床 ALD 反应器中的腔体压力,将模型的腔体压力设置为 $1000~Pa$。在流体计算域中,流化床的下方为均匀的速度入口,上方是相对压力为 $-200~Pa$ 的压力出口。同时,壁面、颗粒和流体的初始温度均设置为 $150~℃$。在颗粒流化过程开始时,以 $0.04~m/s$ 的固定速度在反应器入口处

注入纯 N_2,使颗粒流化。在流化状态达到稳定之后,对流化床的壁面施加超声振动。实验中,共研究了振幅为 20 μm 时的三个频率水平(10 kHz、20 kHz、40 kHz)以及频率为 20 kHz 时的三个振幅水平(10 μm、20 μm、30 μm),以研究超声参数对流化行为的影响。

基于上述模型和设置,采用计算流体力学耦合离散单元法来求解流化床中的流化过程。其中,流化床中流体相的运动通过纳维-斯托克斯方程求解,离散颗粒相的运动通过牛顿第二定律计算。流体相和颗粒相所使用的求解器分别为 ANSYS Fluent 和 EDEM,并且需要在 Fluent 中通过用户自定义函数加载相应的耦合接口。在计算过程中,两者需要实时交换气固曳力、颗粒位置、颗粒速度等信息。在 EDEM 中,计算颗粒运动的时间步为 $5×10^{-7}$ s;在 Fluent 中,计算流体运动的时间步分别为 $1×10^{-4}$ s(超声加载前)和 $1×10^{-5}$ s(超声加载后)。计算流体力学耦合离散单元法的算法流程如图 3-21 所示。

(1) 在 Fluent 和 EDEM 中,分别设置流体和颗粒的属性以及初始条件。

(2) 完成初始化后,开启计算两个求解器的耦合接口,此时 Fluent 可以从 EDEM 中获取颗粒属性。

(3) 当一个时间步后流体相的控制方程的解收敛时,作用在颗粒上的气固曳力被传递给 EDEM。

(4) EDEM 开始判定颗粒的接触状态,并计算颗粒之间以及颗粒与壁面之间的相互作用,利用牛顿第二定律计算颗粒的运动,更新颗粒的位置和速度。

(5) 经过特定的时间步长后,更新后的颗粒位置和速度信息被传输回 Fluent。

(6) Fluent 接收颗粒的位置、速度信息并在求解器中进行相应更新,基于新的颗粒属性和新的流场信息,重新计算局部气体体积分数和气固相互作用力,并重新导入气体运动的控制方程以计算流体的运动。然后,与前面的步骤类似,Fluent 开始一个新的计算周期。

在 $t < t_{us}$ 时,Fluent 和 EDEM 模型中的流化床壁面均处于静止状态。在 $t \geq t_{us}$ 时,Fluent 和 EDEM 模型中的流化床壁面则均为具有周期性超声振动的壁面。

通过这种耦合的多尺度计算流体力学-离散单元法方法,能够同时获得腔体尺度下流体相和颗粒相的流体动力学信息,以及团聚尺度下颗粒的团聚或破碎行为。这种方法可以对流化床 ALD 反应器中发生的多尺度过程进行全面的研究和分析。

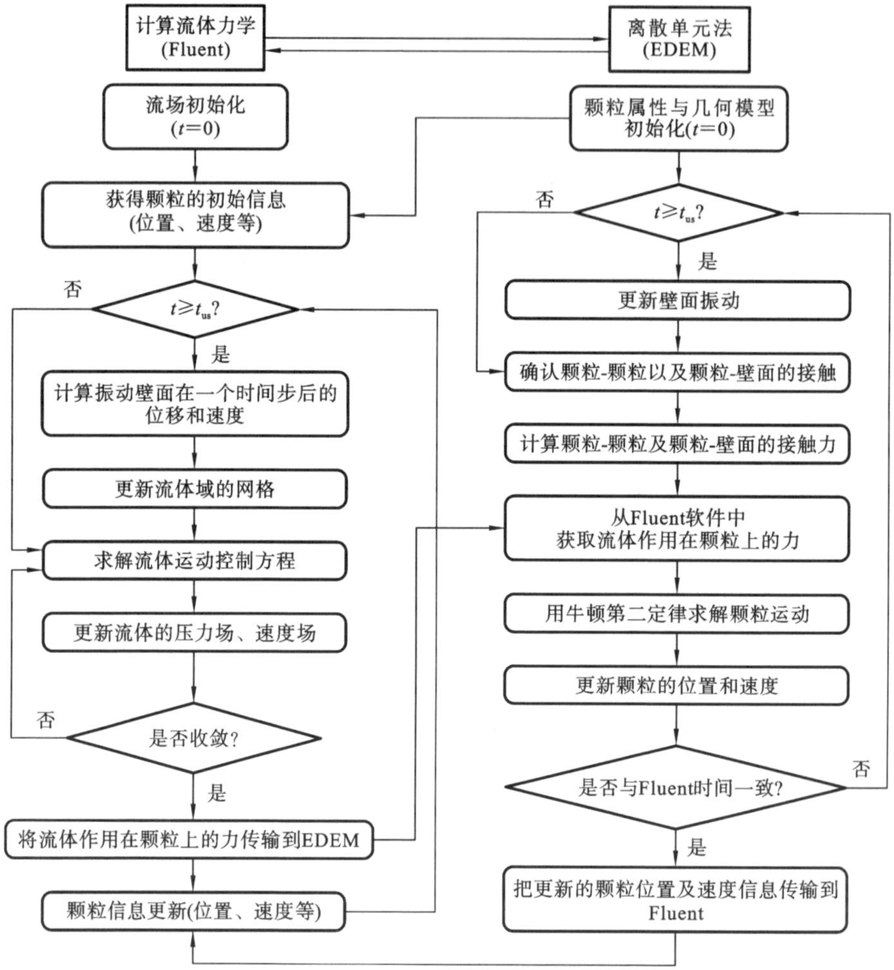

图 3-21 计算流体力学耦合离散单元法的算法流程图

3.4.2 超声辅助的颗粒动态去团聚机理探究

首先对流化床中的压降和颗粒流化状态进行分析。图 3-22(a)所示为入口气速为 0.04 m/s 且未施加超声振动时的普通流化床的压降情况,随着流化时间的延长,压降逐渐趋于稳定,约为 3.8 Pa。图 3-22(b)所示为颗粒在流化床中的流化状态和速度分布情况,在 0.55~0.70 s 时,床层高度几乎保持不变,表明流化已经达到稳态。由于颗粒之间存在较强的内聚力,颗粒在流化床中形成了尺寸较大的团聚体,导致颗粒分散不均匀,并且流化床中出现了明显的沟流现象。大部分颗粒的速度约为 0.04 m/s,高速颗粒主要分布在沟流区域。

为了研究超声振动对颗粒流化状态的影响,当流化床达到稳态后,对其施加频率为 20 kHz、振幅为 20 μm 的超声振动,可以观察到流化行为发生了显著变化。在没有超声振动的情况下,流化床的压降约在 0.2 s 时稳定在 3.8 Pa。然而,在 0.5 s 开始施加超声振动后,流化床的压降立即出现剧烈的波动。从图 3-22(a)的压降放大图中可以观察到,压力波动的幅值约为 3 Pa,而且波动频率与超声频率相同。这表明周期性的剧烈压力波动是由超声振动引起的,超声振动将能量传递给流化床内的流体和颗粒,使其产生周期性的运动,导致流化床整体产生周期性的压力波动。图 3-22(c)展示了加载超声振动情况下不同时刻的颗粒流化情况。可以看到,在超声振动的作用下,靠近振动壁面的颗粒速度立即增加到 0.1 m/s,并且高速颗粒的数量也有所增加,这会导致更多的颗粒-颗粒碰撞行为。此外,随着时间的推移,床层高度逐渐增大,且团聚体的尺寸比

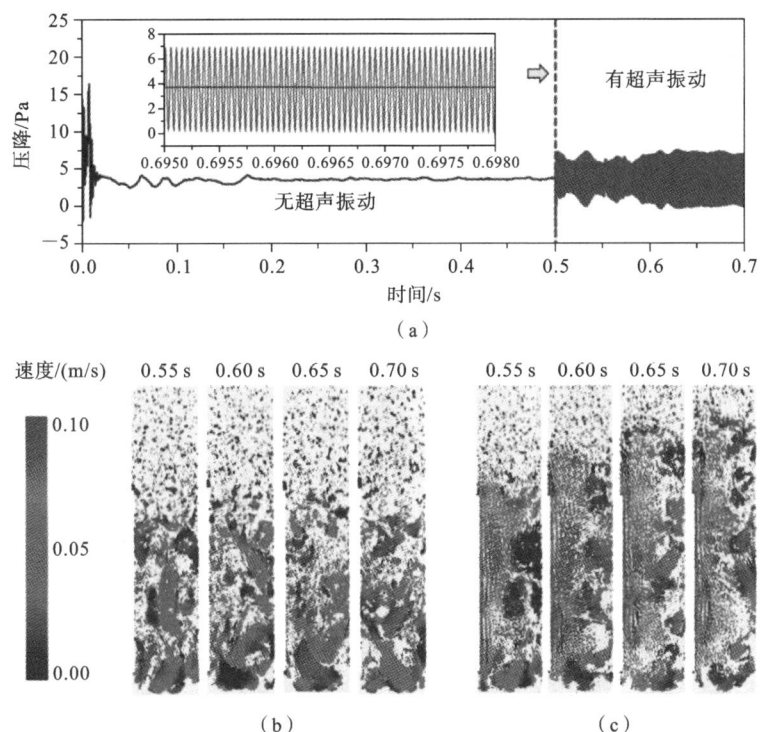

图 3-22　(a) 在不加载超声振动和加载超声振动的情况下,流化床的压降随时间的变化;(b) 不加载超声振动的流化床和(c)加载超声振动的流化床内的颗粒速度分布

普通流化床中的要小得多。这表明超声振动能够有效促进颗粒的分散,有助于破碎大尺寸的团聚体。此外,超声振动还减少了沟流现象的发生。由此可以推测,在超声振动的作用下,前驱体分子可以更快、更均匀地扩散到团聚体中,从而提高整体的包覆效率。

当超声振动加载到流化床壁面时,流体和颗粒的运动会同时受到影响,颗粒在流化床中的运动行为会发生变化。为了更深入地了解超声振动效应的机理,对普通流化床和超声振动流化床中的气流速度和颗粒速度同时进行定量研究。图 3-23 所示为流化床内气流的速度矢量分布。对于普通的流化床,气流速度的幅值保持在 0.1 m/s 以下,并且速度场在整个流化床内相对均匀。然而,在施加超声振动的流化床中,气流的速度场明显变得不均匀。具体而言,靠近振动壁面区域的气流具有更高的速度,且其沿 x 轴正向流动,最大速度超过 1 m/s。沿着 x 轴正向,流化床中气流的平均速度逐渐减小。另外,分析不同超声频率下的气流速度矢量图可以发现,随着超声频率从 0 Hz 增加到 20 kHz,高速流动区域不断扩大,而当超声频率从 20 kHz 增加到 40 kHz 时,高速流动区域又迅速减小。然而,当超声频率固定为 20 kHz、振幅由 10 μm 增大至 30 μm 时,高速流动区域则逐渐增大。对比后发现,当超声频率为 20 kHz、振幅为 30 μm 时,流化床中的高速流动区域最大。由颗粒的气固曳力的计算公式可知,气流的速度增大会导致颗粒和流体间的气固曳力增大,为颗粒团聚体破碎提供所需的能量。

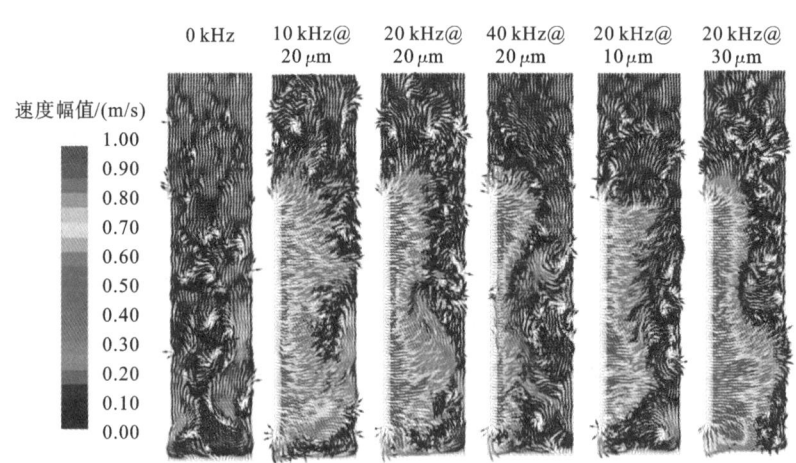

图 3-23 不同超声振动幅度和频率条件下流化床内的气流速度矢量分布的流线图

图 3-24 展示了超声振动对颗粒速度(包括平均颗粒速度和颗粒速度沿流化

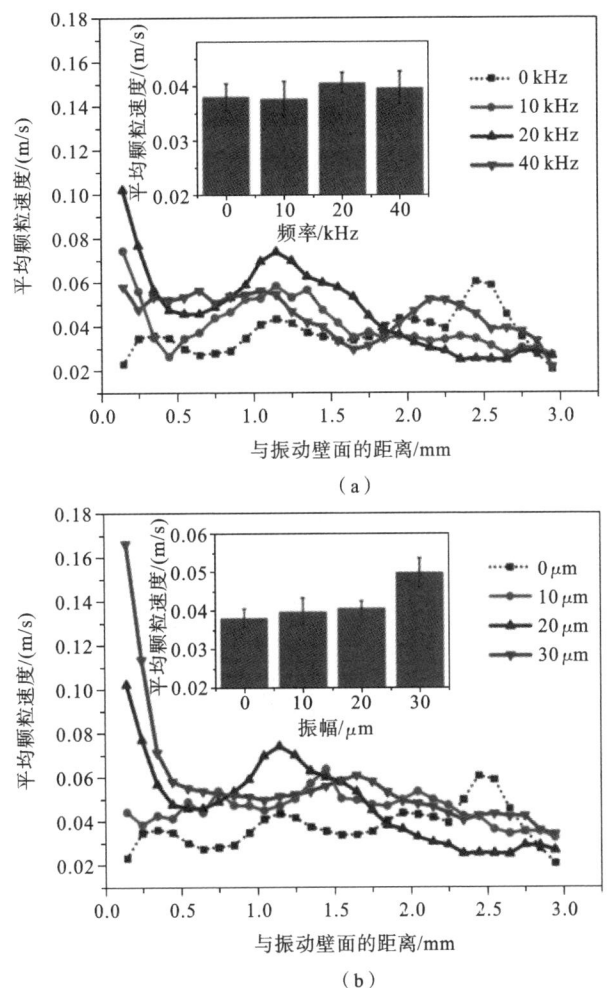

图 3-24　不同(a)频率和(b)振幅的超声振动下的平均颗粒速度及其沿流化床 x 轴的分布

床 x 轴的分布)的影响。在没有超声振动的情况下,平均颗粒速度幅值沿 x 轴分布相对均匀,波动范围为 0.02～0.06 m/s。然而,一旦施加超声振动后,由于颗粒与壁面之间以及颗粒与流体之间的剧烈相互作用,靠近振动壁面的颗粒平均速度迅速增加。然而,沿着 x 轴的正向,颗粒速度逐渐减小,与流动速度场的趋势相似。研究结果还表明,与频率相比,改变超声振幅对整体颗粒速度的影响更为显著。在 20 kHz 和 30 μm 的条件下,最大平均颗粒速度约为 0.05 m/s,而沿 x 轴的最大平均颗粒速度达到 0.17 m/s。颗粒速度的增加必然导致更频繁的颗粒-颗粒碰撞。

图 3-25 展示了不同情况下的固相体积分数分布,从某种程度上反映了颗粒的分散情况。在图 3-25(a)中,对于普通流化床情况,最大固相体积分数达到了 0.45,整个床层都存在较高的固相浓度。此外,固相体积分数高的区域主要位于床层底部,表明普通流化床中颗粒的团聚现象较为严重,分散性较差。然而,在所有超声振动条件下,流化床的床层高度都高于普通流化床。此外,在流化床的中间区域,颗粒分布更为稀疏且更加均匀。图 3-25(b)和(c)展示了在不同频率和振幅的超声振动条件下,沿流化床 x 轴的固相体积分数分布。从图中可以观察到,在距离超声振动壁面 0.5~2 mm 的范围内,平均固相体积分数显著减小。然而值得注意的是,在距离超声振动壁面 0.3 mm 时,固相体积分数突然增大。此外,超声频率越高,振动壁面附近的固相体积分数越高。这可以归

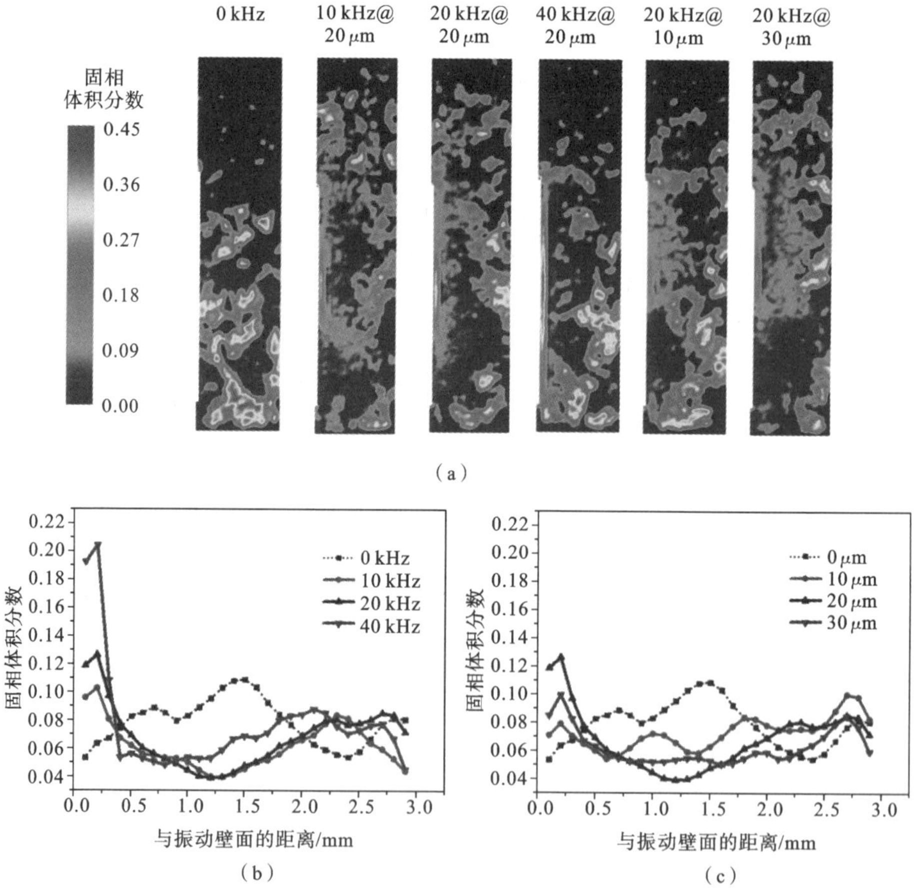

图 3-25 (a)所有情况下流化床中固相体积分数的等高线;不同(b)频率和(c)振幅的超声振动条件下流化床中固相体积分数沿 x 轴的分布

因于超声场的集聚效应,这已经在之前的研究中得到了报道。根据正动力学凝聚机制,振幅和速度的差异迫使团聚体相互碰撞和凝聚。通过比较图3-25(b)和(c)可以发现,超声振动的团聚效应主要取决于超声振动的频率。10 μm 和 30 μm 振幅下的最大固相体积分数均低于 20 μm 振幅下的最大固相体积分数。这是因为较低振幅的超声振动强度不足以引起团聚,而较高振幅的超声振动则导致能量过剩,使得颗粒团聚得到缓解。

前文分析表明,超声振动对床层的宏观流体动力学有很大的影响。下面主要研究超声振动对团聚体尺度颗粒运动行为以及团聚体尺寸的影响。图 3-26 展示了在不同频率和振幅的超声振动条件下颗粒的平均配位数。从图中可以观察到,一旦施加超声振动,颗粒的平均配位数迅速下降。随后,平均配位数略微增加,并在约 0.6 s 时达到稳定。超声振动的振幅越大,平均配位数下降的幅度越大,这是由于超声场的破碎能也越大。然而,在 10 kHz 和 20 kHz 情况下,平均配位数的差异几乎可以忽略不计。当超声频率为 20 kHz 时,平均配位数迅速在 0.5 s 处下降至最低点,然后开始增加。此外,还可以观察到,在超声振动加载后的 0.01 s 内,颗粒立即开始团聚。在 40 kHz 情况下,平均配位数的稳定值略低于普通流化床,这表明 40 kHz 的高超声频率对整个流化床中团聚体的去团聚影响不大。

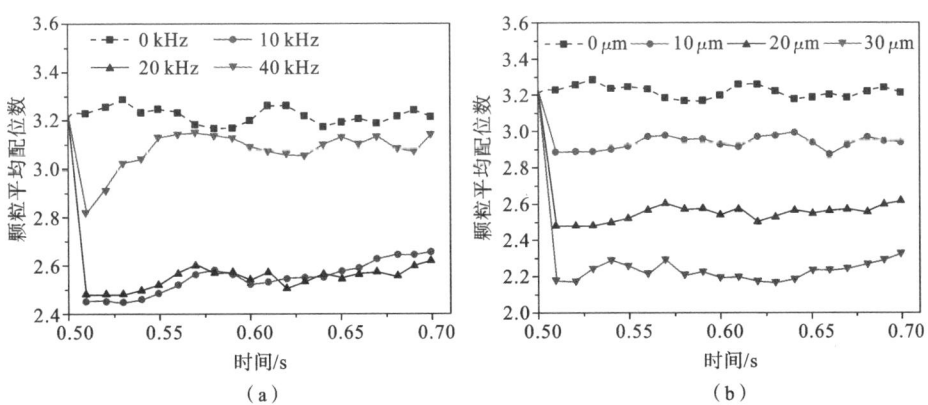

图 3-26　不同(a)频率和(b)振幅的超声振动条件下颗粒的平均配位数

接下来对所有情况下的颗粒配位数和团聚体尺寸分布进行定量研究,以表征超声振动对颗粒团聚破碎行为的影响。统计分析在流化时间为 0.7 s 时进行,因为此时的流化状态被认为是相对稳定的。图 3-27(a)和(b)展示了不同情况下颗粒配位数的概率。对于所有情况,辅以超声振动的流化床中配位数为 0

的概率都远大于普通流化床,这表明超声场对大团聚体的有效破碎起到了作用。当频率为 10 kHz 的超声振动作用于流化床时,配位数大于 3.0 的概率迅速下降。在 20 kHz 的情况下,配位数在 1.0 至 2.5 之间的概率增大,说明频率为 20 kHz 的超声振动可以有效地将大团聚体击碎成小团聚体;配位数在 3 至 6 之间的概率降低,而配位数为 0 的概率从 0.015(普通流化床)增加到 0.075。这表明频率为 20 kHz 的超声振动可以有效地将大团聚体破碎成小团聚体和单个颗粒。然而,当超声频率增加到 40 kHz 时,虽然配位数为 0 的概率从 0.015(普通流化床)增加到 0.038,但配位数大于 4 的概率也略有增加。这意味着频率为 40 kHz 的超声振动不仅会使团聚体去团聚形成小团聚体或单个颗粒,还会引起颗粒的团聚。然而,当超声频率为 20 kHz 时,超声场的破碎效应随着超声振幅的增大而增强。此时,破碎效应在团聚行为中占主导地位,而不是团聚

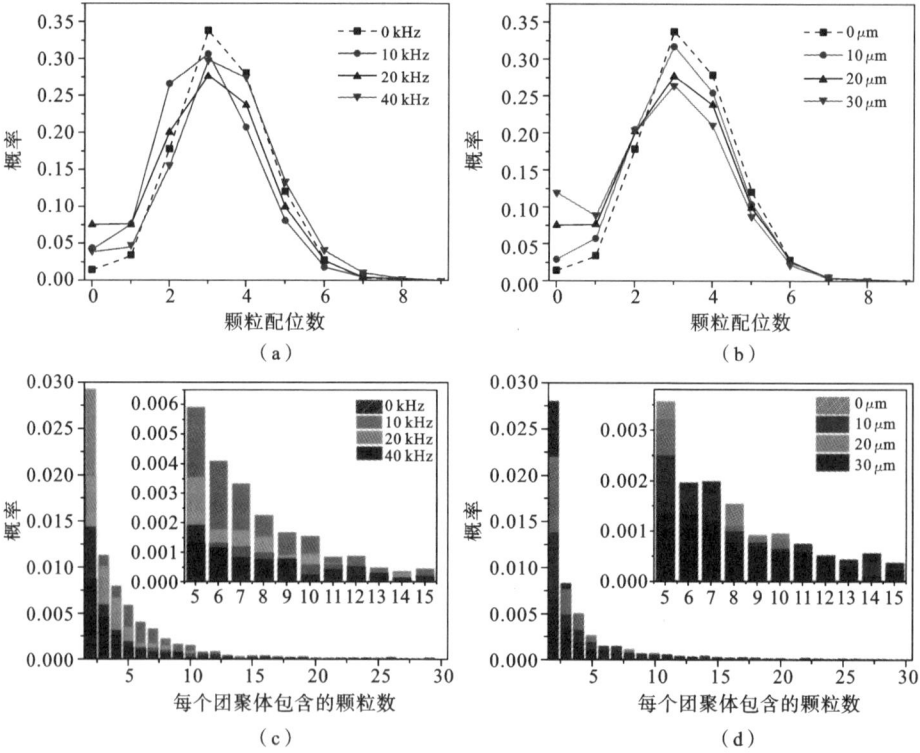

图 3-27 不同频率和振幅的超声振动条件下颗粒配位数和团聚体尺寸的分布概率:(a) 不同超声频率下颗粒配位数的分布概率;(b) 不同超声振幅下颗粒配位数的分布概率;(c) 不同超声频率下团聚体尺寸的分布概率;(d) 不同超声振幅下团聚体尺寸的分布概率

效应。以上分析表明,颗粒与振动壁面之间及颗粒与颗粒之间的碰撞,以及超声振动作用下颗粒与高速流体之间较大的曳力是导致团聚体破碎的主要原因。

图 3-27(c)和(d)展示了流化床中团聚体尺寸的分布情况。颗粒之间存在较强的内聚力,在普通流化床中易形成较大的团聚体,导致由两个初级颗粒形成小团聚体的概率低于 0.01。施加超声振动后,两个初级颗粒形成小团聚体的概率有所增加。当超声频率为 10 kHz 时,由 2~10 个初级颗粒形成的团聚体的分布概率呈现出上升的趋势。这意味着大团聚体(由 30 多个初级颗粒形成)已经被破碎成更小的团聚体。当超声频率从 10 kHz 增加到 20 kHz 时,由 2 个初级颗粒形成的团聚体的分布概率从 0.019 迅速增加到 0.029,而由 3~10 个初级颗粒形成的团聚体的分布概率则均下降。因此,频率为 20 kHz 的超声振动可以进一步将小团聚体破碎成最小的团聚体甚至单个颗粒。然而,当超声频率从 20 kHz 增加到 40 kHz 时,由 2~10 个初级颗粒形成的团聚体的分布概率都降低了。因此,频率为 40 kHz 的超声振动会导致小团聚体重新团聚。因此,最多最小团聚体形成的最佳频率为 20 kHz。当超声频率固定在 20 kHz 时,随着振幅从 10 μm 增加到 20 μm,由 2~5 个初级颗粒形成的团聚体的分布概率都增加,表明大团聚体被进一步破碎。当超声振幅增加到 30 μm 时,最小团聚体的分布概率进一步增加,这表明频率为 20 kHz、振幅为 30 μm 的超声振动对大团聚体的破碎作用最为显著。

对不同频率和振幅的超声振动条件下颗粒平均配位数沿 x 轴的分布情况进行研究。如图 3-28 所示,当不施加超声振动时,平均配位数沿 x 轴(床层长度方向)分布较为均匀,稳定值在 3.0 左右。当超声振动作用于流化床时,平均配位数及其沿 x 轴的分布均发生突变。当振幅为 20 μm、频率为 10 kHz 或 20 kHz 时,振动壁面附近 2 mm 范围内颗粒的平均配位数减小。距离振动壁面 0.5 mm 区域内的平均配位数最小,数值在 0.5 左右。平均配位数随着与超声振动壁面距离的增加而增加,这是由于超声能量沿 x 轴耗散。因此,团聚体主要分布在流化床的右侧。尽管如此,当超声频率增加到 40 kHz 时,壁面附近的平均配位数急剧增加,大于 3.5。这可以用超声集聚效应来解释:随着超声频率的增加,集聚效应变强,但随着与超声振动壁面距离的增加,集聚效应变弱。当超声频率为 40 kHz 时,除了流化床右侧外,在振动壁面附近也分布有较大的团聚体。可以得出,由于超声集聚效应,存在一个超声频率的临界值。在超声辅助的流化床中,超声波主要通过气体介质传播。当超声频率增加到 40 kHz 时,振动壁面附近的颗粒团聚严重,阻碍了超声波在流化床中的能量传递。当超声频率固定在 20 kHz 时,平均团聚体尺寸随着振幅的增大而减小。对于超声频率固定为 20 kHz、振幅在 $10 \sim 30$ μm 范围内的情况,大的团聚体主要分布在流化床的右侧。而且,随着振幅的增大,振动壁面附近的团聚体尺寸会减小很多。需要注意的是,流化床中的颗粒处于循环状态。因此,当团聚体循环运动到振动壁面附近区域时,频率为 20 kHz、振幅为 30 μm 的超声振动对破碎团聚体最有效。

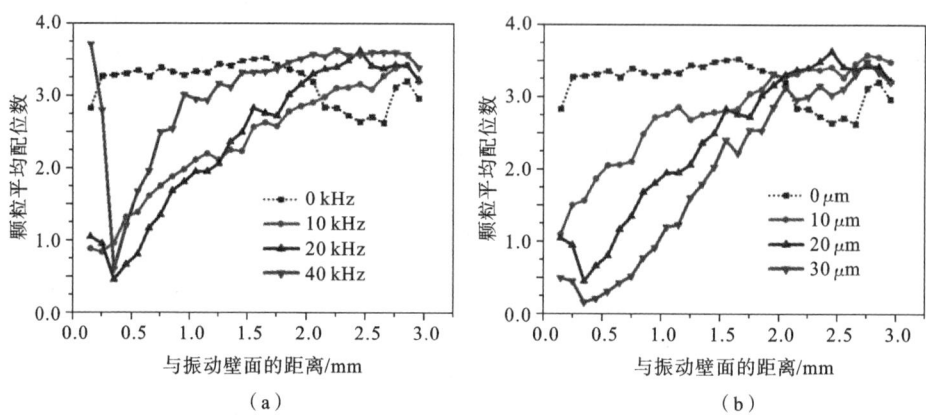

图 3-28　不同(a)频率和(b)振幅的超声振动条件下颗粒平均配位数沿 x 轴的分布情况

在大规模超声辅助流化床 ALD 过程中,团聚体的聚集和破碎受到波动应力的影响。超声波的频率和振幅的选择需依据多种因素,包括反应器压力、颗粒间等效黏结力以及流化床内颗粒尺寸分布等。研究发现,增加初级颗粒的尺寸或密度会降低达到一定破碎概率所需的超声功率,原因是颗粒间等效黏结力降低。与此相反,增加相对湿度则需要更高的破碎能。此外,流化床 ALD 反应器中夹持器的内部结构以及超声源在反应器壁上的安装位置或数量也对气固流动的流体动力学产生重要影响,从而影响微观尺度的团聚行为和原子尺度的沉积行为。由于流化床在垂直方向上的质量分布可能不均匀,有必要在不同位置布置具有不同超声频率和振幅的超声源来实现优化。超声辅助流化床 ALD 反应器的优化设计,还需要借助流体力学、机械工程等相关领域的知识。因此,为了制备出高效的流化床 ALD 设备,需要综合考虑各种因素,并在不同层面上进行优化,包括颗粒尺寸和密度、反应器结构和超声源布置等。这需要跨学科的研究和合作,以便更好地理解和控制颗粒的团聚行为和沉积行为。

3.4.3　超声辅助流化床 ALD 的颗粒包覆过程研究

流化达到稳定状态后,前驱体 TMA 由 N_2 携带进入流化床 ALD 反应器,进行第一个 ALD 半反应。在脉冲过程中,N_2 携带的前驱体分子以脉冲方式进入反应器。在超声辅助下,复杂的团聚体被破碎成小团聚体,这使得前驱体分子更容易扩散到内部颗粒表面。前驱体分子也会扩散到简单团聚体中,并被颗粒表面的活性基团吸附。当所有颗粒完成第一个 ALD 半反应时,以脉冲方式注入纯 N_2,用以吹扫多余的前驱体分子和反应副产物。脉冲时间和吹扫时间根据具体的操作条件而有所不同。

为了模拟颗粒表面反应,将离散相设为燃烧颗粒。参与表面反应的初始燃烧颗粒的质量分数称为颗粒燃烧质量分数。理论上,颗粒燃烧质量分数可以根据颗粒材料的活性比表面积来计算。在本次数值模拟中,将颗粒燃烧质量分数设置为 0.01%,以缩短整个颗粒包覆过程的总体计算时间。—OH 和 —OAlMe$_2$ 是活跃的颗粒表面组分。—OH 和 —OAlMe$_2$ 在活性颗粒表面中的初始质量分数分别为 1 和 0。在颗粒表面反应情况下,设置时间步长为 0.00001 s,以模拟颗粒表面的反应过程。此外,采用 Phase Coupled SIMPLE 算法和 PRESTO 压力空间离散化算法,以确保良好的收敛性。图 3-29(a)~(c)展示了普通流化床 ALD 反应器和超声辅助流化床 ALD 反应器中 1.0~5.0 s 时的一般颗粒包覆过程。在流化达到稳定状态的 1.0 s 时,超声振动和 TMA 前驱体同时被引入反应器中。在前驱体脉冲过程中,流化床底部的颗粒首先与反应器入口附近的前驱体分子接触并发生反应。然后由于流化床的循环特性,被包覆的颗粒开始向上移动。在普通的流化床 ALD 反应器中,由于颗粒间的黏结力较大,存在着较大的气流沟道,使得包覆的颗粒可以通过沟道向上移动。相比之下,在超声辅助流化床 ALD 反应器中,没有观察到这种现象存在,但观察到流化床两侧有明显的被包覆颗粒向上运动的现象,这表明在流化床中,超声振动使壁面附近的颗粒循环速率比其他区域要高得多。

在超声辅助流化床 ALD 反应器中,研究了颗粒中 —OAlMe$_2$ 质量分数沿床层长度和高度的平均分布,以定量研究包覆颗粒的空间分布。图 3-29(d)、(e)显示,与普通流化床 ALD 反应器相比,超声辅助流化床 ALD 反应器中 —OAlMe$_2$ 平均质量分数较高的区域位于床层的最左侧和最右侧。另外,在普通流化床 ALD 反应器中,沿床层高度的底部区域始终显示出最高的 —OAlMe$_2$ 平均质量分数。然而,在超声辅助流化床 ALD 反应器中,沿床层高度的 —OAlMe$_2$ 平均质量分数分布更加均匀。此外,超声辅助流化床 ALD 反应器的底部区域的 —OAlMe$_2$ 平均质量分数始终低于普通流化床 ALD 反应器。这说明在超声辅助下,更多未被包覆的颗粒流化到反应器底部区域。由于反应器床层底部入口持续供应前驱体,固相未反应颗粒表面与气相前驱体分子之间的接触效率得到有效提高,因此,超声辅助流化床 ALD 反应器能够实现更均匀的颗粒包覆和更高的包覆效率。

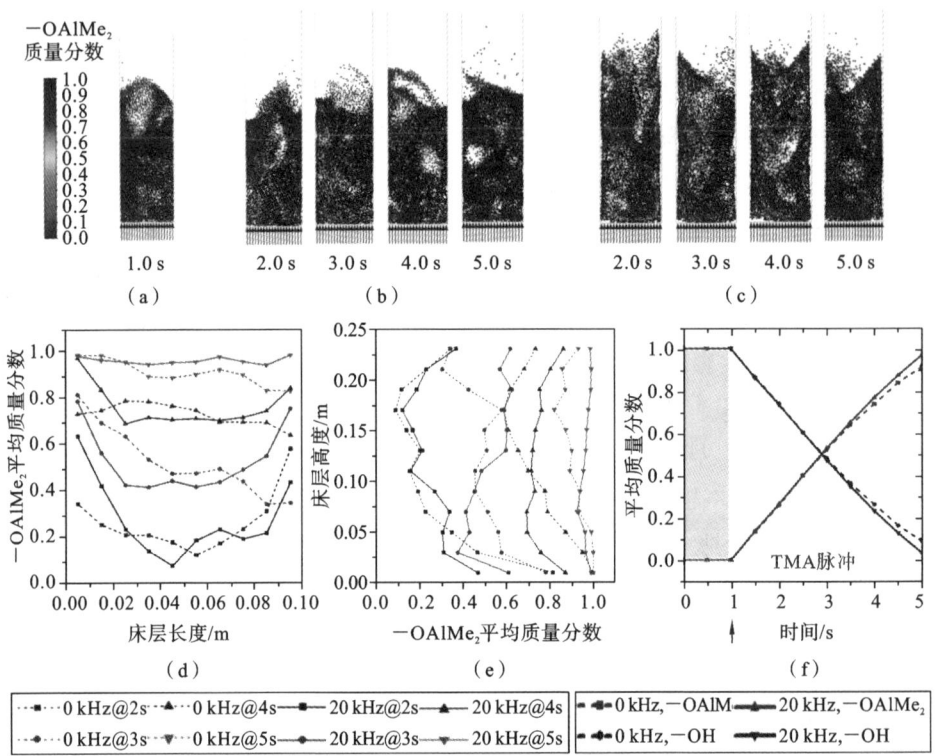

图 3-29 (a) 1.0 s 时—$OAlMe_2$ 质量分数分布;2.0~5.0 s 时—$OAlMe_2$ 质量分数在(b)普通流化床 ALD 反应器和(c)超声辅助流化床 ALD 反应器中的分布;—$OAlMe_2$ 平均质量分数沿(d)床层长度和(e)床层高度的分布;(f) —OH 和—$OAlMe_2$ 在颗粒表面的平均质量分数

如图 3-29(e)所示,从 0 s 到 1 s,颗粒表面组分—OH 的质量分数为 1,—$OAlMe_2$ 的质量分数为 0,这是因为只有纯 N_2 进入反应器。当 TMA 进入反应器时,颗粒表面开始发生第一个 ALD 半反应。随着时间的推移,—OH 的质量分数逐渐降低,—$OAlMe_2$ 的质量分数逐渐增加,说明颗粒处于持续包覆过程中。超声辅助流化床 ALD 反应器中,—$OAlMe_2$ 的质量分数略高,表明超声辅助流化床 ALD 反应器中颗粒表面的薄膜沉积速率较高。

在颗粒尺度上,对未包覆颗粒、部分包覆颗粒和完全包覆颗粒的分布频率进行分析,如图 3-30 所示。随着时间从 2.0 s 增加到 5.0 s,未包覆颗粒的分布频率逐渐降低。5.0 s 时,超声辅助流化床 ALD 反应器中完全包覆颗粒的分布频率相对较高,且比普通流化床 ALD 反应器中颗粒分布更均匀,说明超声振动可以提高薄膜的沉积速率。

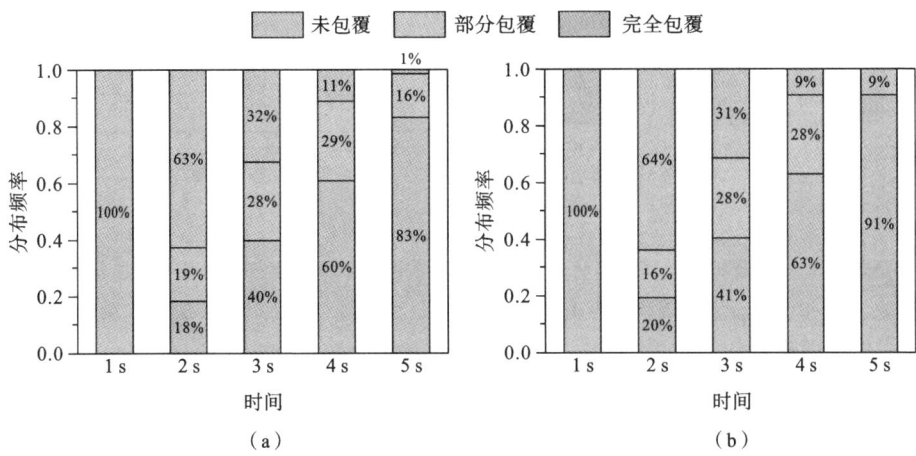

图 3-30　(a)普通和(b)超声辅助流化床 ALD 反应器中未包覆、部分包覆和完全包覆颗粒在 2 s、3 s、4 s 和 5 s 时的分布频率

3.4.4　前驱体传质与吹扫效率

超声振动对反应器内前驱体浓度场也有显著影响。脉冲时间为 4 s 时,普通和超声辅助流化床 ALD 反应器中颗粒未完全包覆时 TMA 质量分数分布云图如图 3-31(a)所示。由图可知,超声辅助流化床 ALD 反应器中未完全包覆的颗粒数量远小于普通流化床 ALD 反应器中的颗粒数量。此外,在超声辅助流化床 ALD 反应器中,颗粒分散更加均匀。另外,两种情况下的 TMA 浓度都几乎分布在入口附近。在普通流化床 ALD 反应器中,由于颗粒循环效率较低,未完全包覆的颗粒停留在反应器的上部区域,而大部分完全包覆的颗粒则堆叠在靠近入口的底部区域。因此,携带载气的前驱体会穿过这些完全包覆的颗粒,逐渐扩散到稍上部的区域。然而,在超声辅助流化床 ALD 反应器中,TMA 分子几乎完全集中在入口。这是因为大量未反应的颗粒被带到靠近入口的底部区域,这样前驱体分子一旦进入反应器,就会立即被颗粒表面的活性组分所吸附。这说明超声振动有效地促进了前驱体的消耗,从而提高了前驱体的利用率。

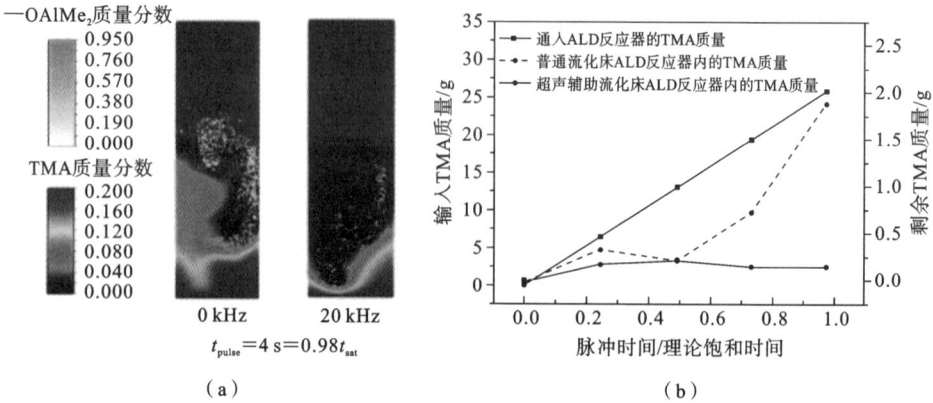

（a）　　　　　　　　　　　　　　（b）

图3-31　（a）普通和超声辅助流化床 ALD 反应器中颗粒未完全包覆时 TMA 质量分数分布云图；（b）普通和超声辅助流化床 ALD 反应器中输入 TMA 质量和剩余 TMA 质量

为了节省计算资源，仿真过程中设置了较小的初始活性颗粒表面基团密度，使整个颗粒包覆过程的时间相较于真实的包覆时间大大缩短。因此，相较于仿真中的包覆时间，脉冲时间与理论饱和时间的比值更合理，可作为实际参考。一般情况下，可以先计算所需的前驱体量。然后用所需前驱体量除以前驱体供应速率，就可以得到理论饱和时间 t_{sat}。在数值研究中，理论饱和时间经计算为 4.1 s。因此，脉冲时间 4 s 约等于 $0.98t_{sat}$。

为了研究超声振动对流化床反应器内前驱体浓度分布的影响，定量分析了不同脉冲时间下普通和超声辅助流化床 ALD 反应器中输入 TMA 质量和剩余TMA 质量，如图 3-31（b）所示。普通流化床 ALD 反应器的剩余 TMA 质量远远大于超声辅助流化床 ALD 反应器，并且随着时间的推移变得更加明显。这主要是因为在包覆过程开始时，前驱体分子总能在气体入口附近与许多未包覆颗粒保持良好接触。一开始反应器底部区域未包覆颗粒数量并没有出现变化，前驱体消耗的差异也不明显。但随着时间的推移，流化过程会使底部未包覆颗粒数量发生变化，这主要与流化床内的颗粒循环速率有关。这意味着只有当脉冲时间增加到理论饱和时间的一半以上时，超声振动才开始在提高未包覆颗粒表面与前驱体分子之间的接触效率方面发挥关键作用。此外，在流化质量不理想、颗粒循环速率较低的情况下，例如在大量黏性纳米颗粒的包覆过程中，超声振动的辅助作用更有效。

在第一个 ALD 半反应的包覆过程中，反应器出口 CH$_4$ 质量分数和 TMA

质量分数如图 3-32 所示。由于颗粒材料的比表面积较大,脉冲进入反应器的前驱体分子几乎全部被立即吸收,并与颗粒表面的组分发生反应。因此,反应器入口的 TMA 质量分数接近 0,而 CH_4 的质量分数则从 0 不断增加到 0.05 以上。在 ALD 工艺中,除了需要供给大量前驱体外,还需要相当长的吹扫时间才能完全去除大量的反应副产物。为了避免前驱体浪费,假设吹扫过程于 5 s 开始。在超声振动下,出口处 TMA 的质量分数开始时持续增加,且超过 10^{-6} 数量级。此时脉冲时间为 $0.98t_{sat}$。结果表明,在超声辅助下,CH_4 质量分数下降的斜率更大。在普通的流化床 ALD 过程中,CH_4 质量分数下降到 10^{-6} 的数量级大约需要 5.75 s。而在超声辅助下,吹扫时间可降至 4.60 s。值得注意的是,流化床 ALD 反应器中副产物的去除以对流传质过程为主,而对流传质过程与气速有关。因此,超声振动可以有效提高副产物的去除率,从而使吹扫时间缩短 25%,这会导致整个 ALD 循环时间缩短,并且提高薄膜沉积效率。

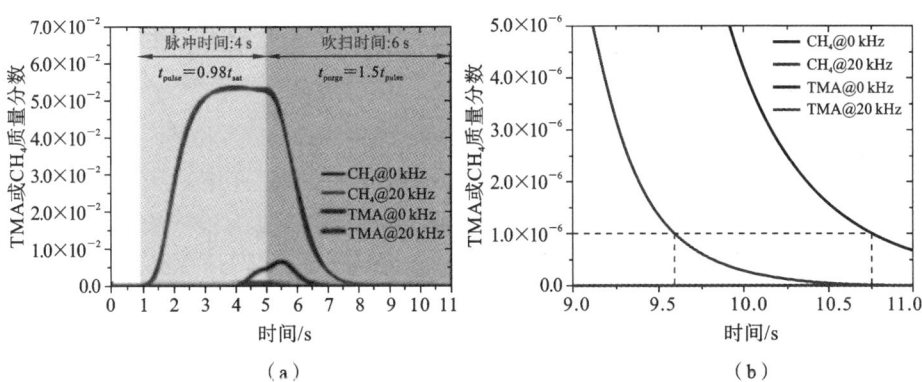

图 3-32 (a)第一个 ALD 半反应包覆过程中反应器出口 CH_4 质量分数和 TMA 质量分数;(b) 9~11 s 时的放大图

3.4.5 超声包覆工艺参数的定量优化

根据以上研究可知,当脉冲时间增加到理论饱和时间的一半以上时,超声振动开始对提高颗粒包覆效率发挥作用。为了进一步优化超声工艺,开展了超声振动引入时间对沉积速率和薄膜均匀性影响的研究。图 3-33 展示了在不同超声振动引入时间条件下,普通和超声辅助流化床 ALD 反应器的—$OAlMe_2$ 平均质量分数和薄膜均匀性。在所有情况下,随着包覆过程的进行,—$OAlMe_2$ 平均质量分数从 0 开始逐渐增加,最终稳定在 1。这说明流化床 ALD 过程是连续的、自限制的。就薄膜均匀性而言,初始均匀性为 100%,然后逐渐降低,最后逐渐增加到100%。这是因为在前驱体进入反应器之前,所有的颗粒都是未被包覆的,因此假设其完全均匀。随着包覆过程的进行,反应器中颗粒之间的沉积速率开始出现差异,从而导致薄膜均匀性发生变化。当前驱体的供应量足以满足包覆需求时,颗粒将被完全包覆,使得薄膜均匀性达到100%。

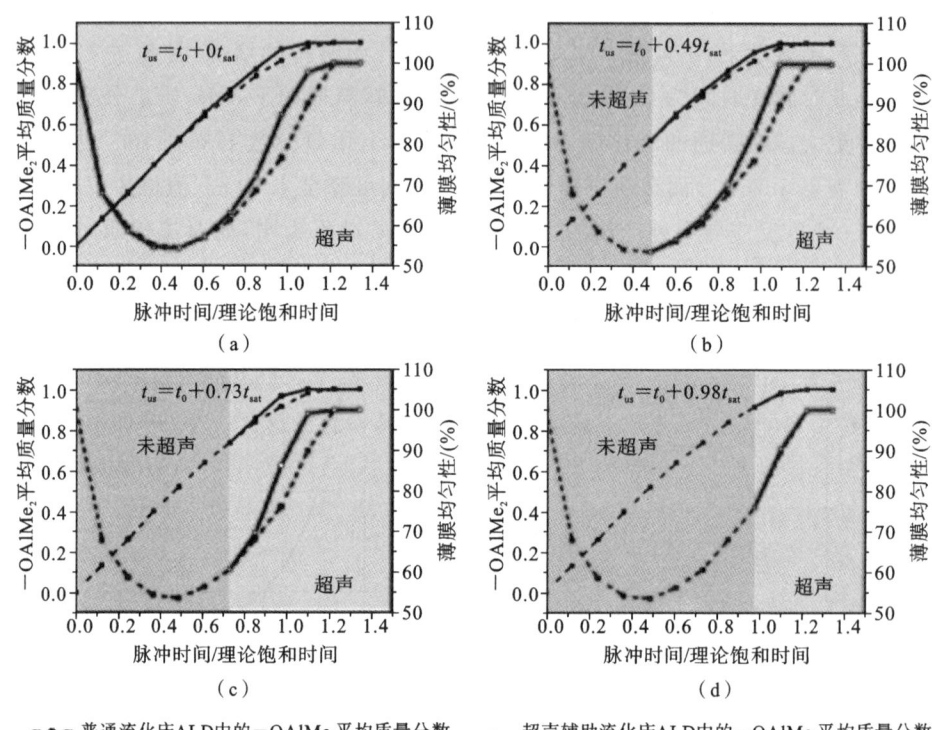

图 3-33　不同超声振动引入时间下普通和超声辅助流化床 ALD 反应器中—$OAlMe_2$ 平均质量分数及薄膜均匀性:(a) 0;(b) 0.49;(c) 0.73;(d) 0.98

与普通流化床 ALD 过程相比,引入超声振动后,—$OAlMe_2$ 平均质量分数和薄膜均匀性都有所增加。超声振动与 TMA 脉冲同时施加到反应器中,直到脉冲时间接近 $0.6t_{sat}$ 时,两种反应器中—$OAlMe_2$ 平均质量分数和薄膜均匀性才会出现显著差异,如图 3-33(a)所示。在 $t_0+0.49t_{sat}$ 或 $t_0+0.73t_{sat}$ 时施加超声振动,只要引入外场,就可以看到明显的差异,如图3-33(b)、(c)所示。这些结果揭示了在颗粒薄膜包覆过程中,超声振动有助于薄膜包覆效率的提高。当超声振动引入时间延迟到一定时间(如 $t_0+0.98t_{sat}$)时,超声振动对 ALD 表面反应产物质量分数和薄膜均匀性影响不大,如图 3-33(d)所示。这是因为,在包覆过程接近尾声时,部分包覆或未包覆的颗粒主要存在于流化床的中上部区域,该区域至振动壁面有一定距离。而超声振动主要提高了振动壁面附近的颗粒循环速率,因此超声振动的影响有限。从节能的角度来看,当采用超声振动作为外部辅助方式时,在颗粒包覆过程中途开始引入更为有效。

在批量颗粒包覆的流化床 ALD 工艺中,GPC、薄膜均匀性以及前驱体利用率是评估薄膜包覆效率的关键指标。由于微纳米颗粒的比表面积较大,所需前驱体的量也较大,因此前驱体脉冲时间成为影响薄膜包覆效率的重要因素。下面定量分析了前驱体脉冲时间从 0 到 $1.5t_{sat}$ 时对 GPC、薄膜均匀性和前驱体利用率的影响。在前驱体脉冲时间为 $0.49t_{sat}$ 时,应用了超声振动。假设提供了足够的 H_2O 以保证表面 H_2O 饱和,此时 GPC 受前半个 ALD 循环中反应速率的限制。GPC 与表面覆盖率之间的关系可以简单地表示为 GPC = GPC_{sat} · θ_{oalme2},其中 GPC_{sat} 表示 Al_2O_3 在颗粒表面的饱和 GPC,其值为 1.6 Å,θ_{oalme2} 表示表面覆盖率。

根据前驱体脉冲时间的不同,包覆过程可被划分为三个主要阶段,如图 3-34 所示。在流化床 ALD 反应器中进行颗粒包覆时,在第一阶段无须使用超声振动。当脉冲时间达到 $0.49t_{sat}$ 时,薄膜的 GPC 从 0 增加到 0.83 Å。然而,薄膜的均匀性从初始的 100% 降至 54%。这里的 100% 均匀性是指未经包覆的颗粒具有相同的特性。随着包覆过程的进行,部分颗粒开始与前驱体分子发生反应,而未接触前驱体的颗粒在包覆过程中未发生变化。这导致颗粒表面的薄膜 GPC 存在差异,从而降低了薄膜的均匀性。值得注意的是,在这个阶段,前驱体的利用率非常高,平均值为 99.8%。这是由于在包覆的初始阶段,一旦前驱体分子通过脉冲输入反应器,就会立即被尚未反应的颗粒消耗掉。由于被大量消耗,前驱体主要分布在反应器入口附近。

在第二阶段,当脉冲时间介于 $0.49t_{sat}$ 和 $1.10t_{sat}$ 之间时,超声振动被引入流化床 ALD 反应器中。随着脉冲时间的增加,薄膜 GPC 从 0.83 Å 增加到 1.60 Å。薄膜均匀性从 54% 增加到 100%,但前驱体利用率从 99.8% 下降到 88.7%。薄膜均匀性提高是因为包覆颗粒的数量超过了未包覆颗粒的数量,并且前者继续增加。一方面,大部分颗粒已被完全包覆,这使得前驱体分子更容易转移到反应器的较高区域,因为所需的前驱体消耗较少。另一方面,在颗粒包覆过程接近尾声时,一些未包覆的颗粒分布在床层的上部。为了在饱和 GPC 下实现 100% 薄膜均匀性,需要持续供应前驱体,以增加前驱体分布高度,使其能够与未包覆颗粒发生反应。然而,这也导致了前驱体的一定浪费。当固定前驱体质

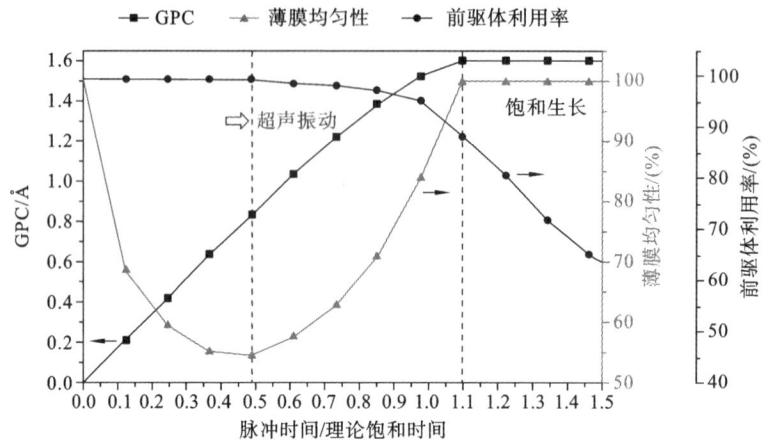

图 3-34　不同前驱体脉冲时间下的 GPC、薄膜均匀性、前驱体利用率

量分数为 0.2 时,为了使所有颗粒实现 100% 薄膜均匀性并相对高效地利用前驱体,脉冲时间为 $1.1t_{sat}$ 被认为是最合适的选择。需要注意的是,较低的固定前驱体质量分数会提高前驱体利用率,因为实现相同前驱体分布高度所需的前驱体较少。然而,这也意味着需要更长的前驱体脉冲时间才能达到饱和 GPC 值,从而导致整体包覆时间延长。

在第三阶段,脉冲时间从 $1.10t_{sat}$ 增加到 $1.50t_{sat}$,此时颗粒已经达到饱和生长状态。在这个阶段,薄膜的 GPC 维持在 1.6 Å,均匀性保持在 100%。然而,随着前驱体脉冲时间的增加,前驱体利用率从 88.7% 急剧下降。在实际的流化床 ALD 包覆过程中,前驱体分子容易冷凝或被反应器壁面吸收,这必然会降低沉积速率,导致包覆时间变长。同时,较大的复杂团聚体也会导致前驱体扩散到其内部颗粒表面所需的时间增加。在这种情况下,随着前驱体不断被引入反应器,前驱体几乎会充满整个流化床 ALD 反应器。然而,在未完全包覆颗粒表面大部分前驱体在被活性位点吸附之前就被吹出反应器,造成前驱体的大量浪费。由于在同一时期进入反应器的前驱体分子较少,因此认为在前驱体脉冲过程接近尾声时,较低的前驱体质量分数有利于增大前驱体利用率。从这个角度来看,在反应器入口处使用可变的前驱体质量分数被认为是一种可行的解决方案。这样可以更好地利用前驱体,减少前驱体的浪费。

在本节中,对于超声辅助流化床 ALD,通过耦合计算流体力学与离散单元法建立了力场和流场共同作用下的颗粒去团聚模型,并且进一步耦合颗粒尺度的传质与颗粒表面反应,介绍了超声振动对气、固相运动以及包覆行为的影响[28,29]，主要结论如下。

（1）在颗粒尺度上，超声振动通过增强颗粒-流体的气固曳力、颗粒-壁面的碰撞力，提高了颗粒的运动速度与团聚体的破碎力，从而实现颗粒的有效去团聚；在宏观腔体尺度上，引入超声振动可提高振动壁面的流体速度以及颗粒在反应器内的分散程度，同时增大了流化床的床层高度，消除了流化床内的沟流现象。

（2）进一步耦合流化床尺度的传质以及颗粒尺度的传质-反应动力学发现，与普通流化床相比，引入的超声振动可将反应器入口处已被包覆的颗粒迅速循环至反应器上方，促使更多未包覆颗粒运动至反应器入口处与前驱体接触，从而增大气固接触效率与传质反应速率。

（3）当超声频率为 20 kHz 时，颗粒去团聚的效率以及颗粒包覆速率随着超声振幅的增大而增大。在外场作用下，通过优化前驱体的脉冲时间，实现了颗粒的均匀包覆，批量一致性达到 95％以上。颗粒的包覆对比实验验证了多尺度超声辅助流化床 ALD 模型的准确性，该模型的计算结果也进一步指导了扩大化超声辅助流化床 ALD 装备的设计。

本章参考文献

[1] VAN OMMEN J R，VALVERDE J M，PFEFFER R. Fluidization of nanopowders：a review[J]. Journal of Nanoparticle Research，2012，14（3）：737.

[2] VALVERDE J M，CASTELLANOS A. Fluidization，bubbling and jamming of nanoparticle agglomerates[J]. Chemical Engineering Science，2007，62(23)：6947-6956.

[3] VALVERDE J M，CASTELLANOS A. Fluidization of nanoparticles：a simple equation for estimating the size of agglomerates[J]. Chemical Engineering Journal，2008，140(1-3)：296-304.

[4] SINGH R I，BRINK A，HUPA M. CFD modeling to study fluidized bed combustion and gasification[J]. Applied Thermal Engineering，2013，52（2）：585-614.

[5] WANG Y，GU G S，WEI F，et al. Fluidization and agglomerate structure of SiO₂ nanoparticles[J]. Powder Technology，2002，124(1-2)：152-159.

[6] HAKIM L F，PORTMAN J L，CASPER M D，et al. Aggregation behav-

ior of nanoparticles in fluidized beds[J]. Powder Technology, 2005, 160 (3):149-160.

[7] 王辉. 纳米颗粒在振动流化床中的聚团流态化研究[D]. 长沙:中南大学,2010.

[8] 杨静思. 振动流化床中纳米颗粒的流态化行为[D]. 长沙:中南大学,2008.

[9] NAM C H, PFEFFER R, DAVE R N, et al. Aerated vibrofluidization of silica nanoparticles[J]. AIChE Journal, 2004, 50(8):1776-1785.

[10] VALVERDE J M, CASTELLANOS A. Effect of vibration on agglomerate particulate fluidization[J]. AIChE Journal, 2006, 52(5):1705-1714.

[11] GELDART D. The effect of particle size and size distribution on the behaviour of gas-fluidised beds[J]. Powder Technology, 1972, 6(4): 201-215.

[12] GELDART D. Types of gas fluidization[J]. Powder Technology, 1973, 7(5): 285-292.

[13] GRACE J R. Contacting modes and behaviour classification of gas-solid and other two-phase suspensions[J]. The Canadian Journal of Chemical Engineering, 1986, 64(3): 353-363.

[14] MOLERUS O. Interpretation of Geldart's type A, B, C and D powders by taking into account interparticle cohesion forces[J]. Powder Technology, 1982, 33(1): 81-87.

[15] BAEYENS J, GELDART D. An investigation into slugging fluidized beds[J]. Chemical Engineering Science, 1974, 29(1): 255-265.

[16] TOOMEY R D, JOHNSTONE H F. Gaseous fluidization of solid particles[J]. Chemical Engineering Progress, 1952, 48: 220-226.

[17] ABRAHAMSEN A R, GELDART D. Behaviour of gas-fluidized beds of fine powders part Ⅰ. Homogeneous expansion[J]. Powder Technology, 1980, 26(1): 35-46.

[18] DENG Z, HE W J, DUAN C L, et al. Atomic layer deposition process optimization by computational fluid dynamics[J]. Vacuum, 2016, 123: 103-110.

[19] ABBASFARD H, GHANBARI M, GHASEMI A, et al. CFD modelling of flow mal-distribution in an industrial ammonia oxidation reactor: a

case study[J]. Applied Thermal Engineering，2014，67(1-2)：223-229.

[20] KHAN M J H, HUSSAIN M A, MANSOURPOUR Z, et al. CFD simulation of fluidized bed reactors for polyolefin production—a review[J]. Journal of Industrial and Engineering Chemistry，2014，20（6）：3919-3946.

[21] GRILLO F，KREUTZER M T，VAN OMMEN J R. Modeling the precursor utilization in atomic layer deposition on nanostructured materials in fluidized bed reactors[J]. Chemical Engineering Journal，2015，268：384-398.

[22] 贺靖峰. 基于欧拉-欧拉模型的空气重介质流化床多相流体动力学的数值模拟[D]. 徐州：中国矿业大学，2012.

[23] 杨帅. 气固两相流在微型流化床中数值模拟及结构优化设计[D]. 济南：山东大学，2015.

[24] MATSUDA S，HATANO H，MURAMOTO T，et al. Modeling for size reduction of agglomerates in nanoparticle fluidization[J]. AIChE Journal，2004，50(11)：2763-2771.

[25] DUAN C L，LIU X，SHAN B，et al. Fluidized bed coupled rotary reactor for nanoparticles coating via atomic layer deposition[J]. Review of Scientific Instruments，2015，86(7)：075101.

[26] ADNAN M，SUN J，AHMAD N，et al. Comparative CFD modeling of a bubbling bed using a Eulerian-Eulerian two-fluid model（TFM）and a Eulerian-Lagrangian dense discrete phase model（DDPM）[J]. Powder Technology，2021，383：418-442.

[27] SCHNEIDERBAUER S，KINACI M E，HAUZENBERGER F. Computational fluid dynamics simulation of iron ore reduction in industrial-scale fluidized beds[J]. Steel Research International，2020，91(12)：2000232.

[28] LI Z S，XIANG J R，LIU X，et al. Study of ultrasonic vibration-assisted particle atomic layer deposition process via the CFD-DDPM simulation[J]. International Journal of Heat and Mass Transfer，2023，212：124223.

[29] LI Z S，CHEN Y X，NIE Y F，et al. Multiscale computational fluid dynamics modelling of spatial ALD on porous Li-ion battery electrodes[J]. Chemical Engineering Journal，2024，479：147486.

第4章
选择性原子层沉积的原理与工艺

　　随着集成电路制造技术的不断进步,芯片结构向小尺寸、三维化发展,这对制造提出了更高要求。其中,原子和近原子尺度制造已成为下一代技术发展的主要趋势[1]。这一趋势旨在应对半导体制造中的制造精度挑战并提高产品良率。在芯片先进制造工艺中,传统自上而下的沉积、光刻和蚀刻等多步骤工艺因其复杂性和精度而面临挑战[2]。例如,对准误差会导致显著的工艺可靠性问题,影响半导体器件性能。因此,对互补的自下而上方法的需求日益增加[3]。区域选择性原子层沉积(area selective atomic layer deposition,AS-ALD)技术通过在指定区域实现选择性生长,可有效避免多层堆叠制造中常遇到的对准挑战[4]。通过降低工艺复杂性和提高定位精度,AS-ALD技术有望成为改变集成电路制程的关键技术。图4-1所示为一步沉积法沉积有图案的薄膜。

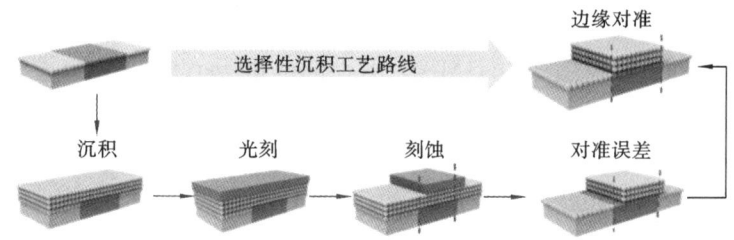

图4-1　一步沉积法沉积有图案的薄膜

　　选择性生长技术的起源可追溯到1962年,当时报道了硅的选择性外延生长。这一进展为后续选择性外延生长技术的发展奠定了基础,促进了各种半导体材料在硅基底上的集成[5]。化学气相沉积(CVD)后来被用于选择性沉积[6]。AS-ALD是一种基于ALD技术的改进工艺,能够在特定表面或区域(生长区,GA)上沉积成膜,而在其他表面或区域(非生长区,NGA)不沉积。这种选择性可以通过调节表面化学性质、使用选择性抑制剂或特定的前驱体化学反应来实现。

　　AS-ALD的核心原理是利用不同表面固有性质的差异进行选择性沉积,通常被称为固有选择性沉积。当固有表面差异不足以实现时,各种外部辅助方法被开发出来。如图 4-2 所示,策略之一是使用抑制剂作为模板进行表面区域钝化(即模板法),如利用自组装分子层(self-assembled monolayers,SAMs)钝化非生长区,可以有效阻止前驱体在非生长区的吸附沉积。随着半导体领域向更小工艺节点的飞跃,AS-ALD 技术的创新和多样化也在不断更新。

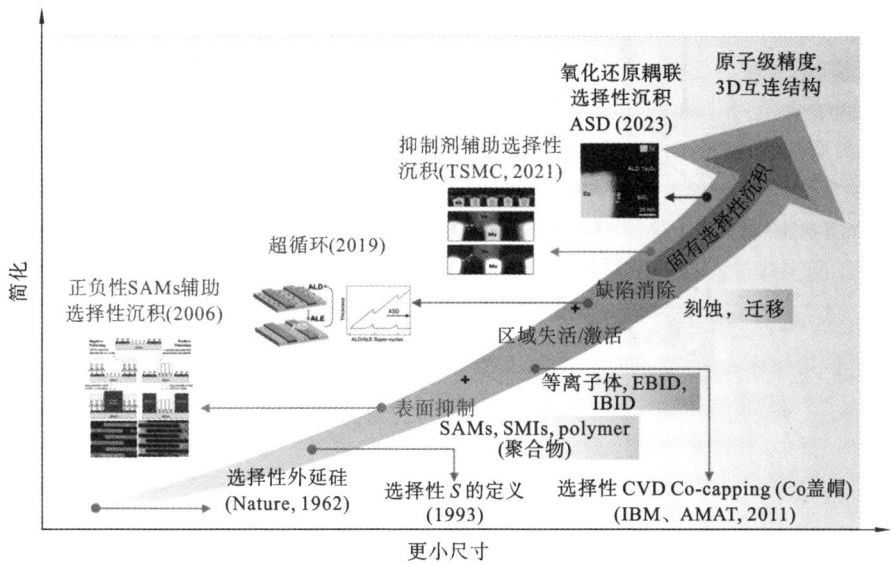

图 4-2 区域选择性沉积的一般工艺流程和发展路线图

为了进一步明确 AS-ALD 的影响因素以及完善应对策略,学者提出了一个包括主要影响因素和策略的区域选择性沉积(ASD)工具箱,如图 4-3 所示。定义两个表面,即生长区(GA)和非生长区(NGA),它们可以由相同的材料构成,也可以由不同的材料组成,旨在实现薄膜在特定区域(生长区)的无延迟生长,而在其他区域(非生长区)产生形核延迟的效果。利用 GA 和 NGA 的差异,在不添加任何抑制剂的条件下,依靠前驱体的选择和工艺动力学调控,实现无模板、无抑制剂的选择性生长,即通过本征的固有选择性实现了形核延迟。在 GA 和 NGA 都偏向于形核和沉积的情况下,通过调节温度、前驱体分压等工艺参数,扩大两种表面之间生长速率的差异,从而实现选择性沉积。对 NGA 的形核抑制是提高选择性的关键。因此,研究形核抑制背后的机制来拓宽选择性沉积的工艺窗口是必要的。

AS-ALD 可以减小对准误差和提高器件可靠性,有望满足集成电路先进制程的关键需求。图 4-4 展示了 AS-ALD 的挑战和前景展望。未来需继续开发

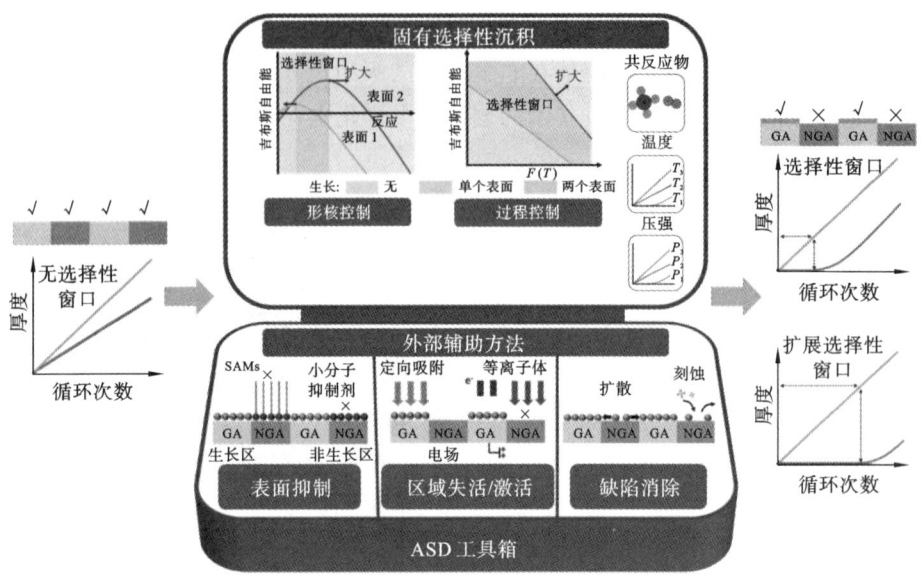

图 4-3　ASD 工具箱

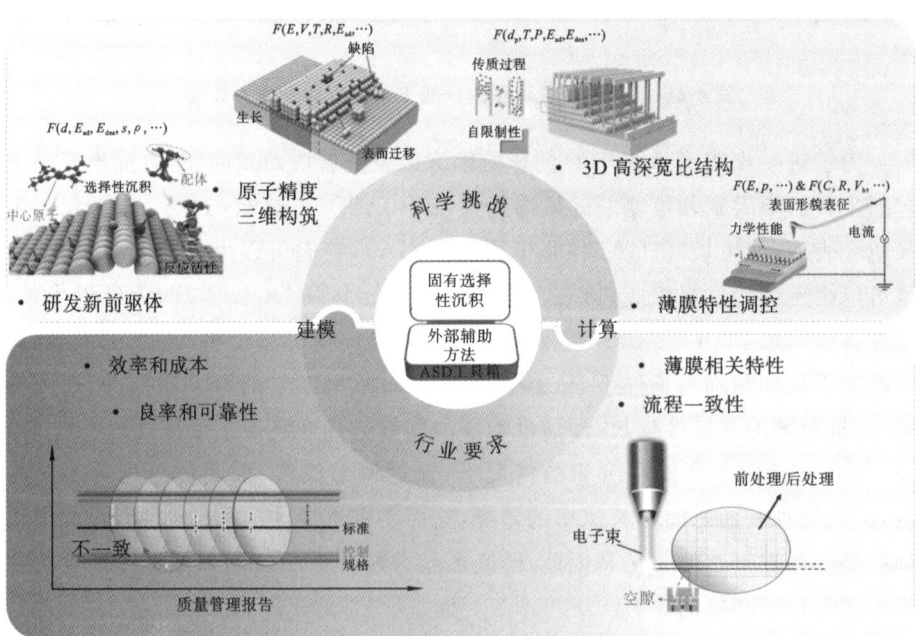

图 4-4　AS-ALD 的挑战和前景展望

先进的 AS-ALD 技术[7]，发展低介电常数薄膜选择性沉积工艺，以及接触、互连和填充的自对准工艺，并将固有选择性方法扩展应用到芯片各层对准工艺中[8]。此外，还需开发小分子钝化、原位缺陷消除等全气相选择性沉积技术路线。这些挑战来自科学探索和工业应用需求。科学探索和工业应用之间的相互促进推动了大批量制造和理论研究的共同发展[9]。这种协同作用为材料制备技术的不断进步奠定了坚实的基础，确保了 AS-ALD 仍然处于该领域创新的前沿。

4.1 选择性原子层沉积理论研究

为了评估 ALD 工艺的选择性，可以将不同表面的沉积材料数量差异进行简化。Doppelt 定义了选择性 S，用以量化表述选择性沉积的效果：

$$S = \frac{n_g - n_{ng}}{n_g + n_{ng}} \tag{4-1}$$

其中，n_g 和 n_{ng} 分别是生长区和非生长区的薄膜沉积量。实验中通常用椭偏仪或者石英晶体微天平来测量薄膜的平均厚度与沉积质量，用以作为衡量薄膜沉积量的指标。在 AS-ALD 模型或模拟中，薄膜沉积量有着更为广泛的定义，可以用薄膜的厚度、覆盖率或沉积薄膜的原子含量来表示。如果进一步推广至更微观的层次，表面反应速率以及前驱体在表面的覆盖率都可以作为沉积量的衡量指标。由选择性 S 的计算公式（见式(4-1)）可以知道，只要求出 n_g 和 n_{ng} 就可以得到选择性的具体数值。在选择性原子层沉积过程中，选择性会随着生长过程而发生变化，因此对生长区和非生长区的分析是必要的。实际上，在生长区通常可以用薄膜的线性生长来描述，即每循环的增长量 n_g 是一个固定值，因此分析选择性的关键在于对 n_{ng} 的描述。

无论是固有选择性还是模板法产生的选择性，随着生长循环次数的增加，选择性会下降。Parsons 将表面选择性消失的原因总结为以下三点：① 初始表面部分高活性区域导致的形核，包括表面原有缺陷或杂质以及非生长区台阶或棱边对前驱体的化学吸附作用；② 每循环导致的新增形核，包括少量前驱体物理吸附，以及反应物与非生长区的相互作用将位点活化；③ 由生长影响导致的形核，包括生长区的反应副产物扩散和吸附至非生长区，以及刻蚀过程中产物的运输和吸附形成反应位点[10]。

在实际的 AS-ALD 实验中，除了通过选择适当的前驱体配体来提高选择性以外，改变 ALD 工艺条件，如调整温度、吹扫时间、脉冲时间，添加修正步以及施加外界电场偏压等,也可以调控选择性[11]。然而,目前仍然缺乏一个有效的模型来综合描述这些工艺参数的影响[12]。众多调控手段都是为了对非生长区形核行为进行抑制[13],但是目前针对非生长区域 ALD 形核初期的实验研究与表征数据非常少且这些数据都需要通过原位的方法获得。因此,针对 AS-ALD 的形核生长过程开发模型并拟合验证其可行性是非常重要的[14]。

本节根据第 1 章建立的描述 AS-ALD 过程的各向异性生长模型,参考了 AS-ALD 模型所描述原子尺度的前驱体的反应速率与实验中前驱体产生的宏观选择性之间的关系,通过五个参数,即 $\hat{N}$、$\dot{N}$、$\dot{G}_v$、$\dot{G}_l$ 和 $\dot{N}'$ 来拟合实验数据。该模型能很好地拟合实验中观察到的各种工艺条件下的形核生长曲线。此外,DFT 计算数据和表面动力学被引入生长模型[15],从而实现对部分工艺参数的预测和对薄膜生长曲线的拟合。本节开展了固有选择性实验数据和模板法选择性沉积实验数据的拟合工作,以及模型与表面反应动力学耦合的相关工作。

4.1.1　固有选择性沉积实验数据分析

通过拟合 Roozeboom 等人的实验数据,形核模型在本节被用于描述 ZnO 薄膜在 Si 基底上的固有 AS-ALD 的形核过程。图 4-5(a)、(b) 和 (c) 展示了在温度为 200 ℃、250 ℃ 和 300 ℃ 时分别使用模型对 ZnO 薄膜的厚度进行拟合的结果。在拟合过程中,我们将模型参数 G_l 固定为在 ZnO 实验中测得的 GPC (0.16 nm),其他四个参数根据第 1 章的形核模型通过内点算法优化得到。结果发现,拟合的曲线与实验结果吻合良好,拟合误差小于 0.013 nm,这进一步验证了该模型的有效性和适用性。通过比较不同温度下的拟合参数可以看出,$\dot{N}'(2.1\times10^{-3}\sim7.4\times10^{-3}\ \text{nm}^{-2})$ 随温度的变化不大,表明 ALD 沉积 ZnO 薄膜在 Si 基底上的迁移过程对温度不敏感。然而 $\dot{N}$ 随着温度的升高从 10^{-6} 数量级下降到 10^{-8} 数量级。这主要是因为二乙基锌(DEZ)前驱体在 Si 表面吸附能力较弱,呈现出明显的吸附依赖性 ALD 形核现象。随着温度的升高,前驱体脱附速率加快,导致 ALD 沉积数量进一步减少。而随着温度的升高,$\hat{N}$ 从 10^{-7} 数量级增加到 10^{-5} 数量级。这可能是由于较高的温度更容易激活初始表面形成缺陷位点而作为 ALD 的形核点。β 参数的值保持在 $0.29\sim0.46$ 的范围内,表明核的横向生长受阻。通过比较 $\dot{N}$、$\dot{N}'$ 和 $\hat{N}$ 的阶数可以发现,$\dot{N}'$ 比其他两个参数 $\hat{N}$ 和 $\dot{N}$ 的数量级更高,且为正值,这意味着前驱体的扩散形核过程在 ZnO 体系中具有重要的作用。为了与 Parsons 模型进行比较,图 4-5(d) 展示了在仅放开两个参数 $\dot{N}$ 和 $\dot{N}'$($\dot{N}=0\ \text{nm}^{-2}$,$\dot{N}'=0.16\ \text{nm}^{-2}$,$\beta=1$)的情况下拟合得到的曲线。可以看到,相比于 Parsons 模型拟合得到的生长曲线,仅两个拟合参数

的形核模型就能够与实验数据吻合得更好，拟合误差从 Parsons 模型给出的
0.019 nm 下降为 0.006 nm。

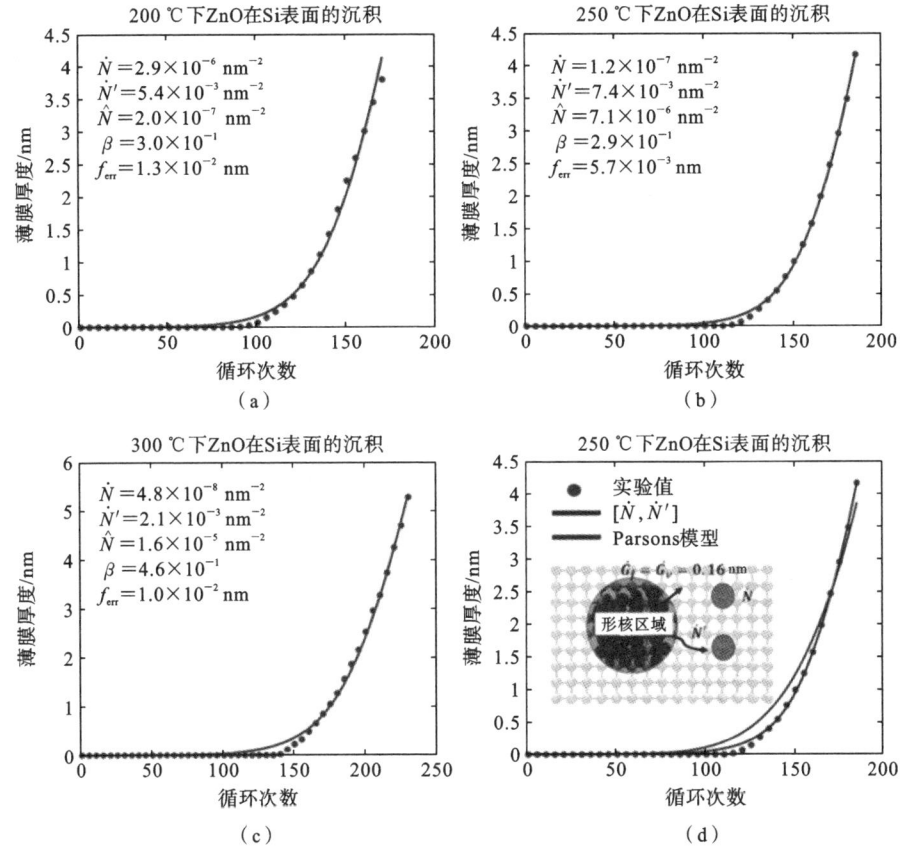

图 4-5 模型对本征抑制形核生长曲线的拟合：(a)～(c) 根据 ZnO AS-ALD 实验数据的拟
合结果。(d) 实验数据与 Parsons 模型对比

4.1.2 抑制剂辅助选择性沉积实验数据分析

自组装分子层（SAMs）通常被用来钝化基底以实现 AS-ALD[16]，因此有
必要扩展模型以描述薄膜在 SAMs 覆盖基底上的形核生长过程。SAMs 的一
个特点是它可能有孔洞缺陷。在初始阶段，ALD 生长通常会在孔洞内部进
行。由于 ALD 率先在孔洞内发生，$\hat{N}$ 可以用于描述 SAMs 表面的孔洞密度。
与小分子抑制剂覆盖的表面不同，由于 SAMs 的链较长，前驱体填充孔洞需
要较长的时间，因此需要一个函数来描述 $\hat{N}$ 随循环次数的变化关系。Sig-

moid 函数被用于描述这一关系,如图 4-6(a)所示。我们在模型中引入延迟循环次数 v_d 来描述孔洞被填满的平均时间,该参数与孔洞的覆盖率、前驱体的大小、前驱体在孔洞内的迁移都有关系。在孔洞被填满后,接下来的 ALD 生长过程与在被小分子抑制剂覆盖表面上的 ALD 过程相同。

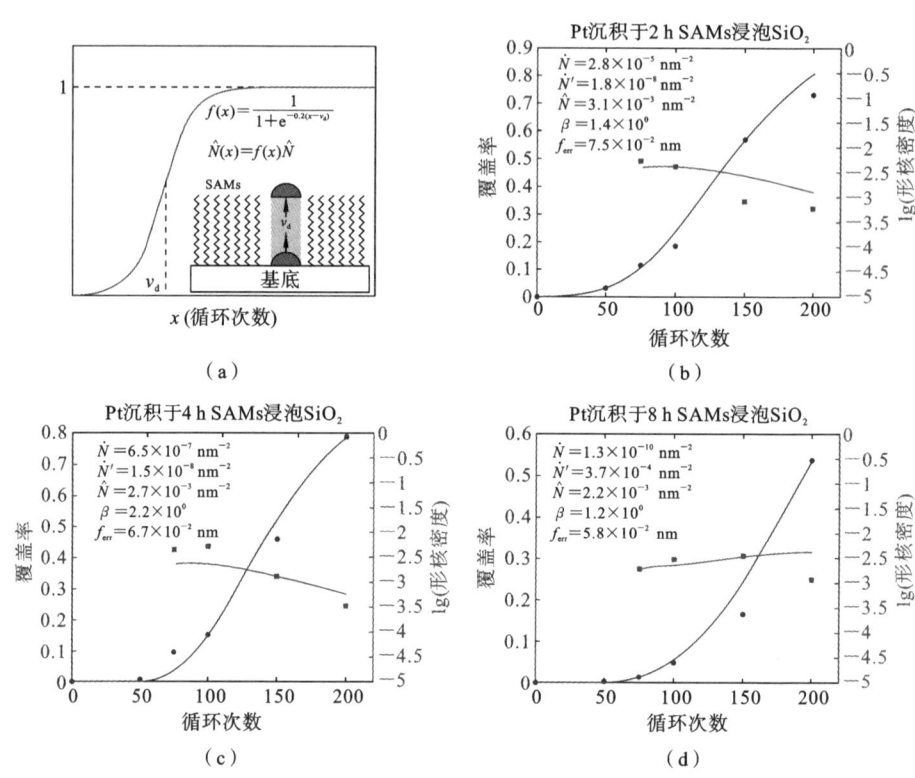

图 4-6　模型对 SAMs 表面抑制形核生长曲线的拟合:(a) $\hat{N}$ 随循环次数的变化曲线;(b)~(d) 模型对在不同 SAMs 浸渍时间后 Pt ALD 实验中所得到的覆盖率与形核密度的拟合结果

图 4-6(b)、(c)和(d)给出了 Bent 等人提供的不同 SAMs 浸渍时间后 Pt 在 SAMs 覆盖表面的 ALD 覆盖率和形核密度随循环次数变化的曲线。假设不同 SAMs 浸渍时间不影响表面延迟循环次数 v_d,我们的拟合过程有两次循环,在小循环中固定 v_d,对三组薄膜覆盖率与形核密度数据进行拟合;在大循环中不断改变 v_d 来找到最合适的拟合参数,最终得到的拟合参数如表 4-1 所示。拟合误差约为 7.5×10^{-2} nm、6.7×10^{-2} nm 和 5.8×10^{-2} nm,较低的拟合误差证明了该模型的适用性。我们发现 v_d 值约为 67 cycle,在基底浸入 SAMs 溶液 2 h、

4 h 和 8 h 后，$\dot{N}$ 的拟合值分别为 2.8×10^{-5} nm^{-2}、6.5×10^{-7} nm^{-2} 和 1.3×10^{-10} nm^{-2}。可以看到 $\dot{N}$ 值都很小，这表明 SAMs 对基底上的正常 ALD 生长有很强的抑制作用，并且随着 SAMs 浸渍时间的延长，$\dot{N}$ 值下降，这意味着 SAMs 与基底的结合更加牢固，在 ALD 过程中新的形核位点不容易形成。β 值接近 1，意味着 Pt 在 SAMs 上倾向于以半球形生长。除此之外，随着浸渍时间的增加，孔洞密度 $\hat{N}$ 下降，这是由于随着 SAMs 浸渍时间的延长，SAMs 在基底表面的排布更加密集。通过对比图 4-6(c) 和 (d) 可以发现，$\hat{N}$ 和 $\dot{N}'$ 在带有小分子抑制剂 (SMIs) 和 SAMs 的钝化基底的 AS-ALD 过程中起着关键作用。

表 4-1　模型对实验数据的拟合参数

体系	$\dot{N}/$ nm^{-2}	$\hat{N}/$ nm^{-2}	$\dot{N}'/$ nm^{-2}	β	$\dot{G}_v/$ nm	$v_d/$ cycle
200 ℃下 ZnO 沉积于 Si	2.9×10^{-6}	2.0×10^{-7}	5.4×10^{-3}	0.30	0.16	—
250 ℃下 ZnO 沉积于 Si	1.2×10^{-7}	7.1×10^{-6}	7.4×10^{-3}	0.29	0.16	—
300 ℃下 ZnO 沉积于 Si	4.8×10^{-8}	1.6×10^{-5}	2.1×10^{-3}	0.46	0.14	—
WS₂ 沉积于 SMIs 覆盖 Al₂O₃	4.6×10^{-6}	8.0×10^{-3}	3.3×10^{-4}	0.88	0.06	—
SiO₂ 沉积于 SMIs 覆盖 Al₂O₃	2.3×10^{-5}	6.1×10^{-4}	9.4×10^{-2}	0.35	0.09	—
SiO₂ 沉积于 SMIs 覆盖 TiO₂	8.2×10^{-4}	8.3×10^{-3}	3.1×10^{-2}	0.15	0.09	—
Pt 沉积于 2 h SAMs 浸泡 SiO₂	2.8×10^{-5}	3.1×10^{-3}	1.8×10^{-8}	1.40	—	67
Pt 沉积于 4 h SAMs 浸泡 SiO₂	6.5×10^{-7}	2.7×10^{-3}	1.5×10^{-8}	2.20	—	67
Pt 沉积于 8 h SAMs 浸泡 SiO₂	1.3×10^{-10}	2.2×10^{-3}	3.7×10^{-4}	1.20	—	67

4.1.3　形核模型与表面反应动力学的耦合

第 1 章的形核模型可以描述 AS-ALD 的形核生长行为，本节通过耦合此模型和表面反应动力学来预测 AS-ALD 的动态形核生长行为。图 4-7 所示为形核模型与 ALD 基元反应的动力学速率之间的耦合示意图。基于典型 ALD 前半反应动力学可以求解得到表面物理吸附和化学吸附前驱体的覆盖率 θ_{phy} 和 θ_{chem}。我们进一步假设，在下半个 ALD 循环中，那些与 θ_{phy} 和 θ_{chem} 相关的物种可以被共反应物完全反应，并对 $\dot{N}$ 做出贡献。因此 $\dot{N}$ 在时间 τ 上可以表示为

$$\dot{N} = \theta_{phy}(\tau) + \theta_{chem}(\tau) \qquad (4-2)$$

由于 $\dot{N}'$ 也涉及时间的演化，不同的 ALD 吹扫和脉冲时间将会改变该参数

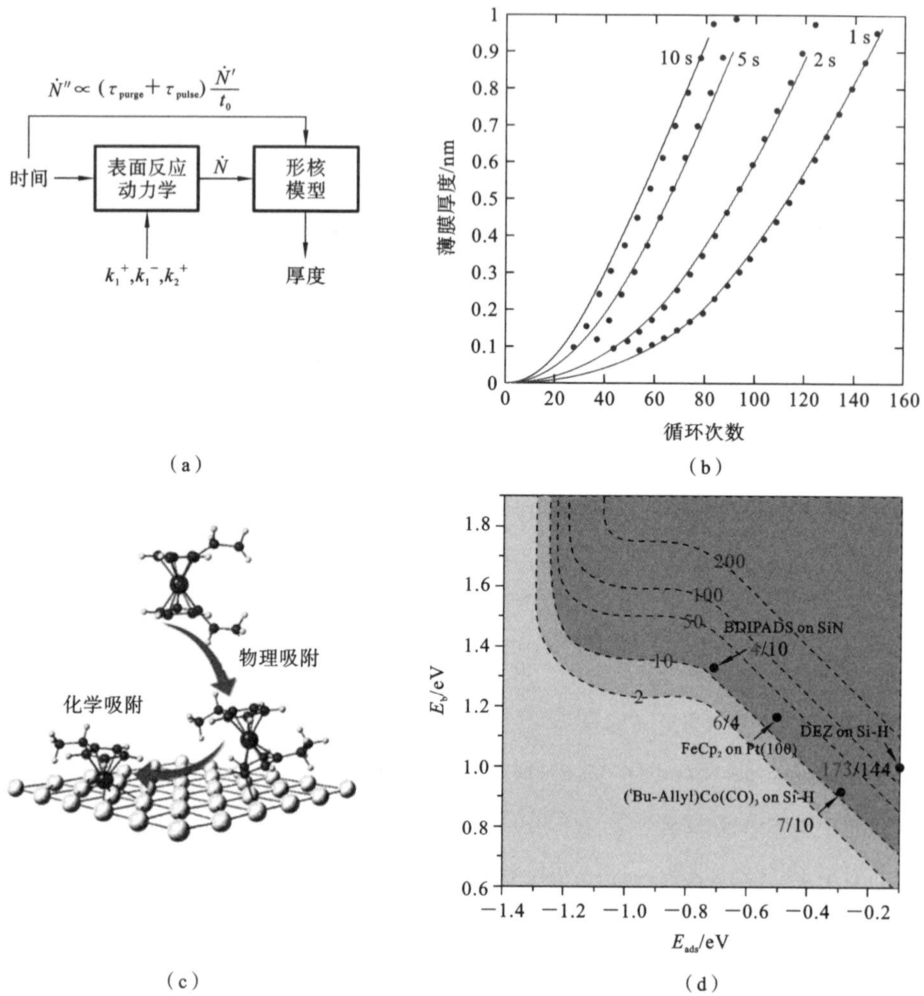

$$\dot{N}'' \propto (\tau_{\mathrm{purge}} + \tau_{\mathrm{pulse}}) \frac{\dot{N}'}{t_0}$$

时间 → 表面反应动力学 $\xrightarrow{\dot{N}}$ 形核模型 → 厚度

k_1^+, k_1^-, k_2^+

（a）

（b）

（c）

（d）

图 4-7 耦合表面反应动力学的跨尺度模型对实验结果的拟合与预测：(a) 表面反应动力学耦合形核模型的示意图；(b) 脉冲时间为 1 s、2 s、5 s 和 10 s 的 Pd 在 SiO₂ 上生长曲线的拟合（1 s、2 s、5 s）和预测（10 s）；(c) 前驱体的物理吸附和化学吸附；(d) 形核延迟循环次数与吸附能和反应势垒的关系

的值。假设 $\dot{N}'$ 是在给定的 ALD 半循环时间 t_0 下由熟化/迁移引起的形核位点密度，那么新工艺的额外熟化/迁移引起的形核位点密度 $\dot{N}''$ 与 $(\tau_{\mathrm{purge}} + \tau_{\mathrm{pulse}}) \dot{N}'$ 成正比。

$$\dot{N}'' \propto \frac{(\tau_{\mathrm{purge}} + \tau_{\mathrm{pulse}})}{t_0} \dot{N}' \tag{4-3}$$

由于 $\dot{N}$ 和 $\dot{N}''$ 在表面反应动力学中是随时间变化的,前驱体覆盖率和薄膜厚度可以用不同的吹扫和脉冲时间来表示。图 4-7(a)显示了用表面反应动力学耦合模型的拟合过程。图 4-7(b)中的圆点展示了 Hersam 等人在不同的 ALD 前驱体脉冲时间(1 s、2 s、5 s 和 10 s)下 Pd 沉积在 SiO_2 上的实验结果,1 s、2 s 和 5 s 的曲线为表面反应动力学耦合模型的拟合结果。在拟合过程中,整个 ALD 周期为 4 s,拟合误差为 2.3×10^{-2} nm。拟合参数为 $k_1^+ = 6.0 \times 10^7$,$k_1^- = 7.8 \times 10^7$,$k_2^+ = 1.2 \times 10^{-3}$,$\dot{N}' = 1.3 \times 10^{-2}$ nm^{-2},$\beta = 1.7 \times 10^{-2}$,$\hat{N} = 5.9 \times 10^{-5}$ nm^{-2}。使用这些参数,我们可以预测脉冲时间 $\tau_{pulse} = 10$ s 时 ALD 形核生长曲线。使用模型预测得到的形核生长曲线与实验结果有很好的一致性,预测误差为 4.7×10^{-2} nm,这意味着耦合模型可以很好地描述 AS-ALD 不同工艺下的薄膜生长曲线。

形核模型的另一个潜在应用是将通过 DFT 计算得到的反应速率与动力学耦合。通过 DFT 计算中的吸附能 E_{ads}、化学吸附的反应势垒 E_b 和反应放热量 ΔE 来计算反应速率并确定反应速率常数,从而构建 AS-ALD 的跨尺度生长模型。图 4-7(d)展示了预测的形核延迟循环次数下 AS-ALD 的吸附能和反应势垒之间的函数关系。形核参数设置为 $\dot{N}' = 5 \times 10^{-3}$ nm^{-2},$\beta = 0.3$,$\hat{N} = 1 \times 10^{-6}$ nm^{-2},实验的工艺参数如表 4-2 所示。等高线显示了形核延迟循环次数从 2 到 200 的分布。研究发现,延迟循环次数主要受 E_{ads} 低于 -0.80 eV 区域的影响,这表明反应势垒 E_b 在 AS-ALD 中起着关键作用。而在 E_{ads} 高于 -0.80 eV 的区域,E_{ads} 和 E_b 共同影响延迟循环次数。在这个区域,从热力学和动力学的角度来看,吸附能和反应势垒都有助于抑制 ALD 生长。图 4-7(d)中与黑点对应的两个数字分别为形核延迟循环次数的预测值和实验值。例如,"6/4"意味着实验中的延迟循环次数是 6,但理论预测是 4。总的来说,该模型能够成功预测实验中的形核延迟循环次数。

表 4-2　根据前驱体的 DFT 数据(E_{ads}、E_b)与实验参数(分压、通气时间、吹扫时间和温度)对形核延迟循环次数进行的预测

前驱体	基底	E_{ads}/ eV	E_b/ eV	分压/ Pa	通气时间/s	吹扫时间/s	温度/ ℃	预测值/ cycle	实验值/ cycle
$FeCp_2$	Pt(100)	-0.5	1.2	13	1.6	8	200	6	4
DEZ	Si-H	-0.04	1	22	0.05	10	250	173	144
BDIPADS	SiN	-0.67	1.27	40	2	30	150	4	10
(^{t}Bu-Allyl)Co(CO)$_3$	Si-H	-0.34	0.91	2.6	2	10	140	7	10

4.2　基于表面特性诱导固有选择性原子层沉积研究

AS-ALD 基于表面特性诱导的反应物吸附行为差异,仅在指定的区域沉积介电氧化物,通过一步 ALD 方法直接添加图案化薄膜层,从而消除多层堆叠制造的对准误差,具有堆叠精度高、工艺步骤简单的优势。针对选择性 ALD,本节系统研究了在相同羟基表面的酸性-碱性氧化物组合以及不同基团表面的金属-氧化物组合时的基于表面差异性的 ALD 反应物化学吸附调控因素,并发展了三类选择性 ALD 方法与工艺。

（1）对于酸性-碱性氧化物的基底组合,发现 ALD 反应在碱性氧化物表面(包括 HfO_2、Al_2O_3 等)存在形核延迟现象。通过协同调控沉积温度和反应物压力,进一步抑制碱性表面羟基与 ALD 反应物之间的氢传递过程,揭示了氢传递作为化学吸附的决速步是选择性沉积的主导因素,实现酸性-碱性氧化物的基底组合高达 100% 的选择性,为存储结构中选择性沉积介电功能层提供了工艺与方法。

（2）对于金属(生长区域)-氧化物的基底组合,金属(Pt、Cu)与表面吸附氧成键会导致基底电负性发生变化,电负性差值小的金属基底具有催化活性,其表面氧物种吸附前驱体的能力较强,促进金属表面的沉积过程。同时,调控 ALD 反应物和沉积温度,抑制氧化物表面的氢传递吸附过程。该研究构建了电负性、吸附能和选择性的映射关系,实现金属-氧化物(SiO_2)基底组合表面的选择性生长,为金属表面选择性沉积介电封盖层提供了工艺与方法。

（3）对于金属(非生长区)-氧化物的基底组合,发现 ALD 过程中共反应物会使 Cu 表面氧化,从而导致选择性丧失。于是发展出改进的"还原-吸附-氧化"嵌套循环 ALD 工艺。通过原位还原步骤消除 Cu 表面缺陷形核位点,从而抑制前驱体的吸附和形核过程,这揭示了原位表面还原工艺与高选择性的内在关系。该工艺中在 SiO_2 表面薄膜沉积厚度为 5 nm 以上时,选择性可维持在最高值 100%,为后道互连中选择性沉积介电隔离层提供了工艺与方法。

4.2.1　酸碱度诱导的选择性沉积研究

对于不同材料表面的 AS-ALD,目前该领域已经实现了各种金属、半导体或电介质材料之间的组合,例如 Ag 和 SiO_2、Pt 和 SiO_2、α-Si:H 和 SiO_2、SiO_2和 SiN、TiN 和 SiO_2 等。这些材料体系中的选择性 ALD 主要取决于不同的表面官能团类型,例如活性氧和羟基、氢化物和羟基、氨基和羟基等。调节沉积温度可以进一步扩大这些表面的生长速率差异。针对氧化物与氮化物的选择性,研究显示活化能的差异致使前驱体在表面—OH 与—NH_2 基团上的吸附行为存在差异。通常,表面解离氧的活性高于羟基,羟基活性又高于氢、氨基和甲基等。因此,较大的热力学差异有助于在具有不同官能团的表面上进行选择性沉积[17]。然而,在具有相同官能团的化学相似表面,热力学差异较小,选择性沉积极具挑战性,比如都是羟基的氧化物表面。

本研究发展了适用于不同氧化物基底的固有选择性 ALD 工艺。以表面都是羟基的 MnO_2、SiO_2、Ta_2O_5、Al_2O_3 和 HfO_2 等常见的介电氧化物为例展开研究。此外,目标沉积材料 Ta_2O_5 是一种有前景的高介电常数材料,可应用于忆阻存储器、Cu 扩散阻挡层、Si 钝化层和电荷俘获层。Ta_2O_5 的 ALD 过程使用五乙醇钽($Ta(OEt)_5$)和 O_3 作为反应物。在碱性的 HfO_2 和 Al_2O_3 基底上,有超过 200 次 ALD 循环的形核延迟期,而在酸性基底(如 MnO_2、SiO_2 和 Ta_2O_5)上则观察到明显的线性生长,最佳的选择性 ALD 温度窗口为 150~260 ℃。通过实验和理论研究发现,氢传递作为化学吸附的决速步,是在—OH 端氧化物表面实现选择性 ALD 的关键。在 SiO_2 等酸性氧化物上,可以发生氢传递反应,即前驱体的—OEt 配体脱附后形成乙醇,而剩余的中间体则牢固地键合在表面上。对于碱性氧化物,活性形核位点较少,且氢传递反应的较高势垒使其难以发生[18]。

针对选择性沉积机理的研究,需要对 ALD 的反应过程进行分析,揭示前驱体在不同酸碱度表面吸附行为的差异。利用原位残余气体质谱分析过程,在 SiO_2 纳米颗粒表面采用具有多个 AB 型($Ta(OEt)_5$-O_3)循环的 ALD 工艺,如图 4-8(a)所示。研究发现,在 SiO_2 表面上的 $Ta(OEt)_5$ 脉冲期间存在多个明显的 EtOH 副产物峰。该结果表明—OEt 配体通过与表面活性基团—OH 中的 H 发生氢传递反应而脱附。值得注意的是,除了此类氢传递反应,前驱体吸附时可能还存在其他副反应,例如前驱体的 β-氢消除过程、副产物二次反应等。在本节中,为了简化分析,不考虑这类副反应。在 O_3 的后半反应中,前驱体残余基团被完全反应,表面重新活化。在 O_3 脉冲过程中,生成的产物主要是 O_2、H_2O 和 CO_2。后半反应没有观察到 EtOH 信号,这可能是由 O_3 的强氧化性造成的。因此,残留的配体和副产物被氧化形成 CO_2 和 H_2O,而多余的 O_2 来自 O_3 的分解以及其中混合的氧气。在下一个前驱体脉冲时,表面继续发生化学吸附过程,使 EtOH 持续产生。

后续开展了前驱体和共反应物分别连续通入实验,比较在 SiO_2、HfO_2 和

Al_2O_3 基底上进行 AB 型（$Ta(OEt)_5$-O_3）循环时 ALD 表面反应的差异。对于 SiO_2 基底，前驱体脉冲主要产生 EtOH 分子，后半反应生成 H_2O 和 O_2，如图 4-8(a)所示。对于 HfO_2 基底，在前驱体脉冲期间几乎没有 EtOH 产生，这意味着仅有少量配体被化学解吸，如图 4-8(b)所示。同样的现象也出现在 Al_2O_3 基底表面，如图 4-8(c)所示。如前文所述，EtOH 是—OEt 配体与基底表面羟基中的 H 发生氢传递反应产生的。对于 HfO_2 和 Al_2O_3 基底，表面羟基的 O—H 键可能难以断裂，从而阻碍 EtOH 的产生。图 4-8(d)显示了三种不同基底上产物 EtOH 的压力。研究发现，SiO_2 基底上 EtOH 产量最高，而 HfO_2 和 Al_2O_3 基底上的信号与质谱仪的背景噪声处于同一水平，已经低于检测限。因此，可以判定在 HfO_2 和 Al_2O_3 基底表面，氢传递反应受到阻碍，而在 SiO_2 基底表面上 ALD 反应则能顺利进行。氢传递反应是前驱体化学吸附的决速步，其在不

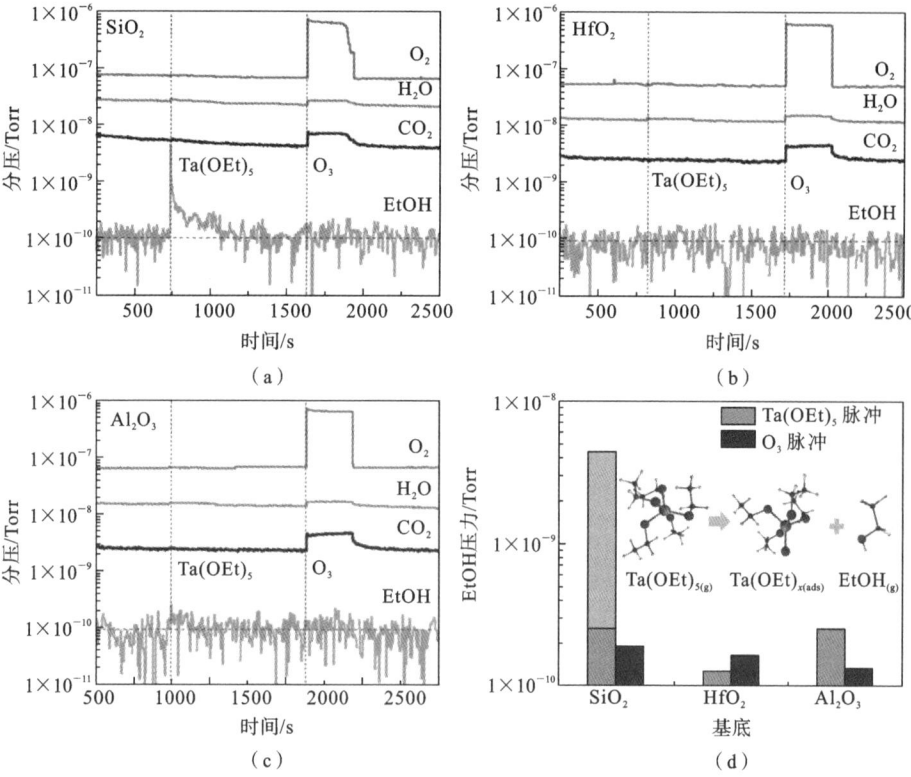

图 4-8　沉积温度为 200 ℃、反应物脉冲时间为 300 s 以及吹扫时间为 600 s 时，进行 TaO_x ALD 时通过 RGA 检测不同基底的反应副产物：在(a)SiO_2、(b)HfO_2 和(c)Al_2O_3 纳米颗粒上的 RGA 测试；(d)$Ta(OEt)_5$ 和 O_3 脉冲期间的 EtOH 压力比较，插图显示了 EtOH 的生成过程

同表面的差异是导致选择性不同的主要原因。

采用石英晶体微天平(QCM)对形核行为进行分析。首先,研究了 QCM 的基线和前驱体单通实验,如图 4-9 所示。实验前,对基线进行校准,在基线稳定后开始进行测试。在没有任何前驱体脉冲的情况下,基线保持稳定,增重数值为零。在沉积温度为 200 ℃时,单通 Ta(OEt)₅ 前驱体脉冲,一开始有增重,但是在随后的吹扫步骤中又降为零,总的增重稳定在零。上述结果说明,多余的前驱体被吹扫干净,没有难以去除的强键合化学吸附的前驱体。在 100 ℃时,由于前驱体冷凝,前驱体不能被完全吹扫干净,导致少量增重。

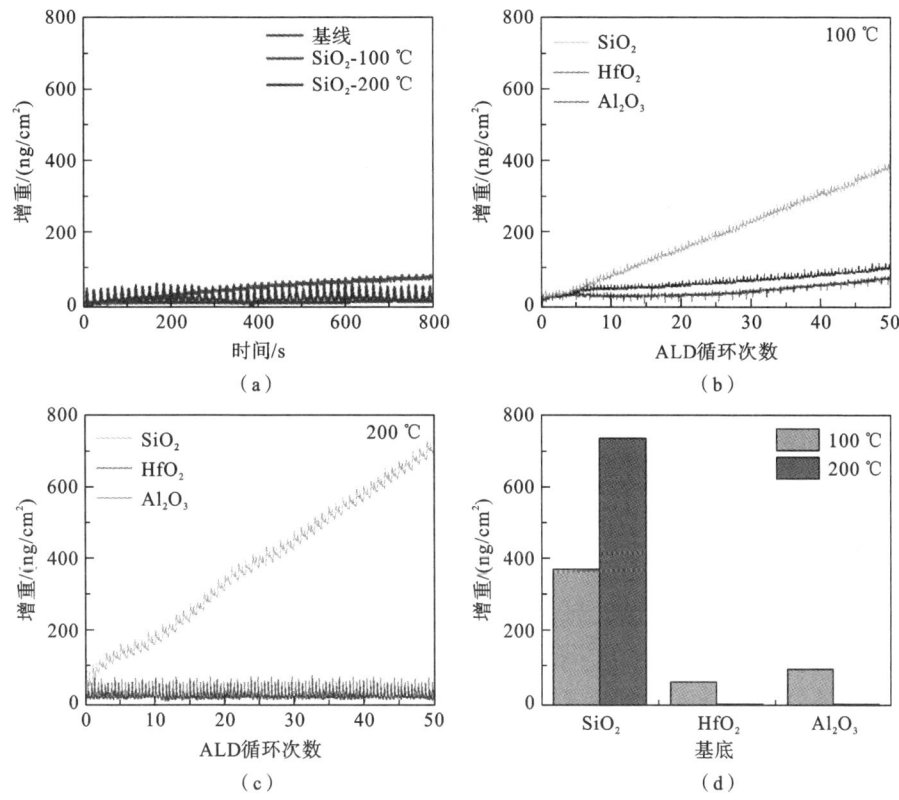

图 4-9 单通前驱体脉冲和正常 ALD 的 QCM 增重测试:(a) 于 100 ℃和 200 ℃在 SiO₂ 包覆的晶振片上进行基线校准和多次通入 Ta(OEt)₅ 的 QCM 测试;在(b)100 ℃和(c)200 ℃时,分别于 SiO₂、HfO₂ 和 Al₂O₃ 表面进行 TaOₓ 薄膜 ALD,通过 QCM 观察质量变化;(d)在 50 次 ALD 循环时,三种表面的增重比较

通过 QCM 测试发现,在 100 ℃的低温下,酸性氧化物 SiO₂ 表面与碱性氧化物 Al₂O₃ 和 HfO₂ 表面的生长速率存在明显差异,从而验证了选择性[19],如

图 4-9(b)所示。但是,低温会使 Al_2O_3 和 HfO_2 表面上发生沉积。碱性氧化物表面的少量增重可能由前驱体冷凝导致。SiO_2 表面的线性生长结果表明,与 HfO_2 和 Al_2O_3 相比,前驱体更易于在 SiO_2 表面发生吸附和反应。上述结果表明,低沉积温度下选择性较弱。在 200 ℃时,HfO_2 和 Al_2O_3 表面的 ALD 反应有较长的形核延迟,而在 SiO_2 表面薄膜生长呈线性,如图 4-9(c)所示。在 ALD 温度窗口内,碱性基底表面吸附的前驱体在 Ar 吹扫后被带走。对于 SiO_2 基底,TaO_x 薄膜几乎呈线性生长。SiO_2 表面上的微小质量波动是由温度和气流的不稳定引起的。对不同基底表面的增重进行柱状图对比,如图 4-9(d)所示。在 200 ℃时,SiO_2 表面增重较多是由于前驱体在其表面易于吸附和反应,从而使薄膜沉积;而 HfO_2 和 Al_2O_3 表面增重几乎为零,这是由前驱体脱附导致的,没有缺陷形核产生。

选择性主要与前驱体的吸附/脱附行为有关。ALD 温度窗口内,弱键合的物理吸附前驱体可被吹扫干净,而表面化学吸附最终取决于表面化学特性。基底表面能的差异导致形核势垒的不同。虽然表面能可直观解释选择性的来源,但是表面能的数据不易获得。目前,该领域研究氧化物基底表面的反应性差异的方法主要是各种可能的吸附机制。对于小分子抑制剂的选择性吸附,研究表明其最终都依赖于某种形式的 Lewis 或 Brønsted 酸碱表面化学过程。Brønsted 酸碱理论侧重于质子的转移,而 Lewis 酸碱理论则侧重于电子孤对的迁移。根据上述任一类型,可以定义小分子抑制剂的反应性。例如,Suh 等人研究了纯铜表面上 4-辛炔的吸附过程,认为 Lewis 碱性电子转移导致了分子再杂化(从 sp 到 sp^2)。此外,Khan 等人研究发现,酸性 SiO_2 表面上的羟基与氨基硅烷抑制剂上的碱性酰胺配体反应,可以促进氨基硅烷在酸性表面的选择性化学吸附。Merkx 等人发现,弱酸性的乙酰丙酮优先与碱性基底结合,形成稳定的螯合结构。上述气相小分子通过与基底相互选择,从而获得基于酸碱度表面特征的选择性吸附行为。在本研究中,前驱体也是气相小分子的一种,部分研究中也用前驱体分子作为气相抑制剂。因此,上述理论同样适用于前驱体分子的选择性吸附过程。

为了量化基底表面的差异并分析前驱体和不同基底之间的反应性,合理方法是研究它们的相对酸度。例如,在本研究中,碱性前驱体易于化学吸附在酸性基底上,从定性的角度解释了选择性。一种定量测量氧化物 M_xO_y(M 为金属或准金属)表面酸度(SA)的方法如下:

$$SA = n_M - 2\delta_M \tag{4-4}$$

其中,n_M 代表金属或准金属的氧化态,δ_M 代表金属或准金属离子的桑德森 (Sanderson)部分电荷。δ_M 定义如下:

$$\delta_M = \frac{\sqrt[(x+y)]{\left[(S_{M^{n+}})^x (S_O)^y \right]} - S_{M^{n+}}}{2.08\sqrt{S_{M^{n+}}}} \qquad (4-5)$$

其中,$S_{M^{n+}}$ 和 S_O 表示氧化态为 n 的金属或准金属离子以及氧元素的 Sanderson 电负性。利用上述公式即可算得氧化物基底表面的酸碱度。

在这一部分中,还对 CuO 和 ZnO(碱性)基底上的 ALD 工艺进行了补充分析,将氧化物基底范围进一步扩大。在与 SiO_2 进行对比实验时,CuO 和 ZnO 基底有一定的形核延迟,而 SiO_2 表面则一直是线性生长。

对不同氧化物基底的酸度和薄膜沉积厚度之间的关系进行总结,如图 4-10 所示。其中,Hf^{4+}、Cu^{2+}、Zn^{2+}、Al^{3+}、Si^{4+} 和 Mn^{4+} 的 $S_{M^{n+}}$ 值分别为 0.810、2.030、2.220、1.710、2.138 和 2.740。因此,计算得到 HfO_2、CuO、ZnO、Al_2O_3、SiO_2 和 MnO_2 的表面酸度分别为 0.90、1.01、1.14、1.47、2.73 和 3.29。研究发现,表面呈碱性的氧化物基底会显著地抑制形核过程。此外,$Ta(OEt)_5$ 前驱体在反应过程中容易获得基底表面羟基上的质子 H。碱性反应物倾向于在酸性表面反应,而在碱性表面的反应受到抑制。采用质谱仪和石英晶体微天平进行测试,进一步验证了基底的酸碱性会影响羟基中的 H 从基底向前驱体的转移过程,并反映了表面位点的活性。基底表面酸性越强,质子转移越容易。需要注意的是,表面酸度与沉积厚度不成线性关系。例如,对于同处于酸性区

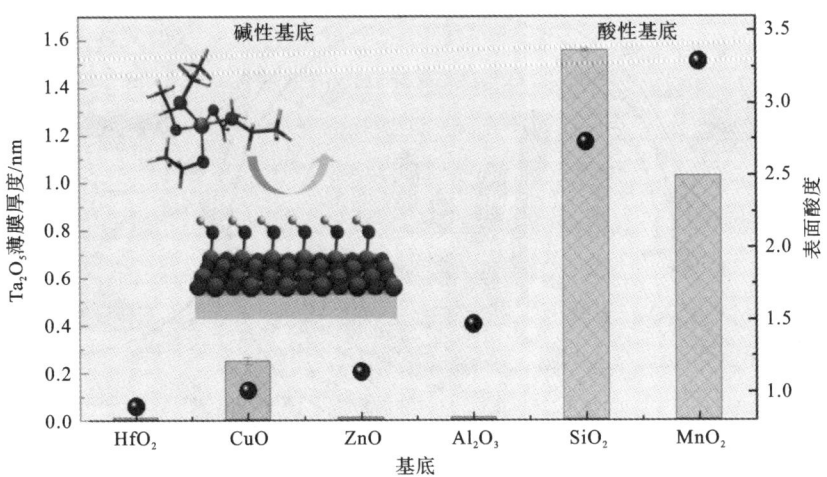

图 4-10 在 200 ℃下进行 100 次 ALD 循环时,在 HfO_2、CuO、ZnO、Al_2O_3、SiO_2 和 MnO_2 等氧化物基底上的 Ta_2O_5 薄膜厚度和表面酸度的分区特性

域或碱性区域的氧化物基底,其表面上薄膜的生长厚度也存在差异。由此可见,酸碱度只是影响选择性的一个关键因素。

如前文所述,表面酸度的作用机理还可能导致羟基状态的差异和氢传递反应势垒的不同。研究发现,氧化物基底表面羟基中 O—H 键的键级分别为 $0.742(SiO_2)$、$0.828(MnO_2)$、$0.832(Al_2O_3)$、$0.841(HfO_2)$、$0.962(ZnO)$。碱性基底键级越大,O—H 键越稳定,ALD 前驱体化学吸附过程中基团越不容易脱附,因此氢传递反应和形核过程被抑制。所以,碱性基底氢传递反应被抑制是导致选择性沉积的主要原因。对于 CuO 基底,键级为 0.795,介于 SiO_2 和 MnO_2 两者键级之间,这可能是其表面相对于其他碱性基底更易形核的原因。因此,实际的表面形核过程可能受到酸碱度、羟基特性以及各种工艺因素的综合影响。

综合上述分析,在 SiO_2 基底上,$Ta(OEt)_5$ 脉冲期间约有两个—OEt 配体发生氢传递和脱附反应。在 O_3 脉冲后,剩余配体分解为 CO_2 和 H_2O。仅在 SiO_2 表面可完成一次完整的 ALD 循环过程。对于 Al_2O_3 基底,通过计算发现,即使能脱附一个—OEt 基团,第二个—OEt 配体也难以脱附(势垒高达 $1.04\ eV$),并且易发生配体交换反应,导致 $Ta(OEt)_5$ 前驱体被氩气吹扫干净。在 HfO_2 表面,前驱体由于较高势垒($0.86\ eV$)而难以发生化学吸附,但是弱结合的物理吸附能持续发生。三种基底表面的前驱体吸附以及 ALD 反应路径的差异如图 4-11 所示。总之,选择性取决于前驱体在羟基表面的氢传递反应,酸性表面促

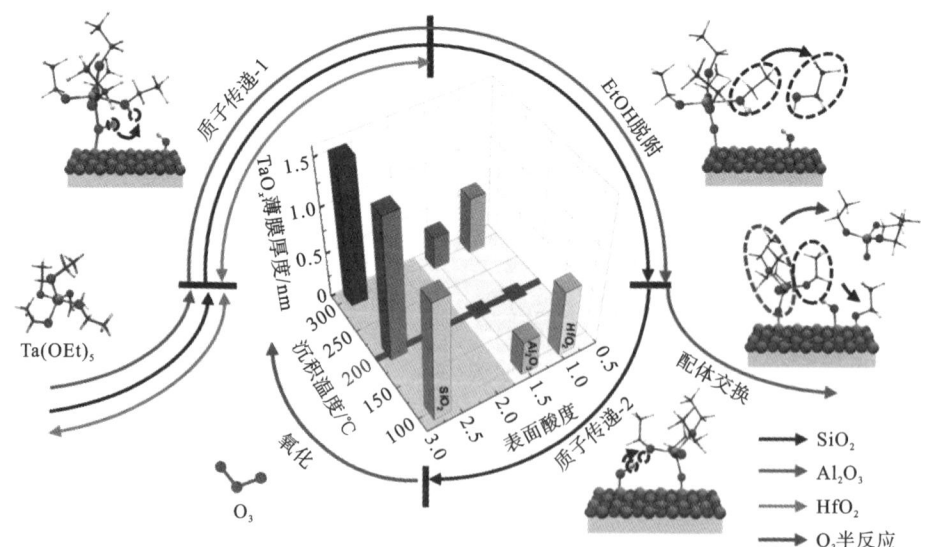

图 4-11　三种基底表面的前驱体吸附以及 ALD 反应路径差异示意图

进 $Ta(OEt)_5$ 前驱体的吸附,而碱性表面抑制 ALD 形核。图 4-11 中的三维柱状图体现了影响这类固有选择性 ALD 的关键因素,包括基底表面酸度和沉积温度。碱性氧化物表面氢传递反应受阻为固有选择性 ALD 提供了一种新策略,进一步拓展了选择性沉积方法。

4.2.2　电负性诱导的选择性沉积研究

MnO_x 可作为金属扩散阻挡层而备受关注,在本节中作为目标沉积薄膜。实验中选取 $Mn(EtCp)_2$ 为前驱体源。其中心原子 Mn 表现为 +2 价,有机配体则为两个乙基环戊二烯。ALD 过程中共反应物选取较为常见的 H_2O、O_2 和高活性的 O^{2-} 等离子体。本节在 Cu/SiO_2 以及 Pt/SiO_2 的微米图案化结构上进行 MnO_x 沉积,沉积温度为 80 ℃、125 ℃ 和 215 ℃。当温度从 80 ℃ 升高到 125 ℃ 时,Pt/SiO_2 图案的选择性值从 0.39 提高到 0.5。在 215 ℃ 时,选择性值略有下降,为 0.48。$Mn(EtCp)_2$ 前驱体中 Mn 是 +2 价的,经 ALD 后前驱体中心原子价态升高,此时 Mn^{2+} 作为还原剂参与反应。有研究表明,低价态前驱体在基底表面会发生氧化还原反应,造成中心元素价态升高。因此,在 ALD 过程中,MnO_x 因氧化而呈现较高的价态。四价 Mn 元素在 Pt 表面的比例高于在 SiO_2 表面的比例,这可能与 Pt 的催化活性有关。Pt 基底表面活性氧物种能持续氧化前驱体中二价中心原子。金属表面促进形核或许是因为表面吸附的活性氧物种,这会导致前驱体分解和形核。研究基底表面的氧物种对选择性沉积过程中非生长区的初始形核是十分重要的。

为了进一步分析表面氧物种的作用,采用 X 射线光电子能谱(XPS)测量了 MnO_x 沉积前后 Si、Pt 和 Cu 基底的成分变化。在 ALD 前,所有基底在 125 ℃ 的 10% 的 H_2(Ar 为混合气)环境中进行还原处理,然后基底被转移到 ALD 反应器中来沉积 MnO_x。SiO_2/Si 基底在沉积前后均存在一定的氧化物,如图 4-12(a) 所示。研究发现,在 ALD 前,Pt 和 Cu 基底不可避免地有少量被氧化,这可能是由样品转移导致的。在 50 次 ALD 循环后,Pt 表面被轻微还原,氧化态含量从 51% 下降到 40%,如图 4-12(b) 所示;而 Cu 基底则被明显还原,+2 价 Cu 的含量从 53% 快速下降到 15%,并且 +2 价 Cu 的卫星峰强度显著降低,如图 4-12(c) 所示。对 ALD 前后基底表面氧化态含量进行对比,如图 4-12(d) 所示。

在 ALD 过程中,基底和 $Mn(EtCp)_2$ 前驱体之间发生电子转移,导致基底氧化层的还原。可以看到,表面氧物种能作为 MnO_x 沉积的活性位点,可以促

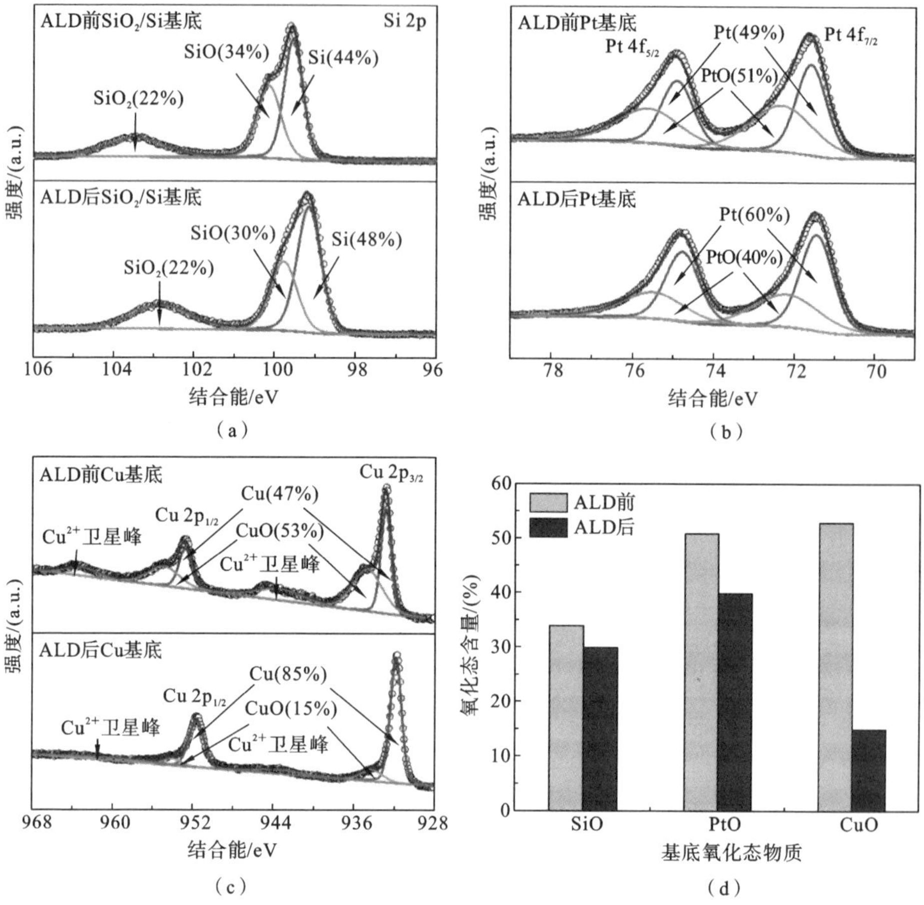

图 4-12　ALD 沉积前后基底氧化态的 XPS 表征(50 次 ALD 循环),包括(a)MnO$_x$ 沉积前后 SiO$_2$/Si 基底的 Si 2p 的 XPS 谱图、(b)Pt 基底的 Pt 4f 的 XPS 谱图和(c)Cu 基底的 Cu 2p 的 XPS 谱图;(d)MnO$_x$ 沉积前后三种基底表面氧化态含量的变化

进 ALD 形核及反应。因此,避免非生长区的氧化还原反应可以抑制 ALD 的形核。实验中,CuO 快速消失可能使基底活性位点大幅减少,造成＋4 价 Mn 缺失。该现象或许也是 Cu/SiO$_2$ 基底组合时选择性快速丧失的原因。

　　金属表面具有催化活性,这为定性的选择性提供了理论解释。但是,表面催化活性的量化存在困难。可行的方法是引入微观表面的电负性理论。原子的电负性代表稳定分子中中性原子对电子的吸引力。金属表面存在氧物种,金属原子与氧原子之间的电负性差值与该异核键能的大小有关,可以反映表面氧物种的活性。因此,为了进一步探究基底的影响,建立了选择性与 M(M＝Pt、

Cu、Si)和 O 的电负性差值的对应关系。Pt、Cu、Si 和 O 的鲍林(Pauling)电负
性分别为 2.28、2.00、1.90 和 3.44。因此,M(M＝Pt、Cu 和 Si)与 O 的电负性
差值依次为 1.16、1.44 和 1.54。结果表明,选择性与电负性的差值负相关,如
图 4-13(a)所示。M—O 电负性差值越小,M—O 键能越小,表明氧物种活性越
高。基底电负性可能会影响 Mn(EtCp)$_2$ 前驱体在 Si—O、Cu—O 和 Pt—O 表
面的化学吸附过程。

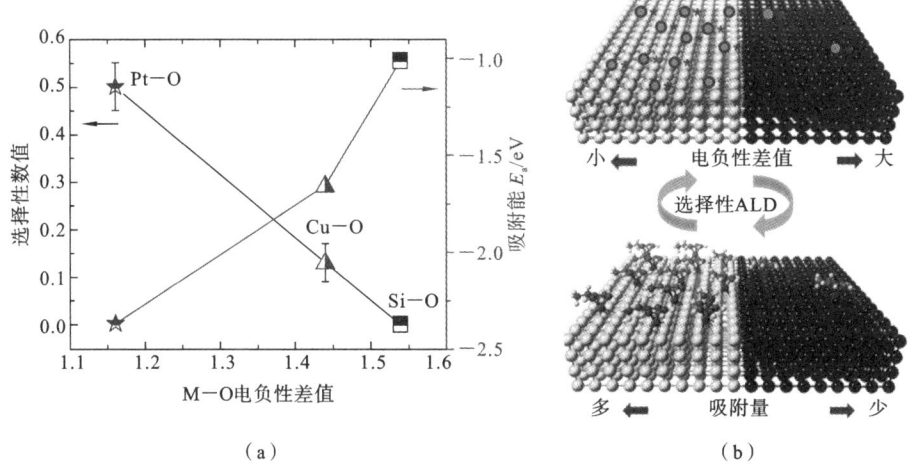

（a）　　　　　　　　　　　　　　　　（b）

图 4-13 金属表面优先沉积的选择性 ALD 原理:(a) 选择性数值和吸附能与基底 M—O(M
　　　 ＝Si、Cu 和 Pt)电负性差值的对应关系;(b) Mn(EtCp)$_2$ 前驱体在不同电负性差值
　　　 的基底表面上的选择性吸附示意图

前驱体在基底表面上的吸附能 E_a 定义为

$$E_a = E^*_{ads} - E^* - E_{gas} \qquad (4\text{-}6)$$

其中,E^*_{ads} 表示表面吸附前驱体后的总能量,E^* 和 E_{gas} 分别表示理想表面和前驱体
气态分子的能量。通过计算,得到的吸附能绝对值按 Si—O、Cu—O 和 Pt—O 的
顺序增大。吸附能绝对值越大,越容易吸附大量前驱体,形核也越容易发生。

选择性沉积的主要机理是两种表面之间的化学吸附能存在差异。在形核
阶段,前驱体被化学吸附在表面氧物种上形成 M—O—Mn 键。M—O 键能受
电负性影响,进而影响化学吸附。M—O 电负性差值越小,键能越小,表面氧物
种活性越高,有利于吸附更多前驱体。图 4-13(b)直观展现了电负性差值对前
驱体吸附量的影响。通过对基底表面化学状态的量化,电负性差异诱导的选择
性沉积为该类 DoM(deposition on metal)体系选择性来源提供了补充解释。

4.2.3　还原-氧化循环耦合选择性沉积工艺

通常,SiO_2 上的表面物种是羟基,而自然暴露的铜表面物种包括金属态 Cu、+1 价 Cu、+2 价 Cu、羟基等。为了抑制 Cu 上的形核,表面化学状态的调整对于固有选择性 ALD 至关重要。在本研究中,叔丁基三(二甲基氨基)钽 $(Ta(N^tBu)(NEt_2)_3)$ 作为 ALD 的前驱体。从低活性到高活性的氧源,如还原剂乙醇(CH_3CH_2OH,EtOH),刻蚀剂乙酸(CH_3COOH,HAc),以及氧化剂 H_2O、O_2 和 O_3 等作为共反应物。研究发现,金属态 Cu 基底氧化会使表面缺陷形核位点增加,这是选择性丧失的主要原因。基于此,发展了优化的"还原-吸附-氧化"ABC 型(CH_3CH_2OH-$Ta(N^tBu)(NEt_2)_3$-H_2O)嵌套循环的 ALD 工艺[20]。其中,EtOH 脉冲可以原位去除金属表面的氧化物,降低表面缺陷形核位点密度,从而实现可靠的选择性沉积。与—OH 端的 SiO_2 相比,这种 DoD (dielectric on dielectric)类型的选择性源于金属态 Cu 表面更高的形核势垒和更低的形核位点密度。最后,TaO_x 的选择性沉积可以应用于半导体器件中 Cu/SiO_2 的纳米图案化结构,实现自对准制造并简化工艺步骤[21]。

在 ABC(共反应物 A-前驱体 B-共反应物 C)类型工艺中,基于 EtOH-$Ta(N^tBu)(NEt_2)_3$-H_2O 的 ABC 型 ALD 工艺的选择性非常高。研究发现,在 ALD 最初的数十次 ALD 循环时,表层薄膜厚度下降,这可能是因为 EtOH 对 Cu 表面氧化层的还原。这种现象在基于 EtOH 的 AB 型 ALD 工艺中也有发现,EtOH 能持续原位去除非生长区的形核缺陷,比 AB 型($Ta(N^tBu)(NEt_2)_3$-H_2O)ALD 工艺更加可控。

另外,基于 CH_3COOH 的 ABC 型 ALD 工艺选择性较低,可能是因为 CH_3COOH 的引入提供了活性形核位点。值得注意的是,在高活性的 O_3 条件下,形核滞后不到 10 个循环,选择性快速丧失。O_3 可能致使 Cu 表面氧化,促进前驱体的形核,这与之前的结果一致。为了抑制非生长区的形核,含 EtOH 的 EtOH-$Ta(N^tBu)(NEt_2)_3$-H_2O、$Ta(N^tBu)(NEt_2)_3$-EtOH 脉冲序列是优先考虑的 ALD 工艺。

利用 XPS 分析沉积前后基底 Cu 元素价态的变化。为了研究 Cu 表面的化学成分,对原始 Cu 基底和经 50 次、100 次和 200 次 ABC 型 ALD 循环后的 Cu 基底进行了 XPS 表面分析,如图 4-14 所示。研究发现,Cu 2p 有两个分立的能级,并且还有两个较小的 Cu^{2+} 卫星峰,原始基底有少量氧化。对 XPS 谱图进行分峰处理,位于约 933 eV 和约 935 eV 处的峰值分别对应 Cu^0/Cu^{1+} 和 Cu^{2+} 的能级。金属态 Cu 和＋1 价 Cu 的峰位基本重合,因此合并为一个拟合峰。研究发现,初始 Cu 表面＋2 价 Cu 含量约为 48%。由于 Cu 表面非常容易氧化,因此取样和测试过程等都可能导致表面氧化。对比原始 Cu 基底和经 50 次 ABC 型 ALD 循环后的 Cu 基底,＋2 价 Cu 含量降至 25%。EtOH 能还原部分氧化态,致使＋2 价 Cu 含量快速降低。EtOH 能还原金属表面,可以原位去除金属表面的活性形核位点。另外,研究发现,在 50 次、100 次和 200 次循环沉积后,Cu 基底表面仍保持较低的氧化态含量。并且,随着循环次数的增加,氧化态含量逐渐增加,从 25% 到 30%,最后到 33%。这是因为在 ABC 型 ALD 工艺的 C 步骤中,H_2O 脉冲可能使 Cu 的氧化态含量增加,导致缺陷位点形核,选择性开始降低。因此,在"还原-吸附-氧化"的 ABC 型 ALD 工艺中,Cu 表面同时存在氧化和还原两个相互竞争的过程。基底氧化态含量增加可能是导致选择性逐渐丧失的原因。

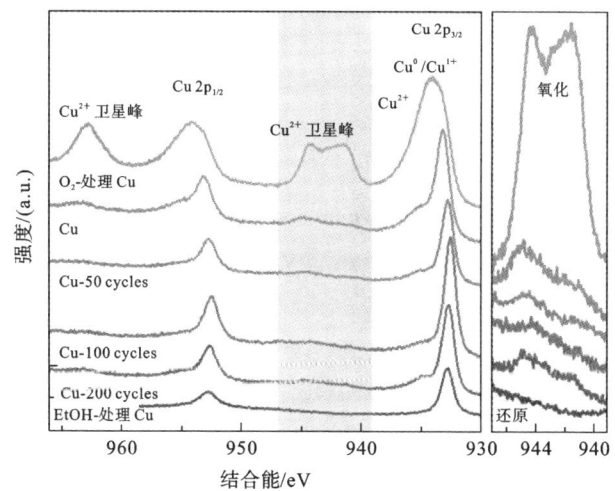

图 4-14 Cu 2p 能级的 XPS 窄扫谱图(包括原始 Cu 基底和经 50 次、100
次和 200 次 ABC 型 ALD 循环后的 Cu 基底)

为了验证 Cu 表面形核抑制的来源,进一步分析了不同预处理状态下 Cu 表面的形核抑制效果,包括经 EtOH 处理的 Cu、经 HAc 浸泡还原后的 Cu、分别经 O_2 和 O_3 氧化处理的 Cu。对于经 HAc 浸泡还原后的 Cu,在椭偏仪测试中,Cu 薄膜的总厚度显著降低,表面经刻蚀后剩下金属态 Cu。对于经 O_2 氧化处理的 Cu,薄膜总厚度明显增加,金属态 Cu 转变为高价态的 CuO。对于经 O_3 氧化处理的 Cu,薄膜总厚度也明显增加,表面主要是 CuO。经 EtOH 处理和经

HAc 浸泡还原后的 Cu 表面均有一定的形核延迟,选择性较高。而经 O_2 和 O_3 氧化处理后的 Cu 表面薄膜沉积都非常迅速,致使选择性快速下降。相较于经 O_2 氧化处理的 Cu,经 O_3 氧化处理的 Cu 上的薄膜沉积速率更快,这可能是因为 O_3 的活化作用,该作用促进了更多高活性形核位点的生成。上述结果说明 CuO 不利于选择性沉积。

从图 4-15 中可以看到,金属态 Cu 和氧化态 Cu 基底的选择性沉积结果可以分为两个区域,金属态 Cu 基底选择性较高,分别为 91.2%(EtOH 处理)和 76.8%(HAc 处理);氧化态 Cu 基底选择性较低,分别为 37.8%(O_2 处理)和 8.4%(O_3 处理)。因此,要实现最优的选择性需要抑制 Cu 表面氧化。引入 EtOH 的 ABC 型 ALD 工艺在每个前驱体脉冲前对 Cu 表面进行原位还原,这是选择性提升的关键。

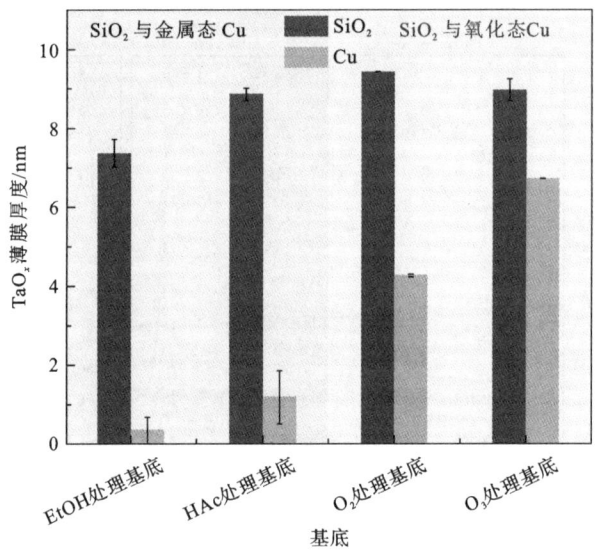

图 4-15　不同表面预处理状态下 SiO_2 和 Cu 表面的薄膜厚度对比

将 EtOH 和 HAc 两种处理对 Cu 基底的影响总结为如下反应式。
EtOH 还原过程:

$$CuO + CH_3CH_2OH \longrightarrow Cu_2O + H_2O(g) + CH_3CHO(g) \tag{4-7}$$

$$Cu_2O + CH_3CH_2OH \longrightarrow Cu + H_2O(g) + CH_3CHO(g) \tag{4-8}$$

HAc 刻蚀过程:

$$CuO + CH_3COOH \longrightarrow Cu(CH_3COO)_2 + H_2O(g) \tag{4-9}$$

总结上述不同处理过程中 Cu 表面高价态氧化物的含量,如图 4-16 所示。

经 O_2 氧化后＋2 价 Cu 含量较自然暴露的基底有所增加,并且前面的结果也说明＋2 价 Cu 的卫星峰明显增强。而经 EtOH 处理的 Cu 表面基本没有氧化态,证实了其还原作用,形核抑制效果较好。但是,随着 ALD 循环次数的增加,Cu 表面反复暴露在高温高湿以及反应物环境中,导致 Cu 表面＋2 价 Cu 增多并出现缺陷位点形核。上述结果揭示了 Cu 表面氧化会导致选择性丧失的原因,耦合基底还原过程的 ABC 型 ALD 工艺为选择性沉积的发展提供了新方法。

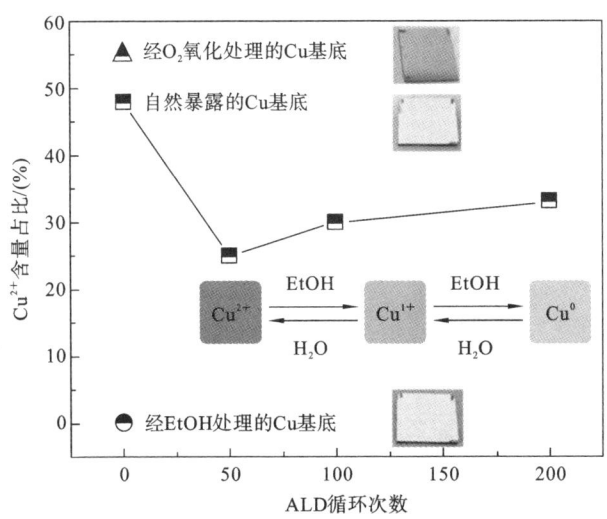

图 4-16 经 O_2 氧化、经 EtOH 还原以及经 0 次、50 次、100 次和 200 次 ALD 循环时,Cu 基底表面的 Cu^{2+} 含量占比。手绘插图显示了 EtOH 注入期间 Cu 表面氧化物的还原与 H_2O 注入期间低价 Cu 的氧化之间的竞争关系。光学内插图显示了 O_2 氧化、EtOH 还原以及自然暴露 Cu 表面的形貌

本节全部采用原位 ABC 型(EtOH-Ta(N^tBu)(NEt_2)$_3$-H_2O)的选择性 ALD 工艺。在 A 步骤中,Cu 表面被还原,无活性基团;而羟基端 SiO_2 表面仍有大量羟基位点可供吸附和反应。在 B 步骤中,前驱体在还原后的 Cu 表面不发生沉积,而在 SiO_2 表面发生单层饱和吸附,过量的物理吸附分子被 Ar 吹扫干净。在 C 步骤中,由于 H_2O 具有一定的反应活性,Cu 基底表面在高温高湿环境下发生氧化;而 SiO_2 表面吸附的前驱体中间产物表面的配体被反应掉,基底重新形成活性位点,有利于后续吸附。ABC 型"还原-吸附-氧化"嵌套循环选择性 ALD 工艺的示意图如图 4-17 所示。

固有选择性 ALD 是面向未来半导体制造的一项新兴技术,可以简化制程,并提升工艺误差容忍度。本节在纳米级 Cu/SiO_2 图案表面进行了选择性 ALD

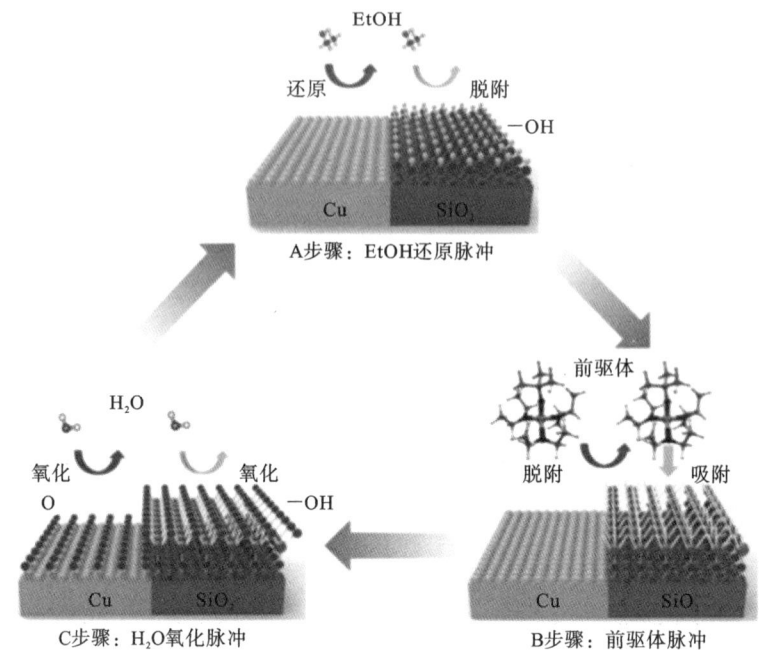

图 4-17　ABC 型"还原-吸附-氧化"嵌套循环选择性 ALD 工艺的示意图

工艺研发。采用密集通孔链阵列中 Cu/SiO_2 纳米结构进行横截面透射电子显微镜（TEM）分析。Cu/SiO_2 纳米图案由光刻和化学机械抛光（CMP）制得。原始 Cu/SiO_2 图案和通过耦合氧化还原过程的固有选择性 ALD 制备的图案化 Ta_2O_5 薄膜的示意图如图 4-18(a)和(b)所示。在 ALD 前，图 4-18(c)中的 Cu 和 SiO_2 区域上没有沉积 Ta_2O_5 薄膜。Cu/SiO_2 图案的半间距为 120 nm，临界尺寸为 50 nm。经过"还原-吸附-氧化"嵌套循环 ALD 后，SiO_2 表面沉积了保形厚度大于 5 nm 的 Ta_2O_5 薄膜，而 Cu 区域保持原始状态，没有任何形核缺陷，如图 4-18(d)所示。该方法实现了纳米图案表面的选择性沉积。

对边界区域进行局部放大，然后进行暗场 TEM 结构观察和能量色散 X 射线谱（EDS）元素分析。从暗场 TEM 中可以看到，Ta_2O_5 薄膜在遇到 Cu 沟槽时被阻断，如图 4-19(a)所示。

线扫 L1（见图 4-19(b)）结果显示，铜上几乎不存在 Ta 元素。而线扫 L2（见图 4-19(c)）结果则显示，SiO_2 表面有 Ta 元素沉积。此外，从面扫结果（见图 4-19(d)~(f)）可以看出，Cu 表面没有 Ta 元素，而 SiO_2 表面有 Ta 元素，这与线扫结果相符。因此，在选择性 ALD 后，SiO_2 表面沉积了保形 Ta_2O_5 薄膜，而 Cu

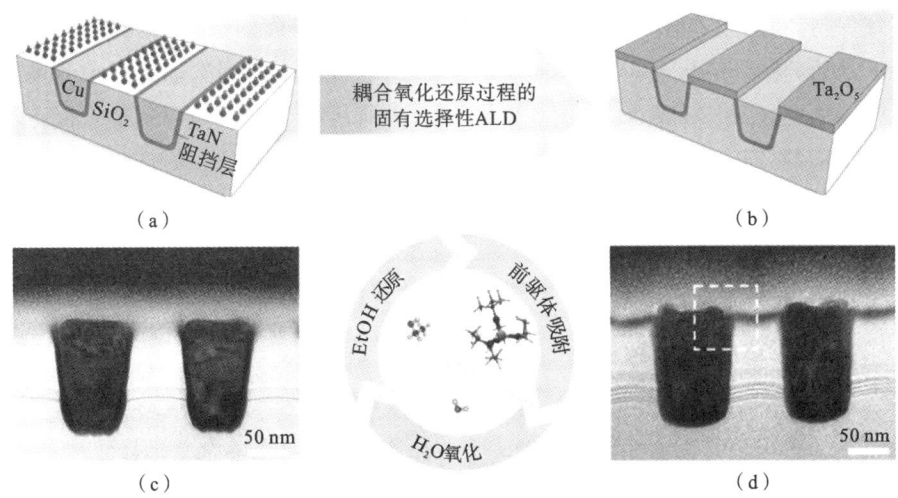

图 4-18　选择性 ALD 工艺示意图和对应的 TEM 图像：(a) 原始 Cu/SiO₂ 图案和 (b) 耦合
氧化还原过程的固有选择性 ALD 制备的图案化 Ta₂O₅ 薄膜示意图；(c) 选择性
ALD 前和 (d) 选择性 ALD 后的 TEM 图像

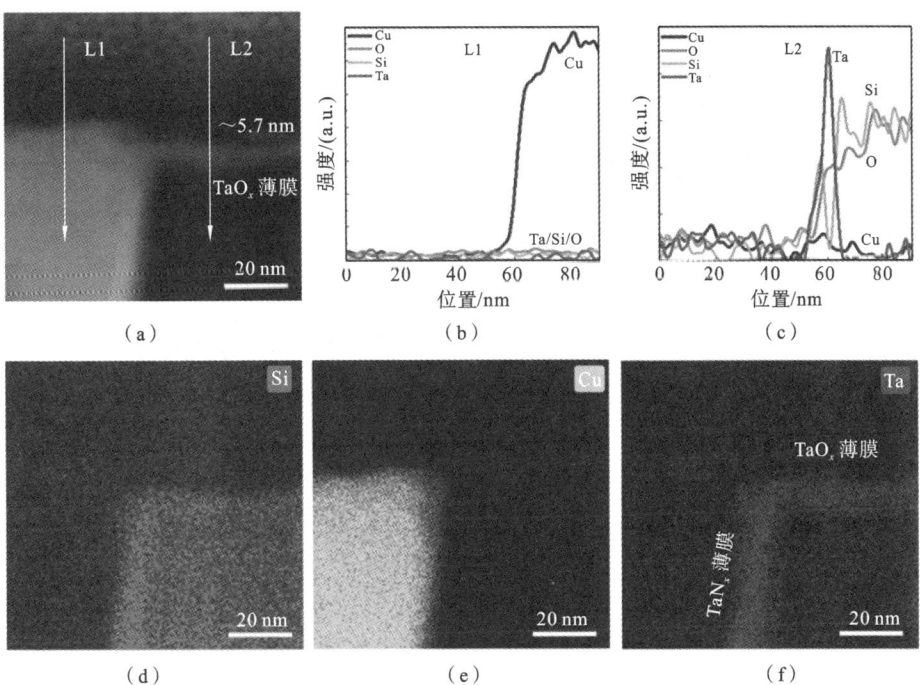

图 4-19　在 Cu/SiO₂ 图案上进行 100 次 ALD 循环后的微区 TEM 分析：(a) 暗场 TEM 图
像；(b)Cu 和 (c)SiO₂ 表面的元素线扫结果；(d)Si、(e)Cu 和 (f)Ta 的面扫结果

区域保持原样,没有任何形核缺陷,实现了纳米图案表面的选择性沉积。

最后,进一步通过高分辨率 TEM 分析边缘特征。分别选取不同位置的边界区域的明场 TEM 图像,如图 4-20(a)和(c)所示,可以看到在 SiO_2 表面上选择性沉积的 Ta_2O_5 薄膜。由放大的明场 TEM 图像(见图 4-20(b)和(d))可以看到,Ta_2O_5 薄膜为非晶态的连续结构,而金属 Cu 表面有明显的晶格条纹。采用固有选择性 ALD 制备的 Ta_2O_5 薄膜,在沉积到 TaN 阻隔层时停止生长。实验中,没有观察到 Cu 表面的形核缺陷以及边缘的过度生长,实现了自对准的薄膜沉积。

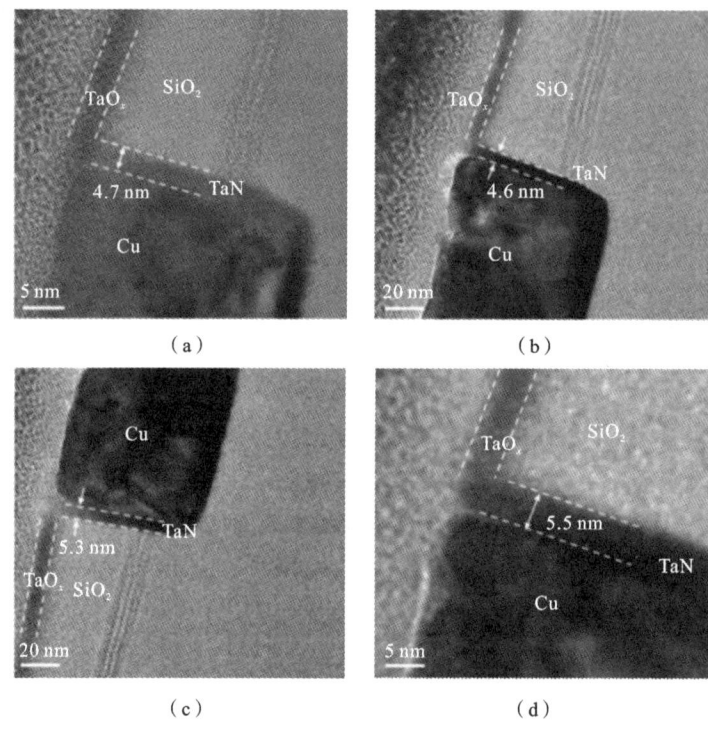

图 4-20 高分辨率 TEM 分析不同位置边缘特征:(a)、(c)明场 TEM 图像;(b)、(d)边缘特征放大的 TEM 图像

为了避免由边缘放置误差引起的短路,DoD 类型的选择性 ALD 工艺可以用于完全自对准通孔(FSAV)制造。在金属-介电氧化物图案上选择性沉积薄膜后再沉积下一层薄膜,可引入高度差异,增大通孔和金属线的间距来提升工艺误差容忍度。考虑选择性 ALD 的精确控制和优异的均匀性,其在后端工艺中有广阔的应用前景。基于原位还原的嵌套循环 ALD 方法,可以获得介电氧

化物优先沉积在介电基底而非金属表面的工艺,从而实现纳米结构的自对准制造,并为集成化纳米制造奠定了基础。

另外,采集 ABC 型 ALD 工艺中钽在氧化硅表面沉积的数据和后续 Nb 的实验数据,发现 $M(N^tBu)(NEt_2)_3$(M=Ta、Nb)前驱体在 Cu 上呈现出明显的形核延迟。为了明确基底选择性的来源,采用 DFT 计算研究前驱体的 ALD 反应机理。由于 $Ta(N^tBu)(NEt_2)_3$ 前驱体的 ALD 反应呈现出与 $Nb(N^tBu)(NEt_2)_3$ 相同的趋势,故以 $Nb(N^tBu)(NEt_2)_3$ 前驱体为例进行讨论。图 4-21(a)和(b)显示了 $Nb(N^tBu)(NEt_2)_3$ 吸附在 Cu 和 SiO_2 表面羟基上的构型。发现前驱体对 Cu 的吸附行为与对 SiO_2 的吸附行为有很大不同。如图 4-21(a)所示,前驱体的几个 H 原子与 Cu 原子成键,键长从 2.21 Å 到 2.37 Å 不等,这意味着前驱体与 Cu 基底之间形成了强结合。而从图 4-21(b)可以看出,当 H 到 SiO_2 的距离大于 2.60 Å 时,前驱体与 SiO_2 基底之间没有形成明显的化学键。$Nb(N^tBu)(NEt_2)_3$ 在 Cu 基底上的吸附能(-2.01 eV)远大于在 SiO_2 基体上的吸附能(-0.97 eV),这与两种基体上键长的差异相符。图 4-21(c)和(d)显示了前驱体与 Cu 和 SiO_2 两种基底之间的电荷转移。SiO_2 表面显示电荷差值为 ±0.00146。注意到相邻的两个原子是来自基底的 O 原子和来自前驱体的 H 原子,可以认为前驱体与 SiO_2 基底之间形成了氢键。

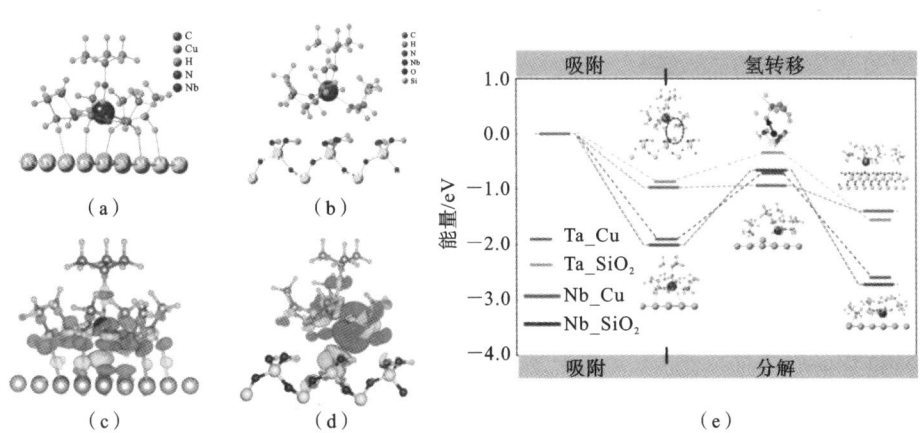

图 4-21 前驱体吸附在 Cu 和 SiO_2 表面羟基上:(a)、(b) 构型;(c)、(d) 键长;(e) 氢转移

为了研究 ALD 中前驱体在这些基底上的反应,探讨前驱体的分解机理。在干净的 Cu 基底上,预计 $M(N^tBu)(NEt_2)_3$ 会遵循配体分解机制,在 ALD 循环的前半段失去—NEt_2 配体,这与大多数金属基底上的 ALD 前驱体相似。反应如下:

$$M(N^tBu)(NEt_2)_3^* + * \longrightarrow M(N^tBu)(NEt_2)_2^* + NEt_2^* \tag{4-10}$$

其中，* 为 Cu 表面的自由位点，$M(N^tBu)(NEt_2)_2^*$ 为前驱体分解后的物质，NEt_2^* 表示分解后的—NEt_2 配体吸附在 Cu 基底的一个自由位点上。通常，第一个—NEt_2 配体的分解是最有利的过程，由于是吸热反应，进一步的—NEt_2 分解是不利的。因此，ALD 的前半循环以反应式(4-10)为主要过程，分解后的物质在后半循环中被反应物氧化。在—OH 端表面，氢转移反应被证明比分解反应更有利，并且在许多金属氧化物基底上占主导地位。沿着这条反应路径，H 从基底的羟基转移到前驱体的配体上，金属原子 M 与表面物种 O 结合，接受转移 H 的—NEt_2 或—N^tBu 配体会离开前驱体。根据前人的研究报道，$HNEt_2$ 的生成量远远大于 HN^tBu，因此在氢转移反应中主要讨论—NEt_2 的加氢，具体如下：

$$M(N^tBu)(NEt_2)_3^* + OH^* \longrightarrow M(N^tBu)(NEt_2)_2 \sim O^* + HNEt_2(g)$$

$$\tag{4-11}$$

后续的 H_2O 脉冲将与 $M(N^tBu)(NEt_2)_2 \sim O^*$ 反应，并利用生成的羟基更新基底。

图 4-21(e)显示了 $M(N^tBu)(NEt_2)_3$($M = Ta$、Nb)在两种基底上的反应路径(包括配体分解和氢转移)。比较吸附能和终态分解能/氢转移势垒之间的能量差，发现所有的反应都是放热的，这表明在两种基底上 ALD 前半反应在热力学上是有利的。特别是 $Nb(N^tBu)(NEt_2)_3$ 前驱体在 Cu 上分解的热力学放热量(0.71 eV)高于其在 SiO_2 上分解的热力学放热量(0.42 eV)。SiO_2 上的氢转移势垒(0.03 eV)远低于 Cu 上前驱体分解势垒(1.35 eV)，说明氢转移反应在—OH 端 SiO_2 上几乎是自发进行的。而 $Ta(N^tBu)(NEt_2)_3$ 前驱体则遵循与 $Nb(N^tBu)(NEt_2)_3$ 相似的趋势。通过比较两种前驱体在两种基底上的反应过程，发现 Cu 表现出比 SiO_2 更强的对前驱体的结合能。因此可以得出结论，$M(N^tBu)(NEt_2)_3$ 在 Cu 上的分解因高势垒而更加缓慢，这就是其在 SiO_2 上的选择性沉积优于在 Cu 上的选择性沉积的原因。

4.3　基于抑制剂辅助的选择性沉积工艺研究

本质上，生长区和非生长区之间的生长差异是 AS-ALD 背后的驱动力。然而，在某些情况下，这两个区域的内在差异并不显著，导致非生长区出现不期望的形核，降低了 ALD 工艺的可靠性。此外，其他因素也会导致 ALD 工艺中的零选择性或选择性损失,包括高活性前驱体、等离子体辅助 ALD 工艺以及杂质或晶格缺陷的存在,这些因素都可能引发非生长区的形核。因此,扩大选择性工艺窗口至关重要。为了进一步防止不必要的生长,抑制剂辅助选择性沉积策略可以放大反应物在基底上吸附行为的差异[22]。

基于表面钝化的选择性 ALD 被广泛探索以获得高选择性。各种有机模板,如聚合物、自组装单分子膜和小分子抑制剂等,被用于阻止非生长区上的薄膜沉积。在预图案化表面进行选择性 ALD 最常见的方法是使用自组装分子层(SAMs),其能使基底表面局部钝化或失活。本节通过研究自组装分子层的制备方法及其特性、自组装分子层的阻隔性能以及小分子抑制剂的选择性沉积机理,揭示小分子抑制剂的作用规律[23]。

(1)SAMs 是一类重要的表面抑制剂,典型的自组装分子层的单体包括头部基团、烷基链和尾部基团。头部基团与基底特定表面结合,例如有些 SAMs 的头部基团含 P,能选择性吸附在 Cu 表面形成 Cu—P 键。烷基链间靠范德瓦耳斯力相互排斥,进而形成具有一定厚度的单层有序排列结构。尾部基团决定官能化后的表面特性,例如亲/疏水性的改变。在 ALD 前,利用自组装分子层对样品表面进行长时间液相浸泡是常见的钝化处理方法。

(2)官能化之后,选择性沉积仅发生在未被 SAMs 覆盖的区域。例如,使用带有 CH_3 或 CF_3 尾部基团的自组装分子层时,由于前驱体的吸附被阻止,表面对大多数原子层沉积化学物质无反应。研究表明,SAMs 的选择性决定了原子层沉积发生的位置。例如,十八烷基三氯硅烷(ODTS)分子选择性吸附在 OH 封端的 SiO_2 区域上,仅允许 HfO_2 在 H 封端的 Si 区域上进行选择性沉积;十八碳烯分子选择性吸附在 H 封端的 Si 区域上,仅允许 Pt 在 SiO_2 上沉积。此外,烷基链的长度决定了自组装分子层阻止 ALD 的能力。为了有效阻止 $HfCl_4$ 和 H_2O 的结合,12 个碳原子以上的碳链长度是较为合适的选择。

(3)研究小分子抑制剂在图案化 SiO_2/Si 上的内在选择性吸附行为,揭示小分子抑制剂选择性吸附在氢化物终止的硅区域的作用规律,实现仅在非失活的氧化区域上沉积金属薄膜的选择性 ALD 效果。此外,金属薄膜还可以选择性地沉积在其他介质上,这种方法为金属氧化物半导体晶体管的制造提供了可能。

4.3.1　自组装分子层对不同前驱体的阻隔性研究

基于实验和理论分析,研究了三甲基铝(TMA)、三乙基铝(TEA)、二甲基异丙氨基铝(DMAI)在 SAMs 钝化的 Cu/SiO_2 表面的区域选择性沉积(ASD)行为,阐明了前驱体的空间位阻和对称性、前驱体渗透进 SAMs 的距离和吸附能之间的关系。理论和实验结果表明,前驱体分子尺寸和在 SAMs 中的吸附能差异影响它在 SAMs 中的渗透距离,从而影响前驱体能否在 Cu 表面发生反应。结果表明,SAMs 对 TMA 的阻隔性最差,TEA 次之,DMAI 最好。此外,用乙酸进行后处理可以减少 SAMs 中的物理吸附,从而进一步提高选择性。该工艺已成功应用于 Cu/SiO_2 微米图案制造,为 ASD 工艺中前驱体的选择提供了重要参考[24]。

图 4-22(a)显示了十八硫醇(ODT)在 Cu 表面的生长对 TMA、TEA 和 DMAI 的形核有不同的阻挡作用。此外,它对不同前驱体的阻挡行为也存在差别。要了解致使前驱体被 ODT 阻挡的因素,首先需考虑 ODT 质量的影响[25]。金属 Cu 与硫醇基团的强化学相互作用、长分子链和疏水尾部基底使 ODT 成为前驱体沉积的良好阻挡层。Cu 基底在 ODT 溶液中浸泡 5 min 后就会达到饱和,而 SiO_2 基底与硫醇基团的反应性较低,导致其表面的水接触角(WCA)较低。SAMs 通常是钝化基底以实现 AS-ALD 的有效手段,因此有必要描述 SAMs 覆盖基底上的形核和薄膜生长过程。采用各向异性区域选择性沉积形核模型,并对其进行修改以适应抑制剂钝化基底的选择性 ALD 工艺。该模型引入了延迟循环次数 v_d 来描述 SAMs 通道(缺陷位点)被填充的平均时间。图 4-22(b)显示了以 DMAI 为前驱体的 ODT 钝化 Al_2O_3 表面上的 ALD 厚度数据,ALD 厚度是改变 ODT 浸入时间后 ALD 循环次数的函数。假设其他因素保持不变,在形核拟合中确定了 ODT 缺陷密度对形核延迟的影响。拟合误差约为 1.62×10^{-1} nm。我们发现 v_d 约为 33 cycle。当浸泡时间达到 48 h 时,通道密度降低。这主要是因为较长的浸泡时间导致 ODT 在基底上的排列更密集。然而,整体浸泡时间对 DMAI 形核影响不大。

前驱体分子的尺寸也是一个重要的研究对象。理论研究表明,前驱体与 SAMs 的相互作用始于 SAMs 内通道的填充。图 4-22(c)展示了三种前驱体的分子体积和分子长度。与 TMA 相比,TEA 和 DMAI 的链长增加,导致分子体积和分子长度更大,不过 TEA 和 DMAI 的差异相对较小。图 4-22(d)展示了基于密度泛函理论(DFT)计算的三种前驱体在不同深度进入 ODT 间隙的吸附能。TMA 分子由于尺寸较小、排斥力较弱,进入 ODT 时具有较低的物理吸附能。这有利于物理吸附,从而使 TMA 更容易渗透到 ODT 链中。然而,这一特性也使得 TMA 在 ALD 吹扫过程中更难去除,因为它往往会嵌入 ODT 的分子结构中并与 Cu 表面的形核位点形成强键。相反,DMAI 前驱体在 ODT 链间的物理吸附困难,这意味着 DMAI 很难渗透到 ODT 的底部。在 Cu-Al 间距约为

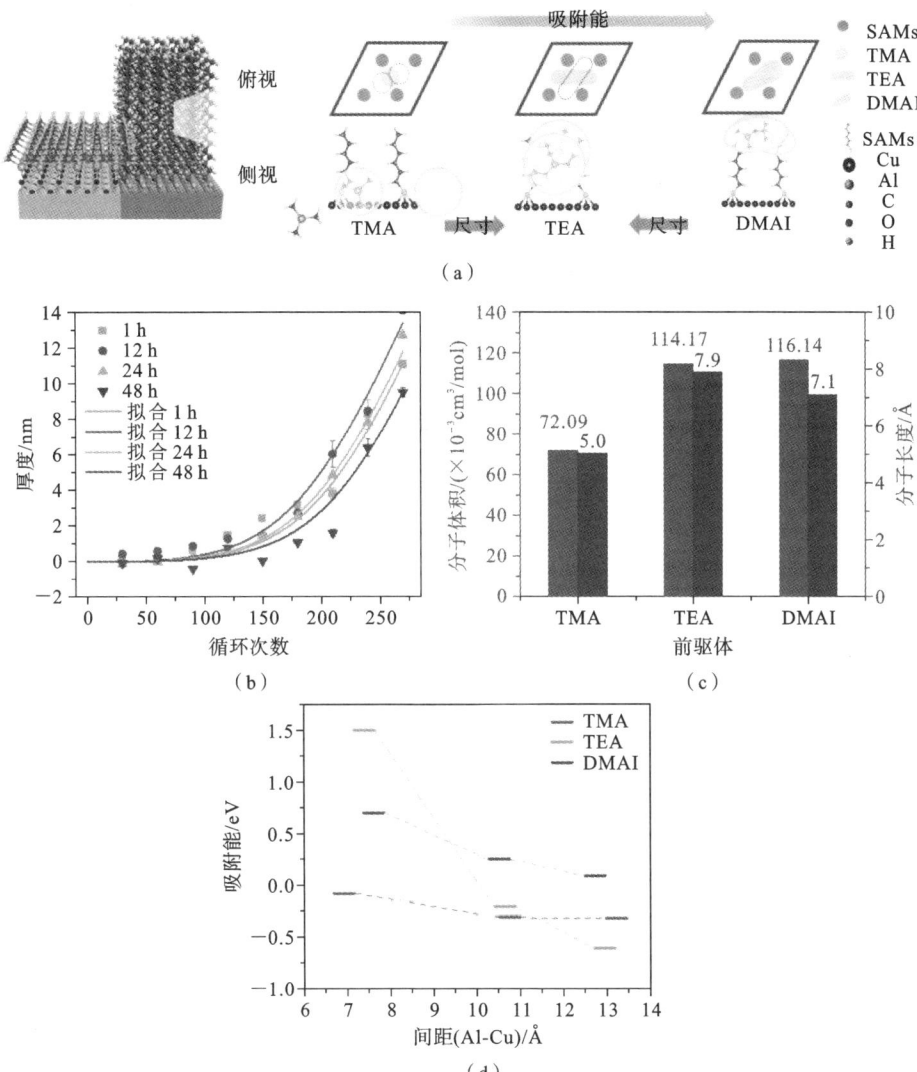

图 4-22 (a) ODT 对 TMA、TEA 和 DMAI 的阻挡作用的比较;(b) Cu-ODT 表面的 Al_2O_3 薄膜厚度与 1 h、12 h、24 h 和 48 h ODT 浸泡时间下的 ALD 循环次数的关系;(c)TMA、TEA 和 DMAI 的分子体积和分子长度;(d)三种前驱体在 Cu-ODT 表面不同位置的吸附能比较

10 Å 处,TEA 在 ODT 链之间的物理吸附能介于 TMA 和 DMAI 之间。尽管 DMAI 和 TEA 的分子体积相似,但观察到的 DMAI 和 ODT 之间更强的排斥力可能源于前驱体的对称性。与 TEA 的对称分子结构不同,DMAI 的结构不

对称,且不对称性较高,其异丙氨基要比甲基大得多。如图 4-22(a)所示,极性分子 DMAI 在三种分子中表现出一种独特的进入 ODT 链间的方式。TMA 的投影面积最小,进入 ODT 链间的方式更加灵活。DMAI 是极性分子,进入 ODT 链间时投影面积比 TEA 大。它只能从对角线方向进入,这个角度降低了 ODT 对异丙氨基端的排斥作用。从顶部看,对称的 TEA 分子呈现扁平椭圆形状,与紧密堆积的 ODT 链平行,比 DMAI 具有更高的进入可能性。虽然 DMAI 和 TEA 的分子体积相近,但由于分子对称性不同,它们进入 ODT 链的方式不一致,DMAI 更难到达 ODT 的底部。前驱体的分子体积和对称性对其在 SAMs 内的吸附能有显著影响,是决定前驱体选择性的主要因素。

4.3.2　自组装分子层结合前处理提高选择性研究

为了进一步探究 ALD 工艺对前驱体选择性的影响,首先研究了 SAMs 的热稳定性,以确定合适的 ALD 生长温度。将经过 48 h ODT 改性的 Cu 基底引入 ALD 腔体,保温 30 min。如图 4-23(a)所示,从 175 ℃ 开始观察到 WCA 逐渐下降,表明 ODT 发生轻微分解。随着温度的升高,分解速度逐渐加快。原子力显微镜(AFM)测试结果进一步证实了这一趋势。在 175 ℃ 时,Cu 基底表面不再致密,出现了孔洞;在 225 ℃ 时,表面孔洞明显变大,粗糙度也增大。通过研究 ODT 生长动力学和分解动力学,可以进一步确定合适的 ODT 生长时间和 ALD 生长温度。以不同前驱体生长对 ODT 钝化 Cu 的 WCA 的影响来评估 SAMs 的质量和阻隔性能。根据 ODT 的动力学研究,选择 130 ℃ 的 ALD 工艺来实现图 4-22(a)描述的 AS-ALD 方案。TMA、TEA 和 DMAI 作为金属有机前驱体,H_2O 作为 ALD 的潜在共反应物。图 4-23(b)展示了 TMA、TEA 和 DMAI 的 ALD Al_2O_3 薄膜的 GPC 与 130 ℃ 下前驱体脉冲时间的关系。为了进行比较,在改变前驱体暴露量的同时,TMA 和 DMAI 工艺中 H_2O 的暴露时间固定为 0.1 s,TEA 工艺中 H_2O 的暴露时间固定为 0.05 s,三种前驱体的吹扫时间固定为 20 s。当前驱体暴露量增加时,三种前驱体均表现出 GPC 饱和现象。TMA、TEA 和 DMAI 的饱和 GPC 分别为 1.0 Å、1.1 Å 和 0.8 Å,且前驱体均在较短的脉冲时间下达到饱和。在 DMAI 和 TMA 的工艺研究中,H_2O 的脉冲时间和吹扫时间对 GPC 和 WCA 影响不大。在 TEA 中,较短的脉冲时间和较长的吹扫时间有助于在 Cu-ODT 上维持较高的 WCA。延长吹扫时间可以避免由物理吸附积累导致的选择性损失。对于 TMA 和 DMAI,它们因反应性高或空间位阻大而受到的影响较小。三种前驱体的工艺研究表明,表面反应受前驱体化学性质控制。

为了验证 ODT 对三种前驱体的阻挡能力,在 ODT 钝化的 Cu 基底上沉积了不同厚度的 Al₂O₃ 薄膜,实际生长厚度大致对应生长区表面生长的 Al₂O₃ 薄膜厚度。如图 4-23(c)所示,当 Al₂O₃ 薄膜厚度达到约 5 nm 时,ODT 对前驱体的阻挡作用随时间的推移缓慢增强,并在 48 h 左右趋于饱和。其中,以 DMAI 为前驱体后,ODT 钝化的 Cu 表面始终保持较高的 WCA,这与前驱体的反应性和尺寸显著相关。

图 4-23(d)所示为乙酸后处理前后 ODT 钝化 Cu 表面 Al 含量的变化。当用 TMA 沉积 2 nm 厚度的 Al₂O₃ 薄膜时,渗透到 SAMs 中的前驱体很少,未能

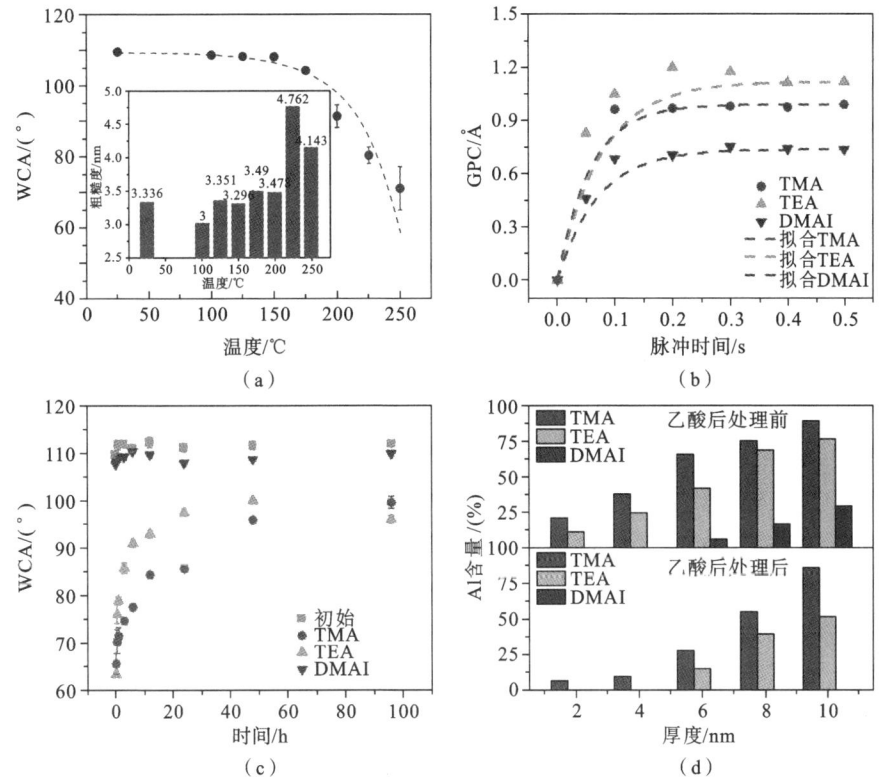

图 4-23　(a) 不同温度下 ODT 的热分解曲线及 ODT 粗糙度随温度的变化;(b) TMA、TEA 和 DMAI 前驱体与 H₂O 的 Al₂O₃ ALD 的生长曲线;(c) TMA、TEA 和 DMAI 进行 Al₂O₃ ALD 后,WCA 随 ODT 浸泡时间的变化;(d) ODT 钝化的 Cu 基底在乙酸后处理前后以 TMA、TEA 和 DMAI 进行 Al₂O₃ ALD 的生长厚度与 Al 含量的关系;(e) TMA、TEA 和 DMAI 进行 Al₂O₃ ALD 及乙酸后处理后,Cu-ODT 表面的 Cu 3s/Al 2s XPS;(f) 乙酸后处理前后 Cu 和 Al 元素占比的比较

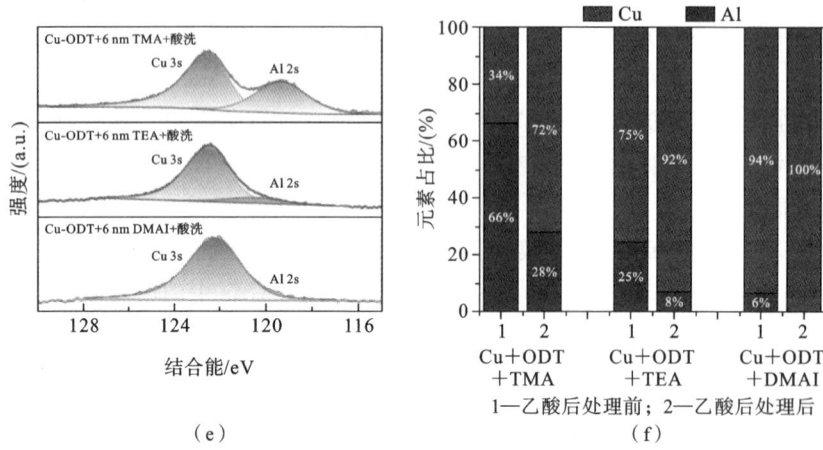

（e）

1—乙酸后处理前；2—乙酸后处理后

（f）

续图 4-23

与 Cu 表面的形核位点发生化学反应。乙酸后处理可以去除 ODT 钝化 Cu 表面物理吸附的前驱体。理论研究表明，TMA 在 SAMs 中极易发生物理吸附，随着 Al_2O_3 薄膜厚度的增加，TMA 完全渗透到 SAMs 中并与 Cu 表面发生反应，使得去除吸附的前驱体的难度增大。当 Al_2O_3 薄膜厚度达到 10 nm 时，乙酸后处理前后 Al 含量没有明显差异，说明此时 SAMs 已经没有了阻挡作用，TMA 已经开始在 ODT 钝化 Cu 表面线性生长。当以 DMAI 为前驱体沉积厚度小于 4 nm 的 Al_2O_3 薄膜时，即使不进行乙酸后处理也可以获得很好的选择性，说明 DMAI 未能渗透到 SAMs 内部。但随着前驱体输入量的增加，Cu 基底表面的 Al 含量逐渐增加，说明在生长过程中 SAMs 的质量下降，使得 DMAI 前驱体更容易进入 SAMs。但是进入 SAMs 之后，渗透距离越大，SAMs 中的物理吸附能越大，前驱体难以进一步渗透到 SAMs 底部。因此经过乙酸后处理后，Cu 基底表面的 Al 元素可以被完全去除，说明 ODT 对前驱体 DMAI 始终具有良好的阻挡作用，DMAI 不会穿过 SAMs 在 Cu 基底上生长。TEA 前驱体的空间位阻较大，活性低于 TMA，其选择性介于前两者之间。由于在沉积 6 nm 厚度的 Al_2O_3 薄膜时，三种前驱体的选择性存在明显差异，因此对 6 nm 厚度的 Al_2O_3 薄膜做了进一步的分析比较。

如图 4-23（e）所示，XPS 结果显示，当沉积 6 nm Al_2O_3 薄膜时，ODT 对 TMA 的阻挡效果较差，经乙酸后处理后仍有大量的 Al 信号存在。对 DMAI 的阻挡效果较好，表现为没有 Al 信号。图 4-23（f）所示为乙酸后处理前后 Cu 和 Al 元素占比的比较，经乙酸后处理后，对于 TMA 和 TEA 来说，均不能完全去除 Cu 基底表面的 Al 元素（66%→28%，25%→8%），而 ODT 对 DMAI 具有良好的阻挡性能。虽然在乙酸后处理前可以检测到一定量的 Al 元素，但乙酸后处理后（6%→～0%）几乎检测不到 Al 信号，可见 SAMs 对不同前驱体的阻断效果差异很大。实现选择性的关键是 SAMs 能先将前驱体阻挡，在此前提下，即使部分前驱体吸附在 SAMs 中，也可以通过后处理的方法去除前驱体。但如果前驱体已经与 Cu 基底反应生长出一定厚度的 Al$_2$O$_3$ 薄膜，乙酸后处理无法完全去除表面的 Al$_2$O$_3$，导致选择性下降。

除了采用乙酸后处理来消除前驱体在 ODT 钝化表面的物理吸附，降低其对选择性的显著影响外，还探索了其他后处理方法，通过改变后处理方法中的酸种类和处理条件，去除吸附在 ODT 钝化 Cu 表面的前驱体，提高选择性。采用 XPS 对实验结果进行测量。从图 4-24(a) 中可以看出，ODT 对 DMAI 有很好的阻挡效果，但仍有微弱的 Al 信号。经乙酸浸泡 20 min 的样品仍有 12% 的 Al 含量。轻度乙酸浸泡处理无法去除 ODT 中残留的前驱体分子，而用乙酸超声清洗的样品没有 Al 信号，说明后处理过程中超声波可能破坏了 ODT 的紧密排列，使前驱体分子更容易脱链。用 50 ℃、10% 甲酸处理后没有检测到 Al 信号，证明该方法也能有效去除非生长区物理吸附的前驱体。

此外，考虑酸处理对 Al$_2$O$_3$ 薄膜可能产生影响，对上述后处理条件进行了进一步的探讨。以 DMAI 在 SiO$_2$ 基底上沉积的 Al$_2$O$_3$ 薄膜为研究对象，测试酸处理条件对 Al$_2$O$_3$ 薄膜厚度的影响。各种酸处理条件下，50 ℃ 下 10% 甲酸处理对薄膜厚度影响最大，如图 4-24(b) 所示。为避免损伤生长区的 Al$_2$O$_3$ 薄膜，选择乙酸超声条件进行后处理，以达到更高的选择性。值得注意的是，酸处理后薄膜表面可能会发生变化，因此测得的厚度可能不是薄膜的实际厚度，但薄膜厚度的变化趋势可以反映出不同的后处理条件对薄膜的影响。

为了防止 ODT 对表面的污染，人们研究了各种去除方法。为了提高选择性，我们尝试使用酸处理去除非生长区的 Al 元素。但酸处理去除 ODT 效果不佳。ODT 的头部基团即硫醇基团与 Cu 形成很强的 Cu—S 键，这一特性使得 ODT 能够与 Cu 基底表面很好地结合，大大增加了去除 ODT 的难度。如图 4-24(c) 所示，在仅用乙酸进行超声后处理的样品中，可以检测到较强的 S 信号。因此，选择 O$_2$ 等离子体和 H$_2$ 等离子体对样品进行后处理，利用等离子体打断键。经 O$_2$ 等离子体处理后，S 元素能够被有效去除，S 信号消失。然而，在高结合能下，原本较弱的磺酸盐物种的峰强度却有所增加。O$_2$ 等离子体处理可以去除污染物，但也可能进一步损坏表面。氧化后，可以观察到峰位向结合能更高

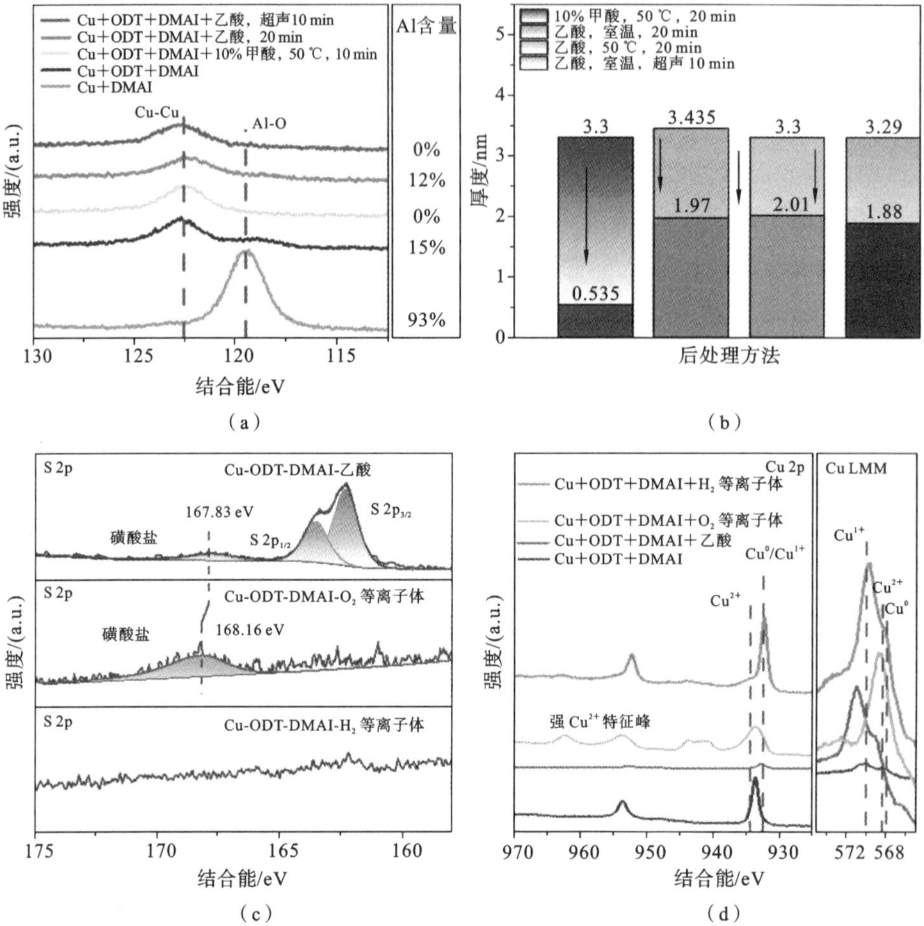

图 4-24 (a) 以 DMAI 为前驱体进行 Al$_2$O$_3$ ALD 后,经各种酸后处理后对 Al 的 XPS 成分分析;(b) 不同酸处理方法对 Al$_2$O$_3$ 薄膜厚度的影响;(c) 经乙酸、H$_2$ 等离子体和 O$_2$ 等离子体后处理后对 S 2p 的高分辨率扫描;(d) 经乙酸、H$_2$ 等离子体和 O$_2$ 等离子体后处理后对 Cu 2p 和 Cu LMM 的高分辨率扫描

的方向移动。为了去除表面的有机污染物,采用 H$_2$ 等离子体处理工艺,通过 WCA 测试评估 130 ℃ 下 H$_2$ 等离子体处理工艺。ODT 钝化 Cu 表面的 WCA 因 H$_2$ 等离子体处理而降低并很快达到饱和。此外,H$_2$ 等离子体处理还去除了表面的有机污染物。所以,可以认为 H$_2$ 等离子体的还原作用以及其对 Cu—S 键的破坏作用共同导致了 ODT 的去除。

不同的后处理方法不仅影响 ODT 的阻隔性能,还影响 Cu 基底的表面状态,如图 4-24(d)所示。经乙酸超声处理的样品中几乎观察不到 Cu^{2+} 的俄歇峰,说明乙酸超声处理可以去除 Cu 基底表面的＋2 价 Cu,使 Cu 基底表面主要呈现金属态 Cu^0 和亚稳态 Cu^{1+}。经 O_2 等离子体处理的样品会将 Cu 基底氧化为 Cu^{2+}。在 Cu 2p 轨道的窄扫描结果中,经 O_2 等离子体处理的样品显示一个宽峰,说明 Cu^0、Cu^{1+} 和 Cu^{2+} 同时存在。同时,在 938～946 eV 范围内还可以观察到 Cu^{2+} 的卫星峰,表明 Cu 基底发生了氧化反应。而经 H_2 等离子体处理后,Cu 表面仅存在少量的 Cu^{2+},未发生明显氧化和污染。由于 H_2 等离子体处理还可以有效去除 S 元素,因此该方法被认为是一种有效的后处理方法。

最后,在 Cu/SiO_2 图案上演示 DoD 的 AS-ALD。图 4-25(a)～(c)展示了以 TMA、TEA 和 DMAI 为前驱体的俄歇电子能谱(AES)Al 元素映射及 Al 和 Cu 元素的线扫描图像。本实验中,经过表面处理和钝化步骤后,在图案化样品上生长了 6 nm 的 Al_2O_3。所有实验结果表明,Al_2O_3 主要选择性沉积在图案化的 SiO_2 区域。然而,在图 4-25(a)和(b)中,Cu 区域也有 Al 信号,尤其是在 Al 元素的线扫描图像中,可以看出 Al 信号在 Cu 区域仍有很大的波动,此结果与 XPS 结果一致。以 TMA 和 TEA 为前驱体制备 6 nm Al_2O_3 薄膜时,后处理无法实现较高的选择性。对以 DMAI 为前驱体制备的 Al_2O_3 薄膜进行 AES 元素分析,在图 4-25(c)中,Al 信号主要在基底的 SiO_2 区域被观察到,而不是在 Cu 区域,这与 ODT 对 Cu 表面的钝化作用一致。图 4-25(c)中的 Al 和 Cu 元素线扫描图像进一步证实了这一观察结果,Cu 区域中 Al 信号的波动很小。也就是说,经 ODT 保护的样品在图案的 Cu 和 SiO_2 区域之间显示出明显的 Al 信号差异。同时,根据 XPS 结果,DMAI 在 ODT 钝化的 Cu/SiO_2 表面上表现出高达 0.99 的选择性。

上文阐述了前驱体的空间位阻与对称性、在 ODT 中的渗透深度和吸附能之间的关系,并从工艺控制和后处理体系的角度研究了三种含 Al 前驱体不同的选择性行为。前驱体分子的尺寸及其在 SAMs 中吸附能的差异影响其在 SAMs 中的渗透距离。TMA 分子尺寸小,活性高,更容易进入 SAMs 底部与 Cu 表面的形核位点发生反应,而 DMAI 由于空间位阻大,活性低,更容易被 SAMs 阻挡。三种前驱体在 SAMs 中的渗透距离不同,可通过乙酸后处理去除链间物理吸附的前驱体,从而进一步提高选择性。经过后处理后,DMAI 前驱体在沉积 10 nm Al_2O_3 薄膜时仍具有较高的选择性。该方法实现了 Cu/SiO_2 微纳米尺度图案上 Al_2O_3 薄膜的 ASD。使用 DMAI 在 SiO_2 上实现了 6 nm 厚度的 Al_2O_3 薄膜选择性沉积,且后处理后 Cu 上没有检测到缺陷。

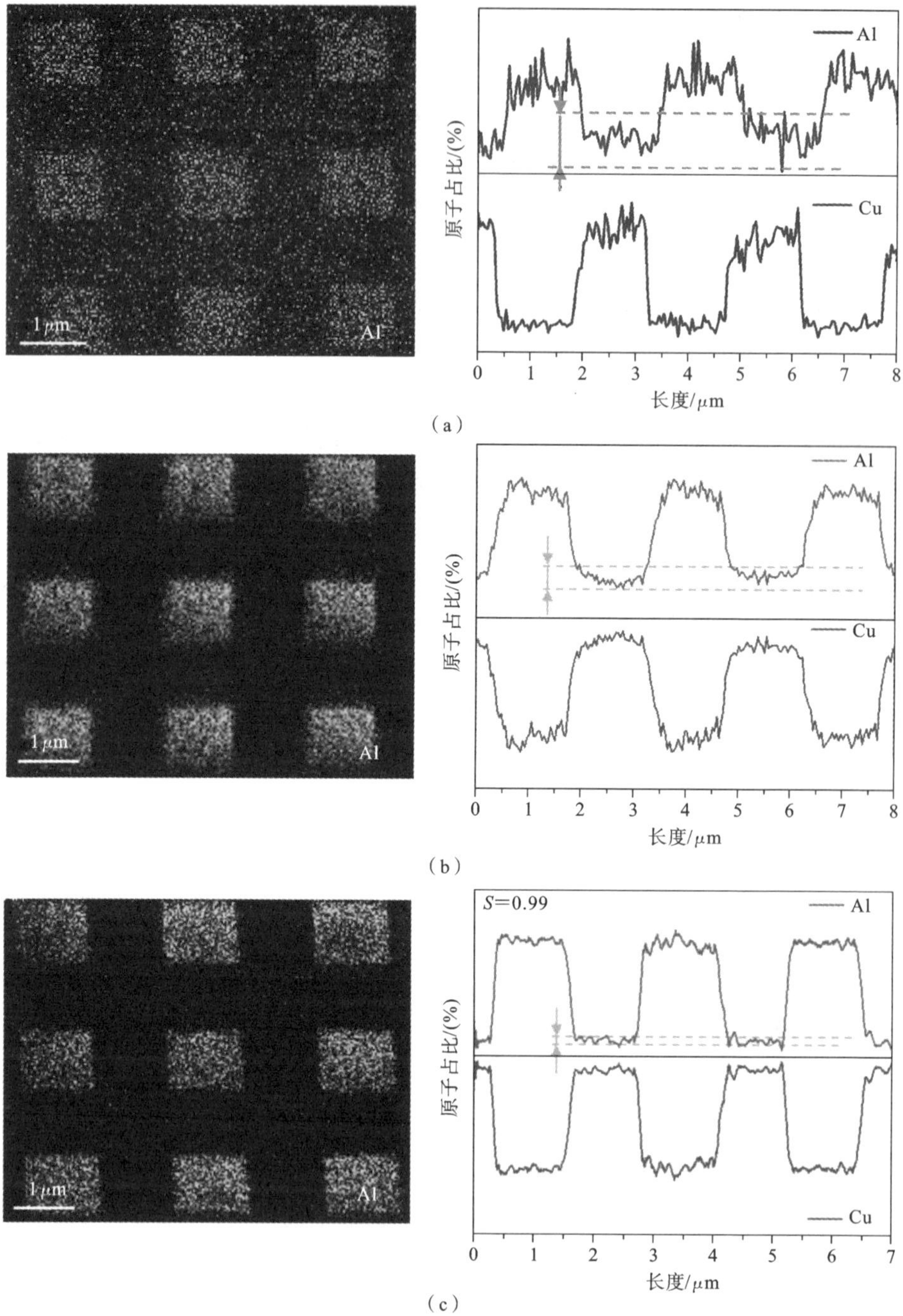

（a）

（b）

（c）

图 4-25 不同的前驱体下 Cu/SiO₂ 表面上的 AES Al 元素映射以及 Al 和 Cu 元素的线扫描
图像：(a) TMA；(b) TEA；(c) DMAI

4.3.3　小分子抑制剂辅助选择性沉积拓展研究

表面反应控制的沉积机制确保了薄膜厚度的精准调控、出色的保形性以及在大面积上极好的均匀性。此外,许多 ALD 工艺对基底表面条件非常敏感。因此,可以操纵表面官能团进行区域选择性 ALD[26]。在图案化 SiO$_2$/Si 表面上实现区域选择性 ALD 存在两种途径,如图 4-26 所示。图案化 SiO$_2$/Si 是一种极佳的起始基底,因为传统的光刻法可用于在硅上形成任意设计的氧化图案,尺度可小至亚微米级。通过选择适当的化学物质,这种简单的图案化基底可应用于区域选择性 ALD,实现图案的转移。整个图案化工艺过程需要两个化学选择性步骤,它们存在互补关系[27]。

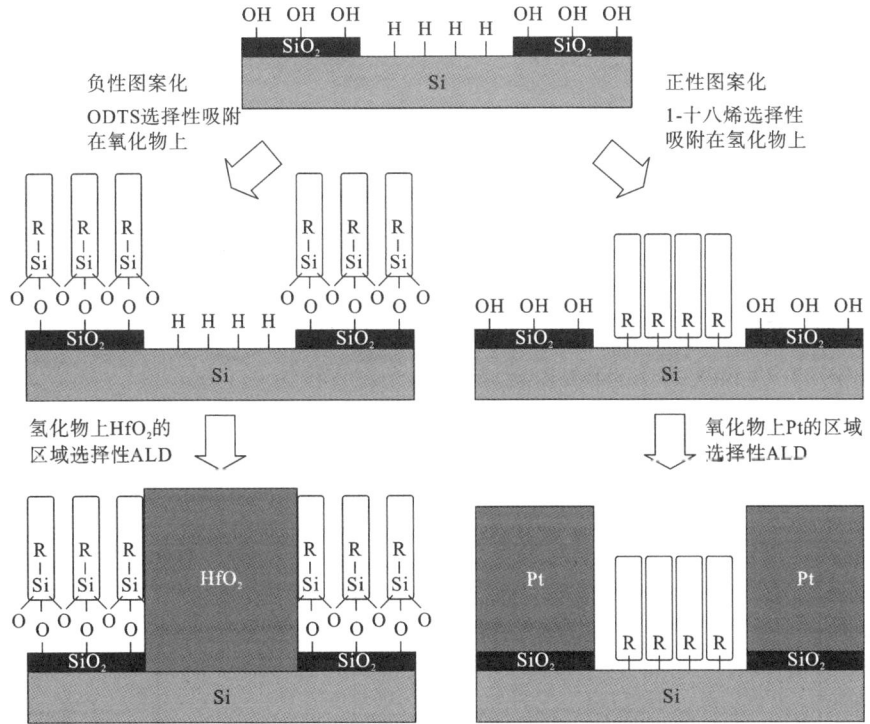

图 4-26　两种区域选择性 ALD 方案的选择性表面修饰示意图

本节中,十八烷基三氯硅烷(ODTS)被选择性地附着到 SiO$_2$ 表面,如图 4-26 所示,而氢化物封端的硅表面则保持未反应状态。随后,使用 ALD 工艺,HfO$_2$ 仅在氢化物区域进行选择性沉积。此外,在氢化物封端的硅上进行 1-十八烯的氢端硅烷化反应。该反应具有选择性,可使 1-十八烯吸附在氢化物表面上,而不是吸附在图案化硅基底的氧化物表面上。最终,通过 ALD 将薄膜选择性地沉积到氧化物区域。

重点关注图案区域选择性 ALD 中的 Pt 沉积。由于 Pt 在氧化气氛中具有高化学稳定性和优异的电性能,它成为动态随机存储器(DRAM)的一种潜在的电极材料。同时其高功函数(5.6 eV)以及与高介电常数材料的兼容性,也使其成为一种潜在的栅极金属候选材料。这里,Pt 沉积在 SiO_2 上,为在电介质上沉积栅极金属提供了可行的工艺。本节中,使用 1-十八烯在氢化物表面进行选择性氢端硅烷化反应。已知 1-十八烯和硅基底之间形成的稳定 Si—C 键是牢固的,相应的单分子层表现出良好的化学和热稳定性。单分子层具有高疏水性(静态水接触角为 109°)和典型厚度(25 Å),这与排列良好的烷基单层相关。将上述单分子层附着到氧化图案化的硅基底上后,通过 ALD 将 Pt 选择性地沉积到 SiO_2 上。Pt ALD 工艺包括两个自限制性化学反应,以交替的 ABAB 顺序重复,如下所示:

$$Pt(s) + O_2(g) \longrightarrow Pt-O_x \quad (A) \qquad (4\text{-}12)$$

$$CH_3C_5H_4Pt(CH_3)_3 + Pt-O_x \longrightarrow Pt(s) + CO_2(g)$$
$$+ H_2O(g) + 其他副产物(g) \quad (B) \qquad (4\text{-}13)$$

对采用这种区域选择性 ALD 工艺形成的图案化样品进行表面分析(包括 XPS 和 AES),结果表明,Pt 选择性地沉积在 SiO_2 区域。用 XPS 分析图案化结构,分别在热 SiO_2 和 Si-H 表面区域采样,光斑直径为 0.1 mm。

通过比较图 4-27 中氧化区域(区域 1)和失活氢化区域(区域 2)的 XPS 能谱,发现 XPS 检测限内失活氢化区域中 Pt 的生长被完全抑制(区域 2 中 Pt 元

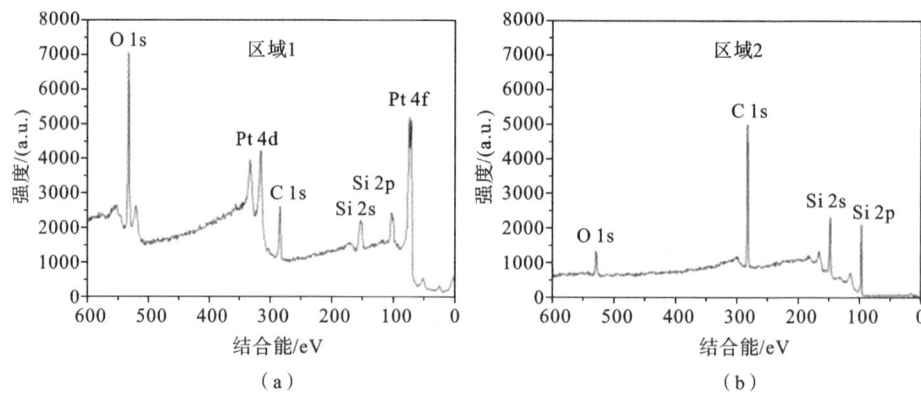

图 4-27 (a)氧化区域和(b)失活氢化区域的 XPS 能谱

素占比小于 0.1)。然而,在氧化区域,有显著的 Pt 生长(区域 1 中 Pt 元素占比等于 10.6)。此外,尽管 Pt ALD 在氢封端硅表面上不如在氧化物表面上容易进行,但在相同 ALD 处理后,在 Si-H 陪片样品上仍可检测到 Pt(Pt 含量为 1.8%)。这种选择性 ALD 的实现是因为氢化区域被 1-十八烯单层覆盖,导致这些表面区域高度疏水,从而阻碍了 Pt 前驱体的形核和后续薄膜生长。

图 4-28 展示了在更高空间分辨率下对图案化样品进行的 AES 分析。图 4-28(a)显示了用于本研究的图案化线条的 SEM 图像。在 SEM 图像中,选择氧化区域(区域 1)和失活氢化区域(区域 2)进行 AES 成分分析。图 4-28(b)中俄歇测试扫描结果显示,在区域 2 中 Pt 信号低于 AES 检测限(0.5%),而在区域 1 中能够检测到显著的 Pt 信号。这些结果与 XPS 分析相符,但检测尺度要比 XPS 小得多。通过 AES 线扫图像比较 C 和 Pt 含量随位置的变化。

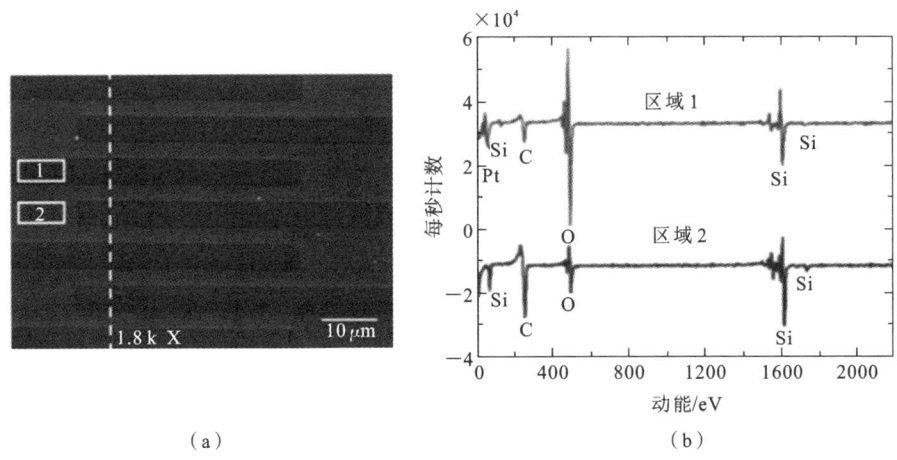

(a)　　　　　　　　　　　　　(b)

图 4-28 区域选择性 Pt ALD 工艺后对图案化样品进行 AES 分析:(a) 图案化线条的 SEM 图像;(b) AES 选定区域测量合成扫描

目前,有两种适用于高分辨率区域选择性 ALD 的选择性化学修饰工艺。通过硅烷化,特别是氢端硅烷化的化学修饰,可以在单一的氧化图案化基底上实现正性或负性图案的转移,最终应用到 ALD 薄膜中。图 4-29 展示了这两个过程的结果。图 4-29(a)展示了图案化 SiO_2/Si 测试结构的 SEM 图像,图案被用于正性和负性区域选择性 ALD 工艺。负性图案方法的结果图 4-29(b)所示,其中 ODTS 在 SiO_2 上选择性吸附,允许在氢化区域选择性沉积 HfO_2 薄膜。图 4-29(c)展示了基于图 4-28(a)所示图案的俄歇测试的 Pt 元素映射图像。明亮区域表示存在 Pt,而暗区域表示不存在 Pt。SEM 和 AES 图像具有相同的形状,这表明 Pt 的沉积仅限制在氧化区域。这表明两种方法显然是互补的,通过选择适当的化学物质,可以在图案的任一区域控制薄膜沉积。

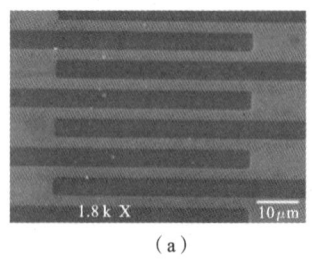 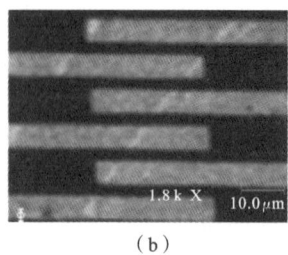 

| (a) | (b) | (c) |

图 4-29 (a) 测试结构的 SEM 图像(图像中较亮的部分为热氧化区,颜色较深的部分为 Si-H 区);(b) 负性模式后改性导致 HfO₂ 沉积在先前的 Si-H 区域(HfO₂ ALD);(c) 正性图案修饰后导致 Pt 沉积在—OH 端基区(Pt ALD)

综上所述,通过选择性化学修饰工艺,实现了高分辨率的 AS-ALD,揭示了小分子抑制剂选择性沉积的机制。利用 1-十八烯分子在图案化 SiO₂/Si 样品上的固有选择性吸附行为,将单层抑制剂选择性附着到氢化物封端的硅区域,随后仅在非氢化物硅区域上沉积金属薄膜。此外,这种选择性沉积工艺也适用于其他电介质薄膜的图案化表面。通过硅烷化,特别是氢端硅烷化的化学修饰,单一的氧化图案化基底可以用于正性或负性图案的 ALD,实现高分辨率和高选择性的薄膜控制。

4.4 金属的选择性沉积与后处理工艺研究

随着器件尺寸不断减小,金属互连间距随之减小,电阻率增加以及金属薄膜填充质量下降等挑战也随之出现,为了降低阻容迟滞(RC delay),互连金属的电阻率要降低。金属钌(Ru)由于具有良好的界面黏附力以及在极小线宽下的低电阻率,逐渐成为金属互连中 Cu 的扩散阻挡层或替代层的候选材料[28]。

由于金属具有高表面能且在基底上化学吸附较弱,金属薄膜在 ALD 初始生长阶段通常会发生岛状形核,这将导致薄膜不连续并使最小成膜厚度增加。为了改善初始形核状况与薄膜质量,有研究在每个 ALD 循环中添加射频基底偏压,其中点燃等离子体所产生的能量会选择性地去除金属上的前驱体,从而调控金属初期形核。此外,在沉积过程中,除了前驱体的空间位阻外,仅暂时存在基底上的物理吸附前驱体引起的筛选效应也会影响金属薄膜的初始生长[29]。

有研究通过引入多次前驱体脉冲来提高薄膜生长质量[6]，然而这种方法对于选择性沉积来说不可避免地会导致薄膜在非生长区过度生长[30]。受催化领域的启发，热处理可以促进金属颗粒迁移且不会引入杂质，不过必须精确控制热处理条件[31]。研究发现，铂纳米晶体在还原/氧化条件下会因奥斯特瓦尔德熟化、迁移和聚结而显著粗化。因此在不造成损坏且不影响表面平滑度的前提下，完全消除非生长区基底上的形核位点极具挑战性，将 ASD 与缺陷校正相结合对于提高沉积过程的选择性至关重要[32]。

本节发展了短脉冲（SRD）耦合缺陷迁移的具有固有选择性沉积金属的 ALD 工艺。对金属 Ru 在半导体金属互连中常见的金属钨（W）塞的基底（如 W、SiO_2、TiN 等）上的生长情况进行系统探究[33]。

4.4.1　ALD 制备金属钌薄膜工艺调控

本节中，使用前驱体 $Ru(EtCp)_2$ 和共反应物 O_2 来沉积 Ru。金属 Ru 在 W 表面的反应温度窗口为 250～300 ℃，生长速率能够达到 0.2～0.3 Å/cycle。当反应温度过低时，前驱体冷凝，生长速率降低；而当反应温度过高时，在一定程度上会造成前驱体分解，即使金属前驱体的沸点很高。因此，我们选择250～300 ℃作为后续 ALD 工艺调控的反应温度。

在两种基底 W、SiO_2 上于不同温度条件下进行 200 次 ALD 循环实验，通过生长厚度来计算选择性。在 200 ℃ 时，选择性可以达到 77.4%；随着温度升高到 250 ℃，非生长区表面厚度没有明显增加，而生长区表面厚度从 2.2 nm 增加到 5.1 nm，选择性也提高到 86.3%。当温度进一步升高到 300 ℃ 和 350 ℃ 时，此时非生长区表面热力学生长因素导致形核延迟大幅缩短，厚度开始显著增加，选择性也分别降至 40.8% 和 45.1%。

对最佳选择性 ALD 的生长曲线进行拟合，得到两种基底在两个温度下的关键参数和拟合结果，如图 4-30（a）所示，点代表实验所得数据，线表示拟合的数据集。总体而言，四条拟合曲线与实验数据的吻合度较高，拟合误差均在 10^{-2} 数量级。由于 W 表面的形核位点密度 $\dot{N}$ 和缺陷诱导形核位点密度 $\hat{N}$ 很高，处于 10^{-1} 数量级，因此 W 表面呈现出线性生长。而在 SiO_2 上拟合得到的 $\dot{N}$ 等于 0，明显小于 $\hat{N}$，说明 SiO_2 表面的形核主要源于初始形核，在各个循环中几乎不存在新的形核。随着温度的升高，由厚度计算结果可知，当温度升至 300 ℃ 时，在 100 次循环时选择性就大幅降低，这可能是由于非生长区表面开始出现较多形核位点，从而导致选择性降低（见图 4-30（b））。

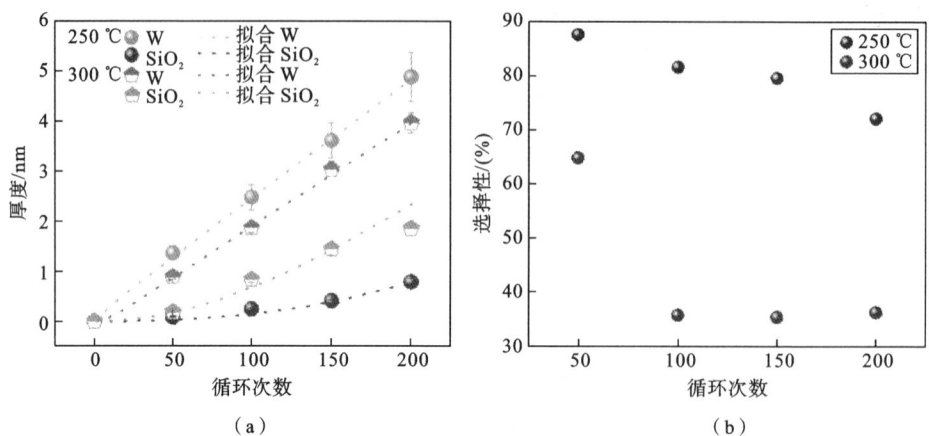

图 4-30 （a）金属 Ru 在不同基底上的生长厚度随循环次数的变化关系；（b）选择性随循
环次数的变化关系

为了更好地理解 SiO₂ 和 W 之间的生长差异，采用密度泛函理论（DFT）进行计算。在 W 和 TiN 表面上，Ru(EtCp)₂ 被认为会分解为 EtCp 配体，而在 SiO₂ 表面上，会发生从羟基到 Ru(EtCp)₂ 的氢转移，反应方程式如下。

分解反应为

$$Ru(EtCp)_2^* + * \longrightarrow RuEtCp^* + EtCp^* \tag{4-14}$$

在非生长区 SiO₂ 氢传递反应为

$$Ru(EtCp)_2^* + OH^* \longrightarrow RuEtCp^* \sim O + HEtCp_{(g)} \tag{4-15}$$

其中，* 表示空位，RuEtCp* 是表面上剩余的配体，RuEtCp* ~O 是氢转移后的物质。

在 OH 封端的 SiO₂ 表面，氢转移反应因高反应势垒（$E_b=1.96$ eV）和正反应焓（$\Delta H=1.57$ eV）而受到阻碍。在 W 表面，Ru(EtCp)₂ 易于吸附和分解，吸附能为 -2.04 eV，分解反应热为 -3.95 eV。此外，Ru(EtCp)₂ 在 TiN 表面的沉积也因高反应势垒（$E_b=2.98$ eV）而受到阻碍（见图 4-31）。

图 4-32 给出了三种基底上 O₂ 解离能。SiO₂、TiN 和 W 上的 O₂ 解离能分别为 1.55 eV、-6.15 eV 和 -8.60 eV。这表明 O₂ 在 W 表面更容易解离形成活性更高的 O 原子，进而加速配体的燃烧反应。虽然 O₂ 在 TiN 上也较易发生解离，但是 Ru(EtCp)₂ 在 TiN 上的吸附和分解反应具有较高的反应势垒，这抑制了 TiN 上的生长[6]。

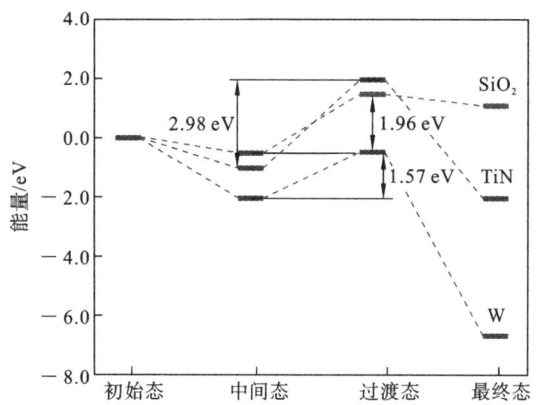

图 4-31　不同基底上反应路径的 DFT 计算

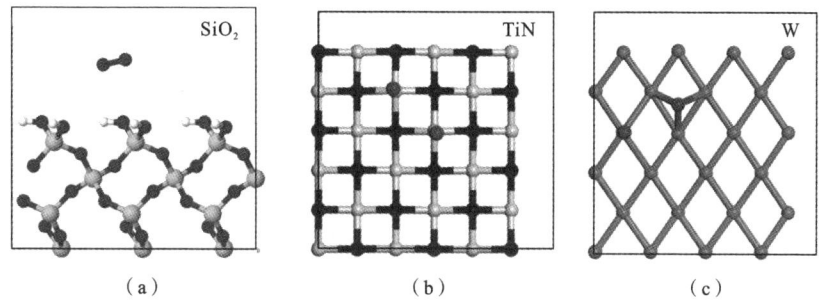

（a）　　　　　　　　　　（b）　　　　　　　　　　（c）

图 4-32　不同基底上 O_2 解离能的计算

4.4.2　金属 Ru ALD 短脉冲工艺优化

在金属的原子层沉积过程中,由于弱化学吸附、空间位阻效应和岛状生长行为,难以得到具有低电阻率的几纳米级连续薄膜。如果吹扫不充分,前驱体就会占据活性位点,进而发生物理吸附。为了实现更高的金属薄膜覆盖率,开发了短脉冲工艺。在 SRD-ALD 中,借助多个前驱体短脉冲和逐步吹扫,可以有效去除物理吸附的前驱体,从而暴露出未被占据的相邻活性位点。此外,还可以最大限度地减小前驱体空间位阻效应的影响,提高反应效率,进而提高初始形核位点密度。具体的 SRD-ALD 工艺为 D1($Ru(EtCp)_2$(2.5 s 脉冲,10 s 吹扫)×2+O_2(5 s 脉冲,20 s 吹扫))和 D2($Ru(EtCp)_2$(1 s 脉冲,4 s 吹扫)×5 +O_2(5 s 脉冲,20 s 吹扫)),并以传统 ALD 工艺 C1($Ru(EtCp)_2$(5 s 脉冲,20 s 吹扫)+O_2(5 s 脉冲,20 s 吹扫))作为对照,如图 4-33 所示。

如图 4-34(a)所示,通过 QCM 比较 C1、D1 和 D2 ALD 过程中的质量变化

原子层沉积技术——从制造原理到装备应用

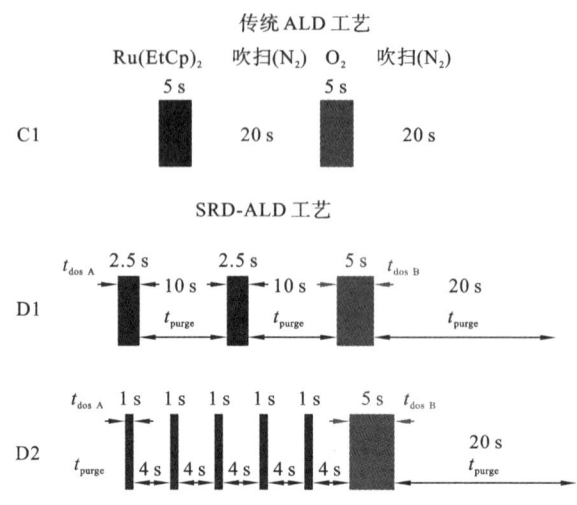

图 4-33　传统 ALD 工艺与 SRD-ALD 工艺示意图

并量化化学吸附和物理吸附的前驱体。两种不同的基底 W、SiO_2 存在明显的选择性吸附现象。W 表面较高的增重是由于前驱体易于吸附和反应,从而导致薄膜沉积;而 SiO_2 表面增重几乎为零,这是由于前驱体脱附,没有产生缺陷形核位点。进一步对前 30 次 ALD 循环进行数据统计,不同工艺在两种不同基底上平均每循环的吸附量如图 4-34(b)所示。随着短脉冲工艺的短脉冲循环增加,生长区和非生长区的吸附量都有增加。QCM 结果表明,使用 C1、D1 和 D2 工艺,W 基底上的平均每循环质量增重分别约为 38.81 ng/cm²、48.56 ng/cm²

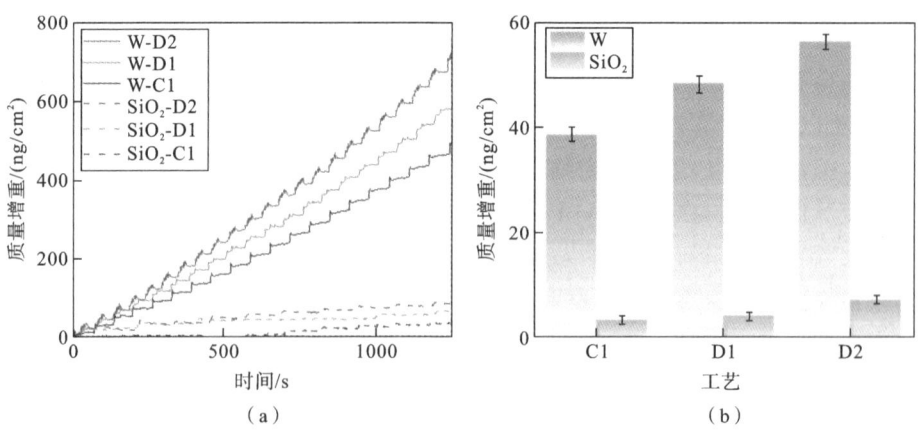

(a)　　　　　　　　　　　(b)

图 4-34　(a) 在两种基底上三种不同工艺的质量增重随时间的变化;(b) 在两种基底上三种不同工艺的平均每循环质量增重

和 56.60 ng/cm²，SiO₂基底上的平均每循环质量增重分别约为 3.23 ng/cm²、4.05 ng/cm² 和 7.18 ng/cm²，均与 Ru ALD 线性生长相符。对于三种不同工艺，D2 和 D1 在两种基底上的质量增重都大于 C1，这是由于将多余的物理吸附前驱体吹扫掉，可以充分暴露反应位点。

为了深入理解短脉冲工艺对物理和化学吸附的影响，探究其是否能产生更多反应位点，对每循环质量增重进行了分析，结果如图 4-35 所示。Δm 表示物理和化学吸附前驱体的质量增重总和，Δm_1 表示化学吸附的质量增重，$\Delta m - \Delta m_1$ 表示前驱体脉冲后的物理吸附前驱体的质量增重，Δm_2 表示残留的前驱体在 O₂ 氧化后的质量增重。如图 4-35(a) 所示，氧反应后质量增重从 49.4 ng/cm² 增加到 52.8 ng/cm²，这与金属燃烧反应机理相符。如图 4-35(b) 所示，D1 中，Δm_2 与 Δm_1 近乎相同。由于表面存在含氧反应产物，配体与氧反应的减重几乎与表面吸附氧层的增重相同。D2 中，Δm_2 低于 Δm_1，说明表面未形成含氧反应产物来抑制配体燃烧反应。同时，配体能够完全反应是由于有效地清除了物理吸附前驱体，从而消除了屏蔽效应和空间位阻效应。

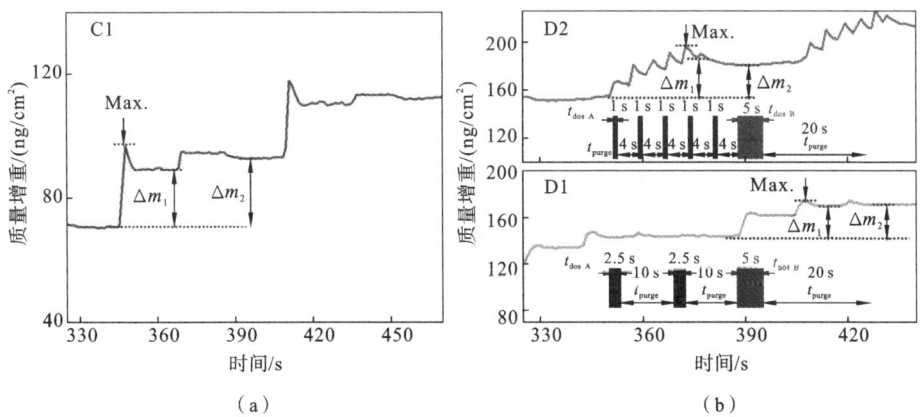

图 4-35　(a) C1 单次脉冲 QCM 增重情况；(b) D1、D2 单次脉冲 QCM 增重情况

4.4.3　缺陷迁移消除的后处理工艺优化

研究发现，SRD-ALD 工艺虽然促进了形核，提高了 Ru 薄膜的连续性，但也不可避免地促进了 SiO₂ 表面的形核，降低了生长区域的选择性。因此，开发热缺陷校正策略以促进缺陷迁移、消除非生长区域的缺陷，是平衡提高薄膜质量和实现高选择性的关键所在。颗粒迁移理论可以用 Wynblatt 和 Gjostein 导出的烧结动力学方程表示。该方程描述了颗粒半径随时间从初始尺寸演变的

过程。它基于奥斯特瓦尔德熟化而构建,即金属单体倾向于与较小的金属颗粒分离,在氧化物基底上随机扩散,并优先附着在较大的金属颗粒上。

$$f(v) = \frac{XY}{X+Y} \frac{K}{R^2} \left[\exp\left(\frac{\Delta\mu(R^*)}{k_B T}\right) - \exp\left(\frac{\Delta\mu(R)}{k_B T}\right) \right] \exp\left(-\frac{E_{tot}}{k_B T}\right) \tag{4-16}$$

$$E_{tot} = E_{bs} - E_c + E_{ds} \tag{4-17}$$

其中,v 是迁移速率变量参数;R 是粒子簇的半径;T 为温度;$X = 2\pi a_0 R \sin\alpha$;$Y = \dfrac{2\pi a_0^2}{\ln\dfrac{L}{R\sin\alpha}}$;$K = \dfrac{v_s \Omega}{4\pi a_0^2 \alpha_1}$;$\Delta\mu = \dfrac{2\Omega\gamma_m}{R}$;$a_0$ 为晶格常数;γ_m 为金属的表面能;Ω 是块体金属的原子体积;α 为接触角角度;α_1 是与粒子簇相关的几何因子,$\alpha_1 = (2 - 3\cos\alpha + \cos 3\alpha)/4$;$E_{bs}$ 是结合能;E_c 是内聚能;E_{ds} 是扩散势垒。因此,可以发现,颗粒的迁移速率与颗粒尺寸、温度密切相关,即 $f(v) \propto \left(T, \dfrac{1}{R}\right)$。当颗粒半径减小且温度升高时,颗粒迁移会被促进。该方程也为 SRD 过程中形成的小颗粒的迁移提供了理论支持。

为了探究缺陷后处理温度的影响,在碳膜上生长 10 nm 氧化硅作为基底,进行 100 次 Ru ALD 循环,对形核过程中 Ru 颗粒的粒径与密度进行 TEM 表征和研究,再进行不同温度的缺陷后处理。如图 4-36 所示,当后处理温度较低时,颗粒尺寸、密度几乎都不发生变化,这说明过低的温度提供的迁移能小于颗粒表面扩散势垒。温度升高到 200 ℃ 时,部分颗粒发生聚集,颗粒密度与覆盖率都降低。温度超过 200 ℃ 后,颗粒进一步扩散、聚集,此时颗粒尺寸过大导致难以发生迁移,迁移速率降低。因此,将 200 ℃ 设定为后续实验中缺陷后处理温度。

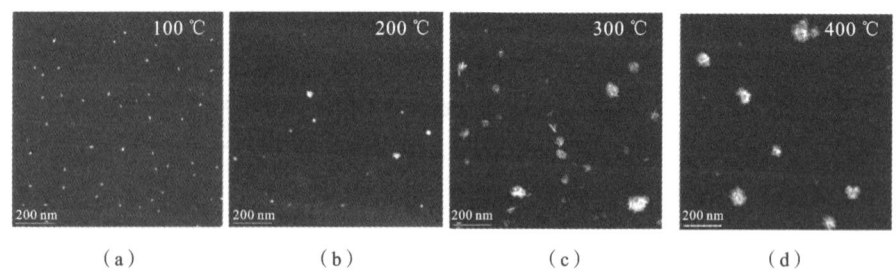

图 4-36　缺陷后处理温度对非生长区形核的影响

为了探究缺陷后处理气氛的影响,将经过 100 次 ALD 循环后的氧化硅表面,在 200 ℃ 下分别置于氧化气氛(O_2)、还原气氛(H_2)和惰性气氛(N_2)中退火

2 h,并与退火前进行对比。如图 4-37 所示,经缺陷后处理后,粗糙度均有所降低,这是由于部分缺陷颗粒在较高的温度下气化或者迁移,从而使氧化硅表面粗糙度降低;当处于氧化氛围中时,部分金属 Ru 颗粒可能会被氧化,导致颗粒团聚,同时被氧化的金属颗粒尺寸增大;在还原气氛和惰性气氛下,粗糙度几乎相同,这说明金属 Ru 颗粒在表面没有发生明显的氧化。

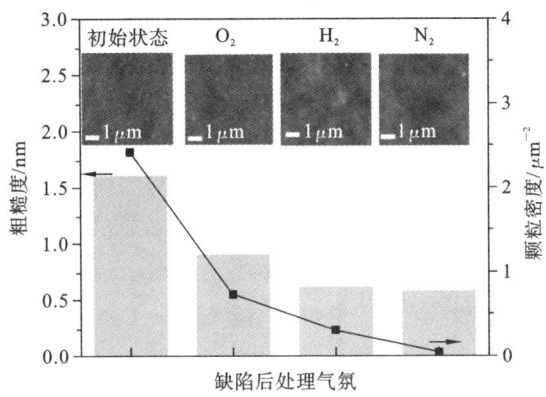

图 4-37　氧化硅表面粗糙度、颗粒密度与缺陷后处理气氛之间的关系

　　确定缺陷后处理工艺后,我们采用涂胶-光刻-显影的方法,在均质的 SiO_2 表面制备出光刻胶的图案化结构。随后,通过磁控溅射在光刻胶被显影去除的区域沉积金属。最后,通过丙酮去胶,使原始的 SiO_2 表面暴露出来,从而得到 W/SiO_2 的微米图案化结构。在该结构中,金属的线宽为 50 μm,如图 4-38 所示。通过对微米级结构样片进行 AES 元素面扫分析验证可知,经过 200 次短脉冲 ALD 循环后,能够在氧化硅表面检测到少量 Ru 信号,经过缺陷迁移后处理后,氧化硅表面 Ru 信号几乎完全消失,而且与处理前相比,金属 W 表面的 Ru 信号强度明显提高。通过计算 AES 元素强度,可得出选择性能够达到 75.8%。

　　固有选择性 ALD 是面向未来半导体制造的一项新兴技术,该技术可以简化制程,提升对工艺误差的容忍度。因此,本节也针对金属互连中的纳米级 $W/TiN/SiO_2$ 图案表面进行了选择性 ALD 工艺研发。为了直接观察选择性沉积情况,采用密集通孔链阵列中的 $W/TiN/SiO_2$ 纳米结构进行横截面 TEM 分析,如图 4-39 所示。

　　图 4-40(a)的 EDS 元素分析结果表明,TiN 和 SiO_2 表面几乎没有 Ru 元素。而 W 表面有 Ru 元素沉积。进一步,从表 4-3 中可以看到,SiO_2 表面没有 Ru 元

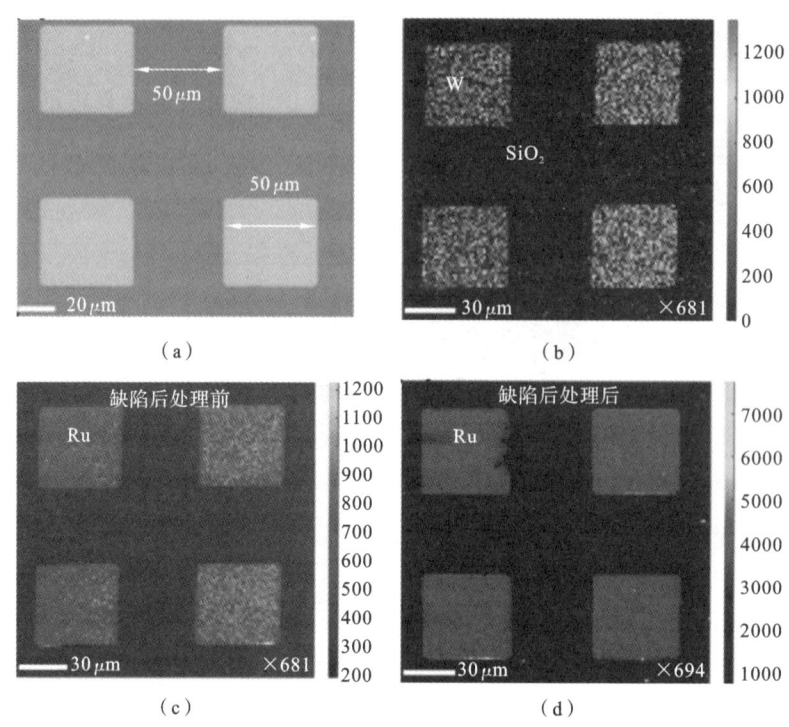

图 4-38　微米级 W/SiO$_2$ 结构样片：(a) SEM 表征；(b) 缺陷后处理前元素 W 分布；(c) 缺陷后处理前元素 Ru 分布；(d) 缺陷后处理后元素 Ru 分布

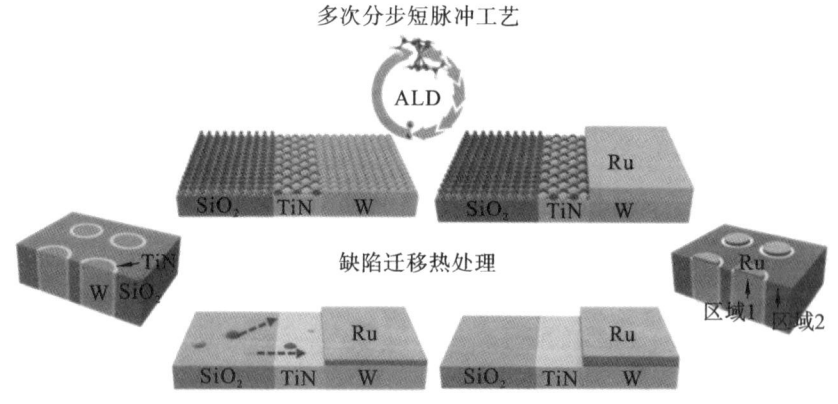

图 4-39　多次分步短脉冲耦合缺陷迁移热处理工艺示意图

素，而 W 表面则有 Ru 元素，这与元素面扫结果一致。因此，在选择性 ALD 后，W 表面沉积有保形 Ru 膜，而 TiN 和 SiO$_2$ 区域保持原始状态，不存在任何形核缺陷。

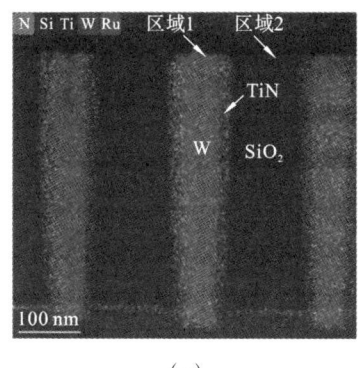
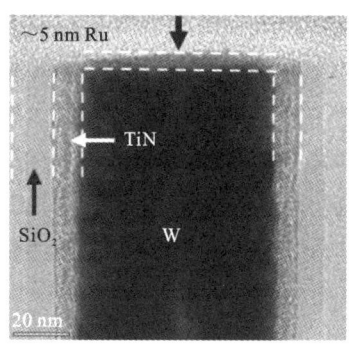

（a） （b）

图 4-40 在纳米级结构样片上进行 200 次 ALD 循环后（a）EDS 元素分布
示意图和（b）明场下放大的 W/TiN/SiO$_2$ 结构高分辨率图像

表 4-3 W 和 SiO$_2$ 表面选定元素的含量

元素	族	区域 1（W 表面）元素含量/（%）	区域 2（SiO$_2$ 表面）元素含量/（%）
C	K	58.56	73.99
O	K	29.97	19.32
Si	K	—	6.60
Ru	K	2.82	—
W	L	8.36	—

最后，进一步利用高分辨率 TEM 分析了边界特征，选取了单个金属钨边界区域的明场 TEM 图像，可以看到在 W 表面上选择性沉积的 Ru 薄膜。从放大的 TEM 明场图像（见图 4-40（b））中可以看到，通过固有选择性 ALD 制备的 Ru 薄膜，在沉积到 TiN 阻隔层时停止生长。在实验中，没有观察到 TiN 和 SiO$_2$ 表面的形核缺陷以及边缘的过度生长，实现了自对准薄膜沉积。

本章参考文献

[1] HAN J W, JIN H S, KIM Y J, et al. Advanced atomic layer deposition：ultrathin and continuous metal thin film growth and work function control using the discrete feeding method[J]. Nano Letters, 2022, 22（11）: 4589-4595.

[2] ZHANG J M, LI Y C, CAO K, et al. Advances in atomic layer deposition [J]. Nanomanufacturing and Metrology, 2022,5(3):191-208.

[3] MACKUS A J M, MERKX M J M, KESSELS W M M. From the bottom-up: toward area-selective atomic layer deposition with high selectivity [J]. Chemistry of Materials, 2019,31(1):2-12.

[4] CHEN R, GU E, CAO K, et al. Area selective deposition for bottom-up atomic-scale manufacturing[J]. International Journal of Machine Tools and Manufacture, 2024,199:104173.

[5] BALASUBRAMANYAM S, MERKX M J M, VERHEIJEN M A, et al. Area-selective atomic layer deposition of two-dimensional WS_2 nanolayers [J]. ACS Materials Letters, 2020,2(5):511-518.

[6] LEE J, LEE J M, AHN J H, et al. Area-selective atomic layer deposition using vapor dosing of short-chain alkanethiol inhibitors on metal/dielectric surfaces[J]. Advanced Materials Interfaces, 2022,9(13):2102364.

[7] ZHANG Q Z, ZHANG Y K, LUO Y N, et al. New structure transistors for advanced technology node CMOS ICs[J]. National Science Review, 2024,11(3):e8.

[8] CHEN R, LI Y C, CAI J M, et al. Atomic level deposition to extend Moore's law and beyond[J]. International Journal of Extreme Manufacturing, 2020,2(2):022002.

[9] CAO K, LIU X, YANG F, et al. Atomic layer deposition for advanced nanomanufacturing[J]. Science China Technological Sciences, 2022,65(9):2218-2220.

[10] CHEN R, CAO K, WEN Y W, et al. Atomic layer deposition in advanced display technologies: from photoluminescence to encapsulation[J]. International Journal of Extreme Manufacturing, 2024,6(2):022003.

[11] CHOU C Y, LEE W H, CHUU C P, et al. Atomic layer nucleation engineering: inhibitor-free area-selective atomic layer deposition of oxide and nitride[J]. Chemistry of Materials, 2021,33(14):5584-5590.

[12] PARSONS G N. Functional model for analysis of ALD nucleation and quantification of area-selective deposition[J]. Journal of Vacuum Science & Technology A, 2019,37(2):020911.

[13] JING Y，CAO K，ZHOU B Z，et al. Two-step hybrid passivation strategy for ultrastable photoluminescence perovskite nanocrystals[J]. Chemistry of Materials，2020,32(24):10653-10662.

[14] CHEN Y X，LI Z S，DAI Z，et al. Multiscale CFD modelling for conformal atomic layer deposition in high aspect ratio nanostructures[J]. Chemical Engineering Journal，2023,472:144944.

[15] PARK N Y，KIM M，KIM Y H，et al. Atomic layer deposition of iridium using a tricarbonyl cyclopropenyl precursor and oxygen[J]. Chemistry of Materials，2022,34(4):1533-1543.

[16] YU X Y，BOBB-SEMPLE D，OH I K，et al. Area-selective molecular layer deposition of a silicon oxycarbide low-k dielectric[J]. Chemistry of Materials，2021,33(3):902-909.

[17] SONG S J，PARK T，YOON K J，et al. Comparison of the atomic layer deposition of tantalum oxide thin films using Ta(N^tBu)(NEt_2)$_3$, Ta(N^tBu)(NEt_2)$_2$Cp, and H_2O[J]. ACS Applied Materials & Interfaces，2017,9(1):537-547.

[18] LI Y C，LAN Y X，CAO K，et al. Surface acidity-induced inherently selective atomic layer deposition of tantalum oxide on dielectrics[J]. Chemistry of Materials，2022,34(20):9013-9022.

[19] HU J G，HUANG X H. QCM mass sensitivity analysis based on finite element method[J]. IEEE Transactions on Applied Superconductivity，2019,29(2):9000504.

[20] ANDERSON N，SAHA S，JURSICH G，et al. Optimization of substrate-selective atomic layer deposition of zirconia on electroplated copper using ethanol as both precursor reactant and surface pre-deposition treatment[J]. Journal of Materials Science:Materials in Electronics，2021,32(5):5442-5456.

[21] LI Y C，QI Z L，LAN Y X，et al. Self-aligned patterning of tantalum oxide on Cu/SiO_2 through redox-coupled inherently selective atomic layer deposition[J]. Nature Communications，2023,14(1):4493.

[22] SUH T，YANG Y，ZHAO P Y，et al. Competitive adsorption as a route to area-selective deposition[J]. ACS Applied Materials & Interfaces，

2020,12(8):9989-9999.

[23] CHEN R, KIM H, MCINTYRE P C, et al. Investigation of self-assembled monolayer resists for hafnium dioxide atomic layer deposition[J]. Chemistry of Materials, 2005,17(3):536-544.

[24] GU E, YAN J, LI B X, et al. Effect of Al precursor's properties on interactions with self-assembled monolayers for area selective deposition [J]. Journal of Vacuum Science & Technology A, 2024,42(6):062403.

[25] LIU T L, NARDI K L, DRAEGER N, et al. Effect of multilayer versus monolayer dodecanethiol on selectivity and pattern integrity in area-selective atomic layer deposition[J]. ACS Applied Materials & Interfaces, 2020,12(37):42226-42235.

[26] BOSSARD-GIANNESINI L, CARDENAS L, CRUGUEL H, et al. How far the chemistry of self-assembled monolayers on gold surfaces affects their work function? [J]. Nanoscale, 2023,15(42):17113-17123.

[27] LEE J M, LEE J, OH H, et al. Inhibitor-free area-selective atomic layer deposition of SiO$_2$ through chemoselective adsorption of an aminodisilane precursor on oxide versus nitride substrates[J]. Applied Surface Science, 2022,589:152939.

[28] BOBB-SEMPLE D, NARDI K L, DRAEGER N, et al. Area-selective atomic layer deposition assisted by self-assembled monolayers: a comparison of Cu, Co, W, and Ru[J]. Chemistry of Materials, 2019,31(5):1635-1645.

[29] WEN Y W, LAN Y X, LI H J, et al. Nucleation delay in selective atomic layer deposition: density functional insights coupled numerical nucleation model[J]. The Journal of Physical Chemistry C, 2024,128(24):9915-9925.

[30] WEN Y W, CAI J M, ZHANG J, et al. Edge-selective growth of MCp$_2$ (M=Fe, Co, and Ni) precursors on Pt nanoparticles in atomic layer deposition: a combined theoretical and experimental study[J]. Chemistry of Materials, 2019,31(1):101-111.

[31] VOS M F J, CHOPRA S N, VERHEIJEN M A, et al. Area-selective deposition of ruthenium by combining atomic layer deposition and selec-

tive etching[J]. Chemistry of Materials，2019，31(11)：3878-3882.

[32] QI Z L，LI H J，CAO K，et al. Area selective deposition of Ru on W/
SiO$_2$ nanopatterns via sequential reactant dosing and thermal defect cor-
rection[J]. Chemistry of Materials，2024，36(17)：8133-8140.

[33] LEE J M，LEE J，HAN J W，et al. Enhanced selectivity of atomic layer
deposited Ru thin films through the discrete feeding of aminosilane inhib-
itor molecules[J]. Applied Surface Science，2021，539：148247.

第5章
光致发光材料表面的 ALD 调控与稳定化

光致发光材料能通过外界光激发而发光,是一类优异的发光材料。常见的光致发光材料包括磷光体、有机发光染料、稀土发光材料、量子点等。而在这其中,自卤化物钙钛矿于 2009 年首次在光伏领域应用被报道以来,在短短几年内,利用其制备的电池转换效率已达 25.2%。卤化物钙钛矿由于具有波长可调谐、高光吸收系数、超大载流子扩散长度等优势,在光伏、光电探测、照明显示、激光、闪烁体等多个光电领域大放异彩。近年来,通过国内外学者的共同努力,钙钛矿材料在可控制备、光电性能调控、光电子领域甚至生物应用方面都取得了不错的进展。相较于其体相材料,卤化物钙钛矿量子点的尺寸效应使其发光峰进一步窄化,光致发光效率更高。其基团丰富的表面使得性能可调控范围大幅扩大,新颖的光学、电学性能等众多,因而在高清显示、荧光生物标记、电化学等领域也展现出巨大应用潜力。然而,要实现钙钛矿量子点的应用还有很多问题亟待解决。从卤化物钙钛矿材料本征特性说起,有如下两大问题。

第一,稳定性问题。这包含对光、氧气、湿、热等多方面的稳定性,而其中部分原因与其表面配体有关。合成过程中添加的配体通常很容易脱离,使量子点表面暴露于如湿、热和氧气等环境中,这可能导致量子点晶格结构退化和性能损失。配体覆盖不足导致表面缺陷钝化不足,有机成分容易分解并与污染物反应,这也加剧了不稳定性。此外,这些量子点在长时间的光照下容易发生光降解,产生缺陷和相偏析。这些与配体相关的挑战,加上固有的敏感性,共同威胁卤化物钙钛矿量子点在各种应用中的长期稳定性。在长时间的光照刺激、水氧侵蚀后,钙钛矿自身的不稳定性难以满足应用需求,成为其产业化的首要难题,学界、产业界通过封装、失效材料"修复"等手段大幅改善了稳定性问题,但距离其实现应用还有很长的路要走。

第二,离子迁移问题。不同于传统量子点材料,钙钛矿具有离子化合物的特性,在极性溶剂中很容易解离,自身容易发生阴离子交换,同时也具有突出的离子迁移问题。离子交换在量子点制备过程中是一把双刃剑:一方面使得钙钛矿光谱调谐变得容易,另一方面导致混合卤素钙钛矿自身结构的不稳定性。而在器件应用中,这一特性导致的离子迁移问题,使得器件在服役时,混合卤素钙钛矿会因外场的作用而出现相分离现象。即使是单一卤素成分,在场作用下,也会发生离子迁移,使得器件性能不稳定,例如太阳能电池测试中的迟滞效应。

除了以上领域难题,针对钙钛矿量子点优异光电性能的光物理研究还十分缺乏,更深层次的机理探索还有待学者的共同努力。

5.1 铅卤钙钛矿纳米晶的相变过程及稳定性研究

5.1.1 双酸共辅助钝化策略稳定化研究

本小节介绍了一种使用三甲基铝(TMA,强路易斯酸)和氢溴酸(HBr)共同辅助完成水诱导零维到三维 Cs-Pb-Br 基钙钛矿纳米晶之间相变以提高产物稳定性的方法。该方法在实现两相成功转变的基础上,获得了具有超高水稳定性和空气稳定性的钙钛矿纳米晶,最后将其应用于白光 LED 器件,实现了宽色域显示,所制备的量子点薄膜也具有超高的柔韧性和水稳定性。

化学转化可以通过元素比例控制和配体辅助策略来实现。Cs_4PbBr_6 通常被认为富含 CsBr。考虑 CsBr 在水中的溶解度高,有人提出以水为萃取剂,从 Cs_4PbBr_6 纳米晶(nanocrystals,NCs)的结构中剥离 CsBr,获得高亮度 $CsPbBr_3$ NCs 的策略[1]。然而,上述策略中 Cs_4PbBr_6 NCs 的合成仍然基于热注入,CsBr 剥离过程中也出现陷阱态。"配体介导的转化"策略用于分解 $CsPbBr_3$ NCs 以获得不发光的 Cs_4PbBr_6 NCs。相反,酸化的反应环境促进了 Cs_4PbBr_6 NCs 和 $CsPbBr_3$ NCs 逆向转化的发生。在有机溶剂中采用的配体辅助策略,不利于副产物的分离。

受水剥离 CsBr 方法的启发,本研究采用快速气氛合成法合成了 Cs_4PbBr_6,并通过引入 TMA 和 HBr 改进了水剥离 CsBr 工艺,获得了具有超高空气稳定性的表面缺陷钝化 $CsPbBr_3$ NCs。图 5-1 揭示了双酸共辅助相变制备超稳定钙钛矿纳米晶的机制。

与通过直接水剥离 CsBr 实现的相变过程不同,高活性 TMA 首先通过空气暴露过程在 Cs_4PbBr_6 NCs 表面形成 AlO_x 交联结构,并部分取代油酸(oleic acid,OA)配体。交联结构的形成限制了 Cs_4PbBr_6 NCs 的离子迁移。在此基础上,氢溴酸部分溶解了交联结构,打开了 CsBr 的离子迁移通道。加入萃取水

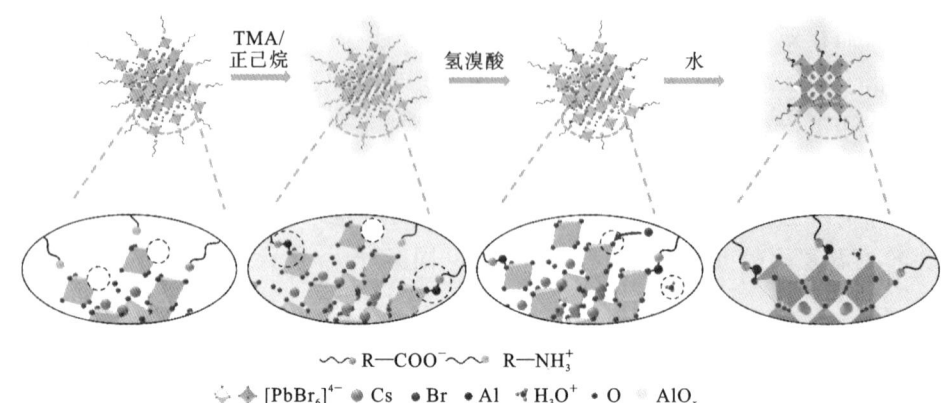

~~~ R—COO⁻ ~~~ R—NH₃⁺

✦ [PbBr₆]⁴⁻ ● Cs ● Br ● Al ⬦ H₃O⁺ ○ O ○ AlOₓ

</div>

图 5-1　双酸共辅助相变制备超稳定钙钛矿纳米晶的工艺示意图

后,从 Cs_4PbBr_6 NCs 到 $CsPbBr_3$ NCs 的相变完成。同时,H^+ 的引入改变了表面的配位环境,比油胺(oleylamine,OAm)活性更高的 H_3O^+ 可以作为吸附在 NCs 表面的配体。丰富的 Br^- 及时填补水剥离 CsBr 工艺中产生的卤素空位,减少缺陷态的产生[2]。

Cs_4PbBr_6 NCs 前驱体、无酸辅助水剥离 CsBr 相变产物 $CsPbBr_3$、氢溴酸辅助相变产物 $CsPbBr_3$-HBr 和双酸共辅助相变产物 $CsPbBr_3$-TMA/HBr 的荧光和吸收光谱如图 5-2 所示。Cs_4PbBr_6 NCs 是一种无色透明的胶体溶液,具有宽能隙(3.9 eV)能级结构,在紫外光激发下无荧光发射(见图 5-2(a));同时,在 310 nm 处出现了强烈的特征吸收峰(见图 5-2(a))。采用 Tauc 图法计算 $CsPbBr_3$、$CsPbBr_3$-HBr 和 $CsPbBr_3$-TMA/HBr 的带隙(见图 5-2(b)),样品的带隙值分别为 2.376 eV、2.386 eV 和 2.390 eV。宽的带隙表明纳米晶尺寸的减小。值得注意的是,Cs_4PbBr_6 的荧光特性不会因 TMA 和氢溴酸的加入而改变,直到引入萃取剂水。TMA 处理后吸收峰发生红移可能是由于 Cs_4PbBr_6 NCs 之间的量子限制效应增强,这可归因于 AlO_x 交联结构的出现[3]。加入氢溴酸后,红移程度减小。即便如此,与未处理的 Cs_4PbBr_6 NCs 相比,吸收峰仍略有红移,这表明氢溴酸仅部分破坏了 NCs 表面的 AlO_x。氢溴酸辅助和双酸共辅助相变产物的光致发光(photo luminescence,PL)强度显著提高,氢溴酸辅助处理效果更明显(见图 5-2(a))。除 $CsPbBr_3$ 在 510 nm 处有一个弱吸收峰外,310 nm 处也存在着吸收峰,尽管与 Cs_4PbBr_6 NCs 相比明显减弱(见图 5-2(a))。与此形成鲜明对比的是,代表 Cs_4PbBr_6 NCs 的特征吸收峰在 $CsPbBr_3$-HBr 和 $CsPbBr_3$-TMA/HBr 中完全消失,表明形成了稳定的 $CsPbBr_3$ NCs 单相。图 5-2（c）中 Cs_4PbBr_6 NCs、$CsPbBr_3$、$CsPbBr_3$-HBr 和 $CsPbBr_3$-TMA/
HBr 的 X 射线衍射（XRD）图进一步证明了这一点。

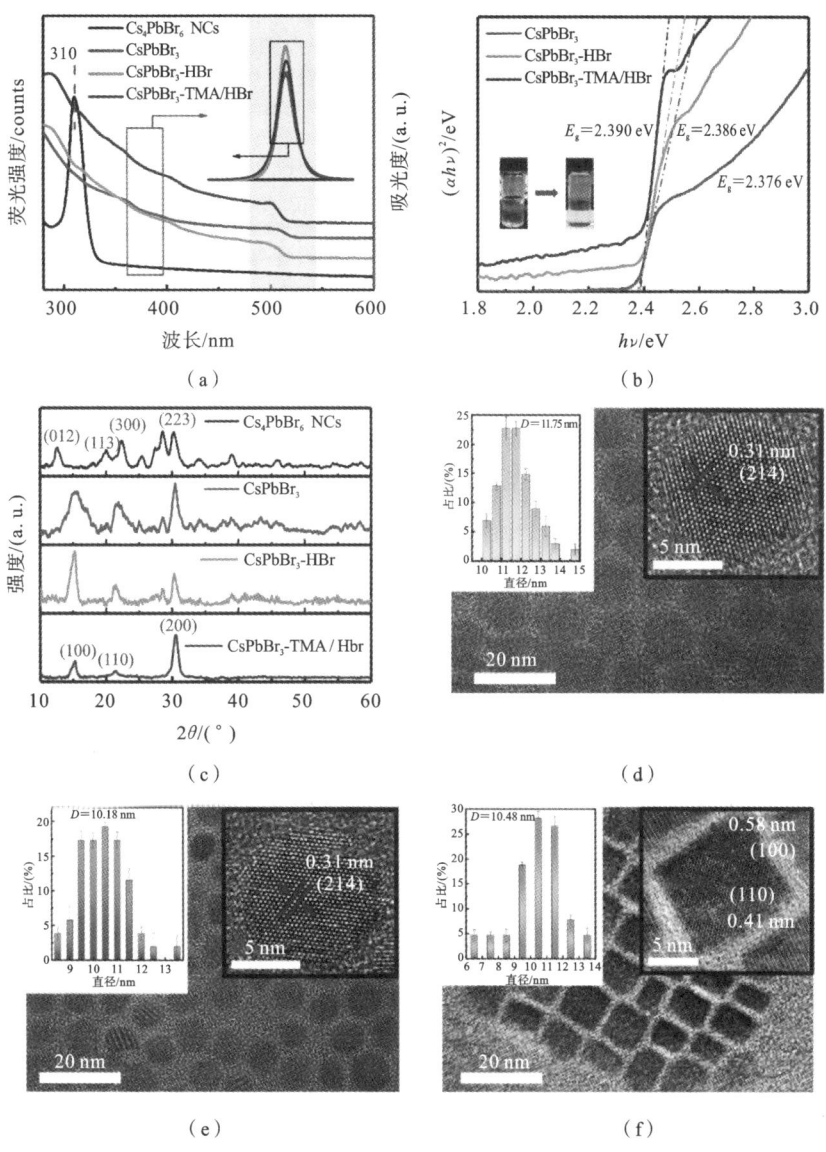

图 5-2 Cs_4PbBr_6 NCs 前驱体、无酸辅助水剥离 CsBr 相变产物 $CsPbBr_3$、氢溴酸辅助
相变产物 $CsPbBr_3$-HBr 和双酸共辅助相变产物 $CsPbBr_3$-TMA/HBr 的
（a）荧光和（b）吸收光谱，以及（c）XRD 图谱；（d）~（f）高分辨率 TEM 图像

同样地,通过透射电子显微镜(TEM)和 XRD 研究了 Cs_4PbBr_6 NCs 的形貌和结构。它呈现出独特的六边形结构,平均直径约为 11.75 nm(见图 5-2(d)),晶格间距为 0.31 nm,对应于 Cs_4PbBr_6 菱形六面体的(214)晶面。其所有衍射峰都与 Cs_4PbBr_6 的标准 PDF 卡(PDF—#73-2478)相匹配(见图5-2(c))。在 Cs_4PbBr_6 NCs 中加入适量的 TMA 并暴露在空气中后,可以清楚地看到 Cs_4PbBr_6 NCs 被 TMA 水解产生的 AlO_x 包覆,在 TEM 电子束的轰击下没有被破坏。值得注意的是,经 TMA 处理的 Cs_4PbBr_6 NCs 在加水时不会从无色变为绿色,并且在紫外光下没有荧光效应。这一现象充分说明 TMA 的引入使 Cs_4PbBr_6 NCs 表面形成了致密的涂层,甚至阻碍了 CsBr 的离子迁移。然而,在合成的 Cs_4PbBr_6 NCs 中直接加水剥离 CsBr 得到的相变产物 $CsPbBr_3$ 在空气中不具有长期稳定性,仅在 20 min 内就失去了荧光特性。如图 5-2(c)所示,相变产物的主要衍射峰与 $CsPbBr_3$ 相匹配,但也检测到代表 Cs_4PbBr_6 NCs 的衍射峰,因而推测相变不完全是 $CsPbBr_3$ 在空气中快速失效的主要原因。TEM 图像显示不稳定的 $CsPbBr_3$ 已转化为 Cs_4PbBr_6,因为存在突出的准球形 Cs_4PbBr_6 NCs(见图 5-2(e))。而对于 $CsPbBr_3$-TMA/HBr,TEM 图像中可观察到边缘长度约为 10.48 nm 的立方体结构,面间距0.58 nm、0.41 nm 分别对应于立方 $CsPbBr_3$ 的(100)、(110)晶面(见图 5-2(f))。

为了阐明共辅助策略对水剥离 CsBr 相变产物稳定性的影响机制,分析了直接处理产物($CsPbBr_3$)、氢溴酸单独处理产物($CsPbBr_3$-HBr)和 TMA/氢溴酸辅助处理产物($CsPbBr_3$-TMA/HBr)的傅里叶变换红外光谱仪(FTIR)光谱。在直接用水剥离 CsBr 的过程中,Cs_4PbBr_6 和 $CsPbBr_3$ 的红外光谱几乎没有明显差异。与 $CsPbBr_3$ 相比,仅在 2840~2950 cm^{-1} 范围内 $CsPbBr_3$-HBr 的 C—H 键对称和非对称伸缩振动的峰强度显著降低。C—H 键在 FTIR 图谱内振动产生的吸收带代表具有烃基的物种,主要存在于 OAm 和 OA 配体中。因此,可以认为红外光谱峰强度的降低是表面有机配体脱附的结果。然而,配体脱附并未导致 PL 强度降低。相反,在 $CsPbBr_3$-HBr 中观察到升高的 PL 强度。C—H 键的峰强度在 $CsPbBr_3$-TMA/HBr 中同样表现出弱化效果,并且随着 TMA 剂量的增加,降低更加明显(见图 5-3(b))。在 1562 cm^{-1} 和 1402 cm^{-1} 处的吸收归因于羧酸根不对称振动和对称伸缩振动,这是 COO^- 吸附在 NCs 表面的特征。在少量 TMA 和氢溴酸共同辅助处理下,与 Pb 结合的 COO^- 不对称拉伸基团对应的峰有向更高波数段移动的趋势(见图 5-3(a))。羧酸根峰的移动证明了 OA 表面配位原子的变化,推测 OA 与活性更高的 TMA 反应并与 Al 结合[4]。然而,在增加 TMA 的剂量且氢溴酸辅助处理后,COO$^-$ 的吸收峰完全消失,推测是加入的少量 TMA/正己烷并没有完全反应掉表面羧酸,而是部分取代了它。过量的 TMA 蚀刻了表面有机配体,特别是对 OA 的蚀刻,导致 NCs 的团聚。CsPbBr$_3$-30 μL TMA/HBr 的 FTIR 光谱在 3250~3750 cm^{-1} 范围内显示一个钝峰,这被认为是—OH 的反对称伸缩振动峰。然而,在其他样品中没有这样的吸收峰,这意味着经少量 TMA 处理的样品表面存在富羟基结构。

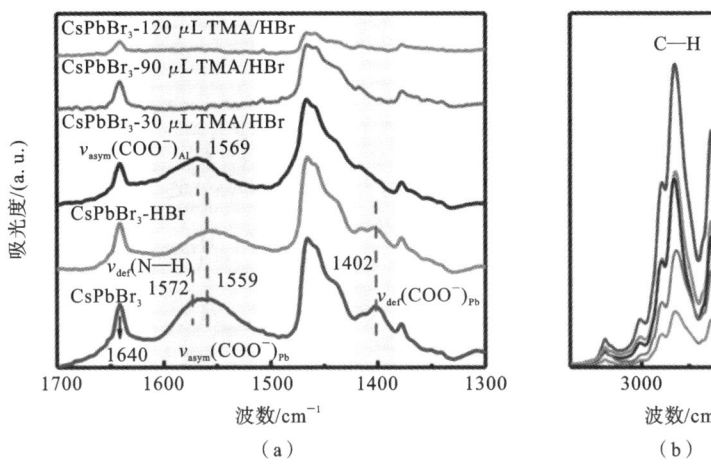

图 5-3　无酸辅助水剥离 CsBr 相变产物 CsPbBr$_3$、氢溴酸辅助相变产物 CsPb-
　　　　Br$_3$-HBr、双酸共辅助相变产物 CsPbBr$_3$-TMA/HBr 的 FTIR 光谱:
　　　　(a) 总谱;(b) C—H 伸缩振动谱

无氢溴酸时,加水后,无色前驱体基本不变,无绿色荧光物质。但当存在氢溴酸时,无色前驱体溶液加水后迅速变绿,在紫外光的激发下发出荧光。氢溴酸或酸性环境可能在从 Cs$_4$PbBr$_6$ 到 CsPbBr$_3$ 的转变过程中起重要作用。同时,记录 TMA 辅助相变过程中前驱体、中间产物和最终产物的荧光和吸收光谱的变化,如图 5-4(a)和(b)所示。加入 TMA 后,前驱体仍呈现非荧光特性,再加入氢溴酸溶液也不能改变这种现象。只有在引入水后,前驱体才会转变为 CsPbBr$_3$ 纳米晶体,并在紫外光的激发下发出荧光。为了探究氢溴酸的作用,采用溴化锌(ZnBr$_2$)进行对比实验。为了进行合理有效的比较并消除溴离子的干扰,加入了含有相同溴物质的量的 ZnBr$_2$ 水溶液。图 5-4(c)所示结果表明,加入溴化锌水溶液也能提高产物的荧光强度,但其增强作用明显弱于氢溴酸。ZnBr$_2$ 是一种强酸弱碱盐,其水溶液呈弱酸性。可以推测,溴化锌和氢溴酸水溶液的酸性是处理后 CsPbBr$_3$ 纳米晶荧光强度不同的主要原因:引入的 H 离子

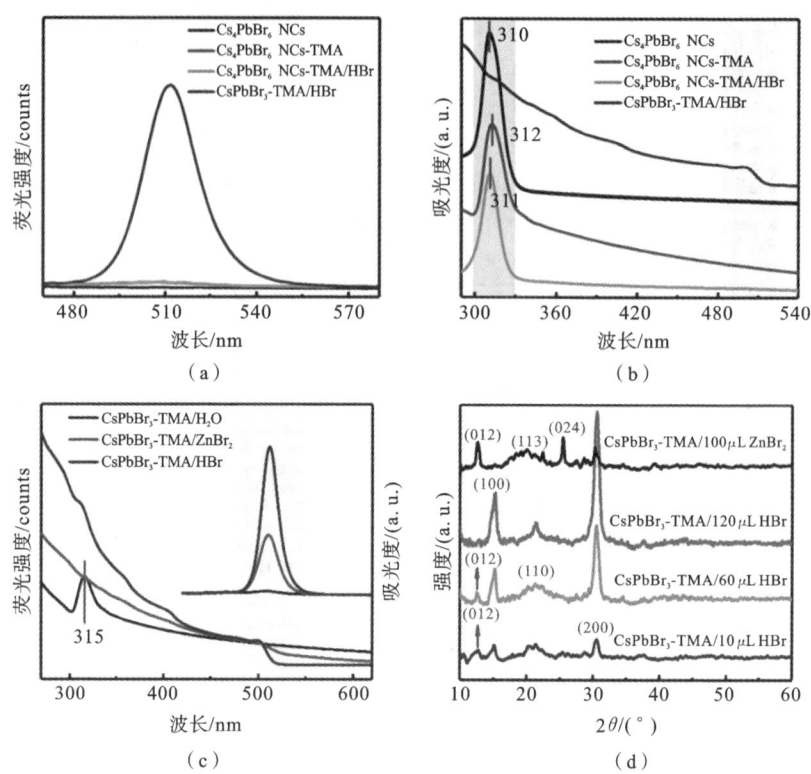

图 5-4　TMA 与氢溴酸共同辅助处理以及 TMA 与 ZnBr$_2$ 共同辅助处理的产物的
(a) 荧光光谱和 (b) 红外吸收光谱；(c) CsPbBr$_3$-TMA/H$_2$O、CsPbBr$_3$-
TMA/ZnBr$_2$、CsPbBr$_3$-TMA/HBr 的荧光光谱和吸收光谱；(d) 由 TMA 和
不同量的氢溴酸以及 ZnBr$_2$ 共同辅助的产物的 XRD 图谱

越多,荧光增强效果越好。两者的吸收光谱显示出相似的相变效果。用氢溴酸
处理的样品在 500 nm 处有较强的吸收峰。采用 30 μL TMA(sol)和 120 μL
HBr(aq)共同处理样品,其 XRD 显示出结晶度更高的单一 CsPbBr$_3$ 相,如图
5-4(d) 所示。然而,除 CsPbBr$_3$ 的衍射峰外,经溴化锌处理的样品也显示出
Cs$_4$PbBr$_6$ 的衍射峰,说明在酸性越强的环境中,水致相变过程的转化程度越高。
减小氢溴酸的加入量会降低溶液的酸性。据此也发现随着氢溴酸加入量的减
小,相应产物的 XRD 峰强度减小,并出现杂峰。这再次证明了水致相变产物在
强酸性环境下具有更好的结晶度和更高的转化率。

　　前面的研究已经发现无酸辅助水诱导相变产物 CsPbBr$_3$ NCs 在空气中储
存时容易失去其荧光特性,图 5-5(a)所示的 CsPbBr$_3$ NCs 的空气稳定性测试结

果也说明了这一点,而且在荧光失效的过程中纳米晶的 PL 峰发生极其明显的蓝移。PL 峰的蓝移表示颗粒尺寸的减小,说明 $CsPbBr_3$ NCs 在空气暴露过程中会发生降解。然而将 $CsPbBr_3$ NCs 放入手套箱储存时,其 PL 强度在 16 h 后仅轻微下降,且 PL 峰略微蓝移。氢溴酸辅助相变产物的空气稳定性较 $CsPbBr_3$ NCs 仅略有增加。然而,双酸共辅助相变产物 $CsPbBr_3$-TMA/HBr 即使在空气中储存 33 d 后,其 PL 强度仍保留了最大值的 90%,并且该样品荧光发射峰的位置几乎没有发生变化,如图 5-5(a)所示。空气稳定性的显著提高表明双酸共辅助钝化策略可有效抵抗水和氧气对纳米晶的侵蚀。将用三种处理方式处理的样品以薄膜形式浸泡在去离子水中,研究样品的水稳定性。图 5-5(b)所示的水稳定性测试结果表明,无酸辅助水诱导相变产物 $CsPbBr_3$ NCs 在水中浸泡 2 h 后其荧光强度就下降到了初始值的 60%。氢溴酸辅助相变产物的稳定性有一定程度的改善,其荧光强度降低到初始值的 60% 经历了 6 h。$CsPbBr_3$-TMA/HBr 在相同条件下则能够保持 24 h,水稳定性相较于无酸辅助水诱导相

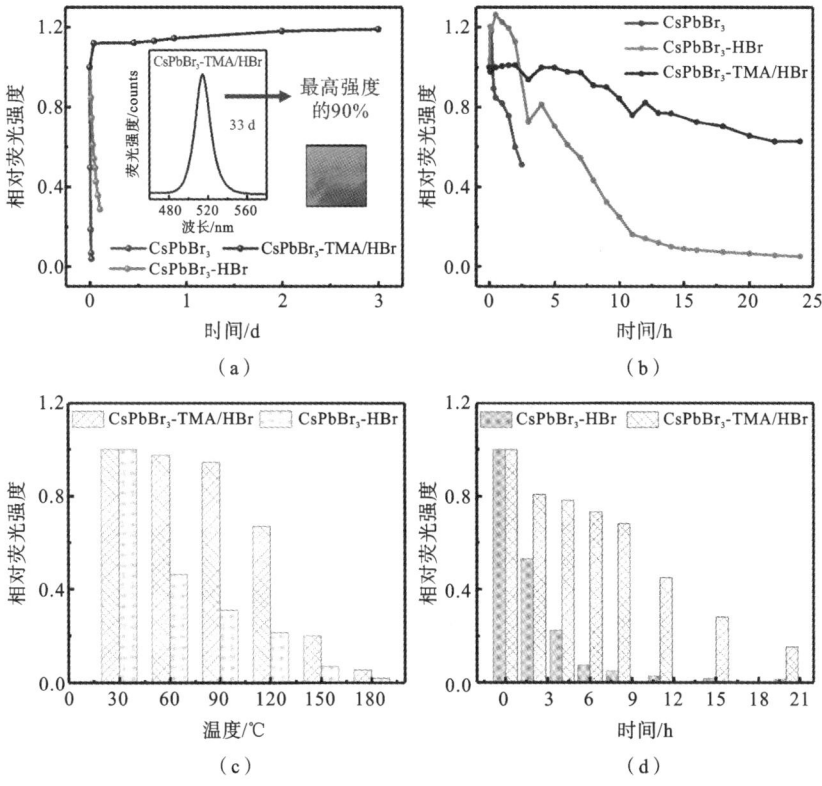

图 5-5 不同处理后 $CsPbBr_3$ 的(a)空气稳定性、(b)水稳定性、(c)热稳定性和(d)光稳定性

变产物 $CsPbBr_3$ NCs 提高了 11 倍。随着在水中浸泡时间的增加,对于由三种处理方式得到的样品,均观察到了 PL 峰的蓝移,但是 $CsPbBr_3$-TMA/HBr 的蓝移趋势明显更为缓慢。因此推测,长期在水中浸泡会破坏钙钛矿纳米晶溶解和结晶之间的平衡。水的存在将促进 CsBr 和 $PbBr_2$ 的溶解,因此水稳定性测试中荧光发射峰的蓝移是体系中组分溶解的结果,而与纳米晶表面结合能力更强的 H_3O^+ 和 AlO_x 的存在则会抑制溶解[3,5]。此外,可以观察到双酸共辅助钝化策略对相变产物的热和光稳定性(被 365 nm 紫外光照射)具有相似的稳定性增强效应(见图 5-5(c)和(d))。值得注意的是,由于无酸辅助水诱导相变产物 $CsPbBr_3$ NCs 的空气稳定性极差,因此仅将 $CsPbBr_3$-TMA/HBr 与 $CsPbBr_3$-HBr 样品的热稳定性、光稳定性进行了比较。

稳定化的钙钛矿纳米晶被用于制备白光发光二极管(light emitting diode,LED),其色域覆盖了 135% 的 NTSC 范围(美国国家电视系统委员会制定的电视色彩标准中定义的色域范围),所制备的量子点薄膜显示出超高的柔韧性和水稳定性,如图 5-6 所示。采用双酸共辅助钝化策略制备的钙钛矿纳米晶展现出了在背光显示领域的应用前景。

在本小节中,TMA 和氢溴酸被用于辅助完成从零维到三维钙钛矿纳米晶的相变并实现纳米晶稳定性的提升。在两相成功转化的基础上,获得了具有超

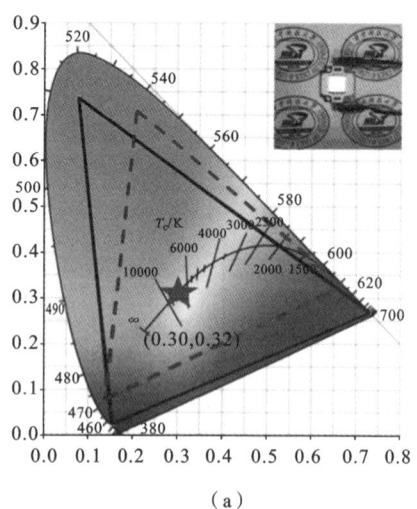

(a)

图 5-6 (a) 所制备的白光 LED 在驱动电流为 100 mA 时在 CIE 1931 中显示的色坐标位置和色域(虚线:NTSC;实线:白光 LED),插图为所制备的白光 LED 器件;(b) 所制备的白光 LED 在 100 mA 驱动电流下的红外热成像;(c) 由 $CsPbBr_3$-TMA/HBr 制备的量子点薄膜在紫外光下浸入水中时的照片

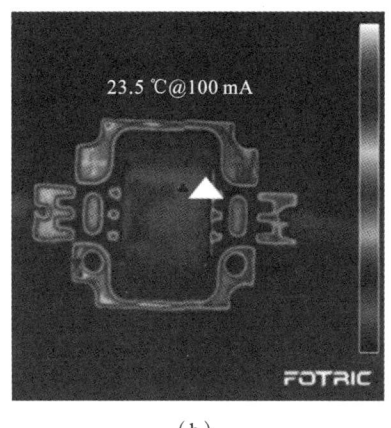
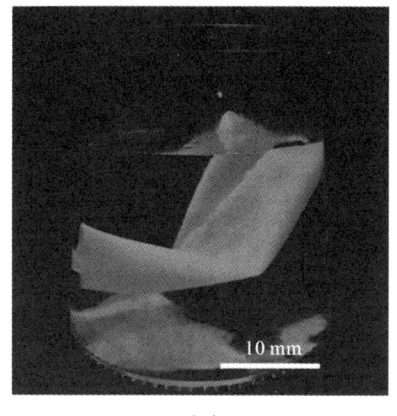

（b） （c）

续图 5-6

高水稳定性和空气稳定性的钙钛矿纳米晶。TMA 优先以插入机制存在于油酸和纳米晶表面之间，形成 COO^-—Al—O 结构，部分取代了表面有机配体。Al—Br 键的形成对 Br 离子产生锚定作用，抑制了离子迁移。氢溴酸作为 AlO_x 的刻蚀剂，一方面可以在被氧化物包裹的纳米晶表面打开离子迁移通道，使得相变过程得以发生；另一方面可以填补纳米晶表面的溴空位，从而实现对缺陷的有效钝化。同时，H^+ 的引入改变了钙钛矿纳米晶表面的配位环境，并以 H_3O^+ 的形式作为配体提高了 $CsPbBr_3$ NCs 的稳定性。与没有 TMA 和氢溴酸辅助的相变产物相比，由双酸共辅助钝化策略获得的 $CsPbBr_3$ 纳米晶的水稳定性和空气稳定性均得到大幅提高。

5.1.2　纳米晶相变行为研究

本小节介绍 $CsPbBr_3$-HBr 在防伪领域的应用策略。将 Cs_4PbBr_6 NCs 溶解在正己烷中获得无色透明的前驱体溶液，由于 Cs_4PbBr_6 NCs 的离子性质和 CsBr 在水中的高溶解度（1243 g/L，25 ℃），在前驱体溶液中加入过量的水，使得非极性溶剂中的 Cs_4PbBr_6 NCs 在水和正己烷分层界面处反应，剥离出 CsBr，使其转换为 $CsPbBr_3$ NCs。反应静置几分钟以后，出现了明显的分层界面，上层原本无色的前驱体溶液变成绿色溶液，下层水溶液开始变得浑浊。这个过程的反应方程式为

$$Cs_4PbBr_6 \longrightarrow CsPbBr_3 + 3CsBr \tag{5-1}$$

将水诱导相变法合成的 $CsPbBr_3$ NCs 旋涂在玻璃片上成薄膜后暴露于空

气中,发现荧光强度在 10 min 内急剧衰减至初始值的 20%(见图 5-7(a)),表现为薄膜由绿色变成无色。为了恢复在空气中熄灭的荧光,将样品重新浸入水中。在 365 nm 紫外光照射下,薄膜的绿色荧光迅速重新出现,发射波长为 515 nm,如图 5-7(b)所示。进一步对暴露在空气中褪色后的薄膜以及浸泡水后恢复荧光的薄膜进行 XRD 测试,浸泡在水中的刚制备出来的 $CsPbBr_3$ NCs 薄膜只有代表立方相 $CsPbBr_3$ NCs(100)、(110)和(200)晶向的特征峰,而暴露在空气中几分钟以后,原本代表立方相 $CsPbBr_3$ NCs 的特征峰消失,而代表六方相 Cs_4PbBr_6 NCs(012)、(300)和(223)晶向的特征峰出现,这说明 $CsPbBr_3$ NCs 在空气中转化为 Cs_4PbBr_6 NCs 而失去荧光。这个过程的反应方程式为

$$CsPbBr_3 + 3CsBr \longrightarrow Cs_4PbBr_6 \tag{5-2}$$

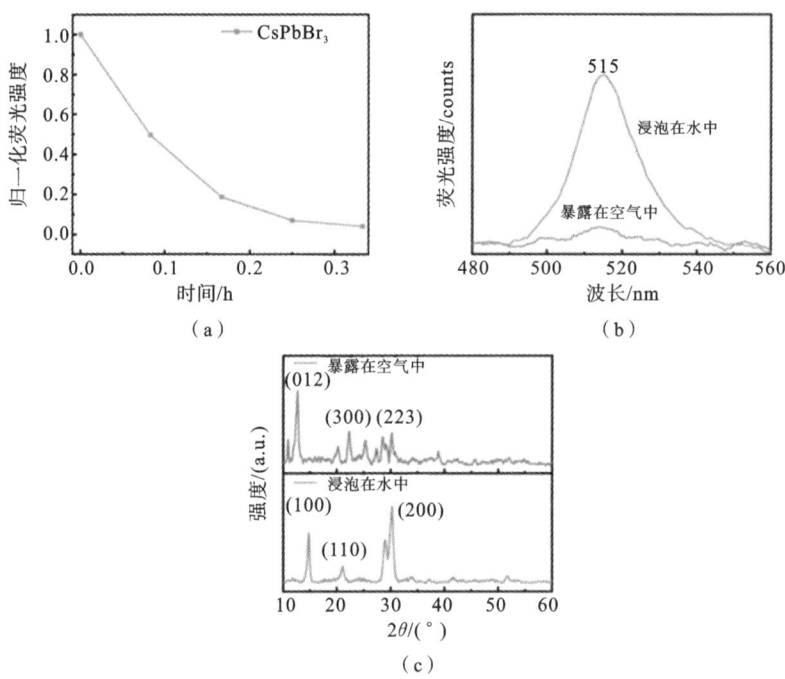

图 5-7 (a)$CsPbBr_3$ NCs 薄膜暴露在空气中后归一化荧光强度随时间的变化;$CsPbBr_3$ NCs 薄膜暴露在空气中和浸泡在水中的(b)荧光强度变化和(c)XRD 图谱

浸泡水后立刻测量薄膜荧光光谱可以发现,薄膜恢复荧光后代表立方相 $CsPbBr_3$ NCs 的特征峰重新出现,这说明失去荧光的 Cs_4PbBr_6 NCs 在水溶液中又转化为 $CsPbBr_3$ NCs 而恢复荧光。将 $CsPbBr_3$ NCs 薄膜浸泡在水中和暴露在空气中的实验,证明了零维纳米晶和三维纳米晶之间能够实现可逆相变。

为了评估 CsPbBr$_3$ NCs 的发光开/关可逆性,将 CsPbBr$_3$ NCs 薄膜暴露在空气中褪色以后再浸泡在水中恢复荧光作为一次循环,持续测量多次循环下荧光强度、峰位置和半峰宽(FWHM)的变化。如图 5-8 所示,经过 3 次循环后,荧光强度急剧下降,在 4 次循环后薄膜已经无法恢复荧光,这说明发光物质在减少,发光相 CsPbBr$_3$ 转化为非发光相并且没有得到补充。与此同时,随着可逆相变次数的增加,CsPbBr$_3$ NCs 薄膜的荧光发射峰位置逐渐蓝移,表明量子点尺寸在浸泡水循环过程中减小。每次浸泡处理时,CsBr 从量子点材料中剥离后,CsPbBr$_3$ NCs 粒径减小。量子点的发光峰半峰宽表示量子点波长范围的大小,半峰宽随着循环次数的增加表明更多不同尺寸量子点的出现,并且缺陷增加。这些变化说明了水诱导 CsPbBr$_3$ NCs 相变性能差的原因是经过几次循环以后量子点尺寸不断变小,量子点难以恢复到原来的尺寸,并且缺陷增加。因此,要获得高相变稳定性,必须让量子点在相变前后能够恢复原本的尺寸,并且减少缺陷的产生。

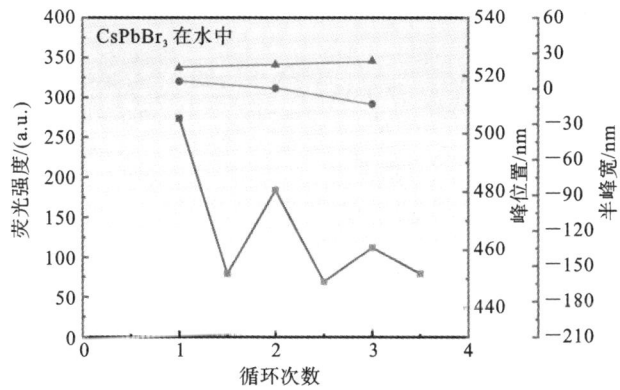

图 5-8 水诱导 CsPbBr$_3$ NCs 薄膜在连续几次浸泡-干燥循环中的荧光
强度(矩形点)、峰位置(圆形点)和半峰宽(三角形点)的变化

为了提高 CsPbBr$_3$ 和 Cs$_4$PbBr$_6$ 可逆相变的稳定性,从抑制相变过程中 CsBr 损失的角度出发,采用 CsBr 溶液代替水来诱导 Cs$_4$PbBr$_6$ 相向 CsPbBr$_3$ 相的转变,通过减少 CsBr 的大量流失,达到保持量子点尺寸基本不变的效果。如图 5-9 所示,研究了 CsBr 溶液浓度对可逆相变稳定性的影响。与水触发的从 Cs$_4$PbBr$_6$ 相到 CsPbBr$_3$ 相的转变相比,用质量分数分别为 3% 和 6% 的 CsBr 溶液处理后,经过几个相变周期,荧光强度大幅下降,难以恢复到原来的水平,这说明发光物质在减少,发光相 CsPbBr$_3$ 没有得到补充。随着循环次数的增

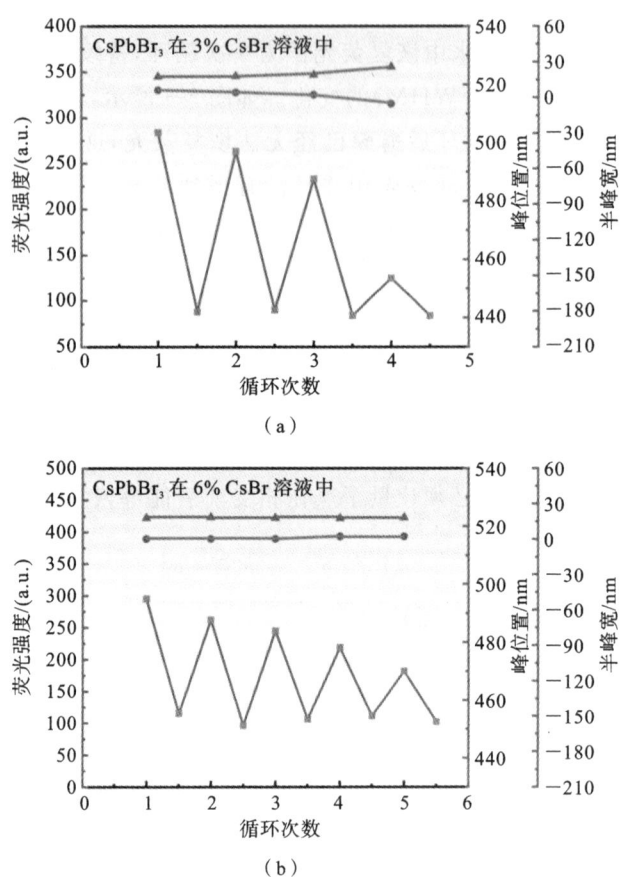

图 5-9　(a)3％和(b)6％ CsBr 溶液诱导 CsPbBr₃ NCs 薄膜在连续几次浸泡-干燥
循环中的荧光强度(矩形点)、峰位置(圆形点)和半峰宽(三角形点)的变化

加,发光峰位置的蓝移仍然存在,表明量子点尺寸在浸泡 CsBr 溶液循环过程中
也在减小。在每次浸泡处理时,CsBr 从量子点材料中剥离后,无法从溶液中得
到补偿,因此 CsPbBr₃ NCs 粒径减小。考虑制备的 CsPbBr₃ NCs 表面有很多缺
陷和大量有机配体可能会阻碍 CsBr 进出晶格,浸泡 CsBr 溶液时的相变性能仍
然不够理想。

　　由于 HBr 可用于钝化和填充相变过程中产生的缺陷,因此采用 HBr 预处
理 CsPbBr₃ NCs 以获得 CsPbBr₃-HBr NCs,如图 5-10 所示,获得了较 CsPbBr₃
更好的相变性能。在水触发相变时,CsPbBr₃-HBr NCs 薄膜的相变在前 7 次循
环中相对稳定。然而,随着循环次数的进一步增加,出现了与未处理的 CsPb-
Br₃ NCs 薄膜相同的荧光强度下降的问题,表示 CsPbBr₃-HBr NCs 有损失。值

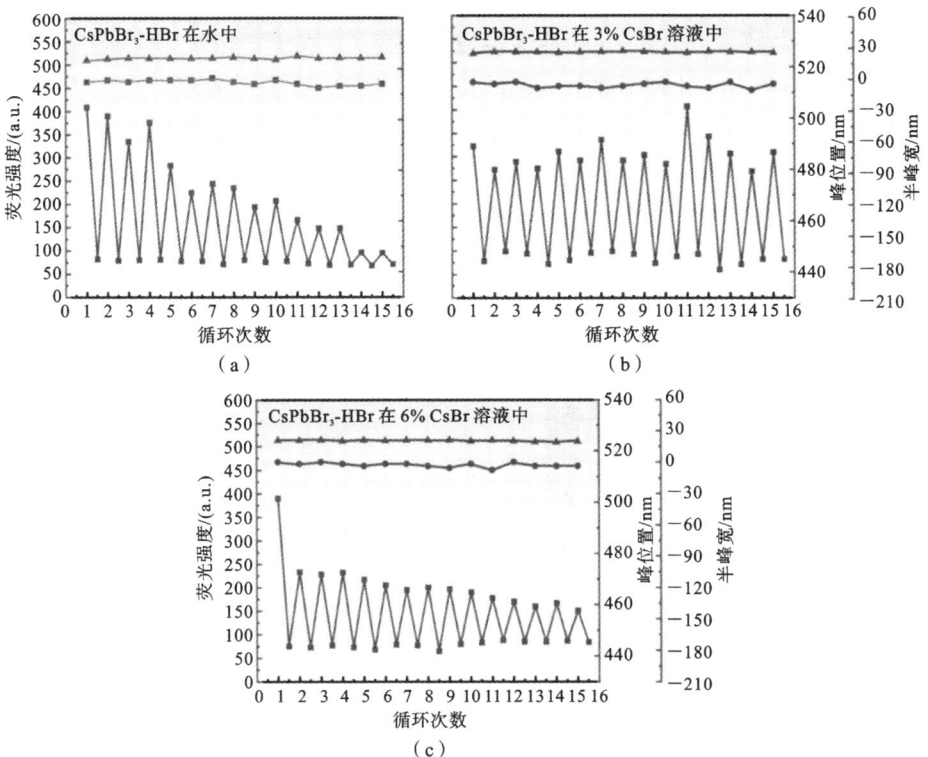

图 5-10 (a)H₂O、(b)3％和(c)6％ CsBr 溶液诱导 CsPbBr₃-HBr NCs 薄膜在连续几次浸泡-
干燥循环中的荧光强度(矩形点)、峰位置(圆形点)和半峰宽(三角形点)的变化

得注意的是,在后 8 次循环中,荧光强度可以在较低的水平呈周期性变化,结合
峰位置在后几次循环中基本保持不变的信息,可以认为:在 CsPbBr₃-HBr NCs
尺寸经过起始的几次循环因大量 CsBr 被剥离而减小以后,水中 CsBr 浓度上
升,少量发光相 CsPbBr₃-HBr NCs 可以和极低浓度的 CsBr 水溶液之间进行离
子交换,从而发生可逆相变。由实验现象可知,CsPbBr₃-HBr 相较于 CsPbBr₃
NCs 更容易进行离子交换,这有利于提高相变性能。用 3％ CsBr 溶液处理的
CsPbBr₃-HBr NCs 获得了最好的相变性能,经过 15 次浸泡-干燥循环后,薄膜
荧光强度仍然可以恢复到初始强度,并且发光峰位置和半峰宽基本保持不变。
这说明在空气中量子点表面过量的 CsBr 进入 CsPbBr₃-HBr 晶格导致相变形
成 Cs₄PbBr₆,以及 Cs₄PbBr₆ 薄膜浸泡在 3％ CsBr 溶液中时晶格内的 CsBr 被
剥离进入溶液,进而相变回 CsPbBr₃-HBr,这两个过程可以很好地进行,并且发
光峰位置没有改变,表明量子点尺寸保持不变。

采用等离子体质谱仪（ICP-MS）测量了经 CsPbBr₃-HBr 处理后的 CsBr 溶液中的 Cs 含量。用稀释 4000 倍的溶液来测定 Cs 离子的浓度。水浸泡时，未处理和经 CsPbBr₃ 处理后的 Cs 离子浓度均为零（低于检测限），经 CsPbBr₃-HBr 处理后 Cs 离子浓度为 0.373 μg/mL。从图 5-11 中可以看出，经 CsPbBr₃-HBr 处理后，水中 Cs 离子浓度增加，而经 CsPbBr₃ 处理后，水中 Cs 离子浓度几乎没有变化，说明 CsPbBr₃-HBr 的离子交换比 CsPbBr₃ 更容易进行。未处理、经 CsPbBr₃ 处理和经 CsPbBr₃-HBr 处理的 3% CsBr 溶液中 Cs 离子浓度分别为 6.88 μg/mL、6.23 μg/mL 和 5.953 μg/mL。

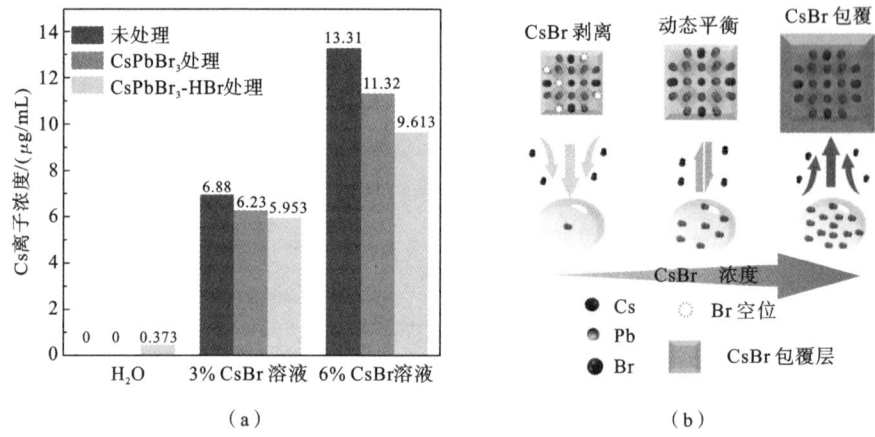

图 5-11　(a)CsPbBr₃ 和 CsPbBr₃-HBr 薄膜浸泡 15 次循环后，Cs 离子（稀释 4000 倍）在 H₂O、3% CsBr 溶液和 6% CsBr 溶液中的浓度示意图；(b)不同浓度的 CsBr 溶液对 CsPbBr₃ NCs 晶格的影响示意图

在 3% CsBr 溶液中，CsPbBr₃ 处理和 CsPbBr₃-HBr 处理均导致 Cs 离子浓度降低，这可归因于在低浓度 CsBr 溶液中 CsBr 进入膜内。在 6% CsBr 溶液中，未处理、CsPbBr₃ 处理和 CsPbBr₃-HBr 处理的 Cs 离子浓度分别为 13.31 μg/mL、11.32 μg/mL 和 9.613 μg/mL。CsPbBr₃ 处理和 CsPbBr₃-HBr 处理均导致 Cs 离子浓度进一步降低，说明在高浓度 CsBr 溶液中，会有更多的 CsBr 进入膜内，进一步降低溶液中 Cs 离子浓度。实验结果表明，存在一个能与 CsPbBr₃-HBr 薄膜交换离子并达到离子动态平衡的最佳溶液浓度。如果 CsBr 溶液浓度超过该值，CsPbBr₃-HBr 处理会导致 Cs 离子浓度降低，过量的 CsBr 会在薄膜界面累积，从而抑制进一步的相变。相反，如果 CsBr 溶液浓度较低，CsPbBr₃-HBr 处理将导致 Cs 离子浓度增加，过量的 CsBr 从薄膜表面剥离[6]。如图

5-11 所示,这种剥离机制不利于相变,因为它阻碍了原始纳米晶尺寸的恢复,进而损害相变性能。因此,3%的 CsBr 溶液浓度可确保相变循环的稳定性。

对比 $CsPbBr_3$ NCs 和 $CsPbBr_3$-HBr 的红外光谱,分析 HBr 处理对 $CsPbBr_3$ NCs 表面形态的影响。从图 5-12(a)中可以看出,两者表面基团的组成没有明显差异。而对于 $CsPbBr_3$-HBr,表征纳米晶体表面有机配体的 C—H 键在 2700~3000 cm^{-1} 波段的拉伸振动峰强度显著降低,说明 HBr 处理导致纳米晶体表面大量有机配体脱落。表面有机配体阻碍了 CsBr 从纳米晶上的剥离,Cs_4PbBr_6 相向 $CsPbBr_3$ 相的转变无法顺利进行,使得荧光强度不能恢复到初始值。表面有机配体被部分去除,CsBr 更容易发生脱落。HBr 可钝化表面缺陷,使荧光强度在多次循环后仍能恢复到原来的水平。图 5-12(b)显示了 $CsPbBr_3$ NCs 和 $CsPbBr_3$-HBr 的时间分辨 PL 谱,PL 谱可以很好地用双指数函数进行拟合,平均寿命分别为 44.91 ns 和 19.91 ns。这可能是由于 HBr 处理减少了作为非辐射中心和能量消耗通道的晶体缺陷。大量 Br^- 填补了纳米晶表面的溴空位,钝化了 CsBr 剥离引起的表面缺陷,抑制了非辐射复合的发生。

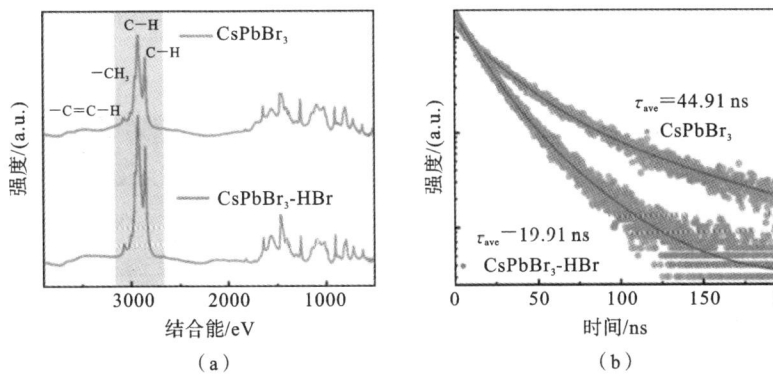

图 5-12　$CsPbBr_3$ NCs 和 $CsPbBr_3$-HBr 的(a)红外光谱和(b)时间分辨 PL 衰减曲线

进一步,为验证 3% CsBr 溶液诱导 $CsPbBr_3$-HBr 薄膜恒尺寸相变的优越性,进行了更多关于相变周期的性能实验,结果如图 5-13 所示。文献报道的最佳的相变周期一般是 10~15 次循环,而采用上述策略时,在 50 次循环下荧光强度仍然可以恢复到初始值的 80%左右。这进一步证明了量子点实现恒尺寸相变对于开发高相变可逆性材料具有极其重要的意义。

CsBr 溶液诱导 $CsPbBr_3$-HBr 的相变技术可应用于防伪领域。将 $CsPbBr_3$-HBr 和 Cs_4PbBr_6 NCs 溶解在正己烷溶液中来制作荧光防伪油墨,再结合丝网

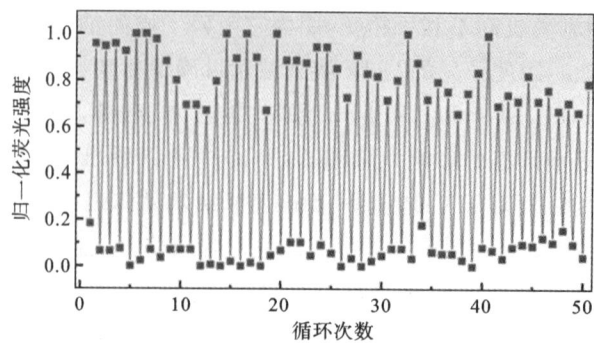

图 5-13 3% CsBr 溶液诱导的 $CsPbBr_3$-HBr 薄膜在连续
50 次浸泡-干燥循环中的归一化荧光强度变化

印刷技术制作高分辨率图案,前者在紫外光照射下出现明亮的绿色荧光图案,后者在紫外光照射下未出现图案。基于钙钛矿的这种荧光开关特性,进行了一些防伪和信息加密方面的应用研究。

将 $CsPbBr_3$-HBr 和 Cs_4PbBr_6 NCs 溶解在正己烷溶液中以制作荧光防伪油墨,进而进行丝网印刷。采用 350 网孔的丝网印刷版进行印刷,每个网格尺寸为 28 μm^2。如图 5-14 所示,第一列是设计图案,比例尺是 10 mm。整体图案

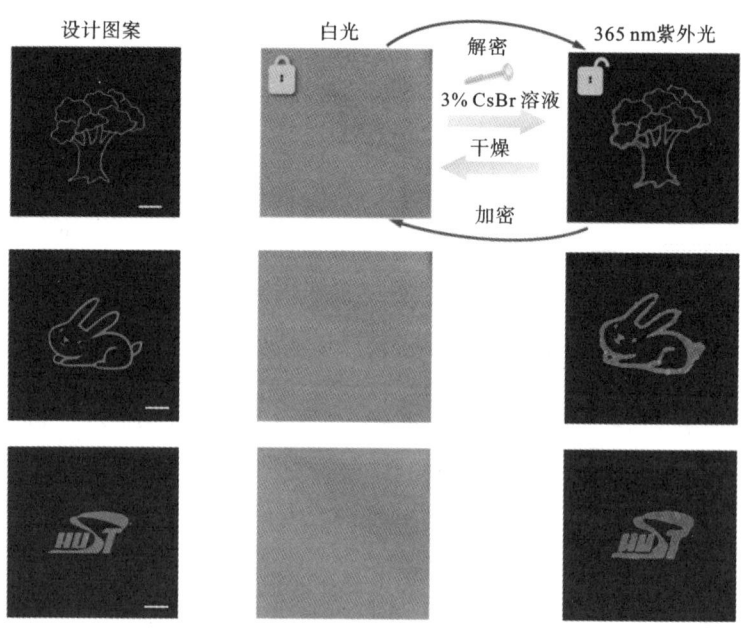

图 5-14 Cs_4PbBr_6 NCs 在一个解密-加密周期中打印的图案

大小不超过 4 cm×4 cm,使用 Cs_4PbBr_6 安全油墨印刷后的图案位于第二列,可以发现图案完全不可见,即便采用紫外光照射,图案也无法被看到。只有通过解密"钥匙"——3% CsBr 溶液浸泡并在 365 nm 的紫外灯照射下,才能得到加密图案"大树""兔子"和华中科技大学的"HUST"图案,从而实现图案的解密。图案在空气中干燥后,又会失去荧光而无法被看到,实现图案的加密。

本小节研究了 $CsPbBr_3$ NCs 的水诱导相变过程,并且发现了其在空气中和水处理后出现的失去荧光和恢复荧光的相变及逆相变现象。随后从 CsBr 剥离的角度出发,采用不同浓度的 CsBr 溶液对 $CsPbBr_3$ NCs 和 $CsPbBr_3$-HBr 进行相变性能测试。发现当经过 HBr 预处理且以 3% CsBr 溶液作为相变诱导剂时,可以获得恒尺寸的相变。对不同浓度的 CsBr 溶液的作用机理进行研究后发现,CsBr 浓度变化不会影响量子点表面的有机配体的化学状态,也不会破坏量子点的晶格结构,而 CsBr 只会和量子点晶格发生相互作用。CsBr 溶液浓度存在一个最佳值,该最佳浓度下其能够和 $CsPbBr_3$-HBr 薄膜进行离子交换并达到动态平衡。进一步,对 HBr 的作用机理进行研究,发现 HBr 处理会引入大量的 Br^- 来填补量子点表面的 Br 空位,减少量子点表面的有机配体,同时钝化 CsBr 剥离过程中产生的表面缺陷,并且抑制非辐射复合的发生,提高量子点的量子荧光产率,大大提高相变的速率。这说明恒尺寸相变、钝化量子点表面缺陷以及减小有机配体对钙钛矿离子晶体离子交换的影响是获得高相变稳定性材料的关键,也证明了这种策略的高重复性和相变稳定性。

5.2 无机氧化物低温原子层沉积包覆技术

5.2.1 低温氧化硅等离子体增强原子层沉积工艺

本节主要研究了 $CsPbBr_3$ 钙钛矿纳米晶的氧化硅等离子体增强原子层沉积(PE-ALD)稳定化方法,利用低温 PE-ALD 技术钝化纳米晶表面缺陷以及封装纳米晶薄膜,并运用多种表征方法探究了 ALD 过程中不同参数对钙钛矿纳米晶的影响以及前驱体与纳米晶表面之间的相互作用机理。此方法能有效提升钙钛矿纳米晶的稳定性,为利用等离子体增强原子层沉积技术对钙钛矿纳米晶进行表面修饰和包覆提供了更多的材料选择,同时拓宽了钙钛矿纳米晶在照明显示领域的应用范围。

钙钛矿纳米晶在光电子领域具有巨大的应用潜力,然而在实际应用中面临的主要障碍是如何获得抗外部环境的高耐久性。为解决这一问题,一种低温

(50 ℃)氧化硅 PE-ALD 保护策略可以有效稳定钙钛矿纳米晶,如图 5-15 所示,采用双(二乙基氨基)硅烷(bis(diethylamino)silane,BDEAS)作为硅前驱体,氧等离子体作为共反应物,在纳米晶光致发光薄膜上低温沉积氧化硅包覆层。与传统 ALD 方法相比,所开发的氧化硅 PE-ALD 工艺适用于较低温度,硅前驱体不会破坏有机配体与纳米晶表面之间的界面,从而避免了钙钛矿纳米晶的荧光淬灭。结果表明,通过 PE-ALD 引入的纳米涂层有效地防止了发光薄膜的结构降解和团聚,无机包覆层保持了 80% 的初始 PL 强度,平均荧光寿命提高了 6 倍。进一步封装获得的白色 LED 具有 126% NTSC 的色域和更高的工作稳定性[7]。

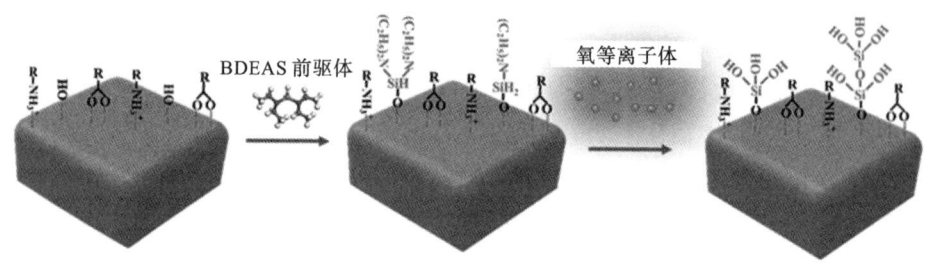

图 5-15　氧化硅 PE-ALD 包覆技术

PE-ALD 具有可在低温下快速沉积的特点,且所得薄膜均匀致密。传统封装材料氧化铝在酸性和碱性条件下会与水发生反应,腐蚀薄膜原有结构,并且在薄膜内部形成水氧传输通道,降低水氧阻隔效率;而氧化硅在酸性和碱性条件下更为稳定,不会在水氧作用下自发失效和被破坏。

本节还系统地研究了 ALD 工艺对量子点薄膜发光效率和稳定性的影响。如图 5-16 所示,在 ALD 后,量子点的荧光强度有所下降。因此,分别对硅源和真空环境给量子点性能带来的影响进行了探究。在相同的沉积温度(50 ℃)下,单通硅源后量子点的荧光强度没有明显改变,这说明硅源并没有破坏有机配体与量子点表面原子的配位;然而,在真空环境下仅仅过了 10 min,量子点的荧光强度就下降了近 90%。这些结果表明,在氧化硅 PE-ALD 过程中,量子点荧光强度降低的主要原因在于真空环境。这是因为在持续抽真空的过程中,量子点表面水和氧的脱附会引入表面缺陷态,从而导致荧光强度降低。而相比于持续抽真空产生的影响,氧化硅 PE-ALD 后量子点荧光强度下降幅度较小,这表明 ALD 生长的氧化硅起到了钝化表面缺陷的作用,并且抑制了量子点表面水和氧的进一步脱附。XRD 数据表明,在 PE-ALD 前后,量子点的晶格结构并没有发生变化,这表明 PE-ALD 不会破坏钙钛矿晶格结构,同时发光峰位置未改变也表明氧等离子体不会刻蚀量子点从而导致发射峰位置蓝移。这些数据表明,PE-ALD 工艺在最大限度降低荧光强度损失的同时,不会刻蚀量子点和破坏晶格结构。

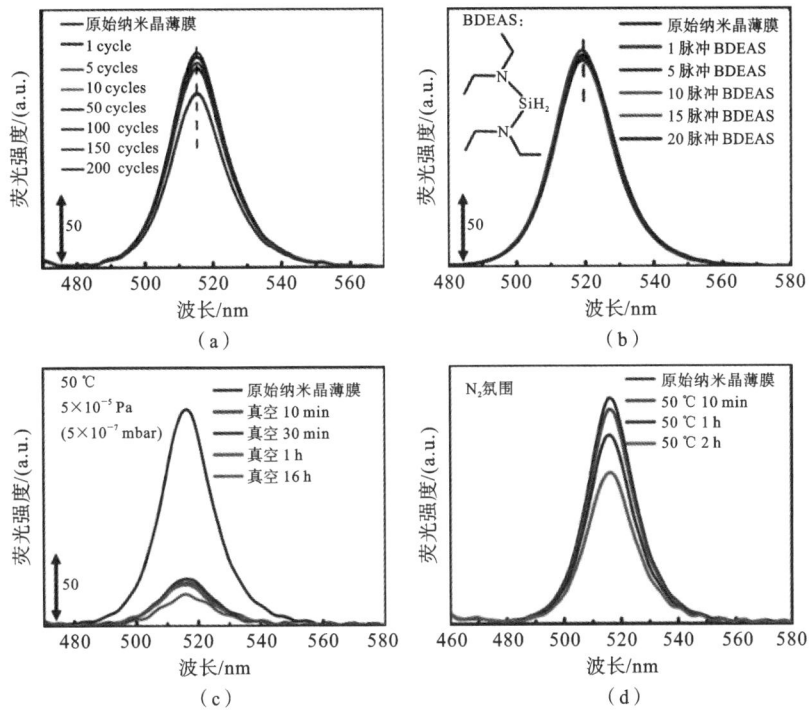

图 5-16 氧化硅 PE-ALD 过程中各参数对量子点发光性能的影响:(a) ALD 循环次数;(b) 单一 BDEAS 前驱体脉冲;(c) 高真空环境;(d) 沉积时间

在基于 PL 光谱探究氧化硅 PE-ALD 过程对量子点发光性能影响的基础上,进一步采用红外光谱和核磁共振氢谱对前驱体与有机配体的相互作用机理进行了探究。图 5-17(a)中,单一 BDEAS 脉冲处理后,纳米晶表面油胺和油酸配体的特征峰并没有发生移动,这说明 BDEAS 前驱体不会与纳米晶表面的油胺和油酸配体反应而破坏有机配体与纳米晶表面之间的界面结构。图 5-17(b)和(c)中,单一氧气等离子体脉冲处理后,位于 3006 cm^{-1} 的 C=C—H 伸缩振动峰强度有所降低,这可能是由于氧气等离子体诱导了邻近有机配体之间碳碳双键的打开,进而形成交联结构。而图 5-17(d)中 Si—O—Si 以及 Si—OH 振动峰的出现证明采用 PE-ALD 方法实现了氧化硅的成功包覆。最后,又采用核磁

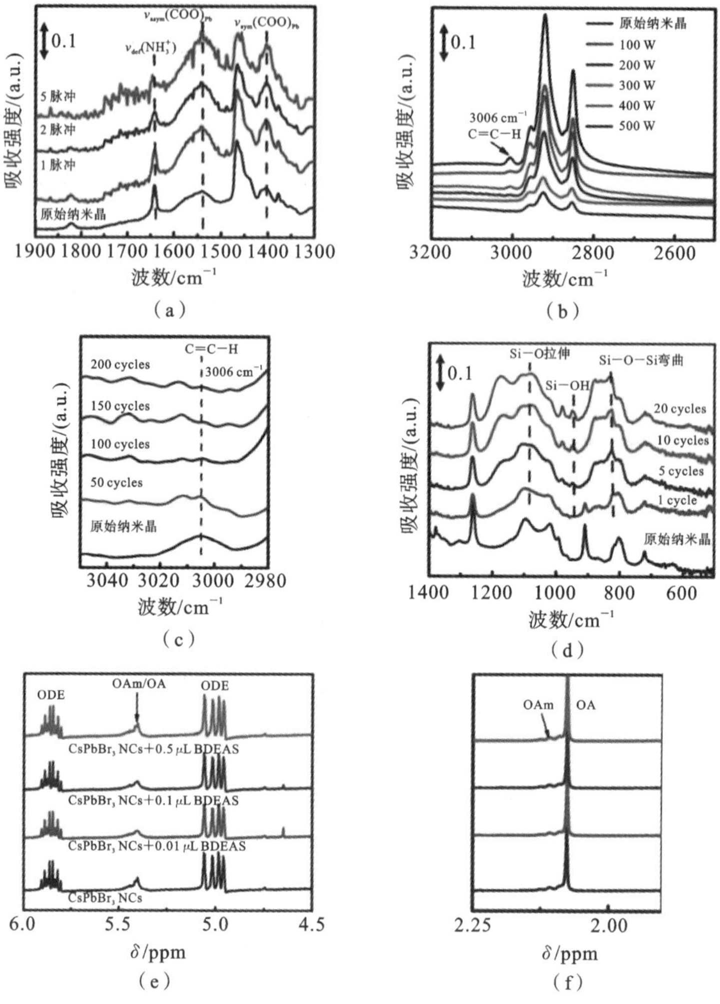

图 5-17　(a)单脉冲 BDEAS 前驱体处理后纳米晶红外光谱变化;(b)不同功率和(c)不同循环次数氧气等离子体处理后纳米晶红外光谱变化;(d)完整氧化硅 PE-ALD 循环后纳米晶红外光谱变化;(e)、(f)单脉冲 BDEAS 前驱体处理后纳米晶核磁共振氢谱变化

共振氢谱这一研究纳米晶表面化学的有力工具来探究 BDEAS 前驱体与纳米晶表面有机配体之间的相互作用机理,如图 5-17(e)和(f)所示,当在 $CsPbBr_3$ 的正己烷溶液中逐步加入 BDEAS 前驱体溶液时,位于 5.7 ppm 和 5.0 ppm 处十八烯(ODE),以及位于 5.5 ppm 和 2.1 ppm 处油胺和油酸的特征峰均没有发生移动,这表明 BDEAS 前驱体不会与纳米晶表面的有机配体发生反应,这与图

5-17(a)中的红外光谱结果是一致的。红外光谱和核磁共振氢谱的结果也解释了在引入 BDEAS 前驱体之后样品荧光强度没有改变的现象。

随后利用 XPS 对 PE-ALD 过程中氧化硅的钝化机理进行了探究。图 5-18 (a)中,经过 50 次循环后,Cs、Pb 和 Br 元素的特征峰强度明显下降,这主要是由于纳米晶表面氧化硅的包覆阻碍了相应元素光激发电子的发射,同时氧和硅元素特征峰强度的增加证明了氧化硅的成功包覆。在未包覆的原始样品中同样观测到了硅元素的信号,这一信号可能来源于玻璃基底。对于未包覆的样品,其 Pb 4f 轨道的峰可拟合成两个峰,139.9 eV 和 135.0 eV 处的峰可归属于 Pb—Br 化学状态,139.4 eV 和 134.5 eV 处的峰则可归属于纳米晶表面的金属态铅原子。纳米晶表面的金属态铅原子会引入表面缺陷态,从而降低纳米晶的发光性能[8]。在氧化硅包覆之后,可以看到新的氧化态铅对应的峰出现,而金属态铅对应的峰消失。此结果表明,通过低温 PE-ALD 生长的氧化硅中的氧原子能够钝化原有纳米晶表面未配位的铅原子,进而钝化表面缺陷,提升发光性能。对于 O 1s 轨道的 XPS 图谱,氧化硅包覆后,Si—O 键的含量得到了极大提

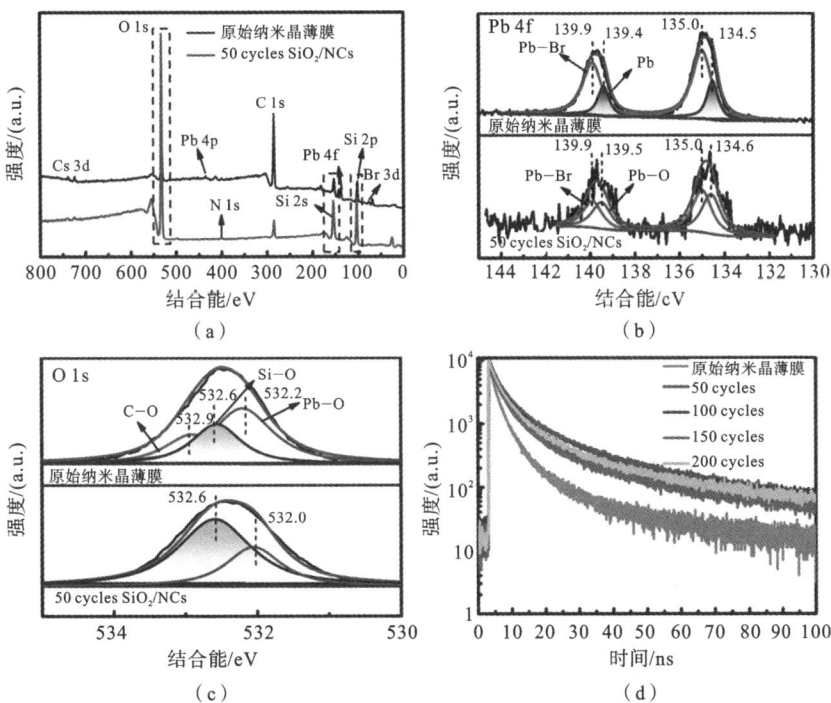

图 5-18　氧化硅包覆前后 CsPbBr₃ NCs 样品:(a) XPS 全谱;(b) 高分辨率 Pb 4f 谱;(c) 高分辨率 O 1s 谱;(d) PL 衰减曲线

升,而原始样品中 Si—O 键主要来源于玻璃基底,因此 Si—O 键含量的提升也说明了氧化硅的成功包覆。同时,又测试了未包覆以及包覆氧化硅的钙钛矿纳米晶的瞬态荧光衰减光谱,并对其进行指数拟合。所有样品的荧光衰减曲线均符合双指数拟合,长寿命衰减渠道对应于辐射复合过程,而短寿命衰减渠道对应于非辐射复合过程[9]。从表 5-1 中可以看出,氧化硅包覆后纳米晶样品的平均衰减时间 τ_{ave} 均得到了延长,长寿命衰减渠道所占的比例 f_1 上升,而短寿命衰减渠道所占的比例 f_2 下降,这表明氧化硅包覆可有效地钝化了纳米晶表面缺陷,并有效地抑制了非辐射复合衰减渠道,这与 XPS 分析中表面金属态铅被钝化的结论是一致的。

表 5-1 不同循环次数下氧化硅包覆处理后样品的寿命和各衰减通道的占比

样品	f_1/(%)	τ_1/ns	f_2/(%)	τ_2/ns	τ_{ave}/ns	χ^2
原始纳米晶薄膜	42.52	12.55	57.48	2.71	6.89	1.24
NCs/50 次循环 SiO$_2$	52.91	56.04	47.09	9.71	34.22	1.20
NCs/100 次循环 SiO$_2$	46.42	70.58	53.58	8.19	37.15	1.29
NCs/150 次循环 SiO$_2$	55.47	48.97	44.53	7.51	30.51	1.15
NCs/200 次循环 SiO$_2$	54.61	68.32	45.39	9.70	41.71	1.15

5.2.2 等离子体增强原子层沉积包覆机理分析和应用

图 5-19 展示了 CsPbBr$_3$ 纳米晶薄膜在氧化硅 PE-ALD 包覆前后的吸光度曲线。由于氧化硅在可见光范围内具有良好的透过性,其包覆层对纳米晶的光学性质没有明显的改变,因此在氧化硅包覆前后,纳米晶的吸收峰没有发生明显的变化,均在 515 nm 左右。

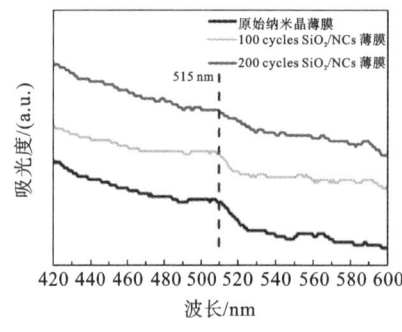

图 5-19 纳米晶薄膜在氧化硅包覆
前后的吸光度曲线

图 5-20(a)展示了未处理的 CsPbBr$_3$ 纳米晶薄膜的 PL 发射图谱和吸光度曲线。从图中可以看出,纳米晶薄膜的发射峰位于 518 nm 左右,半峰宽约为 20 nm,吸收峰位于 510 nm 左右。未处理的纳米晶样品呈均匀的立方体形态,粒径约为 10 nm(见图 5-20(b))。在进行 200 次 ALD 循环的氧化硅包覆后,纳米晶的形态并无明显的改变,同时元素图谱显示氧化硅在纳米晶表面均匀生长(见图

5-20(c))。氧化硅沉积后未改变的晶面间距表明此 PE-ALD 方法不会破坏钙钛矿纳米晶的晶格结构。同时,氧化硅沉积前后未改变的 XRD 图谱也证明了纳米晶的晶格结构在 ALD 过程中未被破坏。为了探究氧化硅等离子体增强原子层沉积过程中 BDEAS 前驱体能否扩散到纳米晶的间隙中,分别在裸基底和纳米晶薄膜上生长 50 次 ALD 循环的氧化硅,再分别进行元素含量分析测试。为了避免玻璃基底中的硅元素对测试结果产生影响,使用 KBr 窗片作为基底。可以看出,CsPbBr$_3$ 纳米晶薄膜上生长的氧化硅样品,其硅含量是在 KBr 基底上生长相同循环次数的氧化硅样品硅含量的 1.7 倍。这说明在此低温氧化硅 PE-ALD 过程中,硅前驱体可以渗透到钙钛矿纳米晶的间隙里,而不是仅仅吸附在纳米晶薄膜的表面。那么在此过程中,氧化硅首先在纳米晶间隙中生长,将间隙填满之后,再在纳米晶薄膜表面形成连续的氧化硅包覆层。

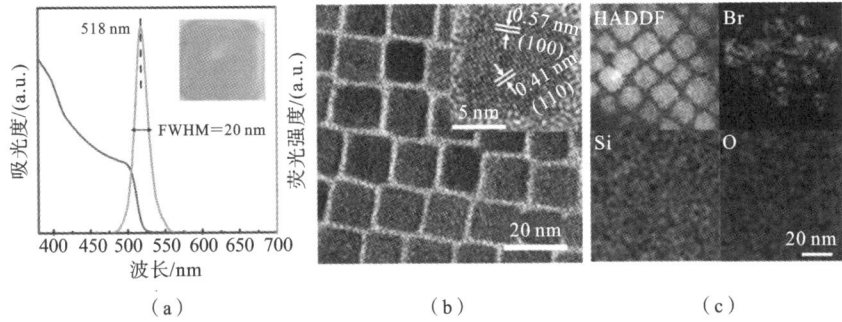

图 5-20　(a) 未处理原始 CsPbBr$_3$ 钙钛矿纳米晶薄膜 PL 光谱和吸光度曲线;(b) 未处理 CsPbBr$_3$ 纳米晶 TEM 和高分辨率 TEM 图像;(c) 200 次 ALD 循环氧化硅包覆后 CsPbBr$_3$ 纳米晶高角度环形暗场(HADDF)TEM 图像及 Br、Si 和 O 元素图谱

　　量子点是否稳定直接决定了它能否得到进一步应用。因此,先后在热、光、水条件下对经过氧化硅包覆后的量子点样品进行了稳定性测试。如图5-21(a)所示,与未包覆的样品相比,经氧化硅包覆后的样品热稳定性得到了极大提高。图 5-21(b)的 XRD 结果表明,氧化硅包覆层能有效抑制量子点之间的团聚,抑制晶格畸变,从而有效提升其热稳定性;由于氧化硅对光化学反应有抑制作用,使得光生载流子不会与氧分子结合,进而提高了量子点薄膜的光稳定性。如图5-21(c)所示,经过 100 次 ALD 循环处理之后,薄膜在持续光照 50 h 的条件下荧光强度保持稳定;相比之下,未处理的量子点薄膜在光照15 h 后荧光强度已降低到初始值的一半,48 h 后衰减到初始值的 20%。如图 5-21(d)所示,对于

经过不同次数 ALD 循环处理的量子点薄膜,循环次数越多,水稳定性越好。未处理的量子点薄膜在水中浸泡 3 min 后荧光强度就降低到零,而经过 200 次 ALD 循环处理的量子点薄膜在水中浸泡 2 h 后荧光强度基本没有变化,这也体现了量子点薄膜经氧化硅包覆后水稳定性有所提高,主要原因在于氧化硅不会与水发生副反应而破坏量子点的晶格结构,实物照片如图 5-21(d)中的插图所示。综上研究发现,等离子体增强 ALD 能够在不降低量子点薄膜荧光强度和不破坏量子点薄膜晶格结构的基础上,显著提高量子点薄膜耐高温、耐高湿、耐持续光照的性能,是量子点封装优化的优良选择。

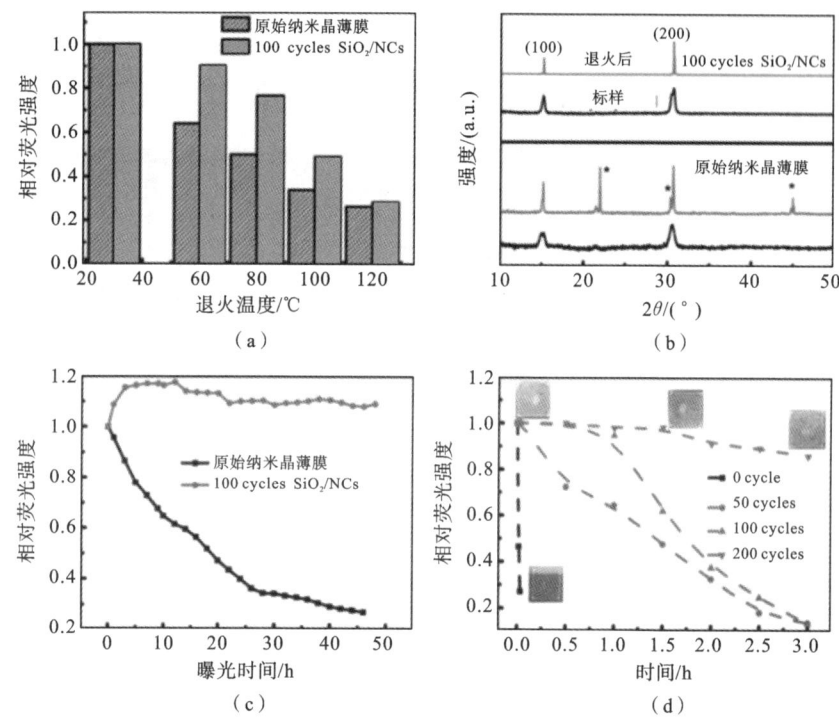

图 5-21　氧化硅包覆前后样品的(a) 热稳定性测试、(b) XRD 图谱、(c) 光稳定性测试和(d) 水稳定性测试

氧化硅包覆后的纳米晶薄膜样品光稳定性显著提升,这使其适用于背光显示等光致发光实际应用领域。为了验证包覆后样品在实际应用中的可行性,将包覆前后的纳米晶薄膜与商用锰掺杂钾硅氟(KSF:Mn^{4+})红粉混合并将其覆盖在波长为 450 nm 的蓝光 LED 芯片上以制作白光 LED 器件。制作的白光 LED 器件及其 PL 光谱如图 5-22(a)所示。制作的白光 LED 器件混合白光的

色坐标为(0.3464,0.3388)(见图 5-22(b)),同时具有宽色域(126％标准色域)的优点。最后测试了包覆前后样品在实际白光 LED 器件中的使用稳定性。如图 5-22(c)所示,氧化硅包覆后的纳米晶薄膜在实际蓝光激发 180 min 后仍能保持其原有荧光强度的 80％,而未包覆的样品在蓝光照射 70 min 后荧光强度则下降为初始值的 28％,这主要归因于氧化硅包覆后纳米晶薄膜光稳定性的提升。因此,氧化硅 PE-ALD 包覆纳米晶样品的方法显著拓宽了钙钛矿纳米晶在显示照明领域的应用前景。

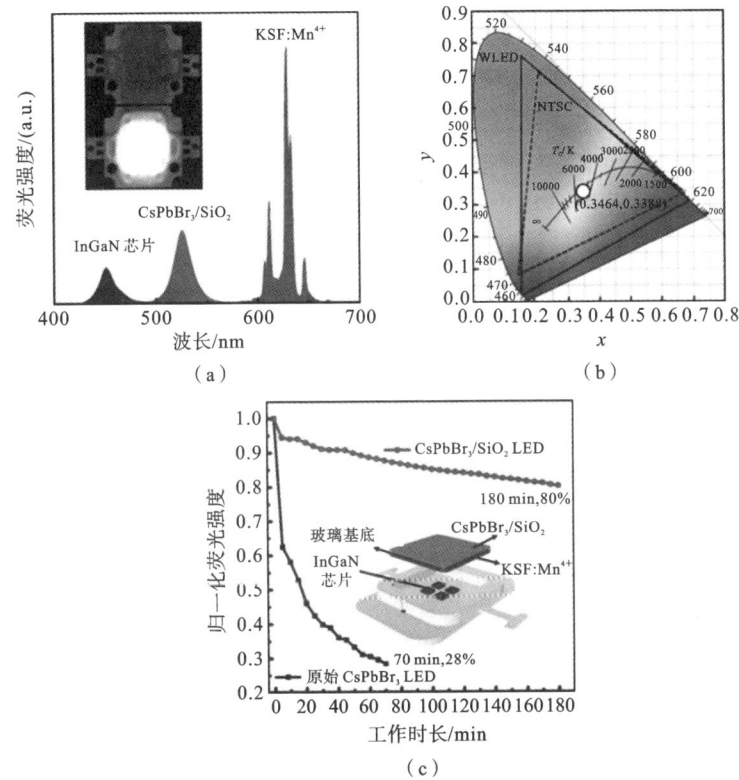

图 5-22 (a) 白光 LED 的 PL 光谱;(b) 白光 LED 的色坐标图;(c) 氧化硅
包覆前后纳米晶薄膜在实际白光 LED 中的使用稳定性

本节主要采用 BDEAS 这种不会破坏纳米晶表面有机配体的硅前驱体,并结合低功率氧等离子体,在低温条件下沉积氧化硅包覆层,进而提升钙钛矿纳米晶在水、光、热等环境中的耐受性,同时防止氧等离子体对钙钛矿纳米晶造成刻蚀。运用 FTIR、NMR、XPS、XRD 以及瞬态荧光寿命等多种手段对氧化硅表面钝化机理进行了探究,证实了氧化硅对纳米晶表面缺陷的钝化作用。此方法有效地拓宽了钙钛矿纳米晶在实际领域的应用前景,也为采用等离子体增强原子层沉积方法对钙钛矿纳米晶进行修饰和包覆提供了更多的材料选择。

5.3 两步混合钝化策略提升光致发光薄膜稳定性

5.3.1 卤素钝化与原子层沉积包覆对发光性能的影响

本节主要研究氧化铝 ALD 过程中前驱体与 CsPbBr$_3$ 钙钛矿纳米晶表面有机配体之间的相互作用机制,以及 ALD 过程对不同表面有机配体密度纳米晶发光性能的影响。基于该反应机制,提出了两步混合钝化方法,即先减小纳米晶表面有机配体的密度再补充表面卤素,最后进行 ALD 包覆;探究了此方法对提升纳米晶稳定性的机理,并将该方法运用到实际白光 LED 器件中[4]。

低温氧化铝 ALD 过程中前驱体与钙钛矿纳米晶的表面反应机理研究表明,在 ALD 过程中,TMA 前驱体引起的油酸配体的重整是纳米晶荧光淬灭的主要原因。尽管低有机配体密度的纳米晶样经 ALD 处理后发光性能有所提升,但仍低于未经处理的一次离心的样品。因此,有必要开发一种既能提高纳米晶稳定性又能避免 ALD 过程中荧光淬灭的新型钝化方法。从图5-23(a)中可以看出,一次离心的样品发射峰位置在 516 nm 左右,吸收峰在 510 nm 左右,随着离心次数的增加,样品的发射峰强度逐渐降低,这主要是由于配体进一步脱落而在表面引入了更多缺陷,同时 PL 光谱也出现了蓝移现象,这可能是由于配体脱落促进纳米晶进一步生长[9]。不同离心次数的纳米晶样品的 FTIR 和 NMR 光谱也证实纳米晶表面有机配体密度的降低。如图 5-23(b)所示,随着离心次数的增加,2900~3100 cm^{-1} 范围内 C—H 键的伸缩振动峰强度明显下降[9]。同时,图 5-23(c)中,约 5.5 ppm 处油胺和油酸的特征峰强度也明显下降[9, 10]。因此,FTIR 和 NMR 光谱表明,随着离心次数的增加,纳米晶表面有机配体密度降低。

之后对不同离心次数的纳米晶样品进行了 TEM 表征,结果如图 5-24 所示。从图中可以看出,所制备的样品都呈现出较为均匀的立方体形态,平均直径在 10 nm 左右。随着离心次数的增加,纳米晶的直径略有增大,这与图 5-23(a)中的 PL 光谱蓝移情况相一致。粒径增大可能是由于过多配体脱落导致了纳米晶之间发生团聚生长。

为了尽量降低 TMA 前驱体与纳米晶表面油酸配体之间的相互作用,以及钝化配体脱落后出现的缺陷,开发了一种两步混合钝化方法,如图 5-25 所示。

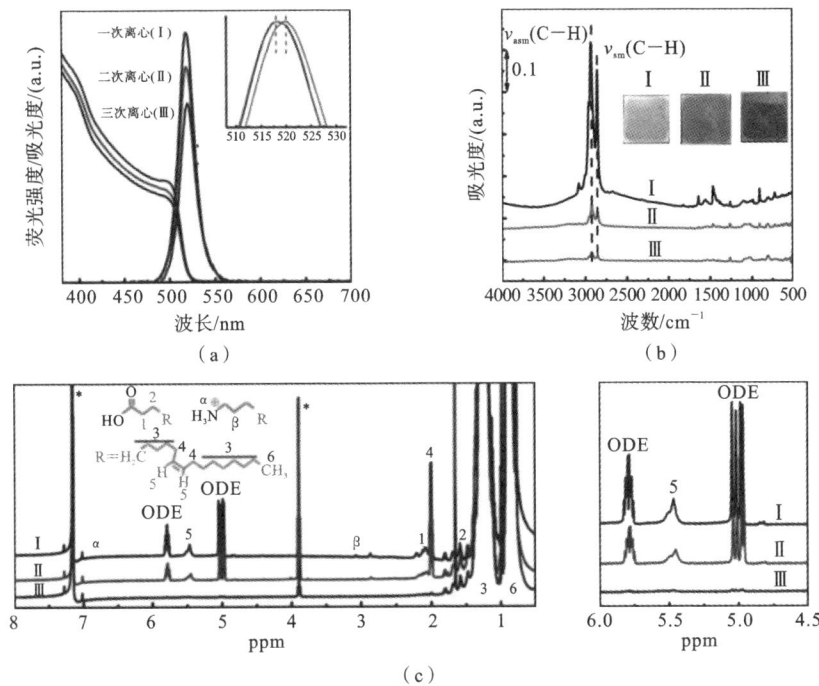

图 5-23　不同有机配体密度的 $CsPbBr_3$ 纳米晶：(a) PL 光谱和吸光度曲线；(b) FT-
IR 光谱；(c) NMR 光谱

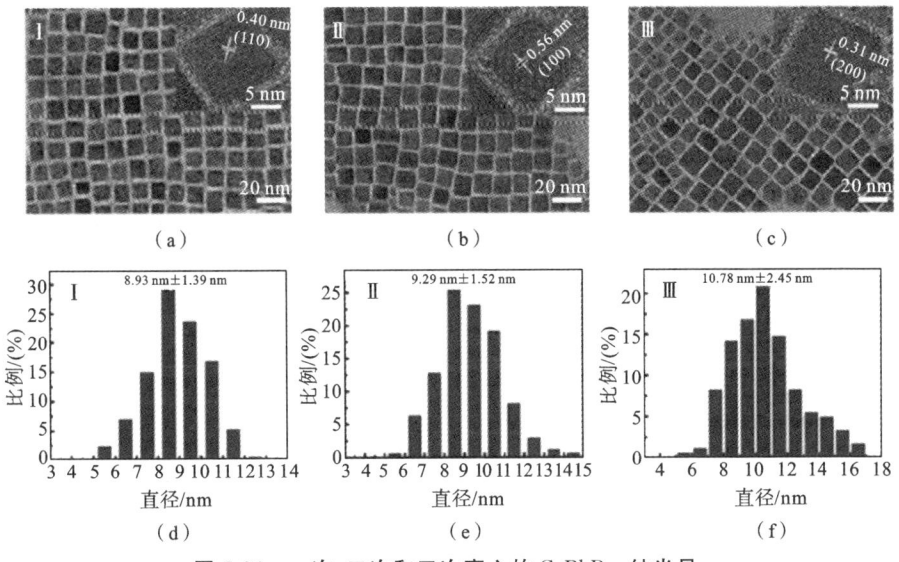

图 5-24　一次、二次和三次离心的 $CsPbBr_3$ 纳米晶：
(a)～(c)TEM 图像及(d)～(f)直径分布图

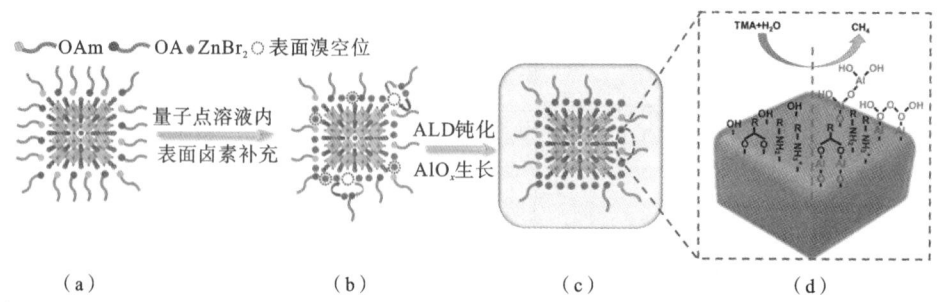

图 5-25　两步混合钝化方法示意图：(a) 原始纳米晶样品表面状态；(b) 二次离心并经溴化
锌后处理的纳米晶表面状态；(c) 氧化铝 ALD 包覆后的纳米晶样品；(d) 两步钝化
后的纳米晶表面化学键合

首先，通过增加离心次数来降低纳米晶表面有机配体密度，随后为了钝化
过多配体脱落后产生的缺陷，使用溴化锌/正己烷溶液对离心后的钙钛矿纳米
晶进行后处理，在此过程中，溴离子将填补纳米晶表面的溴空位，抑制了非辐射
复合。然后，对得到的同时具有较低有机配体密度和较高量子产率的纳米晶样
品进行氧化铝包覆。这种方法有效降低了 TMA 前驱体与纳米晶表面有机配
体之间的相互作用，将 ALD 过程中的荧光淬灭现象最小化，从而制备出具有高
量子产率和高稳定性的 $CsPbBr_3$ 钙钛矿纳米晶样品。

采用多种表征方法对溴化锌钝化机理进行了探究，如图 5-26 所示。在溴化
锌/正己烷溶液后处理过程中，为使溴化锌粉末能溶于正己烷溶液，同时引入油
胺分子作为助溶剂。这是因为油胺分子能与溴化锌分子结合生成金属络合物，
从而使溴化锌分子溶于正己烷溶液[11, 12]。因此，为了探究溴化锌后处理过程中
油胺分子对纳米晶发光特性的影响，首先向二次离心的纳米晶溶液中加入只含
油胺的正己烷溶液，如图 5-26(a) 所示，纳米晶样品的荧光强度有所提升，这说
明单一的油胺配体可以作为 L 型配体钝化纳米晶表面的铅原子[13]。接着，当
加入相同油胺含量的溴化锌/正己烷溶液时，纳米晶样品的荧光强度得到进一
步提升，这表明无机的溴离子填补了纳米晶表面的溴空位，减少了表面缺陷，有
效抑制了非辐射复合。基于此数据，可以得出在溴化锌后处理过程中，纳米晶
样品荧光强度的提升源于有机油胺分子与无机溴化锌的混合钝化作用。

为了验证锌离子是否嵌入钙钛矿晶格以替换铅离子，又对溴化锌后处理前
后的纳米晶样品进行了 XRD 测试，如图 5-26(b) 所示。从图中可以看出，溴化
锌后处理后，纳米晶的各衍射峰均没有发生明显的移动，这说明在溴化锌后处
理过程中，锌离子并未替代钙钛矿晶格中的铅离子，从而引起晶格收缩，使得衍

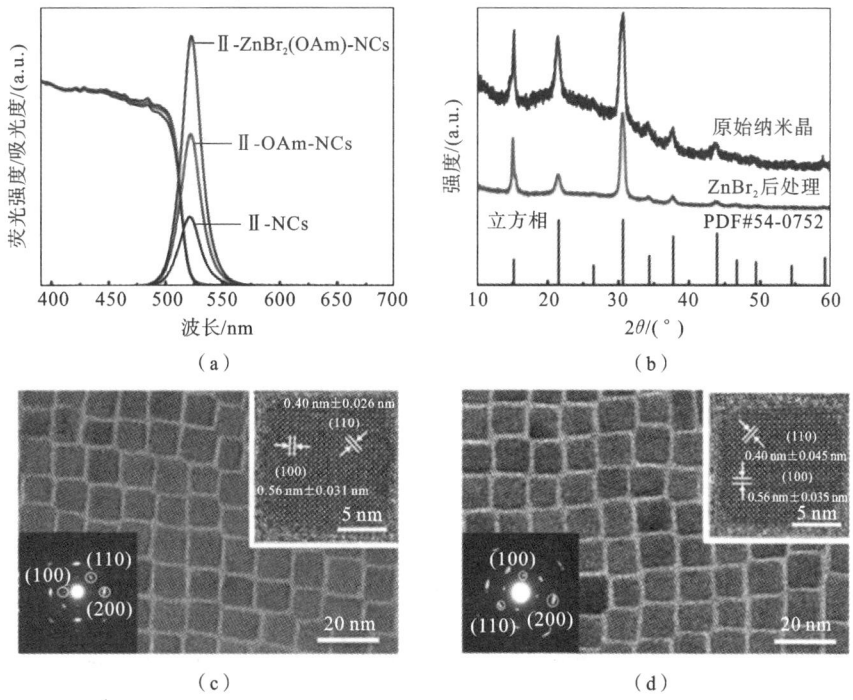

图 5-26　溴化锌钝化机理研究：(a) PL 光谱；(b) XRD 图谱化；(c)、(d) TEM 及高分辨
　　　　率 TEM 图像

射峰往高角度方向移动。同时图 5-26(a)中未移动的发光峰也证明了钙钛矿晶格中的铅离子没有被锌离子替代。图 5-26(c)和(d)中的高分辨率 TEM 图像表明溴化锌后处理后各晶面的间距没有明显改变，这也证明溴化锌只是作为无机配体钝化了表面的卤素空位，并没有嵌入晶格结构中。这可能源于以下两个原因：首先，低浓度的溴化锌和高铅离子空位激活能限制了锌离子的嵌入速率及铅离子的提取速率；其次，较短的后处理时间（约 2 min），以及相比于 Zn—Br 键解离能（138 kJ/mol），Pb—Br 键所具有的较高解离能（314 kJ/mol）也限制了铅离子的提取速率。

5.3.2　有机配体与前驱体反应机理研究

本节研究了氧化铝 ALD 过程中不同参数对一次离心 $CsPbBr_3$ 钙钛矿纳米晶性能的影响，如图 5-27 所示。从图中可以看出，在单通 TMA 前驱体脉冲后，样品的荧光强度明显下降，同时发射峰的位置红移，这可能是由于 TMA 前驱体的引入致使纳米晶表面有机配体脱落，从而引起纳米晶团聚。为了避免其他因素的影响,又在相同温度下进行了空白实验,即向 ALD 腔体中只通入空脉冲。从图 5-27(b)中可以看出,在相同温度下通入空脉冲后,样品的荧光强度没有明显下降。在图 5-27(c)中,单通水脉冲的引入也未对样品的光学性能造成明显下降,这可能是由于样品表面的有机配体疏水层对纳米晶起到了保护作用。然而,在完整氧化铝 ALD 循环之后,相较于单通 TMA 前驱体的样品,纳米晶的荧光强度得到了一定恢复,如图 5-27(d)所示。这说明通过 ALD 生长的氧化铝对钙钛矿纳米晶本身起到了钝化作用。由此可以得出,在 ALD 过程中,TMA 前驱体的引入是导致荧光强度下降的主要原因,而由于量子点表面有机配体壳的保护,水的引入对其性能影响不明显。

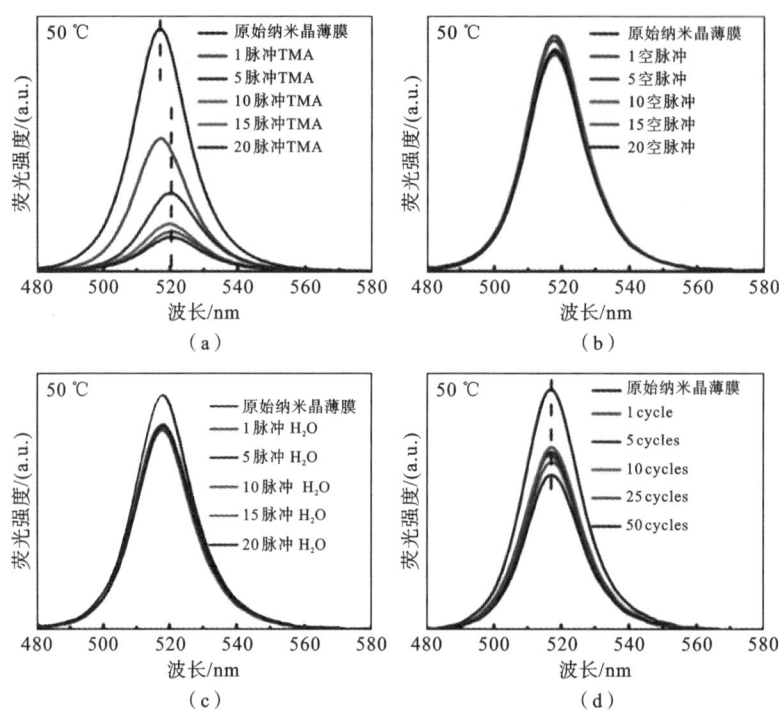

图 5-27　ALD 过程中不同参数对 CsPbBr₃ 钙钛矿纳米晶性能的影响:(a) 单通 TMA
脉冲;(b) 单通空脉冲;(c) 单通水脉冲;(d) 完整 ALD 循环

为了探究 ALD 过程中前驱体与纳米晶表面的反应机理,采用了自主研发的集成 ALD 腔体的原位红外设备,该设备能够监测 ALD 过程中每个脉冲之后纳米晶表面化学基团的变化[14]。如图 5-28(a)所示,对于原始的纳米晶样品,可以观测到羧酸根的反对称伸缩振动和对称伸缩振动吸收峰分别位于 1555 cm⁻¹

和 1399 cm⁻¹ 处。同时,羧酸根反对称伸缩振动和对称伸缩振动两峰波数的差
值可以用来判断羧酸根与纳米晶表面原子的配位模式,此时,原始纳米晶的羧
酸根的两峰波数差值为 156 cm⁻¹,对应于桥接双齿状的配位结构,如图 5-28(c)
中的(i)所示,此时羧酸根上的每个氧都与一个铅原子配位。通入一个单脉冲
TMA 前驱体后,从图中可以看出,羧酸根的两个振动峰都发生了蓝移,这说明
原有纳米晶表面羧酸根的配位模式发生了变化。此时羧酸根两个振动峰波数
的差值为 119 cm⁻¹,这意味着羧酸根可能由之前与铅原子配位变为与铝原子配
位,此时纳米晶表面配位结构如图 5-28(c)中的(ii)和(iii)所示。这种油酸配体
的配位重整使得之前纳米晶表面已被钝化的铅原子又恢复到低配位状态,从而

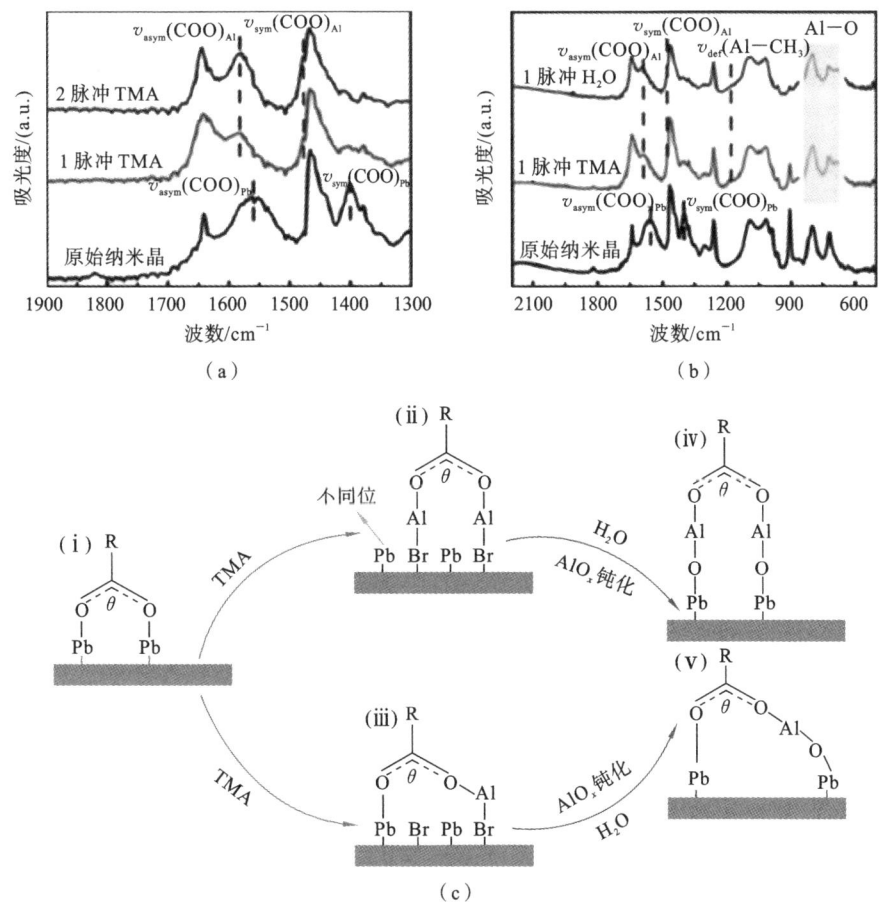

图 5-28　ALD 反应过程中原位红外光谱研究:(a) 单通 TMA 前驱体前后纳米晶原位红
外光谱;(b) 完整 ALD 循环过程中原位红外光谱;(c) 表面反应机理示意图

引入了缺陷能级。这也解释了图 5-27 中单通 TMA 前驱体后纳米晶荧光淬灭现象。随后通入水脉冲后，如图 5-28(b)所示，可以观察到在 1184 cm^{-1} 左右，Al—CH$_3$ 的变形振动峰强度降低，同时 Al—O 的红外吸收峰强度升高，这说明随后引入的水分子与之前纳米晶表面吸附的 TMA 分子发生反应生成了氧化铝，从而钝化了纳米晶表面低配位状态的铅原子，使荧光强度又得到了一定程度的恢复。

随后，进一步探究了 ALD 对不同有机配体密度样品发光性能的影响。对于表面有机配体密度较低的二次离心或三次离心的样品，经 ALD 处理后其光致发光量子产率(PLQY)值有所增大。由此可知，在氧化铝 ALD 过程中，TMA前驱体有两个作用：一是与纳米晶表面的油酸配体结合使油酸配体发生重整，即羧酸根由之前与铅原子配位转变为与铝原子配位，从而导致低配位状态的铅原子出现，引入缺陷能级，引起荧光淬灭；二是与随后的水反应生成氧化铝，钝化纳米晶表面缺陷，提升纳米晶发光性能。对于高有机配体密度的纳米晶样品（一次离心），更多的 TMA 前驱体与纳米晶表面的油酸配体结合，导致发光性能下降；而对于低有机配体密度的纳米晶样品（二次和三次离心），油酸配体与TMA 前驱体之间的相互作用减弱，更多的 TMA 前驱体分子与水分子反应生成氧化铝，钝化了纳米晶表面的缺陷，从而提升了纳米晶的发光性能。尽管低有机配体密度的纳米晶样品经 ALD 处理后发光性能可以得到提升，但仍然低于未处理的一次离心的样品，如图 5-29 所示。因此，有必要开发一种既能提高纳米晶稳定性又能避免 ALD 过程中荧光淬灭的新型钝化方法。

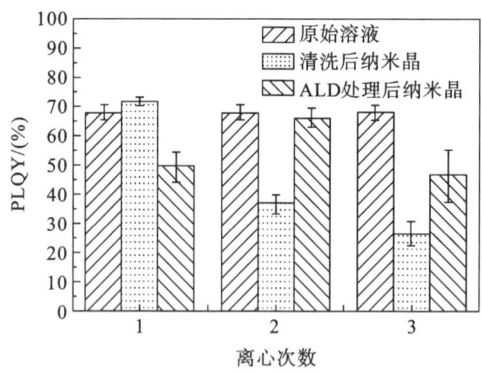

图 5-29 不同离心次数纳米晶样品在 ALD 处理前后 PLQY 的变化

进一步，还研究了 ALD 对溴化锌处理、不同表面有机配体密度的纳米晶样品性能的影响。如图 5-30(a)所示，对于一次和二次离心并经溴化锌处理的样

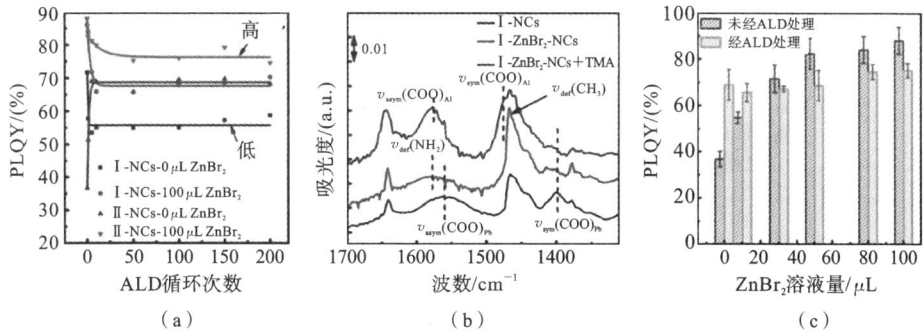

图 5-30　(a) 不同样品经 ALD 处理后的 PLQY 变化;(b) 两步混合钝化过程中的红外光谱
　　　　变化;(c) 二次离心样品经不同量溴化锌钝化后再经 ALD 处理的 PLQY 变化

品,在 ALD 后它们 PLQY 值均减小,但二次离心溴化锌处理的样品的下降趋势明显较缓。红外光谱(见图 5-30(b))表明,TMA 前驱体与纳米晶表面油酸配体的结合是导致样品 PLQY 值减小的原因;同时,经溴化锌处理后,1399 cm^{-1} 处羧酸根峰强度的减弱说明溴离子会部分取代纳米晶表面的油酸配体,从而构成更完整的 Pb—Br 八面体。但对于二次离心的样品,其有机配体密度明显低于一次离心样品的有机配体密度,并且溴化锌对有机油酸配体的取代作用进一步降低了纳米晶表面油酸配体的密度,因此 TMA 前驱体与油酸配体之间的相互作用被最小化,使得二次离心并经溴化锌处理的样品在 ALD 后 PLQY 值的减小趋势变得较缓。

为了验证此反应机理,进一步探究了 ALD 过程对二次离心样品在不同溴化锌溶液量处理下的影响。如图 5-30(c)所示,随着溴化锌溶液量的增加,ALD 处理后样品的 PLQY 值相较于 ALD 处理前的样品呈现出先上升后下降的趋势,这也进一步证实了之前的反应机理。因为随着溴化锌溶液量的增加,纳米晶表面的缺陷逐渐减少,此时更多的 TMA 前驱体将与表面的油酸配体发生反应,而不是生成氧化铝来钝化表面缺陷,从而导致 PLQY 值减小。同时可以得出,二次离心并经溴化锌处理的纳米晶样品是 ALD 氧化铝封装的最优选择,因为此样品同时具有较低的有机配体密度和较高的 PLQY。

为了探究溴化锌表面钝化和 ALD 修饰对纳米晶样品载流子复合的影响,针对不同处理的样品开展了荧光衰减寿命测试,结果如图 5-31 所示。所有样品的荧光衰减均符合双指数规律。其中,长寿命衰减渠道可归结为本征的辐射复合过程,而短寿命衰减渠道可归因于非辐射复合过程[9, 15]。在溴化锌钝化后,样品长寿命衰减渠道所占比例有所提升,而短寿命衰减渠道所占比例下降,这

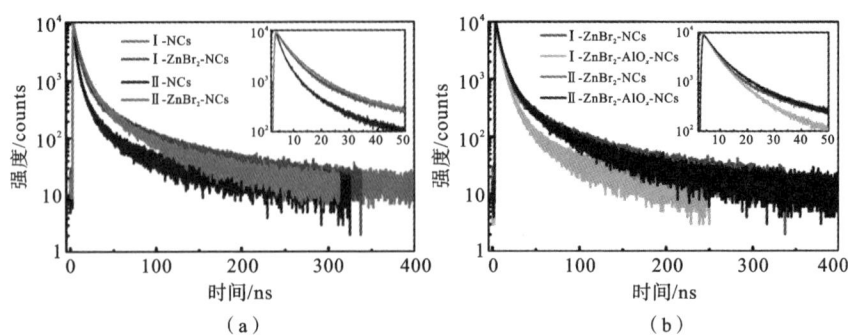

图 5-31 （a）溴化锌处理前后的荧光衰减曲线；（b）ALD 处理前后的荧光衰减曲线

说明溴化锌处理能钝化表面卤素空位缺陷，有效地抑制非辐射复合过程，这与图 5-30(a)中溴化锌处理后样品的 PLQY 提升是相吻合的。在进行 ALD 处理之后，一次离心和二次离心的样品短寿命衰减渠道所占比例均上升，这主要是由于 ALD 过程中纳米晶表面油酸配体发生重整。对于 I-ZnBr$_2$-AlO$_x$-NCs 样品，长寿命衰减渠道所占比例为 37.87%，短寿命衰减渠道所占比例为 62.13%；对于 II-ZnBr$_2$-AlO$_x$-NCs 的样品，长寿命衰减渠道所占比例为 51.18%，短寿命衰减渠道所占比例为 48.82%。因此，相比于一次离心的样品（I-ZnBr$_2$-AlO$_x$-NCs），二次离心的样品具有相对较高的辐射复合衰减比例，这主要是较低的有机配体密度使 TMA 前驱体与纳米晶表面油酸配体之间的相互作用最小化所致。

又通过 XPS 表征探究了两步混合钝化过程中样品表面元素的化学环境变化，如图 5-32 所示。从图 5-32(a)中可以看出，经过 50 次循环的氧化铝包覆之后，Pb 和 Br 的特征峰减弱，而 Al 的特征峰增强，这证明了通过 ALD 方法氧化铝包覆成功。对于高分辨率的 Pb 4f 谱，其主峰可以拟合成两个峰，高结合能的峰可以归因于 Pb—Br 化学环境，低结合能的峰可以归因于 Pb—油酸化学环境[15, 16]。当样品经过溴化锌后处理之后，两个峰均往高结合能方向移动。这主要是由于表面卤素空位被填补后，溴元素相较于铅元素具有更强的电负性，铅离子周围电子云密度降低，此时光发射电子与铅离子核之间的库仑作用力增强，致使相应的峰往高结合能方向移动。因此，往高结合能方向移动的 Pb 4f 轨道峰也表明在溴化锌处理后，纳米晶表面 Pb—Br 物种增加。对于高分辨率的 Br 3d 谱，其主峰也可以拟合出两个峰，其中高结合能的峰归属于钙钛矿晶格中铅溴八面体表面的溴离子，低结合能的峰归属于钙钛矿晶格内部的溴离子[17]。表面和内部溴离子不同的结合能位置表明表面的溴离子具有更低的核外电子

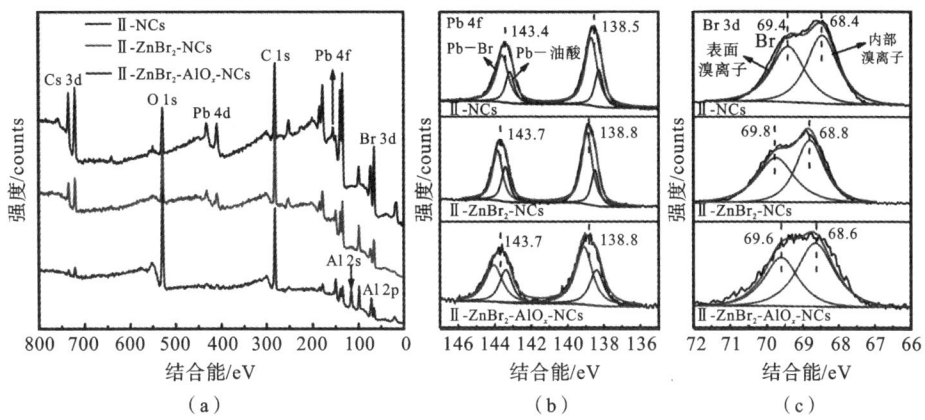

图 5-32　两步混合钝化样品 XPS 表征: (a) XPS 全谱;
(b) 高分辨率 Pb 4f 谱; (c) 高分辨率 Br 3d 谱

云密度。经过一步溴化锌处理后,溴元素的峰同样往高结合能方向移动,这也证明了纳米晶表面溴物种增加。因为表面溴空位的填补可能导致表面和内部溴离子周围电子云密度均降低,从而使相应的峰往高结合能方向移动。而氧化铝沉积后,铅元素的峰没有发生明显的变化,溴元素的峰轻微红移,这可能是氧化铝与纳米晶表面相互作用所致。

5.3.3　稳定性测试及分析

钙钛矿纳米晶的稳定存在环境以及光、热稳定性是限制其实际应用的关键因素。因此,为了验证两步混合钝化方法在提高纳米晶稳定性方面的作用,对该方法处理前后的样品进行了空气、热和光的稳定性测试,并且通过 XRD 表征探究了其稳定化机理,如图 5-33 所示。此时,两步混合钝化方法处理样品的参照样应为一次离心样品而不是二次离心样品,这是因为一次离心样品具有较高的有机配体密度,其表面的有机配体层能有效阻挡环境中水氧的侵蚀,因此一次离心样品相比于二次离心样品具有更好的稳定性。从图 5-33 中可以看出,相比于未处理(Ⅰ-NCs)的样品,一步溴化锌处理的样品(Ⅱ-ZnBr₂-NCs)和两步混合钝化的样品(Ⅱ-ZnBr₂-AlOₓ-NCs)都表现出了较好的空气、热和光稳定性。在图 5-33(a)中,两步混合钝化的样品在 100 d 后仍能保持其原有荧光强度的 54%,而未处理样品在三天后就降至其原有荧光强度的 39%。图 5-33(d)的 XRD 图谱表明,两步混合钝化的样品在空气中老化 100 d 后仍能保持其原有晶格结构不被破坏,而未处理样品则出现了衍射峰的分裂。这说明未处理样品由

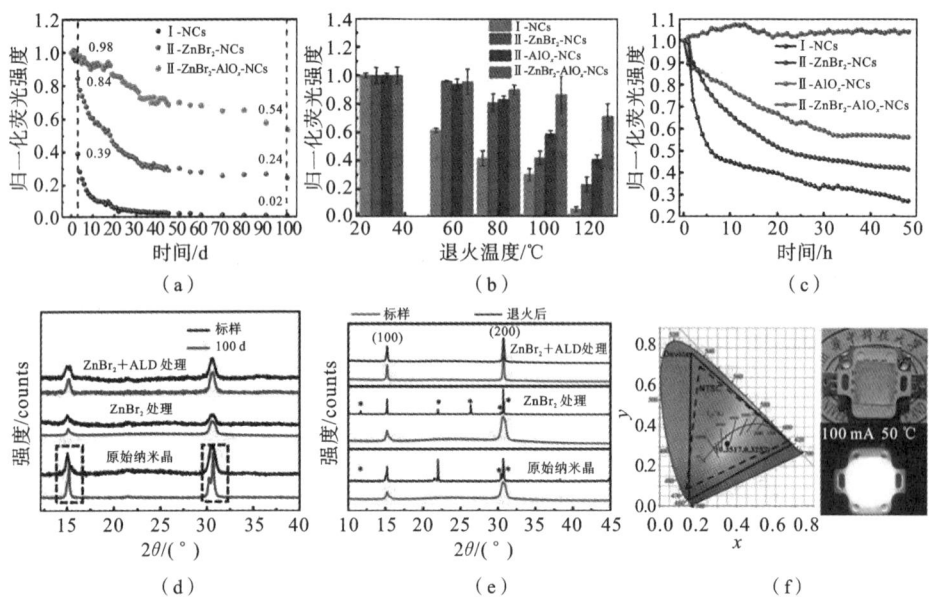

图 5-33 不同处理样品的(a)空气稳定性、(b)热稳定性、(c)光稳定性、(d)空气中 XRD 图谱和(e)热处理 XRD 图谱；(f)基于两步混合钝化方法的白光 LED 器件实物图及色坐标图

于其较高的表面能,在老化条件下其晶粒之间相互融合。尽管一步溴化锌处理的样品在空气老化条件下也能保持其原有晶型,但一步溴化锌处理无法保证在更恶劣的条件下对纳米晶起到保护作用。对于热稳定性,如图 5-33(b)所示,两步混合钝化的样品在 120 ℃的氮气中煅烧 1 h 后仍能保持其原有荧光强度的 70%。图 5-33(e)的 XRD 图谱表明,两步混合钝化的样品在热处理之后仍具有其原始晶格结构,而未处理以及一步溴化锌处理的样品在高温煅烧后则出现了新的衍射峰。这主要是由于通过 ALD 方法生长的氧化铝能够填充到纳米晶的间隙中,阻止热处理过程中纳米晶之间的团聚以及进一步生长,从而凸显了 ALD 方法的独特优势。同时,两步混合钝化的样品显示出了极佳的光稳定性,如图 5-33(c)所示,在 100 mW/cm² 、450 nm 波长的蓝光连续照射 48 h 后仍能保持其原有荧光强度,是目前报道的最稳定的固态 CsPbBr₃ 钙钛矿纳米晶薄膜之一。其优异的光稳定性源于二次离心样品表面较低的有机配体密度以及氧化铝包覆层对纳米晶表面有机配体的锚定作用。图 5-33(f)所示为基于两步混合钝化方法的白光 LED 器件实物图及色坐标图。

为了验证两步混合钝化样品在照明显示领域的应用前景,将两步混合钝化后的 CsPbBr$_3$ 纳米晶薄膜与商用红色 KSF∶Mn^{4+} 荧光粉以及蓝光芯片相结合，共同制备了白光 LED 器件，其制备流程如图 5-34(a)～(c)所示。在不同驱动电流下所制备的白光 LED 器件的 PL 光谱如图 5-34(d)所示。在 100 mA 驱动电流下白光 LED 器件发出光的色坐标为(0.3517,0.3257)，具有 128％ 的标准色域。最后测试了在此工作条件下器件的工作稳定性。从图 5-34(e)中可以看出，两步混合钝化的样品在工作 40 min 后，其发光强度仍能保持初始值的 60％，而未处理以及一步溴化锌处理的样品则会很快发生荧光衰减。这表明两步混合钝化方法能够显著提升钙钛矿纳米晶器件的工作稳定性，在照明显示领域将有广泛的应用前景。

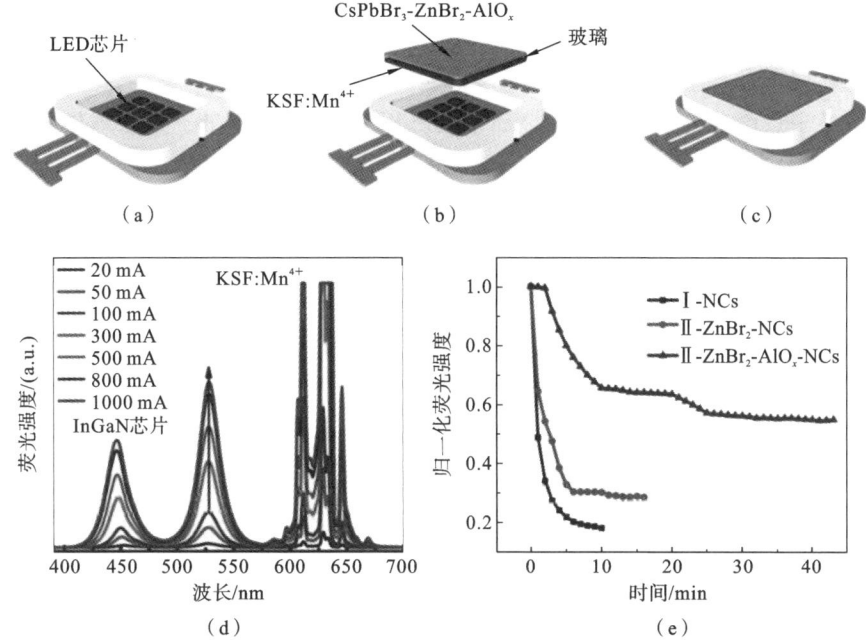

图 5-34　(a)～(c)两步混合钝化样品的白光 LED 器件制备流程图；(d)不同驱动电流下白光 LED 器件的 PL 光谱；(e)100 mA 驱动电流下不同样品归一化荧光强度随时间变化曲线

　　为了避免 ALD 前驱体对量子点表面配体造成损伤，防止荧光淬灭，本小节提出一种两步混合钝化方法，用于制备高量子产率和高稳定性的钙钛矿纳米晶。此方法通过减小纳米晶表面有机配体密度并填补表面卤素空位，使 TMA 前驱体与纳米晶表面油酸配体之间的相互作用最小化，同时用 ALD 方法沉积的致密氧化铝包覆层能有效防止外部因素对钙钛矿纳米晶的侵蚀，提升了纳米晶的稳定性。因此,该方法显著拓宽了钙钛矿纳米晶在照明显示领域的应用前景。

5.4 复合微球结构原子层沉积包覆稳定化方法

5.4.1 原子层沉积包覆前后结构及性能变化

本节主要探究了 $CsPbBr_3$ 量子点的 ALD 稳定化方法,利用低温原子层沉积技术消除量子点的表面缺陷并进行表面包覆,以提高量子点的稳定性;采用多种表征手段,探究了包覆后量子点与 ALD 前驱体的相互作用方式。作为一种通用手段,ALD 包覆技术对量子点稳定性的提升作用明显,有望解决量子点在实际使用过程中面临的稳定性问题[18]。

量子点微球的包覆通过粉体原子层沉积装备实现,将量子点微球样品放入粉体 ALD 装备的样品夹持器中,以氮气作为沉积过程中的载气,TMA 和超纯去离子水(H_2O)作为反应过程中的两种前驱体。为实现均匀包覆,采用离心耦合进一步提高量子点微球包覆过程中的分散程度。

图 5-35(a)、(b)显示了热注入合成的量子点的高分辨率 TEM 图像,其中,$CsPbBr_3$ 量子点呈现典型的立方晶相结构,图 5-35(b)显示了钙钛矿立方晶相主要晶面的间距,0.57 nm、0.42 nm 和 0.32 nm 分别对应 $CsPbBr_3$ 量子点的(100)、(110)和(111)晶面,平均直径为 9.8 nm。图 5-35(c)显示了合成的 $CsPbBr_3$ 量子点微球的 TEM 图像,可以看到形成的量子点微球直径在 100 nm 左右,且量子点均匀分散在氧化硅微球中。将 $CsPbBr_3$ 量子点制备成量子点微球后,量子点的晶体结构并没有发生明显的变化。但通过测量,量子点微球的量子产率下降到了 45%。

 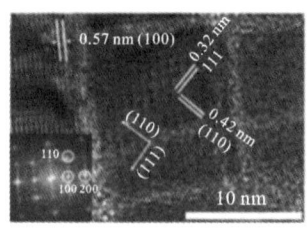 

(a) (b) (c)

图 5-35 高分辨率 TEM 图像:(a)、(b)$CsPbBr_3$ 量子点;(c)量子点微球

图 5-36 显示了 ALD 包覆后的量子点的 XRD 图谱,可以看出量子点微球在经过 ALD 包覆后的晶体结构并没有发生明显的变化,表明 ALD 包覆过程并没有破坏钙钛矿量子点的晶体结构。FTIR 图谱显示了量子点及量子点微球表面有机基团的变化,从图 5-37 中可以看到,量子点制备成量子点微球后,位于 3000 cm^{-1} 和 2850 cm^{-1} 处的 C—H 振动特征峰大大减弱。同时,位于 1085 cm^{-1} 处极强的吸收峰表示 Si—O—Si 的反对称伸缩振动,位于 768 cm^{-1} 和 478 cm^{-1} 处的吸收峰表示 Si—O 键的对称伸缩振动,位于 955 cm^{-1} 处的吸收峰表示 Si—OH 的弯曲振动[19]。红外分析表明存在氧化硅,而 C—H 振动特征峰的极大减弱说明在量子点水解形成量子点微球的过程中量子点表面有机基团脱离,这也是量子点微球的 PLQY 下降的一个原因。为了减小量子点在包覆过程中的损失,在 ALD 过程中将沉积温度降低至 50 ℃。

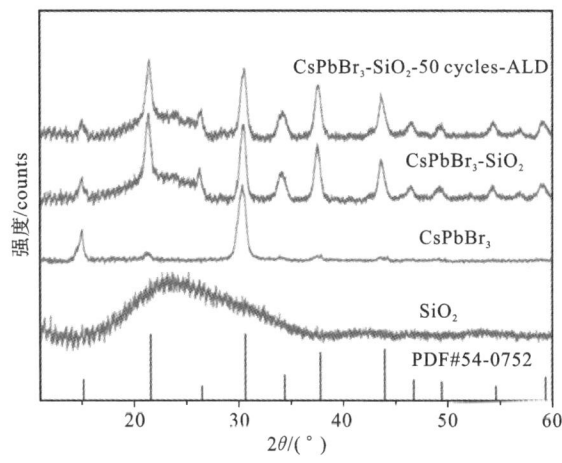

图 5-36 CsPbBr$_3$ 量子点、量子点微球和 ALD 包覆后的量子点微球的 XRD 图谱

从图 5-37 所示的红外测试结果来看,量子点微球经过 ALD 包覆后在 400～1000 cm^{-1} 处出现了明显的宽峰,这是 Al—O 键的红外特征峰[20]。同时,在 3450 cm^{-1} 处出现了—OH 的红外特征峰,表明在 ALD 过程中,—OH 未反应完全,这是低温原子层沉积的典型特征。

同时,量子点微球在完成氧化铝 ALD 包覆之后,PLQY 由原来未沉积的 45% 提高到了沉积后的 65%。探究量子点微球在 ALD 包覆前后的荧光寿命变化情况。从图 5-38 中可以看到,量子点微球在经过 ALD 包覆后,量子点荧光寿命得到延长。结合量子点微球在经过 ALD 处理后 PLQY 的上升,可以推测量子点微球在经过 ALD 包覆后量子点表面得到了钝化,使量子点的性能得到提升。

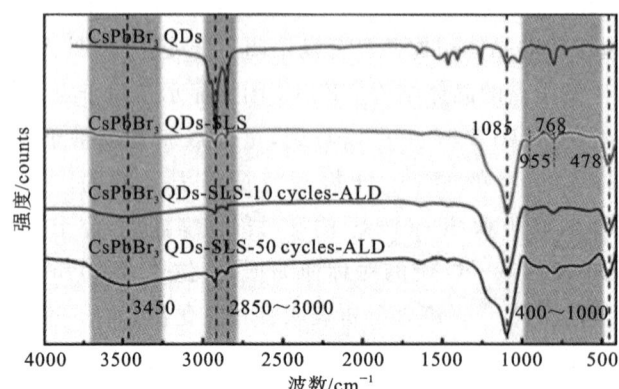

图 5-37 CsPbBr₃ 量子点和量子点微球的 FTIR 图谱（CsPbBr₃ QDs、CsPbBr₃ QDs-SLS、CsPbBr₃ QDs-SLS-10 cycles-ALD、CsPbBr₃ QDs-SLS-50 cycles-ALD 分别表示量子点、量子点微球、10 次 ALD 循环包覆量子点微球、50 次 ALD 循环包覆量子点微球样品）

图 5-38(b)显示了量子点和 ALD 包覆前后量子点微球发射谱峰位置的变化。在经过氧化硅包覆后，量子点微球的发射谱峰红移到 521 nm 处，可能原因是量子点微球对光的再吸收，而经过 ALD 处理后量子点微球的发射谱峰蓝移到 519 nm 处，这可能是 ALD 包覆后量子点之间的重吸收现象减少导致的。

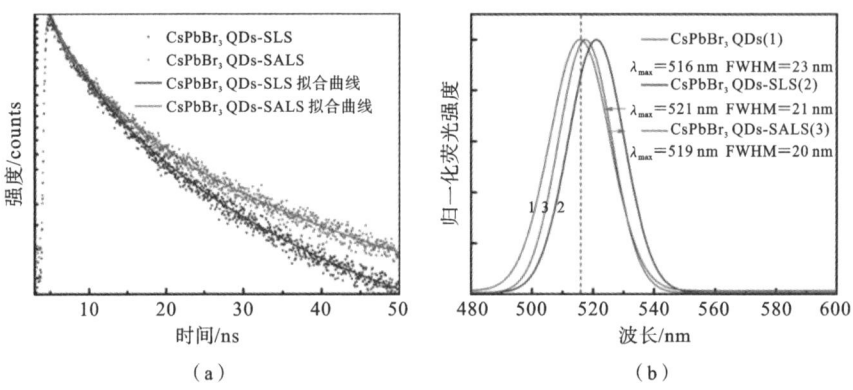

图 5-38 (a) ALD 包覆前后量子点微球荧光衰减变化；(b) 量子点和 ALD 包覆前后量子点微球发射谱峰位置变化（CsPbBr₃ QDs-SALS 代表经过 50 次 ALD 循环包覆后的量子点微球）

图 5-39 显示了量子点微球在经过 ALD 包覆前后化学价态的变化情况。从图 5-39(a)中可以看到，量子点微球在经过 ALD 处理过后，CsPbBr₃ 量子点

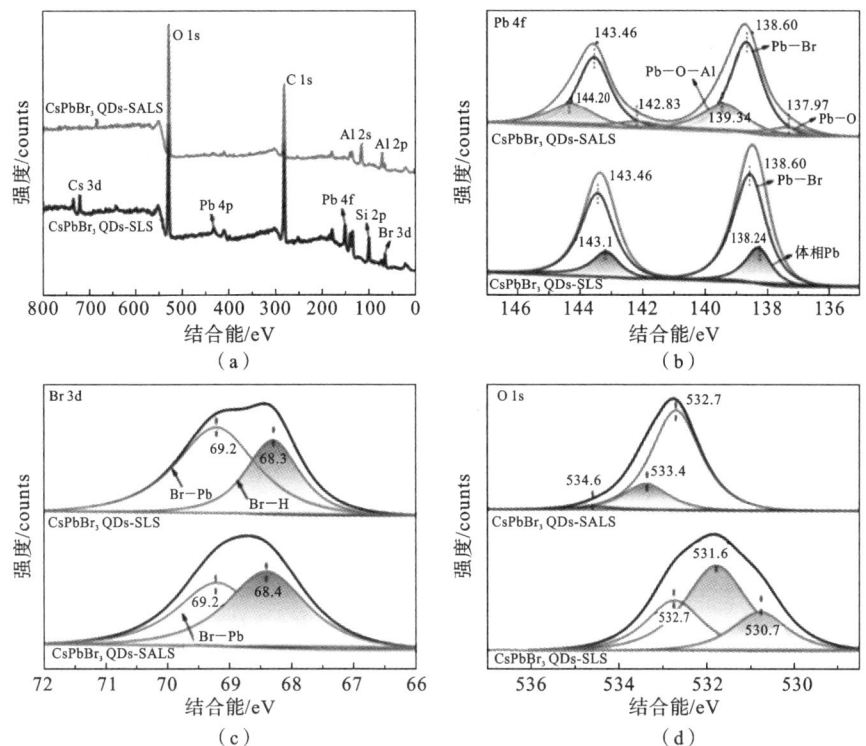

图 5-39　量子点微球在 ALD 包覆前后的 XPS 图谱：(a) 全谱；(b) Pb 4f 谱；(c) Br 3d
谱；(d) O 1s 谱

的特征峰在全谱范围内消失，原因是量子点微球在经过 ALD 包覆后包覆层的
厚度增加，降低了 XPS 探测的深度，这也从侧面反映出量子点微球的成功包覆
和均匀包覆。图 5-39(b)～(d)显示了量子点微球中 Pb、Br、O 的化学价态变化
情况，经过 ALD 包覆后量子点微球的 Pb 4f 轨道的特征峰位变宽，表示有新的
化学键出现，很可能是由于 ALD 包覆过程中形成了 Pb—O—Al 键。而 ALD
包覆后 Cs 元素的化合价态没有发生变化，表明在 ALD 包覆前后没有形成与
Cs 原子相关的化合键。Br 元素的 3d 轨道在包覆前后并没有发生明显的变化，
峰强度的变化可以归结为包覆后元素分布的变化。O 元素的化合价态变化比
较明显，由于氧化铝的存在，谱峰整体向低结合能的方向移动。

5.4.2　微球稳定性测试及机理分析

对 ALD 氧化铝包覆后的 $CsPbBr_3$ 量子点微球的光、热、水稳定性也进行了
进一步研究。图 5-40(a)、(c)和(d)显示了 $CsPbBr_3$ 量子点微球在水、热、光条

件下的稳定性变化。水稳定性的变化如图 5-40(a)所示,可以看到在未经过
ALD 包覆的 CsPbBr$_3$ 量子点放入水中后 1 min 内即发生荧光淬灭;而经过氧化
硅包覆的 CsPbBr$_3$ 量子点微球在 30 min 内荧光强度衰减至零。利用 ALD 技
术包覆量子点微球时,可以看到在 10~40 次 ALD 循环后量子点微球的水稳定
性变化有稳定趋势但差别不是太大,当沉积循环 50 次时,量子点微球的水稳定
性得到了极大增强,在水中浸入 2 h 后荧光强度仍保持原来强度的 90% 以上。
进一步延长量子点微球浸入水中的时间,以观测荧光强度的变化。如图 5-40
(a)中的插图所示,量子点微球经过 ALD 包覆后在水中浸入 20 d 后仍然具有很
好的发光性能,说明了 ALD 包覆后量子点微球具有优异的水阻隔性能。

进一步,选取 50 次 ALD 循环包覆氧化铝的量子点微球和未包覆的量子点
微球进行热稳定性测试和光稳定性测试。图 5-40(b)中,经过 60 ℃、90% RH
的老化测试后,未经 ALD 包覆的量子点微球晶格结构已经发生了变化,从而导
致了量子点的失效。如图 5-40(c)所示,量子点微球在经过 100 ℃ 的老化测试

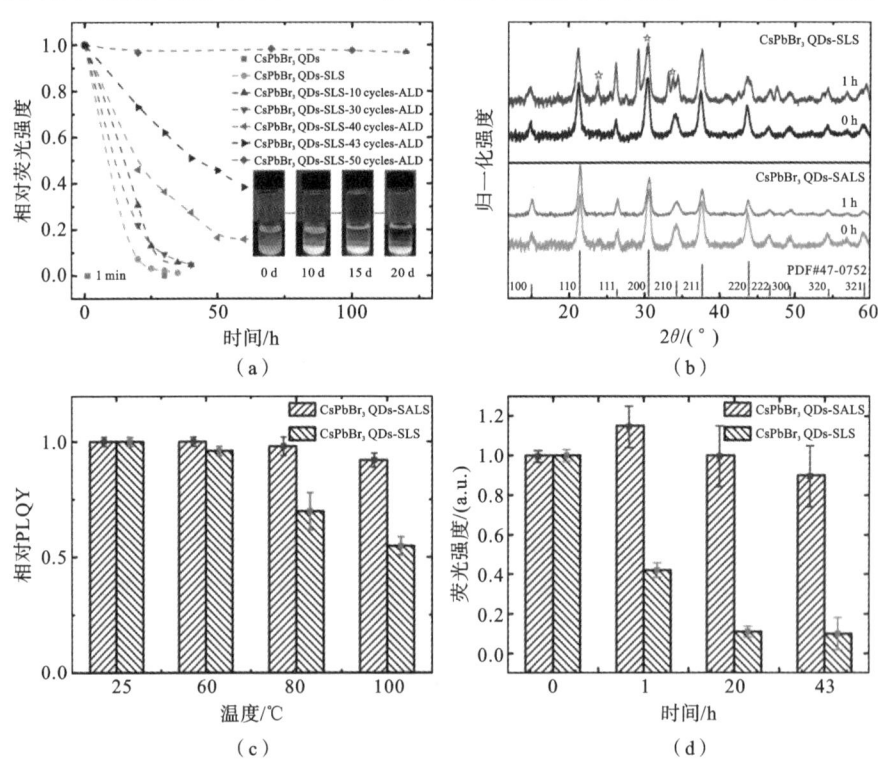

图 5-40 CsPbBr$_3$ 量子点微球的光、热、水稳定性测试:(a) 水稳定性;(b) 60 ℃、90%RH
条件下的晶体结构变化;(c) 热稳定性;(d) 光稳定性

后 PLQY 下降到原值的约 50％,而经过 ALD 包覆的量子点微球在经过 100 ℃的老化测试后 PLQY 依然能保持原值的 90％以上。此外,还测试了 ALD 包覆前后量子点微球在蓝光条件(200 mW/cm²)下的光稳定性,未经 ALD 包覆的量子点微球在强蓝光条件下荧光强度在 1 h 后下降了 60％,而经过 ALD 包覆的量子点微球荧光强度没有下降,反而上升,这可能是由于轻微的光氧化作用提高了表面的平整度,从而减少了量子点的表面缺陷。在经过 43 h 的老化后,未经 ALD 包覆的量子点微球的荧光强度下降了 90％,而经过 ALD 包覆的量子点微球荧光强度仍能保持原值的 80％以上。综合以上性能测试,可以看到,量子点微球在经过 ALD 包覆后稳定性得到极大提升。

通过 TEM 可以直观地分析并验证上述量子点失效形式,观察到的主要现象包括量子点晶形的变化和表面的脱落。图 5-41 所示为长期放置于环境下老化样品的 TEM 图,失效主要在于量子点表面形状改变。通过 FFT 可以看到量子点的晶体结构没有明显的改变,但量子点的尺寸变得不均一,而且出现了团聚现象。因此,可认为量子点微球的主要失效形式是量子点晶形和大小的变化,进而导致了量子点性能的变化。

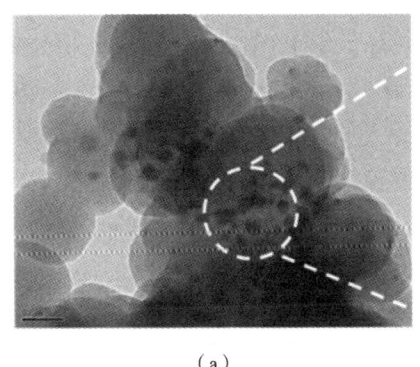 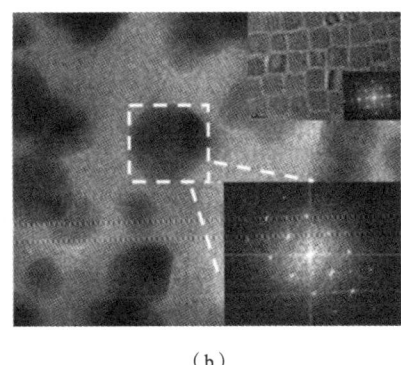

(a) (b)

图 5-41　CsPbBr₃ 量子点微球的失效 TEM 图:(a) 整体图;(b) 局部放大图

图 5-42 显示了 ALD 包覆前后量子点微球在极性溶剂乙醇和水中浸入 1 h 后 XRD 的变化,可以看到两者有不同的 XRD 变化趋势,经过乙醇失效后的未经 ALD 包覆的量子点微球的峰位没有发生明显的变化,而(111)、(200)和(210)三个晶面的峰形发生变化,出现了伴峰,但是峰的强度没有发生明显的变化,这表示在浸入乙醇后量子点的表面结构遭到破坏,导致 XRD 的变化;而经过 ALD 包覆后的量子点微球依然能保持之前的晶格结构。之后,测试了浸入水后量子点微球在 ALD 包覆前后的 XRD 变化。可以看到经过 ALD 包覆后的

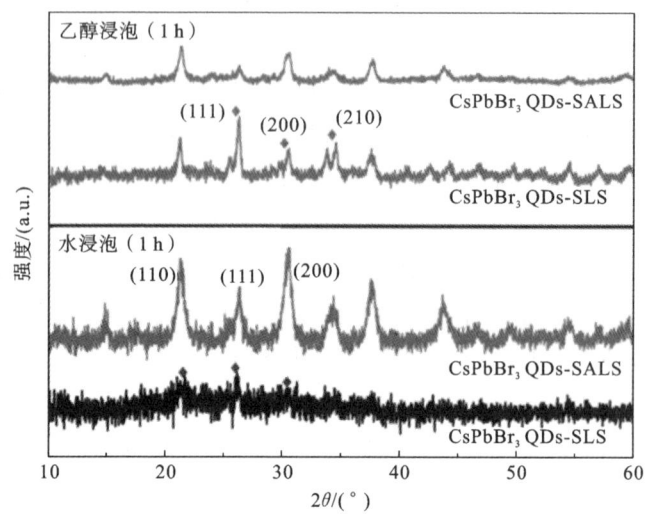

图 5-42 浸入极性溶剂乙醇和水后 ALD 包覆前后量子点微球的 XRD 变化

量子点微球依然保留了立方结构的钙钛矿特征,而未经过 ALD 包覆的量子点微球钙钛矿结构的特征峰已基本消失。这表明在经过水浸入老化测试后,未经 ALD 包覆量子点微球的结构已经遭到了破坏。综上,氧化铝 ALD 钝化处理显著提高了量子点微球在极性溶剂乙醇和水中的晶格稳定性。

图 5-43 显示了量子点微球经过水浸入老化测试后的发射峰位置的变化,可以看到量子点微球浸入 10 min 后的峰位置几乎无变化,从 ALD 包覆后的量子点微球在 0 h 和 168 h 的发射峰位置的变化来看,量子点微球的整体峰位置

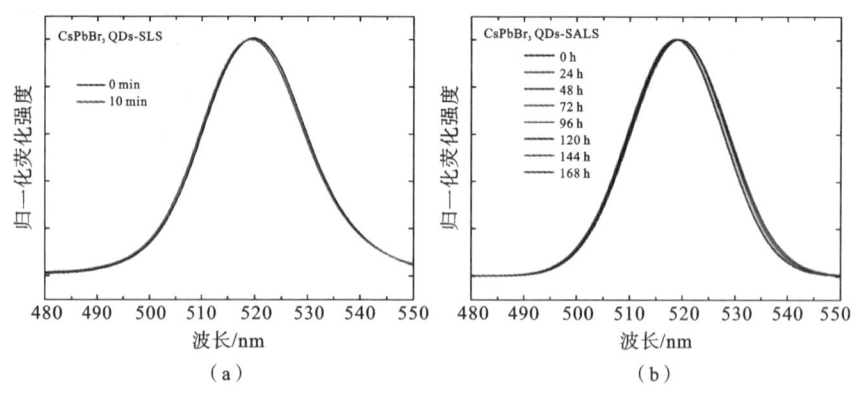

图 5-43 ALD 包覆前后水稳定性测试中量子点微球发射峰位置的变化:(a) 量子点微球;(b) 50 次 ALD 循环包覆后的量子点微球

发生蓝移,但蓝移量很小。从表 5-2 中可以看出,在经过水浸入老化测试后量子点的半峰宽并未发生明显变化。以上表明量子点微球经过 ALD 包覆后在水浸入老化测试中量子点的尺寸变化很小。ALD 氧化铝包覆阻碍了量子点在水中被进一步侵蚀。

表 5-2　ALD 包覆后水稳定性测试中量子点微球发射峰位置和 FWHM 的变化

时长/h	荧光发射峰位置/nm	FWHM/nm
0	519.50	21.70
24	519.30	21.21
48	519.33	21.87
72	519.35	21.89
96	519.33	21.70
120	518.90	20.76
144	518.71	21.04
168	518.78	21.00

　　水浸入老化后的 Cs、Pb、Br 元素的化学价态的变化情况,如图 5-44 所示。经过 ALD 处理后的量子点微球在老化后仍然保持着良好的检测信号强度,这表明经过 ALD 包覆后的量子点发生的化学分解较少。图 5-44(a)中,经过 ALD 包覆后,老化后量子点微球的 Pb 元素化学价态得到了很好的保持,原有的 Pb—Br、Pb—O—Al、Pb—O 都得到保持,些许的偏移可能由测试误差导致。图 5-44(b)中 Cs 元素的价态在 ALD 包覆后也没有发生明显的变化。图 5-44(c)中在老化测试后 Br 元素的价态虽然得到保持,但是元素的分布比例发生了变化,这说明虽然量子点微球在经过 ALD 包覆后提高了稳定性,但依然有部分量子点微球中的量子点与水发生了反应。图 5-44(d)中 Si 元素的化学价态与未经过 ALD 包覆后的量子点微球一样,但是比例不同。经过 ALD 包覆后的量子点微球中低价态的元素相对于未经过 ALD 包覆的量子点微球更多,这可能是由于量子点微球在 ALD 包覆过程中与表面 Si 和 TMA 前驱体相互作用。由于 XRD 检测灵敏度的限制,量子点的结构变化没有被探测出来,这也反映出ALD 包覆量子点微球的效果明显。

　　通过将由溶胶-凝胶法所得 SiO₂ 层与流态化粉末原子层沉积 Al₂O₃ 层相结合,可以获得超稳定的量子点发光微球。SiO₂ 包覆后的量子点表面丰富的羟基提供了大量的化学吸附位点,有利于 ALD 过程中 Al₂O₃ 的沉积。同时,SiO₂ 层中的水-氧通道被 Al₂O₃ 层填充,从而保护量子点不被破坏。在较高的光功率密度下,

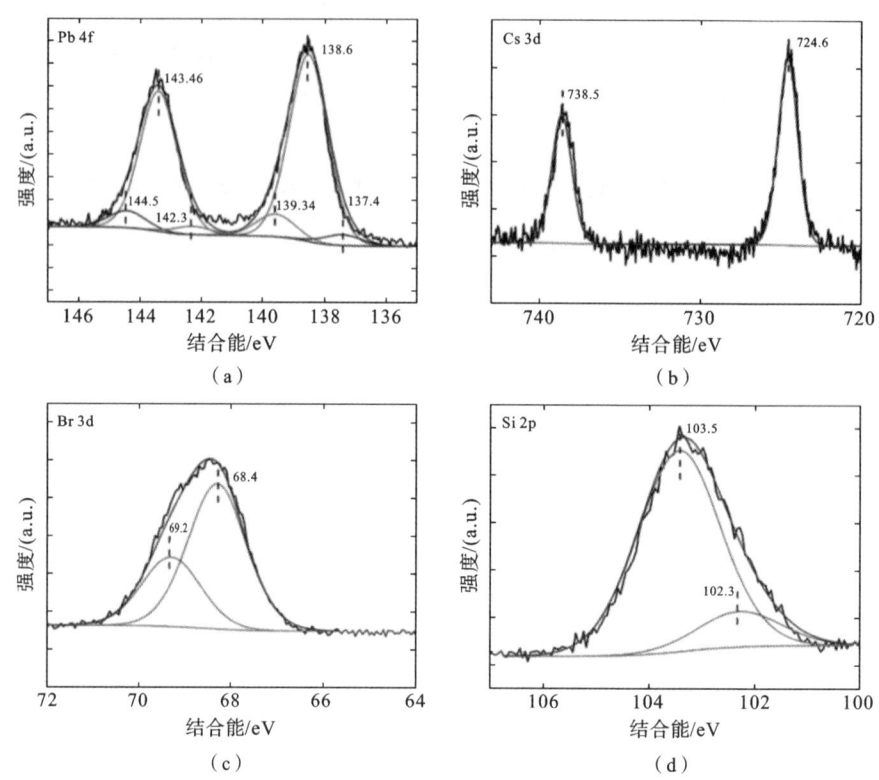

图 5-44 ALD 包覆 $CsPbBr_3$ 量子点微球在浸入水后的 XPS 变化：
(a) Pb 4f；(b) Cs 3d；(c) Br 3d；(d) Si 2p

蓝光老化 1000 h 后，该量子点发光微球的稳定性仅降至原值的 86%。

5.4.3　其他微球原子层沉积包覆稳定化方法

除钙钛矿量子点外，ALD 也可用于其他微球材料的稳定化包覆。通过将由溶胶-凝胶法所得中间层 SiO_2 层与流态化粉末原子层沉积外层 Al_2O_3 层相结合，获得了超稳定的 $QDs@SiO_2@Al_2O_3$ 荧光微球（QLuMiS）[21]。采用 CdZnSe 梯度合金量子点，制备复合材料的过程简述如下：首先，在量子点溶液（甲苯溶剂）中水解甲氧基硅烷前驱体得到 $QDs@SiO_2$ 颗粒；然后，通过流态化粉末原子层沉积技术在 $QDs@SiO_2$ 粉末表面生长 Al_2O_3 层，如图 5-45 所示。

经微球稳定化包覆后，量子点材料自身光学参数保持原值的 90% 以上，稳定性提升一个数量级；量子点薄膜器件稳定性提升 1～2 个数量级。将量子点进行液相氧化硅和 ALD 氧化铝复合叠层包覆，实现量子点稳定性的提升。处

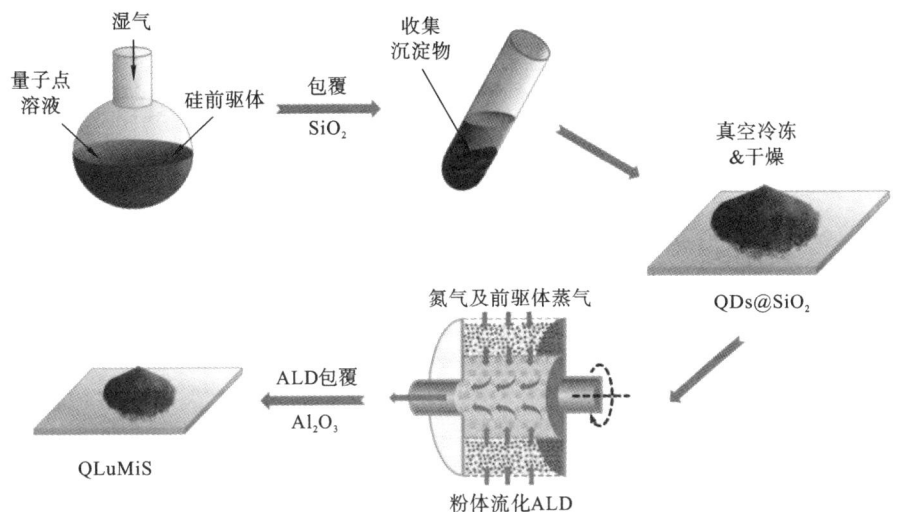

图 5-45　QDs@SiO$_2$@Al$_2$O$_3$ 荧光微球制备过程示意图

理之前量子点发光性能在 240 h 内迅速衰减至 5.7%,但是经过 ALD 氧化铝以及氧化硅复合薄膜包覆后,量子点在 1056 h 的老化条件下,发光性能仅仅下降了 14%,且在 500 h 以内发光性能没有明显衰减,基本维持不变。将量子点制膜并复合到手机里面,实现了比传统手机色域范围高出 50% 的显示器以及发光色域的极大提升,如图 5-46 所示。

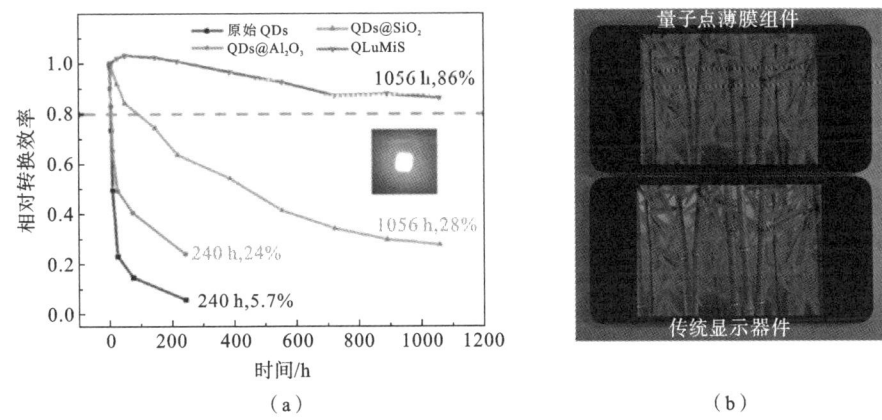

(a)　　　　　　　　　　　　　　　(b)

图 5-46　(a) ALD 氧化铝包覆量子点微球稳定性测试;(b) 量子点薄膜组件与传统显示器件对比

除了对量子点微球材料进行稳定化包覆外,还拓展了 ALD 在其他发光材料上的应用[22]。有研究人员提出了一种将表面 ALD 涂层和疏水改性相结合的方法:在 RLSO:Eu^{2+} 磷光粉外构建稳定的双壳复合保护层,从而大幅提升磷光粉的水稳定性[23]。这种有效的保护方案是将非晶态 Al$_2$O$_3$ 表面涂层与十八烷基三甲氧基硅烷(ODTMS)疏水改性技术相结合,构建双壳RLSO:Eu^{2+}@Al$_2$O$_3$@ODTMS 复合材料。进一步研究了 Al$_2$O$_3$ 无机层和硅烷有机层在荧光粉表面的生长机理,发现这种复合材料显著提高了窄带绿色发射体的水稳定性。这种复合绿色荧光物质应用于白光 LED 时,是一种很有前景的候选材料,可以实现高色域的背光显示。这种双壳层策略为改善湿敏荧光粉的防潮特性提供了一种方法,如图 5-47 所示。

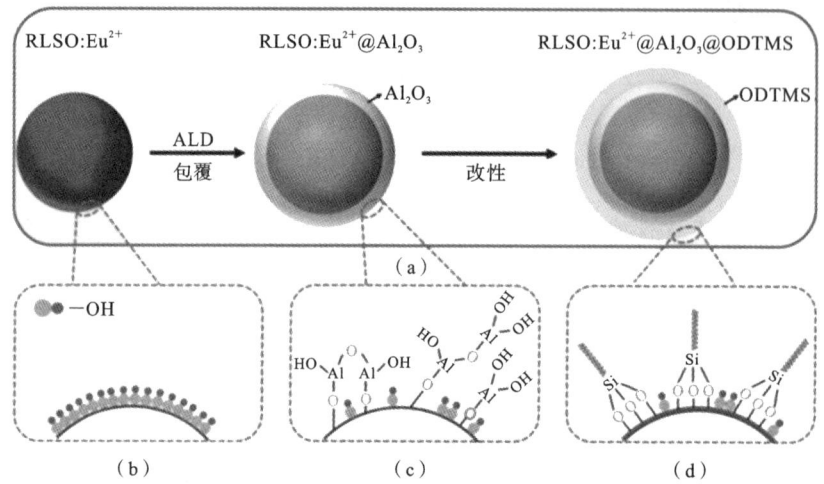

图 5-47 (a) ALD 对 RLSO:Eu^{2+}磷光材料进行表面涂层,并用 ODTMS 对RLSO:Eu^{2+}@Al$_2$O$_3$ 表面进行疏水改性的示意图;(b) RLSO:Eu^{2+} 荧光粉表面示意图;(c) ALD 过程中,氧化铝在 RLSO:Eu^{2+} 荧光粉表面可能的配体机理;(d) RLSO:Eu^{2+}@Al$_2$O$_3$ 与 ODTMS 的键合示意图

为了评估作为 LED 背光源的应用,将制备好的绿色复合材料(RLSO:Eu^{2+}@Al$_2$O$_3$@ODTMS 和商用红粉(KSF:Mn^{4+})集成在蓝光 InGaN 芯片($\lambda=455$ nm)上,制备成白光 LED。为了测试 RLSO:Eu^{2+}@Al$_2$O$_3$@ODTMS 的疏水性能,将这些粉末样品直接倒入水中,如图 5-48(a)所示。RLSO:Eu^{2+} 立即沉入水底,发出很弱的绿色荧光,而 RLSO:Eu^{2+}@Al$_2$O$_3$@ODTMS 由于其表面疏水,在 365 nm 的灯光照射下在水面保持漂浮状态,发出明显的绿色荧光。如图5-48(b)所示,水滴并没有渗入样品中,而是停留在表面。从图 5-48(c)中可以看出,RLSO:Eu^{2+}@Al$_2$O$_3$@ODTMS 样品的水接触角约为 142°。此外,

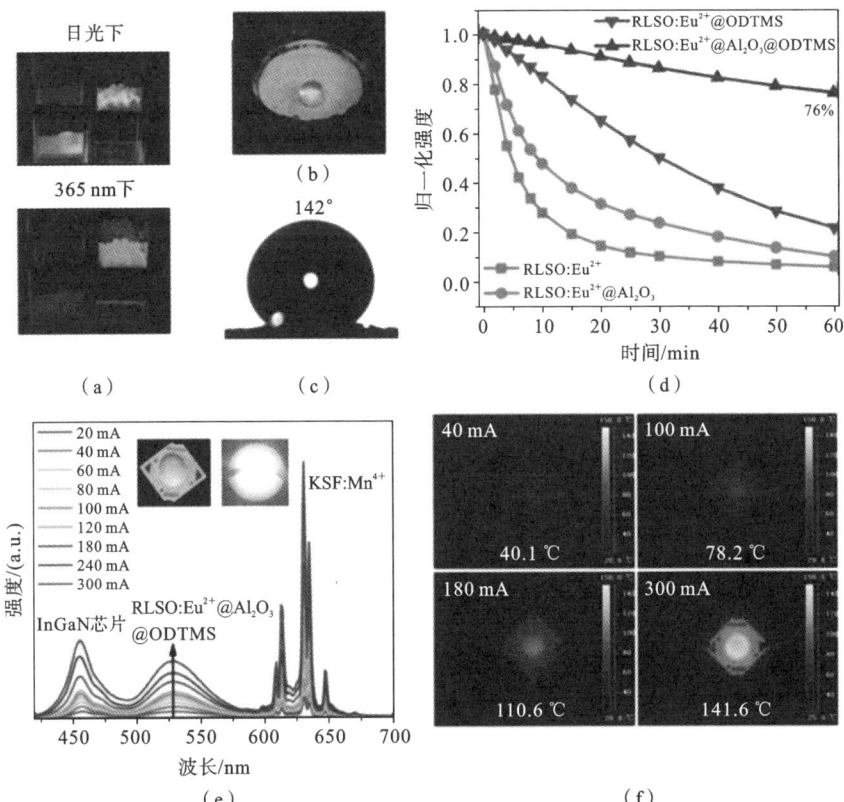

图 5-48　双壳 RLSO：Eu^{2+}@Al_2O_3@ODTMS 的封装性能图：(a) 在日光和 365 nm 灯
光下 RLSO：Eu^{2+}(左)和 RLSO：Eu^{2+}@Al_2O_3@ODTMS(右)粉末在水中的照
片；(b) RLSO：Eu^{2+}@Al_2O_3@ODTMS 表面有水滴的图像；(c) 水接触角图
像；(d) RLSO：Eu^{2+}、RLSO：Eu^{2+}@ Al_2O_3、RLSO：Eu^{2+}@ ODTMS、RLSO：
Eu^{2+}@Al_2O_3@ODTMS 浸没在水中的归一化强度随时间的变化；(e) 所制备
的白光 LED 器件在不同驱动电流下的发射光谱；(f) 白光 LED 器件的热图像

从图 5-48(d)中可以看出，RLSO：Eu^{2+} 相比 RLSO：Eu^{2+}@Al_2O_3@ODTMS 表
现出了严重的荧光衰减。在水中浸泡 30 min 后，RLSO：Eu^{2+} 的发光强度急剧
下降至初始强度的 10.7%，而 RLSO：Eu^{2+}@Al_2O_3、RLSO：Eu^{2+}@ODTMS 和
RLSO：Eu^{2+}@Al_2O_3@ODTMS 的发光强度分别为初始强度的 24%、50% 和
86%。在水中浸泡 1 h 后，RLSO：Eu^{2+}@Al_2O_3@ODTMS 的发光强度仍然保
持为初始强度的 76%。与复合保护层相比，单一涂层更容易被 RLSO 与水反应
形成的强碱破坏。RLSO：Eu^{2+}@Al_2O_3@ODTMS 经过双层保护处理后，对水
蚀的稳定性显著改善。同时，Al_2O_3 涂层为 ODTMS 涂层提供了均匀的羟基表

面,从而形成连续的疏水有机层。因此,该复合保护层可以显著提高 RLSO:Eu^{2+}荧光粉的防潮性能。图 5-48(e)中的插图显示了所制造的白光 LED 器件。在不同驱动电流下白光 LED 的发射光谱如图 5-48(e)所示。LED 在 20 mA 的驱动电流下,CIE 色度坐标为(0.3234,0.3759),相关色温(CCT)为 5841 K,光效为 70.22 lm/W,以及计算出来的色域在 CIE 1931 色彩空间中约为 108% NTSC。同时,白光 LED 器件在不同驱动电流和温度条件下的热图像如图 5-48(f)所示,在 300 mA 的驱动电流下,温度最高可达 141.6 ℃,这表明 RLSO:Eu^{2+}@Al_2O_3@ODTMS 可应用于大功率白光 LED。

本小节介绍了 ALD 辅助封装量子点等发光材料以显著提高稳定性的策略。对于微球材料的光致发光应用,材料本身所处的环境通常是高光照和高水氧,提高其稳定性可以从两个方面着手:一是减少微球的团聚,二是减少微球与外界水氧的接触。在减少微球与外界环境水氧的接触方面,可以进一步探索除氧化铝之外的包覆材料,如氧化锆、氧化铪和氧化钛等,设计合理的包覆结构以进一步提高量子点的稳定性,这也是目前量子点等发光材料走向实际应用最有希望的方向。本小节介绍的 ALD 包覆策略为实现这些目标提供了有效途径,推动了量子点等发光材料在照明显示领域的应用。

本章参考文献

[1] WU L Z, HU H C, XU Y, et al. From nonluminescent Cs_4PbX_6(X=Cl, Br, I) nanocrystals to highly luminescent $CsPbX_3$ nanocrystals: water-triggered transformation through a CsX-stripping mechanism[J]. Nano Letters, 2017, 17(9): 5799-5804.

[2] CHEN R, LIU M J, WANG M, et al. Acid-mediated phase transition synthesis of stable nanocrystals for high-power LED backlights[J]. Nanoscale, 2022, 14(37): 13628-13638.

[3] ZHANG X Y, BAI X, WU H, et al. Water-assisted size and shape control of $CsPbBr_3$ perovskite nanocrystals[J]. Angewandte Chemie International Edition, 2018, 57(13): 3337-3342.

[4] JING Y, CAO K, ZHOU B Z, et al. Two-step hybrid passivation strategy for ultrastable photoluminescence perovskite nanocrystals[J]. Chemistry of Materials, 2020, 32(24): 10653-10662.

[5] ZHOU B, DING D, WANG Y, et al. A scalable H_2O-DMF-DMSO sol-

vent synthesis of highly luminescent inorganic perovskite-related cesium lead bromides[J]. Advanced Optical Materials, 2021, 9(3): 2001435.

[6] XU Q, ZHANG T W, LIU M J, et al. CsBr-triggered reversible phase transition of perovskite nanocrystals for advanced information encryption and decryption[J]. ACS Applied Materials & Interfaces, 2024, 16(13): 17051-17061.

[7] JING Y, MERKX M J M, CAI J M, et al. Nanoscale encapsulation of perovskite nanocrystal luminescent films via plasma-enhanced SiO_2 atomic layer deposition[J]. ACS Applied Materials & Interfaces, 2020, 12(47): 53519-53527.

[8] WU Y, WEI C T, LI X M, et al. In situ passivation of $PbBr_6^{4-}$ octahedra toward blue luminescent $CsPbBr_3$ nanoplatelets with near 100% absolute quantum yield[J]. ACS Energy Letters, 2018, 3(9): 2030-2037.

[9] LI J H, XU L M, WANG T, et al. 50-fold EQE improvement up to 6.27% of solution-processed all-inorganic perovskite $CsPbBr_3$ QLEDs via surface ligand density control[J]. Advanced Materials, 2017, 29(5): 1603885.

[10] DE ROO J, IBÁÑEZ M, GEIREGAT P, et al. Highly dynamic ligand binding and light absorption coefficient of cesium lead bromide perovskite nanocrystals[J]. ACS Nano, 2016, 10(2): 2071-2081.

[11] LI F, LIU Y, WANG H L, et al. Postsynthetic surface trap removal of $CsPbX_3$ (X=Cl, Br, or I) quantum dots via a ZnX_2/Hexane solution toward an enhanced luminescence quantum yield[J]. Chemistry of Materials, 2018, 30(23): 8546-8554.

[12] VAN DER STAM W, GEUCHIES J J, ALTANTZIS T, et al. Highly emissive divalent-ion-doped colloidal $CsPb_{1-x}M_xBr_3$ perovskite nanocrystals through cation exchange[J]. Journal of the American Chemical Society, 2017, 139(11): 4087-4097.

[13] ZHONG Q X, CAO M H, XU Y F, et al. L-type ligand-assisted acid-free synthesis of $CsPbBr_3$ nanocrystals with near-unity photoluminescence quantum yield and high stability[J]. Nano Letters, 2019, 19(6): 4151-4157.

[14] CAO K, HU Q, CAI J M, et al. Development of a scanning probe mi-

croscopy integrated atomic layer deposition system for in situ successive monitoring of thin film growth[J]. Review of Scientific Instruments, 2018, 89(12): 123702.

[15] LEI Z Y, WANG M, ZHANG X D, et al. Highly efficient blue perovskite quantum dots light-emitting diodes based on ligand-assisted anion exchange method[J]. ACS Applied Electronic Materials, 2023, 5(8): 4125-4133.

[16] WANG M, LEI Z Y, Du C, et al. Stabilization of CsPbBr$_3$ nanocrystals via defect passivation and alumina encapsulation for high-power light-emitting diodes[J]. ACS Applied Nano Materials, 2023, 6(8): 6480-6487.

[17] ZHANG F, ZHONG H Z, CHEN C, et al. Brightly luminescent and color-tunable colloidal CH$_3$NH$_3$PbX$_3$(X=Br, I, Cl) quantum dots: potential alternatives for display technology[J]. ACS Nano, 2015, 9(4): 4533-4542.

[18] XIANG Q Y, ZHOU B Z, CAO K, et al. Bottom up stabilization of CsPbBr$_3$ quantum dots-silica sphere with selective surface passivation via atomic layer deposition[J]. Chemistry of Materials, 2018, 30(23): 8486-8494.

[19] WANG X D, SHEN Z X, SANG T, et al. Preparation of spherical silica particles by stöber process with high concentration of tetra-ethyl-orthosilicate[J]. Journal of Colloid and Interface Science, 2010, 341(1): 23-29.

[20] FERGUSON J D, WEIMER A W, GEORGE S M. Atomic layer deposition of Al$_2$O$_3$ films on polyethylene particles[J]. Chemistry of Materials, 2004, 16(26): 5602-5609.

[21] FANG F, LIU M J, CHEN W, et al. Atomic layer deposition assisted encapsulation of quantum dot luminescent microspheres toward display applications[J]. Advanced Optical Materials, 2020, 8(12): 1902118.

[22] CHEN R, CAO K, WEN Y W, et al. Atomic layer deposition in advanced display technologies: from photoluminescence to encapsulation [J]. International Journal of Extreme Manufacturing, 2024, 6: 022003.

[23] ZHAO M, CAO K, LIU M J, et al. Dual-shelled RbLi(Li$_3$SiO$_4$)$_2$: Eu^{2+}@Al$_2$O$_3$@ODTMS phosphor as a stable green emitter for high-power LED backlights[J]. Angewandte Chemie International Edition, 2020, 59(31): 12938-12943.

第6章
发光二极管器件功能层的 ALD 调控

发光二极管由于其高效、长寿命、低能耗和小尺寸的特性,广泛应用于照明、通信、电子器件等领域,通过对发光二极管功能层的调控,可以提高其发光效率和光输出质量,同时提升整体的能效比、稳定性及寿命。钙钛矿量子点具有优异的发光效率、可精确调节的带隙、方便快捷的柔性集成工艺等优点,是未来光电器件领域的有力竞争者和候补选手。然而,光电器件存在工作寿命短、载流子迁移率低以及稳定性不佳等问题,这些问题阻碍了钙钛矿量子点进一步的发展和应用。ALD 技术具有沉积薄膜原子级厚度可控、工艺条件相对温和、薄膜均匀致密无缺陷、保形性和一致性出色等特点,在聚合物纳米粒子复合材料表面调控和器件结构优化方面极具优势,包括增强发光效率、提升稳定性、优化载流子迁移率以及调控界面能级。可以通过图 6-1 所示的几个方面实现器件性能的提升和突破:① 利用气相前驱体钝化表面束缚态,定向消除表面缺陷和悬挂键,减少因空间位阻效应以及表面配体脱落而产生的非辐射复合中心;② 引入稳定性更好的无机氧化物电子传输层来调控界面能级,有利于抑制多余电子的注入、降低器件的焦耳热、延长器件的工作寿命;③ 采用 ALD 技术制备厚度精确可控、薄膜致密均匀且缺陷较少的 NiO_x 空穴注入层,挖掘了 ALD-

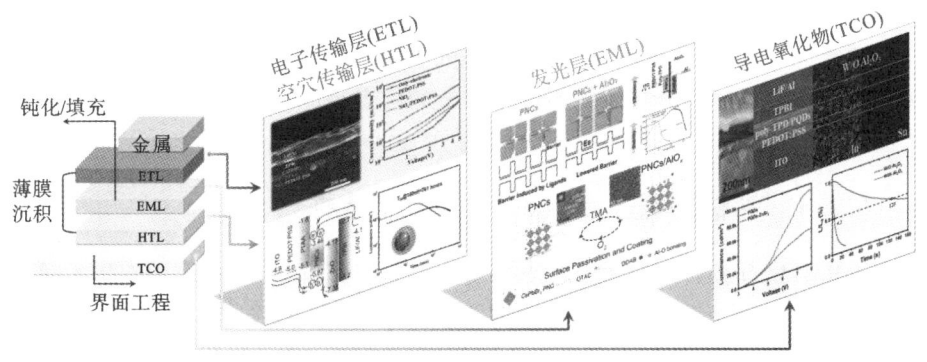

图 6-1　量子点发光二极管性能优化策略

NiO_x 薄膜在调控载流子注入及提升器件稳定性方面的能力,同时拓展了 ALD 技术在光电器件领域的应用;④ 利用 ALD 沉积薄膜厚度亚纳米级可控以及致密生长的特性,优化器件能级结构和界面接触,调控载流子传输,提升器件光电性能和稳定性。综上所述,ALD 技术在钙钛矿量子点/纳米晶发光二极管(PQDs-LED/PNCs-LED)器件中的调控有助于解决传统器件的问题并提升器件性能,展现出广阔的应用前景。

6.1 界面器件发光层 ALD 钝化

器件发光层的钝化要求能够有效保护 LED 的发光层,防止其受到外界环境的污染和化学腐蚀,如氧气、水分、化学气体等对发光层材料的损害;同时在不影响光学特性的情况下,钝化层要具有足够的透过性,确保发光层的发光效率和光输出功率不受到明显影响。以钙钛矿量子点为例,其在光稳定性、热稳定性和水稳定性方面存在一定的不足,由于其低形成能,钙钛矿量子点极易受到极性溶剂(包括水)、光、氧、热、卤素离子等影响而发生结构变化,光电性能会迅速衰减,这对其实际应用非常不利。特别是在一些复杂的体系中,如非均相催化体系或生物环境体系,钙钛矿量子点的稳定性难以保障,其分解会导致重金属离子泄漏,进一步限制了钙钛矿量子点的应用。原子层沉积技术是一种基于基底表面自限制饱和吸附的化学气相沉积技术,可以在钙钛矿量子点薄膜三维结构内部均匀且保形地沉积原子级厚度可控的氧化物薄膜,从而提升其耐溶剂侵蚀的性能[1-3]。三甲基铝(TMA)能够钝化钙钛矿量子点表面缺陷,但会使其表面配体脱落进而导致缺陷增加。钙钛矿量子点薄膜在经过 ALD 前驱体 TMA 处理后能够很好地保持高发光效率,并且氧化铝交联结构的形成能有效增强其对极性溶剂的耐受能力。但是,持续大量地通入 TMA 会导致钙钛矿量子点荧光淬灭,降低发光效率,水的引入可以减轻 TMA 对量子点的破坏,抑制荧光淬灭[4,5]。同时,氧化铝在器件结构中的位置也应合理设计,以平衡载流子浓度,提升器件发光效率和延长工作寿命[6-8]。

6.1.1 钙钛矿量子点的 ALD 氧化铝改性

采用原位石英晶体微天平对 ALD 氧化铝在钙钛矿量子点表面的生长过程进行研究,实时监测 ALD 氧化铝在钙钛矿量子点表面的质量变化,通过与晶振片基底上 ALD 氧化铝的生长过程进行对比,推测出 ALD 氧化铝在钙钛矿量子点表面的生长过程[9]。从图 6-2 中可以明显地看到,ALD 氧化铝在钙钛矿量子点薄膜表面的生长速率不是线性的,而是先快后慢,不过最终 ALD 氧化铝在量子点薄膜上的生长速率与在晶振片基底上的生长速率一致。由此可以断定,在 ALD 氧化铝于量子点薄膜沉积的初期,由于量子点薄膜多孔结构和疏水有机基团的存在,化学反应位点增多,从而导致生长速率较快,这一阶段对应于 ALD 前驱体的填充生长阶段。同时,水的下降曲线与后期水衰减曲线的不同,也表明 ALD 氧化铝沉积基底发生了变化。随着 ALD 循环次数的增加,氧化铝逐渐将钙钛矿量子点薄膜完全覆盖,并且量子点之间的空隙也被填充完毕,剩余的 ALD 氧化铝反应将在已生长的氧化铝层上继续进行,其生长过程与在普通晶振片和硅片上的情形是一致的。

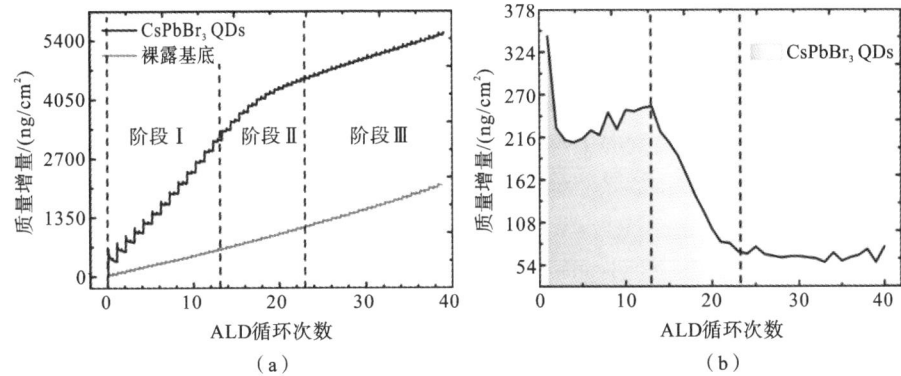

图 6-2　ALD 氧化铝在钙钛矿量子点薄膜和晶振片基底上生长过程的原位监控:(a) ALD 氧化铝在量子点薄膜表面和晶振片基底上的生长过程中质量增重随循环次数的变化;(b) ALD 氧化铝在量子点薄膜表面生长过程中质量增重随循环次数的变化

基于此,ALD 氧化铝在钙钛矿量子点表面的生长过程可以分为三个阶段(见图 6-3)。第一个阶段,在量子点表面位点主要发生生长反应并进行钝化;第二个阶段,由于钙钛矿量子点薄膜存在多孔间隙结构以及表面有机配体,故生长速率较快且物理脱附困难;第三个阶段,由于前期氧化铝填充了钙钛矿量子点薄膜的间隙,因此这个阶段的生长主要在平面氧化铝上进行,最终生长速率与在硅片表面上的生长速率一致,实现了对钙钛矿量子点薄膜的致密氧化铝

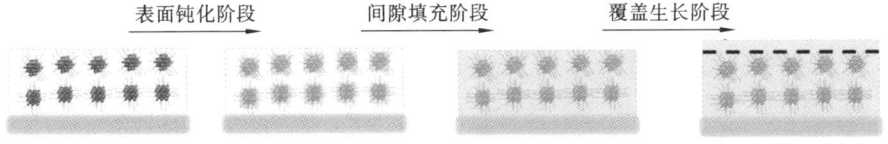

图 6-3　ALD 氧化铝在量子点表面生长过程示意图

覆盖。

XPS 能够表征钙钛矿量子点薄膜在 ALD 氧化铝处理前后元素化学状态的变化。图 6-4(a)和(b)展示了钙钛矿量子点薄膜在 ALD 氧化铝处理前后 Pb 元素的化学状态,Pb 元素的峰会向高结合能方向移动并且有多余氧化态出现,表明钙钛矿量子点中的 Pb 与氧化铝是通过 Pb—O—Al 键连接的。由于 ALD 氧化铝与表面 Br 元素形成 Al—Br 键,图 6-4(c)和(d)中的 Br 元素的峰向低结合能方向偏移。图 6-4(e)和(f)中的 O 元素在 533.4 eV 处的峰强度减弱,说明钙钛矿量子点表面原有的氧化物缺陷位点被去除。

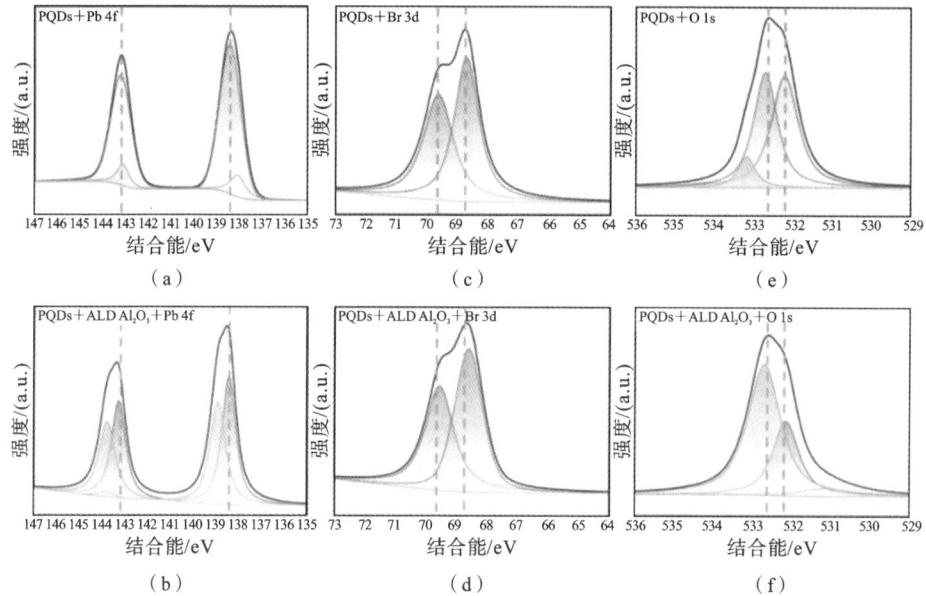

图 6-4 钙钛矿量子点薄膜在 ALD 氧化铝处理前后 XPS 的变化:钙钛矿量子点薄膜 ALD 氧化铝(a)处理前和(b)处理后 Pb 原子 XPS;钙钛矿量子点薄膜 ALD 氧化铝(c)处理前和(d)处理后 Br 原子 XPS;钙钛矿量子点薄膜 ALD 氧化铝(e)处理前和(f)处理后 O 原子 XPS

钙钛矿量子点薄膜在经过不同循环次数的 ALD 氧化铝处理之后 PLQY 呈现先下降后上升的趋势,这主要是因为 TMA 与量子点表面有机配体的反应和对量子点表面缺陷的钝化(见图 6-5(a)),同时 PLQY 变化趋势与瞬态荧光寿命测试结果是一致的(见图 6-5(b))。早期 PLQY 下降、瞬态寿命缩短,推测是 TMA 与量子点表面有机配体发生反应导致有机配体部分脱落,相应位点产生缺陷,从而降低了发光效率。后期 PLQY 回升以及瞬态荧光寿命延长,是由于水循环通入,钝化了由 TMA 引起的配体脱落。这一方面是因为氧化铝形成,另一方面是因为羧酸配体通过与 Al—O—Pb 耦合键重新钝化量子点表面缺陷。两个过程的优势互换,导致了 PLQY 和瞬态荧光强度随 ALD 循环次数的变化趋势,但是 PLQY 整体变化不大。

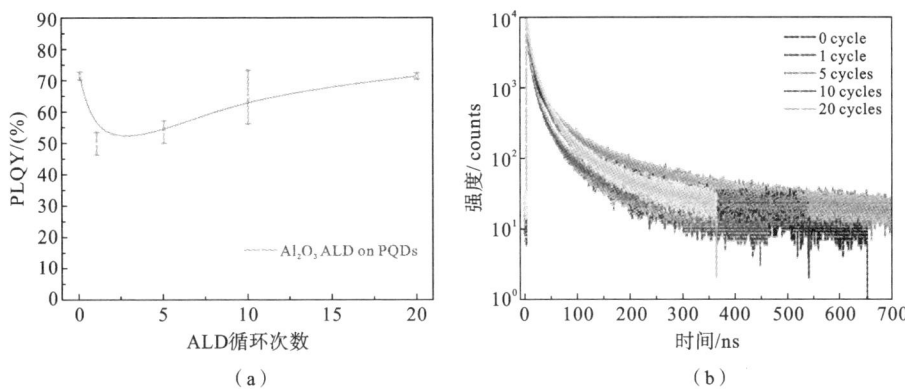

图 6-5　钙钛矿量子点薄膜在 ALD 氧化铝处理前后光学性质的变化:不同循环次数下 ALD 氧化铝处理之后钙钛矿量子点薄膜的(a)PLQY 和(b)瞬态荧光强度

针对 ALD 氧化铝对钙钛矿量子点薄膜光学性质的影响,紫外-可见光光谱 (UV-Vis)显示,不同循环次数下 ALD 氧化铝处理不会改变其光吸收特性和光学带隙,其第一激子吸收峰仍位于 519 nm 处,对应的光学带隙为 2.39 eV(见图 6-6(a))。XRD 晶格结构测试表明,钙钛矿量子点的薄膜晶格结构在经过 ALD 氧化铝处理之后也没有发生变化,以(100)和(200)晶面为主,这与 TEM 测试结果也是吻合的(见图 6-6(b))。只是峰强度略有降低,这可能是由于表面沉积的非晶态氧化铝的屏蔽效应,同时从 XRD 也可以推算出 ALD 氧化铝处理前后钙钛矿量子点的尺寸没有改变。为了进一步分析 ALD 氧化铝在沉积过程中与钙钛矿量子点表面的相互作用机理,傅里叶变换红外光谱被用于分析钙钛矿量子点表面有机基团的变化过程(见图 6-6(c))。随着循环次数的增加,羟基的峰越来越明显,这主要是由于低温氧化铝沉积导致量子点薄膜中残留的水不能被有效去除,同时 ALD 反应也会使量子点表面吸附很多羟基。有机物 C—H 键的峰没有发生变化,说明量子点表面有机基团整体在结构性质上没有发生变化且仍存留在量子点薄膜内部。羧基的峰增强并显现出来,这表示 ALD TMA 前驱体分子与表面羧酸配体发生反应而结合,导致其伸缩振动加强。ALD 氧化铝在量子点薄膜发生内部交联和表面覆盖,有效提高了量子点薄膜的稳定性。钙钛矿量子点薄膜在 60 ℃/90％ RH 潮湿环境中,10 min 后就不再具有光致发光性能,但是 ALD 氧化铝处理之后的样品还能维持约 20％的初始亮度(见图 6-6(d))。由于沉积的氧化物薄膜厚度不足,加之老化条件过于恶劣,不同循环次数下氧化铝处理的量子点薄膜稳定性差异并不显著,但是循环次数越多,稳定性略有提升。

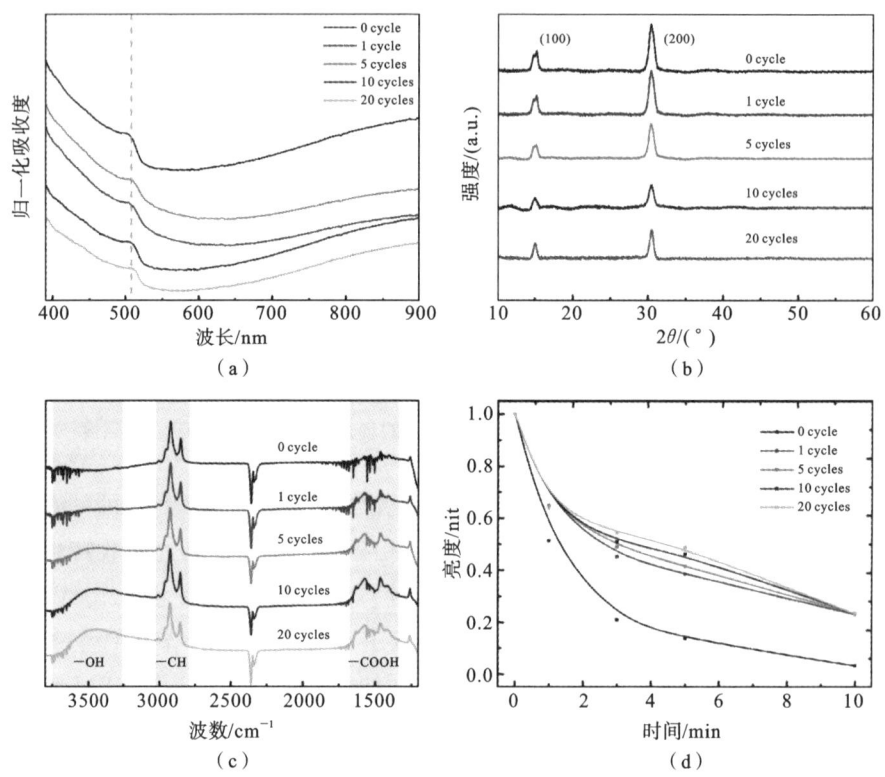

图 6-6 不同循环次数下 ALD 氧化铝处理之后钙钛矿量子点薄膜的(a)紫外-可见光光谱、(b)XRD 晶格结构测试、(c)傅里叶变换红外光谱和(d)60 ℃/90％ RH 潮湿环境下稳定性测试

为了验证 ALD 氧化铝处理之后的钙钛矿量子点在器件制备工艺中的可靠性,测试了不同循环次数下 ALD 氧化铝处理的钙钛矿量子点薄膜在乙醇处理之后的保有量。随着 ALD 循环次数的增加,保有量逐渐增加,曲线逐渐趋于平缓(见图 6-7(a))。由乙醇处理前后钙钛矿量子点薄膜发光强度的计算结果可知,5 次 ALD 循环处理之后的样品能有 60％的保持率,但是没有经过 ALD 处理的样品,只要一接触乙醇就会发生荧光淬灭。同时,由于 ALD 处理之后的量

子点存留较多,XRD 测试也显示出更强的 XRD 峰,并且其晶格结构没有发生
变化(见图 6-7(b))。

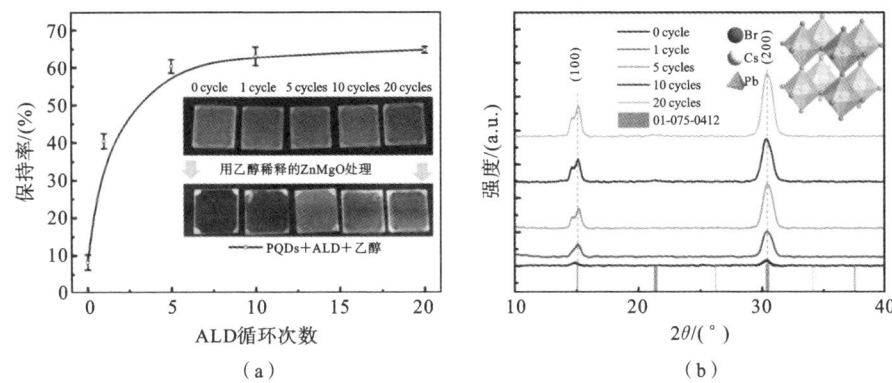

（a）　　　　　　　　　　　　　（b）

图 6-7　ALD 氧化铝处理之后钙钛矿量子点薄膜的耐乙醇稳定性测试:(a)不同循环次数
下 ALD 氧化铝处理的钙钛矿量子点薄膜在乙醇处理之后的保持率测试和(b)晶格
结构测试

6.1.2　钙钛矿量子点发光二极管的界面钝化

ALD 氧化铝处理之后的钙钛矿量子点薄膜具有良好的耐溶剂侵蚀性能,
这使得可以采用工艺更简便的旋涂法来制备电子传输层。以 ZnMgO 为电子传
输层的钙钛矿量子点发光二极管器件的制备流程如图 6-8 所示。空穴注入层为
PEDOT:PSS,空穴传输层为 Poly-TPD,钙钛矿量子点发光层采用单步静态旋

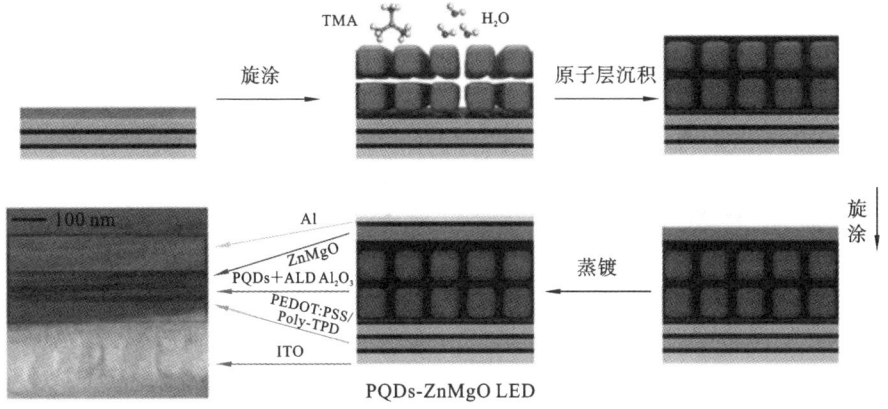

图 6-8　基于 ALD 氧化铝处理的以 ZnMgO 为电子传输层的
钙钛矿量子点发光二极管制备流程

涂法制备；通过 ALD 氧化铝处理钙钛矿量子点薄膜后，在钙钛矿量子点薄膜上采用动态旋涂法制备 ZnMgO 电子传输层，最后采用热蒸发方法沉积 Al 金属电极，通过与底部 ITO 电子区域重叠形成 2 mm×2 mm 的发光像素单元。

　　SEM（扫描电子显微镜）的表面形貌测试表明，ALD 氧化铝处理之后钙钛矿量子点薄膜变得更加平整，同时 ZnMgO 在量子点薄膜上成膜均匀且平整，可以有效抑制器件漏电流的产生，如图 6-9 所示。

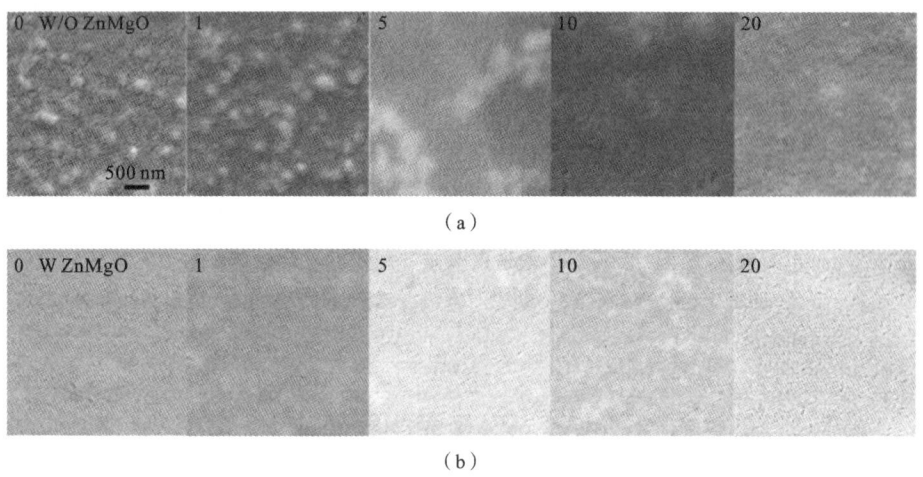

图 6-9　不同循环次数下 ALD 氧化铝处理之后量子点薄膜和旋涂 ZnMgO 之后的 SEM 图像：（a）ALD 氧化铝沉积前后的量子点薄膜；（b）量子点薄膜上的 ZnMgO 薄膜

　　为了能在 SEM 下清晰地看见各个功能层截面的厚度以及成膜效果，本实验采用单独测试每一层的厚度并增加薄膜厚度的方法，在 SEM 下观测到器件各个功能层（Al，TPBi，PQDs，PEDOT：PSS＋Poly-TPD）的截面形貌，各截面表面形貌都较为平整，计算得出的实际器件功能层（Al，TPBi，PQDs，PEDOT：PSS＋Poly-TPD）的厚度分别为 100 nm、40 nm、20 nm、70 nm（见图 6-10）。

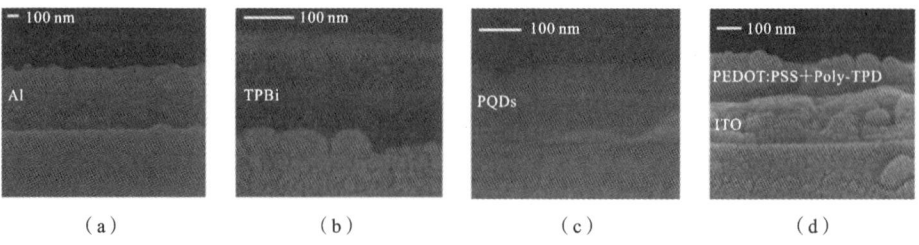

图 6-10　钙钛矿量子点发光二极管各个功能层 SEM 截面图像：（a）Al 电极；（b）TPBi；（c）PQDs；（d）ITO 电极和 PEDOT：PSS 空穴注入层以及 Poly-TPD 空穴传输层

在构筑量子点发光二极管之前,需要验证器件各个功能层的有效性。通过设计和制备没有量子点发光层的发光二极管,可以验证器件各个功能层的功能性。图 6-11 展示了 ITO/PEDOT:PSS/TPBi/LiF/Al 二极管器件结构的性能,其中电流密度-电压曲线符合二极管电流曲线特性,器件的最高亮度可达 1125 nit,最大外量子效率(EQE)为 0.23%。由于发光的是有机电子传输层,并且激子复合位置在空穴注入层和电子传输层,因此器件的发光峰并不单一。主要量子点发光峰位于 480 nm 波段,另外在 400 nm、650 nm 波段还伴有多个杂质电致发光(EL)峰。

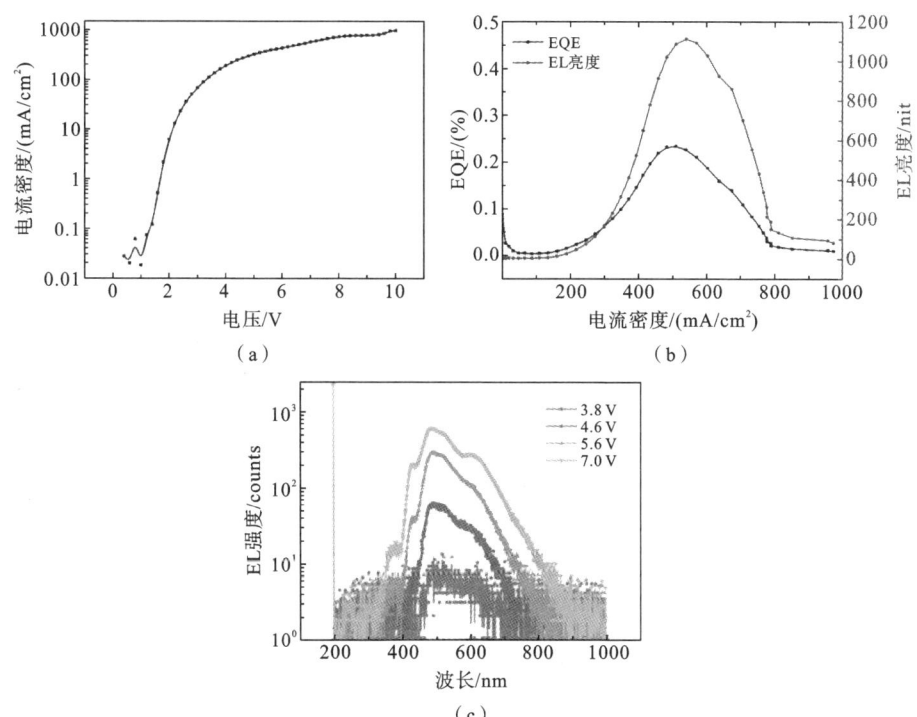

图 6-11 ITO/PEDOT:PSS/TPBi/LiF/Al 二极管器件结构性能:(a) 电流密度-电压曲线;
(b) EQE-电流密度曲线以及 EL 亮度-电流密度曲线;(c) 不同电压下的 EL 光谱

图 6-12 所示为 ITO/PEDOT:PSS/Poly-TPD/TPBi/LiF/Al 二极管器件结构性能。器件的最高亮度为 2865 nit,最大 EQE 为 0.58%。由于引入 Poly-TPD,器件空穴传输效率增加,器件的载流子浓度分布更加平衡;并且让激子复合位置靠近电子传输层,器件的发光效率提升,使发光峰位更加纯净。上述实验充分证实了空穴注入层和空穴传输层的有效性,为后续钙钛矿量子点发光二极管器件工作的开展奠定了坚实的基础。

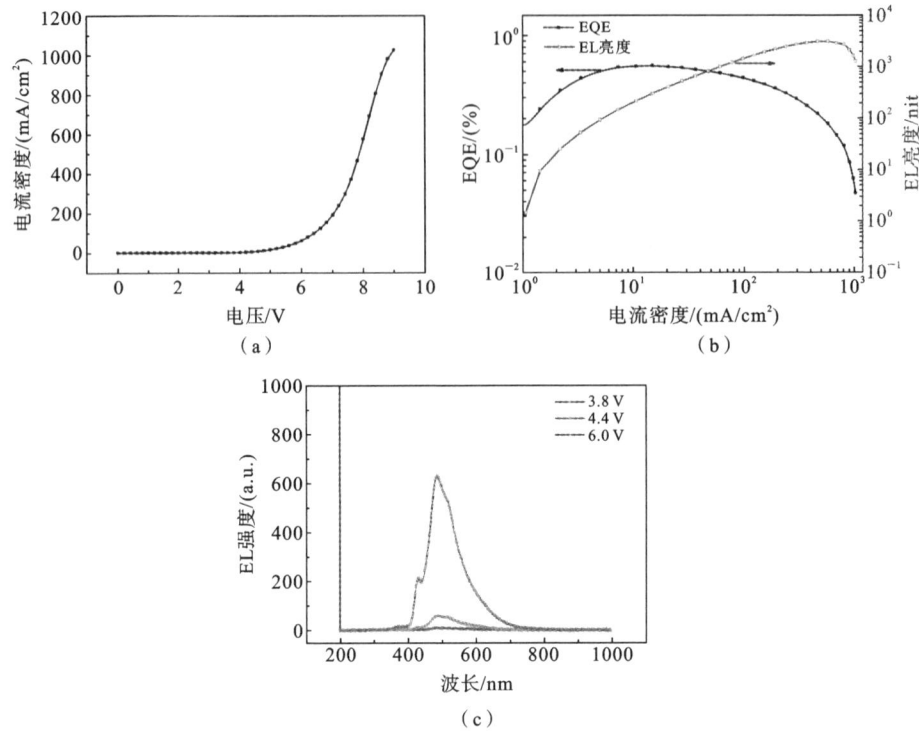

图 6-12 ITO/PEDOT:PSS/Poly-TPD/TPBi/LiF/Al 二极管器件结构性能:(a) 电流密度-电压曲线;(b) EQE-电流密度曲线以及 EL 亮度-电流密度曲线;(c) 不同电压下的 EL 光谱

基于 ALD 氧化铝界面调控的以 ZnMgO 为电子传输层的钙钛矿量子点发光二极管器件的光电性能如图 6-13 所示。由于循环次数的不同,ALD 氧化铝在 PQDs 中的生长阶段存在差异,这导致器件光电性能发生明显变化。随着循环次数的增加,在相同电压条件下器件电流密度逐渐下降(见图 6-13(a))。在没有进行 ALD 循环处理时,旋涂 ZnMgO 电子传输层几乎会完全破坏 PQDs 发光层,导致 ZnMgO 电子传输层与下层直接接触;同时,大量旁路电流和漏电流的出现,使其电流密度-电压曲线与经过 ALD 氧化铝处理的曲线形状差异明显,主要体现为器件的漏电流过大,且未能实现有效的电致发光。虽然电流在器件内部流通,激子也在器件内部相应产生,但是由于量子点发光层的缺失,以及电子、空穴浓度的极度不匹配,激子未能实现辐射复合发光,只是通过非辐射复合以发热的形式将能量耗散,甚至可能出现玻璃基底烧断以及金属电极冒泡的情况。引入 ALD 氧化铝界面层,不仅能有效地保护量子点不被 ZnMgO 电子传输层中的乙醇破坏,还平滑了量子点与 ZnMgO 电子传输层之间的界面,其绝缘特性有效地抑制了器件漏电流,并在一定程度上降低了电子的注入效率。通过调整循环次数来改变 ALD 氧化铝的厚度,进而调控器件载流子平衡。如图 6-13(b)、(c)所示,经过 ALD 氧化铝处理的器件的发光亮度和 EQE 随 ALD 循环次数的增加呈现先上升后下降的趋势,器件在 5 次循环时,开启电压为 3.5 V,亮度达到最优为 3082 cd/m²,最大 EQE 为 1.50%。图 6-13(b)插图中钙钛矿量子点发光二极管在电场作用下点亮时的照片呈现明亮的纯绿色发光,没有杂质光的干扰,表明激子在量子点层实现了有效复合,证实了器件结构材料和厚度的合理性。同一批次 16 个 LED 器件性能统计结果如图 6-13(d)所示,验证了该方法的重复性。

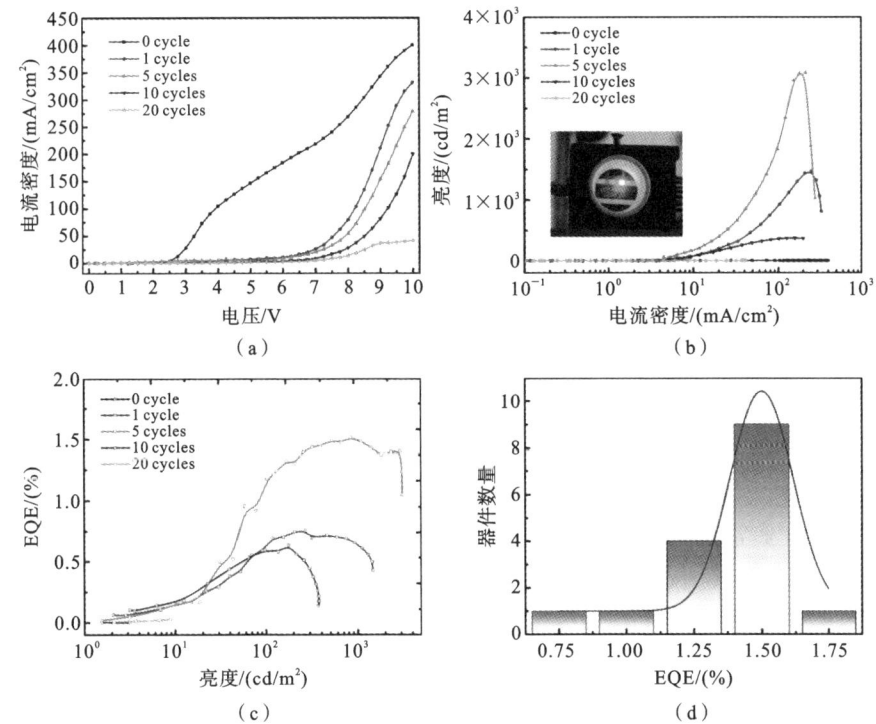

图 6-13 不同循环次数下 ALD 氧化铝处理的钙钛矿量子点发光二极管器件性能:
(a) 电流密度-电压曲线;(b) 亮度-电流密度曲线,插图为器件发光时的照片;
(c) EQE-亮度曲线;(d) 同一批次 16 个样品的 EQE 数据统计分布图

相比于以相同钙钛矿量子点为发光层的传统 LED(TPBi 作为电子传输层)(见图 6-14),新器件(PQDs-ZnMgO LED)的 EQE 提高了约两倍,但是亮度有所降低,下降幅度与经过乙醇处理的量子点薄膜的下降幅度一致,都是从 5224 nit 下降到其 60% 左右。器件性能汇总于表 6-1。由表可知,随着循环次数的增加,ALD 氧化铝薄膜厚度增加,开启电压越来越大,10 次循环时开启电压是 5.5 V,20 次循环时开启电压就达到了 9 V。相应地,尽管在高循环次数(大于 5)时,量子点薄膜在乙醇处理下的自我保护状态更佳,但随着器件绝缘性能的增强,载流子不平衡加剧,对应的器件发光亮度和 EQE 急剧下降,10 次循环时最大亮度仅为 376 nit,最大 EQE 只有 0.63%,20 次循环时最大亮度仅剩 9 nit,EQE 接近于零。优化循环次数,充分发挥原子层沉积对薄膜厚度原子级调控、形貌均匀致密保形方面的独特优势,实现了在亚纳米尺度上对钙钛矿量子点发光二极管器件中 PQDs 与电子传输层(ETL)之间界面的调控,协调了量子点薄

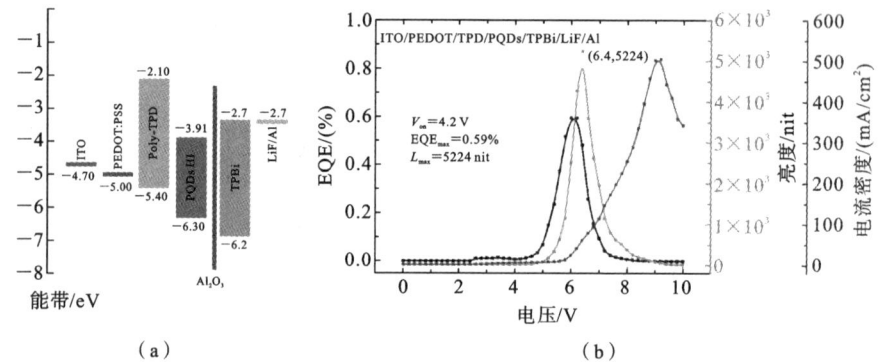

(a)　　　　　　　　　　　　　　　(b)

图 6-14　PQDs-TPBi LED 的器件结构和光电性能:(a) PQDs-TPBi LED 器件能级结构示意图;(b) PQDs-TPBi LED 器件电致发光性能图(EQE、亮度和电流密度随电压的变化)

表 6-1　PQDs-TPBi LED 和不同循环次数下 ALD 氧化铝处理的
PQDs-ZnMgO LED 的性能统计表

结构	ALD 循环次数	波长/ nm	最大亮度/ nit	最大 EQE/ (%)	开启电压/ V
PQDs-ZnMgO LED	0	—	—	—	—
	1	519	1465	0.75	3.5
	5	519	3082	1.50	3.5
	10	519	376	0.63	5.5
	20	519	9	0.09	9.0
PQDs-TPBi LED	0	519	5224	0.59	4.2

膜发光效率与器件载流子平衡的关系。在本工作中,5 次循环时,PNCs-ZnMgO LED 器件光电性能达到最优。

相较于 PQDs-TPBi LED,采用 ALD 氧化铝处理之后并以旋涂工艺制备 ZnMgO 为电子传输层的 PQDs-ZnMgO LED,具有更稳定的无机电子传输层以及 PQDs 和 ETL 界面,在具有更好的发光性能的同时,还具有更优异的稳定性。在未进行任何封装后处理的情况下,环境条件为室温、50% RH 时,测试器件在恒定电压下的工作稳定性。从电致发光情况来看,LED 的 CIE 色坐标为 (0.10,0.78),呈现出纯净的绿色,适合应用于高端显示和白光照明领域(见图 6-15(a))。工作电压为 4 V 时,对传统器件与 5 次循环处理后器件的稳定性进行了对比。它们的初始亮度分别为 427 nit 和 552 nit,寿命半衰期分别为 10 s 和 955 s(见图 6-15(b)),后者几乎增大了两个数量级;同时,经过 ALD 氧化铝处理的器件在 1010 nit 下,寿命半衰期为 565 s(见图 6-15(c))。器件在恒定电压作用下亮度呈现先上升后下降的趋势,亮度上升是由于电场对器件界面的整

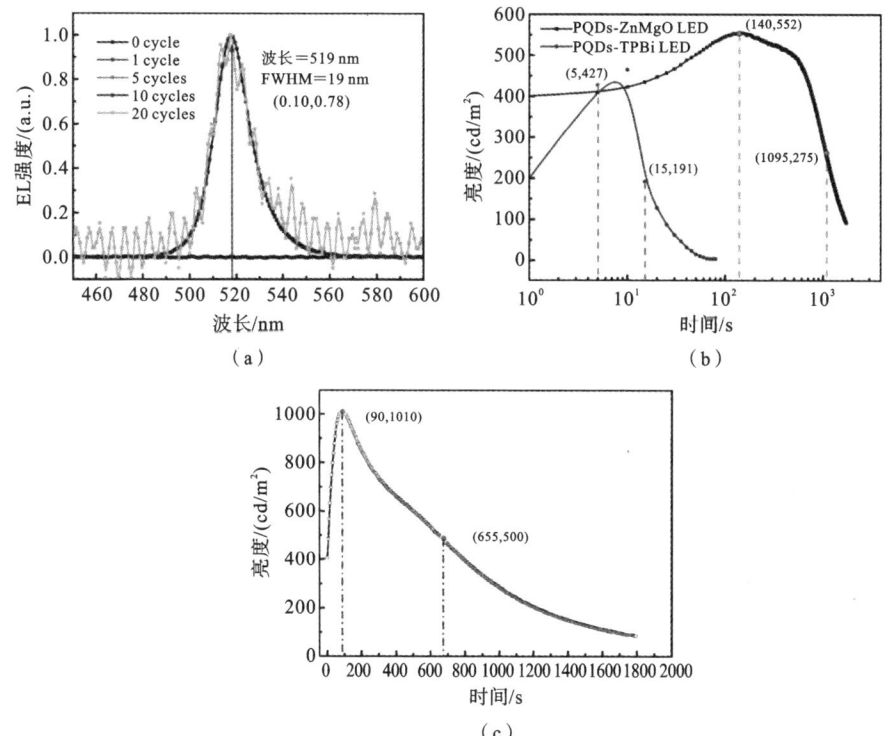

图 6-15 PQDs-ZnMgO LED 器件光电性能和稳定性测试:(a) 电致发光光谱;(b) 电致发光稳定性测试;(c) 在初始亮度为 1000 nit 时随时间变化的亮度曲线

合以及环境中水氧对钙钛矿量子点发光层和界面的钝化[10]。器件整体性能与相关文献的对比如表 6-2 所示。器件寿命的延长在很大程度上得益于 ALD 氧化铝和无机电子传输层锌镁氧对外界环境中水氧侵蚀的阻挡、对离子迁移的抑制、对量子点发光层与电子传输层之间的界面的修复，以及载流子平衡带来的器件焦耳热下降[11]。

表 6-2　现在已报道的新结构钙钛矿量子点发光二极管性能文献对比表

器件结构	方法	最大 EQE	最大亮度/ (cd/m^2)	寿命	参考文献
ITO/PEDOT：PSS/Poly-TPD/ PQDs/ TPBi/Ag	溶液	—	2266.0	—	[12]
ITO/PEDOT：PSS/Poly-TPD/ $CsPbBr_3$ QDs /ZnO NPs/Al	溶液	0.37%	1661.0	—	[13]
ITO/NiO/CPB PQDs/ZnO/Al	磁控溅射	0.11%	3091.0	20 s （浸泡在水中） 未封装	[14]
ITO/NiO/ PQDs/ZnO/Al	溶液	3.79%	6093.2	12 h （4 V）	[15]
GaN/MgZnO/$CsPbBr_3$ QDs-PMMA/MgNiO/Au	磁控溅射	2.39%	3809.0	10 h （10 V）	[16]
ITO/PEDOT：PSS/ Poly-TPD/$CsPbBr_3$ PQDs＋ALD Al_2O_3/ZnMgO/Al	溶液	1.50%	3082.0	955 s （500 nit） 未封装	本器件

对于以 ZnMgO 为电子传输层的钙钛矿量子点发光二极管，器件经过 5 次循环时，性能达到最优。下面从钙钛矿量子点薄膜载流子迁移率以及器件界面能级调控的角度对 ALD 改性机理作出解释。由于长链有机配体的存在，在外加电场作用下，器件中钙钛矿量子点薄膜的载流子迁移率会严重影响和制约器件的性能。钙钛矿量子点薄膜通常是绝缘的，这就需要通过控制表面配体密度和量子点厚度来实现器件的有效发光，否则器件将无法正常工作，甚至无法导通。本节中，通过测试器件在外电场作用下的光电流密度，对比分析钙钛矿量子点薄膜在 ALD 氧化铝处理之后载流子迁移率的变化，发现由于 ALD 前驱体分子在多孔量子点薄膜间隙中的渗透生长，以及对钙钛矿量子点表面氧化缺陷

位点的钝化,量子点之间载流子传输的势垒高度降低,使得光电导结构器件的光电流随着 ALD 循环次数的增加而增大,这在其他类型的量子点中也得到了证实(见图 6-16(a))[17,18]。在 20 次循环时,器件光电流密度增大至未处理前的 40 倍左右,有效地改善了量子点薄膜的载流子迁移率,优化了量子点薄膜的电学性质,有利于提升 LED 器件的性能(见图 6-16(b))[19]。在器件界面垂直电流传输方面,通过蒸镀 TPBi 电子传输层,避免上层电子传输层对下层的破坏,制备传统结构的钙钛矿量子点发光二极管,以研究 ALD 氧化铝处理前后器件性能的变化。从图 6-16(c)中可以明显地看到,引入 ALD 氧化铝会降低器件的工作电流,并且器件的工作电流随着循环次数的增加而降低,同时量子点发光层的叠加也会使器件的工作电流大幅降低。在 10 次循环时,器件不再具有电致发光特性。由此可见,ALD 氧化铝对表面缺陷的钝化以及在间隙的填充生长会降低量子点之间载流子传输的势垒高度,改善钙钛矿量子点薄膜的载流子迁

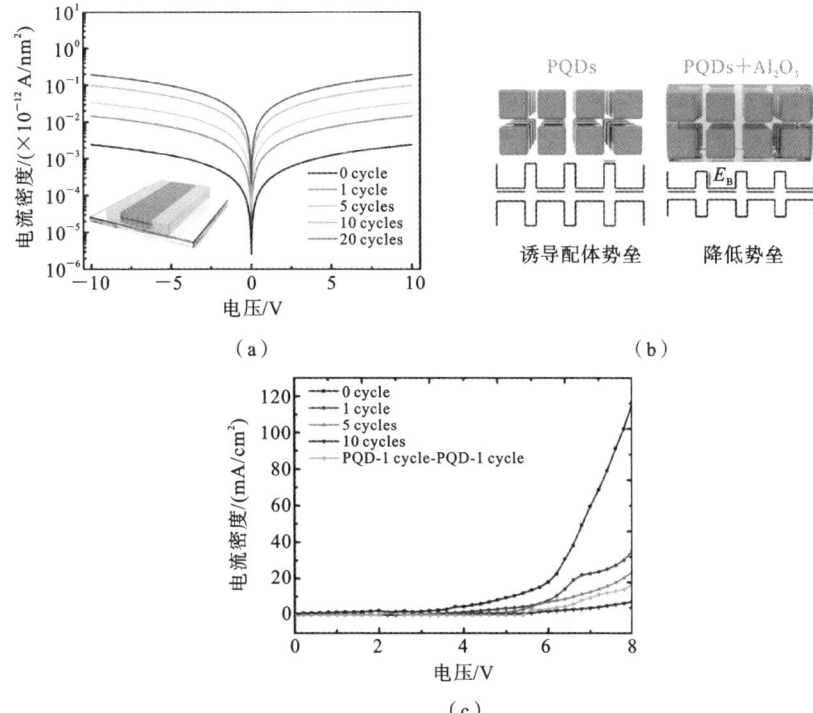

图 6-16 ALD 处理前后钙钛矿量子点薄膜电学性能测试:(a) 钙钛矿量子点光电导结构器件的电流密度-电压曲线;(b) 钙钛矿量子点薄膜传输势垒示意图;(c) 不同循环次数下 ALD 氧化铝处理 PQDs-TPBi LED 器件的电流密度-电压曲线

移率,并且有利于光电探测器性能的提升[20];同时,引入界面绝缘层,会提升电子注入的势垒和空穴溢出的势垒,降低器件的电流密度,从而影响传统结构的钙钛矿量子点发光二极管器件的性能。

为了进一步研究 ALD 氧化铝界面调控对 PQDs-ZnMgO LED 器件性能优化的作用机理,本节采用器件电路等效模型展开分析,计算 ALD 处理前后流经器件各电流的占比变化。钙钛矿量子点在 ALD 氧化铝处理前后的 UPS 以及 ZnMgO 的紫外-可见光光谱和 UPS 如图 6-17 所示。

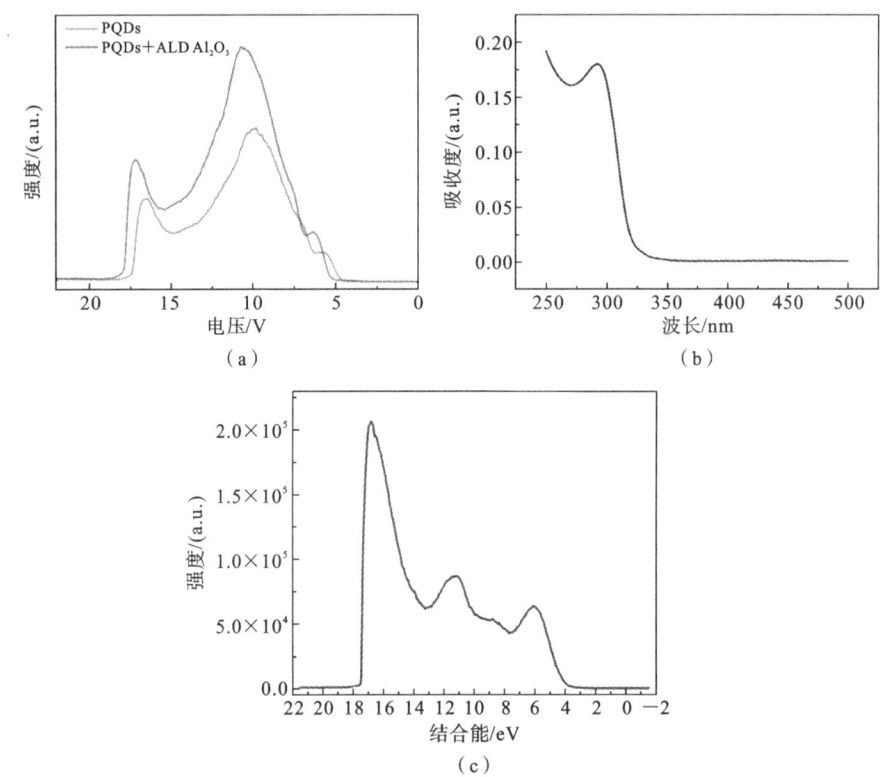

图 6-17　ALD 氧化铝处理前后钙钛矿量子点的 UPS 以及 ZnMgO 的能级结构测试:
(a) ALD 氧化铝处理前后钙钛矿量子点的 UPS;(b) ZnMgO 的紫外-可见光光谱;(c) ZnMgO 的 UPS

不同功能层之间的能带匹配和载流子迁移率是影响器件性能的关键因素。相比于 TPBi,高载流子迁移的 ZnMgO 更适合作为器件的电子传输层。根据前面测得的 PQDs 和 ZnMgO 能带位置,结合已知材料的能级结构,绘制出器件的能级结构,如图 6-18(a)所示。ZnMgO 的导带位置有利于电子向量子点层注入,深价带位置可以有效地束缚空穴逃逸,实现良好的激子复合[21]。Poly-TPD 空穴传输层的载流子迁移率低于无机电子传输层 ZnMgO 的电子迁移率,引入 ALD 氧化铝可以阻挡多余电子注入,以达到平衡载流子和优化器件性能的目的[22]。PQDs-LED 等效电路模型如图 6-18(b)所示,流经器件总电流包括量子点发光层注入复合电流 I_{PQDs}、非理想复合的分流电流 I_{shunt} 以及没有发生复合的旁路电流 I_{PN}[14]。这三种并联电流与器件内阻 R_s 串联。器件等效电路模型的设计参考了中国科学技术大学张振宇的工作,器件电流状态方程可以描述为

$$I = I_{PQDs} + I_{PN} + I_{shunt} = I_{s1} e^{\frac{V - IR_s}{\alpha V_{th}}} + I_{s2} e^{\frac{V - IR_s}{\beta V_{th}}} + I_{s3} e^{\frac{V - IR_s}{\gamma V_{th}}} \tag{6-1}$$

其中,I_{s1}、I_{s2} 和 I_{s3} 分别是反向饱和电流、旁路电流和分流电流,V_{th} 是热激发电压(在室温条件下数值为 0.026 V),α、β 和 γ 为复合系数。LED 的 EQE 由载流子注入速率、PLQY 以及光提取速率的积决定,I_{PQDs}/I 与电压相关,但是其他两个参数(p、c)可以近似为常数。

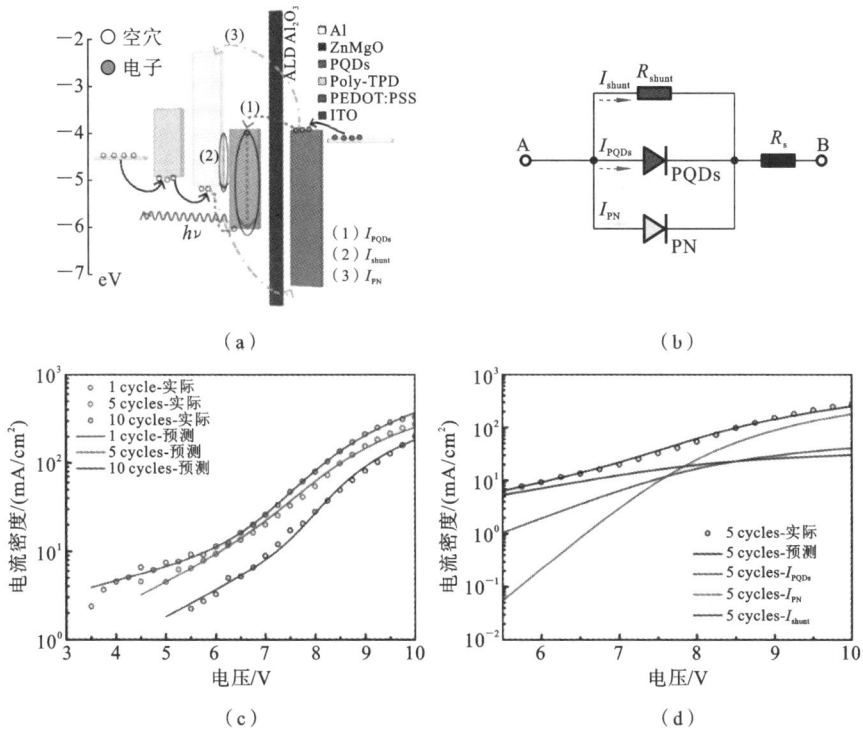

图 6-18 器件等效电路模型及电流组成分析:(a) PQDs-LED 器件能级结构示意图;(b) PQDs-LED 等效电路模型;(c) 器件预测电流与器件实际电流的拟合;(d) 器件在 5 次循环时的电流分解

$$\mathrm{EQE} = pc\left(\frac{I_{\mathrm{PQDs}}}{I}\right) \qquad (6\text{-}2)$$

其中，I_{shunt} 在低电压下占据主导地位，高电压下的 I_{PN} 会导致器件效率显著下降。这有助于本节通过分析不同循环次数下 ALD 氧化铝处理前后 I_{shunt} 和 I_{PN} 的变化，探讨器件性能提升的内在机理。

不同循环次数 ALD 氧化铝处理的器件电流密度-电压曲线说明了等效电路模型的有效性(见图 6-18(c))。根据前述方法对器件在 5 次循环时的电流进行分解，如图 6-18(d)所示，不同循环次数下的电流分布情况如表 6-3 所示。随着循环次数的增加，器件旁路电流 I_{PN} 大幅降低，表明氧化铝抑制了隧穿电流的产生。随着器件内阻的增加，器件整体电流密度减小。在 5 次循环时，I_{PQDs} 有所增加，I_{PN} 显著降低，从而实现了器件性能的最优化。

表 6-3　不同循环次数下的电流分布情况　　　　　(单位:mA/cm²)

电压/V	1 次循环($R_{\mathrm{s}}=4.05\ \Omega$)			5 次循环($R_{\mathrm{s}}=6.84\ \Omega$)			10 次循环($R_{\mathrm{s}}=8.31\ \Omega$)		
	I_{PQDs}	I_{PN}	I_{shunt}	I_{PQDs}	I_{PN}	I_{shunt}	I_{PQDs}	I_{PN}	I_{shunt}
7.00	4.04	10.49	11.66	6.43	3.03	12.63	0.56	0.62	6.83
7.10	4.50	12.67	12.00	7.18	3.87	13.31	0.65	0.87	7.28
7.20	5.00	15.25	12.34	8.00	4.91	14.01	0.75	1.21	7.75
7.30	5.54	18.28	12.69	8.88	6.19	14.73	0.87	1.68	8.25
7.40	6.13	21.81	13.04	9.84	7.75	15.46	1.00	2.30	8.78
7.50	6.76	25.88	13.38	10.85	9.63	16.19	1.15	3.14	9.32
7.60	7.43	30.55	13.72	11.93	11.87	16.94	1.32	4.25	9.88
7.70	8.14	35.84	14.06	13.06	14.50	17.68	1.50	5.69	10.45
7.80	8.89	41.80	14.39	14.23	17.56	18.42	1.70	7.53	11.03
7.90	9.67	48.45	14.72	15.45	21.05	19.15	1.92	9.81	11.60
8.00	10.48	55.80	15.04	16.70	25.00	19.87	2.14	12.60	12.18

本工作充分利用 ALD 氧化铝前驱体分子的扩散特性，以及其成膜致密、均匀、保形且原子级可控的优点，采用亚纳米级厚度 ALD 氧化铝处理钙钛矿量子点发光层，实现了它在钙钛矿量子点薄膜内部的填充和生长。在不破坏钙钛矿量子点晶体结构和发光效率的前提下，增强了钙钛矿量子点薄膜的耐溶剂稳定性，制成了基于旋涂 ZnMgO 为无机电子传输层的发光二极管器件，同时提升了器件的发光效率和稳定性。此外，通过对器件等效电路模型和 ALD 氧化铝对传统结构器件处理结果的分析，解析了界面宽带隙绝缘层氧化铝对器件能级结

构的调控作用,主要体现为减少电子注入、平衡载流子浓度,这有利于提高辐射复合效率、降低器件焦耳热,进而有助于提升器件效率和延长器件寿命。

6.2 电子传输层的 ALD 制备

除了通过表面钝化和包覆来优化量子点发光层外,器件的功能层制备和能级调控对于提升器件的效率和稳定性也是不可或缺的,这在传统 Cd 系量子点发光二极管中已经得到了有效应用和实证。发光二极管的电子传输层调控可以起到提高电子注入效率、增大光子与电子的耦合效率、改善器件的一致性等作用。目前来说,钙钛矿量子点发光二极管在器件结构调控方面还相对落后。Demir 等人通过在 TPBi 中引入三(8 -羟基喹啉)化铝(Alq₃)构建 TPBi/Alq₃/TPBi 新型电子传输层的器件,其外量子效率相比于传统 TPBi 器件提升了 191%。宋继中等人引入双层电子传输层结构,提升了器件的效率和稳定性,将器件工作寿命提升了 20倍[23]。上述研究表明,器件结构工程优化对器件效率和稳定性的提升明显,但仍具有一定的局限性和挑战性,还需要继续探索新结构和新方法。

6.2.1 原子层沉积电子传输层薄膜特性研究

氧化锌因其优异的电子传输特性和固有的稳定性而广泛用作量子点发光二极管(QLED)的电子传输层(ETL)材料。目前,文献中报道的制备 ZnO 薄膜的技术,包括化学气相沉积、原子层沉积、溶胶-凝胶涂层和脉冲激光沉积等。其中,原子层沉积具有最高的保形性和精确度,并且由于其连续和自限性表面反应,能够在宽沉积温度范围内实现原子层级别的控制。原子层沉积还具有化学自限制性吸附的特点,即使在不均匀的量子点薄膜表面依旧能够沉积均匀性良好的薄膜,因此它被认为是一种很有潜力的制备界面层和功能层的方法。原子层沉积的优点还包括薄膜沉积均匀可控和沉积温度相对较低,与钙钛矿量子点发光二极管制备工艺兼容。氧化铝也可以充当量子点与电子传输层之间的界面层,但是由于其引入会导致器件内阻急剧增加,破坏载流子平衡,降低器件的发光强度和效率,故选择电阻率相对较低的氧化锌作为界面层。同时,氧化锌作为传统的电子传输层,对电子传输的调控更为有效,不会急剧破坏器件的性能[24]。

本实验采用的 ALD 氧化锌沉积设备是实验室自主搭建的平面 ALD 设备,它用于沉积薄膜样品。ALD 氧化锌的单个循环工艺为:0.1 s 脉冲 DEZ(二乙基锌)、20 s 的 N₂ 清洗吹扫、0.1 s 脉冲去离子水和 30 s 的 N₂ 清洗吹扫。通过重

复上述循环过程,并调节循环次数,可以控制 ALD 氧化锌薄膜生长厚度。ALD 氧化锌化学反应方程式如下:

$$Zn(C_2H_5)_2^* + H_2O(g) \longrightarrow ZnO^* + 2C_2H_6(g)$$

二乙基锌与水的反应是放热反应,可以在相对较低的温度下进行,即使在室温条件下也能实现有效的沉积。高温容易导致 PQDs 结构发生相变和团聚,而低温 ALD 工艺可以防止上述现象的发生。本实验将温度设定为 60 ℃,以防止高温对 PQDs 结构和发光性能造成破坏。

如图 6-19(a)所示,测试结果表明,同一温度下,ALD 氧化锌薄膜生长厚度与 ALD 循环次数成线性关系,生长速率为 0.13 nm/cycle。纤锌矿氧化锌晶体结构中氧空位和锌间隙的存在使得 n 型半导体氧化锌的载流子迁移率和导电性极高,在 ITO/ALD ZnO/Al 结构中,电流密度与电压几乎呈线性相关。同

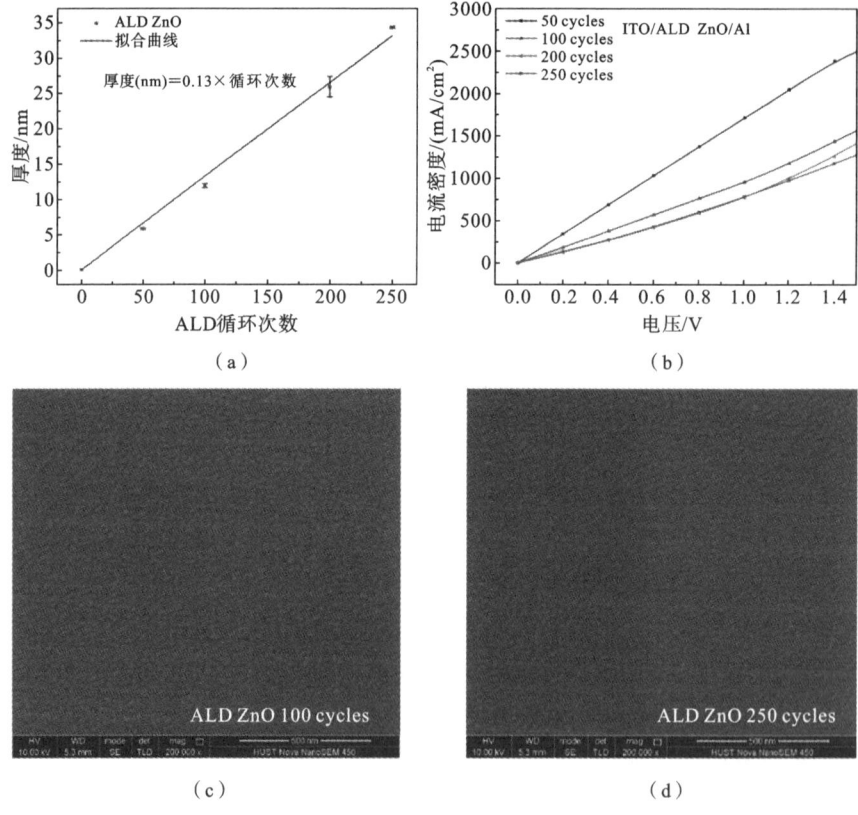

图 6-19　ALD 氧化锌生长工艺研究:(a) ALD 氧化锌薄膜生长厚度与循环次数的关系;
(b) 不同 ALD 循环次数氧化锌薄膜的电流密度-电压曲线;(c) 沉积 100 次循环
ALD 氧化锌的 SEM 图像;(d) 沉积 250 次循环 ALD 氧化锌的 SEM 图像

时,随着 ALD 循环次数的增加,ALD 氧化锌薄膜的电流密度逐渐减小(见图 6-19(b))。ALD 氧化锌薄膜的形貌如图 6-19(c)和(d)所示,可以看出 ALD 氧化锌薄膜平整并且具有明显的颗粒感。

　XRD 测试表明,ALD 氧化锌具有六方纤锌矿结构,优势取向为(100)和(002)晶面(见图 6-20(a))。ZnO 固有的 n 型电导率来自 ZnO 晶体中的缺陷和杂质,因此可以通过调节这些缺陷和杂质的数量来调控其电学性能。ALD 氧化锌薄膜元素采用 XPS 表征,Zn 2p 和 O 1s 轨道的存在证明了氧化锌的生长(见图 6-20(b))。通过 UV-Vis 测试 ALD 氧化锌薄膜在不同波长下的吸光度,计算得出 ALD 氧化锌薄膜的带隙为 3.22 eV(见图 6-20(c))。结合 ALD 氧化锌薄膜的 UPS 测试数据(见图 6-20(d)),通过爱因斯坦光电子能量公式计算得出 ALD 氧化锌的导带位置为−4.13 eV,价带位置为−7.35 eV。

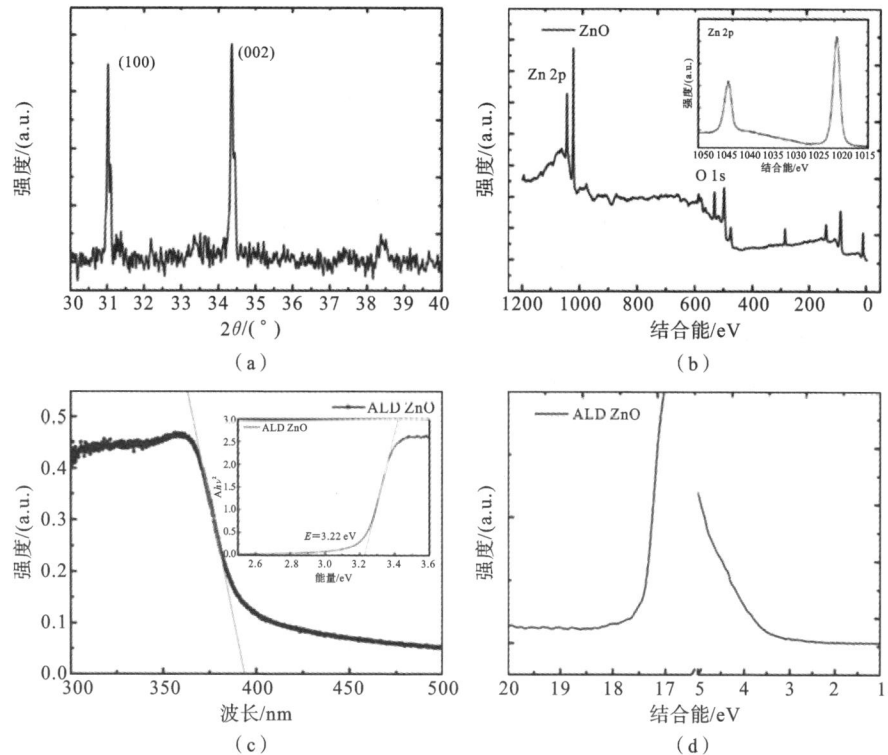

图 6-20　ALD 氧化锌理化结构研究:(a) ALD 氧化锌薄膜 XRD 晶格结构测试;(b) ALD 氧化锌薄膜 XPS 元素全谱和 Zn 2p 轨道扫描;(c) ALD 氧化锌薄膜 UV-Vis;(d) ALD氧化锌薄膜 UPS

6.2.2　原子层沉积对钙钛矿量子点薄膜的影响

为了探究 ALD 氧化锌处理对 PQDs 形貌的影响以及 Zn 元素在 PQDs 中的分布,将二乙基锌正己烷稀释液加入钙钛矿量子点溶液中进行反应(所用钙钛矿量子点是采用室温合成方法获得的),以构建 PQDs/ZnO 核壳结构。由 TEM 测试结果可知,PQDs 的形貌基本上呈立方体形状,其尺寸分布较为均匀,在 TEM 图像中表现为中间大、边缘小的特征;电子能谱分析结果表明,Zn 元素均匀地分散在量子点表面,整体覆盖呈现出相对分散的特点,如图 6-21 所示。

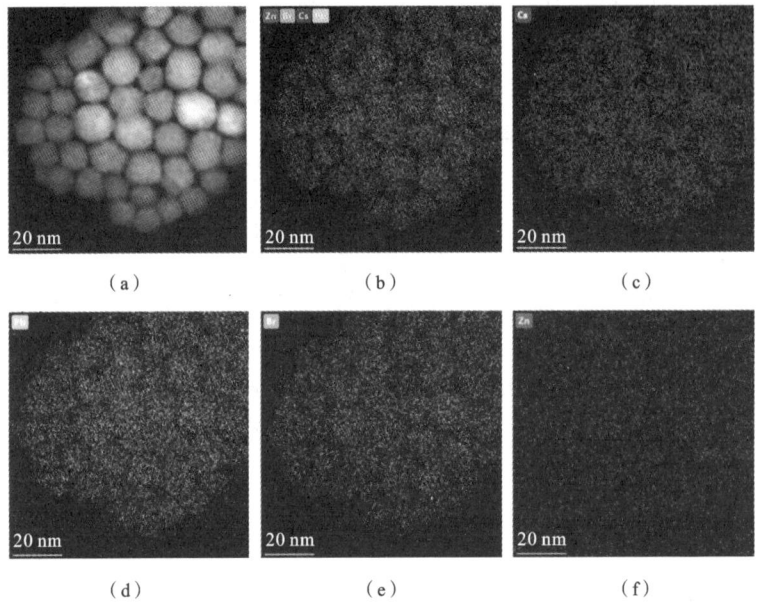

图 6-21　ALD 氧化锌在钙钛矿量子点上分布的 TEM 图像和电子能谱分析:(a) 液相氧化锌包覆之后的量子点 TEM 图像;(b) 量子点表面 Cs、Pb、Br、Zn 元素整体分布;量子点表面(c)Cs、(d)Pb、(e)Br、(f)Zn 元素分布

结合前面 TEM 测试结果,XRD 晶格结构测试表明,ALD 氧化锌不会破坏钙钛矿量子点的晶格结构,PQDs 晶格结构取向以(100)和(200)晶面为主(见图 6-22(a))。从图 6-22(b)中可以看出,10 次 ALD 氧化锌循环处理不会改变其激子吸收峰位置,但是 50 次 ALD 氧化锌循环处理会使得其吸收峰位置移动到 510 nm 处,说明过多的 ALD 氧化锌处理会导致 PQDs 尺寸增大,这在 PL 光谱中也得到了验证(见图 6-22(c))。同时,在经过一次氧化锌循环处理之后,薄膜发光强度有所降低,这是由于在 ALD 真空环境下 60 ℃ 的处理温度导致表面配

体部分脱落。5 次循环对应的 PL 强度峰值最大,这是因为后续的 ALD 氧化锌处理对 PQDs 表面的氧化缺陷位点进行了钝化。但是随着 ALD 循环次数的继续增加,PL 强度峰值逐渐减小。这一方面是由于 ALD 氧化锌对 PQDs 表面配体和原子的重构作用;另一方面是由于温度和表面配体的部分脱落又会促进量子点之间的团聚和长大。ALD 氧化锌与 PQDs 表面的相互作用机理通过非原位傅里叶变换红外光谱进行表征(见图 6-22(d))。PQDs 表面原有的配体基团为辛酸和 DDAB,2800～3000 cm^{-1} 处的 C—H 特征峰表明,ALD 氧化锌处理不会导致有机配体脱离量子点薄膜,配体仍然存留于量子点薄膜中。1716 cm^{-1} 处的羧酸特征峰虽然有所减弱但是整体上变化不大,这与 TMA 同量子点表面反应的红外光谱是有明显不同的,可能是由于前驱体有机基团存在差异。1665 cm^{-1} 处的羧基特征峰在 ALD 氧化锌处理之后由弱变强,这主要是由于 ALD 氧化锌与量子点表面结合的羧基发生反应,嵌入生长于有机配体与量子点表面之间。此外,500～600 cm^{-1} 处宽峰的出现证明了 ALD 氧化锌的生长。

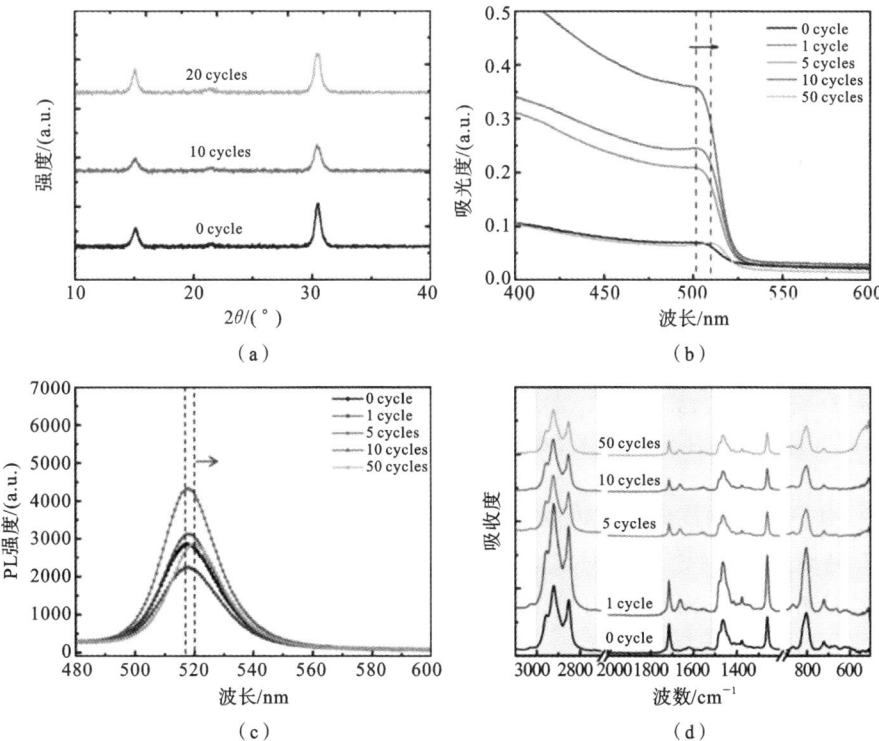

图 6-22　ALD 氧化锌对量子点薄膜理化性质影响的研究:不同循环 ALD 氧化锌处理
PQDs 薄膜的(a)XRD、(b)UV-Vis、(c)PL 光谱和(d)表面配位环境红外光谱

不同循环次数 ALD 氧化锌处理 CsPbBr₃ PQDs 的 XPS 谱图如图 6-23 所示。全谱展示了不同元素的分布,表明 ALD 氧化锌处理之后样品中存在 Zn 元素。ALD 氧化锌处理之后的 PQDs 薄膜与没有经过 ALD 氧化锌处理的原始样品相比,Cs 3d 向高结合能方向移动了 0.37 eV,Pb 4f 向高结合能方向移动了 0.32 eV,Br 3d 向高结合能方向移动了 0.27 eV,O 1s 向低结合能方向移动了 0.10 eV。这些变化都证实了 ALD 氧化锌通过 Pb—O—Zn 和 Br—Zn 键与 PQDs 表面结合,其中 Zn 2p 峰的出现直接证实了 ALD 氧化锌在量子点薄膜内部或表面的成功生长。

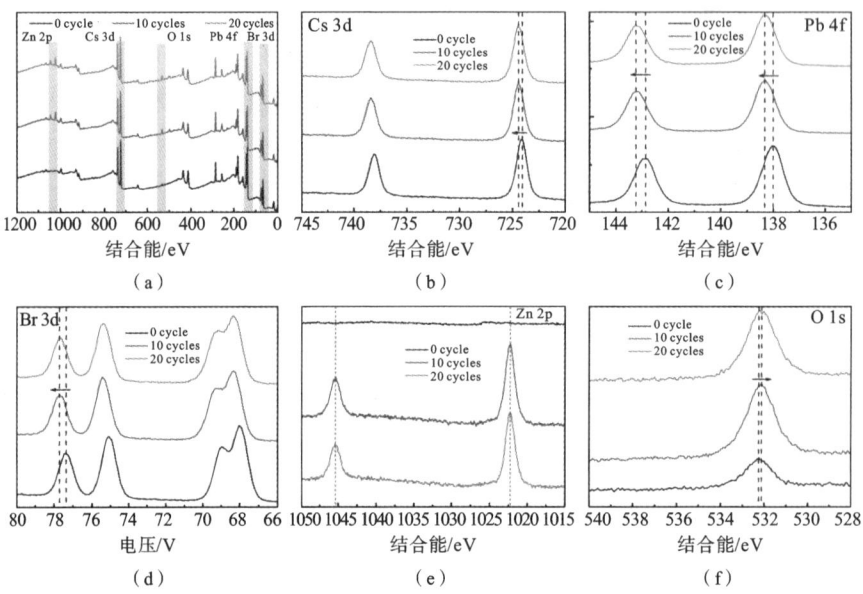

图 6-23　不同循环次数(0 次、10 次、20 次)ALD 氧化锌处理 CsPbBr₃ PQDs 的 XPS 谱图:
(a) 全谱;(b) Cs 3d 谱;(c) Pb 4f 谱;(d) Br 3d 谱;(e) Zn 2p 谱;(f) O 1s 谱

ALD 自限制性成膜的特点使其能在不平整的表面上实现良好的保形性,同时精确的厚度调控和相对较低的沉积温度,也使其极其适合用于 PQDs-LED 的界面调控。AFM(原子力显微镜)被用于表征钙钛矿量子点薄膜在 ALD 氧化锌处理前后表面形貌和粗糙度的变化。在 ALD 氧化锌处理之前,钙钛矿量子点薄膜的平均粗糙度是 2.91 nm,经过 10 次循环的 ALD 氧化锌处理之后,平均粗糙度降低至 2.50 nm,如图 6-24 所示。这主要归功于气相原子层沉积对量子点表面缺陷位点的修复和表面迁移的平整化过程。前期研究也表明,ALD 材料会选择性地生长在结构偏差形成的择优位点上。众所周知,ALD 钌、铂和镍等金属会在石墨烯的褶皱和晶界上生长。同理,ALD 氧化锌也倾向于在量子点薄膜的波谷位点上生长,从而减少量子点薄膜表面的起伏。

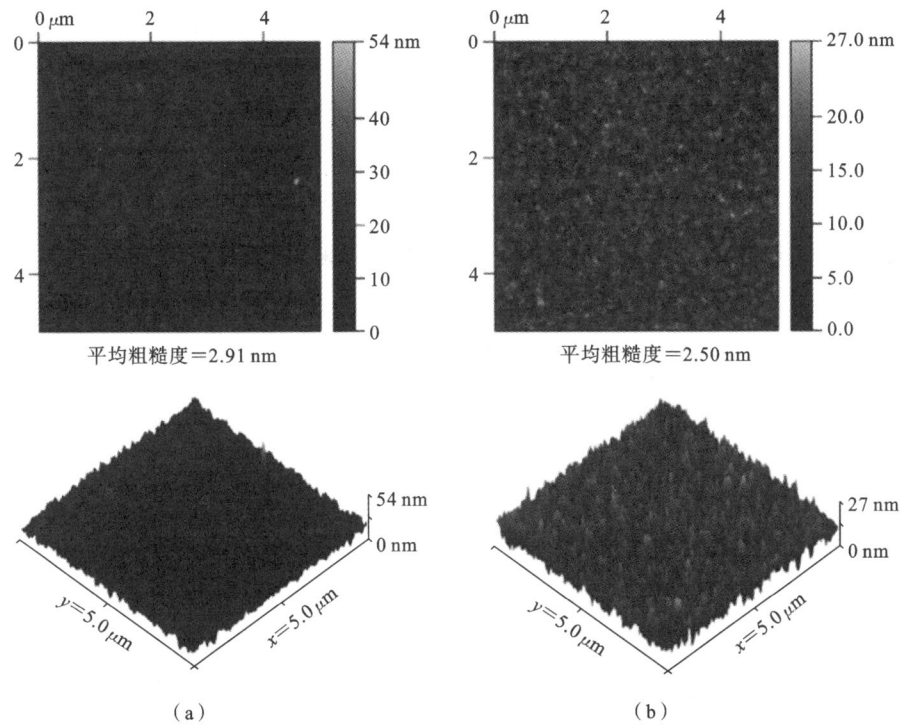

平均粗糙度=2.91 nm   平均粗糙度=2.50 nm

（a）   （b）

图 6-24   ALD 氧化锌(a)处理前和(b)处理后 PQDs 薄膜表面 AFM 形貌

硅基底上生长的 ALD 氧化锌薄膜和 PQDs 薄膜上生长的 ALD 氧化锌薄膜的 SEM 截面如图 6-25 所示,可以看出,截面表面都较为平整。ALD 氧化锌

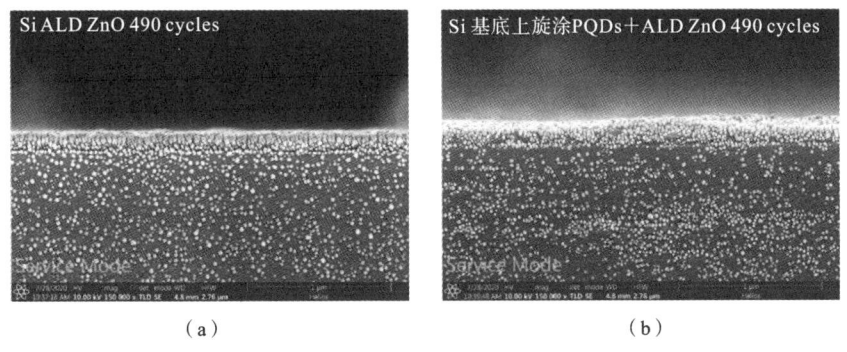

（a）   （b）

图 6-25   (a) ALD 氧化锌处理硅基底 SEM 截面;(b) ALD 氧化锌
处理量子点薄膜 SEM 截面

处理量子点薄膜的 SEM 表面形貌如图 6-26 所示,由图可知,少量的 ALD 氧化锌处理具有很好的保形性,不会改变量子点薄膜原有的形貌。

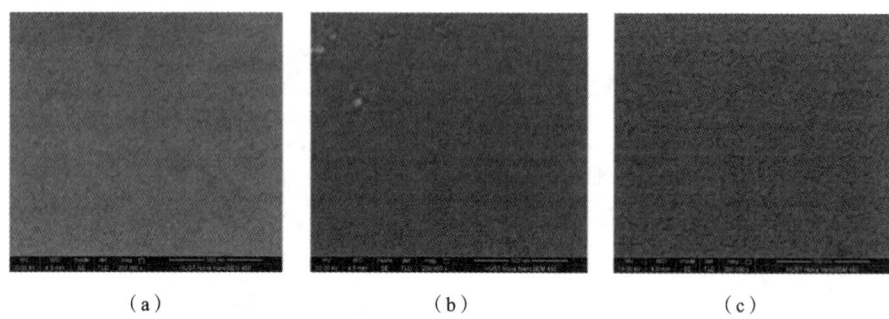

(a)	(b)	(c)

图 6-26 不同循环次数 ALD 氧化锌处理量子点薄膜的 SEM 表面形貌:(a) 0 次循环;
(b) 10 次循环;(c) 20 次循环

6.2.3 单电子传输层的钙钛矿量子点发光二极管性能研究

通过前面的测试表征可以发现,ALD 氧化锌薄膜是一种导电性能优良且表面平整的 N 型半导体。构建以 ALD 氧化锌为电子传输层的器件,探究不同循环次数 ALD 氧化锌对器件性能的影响(见图 6-27)。当没有 ALD 氧化锌电子传输层时,器件 PQDs 发光层与电极 Al 直接接触,会导致强烈的非辐射复合淬灭,从而使器件亮度仅为 100 nit。由于 ALD 氧化锌电子传输层的引入,与 0 次循环时相比,在 50 次循环时器件的电流密度有所减小,但是两者相差不大。通过对界面接触的优化,器件的亮度从 92 nit(0 次循环)提升到了 362 nit(50 次

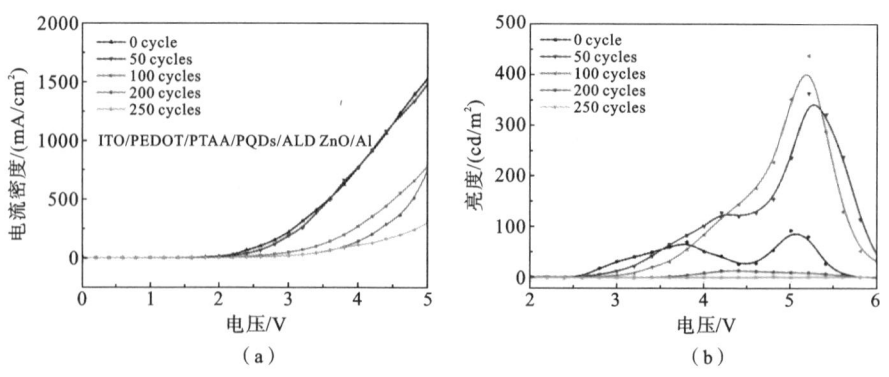

(a)	(b)

图 6-27 以不同循环次数 ALD 氧化锌为电子传输层的 PQDs-LED 器件性能:
(a) 电流密度-电压曲线;(b) 亮度-电压曲线

循环）。到 100 次循环时，器件亮度达到最大，为 436 nit。然而，随着 ALD 循环次数的继续增加，器件的电流密度逐渐降低，亮度也逐渐下降，在 200 次循环时器件性能甚至不如没有 ALD 氧化锌电子传输层器件的性能好，最大亮度只有 13 nit。综上所述，在 ALD 氧化锌电子传输层 PQDs-LED 中，100 次循环时器件性能最优。

ALD 氧化锌薄膜具有均匀、致密、无针孔的优点，100 次循环时器件的亮度和 EQE 达到最优。接下来，需要继续优化前驱体 TMA 的浓度和用量。将合成的量子点用 1 mL 正己烷溶解（40 mg/mL），通过加入不同体积的正己烷进行稀释，以调节 PQDs 的浓度。如图 6-28 所示，随着量子点被稀释，器件电流密度逐渐增加，器件的亮度呈先上升后下降的趋势，在溶剂体积为 2 mL（20 mg/mL）时，器件亮度达到最大，为 993 nit。但由于器件的电流密度较大，其 EQE 并不高。在溶剂体积为 1 mL 时，器件的 EQE 最高，为 1.16%。当量子点

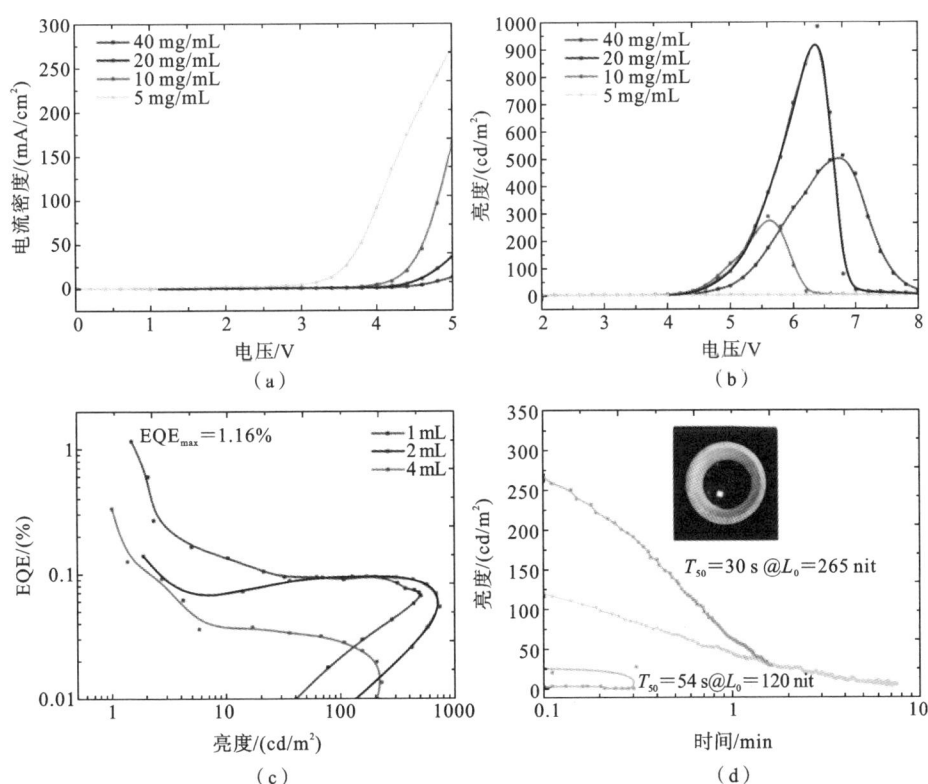

图 6-28 不同量子点浓度下 PQDs-LED 发光性能：(a) 电流密度-电压曲线；(b) 亮度-电压曲线；(c) EQE-亮度曲线；(d) 亮度随时间变化的曲线

被进一步稀释时,器件的亮度降低,当溶剂体积为 8 mL(5 mg/mL)时,器件不再具有电致发光特性,EQE 也无从谈起。器件在点亮状态下如图 6-28(d)中插图所示,由图 6-28(d)可知,虽然以环境稳定性良好的无机氧化锌作为电子传输层,但是器件的稳定性仍然较差。当器件的初始亮度为 265 nit 时,其寿命半衰期为 30 s;而当器件的初始亮度为 120 nit 时,其寿命半衰期也仅为 54 s。结合前面的实验结果,其寿命半衰期甚至不及以 TPBi 为电子传输层的器件,这主要是由于以 ALD 氧化锌为电子传输层的器件存在电荷不平衡以及焦耳热问题。接下来尝试构建以 ALD 氧化锌与 TPBi 为双电子传输层的器件,以提升器件的发光效率和延长工作寿命。

6.2.4　双电子传输层的钙钛矿量子点发光二极管的性能研究

钙钛矿量子点发光二极管的电致发光并不像光致发光那样简单,其外量子效率的决定因素也比量子点薄膜的 PLQY 更为复杂。在电荷注入量子点发光层并复合之前,会发生各种非辐射复合事件,如陷阱捕获激子和俄歇复合等,从而影响器件的性能。在之前的研究中,量子点发光层与载流子传输层的成功调控使得三原色发光二极管效率得到极大提升。尽管通过量子点发光层的优化实现了效率的提升,但是器件电荷不平衡和界面失效仍然是限制器件寿命的关键障碍。即使量子点薄膜的理论 PLQY 达到 100%,在 PQDs-LED 器件中,量子点发光层与载流子传输层之间的界面效应仍会导致器件 EQE 低下。不规则界面的电流会使不需要的电流聚焦在低电阻点上,从而在像素中留下黑点。此外,器件焦耳热的积累也会缩短器件的寿命。构筑坚实的界面层除了可以保证界面的均匀性外,也有利于调节器件的载流子浓度,实现电荷平衡。此外,传统器件结构中发光二极管 TPBi 电子传输层一侧稳定性较差,器件效率滚降严重。TPBi 因与钙钛矿发光层之间具有合适的能带匹配和优良的成膜性能而被广泛应用于钙钛矿量子点发光二极管中,充当电子传输层的角色,这有利于载流子的注入和输运。但是由于相对较低的电子迁移率以及在外界环境作用下的不稳定性,以 TPBi 为电子传输层的器件的性能和稳定性有待进一步提升。无机氧化锌具有优异的电子迁移率、有效阻挡空穴的能力和超高环境稳定性,可以替代有机电子传输层 TPBi。以 TPBi 和氧化锌为双电子传输层,有望解决上述一系列难题。基于以上发现,本节构建了 ALD 氧化锌/TPBi 双电子传输层结构,利用 ALD 氧化锌对量子点薄膜表面缺陷的钝化作用和表面的平整化作用,实现了不同厚度的 ALD 氧化锌对器件电流密度的精确调控,提高了电子传输层与量子点发光层之间界面的稳定性,进而提升了器件的发光效率和稳定性。

不仅如此,本节还从能带结构载流子传输角度进行了解释和分析。

器件制备所使用的量子点是室温合成的钙钛矿量子点。器件结构如图 6-29(a)所示,PQDs-LED 由阳极 ITO、空穴注入层 PEDOT：PSS、空穴传输层

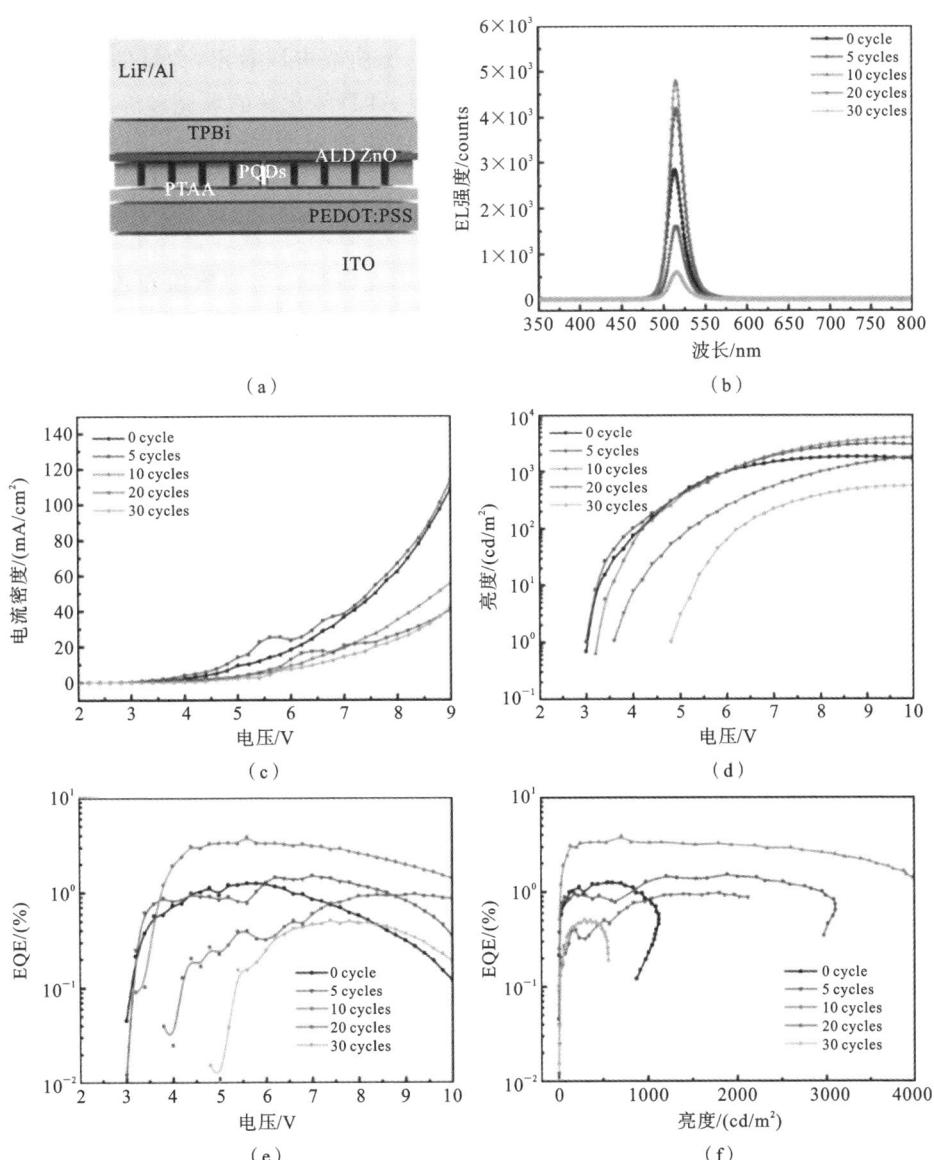

图 6-29 以氧化锌和 TPBi 为双电子传输层器件的结构和光电性能：(a) ALD 氧化锌处理的 PQDs-LED 器件结构示意图；(b) EL 光谱；(c) 电流密度-电压曲线；(d) 亮度-电压曲线；(e) EQE-电压曲线；(f) EQE-亮度曲线

PTAA、钙钛矿量子点发光层 PQDs、ALD 氧化锌界面层、电子传输层 TPBi 和阴极 LiF/Al 组成。图 6-29(b)～(f)所示分别为器件的 EL 光谱、电流密度-电压曲线、亮度-电压曲线、EQE-电压曲线以及 EQE-亮度曲线,展示了 PQDs-LED 器件的光电性能。整个 ALD 氧化锌处理过程中,器件 EL 光谱峰都位于 515 nm 处,半峰宽为 19 nm。从电流密度-电压曲线可以看出,少量的 ALD 氧化锌循环(5 次循环)不会降低电流密度,甚至 ALD 氧化锌的填充和渗透还会使器件的电流密度略微增大,PLQY 的提升会导致发光强度的提高,但是对电流密度的抑制效果有限,使得 EQE 提升并不明显。随着循环次数的继续增加,PQDs-LED 器件电流密度也随之降低,在 10 次循环时,器件整体电流密度下降,表明 10 次循环的 ALD 氧化锌实现了量子点薄膜的均匀覆盖和致密成膜,器件外量子效率从1.25% 提升到了 3.88%。但是过多的 ALD 氧化锌循环不仅会导致量子点薄膜 PLQY 的降低,而且会导致器件电流密度下降,这会引发电子和空穴浓度的失调,从而降低器件的亮度和 EQE。

不仅如此,相较于没有经过 ALD 氧化锌处理的 PQDs-LED,ALD 氧化锌处理器件具有更好的稳定性。通过测试器件在不同亮度下的稳定性,并结合寿命计算公式,可以得出,在室温潮湿环境下,ALD 氧化锌处理前后的 PQDs-LED 器件在外电场作用下的加速因子分别为 1.25 和 1.74,换算到 100 nit 下的等效工作寿命分别为 635 min 和 2447 min。初始亮度为 1000 nit 时,两种器件的半衰期分别为 1.9 min 和 29.5 min(见图 6-30)。器件寿命的延长归功于 ALD 氧化锌引入的无机物带来的界面平整化修复以及超薄 ALD 氧化锌平衡载流子之后对焦耳热的抑制。

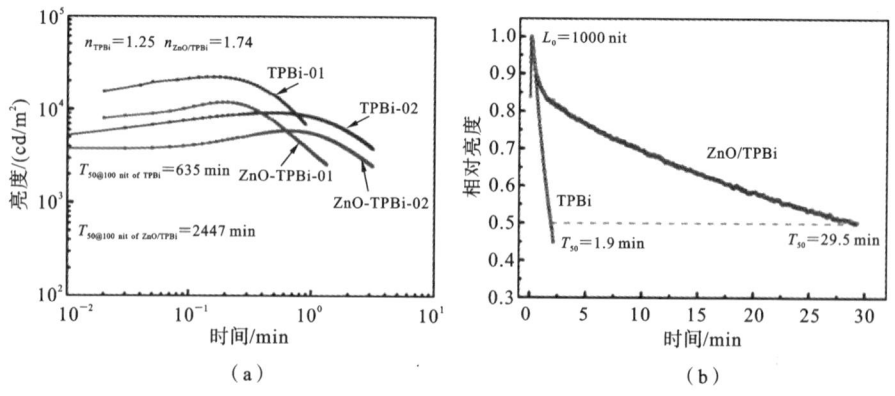

图 6-30　不同电子传输层结构的器件稳定性测试

为了进一步探究器件性能提升的原因,构建了 ITO/ PEDOT: PSS/ PTAA/ PQDs/ TPBi/ ZnO/ LiF/ Al 结构的 PQDs-LED,并将 ALD 氧化锌的循环次数设为 10。器件的结构和性能如图 6-31 所示。从图中易知,ALD 氧化锌的引入的确会抑制电子的注入,从而降低器件的电流密度,进而影响器件的亮度。由于电子和空穴浓度更加平衡,相比 ALD 处理前的器件,其 EQE 提升了 32%。

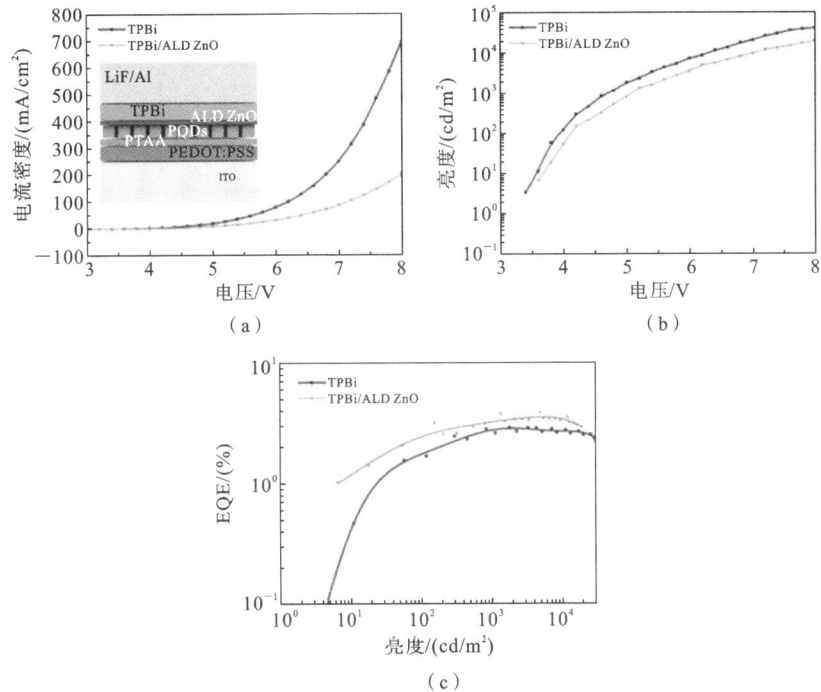

图 6-31 ALD 氧化锌插入 TPBi 和电极之间的 PQDs-LED 器件光电性能图:(a) 器件结构示意图和电流密度-电压曲线;(b) 亮度-电压曲线;(c) EQE-亮度曲线

除此之外,不同循环次数的 ALD 氧化铝和氧化锌复合物也被引入量子点发光层和 TPBi"三明治"结构中间,器件的电流密度在 5 次氧化铝循环处理之后急速下降,并且较低的锌含量会导致更低的电流密度和亮度(见图 6-32)。ALD 氧化铝和氧化锌的同时引入并不会对器件的性能进行很好的改进,经过优化处理的器件与未处理器件的性能相差无几,过多的循环处理还会降低器件的性能。综上所述,将 ALD 氧化锌插入 PQDs 和 TPBi 之间的结构在上述所有方案中是最优的。

基于以上研究结果,验证了不同 ETL(包括 TPBi 和 ALD ZnO/TPBi)制备

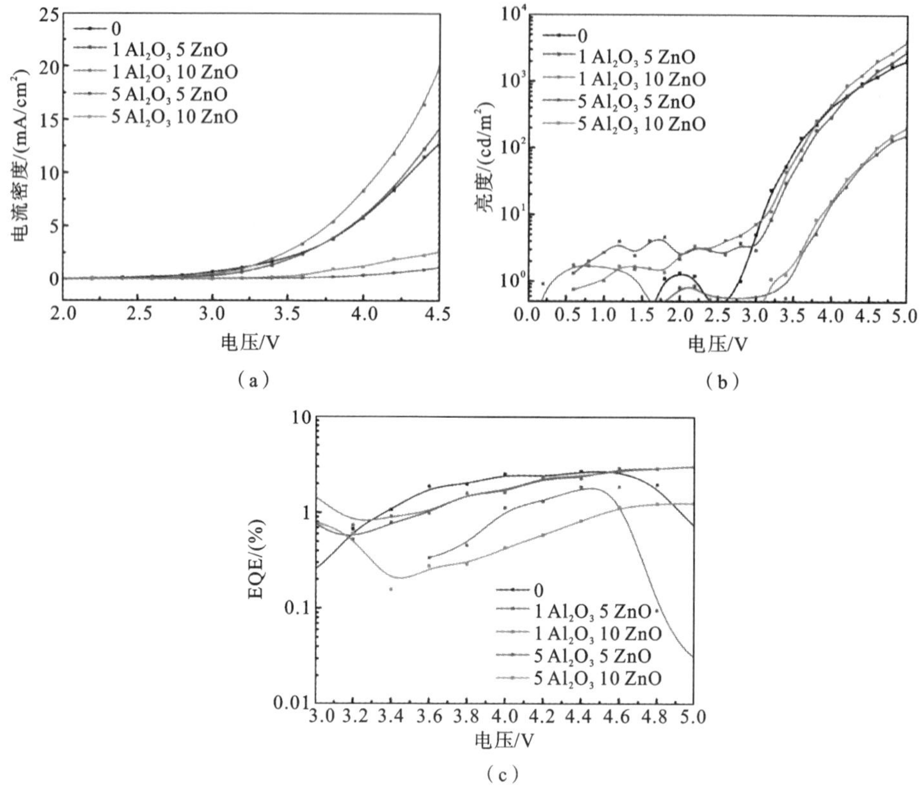

图 6-32　ALD 氧化铝和氧化锌共同处理量子点发光层前后的 PQDs-LED 器件光电
性能；(a) 电流密度-电压曲线；(b) 亮度-电压曲线；(c) EQE-电压曲线

的 PQDs-LED 器件性能的重复性。同一批次下 10 个不同电子传输层器件
EQE 分布如图 6-33(a) 所示，ALD ZnO/TPBi PQDs-LED 器件 EQE 众数为
4%，占比为 50%，表明该方法制备的器件具有较好的重复性，其中最大 EQE 为
7.21%，器件在 1 nit 下的开启电压为 2.4 V(见图 6-33(b) 和 (c))。器件在 100
nit 下的寿命半衰期通过寿命等效公式计算为 31.7 d(见图 6-33(d))。

以不同材料为电子传输层的 PQDs-LED 器件工作机理如图 6-34 所示。电
子传输层的电子迁移能力、空穴限域能力和电子注入效率对 LED 器件性能有
影响。另外，TPBi 和 ALD ZnO 的电子迁移率分别为 $3.3 \times 10^{-5} \sim 8.0 \times 10^{-5}$
$cm^2/(V \cdot s)$ 和 $3 \sim 50$ $cm^2/(V \cdot s)$。此外，TPBi 的电子迁移率低于空穴传输层
PTAA 的空穴迁移率(10^{-3} $cm^2/(V \cdot s)$)，ALD ZnO 的电子迁移率远高于
PTAA 的空穴迁移率。由于器件的性能与电子和空穴的浓度平衡密切相关，尽

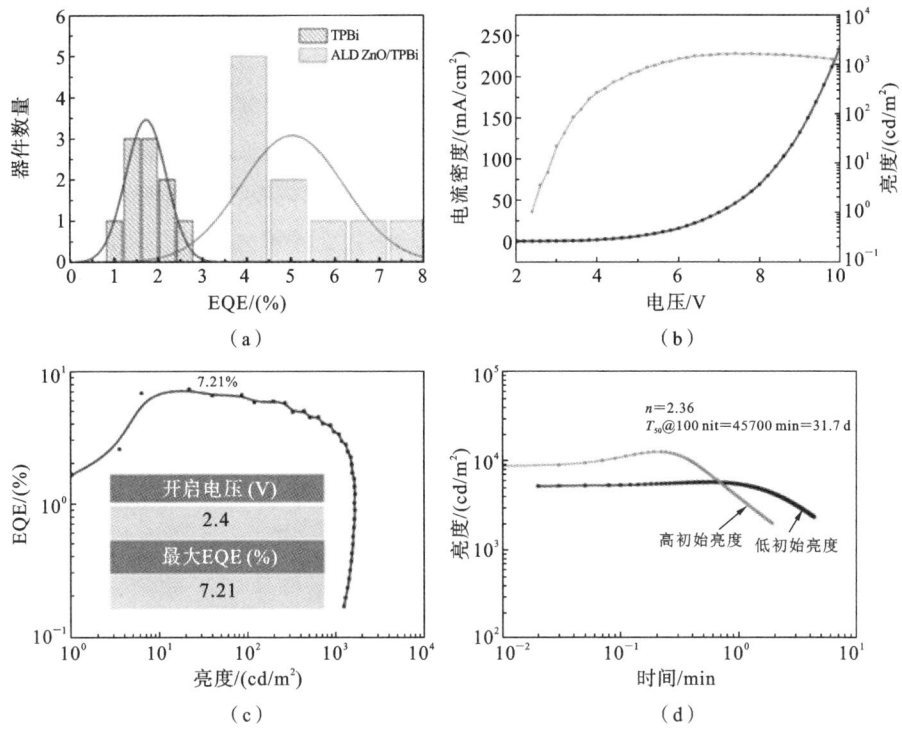

图 6-33 ALD ZnO/TPBi PQDs-LED 器件光电性能：（a）同一批次器件重复性测试；
（b）电流密度-电压和亮度-电压曲线；（c）EQE-亮度曲线；（d）亮度-时间曲线

管 PTAA 的空穴迁移率高于 TPBi 的电子迁移率，但是 TPBi 的电子注入势垒小于 PTAA 的空穴注入势垒，从器件性能来看，这导致器件电子浓度高于空穴浓度，使得器件性能较差。单层氧化锌的电子注入势垒与 PTAA 的空穴注入势垒相差无几，但是 ALD ZnO 的电子迁移率远高于 PTAA 的空穴迁移率，导致器件电子浓度和空穴浓度极不平衡，使得器件效率低下和稳定性不佳。但是，ALD ZnO 价带位置更深，更有利于限制激子在发光层中的复合。ALD ZnO/TPBi 双电子传输层通过能级限域和电子注入调控的协同作用，更好地平衡了载流子浓度并增强了界面稳定性，达到了提升器件的 EQE 和延长工作寿命的目的。综上所示，ALD 氧化锌对 PQDs-LED 器件性能的调控作用主要包括：① 对 PQDs 表面缺陷位点的钝化，减少了量子点薄膜的非辐射复合中心，有利于提升发光强度并降低表面粗糙度；② 对量子点薄膜的平整化和界面能级结构的调控，抑制了多余电子的注入，平衡了载流子浓度，提高了辐射复合效率，有利于提升器件的 EQE；③ 引入了稳定性更好的无机氧化锌电子传输层，降低

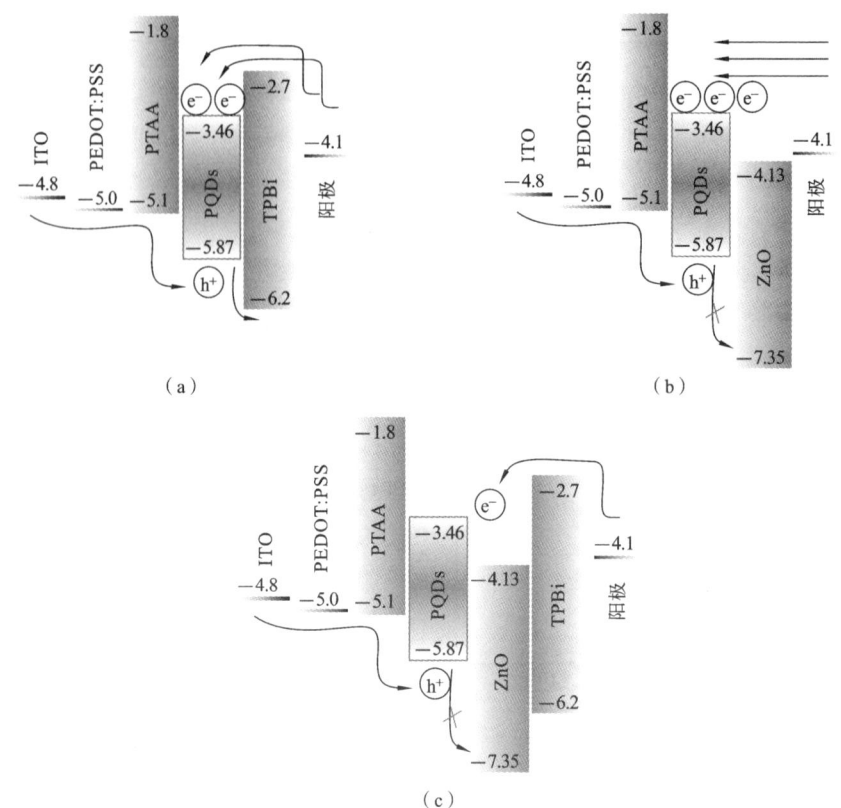

图 6-34　以不同材料为电子传输层的 PQDs-LED 器件工作机理：
(a) TPBi；(b) ALD ZnO；(c) ALD ZnO/TPBi

了器件的焦耳热，有利于延长器件的工作寿命。

　　本节通过 ALD 引入超薄氧化锌电子传输层，研究了 ALD 氧化锌与钙钛矿量子点表面的相互作用机理，ALD 氧化锌钝化了钙钛矿量子点表面的部分缺陷位点，虽然也会导致表面配体的脱落，但是总体上维持或提升了量子点薄膜的发光强度，并最终构建了基于 ALD 氧化锌/TPBi 双电子传输层的 PQDs-LED。此外，还通过调节量子点浓度和 ALD 氧化锌的厚度实现了器件载流子平衡，器件 EQE 提升了 2 倍，减少了器件焦耳热的产生。对不稳定电子传输层结构进行优化，引入无机电子传输层氧化锌，提升了器件的工作稳定性，在 100 nit 和 1000 nit 下器件寿命半衰期分别延长了 285% 和 1453%。这主要是由于通过对 ALD 氧化锌沉积工艺的调节和 ZnO/TPBi 双电子传输层器件结构的优化，实现了器件载流子传输的平衡和限域，进而制备出了高 EQE（EQE_{max} = 7.21%）、高稳定性（寿命 $T_{50@100\,nit}$ = 31.7 d）的 PQDs-LED。

6.3　空穴注入层界面调控及结构优化

作为量子点发光二极管的界面层,不仅要保证成膜性能良好和载流子传输抑制性好,其生长工艺也不能对其他功能层造成破坏。空穴注入层的设计会影响发光层中电子和空穴的浓度分布和均衡状态。通过精确调控空穴注入层,可以优化发光层中的载流子浓度分布,进而影响 LED 的发光波长、色彩均匀性和色温调节范围。然而,直接在电极上制备的空穴传输层存在不均匀的问题,并且会引入界面缺陷。在无机氧化物薄膜中,基于 ALD 技术生长的均匀致密的氧化镍薄膜完全符合这些要求,对空穴和电子的抑制效果明显。此外,氧化镍薄膜的温度窗口较宽,具有可以在低温下成膜的特点。因此,选择氧化镍薄膜作为发光二极管界面层。ALD 技术可以在纳米级别调控薄膜厚度,并且成膜致密,能够满足二极管对电子和空穴传输速率匹配的要求。很难精确控制基于低温溶液法制备的 NiO_x(Spin-NiO_x)薄膜厚度,难以进一步调控器件中载流子注入平衡,并且低温制备的 Spin-NiO_x 薄膜通常存在缺陷且会掺入杂质,影响光的透射和载流子的输运性能。因此,本研究采用 ALD 技术制备厚度精确可控、致密均匀、缺陷较少的 NiO_x 薄膜。在本研究中,针对 Spin-NiO_x 薄膜存在的问题,采用自主搭建的 ALD 设备开发了 ALD-NiO_x 薄膜生长工艺,制备出了厚度精确可控、致密均匀、无缺陷的 ALD-NiO_x 薄膜。与 Spin-NiO_x 薄膜相比,ALD-NiO_x 薄膜厚度精确可控、致密均匀、透光率高、缺陷少,可实现对 QLED 器件发光层载流子注入平衡的精确调控。通过使功能层表面平整,可以减少功能层之间的界面缺陷,提高载流子注入效率;同时,致密均匀的 ALD-NiO_x 薄膜可抑制金属离子扩散,进一步提升器件稳定性。

6.3.1　空穴传输层薄膜制备工艺研究

NiO_x 薄膜作为最具潜力的无机 P 型空穴传输层,在钙钛矿太阳能电池以及发光二极管中有大量的应用。与 2,2',7,7'-四[N,N-二(4-甲氧基苯基)氨基]-9,9'-螺二芴(Spiro-OMeTAD)、聚双(4-苯基)(2,4,6-三甲基苯基)胺(PTAA)和其他有机空穴传输层相比,NiO_x 薄膜的成本低几个数量级,并且在光伏器件和 QLED 的稳定性提升方面具有很大的潜力。然而,Spin-NiO_x 薄膜通常存在缺陷和掺入杂质,这会影响光的透射和载流子的输运性能。这促使本研究采用一些沉积技术,这些技术可以保证制备出超薄、无针孔、可低温处理的 NiO_x 薄膜。该薄膜同构性良好,可以在平面和纹理表面上生长。在各种可用的 NiO$_x$ 薄膜沉积技术中,ALD 技术具有无可比拟的优势,包括无缺陷沉积、能在大面积/高长宽比表面上完整且均匀覆盖、可精确控制沉积厚度和沉积温度较低。

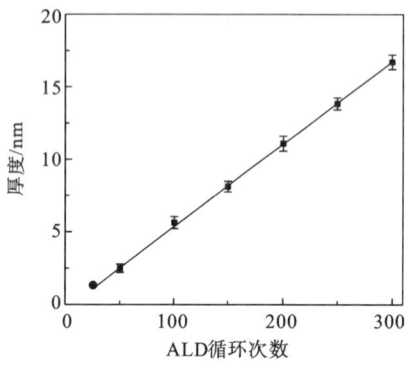

图 6-35　ALD-NiO$_x$ 薄膜沉积厚度与循环次数之间的关系

为进一步研究 NiO$_x$ 薄膜的生长特性,探究了 ALD-NiO$_x$ 薄膜沉积厚度与循环次数之间的关系,如图 6-35 所示。实验中沉积温度为 250 ℃,Ni(acac)$_2$(TMEDA) 脉冲时间为 12 s,O$_3$ 脉冲时间为 3 s,吹扫时间为 10 s。薄膜沉积厚度与循环次数成正比关系,平均生长速率为 0.55 Å/cycle。此外,还开展了在 250 ℃ 条件下不通入 O$_3$ 的沉积实验,在这些条件下均未观察到薄膜形成,说明在 ALD 温度窗口下没有发生 CVD 过程。可以说,NiO$_x$ 薄膜的生长是典型的自限制性 ALD 过程,并有稳定的生长速率(0.55 Å/cycle)。

薄膜沉积的均匀性也是衡量薄膜生长质量的重要指标。如图 6-36 所示,研究了不同循环次数时 ALD-NiO$_x$ 薄膜沉积均匀性。图 6-36(a)展示的是在长度、宽度均为 20 mm 的硅片上经过 50 次循环沉积的 ALD-NiO$_x$ 薄膜均匀性情况,该薄膜最厚位置与最薄位置相差 0.1 nm,薄膜厚度平均值为 2.75 nm,整体厚度差异较小,均匀性良好,沉积速率也较为稳定。接着研究了经过 100 次循环沉积的 NiO$_x$ 薄膜均匀性,如图 6-36(b)所示。同样是在边长为 20 mm 的硅片上进行薄膜沉积,NiO$_x$ 薄膜的平均厚度为 5.63 nm,最厚位置与最薄位置相

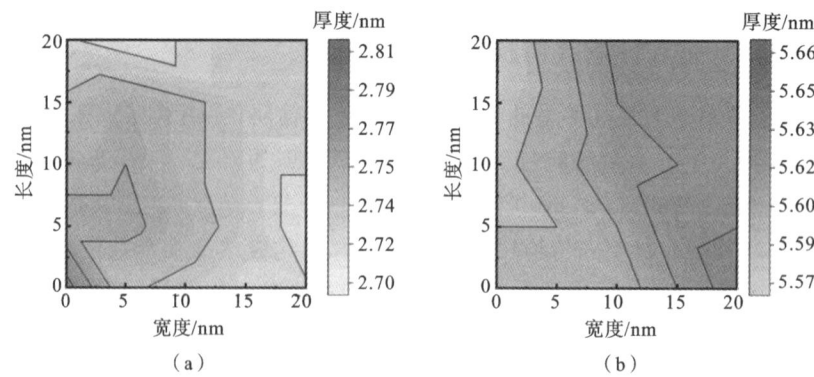

图 6-36　(a) 50 次循环时 NiO$_x$ 薄膜沉积均匀性;(b) 100 次循环时 NiO$_x$ 薄膜沉积均匀性

差 0.1 nm,整体均匀性良好。不同循环次数时 NiO$_x$ 薄膜都能均匀生长,并且沉积速率也较为稳定,证明了 ALD-NiO$_x$ 薄膜沉积工艺的稳定性。

在测试薄膜均匀性的实验中,不同循环次数薄膜的生长厚度差异较小。为进一步分析 ALD-NiO$_x$ 薄膜的表面形貌,使用 AFM 对不同循环次数薄膜进行表征。图 6-37 所示为 200 次和 300 次循环沉积的 ALD-NiO$_x$ 薄膜表面形貌测试结果,二者的均方根粗糙度 R_q 分别为 0.359 nm 和 0.251 nm,均方根粗糙度变化不大且均小于 1 nm,所制备的 ALD-NiO$_x$ 薄膜表面平整;并且从图中可以看出,ALD-NiO$_x$ 薄膜生长模式主要是岛状生长,随着循环次数的增加,连续成膜,并且表面粗糙度降低。

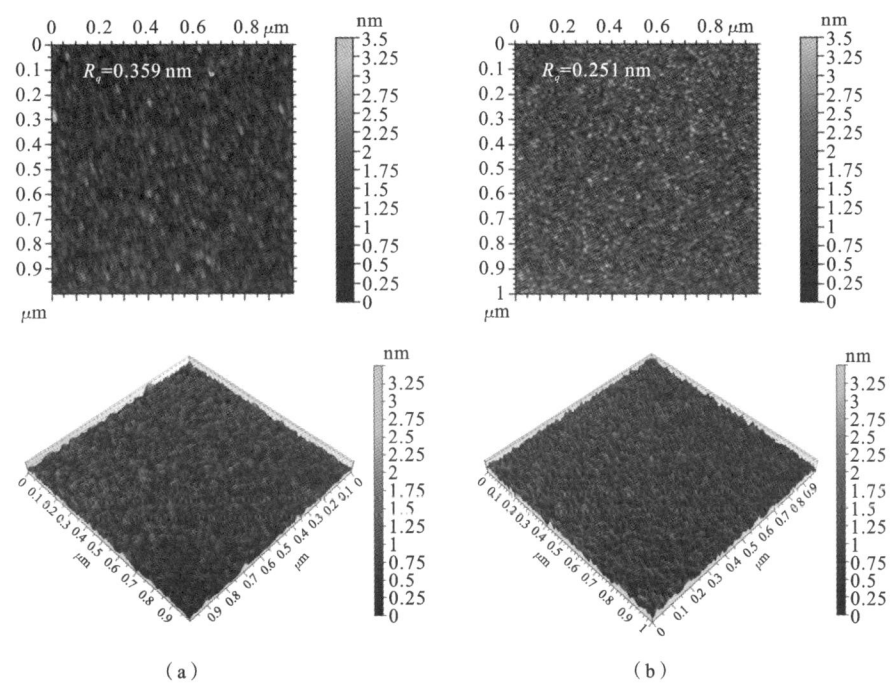

(a)   (b)

图 6-37   不同循环次数时 ALD-NiO$_x$ 薄膜表面形貌:(a) 200 次;(b) 300 次

6.3.2   不同工艺制备薄膜性能对比研究

基于以上实验研究,与 Spin-NiO$_x$ 薄膜相比,ALD-NiO$_x$ 薄膜生长厚度可以精确控制,且薄膜生长均匀。本节将进一步研究采用不同工艺制备的 NiO$_x$ 薄膜的性能差异。

图 6-38(a)给出了 Spin-NiO$_x$ 薄膜的 Ni 2p 详细特征峰图谱,基于 Gaussian-Lorentzian 函数拟合,在 854.9 eV 和 856.7 eV 处有峰,在 861.9 eV 和 866.4 eV 处有卫星峰,这些峰对应 Spin-NiO$_x$ 薄膜中 Ni^{2+} 的 Ni 2p$_{3/2}$ 状态。在 这些峰中,低结合能峰可以归因于多重态分裂,高结合能峰的分配可以通过伴 随 Ni 2p 电子电离的单极电荷转移过程来解释。图 6-38(b)给出了 Spin-NiO$_x$ 薄膜的 O 1s 的结合能谱,其中 529.8 eV 和 531.5 eV 处的峰分别对应于 NiO$_x$ 和 Ni(OH)$_2$ 中的氧。

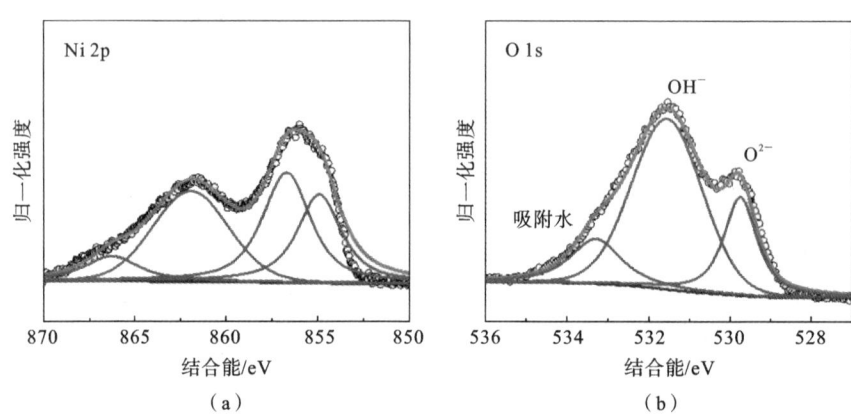

图 6-38 Spin-NiO$_x$ **薄膜详细特征峰图谱:**(a) Ni 2p 能谱图;(b) O 1s 能谱图

图 6-39(a)给出了 ALD-NiO$_x$ 薄膜的 Ni 2p 详细特征峰图谱,拟合之后在 854.08 eV 和 855.9 eV 处有峰,在 860.9 eV 和 864.1 eV 处有卫星峰,这些峰 对应 ALD-NiO$_x$ 薄膜中 Ni^{2+} 的 Ni 2p$_{3/2}$ 状态。图 6-39(b)给出了 ALD-NiO$_x$ 薄 膜的 O 1s 的结合能谱,其可以分解为两种状态,它们分别对应于 NiO$_x$ 中 529.4

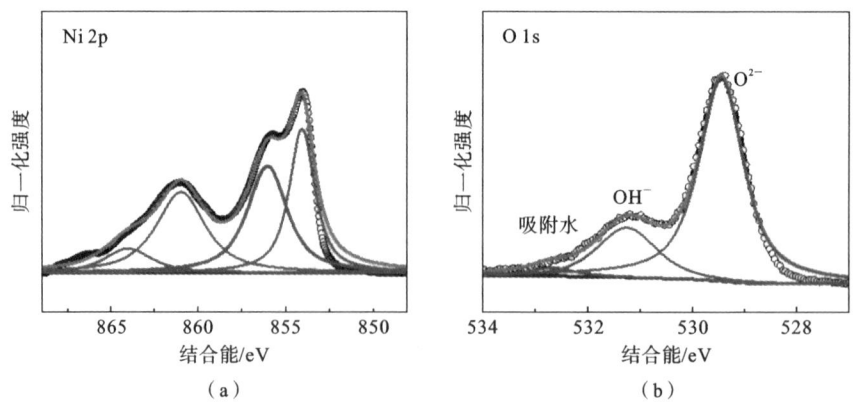

图 6-39 ALD-NiO$_x$ **薄膜详细特征峰图谱:**(a) Ni 2p 能谱图;(b) O 1s 能谱图

eV 处和 Ni(OH)$_2$ 中 531.2 eV 处的晶格氧,从这两种氧的状态分布面积可以看出,ALD-NiO$_x$ 薄膜中 NiO$_x$ 占主导地位,含有少量 Ni(OH)$_2$。实际上,羟基化是氧化物材料中普遍存在的现象,当 NiO$_x$ 表面暴露于空气中时会发生羟基化反应,但是与用溶液溶胶法制备的 NiO$_x$ 薄膜相比,ALD-NiO$_x$ 薄膜中的 Ni(OH)$_2$ 浓度较低,其表面吸附的羟基和缺陷镍氧化物也较少。

接着研究了 Spin-NiO$_x$ 和 ALD-NiO$_x$ 两种薄膜的均方根粗糙度。图 6-40(a)所示为 Spin-NiO$_x$ 薄膜的 AFM 测试结果,其均方根粗糙度为 0.230 nm。图 6-40(b)所示为 ALD-NiO$_x$ 薄膜的 AFM 测试结果,其均方根粗糙度为 0.290 nm。由两种工艺制备的 NiO$_x$ 薄膜表面粗糙度差异不大,均具有较为平整的表面。

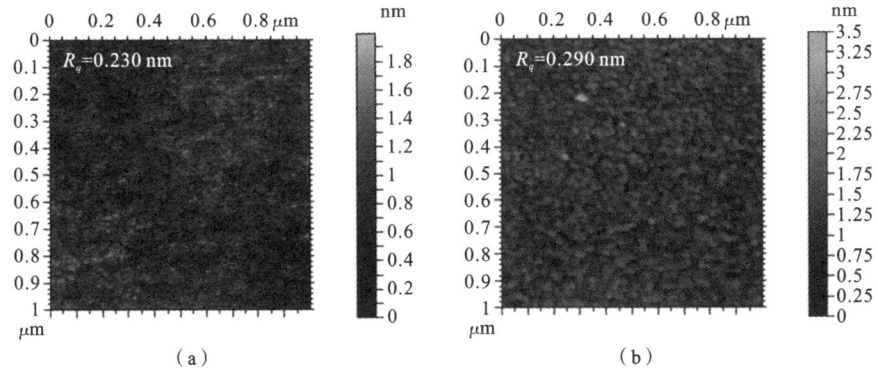

（a）　　　　　　　　　　　　（b）

图 6-40　薄膜均方根粗糙度测试:(a) Spin-NiO$_x$ 薄膜;(b) ALD-NiO$_x$ 薄膜

为了进一步分析 ALD-NiO$_x$ 薄膜的组成和结晶相,对在 250 ℃下沉积的 15 nm 薄膜开展了 XRD 研究。如图 6-41 所示,在 36.9°和 43.1°处出现了衍射峰,它们分别归因于立方型 ALD-NiO$_x$ 的(111)和(200)衍射峰,此结果与 Spin-

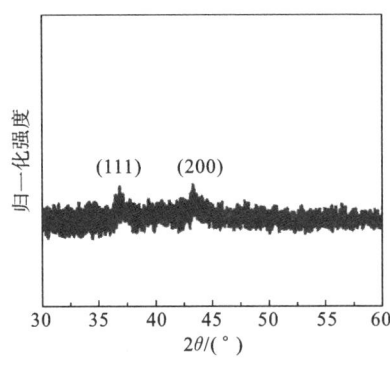

图 6-41　ALD-NiO$_x$ 薄膜 XRD 测试

NiO_x 薄膜的测试结果一致。

6.3.3 薄膜导电性、价带位置及透光率对比研究

从导电性等方面研究了由不同工艺制备的 NiO_x 薄膜性能的差异,制备了图 6-42(a) 中插图所示的器件,测试其电流密度-电压曲线,计算得到 Spin-NiO_x 和 ALD-NiO_x 薄膜的电导率,分别为 3.1×10^{-7} S/cm 和 10.6×10^{-7} S/cm,由此可知采用 ALD 技术制备的 NiO_x 薄膜的电导率略有提升。同时测试了两种薄膜的载流子迁移率,分别为 5.74 cm^2/(V·s) 和 1.11×10^2 cm^2/(V·s),ALD-NiO_x 薄膜的载流子迁移率更高。综合表明,ALD-NiO_x 薄膜的导电性更好。

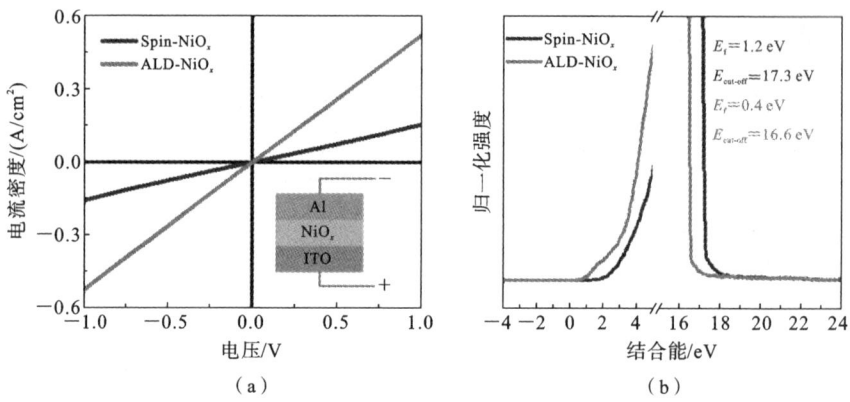

图 6-42 NiO_x 薄膜性能对比:(a) 导电性测试;(b) UPS 测试

为了进一步了解 ALD-NiO_x 薄膜对器件性能的影响,利用 UPS 对 ALD-NiO_x 薄膜的 $E_{cut-off}$ 和 E_f 进行了研究,如图 6-42(b) 所示。由计算结果可得到 ALD-NiO_x 薄膜的价带顶(VBM),经过 275 ℃ 退火的 ALD-NiO_x 薄膜的 VBM 为 -5.0 eV,与 Spin-NiO_x 薄膜相比,ALD-NiO_x 薄膜价带位置较浅,在 ITO 和 PEDOT:PSS 空穴注入层之间形成阶梯注入的能级有利于增强空穴注入,更好实现电荷平衡。

一些光学特性(即反射率、吸收系数和透光率)和电极的结构是决定 QLED 输出耦合效率的主要因素。在设计和制备器件时,就需要考虑功能层对器件透光率的影响。图 6-43 所示为由不同工艺制备的 NiO_x 薄膜透光率测试结果。从测试结果可知,Spin-NiO_x 薄膜在整个可见光范围内的透光率很高(95%),而由 ALD 工艺制备的 NiO_x 薄膜在可见光范围内的透光率接近 99%。与 Spin-

NiO_x 薄膜相比,ALD-NiO_x 薄膜在低波段对器件耦合出光的影响较小。

上述两种 NiO_x 薄膜性能对比如表 6-4 所示,可以得知 ALD-NiO_x 薄膜致密均匀,厚度精确可控,表面缺陷少且导电性好,在可见光范围内的透光率接近 99%,同时该薄膜的价带位置较浅,在构建的双空穴注入层(双 HIL)器件中可形成阶梯注入的能级结构,这能降低注入势垒,提高空穴注入能力,有助于实现更好的器件性能。

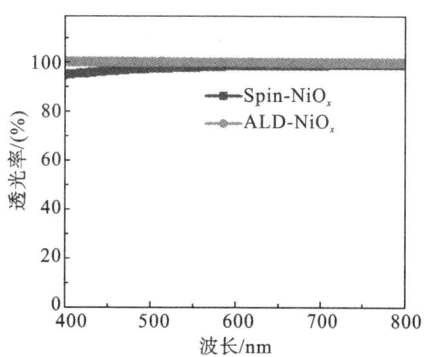

图 6-43 由不同工艺制备的 NiO_x 薄膜透光率测试结果

表 6-4 NiO_x 薄膜性能对比

性能指标	Spin-NiO_x 薄膜	ALD-NiO_x 薄膜
Ni 组分	含有较多 $Ni(OH)_2$,缺陷镍氧化物较多	缺陷镍氧化物较少
均方根粗糙度	0.230 nm	0.290 nm
电导率	3.1×10^{-7} S/cm	10.6×10^{-7} S/cm
载流子迁移率	5.74 $cm^2/(V \cdot s)$	1.11×10^2 $cm^2/(V \cdot s)$
价带顶	-5.1 eV	-5.0 eV
透光率	95%	99%
膜厚度控制	不易控制	原子级可控(0.55 Å/cycle)

6.3.4 基于 NiO_x 原子层沉积的薄膜器件性能研究

为研究 NiO_x 薄膜厚度对器件性能的影响,采用 ALD 技术分别沉积了经过 200 次循环、250 次循环、300 次循环的 NiO_x 薄膜,如图 6-44 所示。图 6-44(a)所示为由不同厚度 NiO_x 薄膜制备的器件的亮度-电压曲线,从图中可知,NiO_x 薄膜厚度对器件亮度影响不大,但是由 200 次循环 NiO_x 薄膜制备的器件的开启电压与由其他厚度薄膜制备的器件相比较低。为了探究不同厚度 ALD-NiO_x 薄膜对器件中载流子输运平衡的调控作用,制备了单电子单空穴器件。图 6-44(b)所示为单电子单空穴器件的电流密度-电压曲线。通过对比发现,在低电压下,改变 ALD-NiO_x 薄膜的厚度对器件的电流密度影响较大,其中 250 次循环器件与单电子器件的电流密度-电压曲线相近,结合器件的 EQE 以及稳定性实验结果可知,250 次循环器件中电子空穴对注入相对平衡,从而获得了更好的性能。

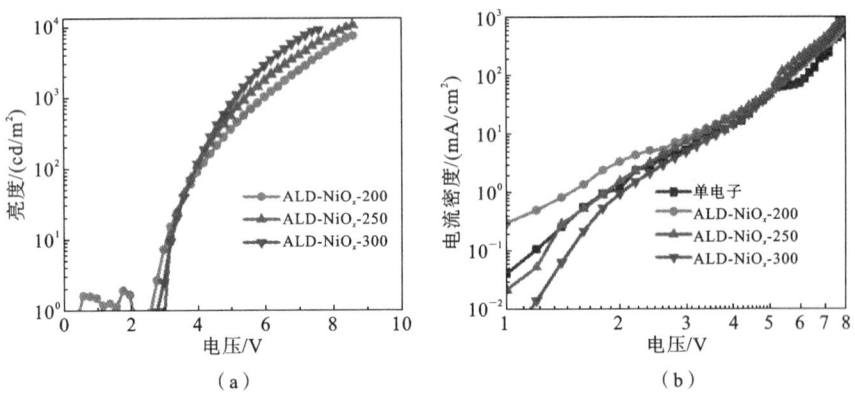

（a）

（b）

图 6-44 NiO$_x$ 薄膜厚度对器件性能的影响:(a) NiO$_x$ 薄膜厚度对双 HIL 器件的亮度-电压曲线影响;(b) 单电子单空穴器件的电流密度-电压曲线

进一步针对器件的 EQE 和稳定性,研究了 NiO$_x$ 薄膜厚度对器件性能的影响。图 6-45(a)所示为由不同厚度 NiO$_x$ 薄膜制备的器件的 EQE-亮度曲线。从图中可知,NiO$_x$ 薄膜厚度显著影响器件的 EQE,200 次循环、250 次循环、300 次循环 NiO$_x$ 薄膜器件的最大 EQE 分别为 5.0%、6.9%、2.9%。其中 200 次循环器件的 EQE 滚降明显,随着器件亮度的增加而大幅下降,250 次循环和 300 次循环器件的 EQE 滚降不明显,并且 250 次循环器件的 EQE 最高。由此可见,通过调控薄膜厚度,可以改善器件的 EQE 滚降问题,并且可以得到更高的 EQE。

同时研究了 NiO$_x$ 薄膜厚度对器件稳定性的影响。图 6-45(b)所示为不同循环次数 NiO$_x$ 薄膜器件亮度随时间变化的曲线。从图中可知,200 次循环器件在 550 cd/m^2 初始亮度下寿命 T_{50}=5.5 min,250 次循环器件在 550 cd/m^2 初始亮度下寿命 T_{50}=14.3 min,300 次循环器件在 1000 cd/m^2 初始亮度下寿命 T_{50}=7.9 min。换算得出,在初始亮度为 100 cd/m^2 的条件下,200 次、250 次和 300 次循环 ALD-NiO$_x$ 薄膜器件寿命 T_{50} 分别是 28 min、74 min、68 min,相比之下 200 次循环 ALD-NiO$_x$ 薄膜器件稳定性较差,可能是器件 EQE 滚降导致的,250 次循环 ALD-NiO$_x$ 薄膜器件稳定性最好,并且器件 EQE 滚降不明显。因此,改善器件 EQE 滚降可以显著提升器件的稳定性,综合对比发现,250 次循环 ALD-NiO$_x$ 薄膜器件的性能最好。

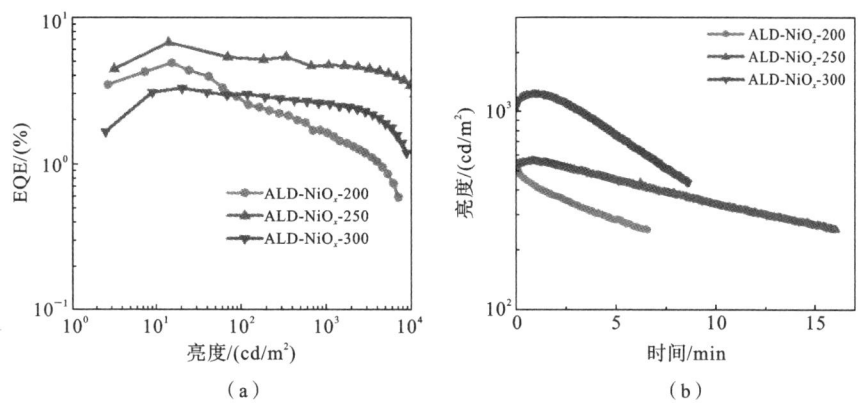

（a）

（b）

图 6-45 NiOₓ 薄膜厚度对器件性能的影响：（a）NiOₓ 薄膜厚度对双 HIL 器件 EQE 的
调控；（b）NiOₓ 薄膜厚度对双 HIL 器件稳定性的影响

为分析 Spin-NiOₓ 和 ALD-NiOₓ 这两种薄膜的性能差异，主要从器件性能
层面出发，对比了由两种工艺制备的 NiOₓ/PEDOT:PSS 双 HIL 器件的性能差
异，如图 6-46 所示。图 6-46（a）所示为不同双 HIL 器件的亮度-电压曲线，从图
中可以看出，采用 ALD-NiOₓ 薄膜制备的双 HIL 器件的开启电压较低，为 2.6
V，并且器件的最大亮度能够超过 10000 cd/m²；但是由 Spin-NiOₓ 薄膜制备的
器件的开启电压相对较高，为 2.9 V，并且器件最大亮度接近 10000 cd/m²。与
Spin-NiOₓ 薄膜器件相比，ALD-NiOₓ 薄膜器件在相同的电压下可以达到更高
的亮度，同时在低电压下也可以实现高亮度，这主要是因为 ALD-NiOₓ 薄膜缺

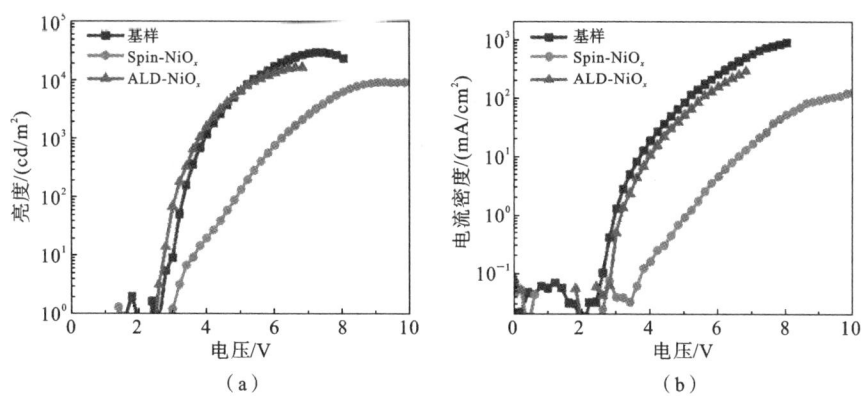

（a）

（b）

图 6-46 由不同工艺制备的 NiOₓ 薄膜器件性能对比：（a）不同双 HIL 器件的亮度-
电压曲线；（b）不同双 HIL 器件的电流密度-电压曲线

陷少,具有更高的载流子迁移率。

图 6-46(b)所示为不同双 HIL 器件的电流密度-电压曲线,再结合器件亮度随电压的变化规律来看,在 2.4 V 时 PEDOT:PSS 单 HIL 器件的电流密度开始随电压增大,但是此时器件还没有点亮,可推断出此阶段电子-空穴对产生非辐射复合并形成漏电流,或者电子-空穴对的复合位置不在量子点发光层。相比之下,双 HIL 器件都是在点亮之后,电流密度才会大幅增加,大部分电子-空穴对形成有效的辐射复合。对于 Spin-NiO$_x$ 薄膜的双 HIL 器件,电流密度与亮度随电压的变化趋势一致。

接着,从器件的发光效率与稳定性方面对比了由两种工艺制备的 NiO$_x$ 薄膜所对应的器件的性能差异,如图 6-47 所示。图 6-47(a)所示为不同双 HIL 器件的 EQE-亮度曲线,从图中可以看出,采用双 HIL 结构能够显著提升器件的 EQE,原始样品的最大 EQE 为 2.0%,双 HIL 器件的最大 EQE 为 6.9%,约为原始样品的 3.5 倍。对比两种 NiO$_x$ 薄膜的器件性能可知,相较于 Spin-NiO$_x$ 薄膜,ALD-NiO$_x$ 薄膜能精确调控器件载流子注入,使器件最大 EQE 从 5.3% 提升至 6.9%。如图 6-47(b)所示,对比分析了两种 NiO$_x$ 薄膜器件稳定性的差异。ALD-NiO$_x$ 薄膜器件稳定性更好,在初始亮度为 1000 cd/m^2 的条件下器件寿命 T_{50} 为 7.9 min;而 Spin-NiO$_x$ 薄膜器件在初始亮度为 1000 cd/m^2 的条件下寿命 T_{50} 只有 5.7 min。经过换算,得到初始亮度为 100 cd/m^2 时的寿命 T_{50},其中 Spin-NiO$_x$ 薄膜器件寿命 T_{50} 为 31 min,而 ALD-NiO$_x$ 薄膜器件寿命 T_{50} 为 68 min,可见 ALD-NiO$_x$ 薄膜器件稳定性更好。

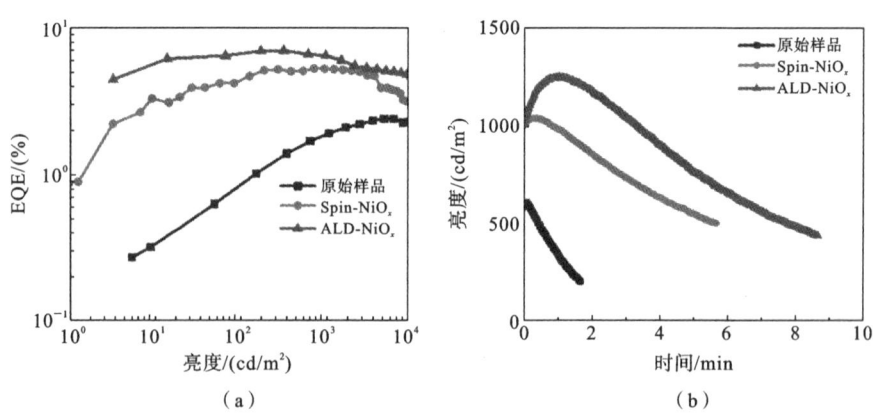

图 6-47 不同 NiO$_x$ 薄膜器件性能对比:(a) 不同双 HIL 器件的 EQE-亮度曲线;(b) 不同双 HIL 器件的稳定性测试

以上两种 NiO_x 薄膜器件性能对比如表 6-5 所示。ALD-NiO_x 薄膜器件开启电压低，器件稳定性更好。相较于 Spin-NiO_x 薄膜，ALD-NiO_x 薄膜在调控载流子注入及提升器件稳定性方面更具优势。

表 6-5　两种 NiO_x 薄膜器件性能对比

性能指标	Spin-NiO_x 薄膜	ALD-NiO_x 薄膜
开启电压	2.9 V	2.6 V
EQE	5.3%	6.9%
寿命 T_{50}（@100 cd/m²）	31 min	68 min

本节主要针对 Spin-NiO_x 薄膜存在厚度不可控、表面缺陷较多、透光率低等问题，采用 ALD 技术制备厚度精确可控、薄膜致密均匀、缺陷较少的 NiO_x 薄膜，该薄膜的沉积速率稳定在 0.55 Å/cycle。相较于 Spin-NiO_x 薄膜，ALD-NiO_x 薄膜可精确调控器件载流子注入，使器件最大 EQE 得到提升，并且将初始亮度为 100 cd/m² 时的寿命半衰期从 31 min 提升至 68 min。本节发掘了 ALD-NiO_x 薄膜在调控载流子注入及提升器件稳定性方面的能力，同时拓展了 ALD 技术在光电器件领域的应用。

本章参考文献

[1] KIM Y H，KIM S，KAKEKHANI A，et al. Comprehensive defect suppression in perovskite nanocrystals for high-efficiency light-emitting diodes[J]. Nature Photonics，2021,15：148-155.

[2] FANG T，WANG T T，LI X S，et al. Perovskite QLED with an external quantum efficiency of over 21% by modulating electronic transport[J]. Science Bulletin，2020，66(1)：36-43.

[3] SONG J Z，FANG T，LI J H，et al. Organic-inorganic hybrid passivation enables perovskite QLEDs with an EQE of 16.48%[J]. Advanced Materials，2018，30(50)：1805409.

[4] YOON E，JANG K Y，PARK J，et al. Understanding the synergistic effect of device architecture design toward efficient perovskite light-emitting diodes using interfacial layer engineering[J]. Advanced Materials Interfaces，2021，8(3)：2001712.

[5] LIU B Q，WANG L，GU H S,et al. Highly efficient green light-emitting

diodes from all-inorganic perovskite nanocrystals enabled by a new electron transport layer[J]. Advanced Optical Materials, 2018, 6(11): 1800220.

[6] LIU Y, GIBBS M, PERKINS C L, et al. Robust, functional nanocrystal solids by infilling with atomic layer deposition[J]. Nano Letters, 2011, 11(12): 5349-5355.

[7] CATE S T, LIU Y, SANDEEP C S S, et al. Activating carrier multiplication in PbSe quantum dot solids by infilling with atomic layer deposition [J]. Journal of Physical Chemistry Letters, 2013, 4(11): 1766-1770.

[8] THIMSEN E, JOHNSON M, ZHANG X, et al. High electron mobility in thin films formed via supersonic impact deposition of nanocrystals synthesized in nonthermal plasmas [J]. Nature Communications, 2014, 5: 5822.

[9] LI G, RIVAROLA F W R, DAVIS N J L K, et al. Highly efficient perovskite nanocrystal light-emitting diodes enabled by a universal crosslinking method[J]. Advanced Materials, 2016, 28(18): 3528-3534.

[10] PALMSTROM A F, SANTRA P K, BENT S F. Atomic layer deposition in nanostructured photovoltaics: tuning optical, electronic and surface properties[J]. Nanoscale, 2015, 7(29): 12266-12283.

[11] XIANG Q Y, ZHOU B Z, CAO K, et al. Bottom up stabilization of CsPbBr$_3$ quantum dots-silica sphere with selective surface passivation via atomic layer deposition [J]. Chemistry of Materials, 2018, 30 (23): 8486-8494.

[12] ZHOU B Z, WANG Z J, GENG S C, et al. Interface engineering of CsPbBr$_3$ nanocrystal light-emitting diodes via atomic layer deposition[J]. Physica Status Solidi(RRL)-Rapid Research Letters, 2020, 14(6): 2000083.

[13] JING Y, CAO K, ZHOU B Z, et al. Two-step hybrid passivation strategy for ultrastable photoluminescence perovskite nanocrystals[J]. Chemistry of Materials, 2020, 32(24): 10653-10662.

[14] SHEN H B, CAO Q, ZHANG Y B, et al. Visible quantum dot light-emitting diodes with simultaneous high brightness and efficiency[J]. Nature Photonics, 2019, 13(3): 192-197.

[15] KIM G H, NOH K, HAN J, et al. Enhanced brightness and device life-

time of quantum dot light-emitting diodes by atomic layer deposition[J].
Advanced Materials Interfaces，2020，7(12)：2000343.

[16] QIAN L，ZHENG Y，XUE J G，et al. Stable and efficient quantum-dot
light-emitting diodes based on solution-processed multilayer structures
[J]. Nature Photonics，2011，5(9)：543-548.

[17] YANG K Y，LI F S，LIU Y，et al. All-solution-processed perovskite
quantum dots light-emitting diodes based on the solvent engineering
strategy[J]. ACS Applied Materials & Interfaces，2018，10(32)：27374-
27380.

[18] ZHANG C Y，WANG B，ZHENG W L，et al. Hydrofluoroethers as or-
thogonal solvents for all-solution processed perovskite quantum-dot light-
emitting diodes[J]. Nano Energy，2018，51：358-365.

[19] ASUNDI A S，RAIFORD J A，BENT S F. Opportunities for atomic lay-
er deposition in emerging energy technologies[J]. ACS Energy Letters，
2019，4(4)：908-925.

[20] SUBRAMANIAN A，PAN Z H，ZHANG Z B，et al. Interfacial energy-
level alignment for high-performance all-inorganic perovskite CsPbBr$_3$
quantum dot-based inverted light emitting diodes[J]. ACS Applied Ma-
terials & Interfaces，2018，10(15)：13236-13243.

[21] ZHANG Z X，YE Y X，PU C D，et al. High-performance，solution-pro-
cessed，and insulating layer-free light-emitting diodes based on colloidal quan-
tum dots[J]. Advanced Materials，2018，30(28)：1801387.

[22] ZHANG L，YUAN F，XI J，et al. Suppressing ion migration enables
stable perovskite light-emitting diodes with all-inorganic strategy[J].
Advanced Functional Materials，2020，30(40)：2001834.

[23] ZHAO Q H，GOUGET G，GUO J C，et al. Enhanced carrier transport
in strongly coupled，epitaxially fused CdSe nanocrystal solids[J]. Nano
Letters，2021，21(7)：3318-3324.

[24] ZHOU B Z，QIN L，WANG P F，et al. Fabrication of ZnO dual electron
transport layer via atomic layer deposition for highly stable and efficient
CsPbBr$_3$ perovskite nanocrystals light-emitting diodes[J]. Nanotechnolo-
gy，2022，34：025203.

第7章
封装薄膜原子尺度制备及应用

　　柔性电子作为一个新兴的、蓬勃发展的研究领域,因其独特的柔韧性、便携性、轻量性和曲面保形性等特点而备受关注。相较于传统电子器件,柔性电子器件是以柔性可延伸材料(如聚酰亚胺(polyimide,PI)、聚对苯二甲酸乙二酯(polyethyleneterephthalate,PET)、聚二甲基硅氧烷(polydimethylsiloxane,PDMS)、纺织材料等)为基材,利用有机功能材料与金属电极等来制作电子电路,使其在机械弯曲、折叠、扭转、压缩、拉伸甚至任意姿态变形下仍能保持可靠光电性能的一类特殊薄膜电子器件。柔性电子的飞速发展推动了可穿戴电子、生物神经器件、健康监控器、电子皮肤、有机光伏(organic photovoltaic,OPV)以及以有机发光二极管(organic light emitting diode,OLED)和量子点发光二极管(quantum dot light-emitting diode,QLED)为代表的柔性显示器等产品领域的快速兴起。这些具有良好力学柔韧性和生物相容性的电子产品已显示出巨大的应用潜力。尽管柔性电子技术发展迅速,但柔性电子走向产业化还存在着诸多困难。其中制约柔性电子实现商业化的一个主要难点是有机功能材料和金属电极等受环境中的水汽侵蚀会导致器件性能退化乃至失效[1-3]。因此,如何实现对柔性电子的有效封装,防止其被空气中的水氧侵蚀,对于延长柔性电子的使用寿命具有重要的意义。

　　封装层是柔性显示器件的第一道防线,其透光性能、阻隔特性和力学稳定性直接决定着显示器件的发光特性、稳定性和长效使用的可靠性。新型显示器件 OLED 对封装层的水汽阻隔率(water vapor transmission rate,WVTR)有着极高的要求,要达到 10000 h 的设计使用寿命,WVTR 值不得高于 10^{-5} g/(m² · d) 数量级[4,5],这意味着在七片足球场面积大小的显示面板上每天渗透过的水汽量不得超过 1 滴。现有商用方法主要依靠玻璃或者金属盖板进行封装[6],在边缘部分利用胶水进行密封,有时还会在内部添加额外的干燥剂。尽管这一方法在刚性衬底显示器件上取得了良好的效果,但随着显示技术朝着高清化、轻薄化、柔性化方向发展,硬脆的玻璃/金属盖板在柔性显示应用过程中若受外载作用会发生断裂。随着柔性显示顶层承载外加应变的增大,其可进一步划分为小应变柔性显示、可卷曲显示、大应变可折叠显示以及可拉伸显示。目前需发展同时具备高柔性和高阻隔性的封装层结构以满足柔性显示的水汽阻隔需求[7]。

与此同时,柔性器件主要采用的 PI、PET 等高分子聚合物衬底材料阻隔能力较差,无法有效防止器件被外界水汽侵蚀。有研究表明同时具备高柔性(可拉伸特性)和高阻隔特性的材料不存在[8]。分子尺度上,材料的柔性源于聚合物链的熵弹性。在空间上,聚合物相互交联形成三维网状结构,并且每个聚合物链包含大量单体,这些单体时刻进行着热运动,对于水汽等小分子而言,它们很容易通过网状结构向内部渗透。

本章针对柔性电子器件薄膜封装层阻隔性能与机械稳定性难以兼容、柔性衬底阻隔性能不佳的难题,在薄膜断裂理论的指导下,结合 ALD、原子层渗透(atomic layer infiltration,ALI)等原子尺度薄膜沉积方法,实现适用于不同应用场景条件下的复合封装结构的设计和制备。对封装层结构设计和沉积工艺的优化,改善了其应力状态并提升了临界应变,同时,界面针孔等缺陷位点的解耦显著延长了内部水氧传输路径,而且对柔性衬底进行改性,使复合封装结构具备良好的阻隔性能和机械稳定性,为下一代柔性电子器件的商业化发展助力并提供解决方案。

7.1 高阻隔无机叠层薄膜制备及应用

7.1.1 基于空间隔离原子层沉积无机复合薄膜的制备及应用

为了满足柔性电子器件的封装需求,需采用低温制程工艺来获取致密封装薄膜,因此,要延长吹扫时间,以有效吹扫多余前驱体和副产物,防止沉积薄膜中因反应不彻底而残留有机基团,但低温制程会严重限制 ALD 技术的沉积效率。空间隔离 ALD 技术的引入为解决这一问题提供了可行方案。实际上,常压空间隔离原子层沉积技术(SALD)这一概念与 ALD 技术在 20 世纪 70 年代同期诞生,但 ALD 技术最早主要应用于半导体制造领域,当时关注的焦点在于制造精度,所以其效率问题未引起广泛重视。随着新兴技术和产业的发展,ALD 技术的优势在 OLED 面板封装等领域引起广泛关注,SALD 技术也重新受到人们的重视。

采用 TMA-H_2O 工艺体系对常压空间隔离 ALD 系统的 Al_2O_3 薄膜沉积工

艺进行研究。实验中的主要调节参数为载气流量和基底运动速度。隔离气体流量选定为 1000 sccm(标准立方厘米每分钟),流经双端钢瓶的载气流量为 20 sccm,在进入模块化喷头之前,利用 980 sccm 的氮气气流对其进行混合,这样就能实现不同前驱体之间以及其与大气之间的充分隔离。同时,对直线电机的速度进行调整,使基底运动速度范围为 0.03~1.0 m/s。

薄膜沉积速率与基底运动速度的关系如图 7-1(a)所示。当基底运动速度小于 0.2 m/s 时,随着基底运动速度的增加,薄膜沉积速率呈现出线性增长的趋势。而随着基底运动速度的进一步增加,薄膜沉积速率增长速度变缓,当基底运动速度达到 0.6 m/s 时甚至出现下降趋势。与此同时,在真空腔体中同时进行 Al_2O_3 薄膜的沉积,采用的沉积工艺为 TMA 脉冲 0.1 s—N_2 吹扫 20 s—H_2O 脉冲 0.1 s—氮气吹扫 30 s,沉积温度与 SALD 工艺中的沉积温度相同,均为 95 ℃。如图 7-1(b)所示,利用椭偏仪测量得到的薄膜生长速率为 1.0 Å/cycle。沉积薄膜的线性和光学参数如图 7-2 所示。随着沉积循环次数的增加,其厚度呈现出线性增长趋势,通过对循环次数的控制可以实现对薄膜厚度的精确控制。进一步对其进行线性拟合,可得每循环生长厚度(GPC)为 1.15 Å。在硅基衬底上分别沉积 200 次、300 次、400 次、500 次和 600 次循环的 Al_2O_3 薄膜,可以发现,随着薄膜厚度的增加,其折射率逐渐下降。这是由于在测量过程中更薄的膜容易受到硅基衬底折射率的影响而导致其数值偏高。在波长 $\lambda = 638$ nm 处,薄膜的折射率均不低于 1.59,与文献中报道的真空体系下获取的 Al_2O_3 薄膜的折射率趋于一致,这表明薄膜具有良好的致密性。

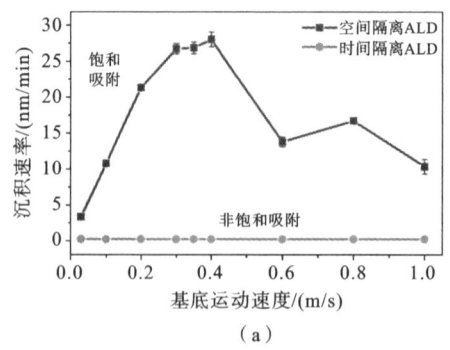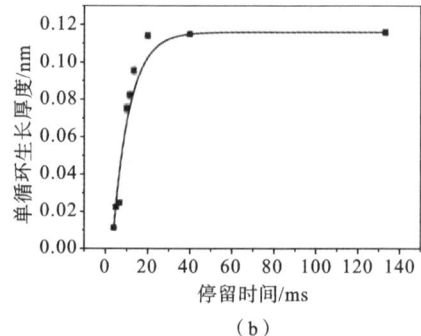

图 7-1　(a) SALD 与时序 ALD 方法中薄膜总体沉积速率与基底运动速度的关系;
　　　　　(b) 薄膜每循环生长厚度与停留时间的关系

与此同时,将封装层直接沉积于 OLED 器件表面,通过研究器件发光性能的变化来论证封装结构的可行性。如图 7-3(a)所示,采用不同封装结构封装之

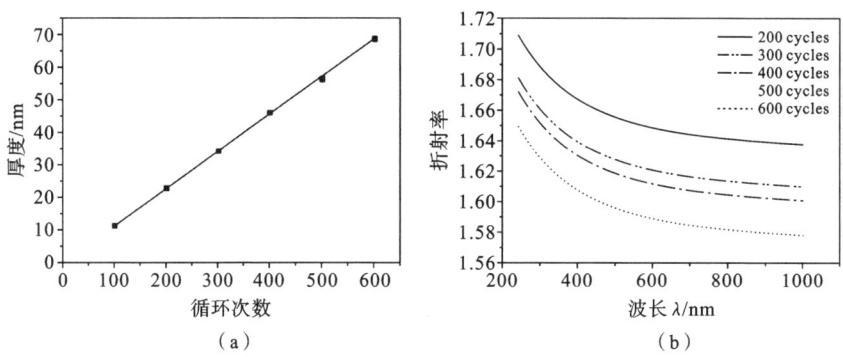

图 7-2　优化工艺薄膜生长特性:(a) 薄膜厚度与循环次数的关系;(b) 薄膜折射率与
　　　　厚度和波长的关系

后,器件的发射峰位置无明显变化;与此同时,采用复合薄膜封装之后的半峰宽
(FWHW)由 27 nm 收窄为 22 nm,这是由于 Al_2O_3/SiN_x 的复合薄膜覆盖于器件表面时起到了光学微型腔的作用,从而使得器件的发光纯度得到显著提升。如图 7-3(b)所示,器件在封装前后的亮度和电流密度并未发生明显变化,仅封装单层 Al_2O_3 薄膜和未封装器件的性能有所衰减,这可能是由于在常压条件下 Al_2O_3 制备过程中或者器件测试过程中电极或发光层直接暴露于空气,导致其存在一定程度的退化。

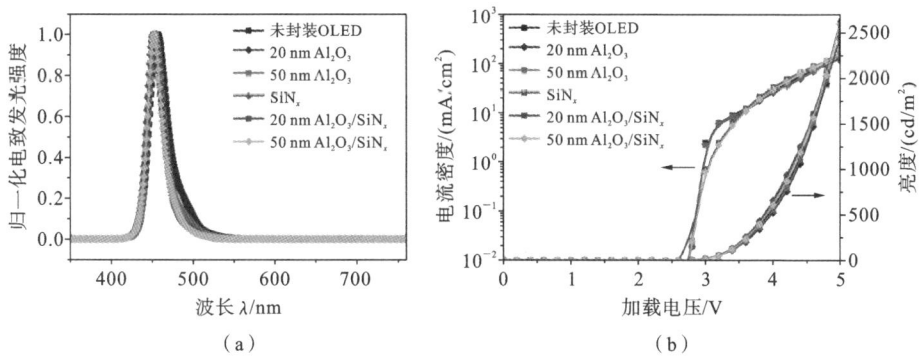

图 7-3　不同封装结构保护 OLED 的(a)电致发光光谱和(b)电流密度-电压和亮度-电压曲线

在完成对阻隔膜光学性能以及阻隔膜对器件发光性能影响的研究之后,再对其水汽阻隔率进行表征。不同薄膜阻隔性能相关参数的测量结果如表 7-1 所示。

表 7-1　不同封装结构阻隔性能相关参数

封装结构	迟滞时间 τ/h	水汽阻隔率/$(g/(m^2 \cdot d))$
20 nm Al_2O_3	0	1.37×10^{-1}
50 nm Al_2O_3	0	9.47×10^{-2}
SiN_x	3.50	1.61×10^{-2}
20 nm Al_2O_3/SiN_x	76.72	5.65×10^{-4}
50 nm Al_2O_3/SiN_x	84.97	1.86×10^{-4}

可见,与单层薄膜相比,叠层膜的水汽阻隔率提升了 2~3 个数量级。Weijer 等人针对同一结构的研究表明,相较于常态条件,60℃/90% RH 这一条件下的加速因子为 25[9],因此 50 nm Al_2O_3/SiN_x 的水汽阻隔率在常态条件下可达约 7.44×10^{-6} $g/(m^2 \cdot d)$,基本满足 OLED 器件的封装需求。

图 7-4　OLED 器件结构示意图

以蓝光 OLED 器件为研究对象,样品的尺寸为 5 cm×5 cm。其结构示意图如图 7-4 所示,由下到上分别为:玻璃基底/ITO(Ag)电极/发光层材料/Mg:Ag 电极/ZnSe/LiF。其中顶层的 ZnSe/LiF 为高、低折射率材料的组合,主要起到减少器件输出光反射的作用。

封装结构包括:20 nm Al_2O_3、50 nm Al_2O_3、SiN_x、20 nm Al_2O_3/SiN_x、50 nm Al_2O_3/SiN_x。利用场发射透射电镜(FETEM)对薄膜的微观形貌进行表征,与此同时结合 EDS 对截面上不同元素的分布进行表征,结果如图 7-5 所示。在低温制程工艺条件下,Al_2O_3 和 SiN_x 薄膜均呈非晶态,且元素分布界限清晰。

考虑到封装层的引入可能对器件实际使用产生影响,对不同封装结构的光学性能和封装后器件的发光性能进行研究。为了减小衬底对薄膜性能测试的影响,均采用 50 μm 厚的 PEN 衬底来研究其透光性能和阻隔性能,而非采用较厚的塑料衬底或玻璃衬底。如图 7-6(a)所示,SiN_x 薄膜对紫外波段有强吸收作用,因此在 400~450 nm 区间内吸收较为严重。同时,随着 SiN_x 薄膜的引入,在可见光区域内封装层的透光率存在震荡现象。这是由于来自亚微米级 SiN_x 薄膜上、下表面的两束反射光发生干涉:当其光程差为 $(j+1/2)\lambda$ 时,两束反射光干涉相消;当光程差为 $j\lambda$ 时,反射光最强。其中,j 为非负整数。由于能量守

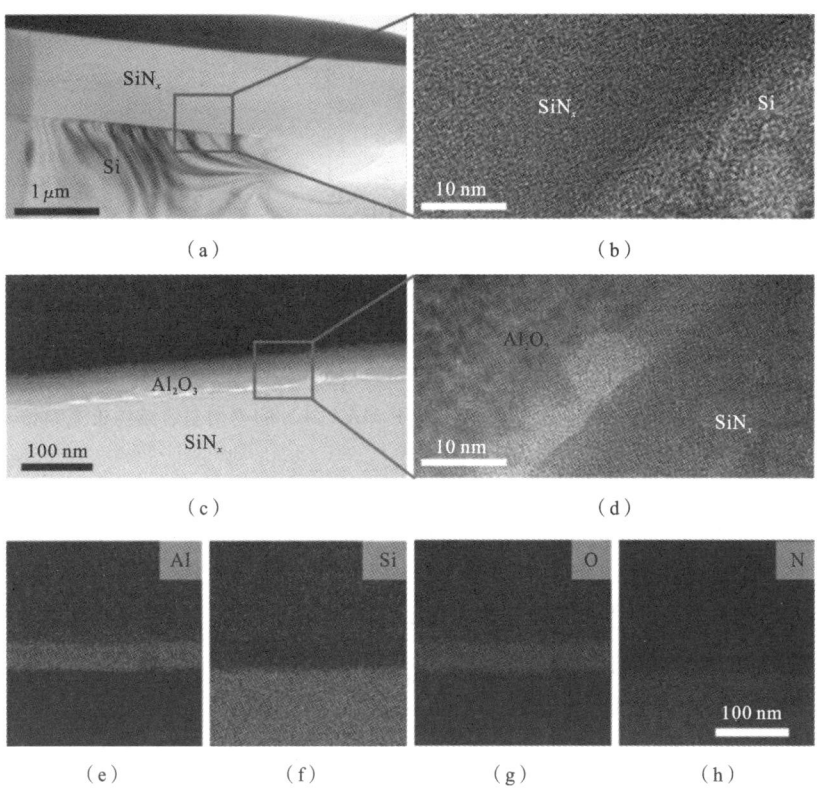

图 7-5　SiN_x 薄膜(a)低分辨率与(b)高分辨率截面 TEM 形貌图。50 nm Al_2O_3/SiN_x 叠
层膜(c)低分辨率与(d)高分辨率截面 TEM 形貌图。50 nm Al_2O_3/SiN_x 界面
EDS 元素分布图:(e)Al 元素;(f)Si 元素;(g)O 元素;(h)N 元素

恒,透射光强度的变化与反射光强度的变化呈现出相反的趋势。

　　同时,基于 MATLAB 对不同封装结构的透光率进行仿真分析,如图 7-6
(b)所示,其结果与实验结果相吻合,通过高、低折射率材料的组合可以有效地
减反增透。无论是对于 PEN 衬底,还是对于镀有 SiN_x 薄膜的 PEN 衬底,随着
Al_2O_3 薄膜的引入,在可见光区域内复合层的透光率呈现出上升的趋势。对整
个可见光区域进行分析可知,在扣除背底的影响之后不同封装结构的透光率均
高于 90%,基本满足 OLED 器件的使用需求。利用电学钙测试法可以对不同
封装结构之间的阻隔性能进行定性比较,而在实际过程中则需要对其在应用场
景下的使用可靠性进行测试。一般认为常态条件为 24 ℃/50% RH,在此条件
下对器件进行寿命测试并期望其寿命达到 10000 h 以上。显然,该测试条件下
的测试周期过长,因此一般会采用加速老化方法进行可靠性测试,所选取的加

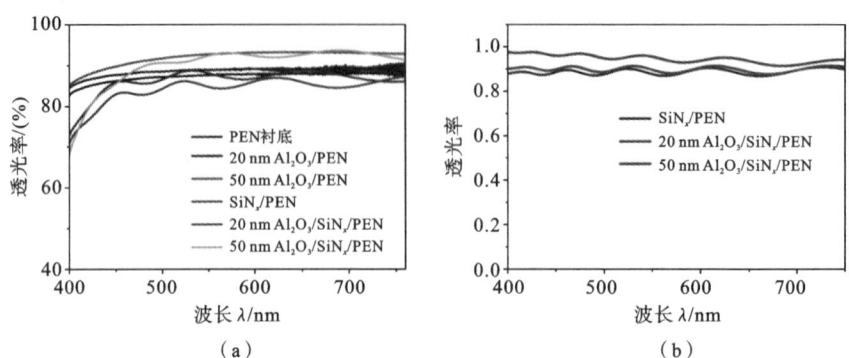

（a）   （b）

图 7-6 （a）不同封装结构透光率；(b) 基于 MATLAB 的不同封装结构透光率仿真

速老化条件为 60℃/90％ RH。

在储存期间,每隔一段时间将器件取出进行点亮观察,施加 5 V 的电压,并记录每次点亮时黑点的密度和面积。如图 7-7 所示,对于单层 Al$_2$O$_3$ 薄膜,局部出现黑点后其面积迅速增大,储存 120 h 后器件几乎完全失效;而在器件黑点密度方面,单层 SiN$_x$ 薄膜显著高于单层 Al$_2$O$_3$ 薄膜。相较而言,Al$_2$O$_3$/SiN$_x$薄膜的可靠性显著提升,尤其是 50 nm Al$_2$O$_3$/SiN$_x$ 叠层膜保护的 OLED 器件,其在加速老化条件下的储存寿命超过 1000 h,相当于在常态条件下其寿命可以达到 25000 h 以上,基本满足商用需求。

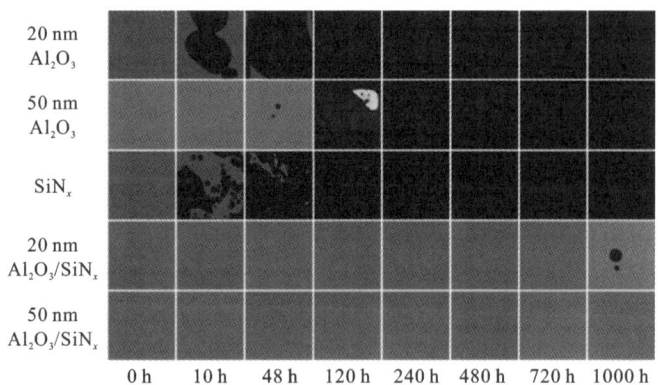

图 7-7 60 ℃/90％ RH 加速老化条件下不同封装结构所保护的
OLED 器件发光区变化观测图

对器件表面缺陷位点变化进行定量分析,实验中每类样品选取 8 个,对黑点密度及其生长速率进行分析。统计结果如图 7-8 所示。SiN$_x$ 薄膜呈现出最高的终态缺陷密度,达到(46 ± 7.8) mm^{-2},这可能是由于在低温制程工艺条件下利用等离子体增强 CVD(PECVD)技术获取的 SiN$_x$ 薄膜表面布满针孔缺陷;而 20 nm Al$_2$O$_3$、50 nm Al$_2$O$_3$ 单层薄膜的终态缺陷密度分别(3.6 ± 7.8) mm^{-2} 和(1.0 ± 7.8) mm^{-2},远远低于单层 SiN$_x$ 薄膜的终态缺陷密度,这表明低温制程工艺下通过 ALD 方法获取的 Al$_2$O$_3$ 薄膜针孔缺陷密度较小。当向 SiN$_x$ 表面沉积 50 nm Al$_2$O$_3$ 薄膜时,其表面黑点密度下降至(0.06 ± 0.030) mm^{-2},这表明 Al$_2$O$_3$ 薄膜的引入有效地解决了 SiN$_x$ 薄膜表面的针孔缺陷问题。就黑点生长速率而言,单层 Al$_2$O$_3$ 薄膜呈现出最高的黑点生长速率,这是由于纳米级的 Al$_2$O$_3$ 薄膜无法有效覆盖颗粒等大缺陷位点。而在 SiN$_x$ 薄膜表面包覆 Al$_2$O$_3$ 薄膜时,黑点生长速率下降 2~3 个数量级。

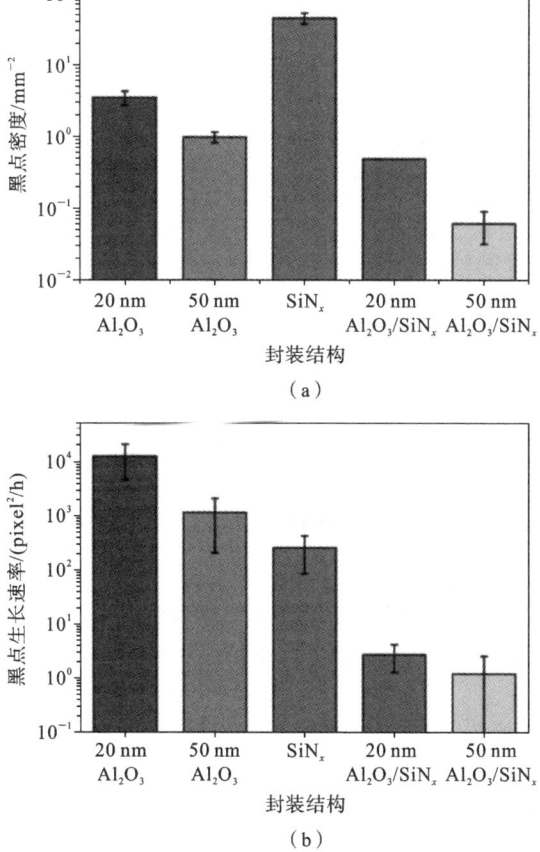

图 7-8 湿热老化条件下储存 48 h 以后不同封装结构保护的 OLED
器件的(a)黑点密度与(b)黑点生长速率统计分析

为了进一步阐释不同封装结构的失效机理,首先运用 AFM 对老化前后的薄膜表面进行分析,探针的扫描范围为 $0.5~\mu m \times 0.5~\mu m$。同时利用真空体系 ALD 方法沉积了相同厚度的 Al_2O_3 薄膜,在 SiN_x 薄膜表面沉积 20 nm Al_2O_3 薄膜之后,薄膜的表面粗糙度从 2.0 nm 下降至 1.5 nm,这表明 Al_2O_3 对其表面具有一定的平整作用,且真空体系和常压体系下所获取的薄膜表面均较为平整。不同封装结构老化前后的表面粗糙度数据详见表 7-2。

表 7-2 不同封装结构老化前后的表面粗糙度数据

封装结构	老化前表面粗糙度/nm	老化后表面粗糙度/nm
20 nm Al_2O_3	0.3	1.0
50 nm Al_2O_3	0.5	29.5
SiN_x	2.0	—
20 nm Al_2O_3/SiN_x	1.5	1.6
50 nm Al_2O_3/SiN_x	1.5	26.0

对于单层 SiN_x 薄膜,除了其阻隔能力不佳之外,研究发现其在湿热老化条件下普遍存在屈曲剥离失效行为。在 60 ℃/90% RH 条件下,随着时间的推移,SiN_x 薄膜会逐渐从器件表面剥离,渗透进来的水蒸气也会使器件表面逐渐水解,如图 7-9 所示。

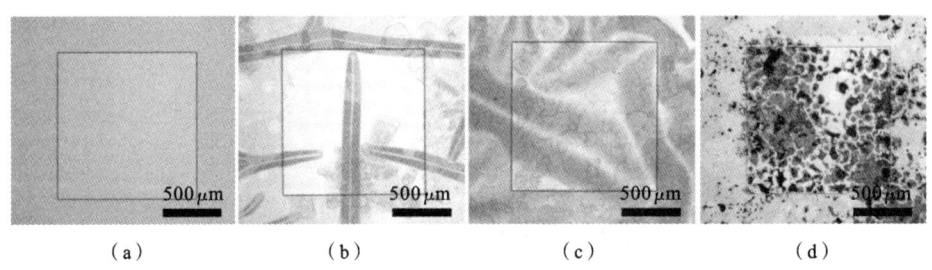

(a)   (b)   (c)   (d)

图 7-9 储存于 60 ℃/90% RH 条件下单层 SiN_x 薄膜保护的 OLED 表面随时间的变化情况:(a) 封装后;(b) 2 h 后;(c) 12 h 后;(d) 移除 SiN_x 后器件表面水解

为测试温度和湿度对单层 SiN_x 薄膜机械失效的影响,设置低温高湿(25 ℃/90% RH)、高温低湿(90 ℃/5% RH)和高温高湿(60 ℃/90% RH)条件,对器件上沉积的单层 SiN_x 薄膜的屈曲剥离失效概率进行分析,其中低温高湿、高温低湿条件的绝对湿度相同。如图 7-10 所示,在低温高湿和高温低湿条件下,SiN_x 均未出现力学失效行为。而在高温高湿条件下,单层 SiN_x 薄膜的屈曲剥离失效概率上升到 68.2%。在引入 20 nm Al_2O_3 薄膜之后,复合薄膜的屈曲剥离失效概率下降到 6.3%,且随着 Al_2O_3 薄膜厚度的增加,SiN_x 薄膜的失效行为被完全抑制。

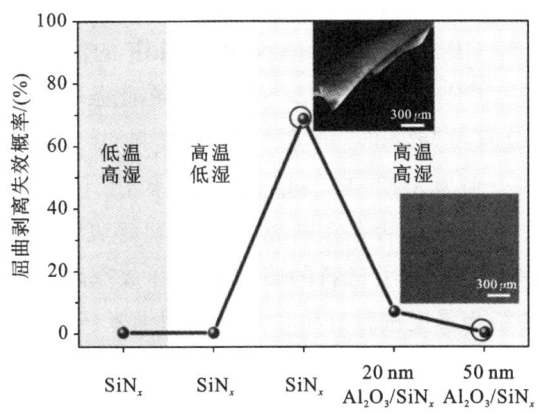

图 7-10　不同测试条件下不同封装结构保护的 OLED 器件的屈曲剥离失效概率

结合断裂理论对 SiN_x 薄膜的失效机理进行阐释。SiN_x 薄膜在沉积完成后会带有残余应力,这会使薄膜内部储存弹性能。利用应力测试仪对沉积 Al_2O_3 前后的薄膜内应力进行表征,结果如表 7-3 所示。

表 7-3　不同封装结构老化前后的力学性能分析

封装结构	厚度 h/nm	残余应力 σ_r/MPa	稳态能量释放率 G_{ss}/(J/m²)	应力强度因子 K_{IC}/(MPa · $\sqrt{m}$)	临界能量释放率 G_c/(J/m²)
老化前 SiN_x	871	−46	3.8×10^{-2}	7.82×10^{-1}	5.41×10^{0}
老化后 SiN_x	871	−46	3.8×10^{-2}	1.14×10^{-3}	1.26×10^{-5}
老化后 50 nm Al_2O_3/SiN_x	921	−37	2.6×10^{-2}	8.0×10^{-1}	5.66×10^{0}

在引入 Al_2O_3 薄膜之后,SiN_x 薄膜的残余应力由 −46 MPa 下降至 −37 MPa,其中应力为负值表明薄膜所受应力为压应力。由于在老化过程中未受外加载荷的影响,因此在发生断裂时其稳态能量释放率的计算公式可以进一步简化为[10]

$$G_{ss} = \frac{\sigma_r^2 h}{E_1'} Z[D_1, D_2] \tag{7-1}$$

其中,E_1' 是薄膜的平面拉应变模量,Z 为裂纹驱动力函数(用来描述沉积的

SiN$_x$ 薄膜与器件表面 LiF 层之间的弹性失配程度,主要与两个 Dundurs 参数 (D_1、D_2)相关)。

此处采用纳米压痕连续刚度测量方法(CSM)对 SiN$_x$ 薄膜的弹性模量进行表征,实验结果如图 7-11(a)所示。SiN$_x$ 薄膜的杨氏模量和硬度分别为(103.3 $\pm$1.2)GPa 和 11.85 GPa。通过查阅文献可知,LiF 的泊松比和杨氏模量分别为 0.32 GPa 和 72.4 GPa,计算表明 D_1 为 0.2。在此条件下 Z 函数的取值主要由 D_1 决定[11],其取值约为 2.35。单层 SiN$_x$ 薄膜和 50 nm Al$_2$O$_3$/SiN$_x$ 复合薄膜稳态能量释放率分别为 3.8×10^{-2} J/m^2 和 2.6×10^{-2} J/m^2,引入 Al$_2$O$_3$ 薄膜后下降了 31.6%。而薄膜是否存在断裂、屈曲剥离等失效行为取决于裂纹尖端的稳态能量释放率是否超过了材料的临界能量释放率,因此接下来将对 SiN$_x$ 薄膜和器件界面的结合强度进行分析。仍然采用纳米压痕连续刚度测量方法,压入深度约为 500 nm。利用 SEM 对压制裂纹的长度进行测量,在老化前后裂纹的平均长度分别为 0.75 μm 和 39.7 μm,加载过程中对应的最大载荷分别为 4.78 mN 和 2.68 mN。对覆盖有 50 nm Al$_2$O$_3$ 薄膜的 SiN$_x$ 薄膜进行测量,平均裂纹长度与对应的最大载荷分别为 0.65 μm 和 3.94 mN。SiN$_x$ 薄膜在老化前临界能量释放率为 5.41 J/m^2,而在老化后临界能量释放率迅速衰减至 1.26×10^{-5} J/m^2,这远远低于发生断裂时的稳态能量释放率 3.8×10^{-2} J/m^2,因此在压应力的作用下 SiN$_x$ 薄膜出现屈曲剥离失效行为。而覆盖有 Al$_2$O$_3$ 的 SiN$_x$ 薄膜,其在老化之后临界能量释放率维持在 5.66 J/m^2,这与老化前 SiN$_x$ 薄膜的临界能量释放率相当,远远高于其发生断裂时的稳态能量释放率 2.6×10^{-2} J/m^2,因此 SiN$_x$ 薄膜与器件界面之间的结合保持稳定。

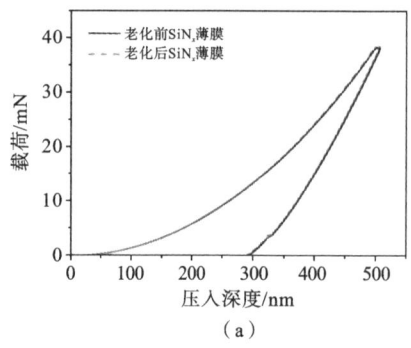
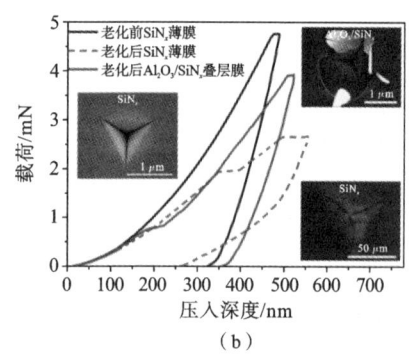

图 7-11　(a) 利用 Berkovich 压头对老化前后 SiN$_x$ 薄膜进行纳米压痕测试时的加载与卸载过程中载荷-压入深度曲线;(b) 利用立方锥压头对老化前后单层 SiN$_x$ 薄膜、老化后复合薄膜的界面结合强度进行表征,插图为压制裂纹 SEM 观测图

对在引入 Al_2O_3 薄膜之后复合封装结构稳定性得以提升的机理解释如下：通过低温 PECVD 工艺获取的 SiN_x 薄膜表面存在大量的针孔缺陷，在湿热条件下水汽将沿着针孔快速地向内部渗透扩散。如图 7-12 所示，此时水汽会破坏 SiN_x 薄膜与器件界面之间的结合，使得界面结合强度 Γ 或临界能量释放率 G_c 显著下降。老化后单层 SiN_x 薄膜的稳态能量释放率 G_{ss} 超过了其界面结合强度，导致其发生屈曲剥离失效。而利用 ALD 方法在表面覆盖 Al_2O_3 薄膜时，可以有效钝化表面针孔缺陷，进而抑制水汽向内传输，使得老化前后 SiN_x 薄膜与器件之间界面的结合强度保持稳定。与此同时，Al_2O_3 薄膜的引入使得薄膜整体的残余应力 σ_r 显著下降，相应地，复合封装结构储存的弹性能也有所下降。老化后，复合封装层与器件的界面结合强度远高于其临界能量释放率，因此屈曲剥离失效行为得到完全抑制。

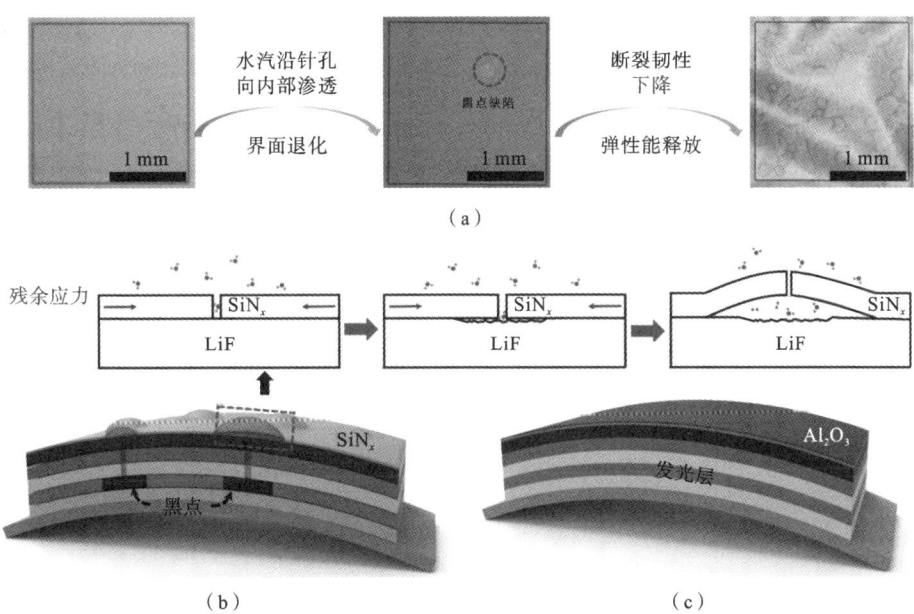

（a）

（b）   （c）

图 7-12　（a）单层 SiN_x 薄膜在湿热老化条件下的失效过程与机理；（b）封装于 OLED 表面退化后的单层 SiN_x 薄膜；（c）封装于 OLED 表面维持稳定的复合薄膜[12]

7.1.2　近零应力纳米叠层封装薄膜的制备及应用

在薄膜沉积过程中，薄膜内部不可避免地会引入残余应力。根据薄膜断裂理论，薄膜残余应力显著影响薄膜的机械稳定性，会严重限制先进应用中的器件性能。过高的应力可能使基底变形、开裂或分层，而当薄膜残余应力近乎为零时,薄膜的阻隔性能明显增强。工艺优化可以有效地控制单层薄膜中的残余应力,但是,要实现零应力往往会导致性能方面的妥协。

ALD 可以制备致密、纳米级和高度保形的无机薄膜,可显著提高器件在小尺寸方面的稳定性。因此,系统研究了等离子体功率和温度对 PEALD SiO_2 薄膜残余应力的影响。如图 7-13(a)所示,随着等离子体功率从 50 W 增加到 200 W,PEALD SiO_2 薄膜的残余应力从拉伸状态转变为压缩状态。图 7-13(b)表明,等离子体功率的增加有利于每循环生长厚度的增长。XPS 分析证实,PEALD SiO_2 薄膜的残余应力由拉伸状态向压缩状态转变的原因是等离子体功率的增加。在 50 W 和 200 W 时,PEALD SiO_2 薄膜均出现 C 1s、N 1s、O 1s和 Si 2p 峰。图 7-13(c)显示 O—H 峰(532.87 eV 处)的面积增大,同时朝低结合能方向偏移,这表明随着等离子体功率的增加,活性位点增加。

PEALD SiO_2 薄膜在不同的沉积温度下表现为压应力特性,应力值随着温

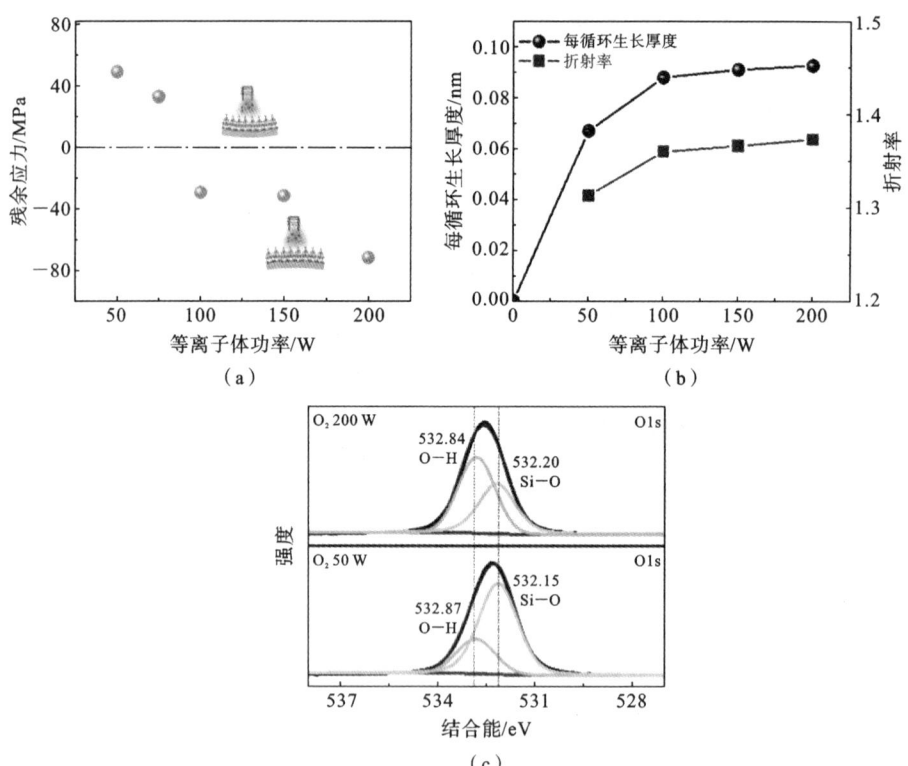

图 7-13 (a) 等离子体功率与 SiO_2 薄膜残余应力的关系;(b) 等离子体功率与 SiO_2 薄膜每循环生长厚度和折射率的关系;(c) 不同等离子体功率下的 XPS

度的升高而减小,如图 7-14(a)所示。为了阐明残余应力的这种减小情况,需要考虑热应力,见式(7-2)。

$$\theta_t = \frac{E_{SiO_2}}{(1-\nu_{SiO_2})}(\alpha_{Si}-\alpha_{SiO_2})(T_2-T_1) \tag{7-2}$$

其中,T_1 和 T_2 分别为加热前和加热后的温度,α_{Si} 为 Si 衬底的热膨胀系数(取 2.6 ppm/℃),E_{SiO_2}、ν_{SiO_2} 和 α_{SiO_2} 分别为 SiO$_2$ 薄膜的杨氏模量、泊松比和热膨胀系数(取值分别为 70 GPa、0.16 和 0.55 ppm/℃)。计算得到,每降 1 ℃,产生的热应力约为 0.17 MPa。从沉积温度冷却到环境温度的过程中,产生的拉应力分别为 5.98 MPa、7.69 MPa、9.40 MPa、11.10 MPa 和 12.81 MPa,这反过来解释了 PEALD SiO$_2$ 薄膜内部压应力的降低。如图 7-14(b)所示,由热 ALD (thermal ALD,T-ALD)技术制备的 Al$_2$O$_3$ 薄膜应力(压应力)也随着温度的升高而降低。

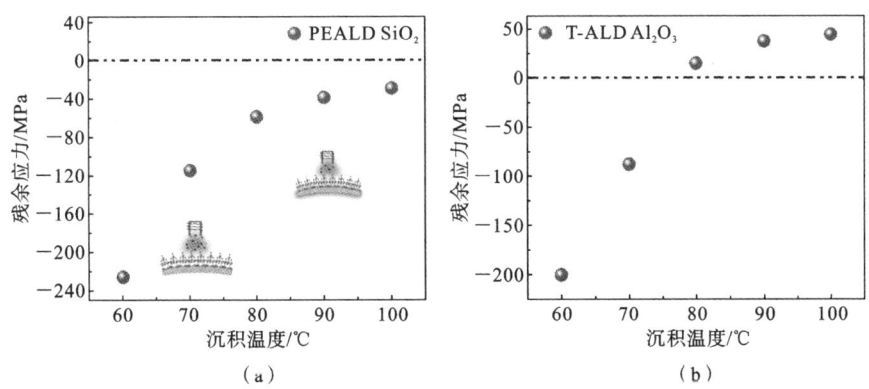

图 7-14 (a) SiO$_2$ 薄膜和(b) Al$_2$O$_3$ 薄膜沉积温度对薄膜残余应力的影响

此外,在 0~20 nm 厚度范围内,PEALD SiO$_2$ 和 T-ALD Al$_2$O$_3$ 薄膜都呈现出增透的效果,如图 7-15(a)所示。如图 7-15(b)所示,PEALD SiO$_2$ 薄膜表现出压应力,当厚度达到 50 nm 时,残余应力为 −137.35 MPa。T-ALD Al$_2$O$_3$ 薄膜则表现出拉应力,残余应力从 0 增加到约 300 MPa。基于线弹性断裂力学,薄膜内部残余应力是评价裂纹扩展的重要判据。残余应力或外加应力过大,会使裂纹扩展驱动力增大,从而增大开裂概率。由此可知,调节残余应力对于提高薄膜的机械稳定性至关重要。

通过调节 PEALD SiO$_2$ 和 T-ALD Al$_2$O$_3$ 薄膜的厚度比和层数,可以调节纳米叠层封装薄膜的残余应力。厚度比为 1:1 和 2:1 的 SiO$_2$/Al$_2$O$_3$ 纳米叠层封装薄膜分别记为 SA$_{1/1}$ 和 SA$_{2/1}$。如图 7-16(a)所示,SA$_{1/1}$ 和 SA$_{2/1}$ 均表现出

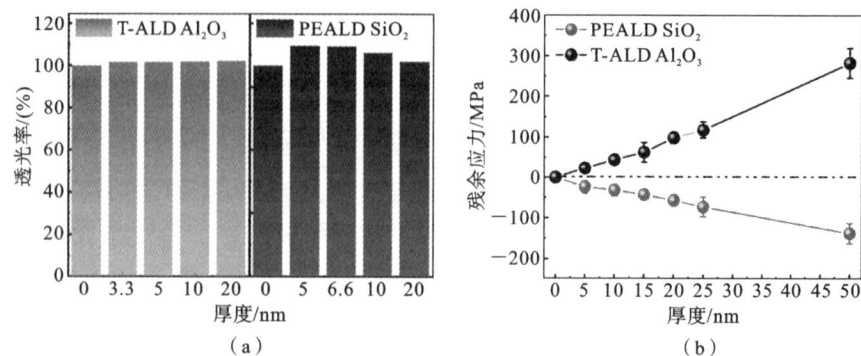

图 7-15 (a) SiO_2 薄膜和 Al_2O_3 薄膜厚度与透光率之间的关系；(b) 不同厚度 SiO_2 和 Al_2O_3 单层薄膜的残余应力

拉应力，$SA_{2/1}$ 值略低于 $SA_{1/1}$ 值。图 7-16(b)显示 50 nm 厚的 T-ALD Al_2O_3 和 PEALD SiO_2 具有较大的拉应力和压应力，导致 PEN 弯曲成凹形或凸形。相比之下，纳米叠层封装薄膜（$SA_{1/1}$ 和 $SA_{2/1}$）在 PEN 翘曲最小的情况下呈现出较低的残余应力。

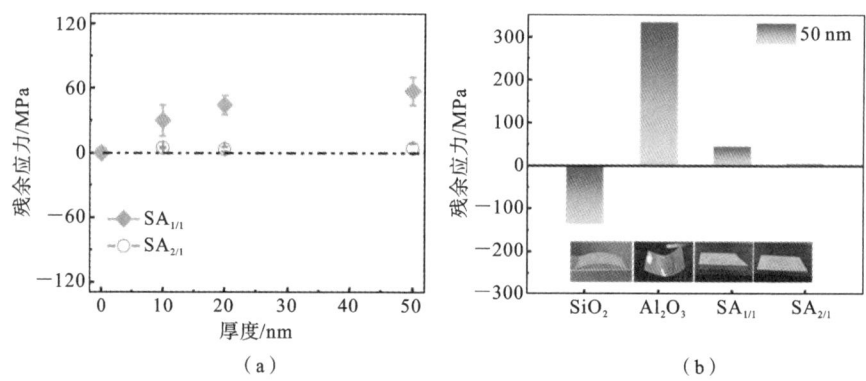

图 7-16 (a) 不同厚度 $SA_{1/1}$ 和 $SA_{2/1}$ 的残余应力；(b) 单层 SiO_2 和 Al_2O_3 薄膜以及 $SA_{1/1}$ 和 $SA_{2/1}$ 薄膜总厚度为 50 nm 时的残余应力

此外，如图 7-17 所示，在对所有薄膜进行胶带测试后，$SA_{2/1}$ 的氧含量变化最小，这证实了纳米叠层封装结构具有很强的附着力。薄膜的光学性能如图 7-18 所示。制备得到的纳米叠层吸光系数为零，光学性能良好。封装后 PEN 的透光率高于裸 PEN 的透光率。$SA_{2/1}$ 包封的 PEN 透光率最高，在 550 nm 处达到 89.4%，这是由于单层 SiO_2 薄膜的低折射率和单层 Al_2O_3 薄膜的高折射率相结合的结构设计。此外，$SA_{2/1}$ 的反射率低于玻璃的反射率。

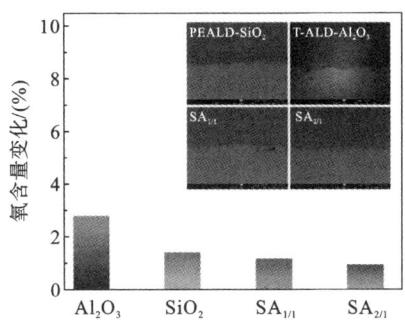

图 7-17 单层 SiO_2 和 Al_2O_3 薄膜以及 $SA_{1/1}$ 和 $SA_{2/1}$ 薄膜胶带测试前后
氧含量变化情况（插图显示了相应的 SEM 图像）

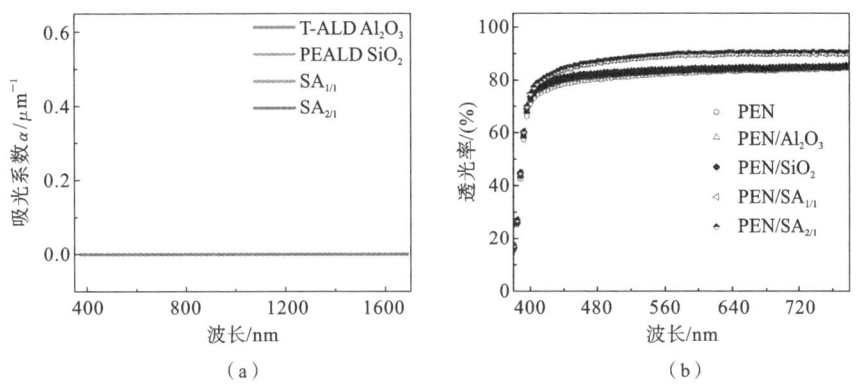

图 7-18 单层 SiO_2 和 Al_2O_3 薄膜以及 $SA_{1/1}$ 和 $SA_{2/1}$ 薄膜的 (a) 功率吸光系数和 (b) 透
光率

　　光学低应力薄膜不仅要保持光学显示器的平整以免开裂，还要起到防潮的
屏障作用，并能承受外部应力和应变。图 7-19（a）表明，与 PEALD SiO_2 和
T-ALD Al_2O_3 相比，$SA_{2/1}$ 封装的 PEN 具有更好的阻隔性能，这是由于湿渗透
剂层压结构中弯曲结构延长了扩散路径。这种极佳阻隔性能归因于纳米叠层
薄膜延长了水汽的扩散途径。研究发现，经过 3 d 的加速老化后，制备的薄膜表
面出现了白点。利用 AFM 对加速老化试验引起的形态学变化进行了进一步研
究。如图 7-19（b）所示，T-ALD Al_2O_3 和 PEALD SiO_2 薄膜在受潮后的归一化
粗糙度（分别为 181% 和 152%）显著增加，而 $SA_{2/1}$ 薄膜的归一化粗糙度（为
102%）略有增加，这表明 $SA_{2/1}$ 薄膜对湿热条件的抵抗力更强。

　　如图 7-20（a）所示，通过疲劳弯曲试验对 SiO_2/Al_2O_3 纳米复合材料的柔韧

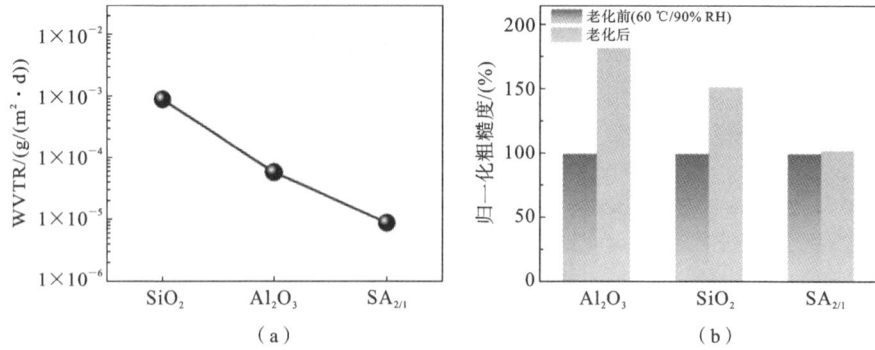

图 7-19 （a）T-ALD Al_2O_3、PEALD-SiO_2 和 $SA_{2/1}$ 的 WVTR；（b）T-ALD Al_2O_3、PEALD-SiO_2 和 $SA_{2/1}$ 在老化前后的归一化粗糙度

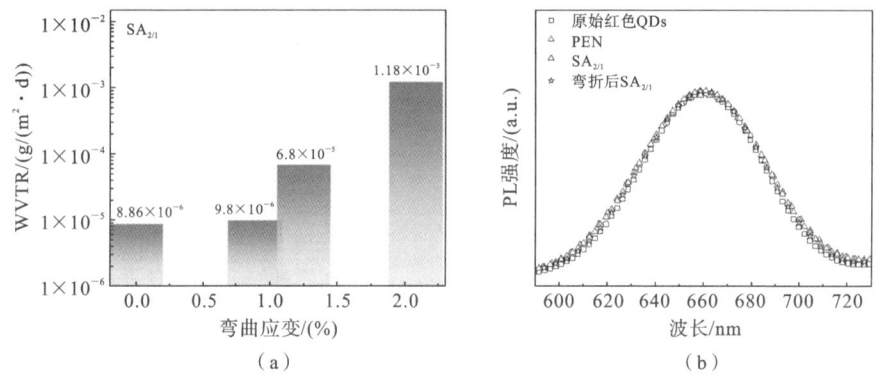

图 7-20 （a）$SA_{2/1}$ 以不同应变弯折后阻隔性能的变化；（b）封装前后红色量子点的光致发光强度

性进行了评价，纳米复合层的柔韧性显著高于 SiO_2 和 Al_2O_3 单层。随后制备了裸露红色量子点和封装 PEN 的量子点并进行比较。如图 7-20（b）所示，其峰值对应波长保持不变，被纳米叠层薄膜包裹的红色量子点的光致发光（PL）强度有所增加。值得注意的是，弯曲行为对 $SA_{2/1}$ 封装的量子点的 PL 强度的影响可以忽略不计。这些结果表明，$SA_{2/1}$ 具有高阻隔性和高柔韧性，非常适用于柔性显示器的封装。

利用绿色 Micro LED 器件评估了 SiO_2/Al_2O_3 纳米叠层材料作为低应力薄膜的有效性。如图 7-21 所示，封装后的 Micro LED 的 PL 强度高于裸 Micro LED。封装后的 Micro LED 的 PL 强度增加可能是由于绿色量子点表面缺陷位点被钝化和所制备薄膜的抗反射作用。

如图 7-22 所示,在室温和 250 ℃之间交替进行的三次热循环测试中,T-ALD Al$_2$O$_3$ 和 PEALD SiO$_2$ 封装的 Micro LED 发生了量子点断裂,而 SA$_{2/1}$ 封装的 Micro LED 保持了完好的量子点。当封装的 Micro LED 在湿热条件(60 ℃/90％ RH)下暴露一周时,PEALD SiO$_2$ 和 T-ALD Al$_2$O$_3$ 封装的 Micro-LED 表面出现白点,而 SA$_{2/1}$ 表面保持不变。这些结果证明了 SA$_{2/1}$ 在湿热环境下的可靠性。为了评估外加应力对封装 Micro-LED 的形貌和 PL 强度的影响,在其上沉积了 15 nm 的

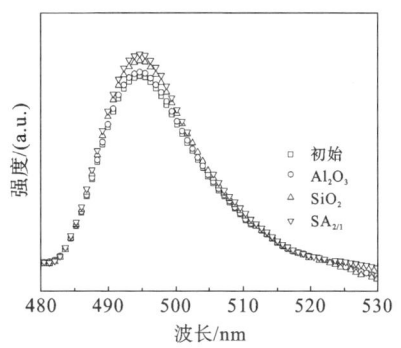

图 7-21 未封装以及经 T-ALD Al$_2$O$_3$、PEALD SiO$_2$ 和 SA$_{2/1}$ 封装后的 Micro LED 的 PL 光谱

Al$_2$O$_3$,拉伸应力为 133 MPa。T-ALD Al$_2$O$_3$ 和 SA$_{2/1}$ 封装的 Micro LED 保持完整的形态,而 PEALD SiO$_2$ 封装的绿色量子点 Micro LED 出现断裂。

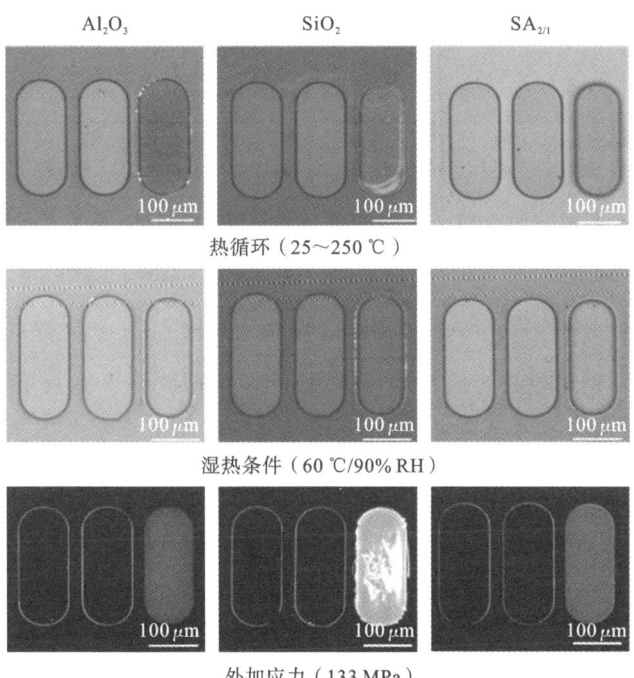

图 7-22 T-ALD Al$_2$O$_3$、PEALD SiO$_2$ 和 SA$_{2/1}$ 封装的 Micro-LED 在热循环、湿热条件和外加应力下的超深三维显微镜图像

此外,受到外加载荷后,T-ALD Al_2O_3 封装的 Micro LED 的归一化 PL 强度下降到 11.63%,而 PEALD SiO_2 和 $SA_{2/1}$ 封装的 Micro LED 的归一化 PL 强度分别为 99.2% 和 99.8%,如图 7-23(a)所示。PEALD SiO_2 的 PL 强度基本不变可能是由于其存在的压应力缓解了施加的拉应力。$SA_{2/1}$ 稳定的 PL 强度可归因于零应力状态。这一结论得到了有限元分析(FEA)的有力支持。由 FEA 得到的结果如图 7-23(b)所示,该图显示了制备薄膜在拉伸弯曲下的应力分布。应力集中在膜边缘,T-ALD Al_2O_3、PEALD SiO_2、$SA_{1/1}$ 和 $SA_{2/1}$ 的最大应力分别为 281.48 MPa、1099.3 MPa、863.14 MPa 和 816.43 MPa。这些结果表明,与 T-ALD Al_2O_3 和 $SA_{1/1}$ 相比,$SA_{2/1}$ 具有较低的开裂概率,凸显了其较高的机械稳定性。

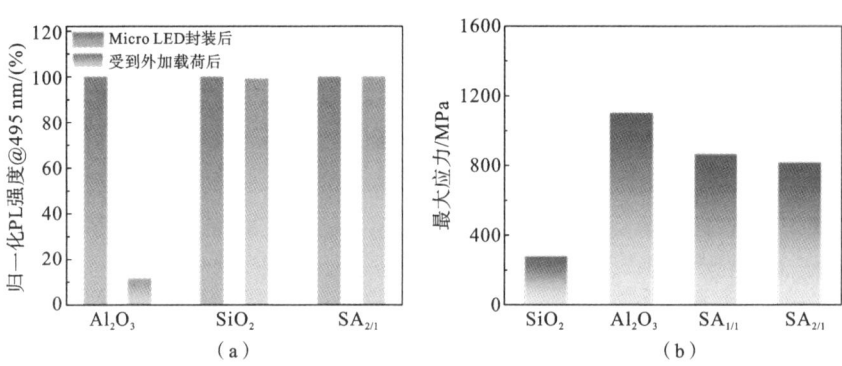

图 7-23　(a) 封装后 Micro LED 在施加应力前后的归一化 PL 强度;(b) 基于有限元分析的弯折仿真

本小节针对柔性显示设备设计了一种具有相反应力方向的 PEALD SiO_2/T-ALD Al_2O_3 纳米叠层封装结构,通过精确调整薄膜厚度以及层数,可实现薄膜近零应力。这种结构具有高阻隔性、高柔韧性、高透光率[13]。对由该结构封装的 Micro LED 在热循环、湿热环境和受应力条件下进行了测试,结果都表明其具有优异的稳定性。

7.2　可弯折柔性无机-有机叠层薄膜的制备及应用

7.2.1　无机-有机复合叠层封装薄膜制备与性能研究

为了实现对无机子层厚度的优化,对叠层膜中无机子层的性能进行探究。

PDMS 和 Al_2O_3 薄膜的热膨胀系数分别为 340 ppm/℃和 4.2 ppm/℃[14],这导致在沉积结束后 Al_2O_3 薄膜内部受到较大的残余压应力影响。Miller 等人的研究工作指出,有机膜厚度的增加会导致基底无法对无机子层形成有效约束,从而使其弹性失配函数值较大,即 Al_2O_3 薄膜的应变能释放率较高。尤其是将沉积好 Al_2O_3 薄膜的样品立即从 ALD 腔体中取出急速冷却时,样品易发生自发断裂。基于上述分析,有机子层的厚度不宜过高,这里将其设定为 20 nm。在选定无机子层和有机子层的厚度后,下面对叠层膜的综合性能进行研究。所制备的封装结构包括:20 nm PDMS、20 nm Al_2O_3、40 nm Al_2O_3、PDMS/Al_2O_3/PDMS(以下简写为 PAP)以及 PDMS/Al_2O_3/PDMS/Al_2O_3/PDMS(以下简写为 PAPAP),叠层结构中子层的厚度均为 20 nm。如图 7-24(a)所示,随着循环次数的增加,薄膜厚度逐渐增加。如图 7-24(b)所示,对于具有一定厚度的 Al_2O_3,随着施加应变的增加,裂纹密度增加。

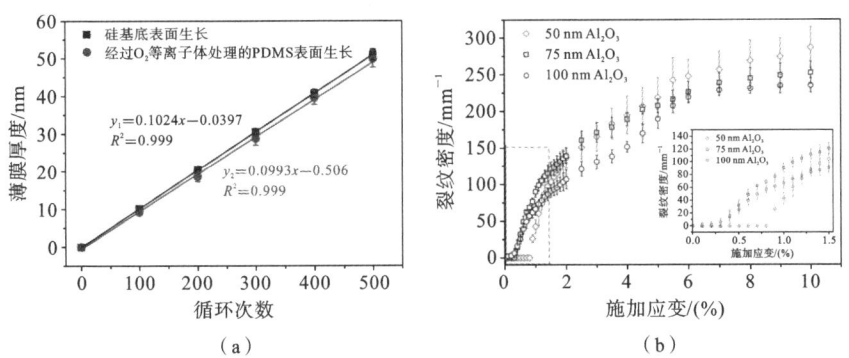

图 7-24 (a) 不同表面生长 Al_2O_3 薄膜厚度与沉积循环次数关系;(b) 不同厚度的 Al_2O_3 薄膜裂纹密度与施加应变的关系(插图是应变为 0~1.5%处的放大图)

以下对不同封装结构的阻隔性能进行分析,所有封装结构均沉积于 PEN 衬底表面,采用电学钙测试法对不同封装结构的水汽阻隔率进行测试,为了缩短测试时间仍采用 60 ℃/90% RH 这一加速老化条件,测试结果如图 7-25 所示。可以发现,无论是单层的 PEN 衬底还是纳米级 PDMS 薄膜,其阻隔性能均较差,钙膜在 3 h 以内均被完全氧化。对于单层 Al_2O_3 薄膜而言,当其厚度由 20 nm 提升至 40 nm 时,其阻隔性能显著提升,一方面是由于传输路径的延长;另一方面是由于随着无机子层厚度的增加,针孔缺陷密度逐渐下降。对于无机-有机叠层膜而言,PAP 结构的阻隔性能与 20 nm 的 Al_2O_3 薄膜相当,这是由于主要起阻隔作用的仅有 20 nm 的无机子层结构。随着子层数目的增

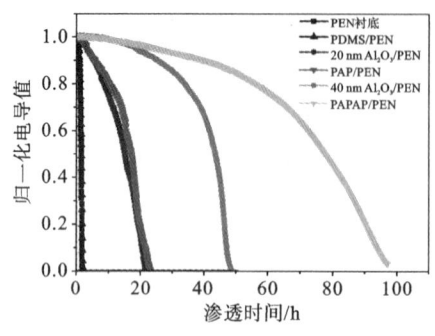

图 7-25　不同封装结构所保护的钙传感器电导随时间的变化

加,相较于 PAP 结构、40 nm Al_2O_3 薄膜的阻隔性能,PAPAP 结构的阻隔性能显著提升,在 60 ℃/90% RH 的湿热条件下其水汽阻隔率可达 1.32×10^{-3} g/($m^2 \cdot$ d)。结合 Weijer 等人的研究工作,可以取加速因子为 25,对常温常湿条件下的水汽阻隔率进行估算[9],其值约为 5.28×10^{-5} g/($m^2 \cdot$ d)。这是由于在相邻无机子层中掺入有机薄膜后可以有效实现无机子层之间的缺陷解耦,这样水汽的传输路径将显著延长,使得该薄膜相较于单层 40 nm Al_2O_3 薄膜的阻隔性能(60 ℃/90% RH 测试条件下水汽阻隔率为 2.88×10^{-3} g/($m^2 \cdot$ d)显著提升。

与此同时,利用高低温交变老化实验对复合封装结构的静态稳定性进行测试。测试步骤为:将样品置于 25 ℃/60% RH 环境中储存 12 h,然后将其转移至 60 ℃/90% RH 环境中储存 12 h,完成后再次转移至 25 ℃/60% RH 环境中。重复上述步骤,总共测试时长为 168 h。老化前后薄膜表面形貌均较为平整,没有出现裂纹、屈曲剥离等现象,由此可见其对不同温湿度条件具有良好的耐受性。

7.2.2　叠层封装薄膜中性轴调控与弯折性能提升

在完成对叠层膜阻隔性能的表征之后,接下来对封装薄膜的柔性进行探究。研究对象包括 40 nm Al_2O_3 薄膜、PAPAP 结构,研究方法主要是通过对比弯折之后的水汽阻隔能力来反映其柔性。在对其进行研究之前,首先对封装结构弯折过程中的应变状态进行讨论。

器件在弯折过程中,外翻的一侧内部将会产生拉应力,而内翻的一侧内部将会产生压应力。此时,横截面上某一位置所受应变为 0,将其定义为中性轴位置。建立图 7-26 所示的坐标系以开展讨论。取弯折时封装结构的对称中心为 x 轴的原点,竖直方向为 z 轴方向,y 轴垂直于纸面朝里。中性轴位置材料所受到的合应力为 0,有

$$\int_0^{h_t} \sigma_z w \mathrm{d}z = 0 \qquad (7\text{-}3)$$

其中,z 表示竖直方向上的任意位置,σ_z 为 z 位置上的应力,w 为沿 y 轴方向的

封装层的宽度(在假定各层等宽时可以将其视为一常量以简化计算),积分上限 h_t 为整体结构的厚度,可以表示为

$$h_t = \sum_{i=1}^{n} h_i \qquad (7\text{-}4)$$

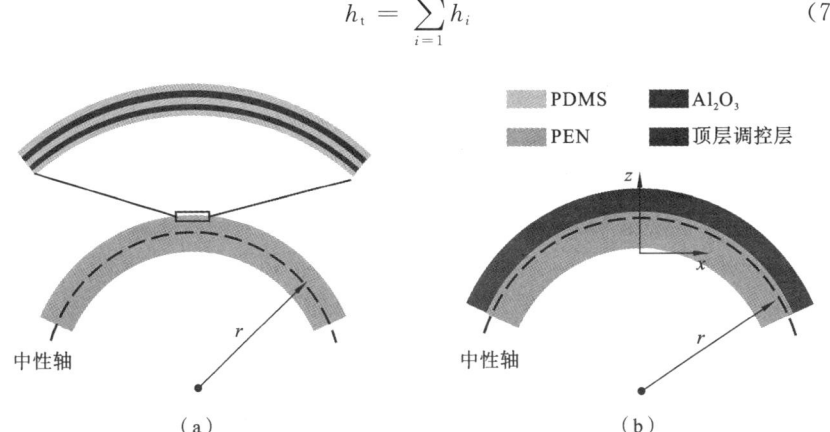

图 7-26 沉积于 PEN 衬底表面的(a)不包含顶层调控层和(b)包含顶层调控层的
PDMS/Al$_2$O$_3$ 叠层膜中性轴位置示意图

此外,σ_z 可以表示为

$$\sigma_z = E\varepsilon_z \qquad (7\text{-}5)$$

其中,E 为材料的杨氏模量,ε_z 为 z 位置处材料所受到的应变。

$$\varepsilon_z = \frac{z - z_{\text{NA}}}{r} \qquad (7\text{-}6)$$

其中,z_{NA} 为中性轴位置的高度,r 为弯折半径。假定材料均匀分布,那么对于多层结构可以联立上式求解得到中性轴的位置:

$$z_{\text{NA}} = \frac{\sum\limits_{i=1}^{n} z_{ic} E_i h_i}{\sum\limits_{i=1}^{n} E_i h_i} \qquad (7\text{-}7)$$

其中,E_i 表示第 i 层的杨氏模量,h_i 表示第 i 层的厚度,z_{ic} 为第 i 层的几何中心高度。

$$z_{ic} = \sum_{j=1}^{i-1} h_j + \frac{h_i}{2} \qquad (7\text{-}8)$$

本节中,PDMS/Al$_2$O$_3$ 纳米叠层膜的总厚度约为 100 nm,而 PEN 衬底的厚度为 125 μm。若将纳米叠层膜视为 5 层结构来考虑,计算的复杂程度会显著提升。由于单一子层的厚度相较于 PEN 衬底相差约 4 个数量级,可参照文献

将纳米叠层膜视为整体来考虑[15]，这对计算精度的影响不大。当 PDMS、Al_2O_3 的子层厚度比为 1:1 时，叠层膜杨氏模量和硬度分别为(44.9 ± 3.5) GPa 和(10.8 ± 0.3) GPa。

同样采用纳米压痕测量方法对 PEN 衬底的力学性能进行测试，其杨氏模量和硬度分别为(4.1 ± 0.1) GPa 和(0.37 ± 0.01) GPa。PEN 衬底和叠层膜结构中，中性轴位置的高度约为 63.04 μm，可见由于封装层和衬底的厚度相差过大，高杨氏模量的叠层封装结构对整体中性轴位置的调控作用很小。

现采用弯折疲劳测试方法对两种封装结构的柔性进行测试，弯折半径分别设定为 14 mm、7 mm 和 5 mm，测试装置和不同弯折半径条件下的测试示意图如图 7-27 所示。结合上述理论分析，此时对应的应变分别约为 0.45%、0.90% 和 1.25%。往复弯折 100 次后利用电学钙测试法对其阻隔性能进行测试。

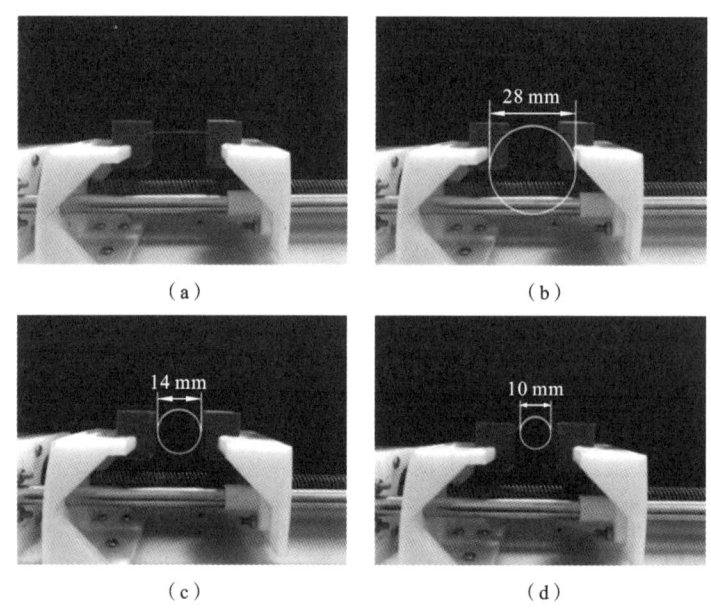

（a）   （b）

（c）   （d）

图 7-27　（a）未弯折样品示意图；弯折半径为（b）14 mm、（c）7 mm 和
（d）5 mm 时弯折样品示意图

40 nm Al_2O_3 薄膜和 PAPAP 结构弯折之后的阻隔性能测试结果如图 7-28 所示。无论是单层无机薄膜还是无机-有机叠层薄膜，在弯折之后其阻隔性能均明显退化，但当拉应变为 0.45% 或 0.90% 时，叠层薄膜的阻隔性能仍然远远优于单层 Al_2O_3 薄膜，然而当拉应变增大至 1.25% 时，无论是单层无机薄膜还是有机-无机叠层薄膜，其阻隔性能均几乎完全丧失，如表 7-4 所示。

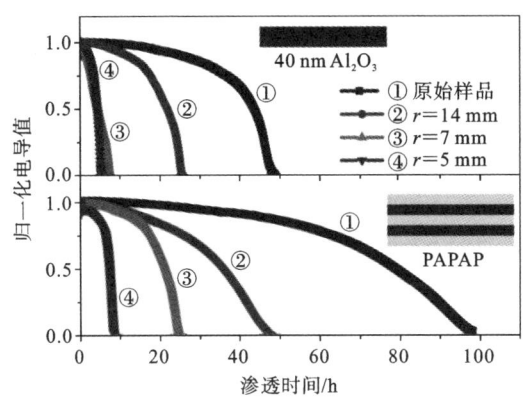

图 7-28　单层 40 nm Al_2O_3 与有机-无机叠层薄膜在不同弯折半径下的
阻隔性能测试结果

表 7-4　基于电学钙测试法测量获取的 $60\ ℃/90\%RH$ 条件下不同封装结构水汽阻隔率

单位:$g/(m^2 \cdot d)$

封装结构	应变状态	初始状态下水汽阻隔率	0.45%应变下水汽阻隔率	0.90%应变下水汽阻隔率	1.25%应变下水汽阻隔率
40 nm Al_2O_3	拉应变	2.88×10^{-3}	5.49×10^{-3}	3.52×10^{-2}	9.56×10^{-2}
PAPAP	拉应变	1.32×10^{-3}	3.67×10^{-3}	5.16×10^{-3}	8.79×10^{-2}

利用 FESEM 对不同封装结构在弯折前后的表面形貌进行表征,结果如图 7-29 所示。初始状态下单层 Al_2O_3 和纳米叠层膜表面均未出现裂纹。当弯折半径由 14 mm 降至 7 mm 时,40 nm 单层 Al_2O_3 表面首先出现裂纹;当弯折半径进一步降至 5 mm 时,叠层膜表面也出现了贯穿整个封装层的裂纹。这与前述阻隔性能测试结果较为吻合,当弯折半径降至 7 mm 时,单层 Al_2O_3 几乎完全丧失阻隔性能,随着应变的进一步增加,叠层膜也完全丧失阻隔性能。

单轴拉伸实验表明,随着无机子层厚度的增加,临界应变显著降低,因此随着应变的增加,40 nm 的无机薄膜更容易发生断裂,导致阻隔性能大幅衰减。而在 PDMS/Al_2O_3 的叠层结构中,有机层的嵌入使得无机子层厚度下降,临界应变也显著提高。同时,以 PDMS 为衬底制备 Al_2O_3 薄膜时,无机子层会带有一定的残余压应力,这也会对弯折过程中施加于无机子层上方的拉应力起到一定的缓冲作用,因此叠层结构表现出更好的抗弯折性能。尽管有机层的嵌入使得叠层膜的抗弯折能力相较于单层无机薄膜得到了一定程度的提升,但是当弯折应变增加到 1.25% 时,在 10 h 内叠层膜保护的钙膜也被完全腐蚀。Jen 等人

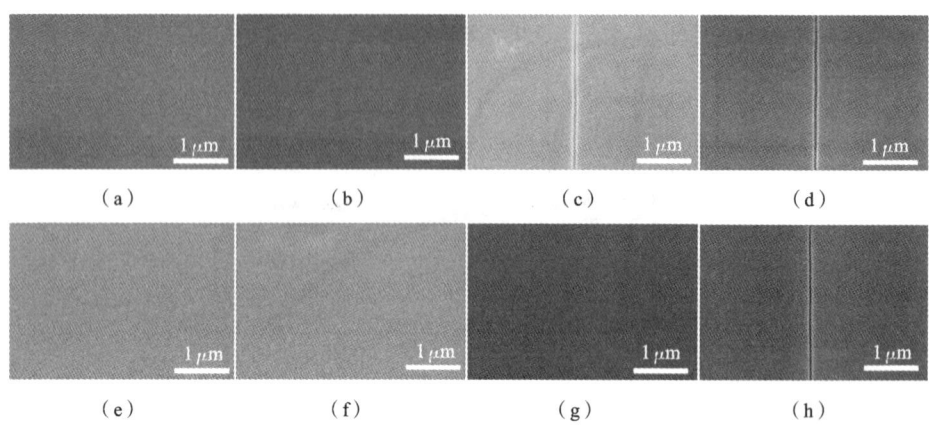

图 7-29　FESEM 表面形貌观测:40 nm 单层 Al_2O_3 和 PAPAP 纳米叠层膜在(a)、(e)弯折前,(b)、(f) 14 mm,(c)、(g) 7 mm,以及(d)、(h) 5 mm 弯折半径条件下 100 次弯折后的表面形貌

的报道指出,对于 20 nm Al_2O_3 薄膜,其临界拉应变为 1.19%±0.22%[16],而此时施加的应变已经超过了子层的临界断裂应变,因此叠层膜的阻隔性能也将完全丧失。在上述弯折过程中,封装结构位于顶层,所遭受的应变环境最为恶劣。为了进一步改善封装层在实际使用中的应变状态,考虑对其整体结构进行设计以降低封装层应变。

为了进一步改善弯折时顶层封装结构的应变状态,考虑引入顶层修饰层以实现中性轴位置的调控[17]。所选取树脂材料的杨氏模量至少应与 PEN 衬底相当,若其杨氏模量远远低于 PEN 的杨氏模量,则会导致修饰层的厚度较大;同时,该材料应具有良好的透光性能,以保证光学器件的使用性能。这里选用

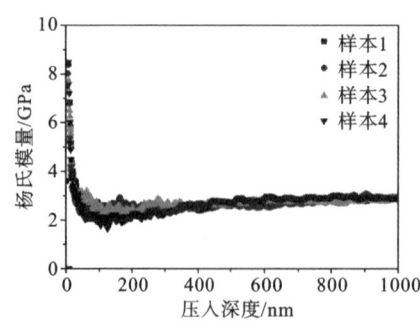

图 7-30　顶层固化树脂胶水杨氏模量与压入深度的关系

Loctite 公司生产的双组分树脂胶水(EA E-30CL)作为顶层修饰层。利用涂膜器制备厚度在微米级且可控的树脂材料,然后将其置于空气中进行固化,固化时间为 24 h,可以适当加热以缩短固化时间。在硅基底上制备好样品后,利用纳米压痕测试方法中的连续刚度模式对其基本力学性能进行测量,结果如图 7-30 所示,可得其杨氏模量和硬度分别为(2.7±0.1) GPa 和(0.08±

0.01) GPa。将 PEN 衬底、有机-无机纳米叠层膜、顶层胶水调节层的力学参数代入式(7-7)和式(7-8)中进行求解,即可得到整体中性轴位置与胶水层厚度 h_m 的关系:

$$z_{NA} = 0.5h_m + \frac{17413}{517 + 2.7h_m} + 29.36 \tag{7-9}$$

当 h_m 为 0 时,z_{NA} 的计算结果为 63.04 μm,这与两层结构的计算结果一致。根据式(7-9)绘制出中性轴位置与胶水层厚度的函数关系图像,如图 7-31(a)所示,可见这两个参数强线性相关。进一步简化,通过线性拟合可得到:

$$z_{NA} = 0.437h_m + 59.04 \tag{7-10}$$

此时 $R^2 = 0.999$,因此可以用式(7-10)来描述中性轴位置与胶水层厚度之间的关系。

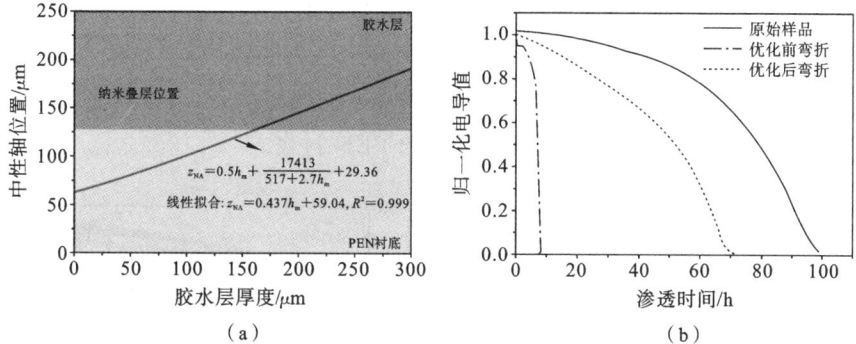

图 7-31　(a) 中性轴位置与胶水层厚度关系;(b) 中性轴位置优化前后样品阻隔性能在弯折前后的变化

已知叠层封装结构的高度约为 125 μm,求解得到顶层树脂胶水层的优化厚度约为 150 μm。利用涂膜器在纳米叠层封装结构表面制备 150 μm 厚度的胶水层,并对弯折前后的阻隔性能进行测试,设定弯折半径为 5 mm,结果如图 7-31(b)所示。弯折之后,添加了胶水修饰层的五层结构的水汽阻隔率为 2.63 $\times 10^{-3}$ g/($m^2 \cdot$ d),相较于未添加修饰层的叠层结构,提升 1 个数量级以上。由此可见,修饰层的引入显著改善了复合封装结构在小曲率弯折半径下的应变状态。

对封装层的柔性改善过程进行归纳总结:引入纳米级 PDMS 薄膜,实现无机子层厚度的减小,但随着外加应变的增大,薄膜的稳态能量释放率超过其界面结合强度,导致其出现断裂失效行为。进一步引入顶层修饰层,使得中性轴位置向封装层移动,在小曲率弯折半径条件下,封装层所受应变显著下降。此时,薄膜的稳态能量释放率也显著下降,并低于其界面结合强度,有效避免了封装层断裂失效行为的发生。

7.2.3 有机发光二极管显示集成应用与可靠性测试

采用蓝光 OLED 器件对封装结构的透光性能进行可靠性评估。首先对不同封装结构的透光性能进行测试,结果如图 7-32(a)所示。为了区分不同封装结构,其在可见光区域内的局部放大图如图 7-32(b)所示。可见相较于裸露的 PEN 衬底,单层 PDMS 或者 Al_2O_3 薄膜的引入使得整体透光率有所提升,这是由于对于 PDMS、PEN 衬底和 Al_2O_3 薄膜材料,PDMS 的折射率最低,而 PEN 衬底的折射率最高。如前文所述,当存在高、低折射率堆叠结构时,会存在一定的减反作用,因此引入单层的 PDMS 或者 Al_2O_3 薄膜时复合结构的透光率有所上升。随着无机子层厚度的增加,或者有机-无机纳米叠层膜的引入,其透光率将进一步提升。对于包含 PEN 衬底的 5 层 Al_2O_3/PDMS 叠层结构,其在可见光区域的平均透光率高于 85%。随着顶层胶水修饰层的引入,其透光率相较于 5 层堆叠结构有所下降,但仍然高于裸露的 PEN 衬底。

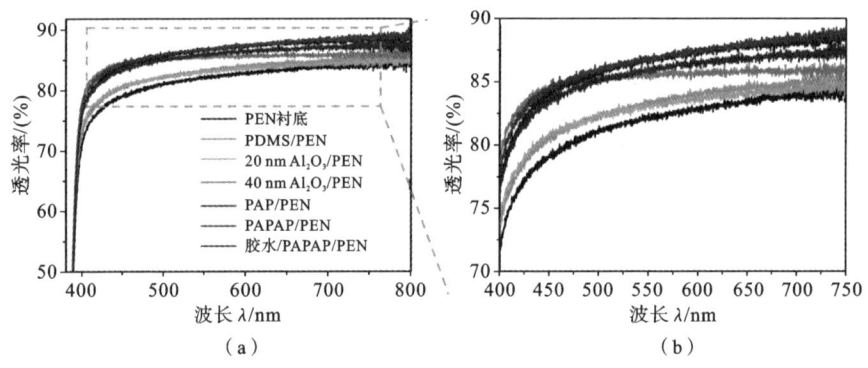

图 7-32 (a)不同封装结构的透光率;(b)可见光区域内不同封装结构透光率局部放大图

进一步将不同封装结构用于 OLED 的封装中,并对其光电性能、稳定性进行分析。研究对象包括裸露的 OLED 器件、由 PEN 衬底以及复合封装结构保护的 OLED 器件,结果如图 7-33 所示。不同器件的发光光谱如图 7-33(a)所示,裸露器件的发射峰位置在 457 nm 处,而随着封装结构的引入,发射峰存在一定的蓝移(约 5 nm),但封装前后的 OLED 器件的半峰宽均保持 21 nm 不变。就器件的发光特性而言,如图 7-33(b)所示,随着加载电压的逐渐提升,裸露的 OLED 器件与封装之后的 OLED 器件的电流密度无明显变化。由于封装结构中采用的 PEN 衬底对蓝光存在一定的吸收作用,因此封装之后的 OLED 器件的亮度相较于裸露的 OLED 器件有所下降。PEN 衬底的引入还使得在相同的加载电压条件下,封装后的 OLED 器件的 EQE 相较于未封装器件有所下降,结果如图 7-33(c)所示。

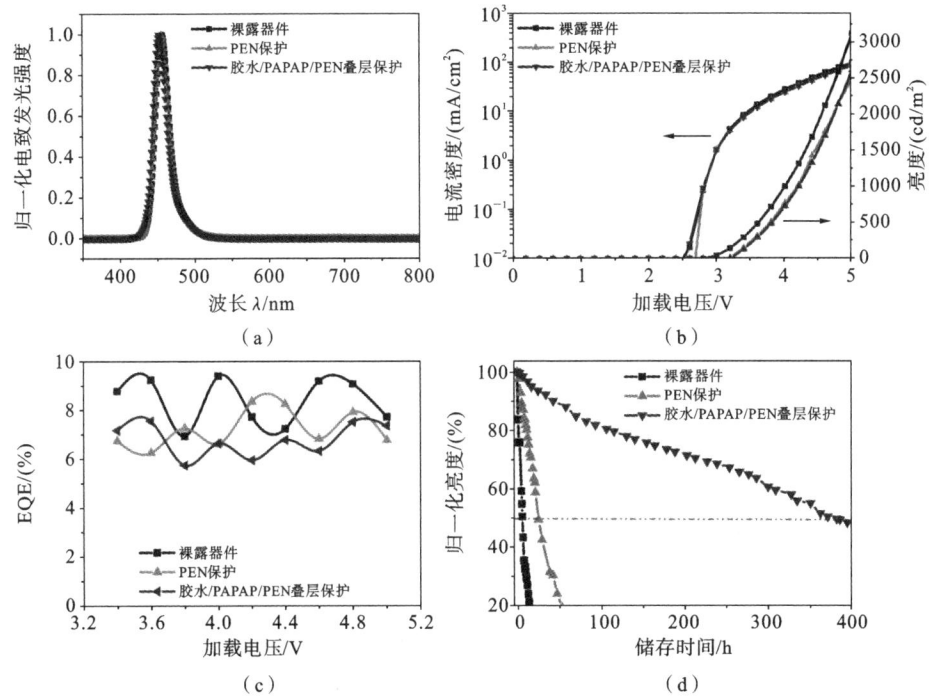

（a）　　　　　　　　　　（b）

（c）　　　　　　　　　　（d）

图 7-33　裸露器件、PEN 保护器件和复合封装结构保护器件:(a) 电致发光光谱;(b) 电流密度-加载电压和亮度-加载电压曲线;(c) EQE 与加载电压的关系;(d) 25 ℃/60％ RH 测试条件下器件亮度随时间的变化

对器件稳定性进行测试,将其储存于 25 ℃/60％ RH 的环境中,并采用常电压模式进行测量,常电压对应的初始亮度为 2000 cd/m²。以固定的时间间隔对器件的亮度进行测试,从而评估封装结构的可靠性,结果如图 7-33(d)所示。对于未封装的 OLED 器件而言,其亮度随时间快速衰减,在约 6 h 后其亮度已经下降到原始亮度的 50％ 左右,即其半衰期约为 6 h。而对于由复合封装结构保护的 OLED 器件而言,在初始阶段,器件的亮度未发生明显变化。这可以理解为水汽在复合封装结构中的扩散和渗透存在一定的迟滞时间,在这段时间内水汽尚未到达器件表面。随后器件的亮度会随着水汽渗透量的增加而逐渐下降,但其衰减速率明显慢于未受保护的 OLED 器件。测试结果表明,复合封装

结构保护的 OLED 器件的半衰期延长至 370 h 以上,相较于未封装的 OLED 器件提升了约 60 倍。可见复合封装结构具有良好的水汽阻隔性能。

在柔性封装层的制备方面,针对无机封装结构的阻隔性和柔性无法兼容这一问题,本节通过引入纳米级 PDMS 薄膜使 Al_2O_3 子层厚度减小,PDMS/Al_2O_3 纳米叠层封装结构的临界应变相较于单层无机层显著提升[18]。结合 O_2 等离子体前处理,改善有机子层的表面化学态以实现 Al_2O_3 薄膜的线性生长,进而研究有机、无机子层厚度比对叠层结构静态机械稳定性的影响。通过引入顶层修饰层,实现中性轴位置向纳米叠层结构移动,研究修饰层材料的力学性能、厚度对中性轴位置的影响,在结构优化后进行小曲率半径弯折疲劳测试时,纳米叠层结构的应变状态得到显著改善,弯折后封装结构的阻隔性能得到良好保持,并且与 TCL 科技集团股份有限公司合作将其成功用于蓝光 OLED 的封装中。

7.3 可弯折/可拉伸柔性衬底改性及性能优化

7.3.1 原子层渗透柔性衬底抗弯折性能研究

虽然玻璃衬底的 OLED、QLED 新一代显示器件的研究目前已取得巨大进展,部分产品甚至实现了商业化应用,然而,如何制造出具有高稳定性的柔性显示器件,仍然有大量问题亟待解决。尤其是柔性显示器件所采用的塑料衬底普遍阻隔能力较差,大气环境中的水氧会沿着塑料衬底的孔隙迅速向器件内部扩散,导致器件性能快速衰退。PEN 衬底的玻璃化温度 T_g 约为 190 ℃,熔点约为 265 ℃。由于 PEN 衬底无色透明,且相较于其他塑料衬底具有良好的力学性能,因此选择其作为改性对象,同时仍采用 Al_2O_3 基 ALD 工艺对 PEN 衬底进行改性。通过对温度、曝光当量等沉积工艺参数的优化,再结合塑料衬底表面预处理,实现前驱体向衬底近表面的有效填充,在小循环改性条件下大幅提升塑料衬底的阻隔性能,同时保持良好的抗弯折性能,最终将其集成用于 OLED 器件的封装。

在自主搭建的多路管流式 ALD 设备中进行实验。由于 PEN 衬底无色透明,难以利用椭偏仪对其表面生长的 Al_2O_3 薄膜厚度进行测量,因此在实验过程中同时放置硅片以对薄膜厚度进行标定。循环次数设置为 200,沉积温度分别设定为 75 ℃、85 ℃、95 ℃ 和 105 ℃,不同温度条件下的 Al_2O_3 生长速率如图 7-34(a)所示。可见在 ALD 的温度窗口内,薄膜生长速率稳定在

0.95～1.02 Å/cycle 范围内。与此同时,如图 7-34(b)所示,对硅基底上沉积 200 次循环之后的 Al_2O_3 薄膜的折射率进行分析:随着沉积温度的升高,薄膜的折射率逐渐增大。文献表明,随着沉积温度的升高,薄膜的致密程度也将逐渐增大[19]。

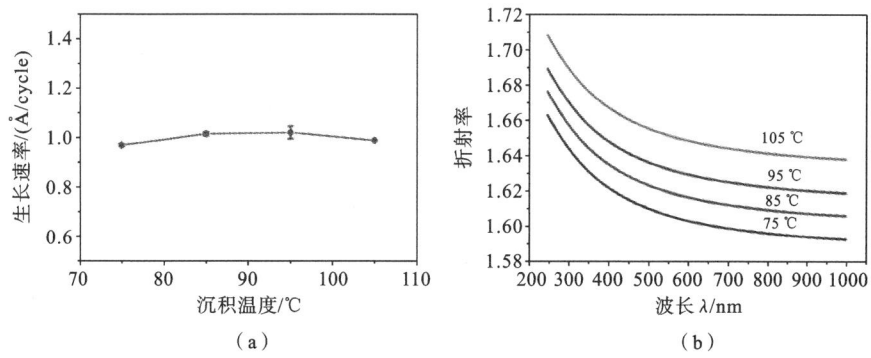

（a）   （b）

图 7-34 温度对 Al_2O_3 薄膜生长特性的影响:(a) 不同温度条件下 Al_2O_3 薄膜生长速率;
(b) 不同温度条件下沉积薄膜折射率对比

下面结合石英晶体微天平(QCM)对 ALD 循环过程中薄膜的生长过程进行监测,实验结果如图 7-35 所示。

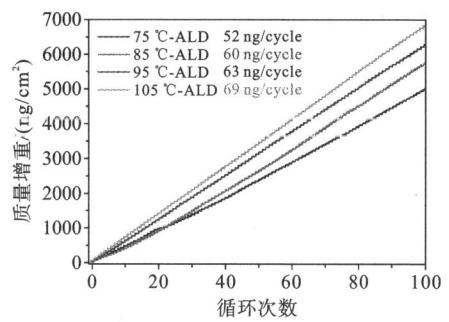

图 7-35 不同温度条件下 ALD 沉积过程中质量增重与循环次数的关系

在不同温度条件下,石英晶体表面的质量增重与循环次数均呈现出强线性相关性。随着温度的升高,单循环的质量增重由 52 ng/cycle 提升至 69 ng/cycle,这是由于随着温度的升高,化学反应速率加快,活性位点更容易被充分消耗。而前述椭偏仪测试结果表明,此时膜厚度基本保持不变,可见随着沉积温度的升高,沉积薄膜的致密程度逐渐增大,这与之前测量得到的折射率结论趋于一致。在完成不同温度条件下硅基底表面 Al_2O_3 生长特性的研究之后,将同样的工艺应用于 PEN 衬底改性的研究。在 PEN 衬底上利用 ALD 工艺分别沉积 100 次和 200 次循环 Al_2O_3 薄膜,基于前述电学钙测试法对其水汽阻隔率进行测试,为了缩短测试时间,仍然选用 60 ℃/90% RH 这一条件,对每个样品进行多次测量并取平均值,测试结果如图 7-36(a)所示。

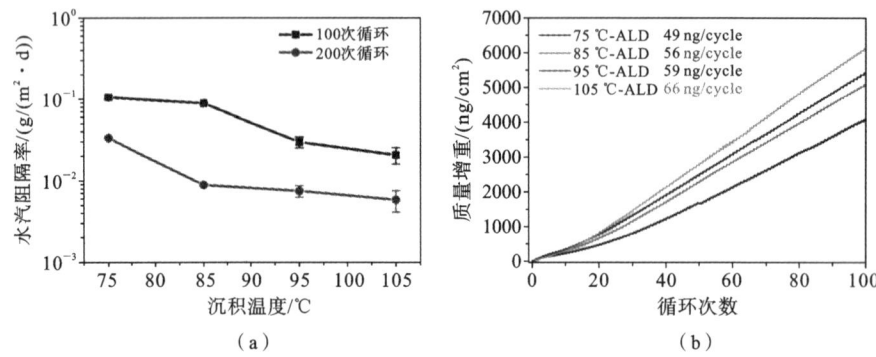

(a)   (b)

图 7-36　塑料衬底表面 ALD 改性研究:(a) 不同温度条件下沉积不同 ALD 循环次数后 PEN 衬底阻隔性能研究;(b) 不同温度条件下 PEN 衬底 ALD 生长特性研究

对于镀覆有 100 次循环 Al_2O_3 的 PEN 衬底而言,随着沉积温度的升高,其水汽阻隔率由 $(1.05 \pm 0.06) \times 10^{-1}$ g/(m^2 · d)降至 $(2.07 \pm 0.47) \times 10^{-2}$ g/(m^2 · d),可见 Al_2O_3 薄膜致密程度的提升使得其阻隔性能也相应提升。由于椭偏仪无法对 PEN 衬底表面的薄膜厚度进行准确测量,这里仍然采用原位 QCM 对 PEN 衬底表面 Al_2O_3 薄膜的生长过程进行监测,结果如图 7-36(b)所示。测量结果与晶振片表面观测结果存在差异:不同温度条件下随着循环次数的增加,单循环质量增重均呈现出先增加后稳定的趋势。这是由于 PEN 塑料衬底表面缺乏—OH 等形核位点。PEN 衬底包含的主要官能团为 O═C—O 和 C—O—C,尽管 O═C—O 含孤电子对,呈弱碱性,但相邻位点的 O 原子对孤电子对有较强的吸引力,难以与强路易斯酸性的 TMA 分子发生反应。Padbury 等人对 PET 衬底的研究进一步表明,温度在 100 ℃左右及以下时,TMA 难以与 O═C—O 基团反应[20]。因此在整个过程中,TMA 小分子将在 PEN 衬底近表面或表面发生物理吸附,随后与通入的 H_2O 分子反应,从而形成形核初始位点。随着循环次数的增加,初始形核位点逐渐长大,最终形成连续薄膜。可以将 PEN 衬底表面 Al_2O_3 薄膜的生长过程分为形核阶段和线性生长阶段。在线性生长阶段,单循环质量增重随着沉积温度的升高而逐渐增大,这与前述晶振片表面的生长特性趋于一致。同时研究了增加 Al_2O_3 薄膜厚度之后的阻隔性能,在相同沉积温度条件下,随着无机层厚度的增加,改性后衬底的阻隔性能也得到显著提升。105 ℃条件下沉积 200 次 ALD 循环时,湿热条件下衬底的水汽阻隔率达到 $(5.88\pm1.73)\times10^{-3}$ g/(m² · d),相较于沉积 100 次循环,其阻隔性能大幅提升。

当聚合物薄膜的主要官能团为 C—C、C—H、C =O、C—O 时,其表面会呈现出化学惰性,即表面能较低,浸润特性较差。在沉积之后,薄膜与基底的黏附力较低,导致沉积薄膜抗弯折能力不佳。同时,工业生产的塑料衬底表面往往有大量有机污染物覆盖,尽管可以通过吹扫步骤去除,但在干燥、储存和转移过程中仍然容易再次被污染。本节将采用 O_2 等离子体对塑料衬底进行预处理,分析塑料衬底表面状态的改变对 ALD 镀覆样品阻隔性能的影响。利用电学钙测试法对不同温度条件下沉积 100 次 ALD 循环样品的阻隔性能进行分析,测试结果如图 7-37(a)所示。随着沉积温度的升高,经过 ALD 改性后的塑料衬底的水汽阻隔率由 $(1.99\pm0.20)\times10^{-3}$ g/(m² · d)降至 $(1.63\pm0.59)\times10^{-3}$ g/(m² · d),可见对 PEN 衬底进行预处理后,在 75~105 ℃温度区间内,温度对改性后衬底阻隔性能的影响不大。但是与未经 O_2 等离子体预处理的样品相比,其阻隔性能均提升 1~2 个数量级。同时,利用 QCM 对改性后 PEN 衬底表面 Al_2O_3 薄膜的生长特性进行分析,如图 7-37(b)所示。其生长过程同样可划分为形核阶段和线性生长阶段,稳定后单循环质量增重为 60 ng/cm²,与未经预处理的 PEN 衬底表面相近。

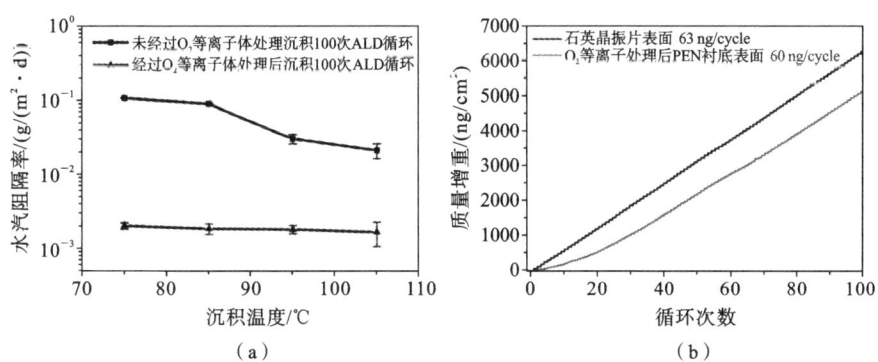

图 7-37 (a)不同温度条件下 ALD 改性后 PEN 衬底的水汽阻隔率;(b) 95 ℃沉积温度条件下 QCM 原位监测质量增重与循环次数关系

进一步结合 XPS 对 O_2 等离子体处理前后的塑料衬底的表面化学状态进行分析,结果如图 7-38 所示。

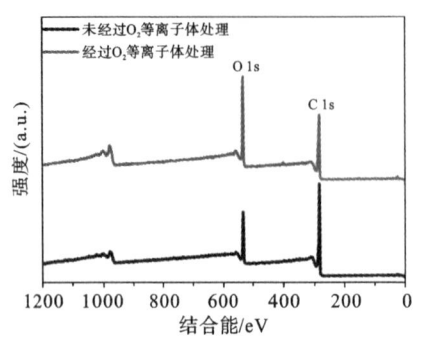

图 7-38 O₂ 等离子体处理前后 PEN 衬底表面 XPS 全谱

在经过 O₂ 等离子体处理之后，O 元素的浓度显著增加，而 C 元素的浓度显著下降。O₂ 等离子体处理前后不同元素占比的统计结果如表 7-5 所示。

在处理前后，C 元素和 O 元素的浓度之比由最初的约 4∶1 提升至约 2.2∶1，这表明 O₂ 等离子体处理向 PEN 衬底表面引入了大量的 O 元素或实现了 C 元素的清除[21]。进一步对处理前后样品表面的 C 元素和 O 元素进行精扫分析，结果如图 7-39 所示。

表 7-5　O₂ 等离子体处理前后 PEN 衬底表面元素占比统计

测试元素	O	C
处理前占比/(%)	18.6	81.4
处理后占比/(%)	31.1	68.9

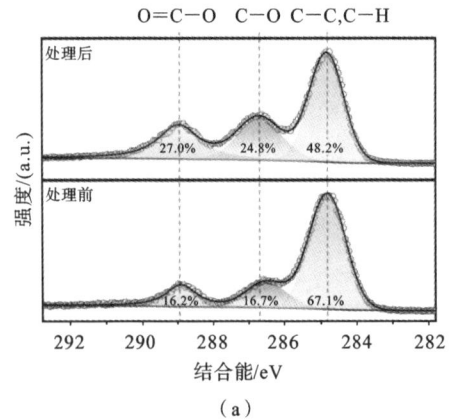

（a）

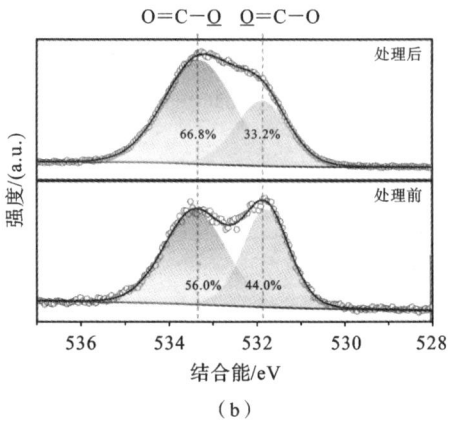

（b）

图 7-39　PEN 衬底表面 O₂ 等离子体处理前后 (a) C 1s 和 (b) O 1s 的 XPS 精扫图谱

针对 C 1s 的精扫图谱，可以用 3 个峰对其进行拟合：284.8 eV 处的峰归属于 C—C 和 C—H，286.7 eV 处的峰归属于 C—O，288.9 eV 处的峰归属于 O＝C—O。针对 O 1s 的精扫图谱，则可以使用 2 个峰对其进行拟合：531.9 eV 处的峰归属于 O＝C—O，533.3 eV 处的峰归属于 O＝C—O。经过 O₂ 等离子体处理之后，表面 O＝C—O、C—O 与 C—C 和 C—H 的占比分别由 16.2%、

16.7％ 和 67.1％变化为 27.0％、24.8％和 48.2％,如前文所述,C—C 和 C—H
峰强度的相对下降和 C—O、O＝C—O 峰强度的相对上升是由于 O_2 等离子处理
之后 PEN 衬底表面被引入了大量的 O 元素。而对于 O 1s 的精扫图谱,O＝
C—O 和 O＝C—O 的占比分别由 56.0％和 44.0％变化为 66.8％和 33.2％,可
见处理之后 O＝C—O 峰强度显著提高,这表明在处理过程中 PEN 衬底表面产
生了大量的 O＝C—O 物种。

对于经过吹扫步骤处理的塑料衬底,在使用和转移过程中其表面仍然容易
吸附空气中存在的颗粒和有机碳等。ALD 技术具有良好的保形性,该技术能
够对表面的颗粒等缺陷位点进行包覆。而纳米级 Al_2O_3 薄膜容易被缺陷位点
破坏,导致镀覆有约 10 nm 厚度 Al_2O_3 薄膜的 PEN 衬底阻隔性能仍然不佳。
利用 O_2 等离子体对商用塑料衬底进行处理,可以有效去除其表面的碳污染。
同时,O_2 等离子体处理后引入的大量含氧基团使得 Al_2O_3 薄膜与有机衬底之间
的结合能力显著增强。因此,O_2 等离子体处理后的 PEN 衬底在经过相同循环
次数的 Al_2O_3 镀覆之后,其阻隔性能相较于未经过 O_2 等离子体处理的衬底有
显著提升。

下面对不同工艺处理后的 PEN 衬底的综合性能进行分析,首先对其表面
浸润性进行研究,利用去离子水对其表面接触角进行测试,结果如图 7-40 所示。

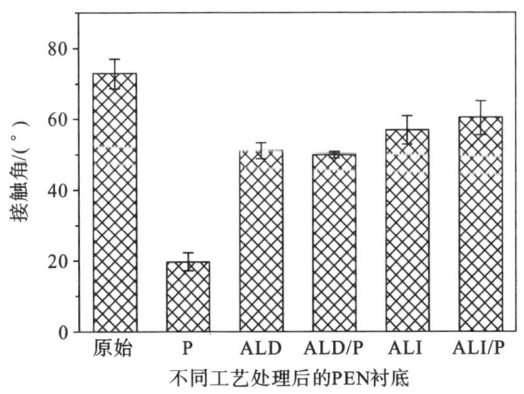

图 7-40　不同工艺处理后 PEN 衬底表面接触角

等离子体预处理标记为 P,ALD/P 表示在经过等离子体预处理的 PEN 衬
底表面基于 ALD 方法改性,ALI/P 则表示在经过等离子体预处理的 PEN 衬底
表面基于 ALI 方法改性。PEN 衬底在经过 O_2 等离子体吹扫后,其接触角由约
73°降至约 20°,这是由于 O_2 等离子体有效清除了表面残留的碳,并引入了大量
的含氧极性基团,使得 PEN 衬底的表面亲水性显著增强。此外,经过 ALD 镀

覆之后,PEN 衬底的表面接触角约为 $50°$。而经过 ALI 填充的样品表面接触角约为 $58°$。

对经过不同工艺处理的 PEN 衬底的抗弯折能力进行测试,由于基于 ALD 方法在 PEN 衬底镀覆 10 nm Al_2O_3 薄膜时阻隔性能较差,因此同时选择镀覆有 20 nm Al_2O_3 薄膜的 PEN 衬底作为研究对象,设置弯折半径为 5 mm。弯折疲劳测试结束后,利用 AFM 对其表面形貌进行表征,由于塑料衬底较软,因此采用接触模式进行测量,表面粗糙度数据汇总在表 7-6 中,不同样品表面弯折前后具体的起伏程度如图 7-41 所示。在经过 O_2 等离子体预处理后,PEN 表面遭到 O_2 等离子体一定程度的破坏,粗糙度由 0.76 nm 上升到 4.31 nm。然而当未经过 O_2 等离子体预处理,利用 ALD 或者 ALI 工艺对 PEN 衬底进行镀覆时,其表面质量均有所改善。同时,在采用 ALD 方法对 PEN 衬底进行改性时,随着循环次数的增加,表面平整化作用明显增强。ALI 工艺的平整化作用略弱于 ALD 工艺,这是由于在初始阶段前驱体倾向于向内部渗透。对比弯折前后的表面起伏程度,经过不同工艺处理的 PEN 衬底在弯折之后其表面粗糙度均呈现出小幅上升趋势。

表 7-6　改性前后 PEN 衬底表面粗糙度变化

测试结构	弯折前表面粗糙度/nm	弯折后表面粗糙度/nm
PEN	0.76	—
PEN/P	4.31	—
100 ALD/PEN	0.57	0.63
200 ALD/PEN	0.43	0.59
100 ALI/PEN	0.60	0.61
100 ALD/PEN/P	2.46	2.71
100 ALI/PEN/P	2.85	3.11

基于电学钙测试法对经过不同工艺处理的 PEN 衬底在弯折前后的阻隔性能进行表征,实验结果如图 7-42 所示。由于 10 nm Al_2O_3 薄膜(100ALD)弯折之后其阻隔性能几乎与 PEN 衬底相当,因此在图中并未进行绘制。弯折后镀覆 20 nm Al_2O_3 薄膜(200ALD)的 PEN 衬底的水汽阻隔率提升了 1～2 个数量级;前述研究表明,20 nm Al_2O_3 薄膜的临界应变约为 1.12%,而此时其所受应变约为 1.25%,因此薄膜可能发生断裂,从而导致阻隔性能的急剧衰减。其他工艺处理后的样品弯折后阻隔性能也出现了不同程度的衰退。

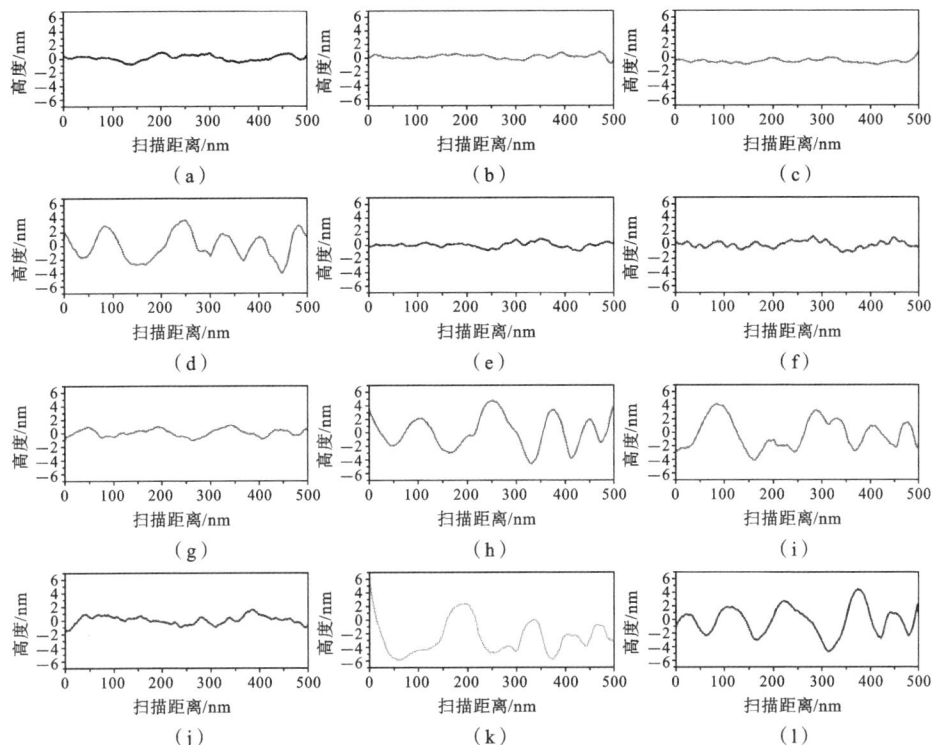

图 7-41　表面起伏程度 AFM 测量:(a) PEN 衬底;ALD 镀覆 100 次循环(b)弯折前和(e)弯折后的 PEN 衬底;ALD 镀覆 200 次循环(c)弯折前和(f)弯折后的 PEN 衬底;(d) O₂ 等离子体预处理后的 PEN 衬底;ALI 镀覆 100 次循环(g)弯折前和(j)弯折后的 PEN 衬底;在 O₂ 等离子体预处理后的 PEN 衬底表面 ALD 镀覆 100 次循环(h)弯折前和(k)弯折后的 PEN 衬底;在 O₂ 等离子体预处理后的 PEN 衬底表面 ALI 镀覆 100 次循环(i)弯折前和(l)弯折后的 PEN 衬底

　　进一步结合 SEM 对弯折前后的表面形貌进行分析,结果如图 7-43 所示。可见经过 O₂ 等离子体预处理的样品表面相较于原始样品明显受到破坏。同时,利用 ALD 工艺在 PEN 衬底表面镀覆 20 nm Al₂O₃ 时,弯折后其表面出现裂纹,此时施加于薄膜的应变显然超过了薄膜的临界应变。然而,在 O₂ 等离子体预处理后,20 nm Al₂O₃ 薄膜并未出现裂纹,这表明 O₂ 等离子体预处理后薄膜与衬底表面的结合强度显著增大。

　　对填充型衬底机械稳定性提升的原因进行说明:前驱体向有机衬底进行渗透填充之后形成了无机-有机混合相,相较于无机-有机堆叠结构这种拥有异质界面的结构而言,混合相结构的裂纹驱动力显著下降,参考式(7-1),弯折应变

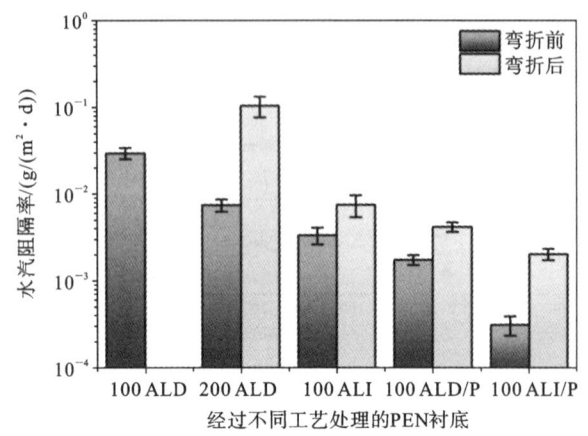

图 7-42　不同工艺处理后 PEN 衬底弯折前后阻隔性能对比

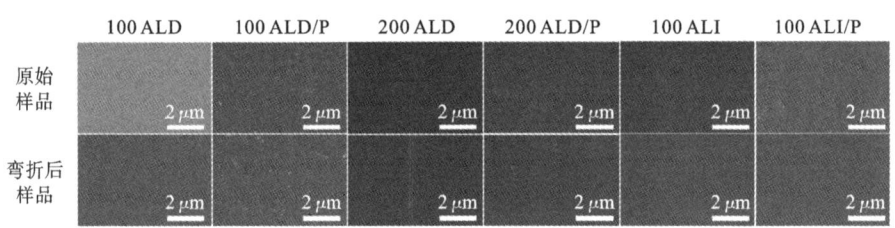

图 7-43　不同工艺处理后弯折前后 PEN 衬底表面形貌 SEM 观测结果

条件下混合相结构的稳态能量释放率也显著下降。同时，O_2 等离子体预处理后的界面结合强度得到显著增大，弯折应变条件下改性后的 PEN 保持了良好的机械稳定性。

在对改性后的 PEN 衬底进行弯折疲劳稳定性测试之后，对其光学性能进行研究，并将其进一步用于红光 OLED 的封装。如图 7-44（a）所示，在利用 ALD 或 ALI 方法对 PEN 衬底进行改性后，衬底的透光率有所上升，这是由于 Al_2O_3 薄膜具有良好的减反效果。透光率与波长关系的放大图如图 7-44（b）所示。

将处理前后 PEN 衬底用于红光 OLED 器件的封装。如图 7-45（a）所示，在引入封装结构之后，器件的发光峰位置和半峰宽保持不变，并且其电流密度和亮度基本保持不变，如图 7-45（b）所示。对其 EQE 进行测试，如图 7-45（c）所示，随着加载电压的增大，EQE 逐渐下降，但在电压上升至 5.8 V 之前，其始终保持在 18% 及以上。对器件的储存可靠性进行测试，将环境温湿度控制为

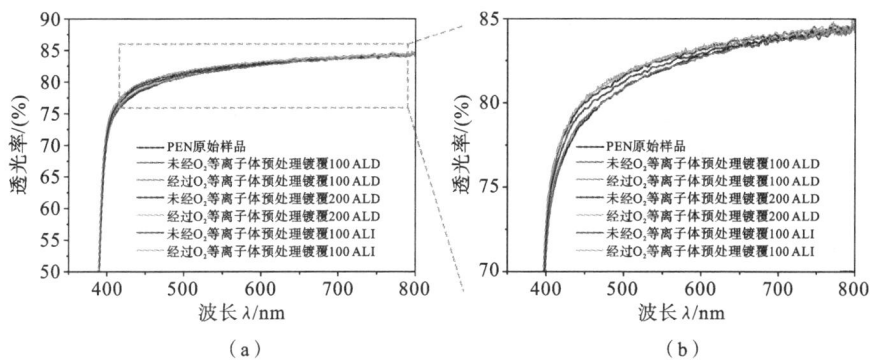

图 7-44 (a) 不同工艺改性后衬底的透光率;(b) 可见光区域内不同封装结构
透光率局部放大图

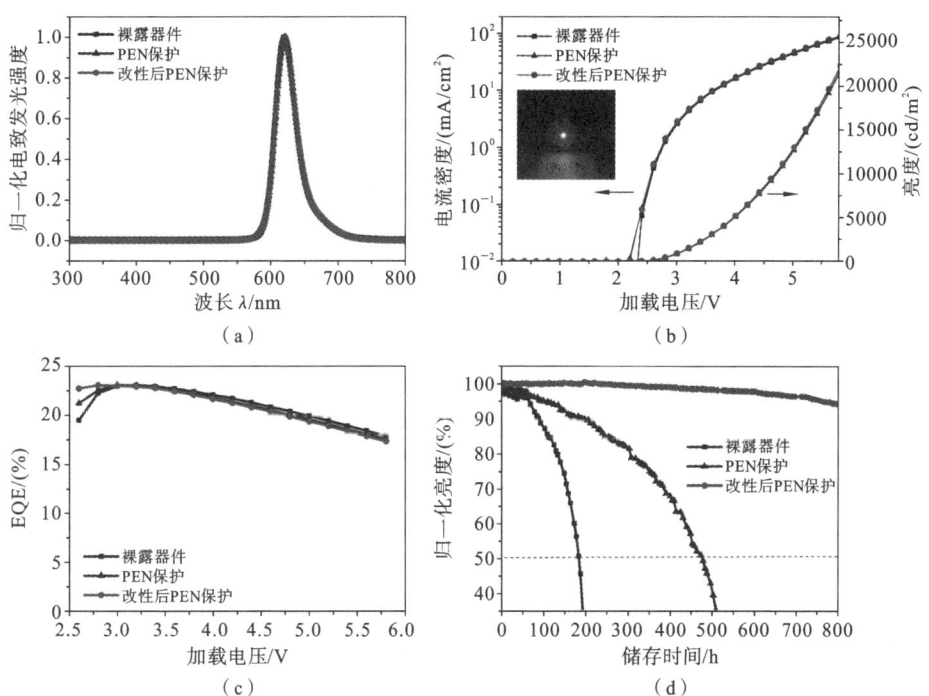

图 7-45 裸露器件、PEN 保护器件和改性后 PEN 保护器件:(a) 电致发光光谱;(b) 电流密
度-加载电压和亮度-加载电压曲线;(c) EQE 与加载电压的关系;(d) 25 ℃/60%
RH 测试条件下器件亮度随时间变化

25 ℃/60% RH。现有的测量模式可以划分为常电压、常电流和常亮度模式,第
3 章使用常电压模式对蓝光 OLED 器件的可靠性进行了测试,这里将采用常电

流模式对封装前后的红光 OLED 器件的可靠性进行测试,实验结果如图 7-45 (d)所示。经过约 170 h 后,裸露器件的亮度下降到初始值的 50% 以下,这表明红光 OLED 器件的稳定性要优于蓝光 OLED 器件;而改性后的 PEN 衬底保护器件在经过 800 h 的储存后其亮度保持在初始值的 94% 以上,展现出良好的稳定性。这表明改性后的 PEN 衬底具备良好的水汽阻隔性能。

针对柔性显示器件衬底因自身孔隙而阻隔性较差的难题,基于 ALD 和 ALI 工艺对其进行改性研究[22]。借助在线石英晶体微天平,揭示 Al_2O_3 薄膜在塑料衬底上的形核机理和生长过程,同时证明在 ALI 工艺中前驱体向有机衬底近表面的扩散填充情况,制备出了无机-有机混合相。通过结合 O_2 等离子体表面处理方法,改善衬底表面化学状态,显著增大 Al_2O_3 薄膜与衬底的结合强度。结合填充工艺和 O_2 等离子体预处理技术对 PEN 衬底进行改性,其阻隔性能得到显著提升,并且在小曲率弯折半径条件下得到了良好的保持。最终将其集成应用于红光 OLED 的封装,常态条件下器件稳定性相较于未封装器件得到了显著的提升。

7.3.2 纳米颗粒掺杂柔性衬底抗拉伸性能研究

现有封装研究大多聚焦于薄膜在冲击、弯折或卷曲等机械变形下的阻隔性能,而在拉伸等极端柔性条件下维持阻隔性能的稳定性仍然是一大挑战。因此,开发一种可拉伸封装结构对于推动柔性电子器件特别是大面积柔性显示器件的商业化和实际应用具有至关重要的意义。本节工作致力于实现具有低渗透率的抗疲劳拉伸柔性封装结构的开发。PDMS 因其独特的高弹性、全透明性和生物惰性等优点,被广泛应用于柔性电子、微流控等领域。但 PDMS 本身是多孔聚合物链结构,且作为柔性衬底时存在热和机械稳定性差等问题,因此通过掺杂 SiO_2 纳米粒子对其进行改性。同时,采用 Al_2O_3 基 ALI 工艺,增大前驱体通入量并延长曝光时间,实现了前驱体向改性 PDMS 衬底内部的有效填充,开发出了具有高透明度、低渗透率和高弹性的 PDMS 杂化膜。经过数千次小应变疲劳拉伸测试后,其水汽阻隔率仍能保持在 10^{-3} g/($m^2 \cdot$ d)量级。最终,其成功应用于柔性 QDs(量子点)图案化显示。

共混改性具备组分浓度控制简单、操作容易等优点,并且所选用的 PDMS 与 SiO_2 纳米颗粒之间的相容性适中,能保证两相均匀掺杂。同时,为了减少 SiO_2 纳米颗粒团聚,保证其在 PDMS 溶剂中均匀分散,选用机械共混法制备 PDMS/SiO_2 杂化材料。

由于 SiO₂ 纳米粒子的含量极大地影响改性 PDMS 弹性体的力学性能、热性能及透光性,因此将重点研究 SiO₂ 纳米粒子掺杂质量分数对 PDMS 基体性能的影响,使 PDMS 衬底既能保持优异的透光性和柔韧性,又具备一定的水氧阻隔性。SiO₂ 纳米粒子掺杂质量分数分别设定为 0、5%、10% 和 20%。

在完成 PDMS/SiO₂ 纳米复合薄膜的制备后,利用超景深三维显微镜对薄膜截面的实际厚度进行观测,如图 7-46(a)所示。经测量可知,原始 PDMS 薄膜的厚度约为 345 μm,当 SiO₂ 纳米粒子掺杂质量分数为 5% 时,薄膜厚度增加到约 353 μm。而当 SiO₂ 纳米粒子掺杂质量分数为 10% 和 20% 时,其厚度稳定在约 450 μm。在刮刀厚度相同的条件下,随着 SiO₂ 纳米粒子含量的增加,薄膜的厚度逐渐增加并趋于稳定。这是由于采用的是溶剂流延薄膜制备工艺,其实际厚度除与预设刮刀厚度相关外,还受溶剂黏度的影响。文献表明,SiO₂ 纳米粒子的掺杂有助于提高 PDMS 溶剂的黏度,进而降低了固化过程中的流动性,从而导致复合薄膜的增厚。同时,掺杂亲水型 SiO₂ 纳米粒子会向 PDMS 薄膜内部引入—OH 等基团,据此采用傅里叶变换红外光谱仪对 PDMS/SiO₂ 纳米复合薄膜内部基团进行半定量检测。由图 7-46(b)可知,相较于—CH₃ 的对称伸缩振动峰(2906 cm⁻¹ 处)和对称弯曲振动峰(1263 cm⁻¹ 处),除了 Si—O—Si 的反对称伸缩振动峰(约 1104 cm⁻¹ 和 1027 cm⁻¹ 处)和 Si—(CH₃)₂ 的平面摇摆振动峰(820 cm⁻¹ 处)强度显著增大外,846 cm⁻¹ 和 868 cm⁻¹ 处的 Si—OH 峰强度也随着 SiO₂ 纳米粒子掺杂质量分数的增加而明显增大。这表明随着 SiO₂ 纳米粒子掺杂质量分数的增加,PDMS/SiO₂ 纳米复合薄膜内部的—OH 数量显著增加,将为后续 Al₂O₃ 在薄膜内部的形核、填充和生长提供大量活性位点。

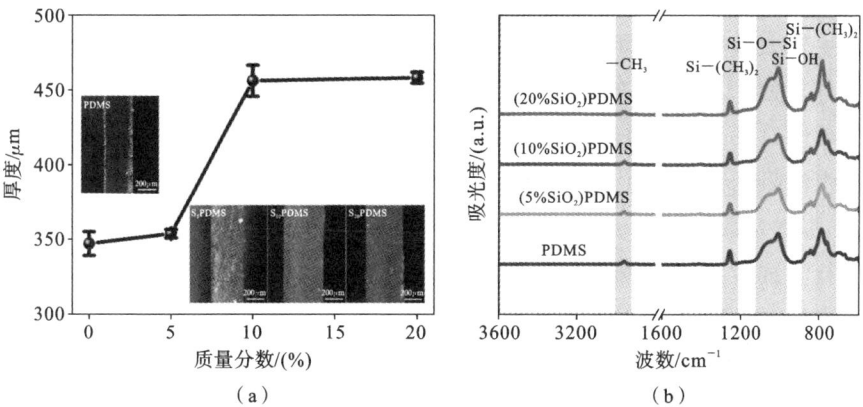

图 7-46　(a) 不同 PDMS/SiO₂ 纳米复合薄膜的厚度(插图为对应薄膜的超景深三维显微镜截面图);(b) 不同 SiO₂ 纳米粒子掺杂质量分数条件下的 FTIR 光谱

由于 SiO₂ 纳米粒子的粒径较小，在制备 PDMS/SiO₂ 纳米复合薄膜时，SiO₂ 纳米粒子不可避免地容易出现团聚等现象，这极大地影响了镀制的 PDMS/SiO₂ 纳米复合薄膜的均匀性。因此，需要对镀制的 PDMS/SiO₂ 纳米复合薄膜表面形貌进行表征，从而评价 SiO₂ 纳米粒子掺杂质量分数对复合材料成膜质量的影响。首先利用 FETEM 对掺杂的 SiO₂ 纳米粒子进行直径统计及形貌表征，测试结果如图 7-47 所示。经统计，SiO₂ 纳米粒子的直径大多分布在 19 nm±3 nm 范围内，TEM 插图表明，SiO₂ 纳米粒子为球形且分散较为均匀，但仍存在一定的团聚现象。进一步采用 FESEM 对 PDMS/SiO₂ 纳米复合薄膜表面形貌进行观测，结果如图 7-48 所示。对于 PDMS 和 S₅PDMS 薄膜，其表面平整且光滑，成膜质量较高。随

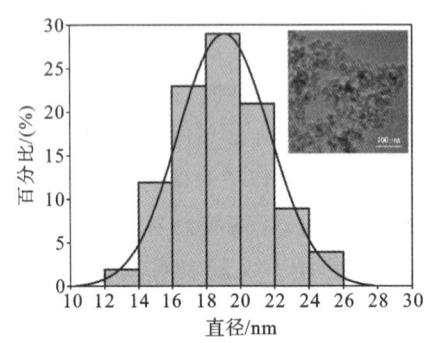

图 7-47 SiO₂ 纳米颗粒直径统计（插图为 SiO₂ 纳米粒子 TEM 图像）

着 SiO₂ 纳米粒子含量的进一步增加，PDMS/SiO₂ 复合薄膜表面的 SiO₂ 纳米颗粒团聚现象加剧。但就 S₂₀PDMS 薄膜而言，其 SiO₂ 团聚颗粒整体分散较为均匀，分散相粒子尺寸适中。利用水接触角仪对改性前后的 PDMS 衬底表面进行浸润性测试，测试结果如图 7-48 中插图所示。经测量可知，改性前后的 PDMS 薄膜水接触角都约为 112°，说明其表面具有疏水特性。虽然所选用的 SiO₂ 纳米颗粒具有亲水特性，但其含量并未对 PDMS/SiO₂ 复合薄膜表面的亲疏水特性产生较大影响。从 FESEM 表面形貌可以看出，团聚的 SiO₂ 纳米颗粒如岛屿一样各自独立，并未相连成片。

柔性衬底是柔性显示封装的基础，应具备良好的透光性、弹性、耐热性及一定的水汽阻隔性等特点。分别对 PDMS/SiO₂ 纳米复合薄膜的弹性、断裂伸长率、热膨胀系数（coefficient of thermal expansion，CTE）、透光性及水汽阻隔性等进行测试，以研究 SiO₂ 纳米粒子掺杂质量分数对 PDMS 薄膜性能的影响规律，为下一步柔性衬底的选取提供依据。

首先对 PDMS/SiO₂ 纳米复合薄膜进行单轴拉伸试验，根据应力-应变曲线，计算得到掺杂前后 PDMS 薄膜力学性能的变化，如图 7-49(a) 所示。测试结果显示，PDMS、S₅PDMS、S₁₀PDMS、S₂₀PDMS 薄膜的弹性模量分别为 0.65 MPa、1.35 MPa、1.78 MPa、6.30 MPa，断裂伸长率从 PDMS 薄膜的 117% 下降

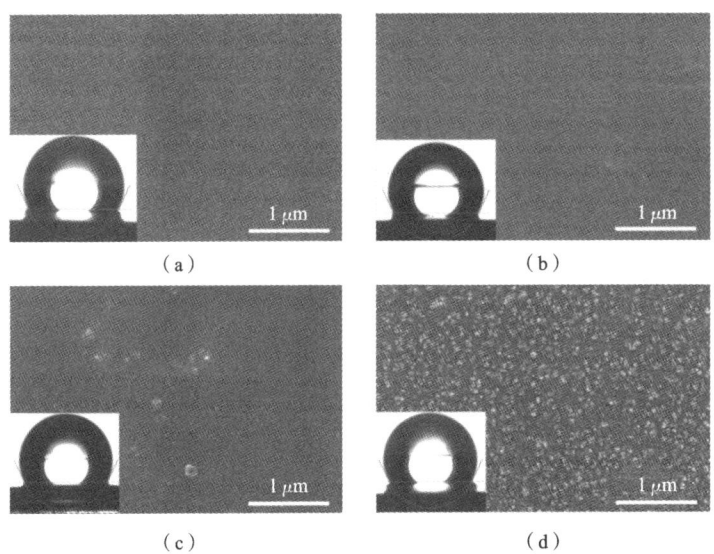

图 7-48　FESEM 观测(a)PDMS、(b)S_5 PDMS、(c)S_{10} PDMS 和(d)S_{20} PDMS 纳米复合
薄膜表面形貌(插图为对应的薄膜表面水接触角图)

到 S_{20} PDMS 薄膜的 62%。随着 SiO_2 纳米粒子掺杂质量分数从 0 增加到 20%，
其弹性模量提高至近 10 倍，而断裂伸长率仅下降了约 50%，但这仍远远超过柔
性封装衬底小应变(1%~5%)拉伸需求。进一步探究 SiO_2 纳米粒子的掺杂改
性对 PDMS/SiO_2 纳米复合薄膜的 CTE 的影响规律，结果如图 7-49(b)所示。
测试结果表明，PDMS/SiO_2 纳米复合材料的 CTE 随温度的升高而逐渐降低并

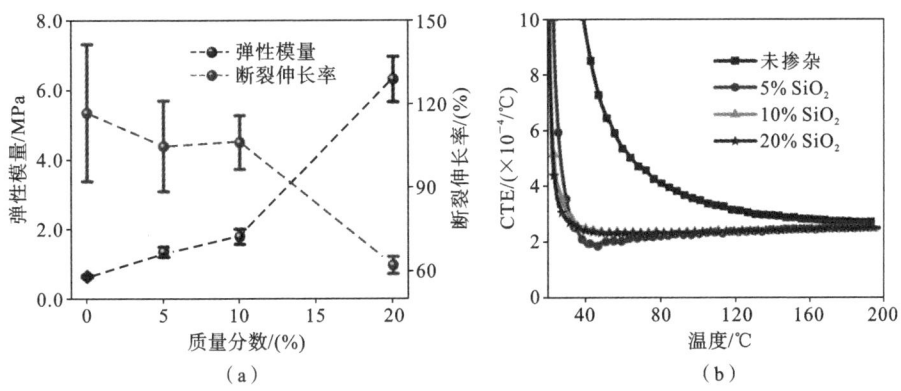

图 7-49　PDMS/SiO_2 纳米复合薄膜：(a) 弹性模量和断裂伸长率；(b) 不同掺杂质量分数下
CTE 随温度的变化

最终趋于稳定,但其下降速度明显受 SiO_2 纳米粒子掺杂质量分数的影响,但不同掺杂质量分数之间变化不大。在 95 ℃ Al_2O_3 沉积温度下,CTE 从 PDMS 薄膜的 $3.6 \times 10^{-4}/℃$ 降低至 S_{20} PDMS 薄膜的 $2.3 \times 10^{-4}/℃$,下降了约 36%。PDMS 薄膜热力学性能的显著增强主要归因于 SiO_2 纳米粒子与聚合物链之间形成的“黏结橡胶”,其中 SiO_2 纳米粒子表面—OH 基团与 PDMS 聚合物分子之间形成新的 Si—O—C 共价键,从而极大提升材料的力学性能和热稳定性。

对改性的柔性衬底透光性能及水汽阻隔性能进行评估。首先对 PDMS/SiO_2 纳米复合薄膜的透光率进行测试,结果如图 7-50(a)所示。在整个可见光区域(光波范围:380～780 nm),PDMS、S_5 PDMS、S_{10} PDMS、S_{20} PDMS 薄膜的平均透光率分别约为 93%、92%、90% 和 88%。聚合物内掺杂无机纳米粒子会发生严重的光散射效应,使复合薄膜透光率降低。复合材料的透光率主要受掺杂无机纳米粒子的尺寸、体积分数、折射率等影响,且随着掺杂无机纳米粒子含量的增加,其透光率不断降低。

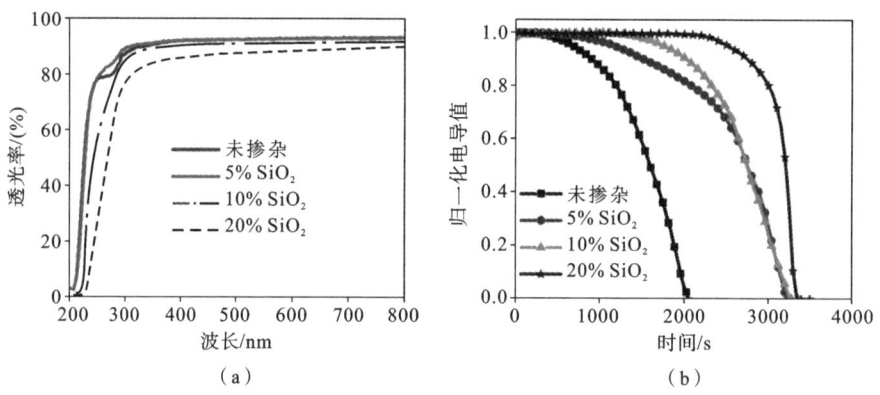

(a)　　　　　　　　　　　(b)

图 7-50　PDMS/SiO_2 纳米复合薄膜的(a)透光率和(b)水汽阻隔率随 SiO_2 纳米粒子掺杂质量分数的变化

利用电化学钙腐蚀法对 PDMS/SiO_2 纳米复合结构的水汽阻隔性能进行表征,测试结果如图 7-50(b)所示。由于 PDMS 是多孔聚合物链结构,其分子链间宽度约为 0.7 nm,导致薄膜水汽阻隔性能较差,仅为 1.96 g/($m^2 \cdot$ d)。值得注意的是,经计算 S_{20} PDMS 薄膜的水汽阻隔率约为 2.16×10^{-1} g/($m^2 \cdot$ d),相比原始 PDMS 薄膜减小了近一个数量级。这是由于 SiO_2 纳米粒子填充了多孔 PDMS 内自由体积,从而形成水氧的曲折渗透路径,使得复合薄膜的水汽阻隔性能显著提升。

为了满足柔性封装的阻隔性要求,需要采用低温 Al_2O_3 基 ALI 工艺来致密封装薄膜。在 ALI 工艺中,通过延长前驱体的曝光时间以实现其在聚合物内部孔隙的渗透填充,进而在聚合物衬底近表面形成致密的无机-有机混合层。接下来结合 QCM 原位表征 ALI 工艺过程中 Al_2O_3 在硅片和 $PDMS/SiO_2$ 复合材料衬底的形核机理和生长过程,并通过优化 ALI 工艺实现 $PDMS/SiO_2$ 复合材料衬底近表面孔隙的有效填充,最终实现抗疲劳拉伸 PDMS 基封装薄膜的成功制备。通过结合 SiO_2 纳米粒子掺杂改性和 Al_2O_3 基 ALI 工艺,实现了 PDMS 柔性衬底内部孔隙的充分填充,并制备出致密的无机-有机混合薄膜。对制备的 PDMS 基封装薄膜水汽阻隔性能及抗疲劳拉伸性能进行探究,致力于开发抗疲劳拉伸的封装薄膜,并最终将其成功应用于柔性 QDs 膜图案化显示。

首先探究 Al_2O_3 基 ALI 对疲劳拉伸前后 $PDMS/SiO_2$ 复合材料衬底的水汽阻隔性能的影响,其中采用疲劳拉伸测试方法对 PDMS 基封装结构的柔性进行测试,拉伸应变均为 1%,拉伸频率为 0.3 Hz,疲劳拉伸 1000 次后利用电化学钙腐蚀法对其水汽阻隔性能进行测试,测试结果如图 7-51 所示。

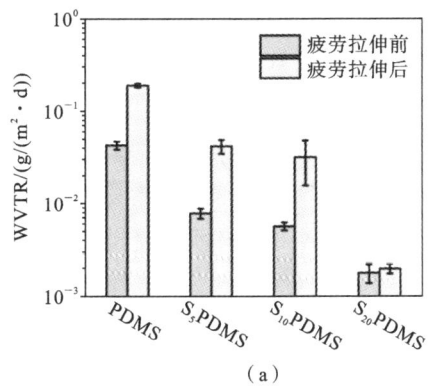 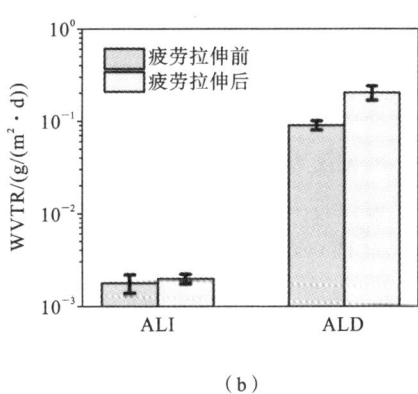

（a） （b）

图 7-51 封装薄膜 WVTR 测试:(a) 疲劳拉伸前后 PDMS 基封装薄膜水汽阻隔性能对比;(b) Al_2O_3 基 ALD 和 ALI 工艺下疲劳拉伸前后 $S_{20}PDMS$ 杂化膜水汽阻隔性能对比

由图 7-51(a)可知,当 SiO_2 纳米粒子掺杂质量分数从 0 增加到 20% 时,疲劳拉伸前 PDMS 基杂化膜的水汽阻隔率从 $4.31×10^{-2}$ g/$(m^2 \cdot d)$降至$1.81×10^{-3}$ g/$(m^2 \cdot d)$,减小了约 1.5 个数量级。这是由于掺杂的 SiO_2 纳米粒子为 Al_2O_3 在 $PDMS/SiO_2$ 复合薄膜内的渗透扩散引入了大量的活性位点,提高了 PDMS 基杂化膜的致密性,从而延长了水汽在其内部的传输路径。此外,疲劳拉伸后 PDMS 基杂化膜的水汽阻隔性能同样随 SiO_2 纳米粒子掺杂质量分数的增加而提升,且 S_{20} PDMS 杂化膜仍表现出最好的水汽阻隔性能。进一步对 Al_2O_3 基 ALD 和 ALI 工艺下疲劳拉伸前后 S_{20} PDMS 基杂化膜水汽阻隔性能进行对比,结果如图 7-51(b)所示。在疲劳拉伸前 Al_2O_3 基 ALD 工艺处理后样品的 WVTR 值为 9.01×10^{-2} g/(m^2·d),但疲劳拉伸后 WVTR 值上升到 2.03×10^{-1} g/(m^2·d)。

对封装薄膜的抗疲劳拉伸性能进行探究并对 Al_2O_3 薄膜厚度进行优化。研究对象为上述疲劳拉伸前后水汽阻隔性能均保持最优的 S_{20} PDMS 杂化膜。首先对不同 ALI 循环次数下 S_{20} PDMS 杂化膜的抗疲劳拉伸性能进行研究,以实现对 Al_2O_3 薄膜厚度的优化。由图 7-52(a)可知,随着 ALI 循环次数从 80 增加至 200,疲劳拉伸前 S_{20} PDMS 杂化膜的 WVTR 值从 1.94×10^{-3} g/(m^2·d)降至 1.44×10^{-3} g/(m^2·d),差距并不大。这侧面说明 S_{20} PDMS 杂化膜的水汽阻隔性能可能主要取决于 Al_2O_3 团簇的渗透填充,而与表层 Al_2O_3 薄膜影响不大。但当继续增加 ALI 循环次数至 300 时,WVTR 值不降反升,为 5.66×10^{-3} g/(m^2·d)。值得注意的是,200 次和 300 次 ALI 循环的 S_{20} PDMS 杂化膜在疲劳拉伸后 WVTR 值均大幅增加,其中 300 次 ALI 循环时 WVTR 值上升至 5.45×10^{-2} g/(m^2·d),与拉伸前相比增大约 1 个数量级。随后对不同疲劳拉伸循环次数的 S_{20} PDMS 杂化膜的水汽阻隔性能进行测试,结果如图 7-52(b)所示。可见随着疲劳拉伸循环次数的增加,WVTR 值仅略微增加,这说明 1000 次疲劳拉伸并未达到 S_{20} PDMS 杂化膜的断裂循环周次。因此,本研究中抗疲劳拉伸 PDMS 基封装层选用 S_{20} PDMS 薄膜,且将 ALI 循环次数设定为 100。

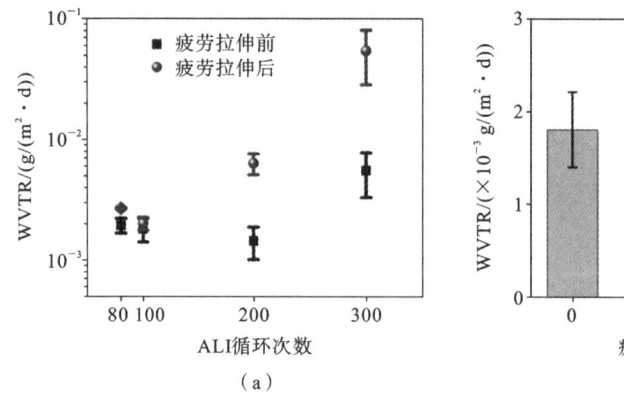
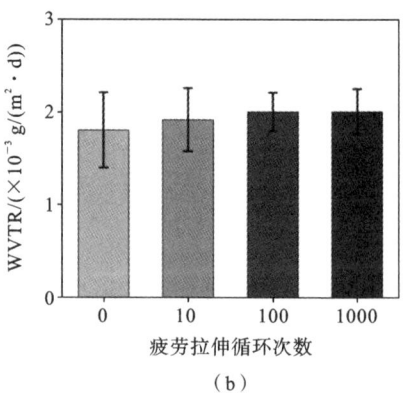

图 7-52 S_{20} PDMS 杂化膜在(a)不同 ALI 循环次数和(b)不同疲劳拉伸循环次数下水汽阻隔性能对比(单轴拉伸应变固定为 1%)

采用柔性 QDs 膜对封装结构的水汽阻隔性能及抗疲劳拉伸性能进行可靠性评估。考虑到 PDMS 基封装层的引入可能对柔性 QDs 膜发光特性产生影响,同时对封装层的光学性能和封装前后 QDs 膜的发光性能及水稳定性进行研究。如图 7-53(a)所示,紫外灯(波长 $\lambda = 365$ nm)下的柔性 QDs 图案稳定发光,在去离子水中浸泡且弯曲、拉伸后均能稳定明亮发光。随后对 Al_2O_3 基 ALI 工艺处理前后的 S_{20} PDMS 薄膜透光性能进行测试,结果如图 7-53(b)所

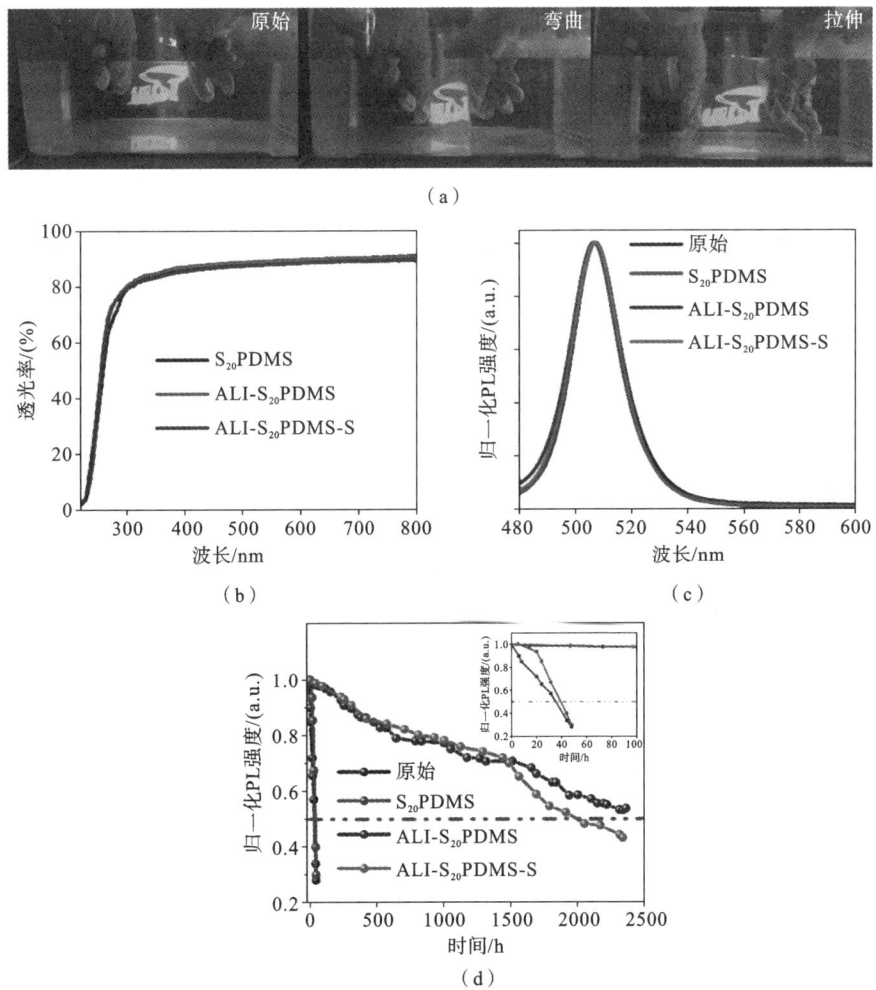

图 7-53 封装前后柔性 QDs 膜光谱特性和水稳定性测试:(a) 柔性 QDs 膜图案化演示;
(b) 不同封装结构的透光率;(c) 封装前后柔性 QDs 膜的 PL 光谱;(d) 去离子水浸泡下封装前后柔性 QDs 膜的 PL 强度随时间的变化

示。可见 Al_2O_3 基 ALI 工艺处理对 S_{20}PDMS 薄膜的透光性无明显影响,而疲劳拉伸后 S_{20}PDMS 杂化膜的透光率略微下降,其在可见光波段的平均透光率约为 87%。同时,研究封装前后 QDs 膜的发光性能变化以论证封装结构的可行性。如图 7-53(c)所示,不同封装结构封装柔性 QDs 膜的发射峰位置无明显变化,且经疲劳拉伸后其发射光谱仍基本保持不变。随后,对柔性 QDs 图案的水稳定性进行测试,其中激发光源波长为 450 nm,功率密度为 200 mW/cm²,测试结果如图 7-53(d)所示。经过约 50 h 去离子水的浸泡后,裸露的和仅 S_{20}PDMS 薄膜封装的 QDs 膜的 PL 强度下降到初始值的 30% 以下。而疲劳拉伸前后 S_{20}PDMS 杂化膜保护的 QDs 膜在经过 2400 h 去离子水浸泡后其 PL 强度仍保持在初始值的 50% 以上,展现出良好的水稳定性。这表明所开发的抗疲劳拉伸 PDMS 基封装层具备良好的水汽阻隔性能及机械柔韧性,适用于柔性 QDs 膜图案化显示。

针对柔性基底因自身多孔聚合物链结构而导致水汽阻隔性不佳的难题,基于 SiO_2 纳米粒子掺杂和 Al_2O_3 基 ALI 渗透填充技术对 PDMS 进行改性研究,并结合 QCM 原位监测 Al_2O_3 基 ALI 工艺在柔性基底的生长行为全过程[23]。掺杂 SiO_2 纳米粒子不仅显著增强柔性基底 PDMS 热力学稳定性和水汽阻隔性,还为后续 Al_2O_3 团簇的渗透填充提供了大量的活性位点。进一步优化 ALI 工艺参数来制备兼具良好水汽阻隔性能和高柔性的抗疲劳拉伸薄膜封装层,经过小应变疲劳拉伸测试后该薄膜水汽阻隔性能仍得到良好保持,最终将其集成应用于柔性 QDs 图案化显示,其展现出优异的可靠性和水稳定性。

7.3.3 紫外固化可拉伸柔性衬底水汽阻隔性能研究

7.3.2 节已经通过 ALI 制备了 Al_2O_3/PDMS 混合膜,其在 1% 拉伸应变下表现出机械稳定性,但其 WVTR 处于 10^{-3} 量级。这种相对较高的 WVTR 归因于 PDMS 的交联密度较低,会导致更高的自由体积和链迁移率。因此,本小节提出了一种两步策略:首先通过原子层渗透,随后通过紫外光固化,来制备高度稳定和可拉伸的 K_nPDMS/Al_2O_3 混合薄膜,以确保其在恶劣环境中能长期使用,如图 7-54 所示。利用 QCM、FTIR 和扫描电镜 SEM 详细阐述了"填充-交联"机制。渗透 Al_2O_3 的存在有利于 C=C 的自由基聚合,与单纯的紫外光固化工艺相比,该两步策略大幅提高了转化率,提高了杂化膜的密度。最佳的 K_nPDMS/Al_2O_3 杂化膜即使在 1% 拉伸应变下也能保持高水汽阻隔性能(WVTR = 2.07×10^{-4} g/(m²·d)),若以常温条件进行换算,WVTR 可达 10^{-5} 量级。

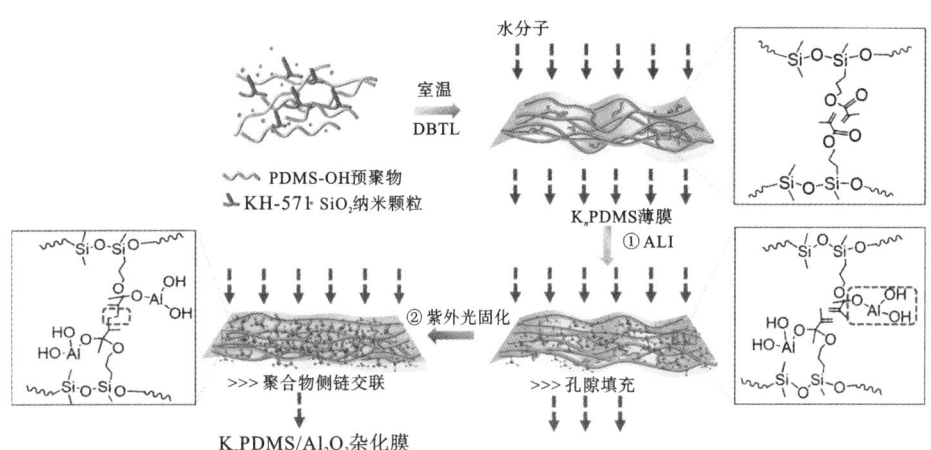

图 7-54 通过结合原子层渗透与紫外光固化,利用"填充-交联"机制来增强可拉伸膜的水汽阻隔性能

传统的 PDMS 薄膜(SYLGARD184)制备方法是在高温(>100 ℃)下进行热固化,固化时间超过 120 min。而本小节中的 K_nPDMS 薄膜可通过无溶剂的工艺合成,只需将 PDMS-OH、KH-571 和二氧化硅纳米颗粒在室温下快速固化 2 min。接下来研究 KH-571 对 PDMS 基薄膜性能的影响。如图 7-55(a)所示,随着 KH-571 质量分数从 16%增加到 64%,K_nPDMS 的弹性模量从 1.40 MPa 增加到 2.71 MPa,断裂伸长率从 250%降至 102%。除弹性模量外,PDMS 基薄膜的热膨胀系数随着 KH-571 质量分数的增加而降低,如图 7-55(b)所示。PDMS 基薄膜的高弹性模量和低热膨胀系数有利于其与无机薄膜实现更好的相容。如图 7-55(c)所示,所有 K_nPDMS 薄膜在可见光区域(380~780 nm)是透明的,透过率大于 86%。K_{16}PDMS、K_{32}PDMS、K_{48}PDMS、K_{64}PDMS 在 550 nm 处的透光率分别为 91.1%、88.4%、86.2%和 86.5%。随后评估了 KH-571 质量分数对 K_nPDMS 水汽阻隔性能的影响,结果如图 7-55(d)所示。随着 KH-571 质量分数的增加,PDMS 基薄膜的寿命延长,相应的水汽阻隔率从 1.78 g/(m² · d)略微下降到 1.15 g/(m² · d),这是由于 KH-571 使 PDMS 功能化链的数量和 PDMS 基溶液的黏度增加,从而使 K_nPDMS 结构更加致密,抑制了水分的渗透,增强了水汽阻隔性能。综上所述,制备的 K_nPDMS 薄膜具有良好的透光率(>86%)和高拉伸率(102%~250%)。

利用原位 QCM、SEM 和 FTIR 对 ALI Al_2O_3 的填充进行了阐述。如图 7-56(a)所示,K_{48}PDMS 截面都有较高的 Al 信号强度,表明在 ALI 过程中

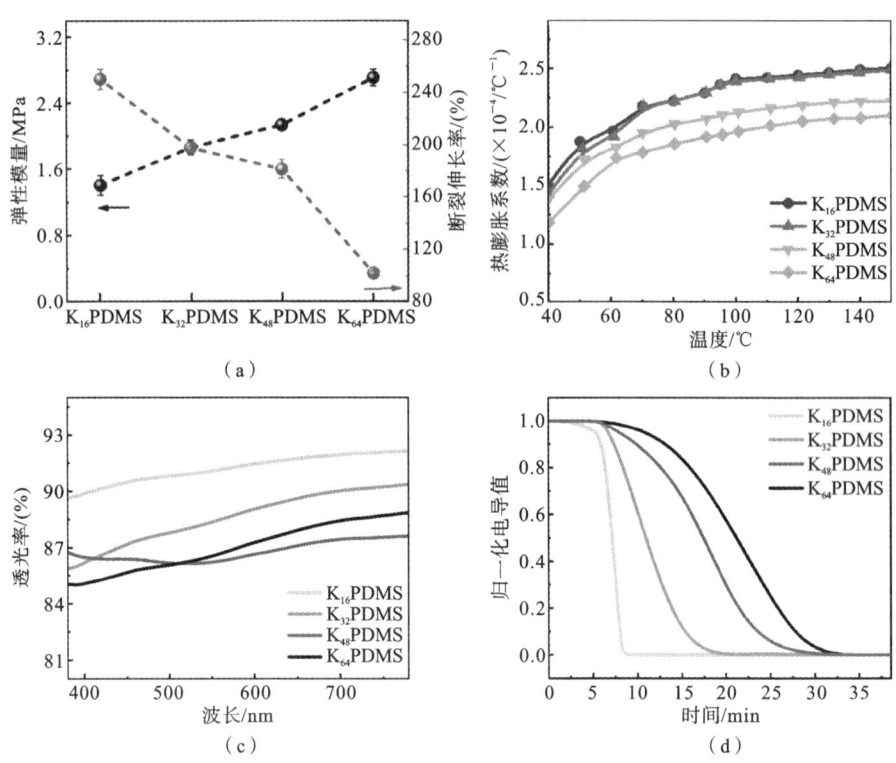

图 7-55 填充可拉伸 PDMS 封装薄膜工艺与性能研究：(a) 弹性模量和断裂伸长率；
(b) 热膨胀系数；(c) 透光率；(d) 归一化电导值

Al_2O_3 渗透进了 K_{48}PDMS 膜内。此外，图 7-56(a) 插图显示 Al 元素均匀分布在 K_{48}PDMS 截面。图 7-56(b) 显示了每循环 K_{48}PDMS 中的 Al_2O_3 质量增益。杂化膜增强工艺主要分为两个过程：渗透过程和沉积过程。在渗透过程中，K_{48}PDMS 表现出更大的质量增益，每循环的质量增益约为 72.9 ng/cm^2，而在沉积过程中，每循环的质量增益约为 40 ng/cm^2。如图 7-56(c) 和 (d) 所示，ALI 处理后，1562 cm^{-1} 处的 C—O—Al 峰随着 UV 照射时间的增加，向高波数方向移动。而仅使用 UV 照射，在 FTIR 光谱中没有发现 C—O—Al 峰。这表明，ALI 处理后的 K_{48}PDMS 在 UV 照射下有利于 C=C 自由基聚合的发生，这与 UV 照射后 1646 cm^{-1} 处 C=C 数量减少的现象相符。此外，通过在 1646 cm^{-1} 处吸收峰变化的面积来检测光聚合动力学。ALI 处理后的 K_{48}PDMS/Al_2O_3 杂化膜在 UV 固化 1 min 和 5 min 下的转化率分别为 73.79% 和 84.33%，而没有经 ALI 处理的 K_{48}PDMS 在相同 UV 固化时间下的转化率分别为 12.31% 和 31.97%。上述结果表明，在 ALI 过程中使用 UV 固化有助于 C=C 自由基聚合和 C＝O 与 Al_2O_3 之间的化学反应。综上所述，K_{48}PDMS/Al_2O_3 杂化膜的阻隔性增强机理是填充-交联。在 ALI 过程中，Al_2O_3 的渗透填充了聚合物链内的空隙，然后在 UV 固化下聚合物侧链发生交联，从而提高了 K_{48}PDMS/Al_2O_3 杂化膜的密度。

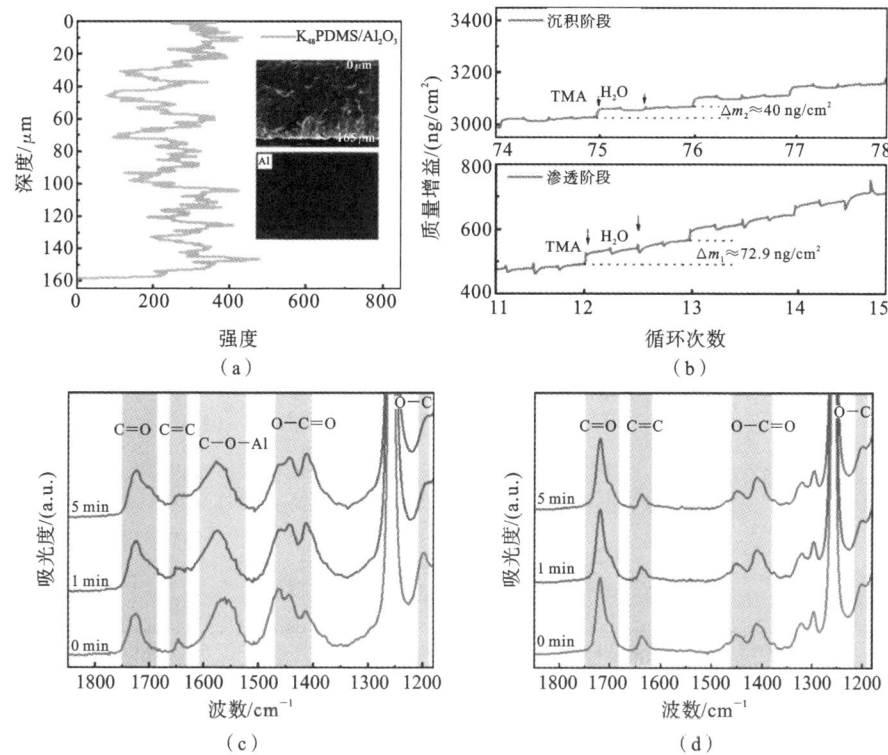

图 7-56　杂化膜的增强机制：(a) ALI K_{48}PDMS 的 SEM 图；(b) ALI K_{48}PDMS 原位 QCM 数据图；(c) ALI/UV 固化 K_{48}PDMS 的红外图；(d) 仅 UV 固化 K_{48}PDMS 的红外图

　　为了进一步研究 K_nPDMS 的水汽阻隔性能，通过 ALI 工艺制备了四种类型的有机/无机杂化膜（K_nPDMS/Al_2O_3）阻隔层，循环次数为 100 次，UV 固化时间为 1 min。图 7-57（a）展示了使用 ALI/UV 固化方法制备的 K_nPDMS/Al_2O_3 优越的阻隔性能。结果表明，K_{32}PDMS/Al_2O_3、K_{48}PDMS/Al_2O_3 和 K_{64}PDMS/Al_2O_3 杂化膜在 100 次 ALI 循环和 1 min UV 照射下的 WVTR 分别为 4.54×10^{-4} g/($m^2 \cdot$ d)、3.32×10^{-4} g/($m^2 \cdot$ d)和9.53×10^{-5} g/($m^2 \cdot$ d)。可以看出，使用 ALI/UV 固化方法制备的 K_nPDMS/Al_2O_3 的 WVTR 比仅使用

ALI 方法制备的杂化膜的 WVTR 小 1~2 个数量级。这些发现表明先经 ALI 再经 UV 固化可以显著提高 $K_n PDMS/Al_2O_3$ 杂化膜的水汽阻隔性能。

　　进一步研究了 UV 照射时间对 $K_{64} PDMS/Al_2O_3$ 杂化膜水汽阻隔性能的影响。如图 7-57(b) 所示，随着固化时间的增加，$K_{64} PDMS/Al_2O_3$ 杂化膜的 WVTR 先减小后增大，当固化时间为 1 min 时，水汽阻隔性能最佳，WVTR 仅为 9.53×10^{-5} g/(m²·d)。随着固化时间的延长，WVTR 增大，这是由于长时间的 UV 照射导致 PDMS 基薄膜主链断裂，使 $K_n PDMS/Al_2O_3$ 杂化膜内自由体积增大。此外，将 ALI 循环次数增加到 130，以实现 $K_n PDMS/Al_2O_3$ 杂化膜的拉伸性能和水汽阻隔性能之间的平衡。$K_n PDMS/Al_2O_3$ ($n=32,48$) 表现出优异的柔韧性，经过 100 次拉伸试验后，其 WVTR 基本保持不变，$K_{32} PDMS/Al_2O_3$、$K_{48} PDMS/Al_2O_3$ 杂化膜的 WVTR 分别为 2.37×10^{-4} g/(m²·d)、2.07×10^{-4} g/(m²·d)，以常温条件进行换算，WVTR 低于 1×10^{-5} g/(m²·d)。结果表

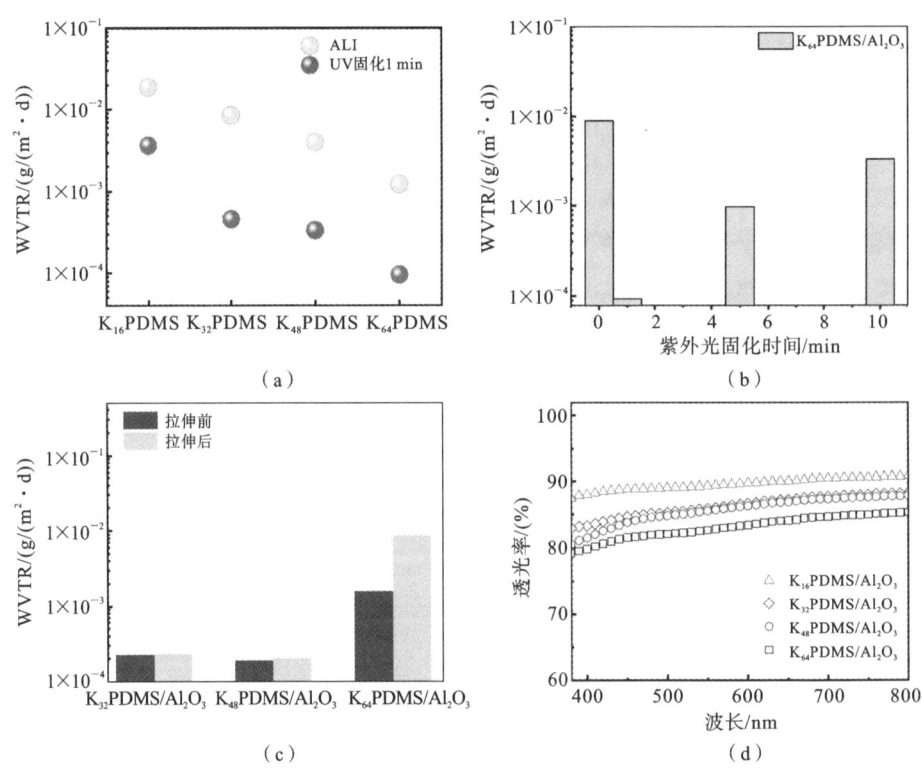

图 7-57　$K_n PDMS/Al_2O_3$ 杂化膜的封装性能：(a) ALI/UV 固化处理的水汽阻隔性能；(b) 紫外光固化时间对水汽阻隔性能的影响；(c) 拉伸前后 $K_n PDMS/Al_2O_3$ 杂化膜的水汽阻隔性能；(d) $K_n PDMS/Al_2O_3$ 的光学性能

明，$K_{48}PDMS/Al_2O_3$ 杂化膜是一种配比最佳的杂化膜。如图 7-57（d）所示，$K_{32}PDMS/Al_2O_3$、$K_{48}PDMS/Al_2O_3$ 和 $K_{64}PDMS/Al_2O_3$ 杂化膜在 550 nm 处的透光率分别为89.3%、85.9%和82.7%。

通过将封装在膜内的 Ca 器件暴露在连续的水中，模拟了降雨场景，以评估 $K_{48}PDMS/Al_2O_3$ 杂化膜在实际天气下的水汽阻隔性能。如图 7-58（a）所示，Ca 器件的稳定性得到了显著改善，与立即失活的未封装器件相比，Ca 器件的工作寿命延长了 336 h。此外，即使 $K_{48}PDMS/Al_2O_3$ 杂化膜经过 1% 的拉伸应变，$K_{48}PDMS/Al_2O_3$ 封装的 Ca 器件也表现出类似的衰减行为。此外，通过碳基可拉伸应变传感器探索了 $K_{48}PDMS/Al_2O_3$ 杂化膜在柔性电子器件中的潜在应用，其中 $K_{48}PDMS/Al_2O_3$ 杂化膜作为顶部封装薄膜和底部柔性衬底。从图 7-58（b）中可以看出，用 $K_{48}PDMS$ 膜封装的应变传感器在磷酸盐溶液中浸泡后电阻下降，而用 $K_{48}PDMS/Al_2O_3$ 杂化膜封装的应变传感器电阻保持稳定。上述结果表明，由 $K_{48}PDMS/Al_2O_3$ 杂化膜封装的传感器的多功能性表明该混合薄膜适合应用于各种可穿戴电子设备。

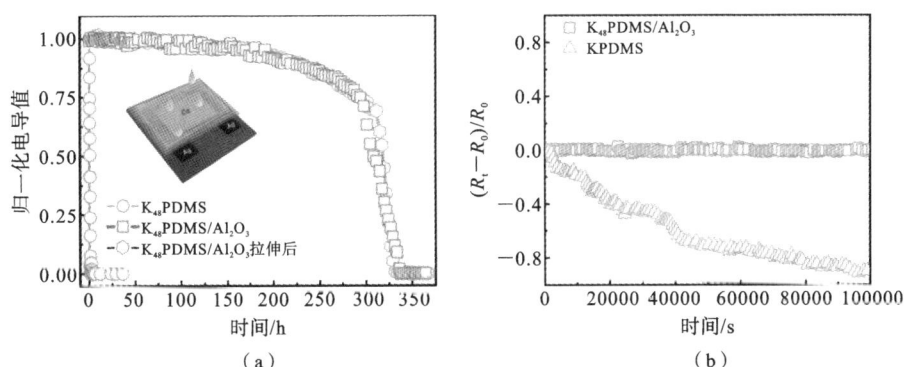

图 7-58　K_nPDMS/Al_2O_3 杂化膜在潜在应用中的封装性能：(a) 模拟雨水天气；(b) 磷酸盐溶液

针对可拉伸的可穿戴电子设备开发了一种两步钝化策略，本小节通过 ALI/UV 双工艺，制备出具有高密度的 Al_2O_3 渗透和致密的交联网状结构的柔性 K_nPDMS/Al_2O_3 杂化膜。该薄膜在机械应变条件下表现出优异的水汽阻隔性能（WVTR＝$6.20×10^{-5}$ g/(m^2 · d)）[24]。通过 FTIR、原位 QCM 和 SEM，阐述了封装结构的"渗透-交联"阻隔增强机制。该薄膜应用于 Ca 器件和应变传感器中，显示出超稳定的水基溶液稳定性。

本章参考文献

[1] HAN J, LEE J Y, LEE J, et al. Highly stretchable and reliable, transparent and conductive entangled graphene mesh networks[J]. Advanced Materials, 2018, 30(3): 1704626.

[2] SHIN D Y, BAEK S Y, SONG H J, et al. Sliding interconnection for flexible electronics with a solution-processed diffusion barrier against a corrosive liquid metal[J]. Advanced Electronic Materials, 2019, 5(10): 1900314.

[3] YU D, YANG Y Q, CHEN Z, et al. Recent progress on thin-film encapsulation technologies for organic electronic devices[J]. Optics Communications, 2016, 362: 43-49.

[4] SUN L, UEMURA K, TAKAHASHI T, et al. Interfacial engineering in solution processing of silicon-based hybrid multilayer for high performance thin film encapsulation[J]. ACS Applied Materials & Interfaces, 2019, 11(46): 43425-43432.

[5] KANG K S, JEONG S Y, JEONG E G, et al. Reliable high temperature, high humidity flexible thin film encapsulation using Al_2O_3/MgO nanolaminates for flexible OLEDs[J]. Nano Research, 2020, 13(10): 2716-2725.

[6] BURROWS P E, BULOVIC V, FORREST S R, et al. Reliability and degradation of organic light emitting devices[J]. Applied Physics Letters, 1994, 65(23): 2922-2924.

[7] WEN D, YUAN R G, CAO K, et al. Advancements in atomic-scale interface engineering for flexible electronics: enhancing flexibility and durability[J]. Nanotechnology, 2024, 35(41): 412501.

[8] FLOCH P L, MEIXUANZI S, TANG J D, et al. Stretchable seal[J]. ACS Applied Materials & Interfaces, 2018, 10(32): 27333-27343.

[9] VAN DE WEIJER P, BOUTEN P C P, UNNIKRISHNAN S, et al. High-performance thin-film encapsulation for organic light-emitting diodes [J]. Organic Electronics, 2017, 44: 94-98.

[10] BULUSU A, SINGH A, WANG C Y, et al. Engineering the mechanical properties of ultrabarrier films grown by atomic layer deposition for the encapsulation of printed electronics[J]. Journal of Applied Physics,

2015，118(8)：085501.

[11] HUANG R，PRÉVOST J H，HUANG Z Y，et al. Channel-cracking of thin films with the extended finite element method[J]. Engineering Fracture Mechanics，2003，70(18)：2513-2526.

[12] LI Y，CAO K，XIONG Y F，et al. Composite encapsulation films with ultrahigh barrier performance for improving the reliability of blue organic light-emitting diodes [J]. Advanced Materials Interfaces，2020，7 (13)：2000237.

[13] WEN D，HU J C，YUAN R G，et al. Atomic-scale stress modulation of nanolaminate for micro-LED encapsulation[J]. Nanoscale，2024，16(9)：4760-4767.

[14] MILLER D C，FOSTER R R，ZHANG Y D，et al. The mechanical robustness of atomic-layer- and molecular-layer-deposited coatings on polymer substrates[J]. Journal of Applied Physics，2009，105(9)：093527.

[15] HAN Y C，JEONG E G，KIM H，et al. Reliable thin-film encapsulation of flexible OLEDs and enhancing their bending characteristics through mechanical analysis[J]. RSC Advances，2016，6(47)：40835-40843.

[16] JEN S H，BERTRAND J A，GEORGE S M. Critical tensile and compressive strains for cracking of Al_2O_3 films grown by atomic layer deposition[J]. Journal of Applied Physics，2011，109(8)：084305.

[17] KIM N，GRAHAM S. Development of highly flexible and ultra-low permeation rate thin-film barrier structure for organic electronics[J]. Thin Solid Films，2013，547：57-62.

[18] LI Y，XIONG Y F，CAO W R，et al. Flexible $PDMS/Al_2O_3$ nanolaminates for the encapsulation of blue OLEDs[J]. Advanced Materials Interfaces，2021，8(20)：2100872.

[19] WANG H R，WANG Z Y，XU X C，et al. Multiple short pulse process for low-temperature atomic layer deposition and its transient steric hindrance[J]. Applied Physics Letters，2019，114(20)：201902.

[20] PADBURY R P，JUR J S. Temperature-dependent infiltration of polymers during sequential exposures to trimethylaluminum[J]. Langmuir，2014，30(30)：9228-9238.

[21] JARVIS K L, EVANS P J, TRIANI G. Influence of the polymeric substrate on the water permeation of alumina barrier films deposited by atomic layer deposition[J]. Surface and Coatings Technology, 2018, 337: 44-52.

[22] LI Y, WEN D, ZHANG Y H, et al. Highly-stable PEN as a gas-barrier substrate for flexible displays via atomic layer infiltration[J]. Dalton Transactions, 2021, 50(44):16166-16175.

[23] ZHANG Y H, WEN D, LIU M J, et al. Stretchable PDMS encapsulation via SiO$_2$ doping and atomic layer infiltration for flexible displays[J]. Advanced Materials Interfaces, 2022, 9(5): 2101857.

[24] WEN D, YUAN R G, YANG F, et al. Two-step construction of KP-DMS/Al$_2$O$_3$ ultra-barriers for wearable sensors[J]. Dalton Trans, 2024, 53(35):14656-14664.

第8章
原子层沉积催化剂精细制备
与构-效关系建立

多相催化反应涉及物理过程和化学过程,包含固相催化剂与气态、液态反应物之间的相互作用,是许多工业化学过程中不可或缺的一部分。基于表面自限制性饱和吸附的原理,ALD技术能够在原子水平上精确制备纳米材料,精确调控催化剂的表面结构和活性位点,从而优化其性能。近年来,该技术在多相催化剂的设计和制备中显示出了巨大的潜力,特别是在提高催化剂的活性、选择性和稳定性方面[1,2],基于ALD技术所制备的多相催化剂在不同的应用领域表现出卓越的催化性能。随着对ALD过程控制的深入理解和对新催化材料的不断探索,预计ALD技术在多相催化领域中的应用将得到进一步拓展,从而为解决能源和环境问题提供更有效的解决方案。

ALD技术在催化领域中的应用主要集中在以下4个方面。① 高度分散的活性金属纳米颗粒制备:利用ALD技术可以在催化剂载体上沉积极其均匀和高度分散的活性金属纳米颗粒,通过精确控制金属纳米颗粒的尺寸和分布,可以显著提高催化剂的活性和稳定性,减小贵金属的用量。② 包覆型催化剂构建:ALD技术能够在已有的催化剂颗粒表面上逐层沉积不同的材料,构建不同种类的包覆型结构。这种结构不仅可以保护内部的活性组分,还可以通过壳层材料的特性及相互作用调控催化反应的活性。③ 位点协同和选择性修饰:利用ALD技术,可以在催化剂表面引入特定的功能性位点,如酸性或碱性位点,从而调节表面性质,增强催化剂对特定反应物的吸附能力,提高催化反应的效率和选择性。④ 催化限域构型的构筑及稳定化:在多相催化过程中,催化剂可能会因反应物或副产物的吸附而失活。利用ALD技术在催化剂表面形成限域构型,可以有效阻挡超小纳米颗粒的团聚烧结,延长催化剂的使用寿命。

8.1 高度分散团簇的可控制备

8.1.1 亚纳米贵金属团簇的制备

在对可持续能源的探索进程中,探索高效的清洁能源转换技术尤为重要。选择性催化氧化(PROX)技术是提高氢气纯度的关键策略,在燃料电池性能优化中发挥着至关重要的作用,特别是在移除 H_2 中的微量 CO,防止其对燃料电池催化剂产生毒化作用方面。为了克服传统催化剂在实际应用中活性和稳定性不足的限制,精确设计和制备催化材料成为研究重点。ALD 技术在制备高性能金属催化剂方面,尤其是在设计和合成高度分散金属催化剂方面,展现出显著的潜力。ALD 技术可以在原子级别上精确控制催化剂活性组分的沉积,使贵金属 Pt、Ru、Au、Rh 在载体表面实现高度的均匀分散。提高催化剂的分散度,最大化利用金属-氧化物的界面及表面暴露的活性位点,可以有效提高催化性能,显著提升催化剂的活性和选择性。

基于流化式 ALD 技术,通过 N_2 预处理有效避免了催化剂颗粒的团聚,利用 O_2 替代 O_3 来抑制 Pt 在 Al_2O_3 表面的形核与生长,实现了高度分散 Pt 亚纳米团簇在 CoO_x/Al_2O_3 上的精准负载,成功制备出 $Pt/CoO_x/Al_2O_3$ 催化剂[3]。如图 8-1 所示,高角环形暗场扫描透射电子显微镜(HAADF-STEM)表征结果显示,还原后的 Pt/CoO_x 复合纳米团簇的直径为 0.3～0.8 nm,平均直径约为 0.55 nm,Pt 纳米颗粒在表面均匀分散。ALD 过程中有机配体的空间位阻效应

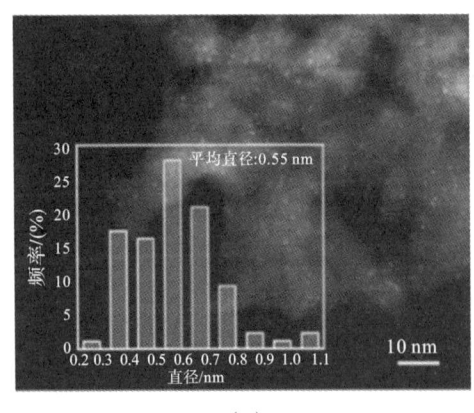

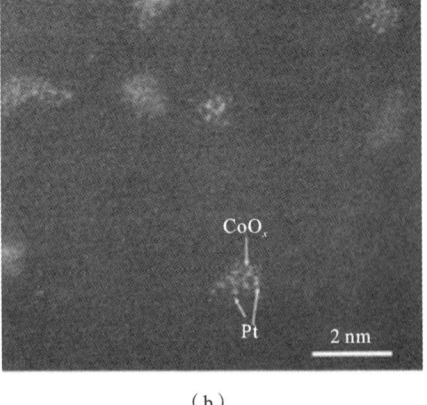

(a)   (b)

图 8-1 还原后 $Pt/CoO_x/Al_2O_3$ 样品的(a)HAADF-STEM 图像和(b)TEM 图像

有助于 Pt 原子的分散,而 TEM 表征结果进一步证明了 CoO_x 纳米团簇上存在孤立的 Pt 原子。Pt 在 CoO_x 上的选择性沉积显著降低了其迁移和团聚的可能性,增强了 Pt 的稳定性,还为提高催化效率提供了理想的结构基础。

如图 8-2(a)所示,通过椭偏仪测试 Pt 在 CoO_x 和 Al_2O_3 表面的生长速率。在 150 ℃ 条件下,以 O_2 作为反应物,可观察到 Pt 在 Al_2O_3 表面的形核期超过 100 次循环,而在 CoO_x 表面仅需 20 次循环即可实现线性生长,这为 Pt 在 CoO_x 表面实现选择性 ALD 提供了有力证据。此外,拉曼光谱分析进一步验证 Pt 在 CoO_x 上的选择性生长。Al_2O_3 载体未显示出拉曼散射信号,而 CoO_x 则显示出特定的拉曼散射信号,如图 8-2(b)所示。位于 488 cm^{-1}、523 cm^{-1}、615 cm^{-1} 和 690 cm^{-1} 处的四个峰,据文献报道可归属于 Co_3O_4 相,说明所生成的 CoO_x 主要成分为 Co_3O_4。沉积 Pt 后,$Pt/CoO_x/Al_2O_3$ 样品的拉曼散射峰强度明显减弱,进一步证实了 Pt 在 CoO_x 上高度选择性生长的特性。

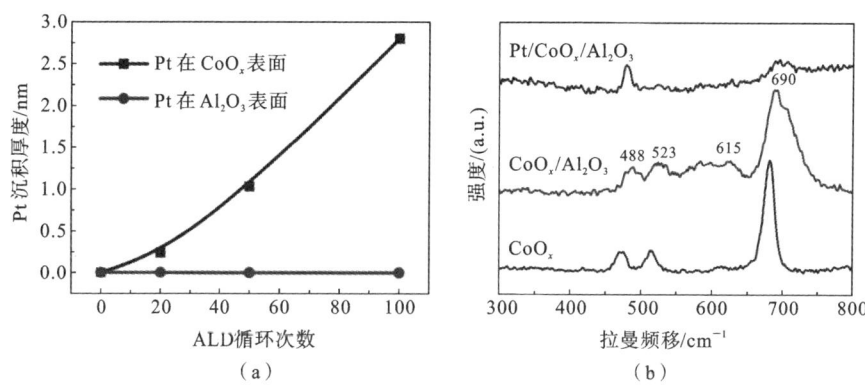

图 8-2　(a) ALD 过程中 Pt 在两种材料表面的生长情况;(b) CoO_x、CoO_x/Al_2O_3 和 $Pt/CoO_x/Al_2O_3$ 样品的拉曼光谱

为深入理解催化剂中 Pt 原子的配位环境,利用 X 射线吸收近边结构 (XANES)图谱分析了 Pt 的 L_3 边,利用扩展 X 射线吸收精细结构(EXAFS)图谱分析了吸收原子近邻配位原子的结构信息以揭示 Pt 的电子结构。如图 8-3(a)所示,Pt/Al_2O_3 样品的强度与标准 Pt 箔相近,说明大部分 Pt 呈金属态,这反映了使用 O_3 在 Al_2O_3 上沉积 Pt 的效果。相比之下,$Pt/CoO_x/Al_2O_3$ 样品中 Pt 显示较高的氧化态,即使经过还原处理,其氧化态仍高于金属态。Pt 与 CoO_x 之间的强相互作用促进了高氧化态 Pt 的转化,从而提升了催化活性。如图 8-3(b)所示,Pt/Al_2O_3 样品中存在大量 Pt—Pt 键,表明 Pt 主要以纳米颗粒形式分布在载体上;而 Pt—O 键强度较弱,表明 Pt/Al_2O_3 样品中金属态 Pt 占

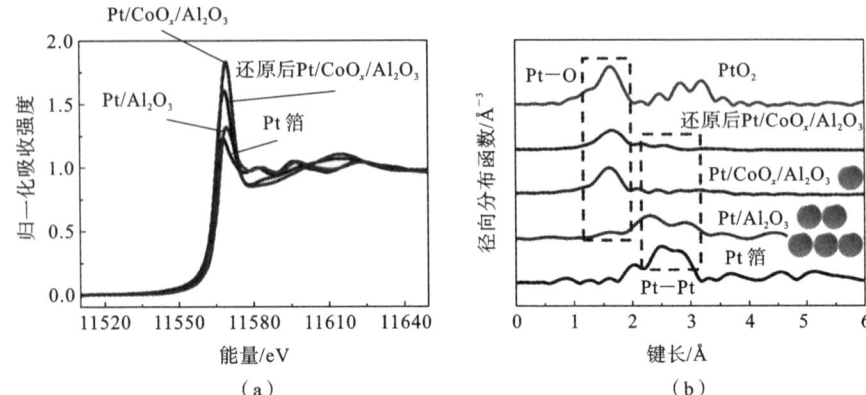

图8-3 Pt箔、Pt/Al₂O₃、Pt/CoOₓ/Al₂O₃ 和还原后 Pt/CoOₓ/Al₂O₃ 样品的(a)XANES 图谱和(b)EXAFS 图谱

主导。对于 Pt/CoOₓ/Al₂O₃ 样品和还原后 Pt/CoOₓ/Al₂O₃ 样品,几乎无法观察到 Pt—Pt 键,这表明其中 Pt 主要以高度分散的原子形态分布在载体上。

如图 8-4(a)所示,与其他样品相比,还原后 Pt/CoOₓ/Al₂O₃ 样品具有最低的表观活化能,仅为 23.84 kJ/mol,表明还原后 Pt/CoOₓ/Al₂O₃ 样品具有最佳的本征催化活性。如图 8-4(b)所示,CoOₓ 的引入降低了 O₂ 反应级数,还原后 Pt/CoOₓ/Al₂O₃ 样品具有最低的 O₂ 反应级数,仅为 0.25。上述测试结果表明,还原后 Pt/CoOₓ/Al₂O₃ 样品在 CO-PROX 反应中具有显著优势。

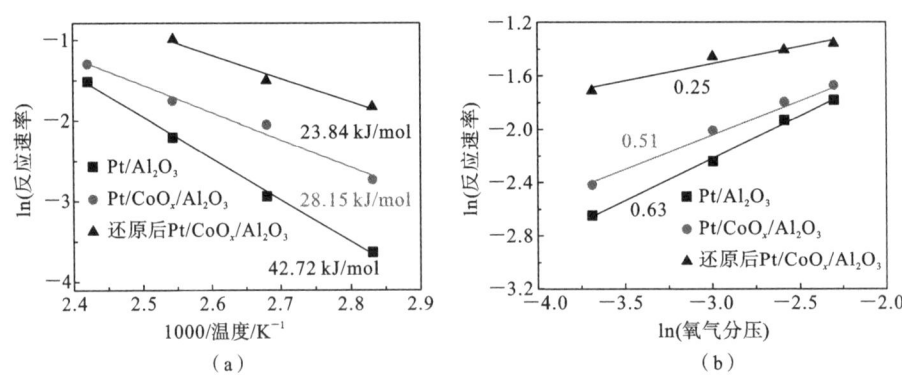

图8-4 三种样品在 CO-PROX 反应中的动力学数据测试:(a) H₂ 存在下 CO 氧化的 Arrhenius 曲线;(b) O₂ 反应级数测试曲线

8.1.2 价态可控贵金属团簇的制备

Pt 的高消耗量和昂贵价格限制了其在新兴领域的工业化应用和在能源催

化领域的推广应用。目前解决方案主要有两种：一种是开发成本较低且具有与
Pt 相似催化活性的替代材料,如过渡金属氧化物,但是过渡金属氧化物稳定性
低,限制了其实际应用;另一种是在减小 Pt 用量的同时增大其原子利用率,例
如制备 Pt 核壳催化剂或减小 Pt 纳米颗粒尺寸。CeO_2 负载 Pt 催化剂由于 Pt
与 CeO_2 之间的强相互作用,在多种反应中展现出了优异的催化活性,Pt 的化
学价态、形貌及其与氧的配位数显著影响了 Pt/CeO_2 界面晶格氧的活性。当
Pt 团簇尺寸小于 1 nm 时,其与 CeO_2 载体间的电荷转移减少,导致界面相互作
用减弱。因此,增强 Pt 与 CeO_2 界面的相互作用,调控 Pt 单原子、团簇的化学
价态,对优化 Pt/CeO_2 催化剂的催化活性至关重要。

基于氧化还原耦合 ALD 技术,在纯 CeO_2 和 Cu 掺杂的 CeO_2(分别标记为
Ce 和 CeCu)表面沉积生长价态可控的 Pt 单原子和 Pt 亚纳米团簇[4]。为了防
止 Pt 在载体表面迁移而形成聚集体,设置 Pt 生长的腔体温度为 150 ℃,并只通
入一个 Pt 前驱体的脉冲,将吸附有 Pt 前驱体的 Ce 和 CeCu 载体放入管式炉
中,在空气中 200 ℃煅烧 1 h,去除 Pt 前驱体上的有机配体,将得到的样品分别
标记为 Pt-Ce-O200 和 Pt-CeCu-O200。图 8-5 展示了 Ce 和 CeCu 上负载的 Pt
单原子。如图 8-5(a)、(b)所示,可以看到 Ce 纳米棒的边缘有大量的 Pt 单原
子,Ce 纳米棒是沿着(110)晶面生长的,在 Ce 纳米棒的端面和侧面都存在着 Pt
单原子和 Pt 亚纳米团簇;如图 8-5(c)、(d)所示,CeCu 纳米棒载体上同样存在
着 Pt 单原子和 Pt 亚纳米团簇。在 Ce 和 CeCu 表面形成的 Pt 亚纳米团簇源自
ALD 生长过程中 Pt 原子在载体表面的迁移。

利用 CO 作为分子探针的原位漫反射红外光谱(CO-DRIFTS)进一步证实
了负载于 Ce 和 CeCu 纳米棒上的 Pt 单原子状态,如图 8-6 所示。样品在空气
中煅烧前,CO 吸附振动峰位于 2093 cm^{-1} 处,归属于 Pt 单原子上的 CO 吸附
峰,这证实了 Ce 和 CeCu 纳米棒上的 Pt 主要以单原子形态存在。同时,也观察
到在 2067 cm^{-1}、2043 cm^{-1} 和 1838 cm^{-1} 处的 CO 吸附振动峰,分别对应于 CO
在 Pt 亚纳米团簇不同晶面上的线性吸附峰和桥位吸附峰,表明 Ce 和 CeCu 纳
米棒上存在少量 Pt 亚纳米团簇,与图 8-5 电镜观察到的 Pt 形貌保持一致。样
品在空气中煅烧后,Pt 单原子和 Pt 亚纳米团簇上的 CO 吸附振动峰强度明显
减弱,原因是 Pt 单原子和 Pt 亚纳米团簇被氧化,而 CO 在氧化态 Pt 物种表面
吸附较弱。

对 Pt-Ce-O200 和 Pt-CeCu-O200 样品在 200 ℃下进行 1 h 的 H_2 还原处
理,将得到的样品分别标记为 Pt-Ce-R200 和 Pt-CeCu-R200。如图 8-7 所示,还

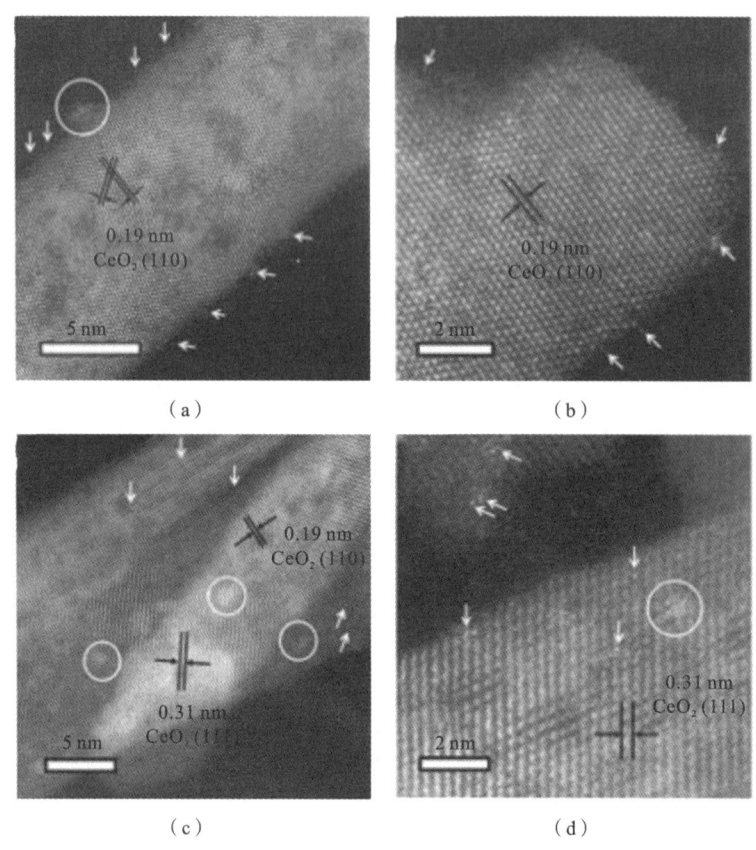

图 8-5　HAADF-STEM 图像：(a)、(b) Pt-Ce-O200；(c)、(d) Pt-CeCu-O200

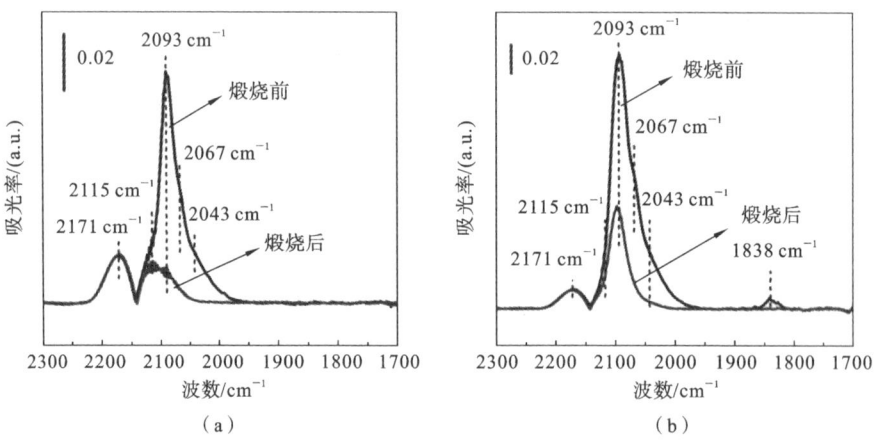

图 8-6　煅烧前后 CO-DRIFTS 图谱：(a) Pt-Ce-O200；(b) Pt-CeCu-O200

原处理后,Pt 主要以团簇形态存在,说明还原气氛下 Pt 原子易迁移并团聚。图 8-7(c)和(f)展示了两种还原样品中 Pt 团簇的尺寸分布,Pt-Ce-R200 和 Pt-CeCu-R200 中 Pt 团簇平均尺寸小于 1 nm。其中,Pt-Ce-R200 中 Pt 团簇尺寸主要分布在 0.4～0.8 nm 范围内,平均尺寸为 0.63 nm;Pt-CeCu-R200 中 Pt 团簇尺寸主要分布在 0.6～1.0 nm 范围内,平均尺寸为 0.75 nm。Cu 掺杂进入 CeO_2 晶格导致生长的 Pt 团簇尺寸增大。

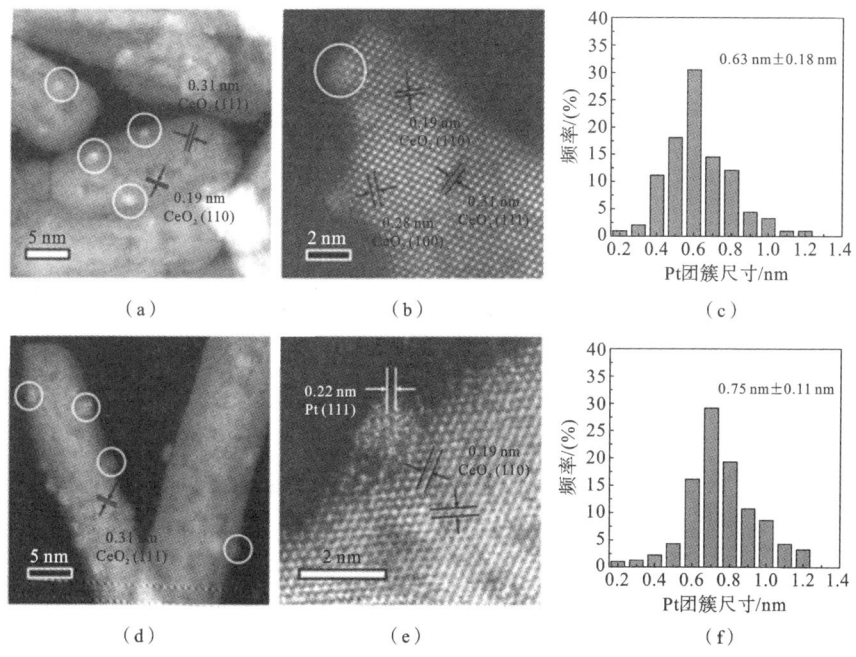

图 8-7　HAADF-STEM 图像:(a)、(b) Pt-Ce-R200;(c) Pt-Ce-R200 中 Pt 颗粒的粒径分布;(d)、(e) Pt-CeCu-R200;(f) Pt-CeCu-R200 中 Pt 颗粒的粒径分布

采集的 Pt-Ce-R200 和 Pt-CeCu-R200 样品的 CO-DRIFTS 图谱进一步证实样品中的 Pt 主要以团簇形态存在。如图 8-8 所示,2171 cm^{-1} 和 2115 cm^{-1} 处的振动峰对应于气相中 CO 分子的振动,位于 2081 cm^{-1}(2083 cm^{-1})、2061 cm^{-1}(2066 cm^{-1})处的振动峰对应于 CO 在 Pt 表面不同晶面上的线性吸附所产生的振动,1830～1900 cm^{-1} 处的峰对应于 CO 在 Pt 表面的桥位吸附。没有观察到 CO 在 Cu 上的线性吸附,说明所采用的还原处理不会导致 Cu 或 CuO 晶粒的析出。

利用 XPS 表征分析不同处理工艺对 Pt 化学价态的影响,如图 8-9 所示,Pt-Ce-O200 和 Pt-CeCu-O200 样品在 72.6 eV 和 76.0 eV 处有明显的峰信号,

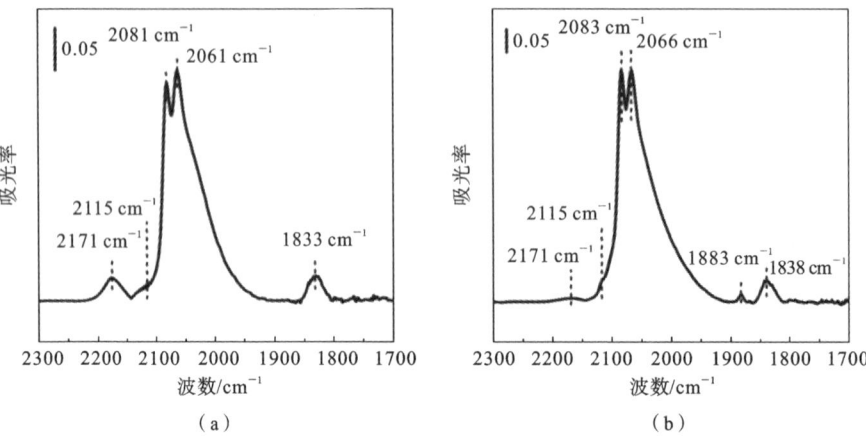

（a）　　　　　　　　　　　　　　　（b）

图 8-8　CO-DRIFTS 图谱：(a) Pt-Ce-R200；(b) Pt-CeCu-R200

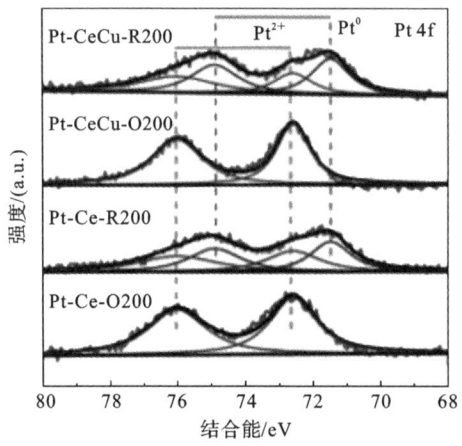

图 8-9　Pt-Ce-O200、Pt-Ce-R200、Pt-CeCu-O200 和 Pt-CeCu-R200 四种样品的 Pt 4f XPS 图谱

这表明 O_2 处理下 Pt 主要以氧化态 Pt^{2+} 形式存在，这也导致 Pt-Ce-O200 和 Pt-CeCu-O200 样品上仅有很弱的 CO 吸附信号。H_2 还原处理下 Pt-Ce-R200 和 Pt-CeCu-R200 样品的峰向低结合能方向偏移，在 71.5 eV 和 74.9 eV 处产生一组新的信号，这表明 H_2 还原处理会导致氧化态 Pt^{2+} 还原形成金属态 Pt^0，所形成的金属态 Pt^0 作为活性位点参与 CO 氧化反应。利用拟合积分计算 XPS 峰的面积来分析样品中 Pt^{2+} 和 Pt^0 的比例，在 Pt-Ce-R200 和 Pt-CeCu-R200 样品中金属态 Pt^0 含量显著增大，这说明还原处理能够在表面形成大量金属态 Pt^0 活性位点，有利于促进 CO 的氧化。

　　电感耦合等离子体发射光谱（ICP-OES）测试结果显示，Ce 和 CeCu 上负载的 Pt 质量分数分别为 0.63% 和 1.51%。分别将 Pt-Ce-O200、Pt-Ce-R200、Pt-CeCu-O200、Pt-CeCu-R200 与其各自的载体（Ce-O200、Ce-R200、CeCu-O200、CeCu-R200）充分混合，保证四种样品粉末中的 Pt 质量分数一致，随后开展 CO 氧化性能测试，如图 8-10 所示。H_2 还原处理显著提升了 Pt-Ce-O200 和 Pt-CeCu-O200 的 CO 氧化活性，T_{50}（CO 转化率达到 50% 时的温度）分别从 166 ℃ 和 131 ℃ 降至 91 ℃ 和 54 ℃，这表明 Pt 的化学价态和形貌显著影响催化活性，即金属态 Pt^0 含量的提升有利于加快 CO 的低温氧化。此外，Cu 掺杂有利于提高低温下的 CO 氧化活性，Pt-CeCu-R200 在 20 ℃ 的 CO 转化率达到 2.89%，而 Pt-Ce-R200 在 20 ℃ 完全不能使 CO 转化。在动力学条件下评估四种样品的本征催化活性，不同温度下的转化频率（TOF）展现出 CO 氧化速率的 Arrhenius 曲线。结果表明，样品在还原前后的表观活化能未发生显著变化，说明 Pt 在 Ce 或 CeCu 载体表面的化学价态和形貌变化主要影响了表面活性位点的数量，进而影响了 CO 转化率。然而，Cu 掺杂的样品（Pt-CeCu-O200 和 Pt-CeCu-R200）的反应速率显著高于未掺杂样品，Cu 掺杂使催化剂的活化能减半，表明 Cu 掺杂显著改变了 CO 在 Pt/CeO_2 界面反应的能量路径，Pt-CeCu-R200 展现了极低的初始转化温度（8 ℃）和更小的表观活化能（0.41 eV）以及更高的低温转化速率，证明了 Cu 掺杂在增强 Pt/CeO_2 界面低温 CO 氧化活性方面的重要作用。

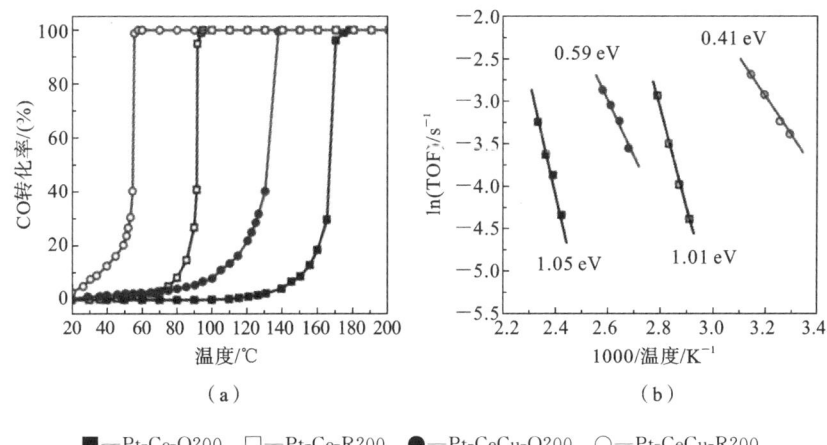

图 8-10 （a）CO 氧化性能测试曲线；（b）CO 氧化气氛下样品反应速率与温度的关系

8.1.3 贵金属团簇-氧化物功能界面的制备

CO 的催化氧化反应在汽车尾气净化和燃料电池领域有重要应用。由于 Pt

具有出色的活性和化学稳定性,它通常被用作 CO 氧化反应的参考催化剂。但是,CO 在 Pt 表面位点的强吸附会产生中毒效应,使得 Pt 表面活性位点减少,进而引起 Pt 基催化剂失活,严重限制了 Pt 催化剂在低温下的催化活性。利用 ALD 技术在锰基莫来石金属氧化物 $SmMn_2O_5$(SMO)表面沉积生长 Pt 亚纳米团簇,构建 Pt-SMO 功能界面结构。这种界面在 CO 氧化反应中能够提供双功能活性位点:界面处的 Pt 原子提供 CO 的吸附位点,而 SMO 表面的 Mn—Mn 二聚体提供 O_2 的吸附和分解位点。这种双功能界面反应机理克服了传统双功能催化剂中氧迁移的限制,使得 Pt/SMO 复合催化剂展现出优异的低温 CO 氧化活性[5]。

为了制备 Pt-SMO 功能界面结构,利用流化式 ALD 技术在 SMO 载体表面沉积生长 Pt 单原子和 Pt 亚纳米团簇。将 200 mg 的 SMO 载体放入粉体夹持器中,用 200 mL/min 的 N_2 气流使载体流化 30 min,利用 Pt ALD 的早期形核特性,在载体上进行了 1 次 ALD 循环,腔体温度控制在 200 ℃,在 SMO 表面沉积生长 Pt 亚纳米团簇,所制得的样品为 $Pt_n/SmMn_2O_5$(标记为 Pt_n/SMO)。另外,将腔体温度设定为 150 ℃,并在沉积过程中仅通入一个 Pt 前驱体脉冲,将样品放入管式炉中在 200 ℃煅烧 1 h,以去除吸附在 Pt 前驱体上的配体,在 SMO 表面沉积生长 Pt 单原子,所制得的样品为 $Pt_1/SmMn_2O_5$(标记为 Pt_1/SMO)。

如图 8-11(a)、(b)所示,对于 Pt_n/SMO 样品,在 SMO 表面观察到 Pt 亚纳米团簇 Pt_n,通过对 Pt_n 进行粒径统计发现,其平均粒径为 0.7 nm,并且 Pt 亚纳米团簇在 SMO 表面分散均匀。如图 8-11(c)、(d)所示,当腔体温度从 200 ℃降低至 150 ℃时,Pt 前驱体在 SMO 表面的反应活性减弱,Pt 原子在 SMO 表面的迁移被抑制。因此,对于 Pt_1/SMO 样品,表面生长的 Pt 以分散的单原子状态存在。

利用 XPS 和 X 射线吸收精细结构(XAFS)进一步研究了 Pt_n/SMO 的界面相互作用。如图 8-12 所示,在 Pt_n/SMO 样品表面,大部分 Pt 处于氧化态(Pt^{2+} 占 56%,Pt^{4+} 占 20%),金属态 Pt^0 仅占 24%,氧化态 Pt 主要归属于界面处的 Pt 原子,而金属态 Pt 则远离界面,大量氧化态 Pt 的存在证明 Pt 亚纳米团簇与载体 SMO 之间的强界面相互作用。此外,L_3 边的 XANES 图谱显示 Pt_n/SMO 中存在大量的氧化态 Pt,与 XPS 表征结果一致。EXAFS 图谱中,1.7 Å 处的峰归属于 Pt—O 键,对该峰进行拟合,得到的 Pt—O 键键长为 2.007 Å,配位数为 3.51,表明 Pt_n/SMO 中氧化态 Pt 的化学环境与 PtO_2 有所不同,这进一步说明 Pt_n/SMO 中氧化态 Pt 主要来自所形成的界面处。

在动力学条件下测试 Pt_n/SMO 和传统 Pt 基催化剂对 CO 氧化的本征催化

图 8-11　ALD Pt 亚纳米团簇和 Pt 单原子的形貌表征：Pt_n/SMO 的 (a) TEM
和 (b) HAADF-STEM 图像；(c)、(d) Pt_1/SMO 的 TEM 图像

活性,以探究 Pt 与 SMO 之间双功能界面结构对 CO 氧化的促进作用。如图 8-13所示,Pt_n/SMO 的表观活化能仅为 0.46 eV,约为 Pt/Al_2O_3 的表观活化能 (0.98 eV)的一半,这表明 CO 氧化更容易在 Pt_n/SMO 表面进行。在 Pt_n/SMO 样品中形成的双功能界面结构可有效降低 CO 氧化的势垒,通过 Pt 与 SMO 之间的强相互作用有效削弱了 CO 在界面上的强吸附,降低了 O_2 的分解势垒。除此之外,Pt_n/SMO 样品的表观活化能与理论预测的控速步骤(即 O_2 的分解)的势垒(0.41 eV)非常接近,这证实 Pt 与 SMO 形成的界面结构在双功能催化反应机理中的有效性。

通过 [18]O 同位素标记实验进一步证明 Pt_n/SMO 样品上 CO 氧化过程中活性氧的来源,具体实验步骤如下:将 25 mg Pt_n/SMO 样品放置于石英 U 形管中,在 400 ℃下用 1%(体积分数)的 [18]O_2 处理1 h;然后让催化剂在 He 气氛中

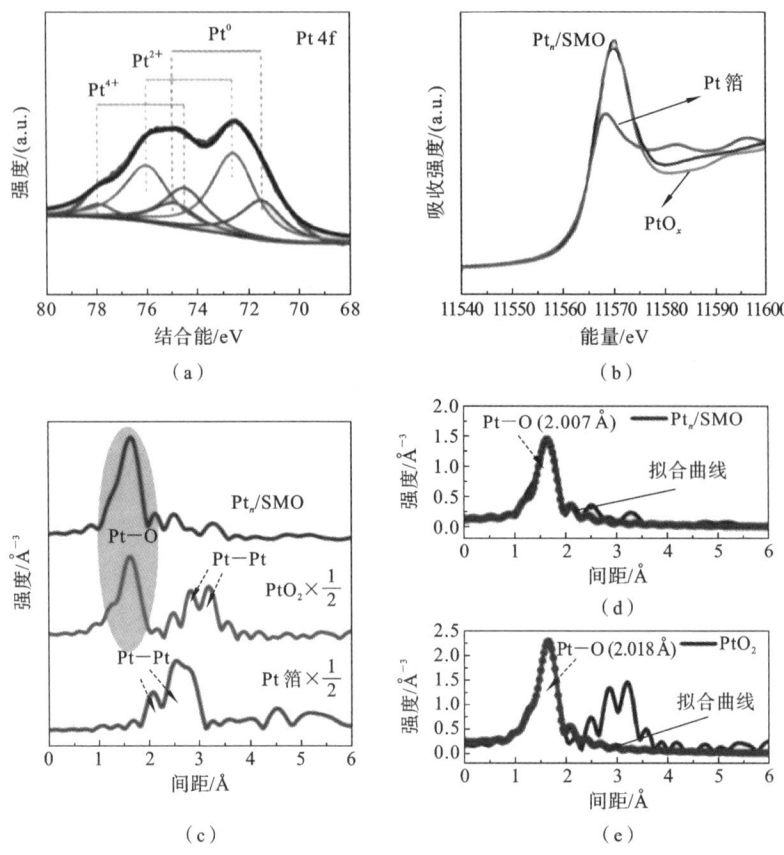

图 8-12 (a) Pt_n/SMO 的 Pt 4f XPS 图谱;(b) Pt L_3 边的 XANES 图谱;(c) Pt L_3 边的 EX-AFS 图谱;(d) Pt_n/SMO 和(e) PtO_2 的 EXAFS 图谱中 Pt—O 键的拟合结果

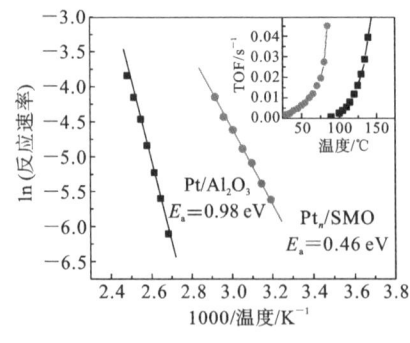

图 8-13 不同催化剂反应速率与温度的关系

冷却至室温,随后通入 1% $^{16}O_2$,并以 5 ℃/min 的升温速率加热至 600 ℃,同时通过质谱(MS)仪实时监测残余气体中的 $^{16}O^{18}O$ 和 $^{18}O_2$ 信号。如图 8-14(a)所示,在 269 ℃时,气体中的 O 元素开始与催化剂中的 O 元素发生交换,表明 SMO 载体中的晶格氧在低温下活性较差。随后,跟踪低温下 Pt_n/SMO 上 CO 氧化过程中活性氧的来源,如图 8-14(b)所示,$C^{16}O^{18}O$、$C^{16}O_2$、$C^{18}O_2$ 信号的出现证明在 Pt_n/SMO 样品上发生了 CO 氧化反应。而且反应产物以 $C^{16}O^{18}O$ 为主,这证实$C^{16}O$ 氧化过程中活性氧主要来自空气中$^{18}O_2$ 的分解,而不是 SMO 本身的晶格氧,这表明 O_2 的分解发生在 Pt_n/SMO 样品中 Pt-SMO 双功能界面结构上,与理论预测的双功能催化反应机理相符。

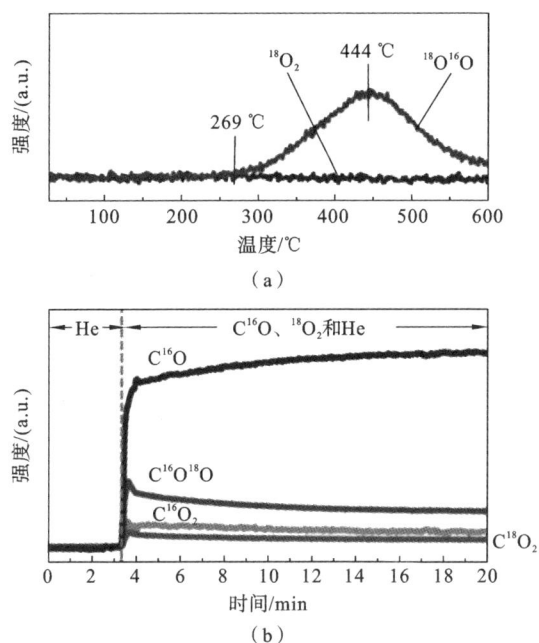

图 8-14 (a) 程序升温^{18}O 同位素交换实验中$^{18}O^{16}O$ 和$^{18}O_2$ 信号强度随温度的变化;(b) 80 ℃ 等温 CO 氧化实验中 $C^{16}O$、$C^{16}O^{18}O$、$C^{16}O_2$ 和 $C^{18}O_2$ 信号强度随时间的变化

在本节中,以金属氧化物为载体,利用 ALD 技术在其表面可控沉积生长高分散性贵金属团簇。通过优化 ALD 工艺参数,实现对贵金属团簇几何结构与电子结构的精确调控,并基于载体特性构建贵金属-金属氧化物的功能界面结构,进一步提高贵金属催化剂在化学反应中的催化性能。

8.2　包覆型结构构筑

8.2.1　网状包覆型结构的构筑

温室气体的合理转化与利用已成为当今科学和工程领域的热门研究主题。在众多温室气体中,二氧化碳和甲烷作为主要的温室气体,可以通过甲烷干重整(DRM)反应同时被转化,并且生成具有高利用价值的合成气,因此该反应受到广泛关注。价格低廉且具有强甲烷裂解能力的 Ni 基催化剂,被视为最具潜在商业应用前景的催化剂之一。Ni 基催化剂在实际应用中面临两大挑战:一是在高温环境下易发生团聚,Ni 颗粒会因奥斯特瓦尔德熟化作用而聚集,导致表面活性位点减少;二是积碳问题,甲烷和二氧化碳在高温下分解生成固态碳,固态碳会覆盖催化剂表面的活性位点,阻碍甲烷和二氧化碳的吸附与活化,从而显著降低 DRM 反应的催化活性。

针对上述挑战,采用初始浸渍法制备负载型 Ni/Al₂O₃ 催化剂,基于 ALD 技术在负载型 Ni/Al₂O₃ 催化剂表面精准构筑 Co 网状包覆层。这种网状包覆层能够缓解 Ni 基催化剂的积碳失活,研究不同厚度 Co 网状包覆层对 DRM 催化性能的影响,探索其构效关系[6]。控制 ALD 的循环次数,制备了经过 3 次、6 次及 9 次循环的 Co 网状包覆层,经过还原处理后,形成 Co/Ni/Al₂O₃ 催化剂,标记为 Ni@meshed Co/Al₂O₃ 催化剂。利用 ICP-OES 测定经过 3 次、6 次、9 次循环后的 Co 元素负载量,分别为 0.25%、0.5% 和 0.75%(质量分数),这证明 CoOₓ 网状包覆层的厚度与 ALD 循环次数成线性关系,并且原位石英晶体微天平(QCM)的测量也进一步证实了 Ni 表面上 Co 质量的线性增加。

图 8-15(a)展示不同 Co 负载量的 Ni@meshed Co/Al₂O₃ 样品的晶相组成。对于 Ni/Al₂O₃ 样品,在 $2\theta = 44.5°、51.8°、76.2°$ 出现的衍射峰证明金属态 Ni 的存在,而对于 Ni@meshed Co/Al₂O₃ 样品,相同位置的衍射峰可以归因于金属态 Co 的存在。峰位置和半峰宽不变表明 Co 沉积没有引起 Ni 纳米颗粒晶格的畸变,并且 Co 沉积和高温还原没有导致 CoNi 合金的形成,而是在 Ni 表面形成了金属 Co 的包覆层。如图 8-15(b)所示,Ni/Al₂O₃ 样品在 1900～2200 cm⁻¹ 范围内的 CO 线性吸附振动峰表明在金属 Ni 上存在 CO 吸附。对于 Ni@meshed Co/Al₂O₃ 样品,随着 Co ALD 沉积循环次数的增加,金属 Ni 表面上的 CO 线性吸附振动峰强度逐渐减小,当循环次数达到 9 时,对应的 CO 在金属 Ni 上吸附的红外信号消失。为探究 CO 在 Co 上的吸附信号,采用浸渍法制备 Co/Al₂O₃ 样品作为对照,结果显示金属 Co 的 CO 吸附振动峰位于 2050 cm⁻¹ 附近,并且与金属 Ni 的 CO 吸附振动峰不同,金属 Co 的 CO 吸附带表现为不对称。因此,可以推断随着 Co 在金属 Ni 上沉积量的增加,Co 逐渐将金属 Ni 包覆,这导致 CO 在金属 Ni 上的吸附减弱,对应的 CO 吸附振动峰强度逐渐减小。

为了探测 Ni@meshed Co/Al₂O₃ 样品的原子结构及原子间相互作用,开展 XAFS 实验。图 8-16(a)展示了催化剂的 Ni K 边归一化 XANES 图谱。该图谱表明不同 Co 负载量(0.25%、0.5%、0.75%)的样品间 Ni 的化学态变化不大。

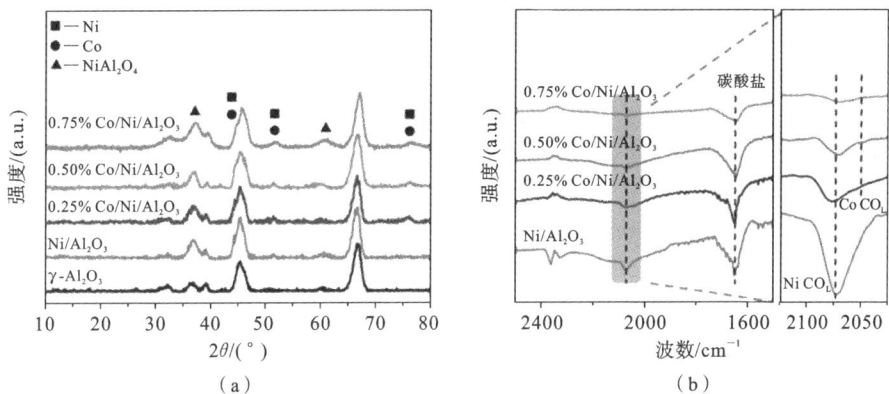

图 8-15 (a) 不同 Co 负载量的 Ni@meshed Co/Al₂O₃ 样品的 XRD 图谱；(b) 不同 Co 负载量的 Ni@meshed Co/Al₂O₃ 样品的 CO 吸附 FTIR 光谱

如图 8-16(b)所示，Ni K 边 EXAFS 图谱和对 Ni—O 及 Ni—阳离子壳层的定量拟合分析显示，Ni—Co 界面的形成未导致 Ni 晶格的显著畸变，且 Ni—Ni 键键长略有减小，这表明 Co 包覆层与 Ni 纳米颗粒间存在强相互作用，这种相互作用有助于提升催化剂的活性和抗烧结性。

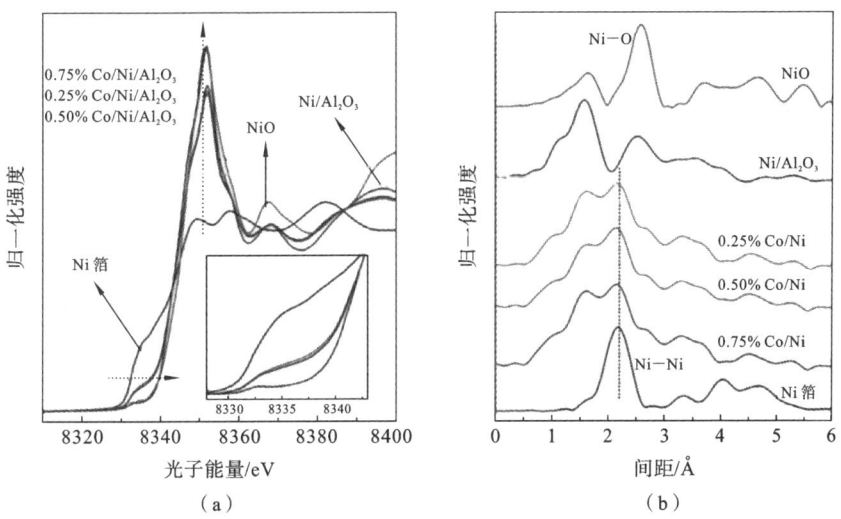

图 8-16 Ni/Al₂O₃ 和 Ni@meshed Co/Al₂O₃ (0.25%、0.5%、0.75% Co 负载量)样品的(a)XANES 图谱和(b)EXAFS 图谱

所形成的 Co 网状包覆层能够调节 Ni/Al₂O₃ 样品的表面化学性质。图8-17 (a)所示的 H₂ 程序升温还原(H₂-TPR)分析结果表明，Co 的加入显著影响了催化

剂的还原性,特别是在 400～600 ℃ 范围内观测到额外的还原峰,这表明 Co 沉积降低了表面金属氧化物的还原温度,显著提高了样品表面还原能力。图 8-17(b)所示的 CO_2 程序升温脱附(CO_2-TPD)测试进一步揭示了 Co 沉积增强了催化剂的碱性,特别是在 500～550 ℃ 范围内由 Co^{x+}/O^{2-} 提供的强碱性位点显著增加,这有利于 CO_2 的吸附和活化,进而促进表面活性碳物种的消除,提高催化效率。

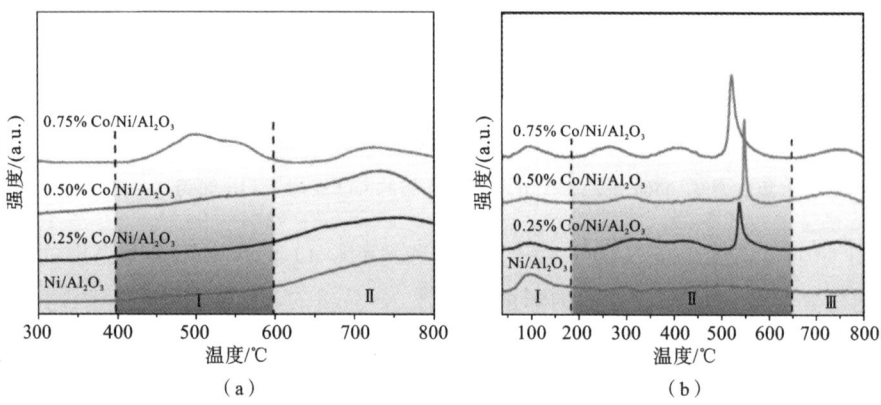

图 8-17 Ni/Al_2O_3 与负载 0.25%、0.50%、0.75% Co 的 Ni@meshed Co/Al_2O_3 样品的 (a)H_2-TPR 图谱和(b)CO_2-TPD 图谱

对 Ni/Al_2O_3 和 Ni@meshed Co/Al_2O_3 样品进行了 DRM 催化性能测试,结果如图 8-18 所示。Ni/Al_2O_3 样品在 DRM 反应中的 H_2 与 CO 的物质的量之比为 0.7,比 Ni@meshed Co/Al_2O_3 样品低,这可能是因为 Ni/Al_2O_3 对 CH_4、CO_2 的转化率较低,导致 CO_2 与 H_2 反应生成额外的 CO 从而降低 H_2 与 CO 的物质的量之比。Ni@meshed Co/Al_2O_3 样品中 CH_4、CO_2 的转化率显著增大,这表明基于 ALD 技术沉积的 Co 包覆层改变了 Ni 的电子结构,在 Ni@meshed Co/Al_2O_3 样品表面形成大量的碱性位点用于吸附和活化 CO_2,从而导致更高的 CO_2 转化率,增强其在 DRM 反应中的催化活性。其中,0.75% Co 负载的 Ni@meshed Co/Al_2O_3 样品表现最高的 CH_4 转化率,这归因于更多金属 Ni 活性位点的存在。除此之外,完全包覆的 Ni@meshed Co/Al_2O_3 样品在 DRM 反应中表现出极低活性,因此,通过优化 ALD 工艺来精确控制 Co 的覆盖率是实现最佳催化性能的关键。

此外,在 650 ℃ 下进行 72 h 的 DRM 稳定性测试,结果如图 8-19 所示。结果表明,与 Ni/Al_2O_3 样品相比,Ni@meshed Co/Al_2O_3 样品显示出更好的反应

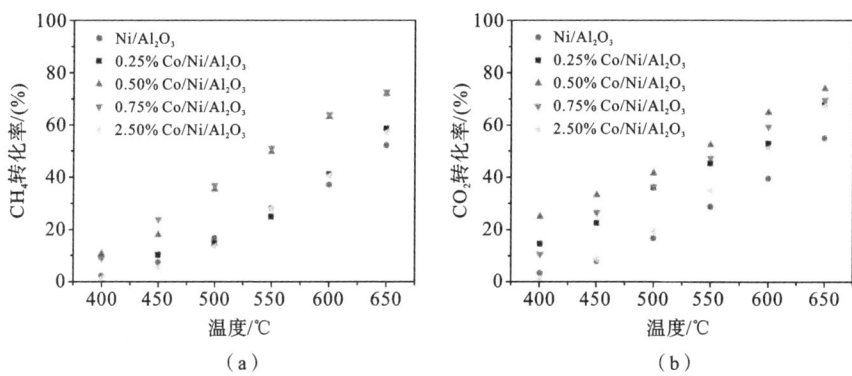

图 8-18　Ni/Al$_2$O$_3$ 和 Ni@meshed Co/Al$_2$O$_3$ 样品催化 DRM 反应的活性测试曲线:
(a) CH$_4$ 转化率;(b) CO$_2$ 转化率

耐久性。对于 0.5% Co 负载的 Ni@meshed Co/Al$_2$O$_3$ 样品,在测试进行 35 h
后,未观察到催化活性的下降。结合活性测试结果来看,Co 在 Ni 纳米颗粒表
面形成了网状结构,这种结构有效抑制了大规模碳沉积物的形成,从而显著提
高了催化剂的耐久性。随着 Co 沉积循环次数的增加,Ni@meshed Co/Al$_2$O$_3$
样品的催化性能先升高后降低,这表明适量的 Co 包覆能最大化提高催化活性
和耐久性,而过多的 Co 包覆会逐渐覆盖 Ni 表面导致样品催化性能的下降。

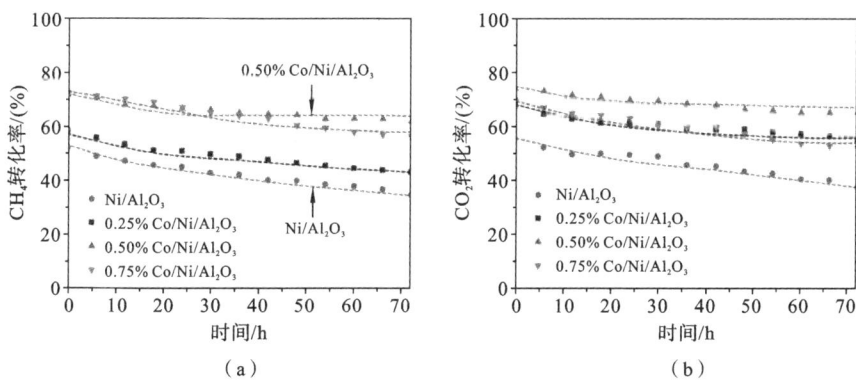

图 8-19　Ni/Al$_2$O$_3$ 和 Ni@meshed Co/Al$_2$O$_3$ 样品催化 DRM 反应在 650 ℃下进行 72 h
的稳定性测试:(a) CH$_4$ 转化率;(b) CO$_2$ 转化率

为了评估 Ni/Al$_2$O$_3$ 和 Ni@meshed Co/Al$_2$O$_3$ 样品的抗积碳性能,通过
TEM 观察 650 ℃下经 72 h 耐久性测试后的样品焦炭形貌。如图 8-20 所示,
Ni/Al$_2$O$_3$ 样品表面出现大量连续的碳纳米管,这些碳纳米管是因 CH$_4$ 的裂解

和碳中间体的积累而形成的。随着 Co 包覆层厚度的增加,催化剂的抗结焦性显著提高。在 0.50% 和 0.75% 的 Co 包覆样品中,几乎未观察到碳沉积,这是因为 Co 网状包覆层有效隔断了连续的碳沉积位点,保护了活性金属位点,从而防止催化剂失活。

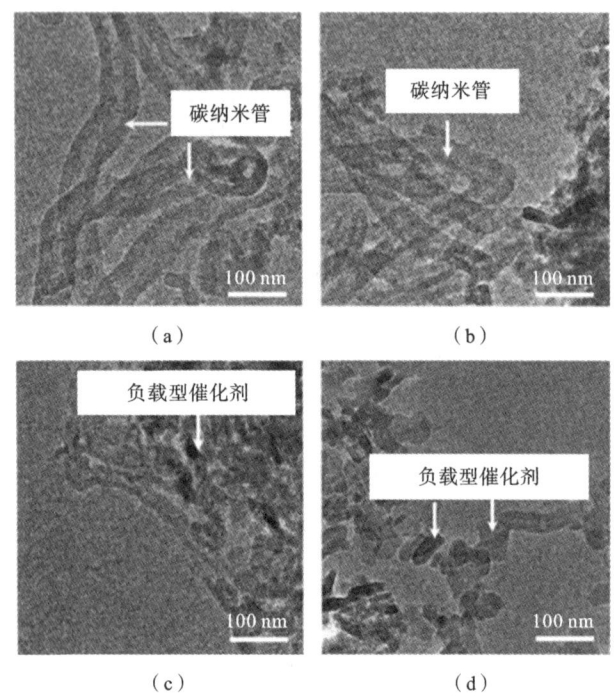

图 8-20 在 650 ℃ 下进行 72 h 稳定性测试后样品的 TEM 图像:(a) Ni/Al_2O_3;(b) $Ni@meshed\ Co/Al_2O_3$ (Co 负载量为 0.25%);(c) $Ni@meshed\ Co/Al_2O_3$ (Co 负载量为 0.50%);(d) $Ni@meshed\ Co/Al_2O_3$ (Co 负载量为 0.75%)

为了研究反应物与催化剂表面活性物种的反应,对 Ni/Al_2O_3 和 $Ni@meshed\ Co/Al_2O_3$ 样品进行原位 CH_4/CO_2 脉冲实验。如图 8-21(a)、(b) 所示,在 CH_4 脉冲初期,样品表面活性氧物种与 CH_4 发生反应,在两种样品表面均形成 CO、CO_2、H_2 产物。随后,表面活性氧物种逐渐被消耗,此时 CO、CO_2、H_2 产量开始降低。与 Ni/Al_2O_3 相比,$Ni@meshed\ Co/Al_2O_3$ 具有更高的 CH_4 转化率和更大的 CO、H_2 产量,所引入的 Co 在催化剂表面形成 Co/Ni 界面,该界面有助于 C—H 键的活化。在 CO_2 脉冲阶段,所形成的 Co/Ni 界面增强对 CO_2 的吸附从而加快 CO_2 与中间物种的反应。综上所述,与 Ni/Al_2O_3 相比,$Ni@meshed\ Co/Al_2O_3$ 对 CO_2 具有更强的吸附能力,能够吸附大量 CO_2

参与 CH_4 的氧化反应中,并且所形成的 CO、CH_4 中间物种更少,这表明 Co 的加入能够显著增强对 CO_2 的吸附,并加快中间物种的转化。如图 8-21(c)所示,在 DRM 反应过程中,由于 CH_4 裂解和含碳中间物种的积累,Ni/Al_2O_3 表面活性位点被覆盖,进而使催化性能衰减;如图 8-21(d)所示,Ni@meshed Co/Al_2O_3 所引入的 Co 参与形成 Co/Ni 界面,这种界面能够稳定金属态 Ni 纳米颗粒并促进 C—H 键的断裂和 CO_2 的活化,从而提高 DRM 反应的催化活性。此外,Ni@meshed Co/Al_2O_3 中的 Co 能够抑制 CH_4 中间物种在催化剂表面的积累,防止碳在表面活性位点上连续生成。

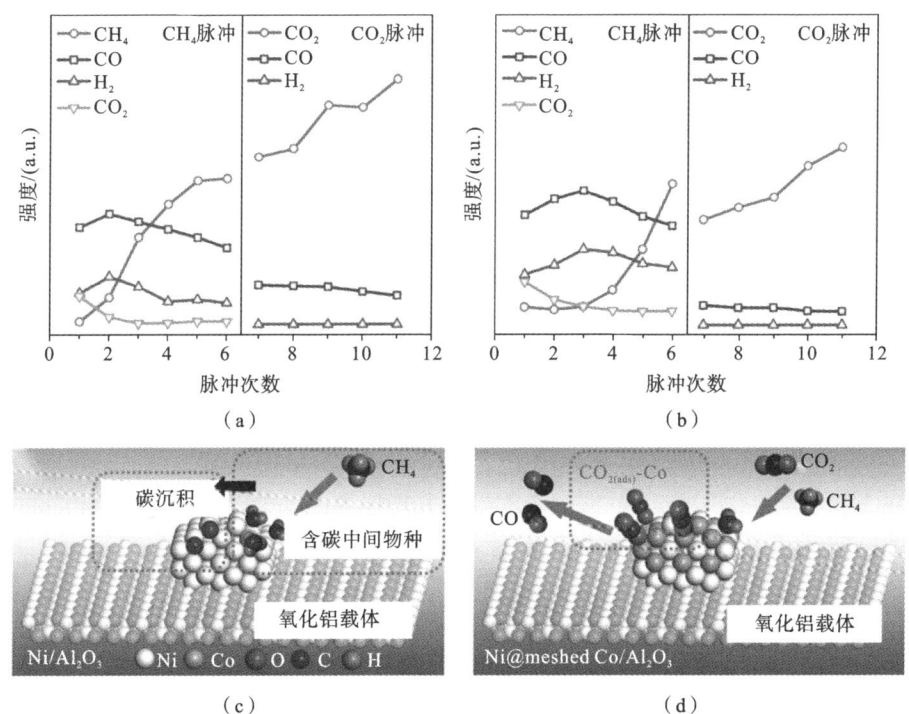

图 8-21 原位 CH_4/CO_2 脉冲实验:(a) Ni/Al_2O_3;(b) Ni@meshed Co/Al_2O_3;(c) Ni/Al_2O_3 表面碳沉积示意图;(d) Ni@meshed Co/Al_2O_3 表面上 CO_2 与 CH_4 反应示意图

基于 Co 包覆 Ni 催化剂增强活性和抗结焦性的机制探讨纯 Ni、核壳结构 Ni@Co、Ni@meshed Co 催化剂的构效关系。如图 8-22 所示,对于纯 Ni 催化剂,由于 CH_4 的裂解和碳中间体的积累,易形成积碳,从而导致催化性能下降;完全覆盖 Co 的核壳结构 Ni@Co 催化剂表现出非常低的活性,这是因为其表面缺少暴露的 Ni 作为活性位点;采用 ALD 技术制备的 Ni@meshed Co 催化剂展示出了更高的 DRM 活性和优异的抗结焦性。Ni@meshed Co 催化剂通过原子级精细控制的网状结构形成了大量 Co/Ni 界面,这些界面不仅促进了 C—H 键和 CO_2 的活化,还稳定了 Ni 纳米颗粒的金属活性相,从而显著提升了 DRM 反应的活性。此外,Co/Ni 界面有效抑制了碳中间体的形成并加速了碳的去除,防止连续生成的碳纳米管形成网络,从而保护了催化剂免受大规模碳积累的影响。这些特性共同作用,显著提升了催化剂的稳定性和催化效率。

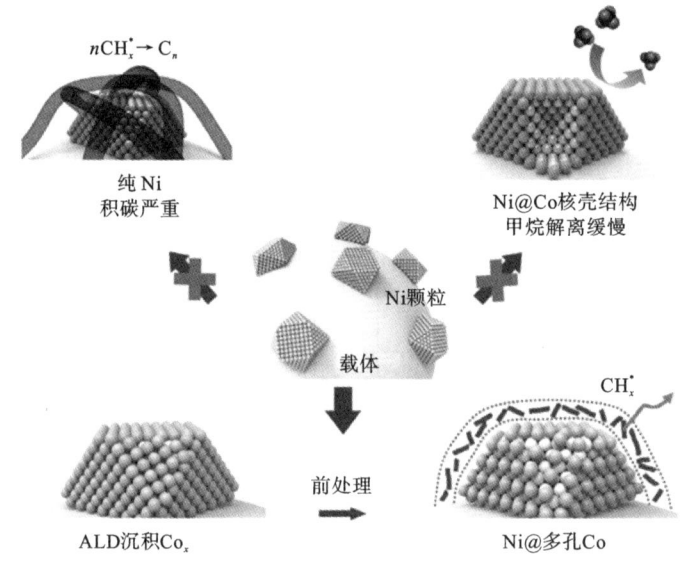

图 8-22　纯 Ni、核壳结构 Ni@Co 和 Ni@meshed Co 催化剂的构效关系示意图

8.2.2　核壳型结构的构筑

基于 ALD 技术能够实现双金属核壳结构纳米颗粒的可控制备。利用十八烷基三氯硅烷(ODTS)对基底进行改性,形成了带有针孔结构的区域,这些区域有助于实现选择性沉积。通过设计区域选择性 ALD 工艺流程,成功制备出一种 Pd/Pt 核壳结构纳米颗粒,并通过控制 ALD 循环次数来线性调节壳层厚度,进而优化催化剂的表面性质[7]。

图 8-23 所示为使用区域选择性 ALD 技术制备 Pd/Pt 核壳结构纳米颗粒的思路和流程。首先,在基底表面生长 ODTS 自组装分子层,其针孔结构暴露出基底的活性羟基(—OH)。这些未被 ODTS 覆盖的缺陷区域为选择性沉积提供了必要的条件。随后,在 Pd 的 ALD 过程中,金属前驱体仅在这些针孔中沉

积。当进行 Pt 沉积时,由于其余区域被惰性的甲基(—CH₃)覆盖,该金属前驱体无法在甲基表面吸附,只能选择性地吸附在已有的 Pd 核壳表面。

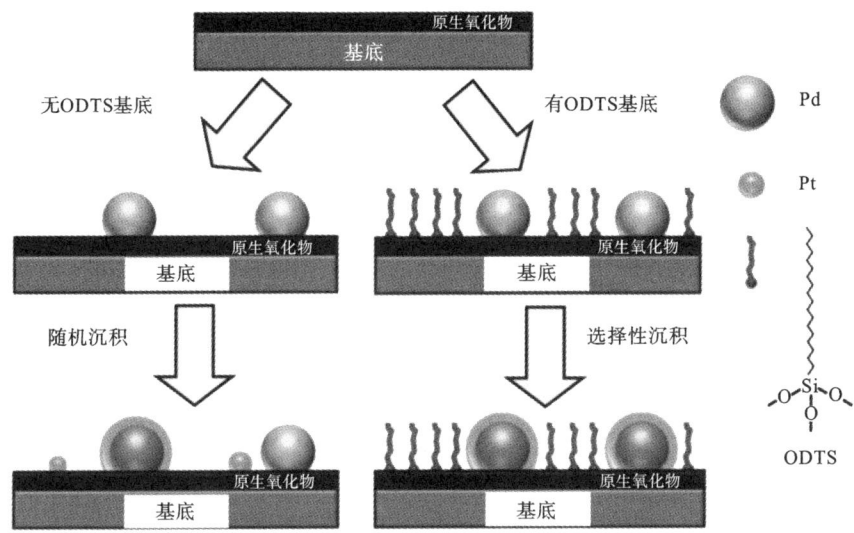

图 8-23　使用区域选择性 ALD 技术制备 Pd/Pt 核壳结构纳米颗粒示意图

通过控制 ALD 循环次数来精确控制 Pd/Pt 核壳结构纳米颗粒壳层厚度。如图 8-24(a)所示,基于 0 次、25 次、50 次、75 次 Pt 沉积循环,可观察到随着 Pt 沉积循环次数的增加,纳米颗粒的平均粒径也相应增大,并且粒径的增加与 Pt 沉积循环次数成线性关系。将 QCM 装置集成在设备腔体中,原位实时监测每次沉积循环后的质量变化,以探究 Pt 的生长速率。如图 8-24(b)所示,在 Pd 核壳表面 Pt 的质量增长呈线性,通过线性拟合计算得到,Pt 的生长速率约为0.15

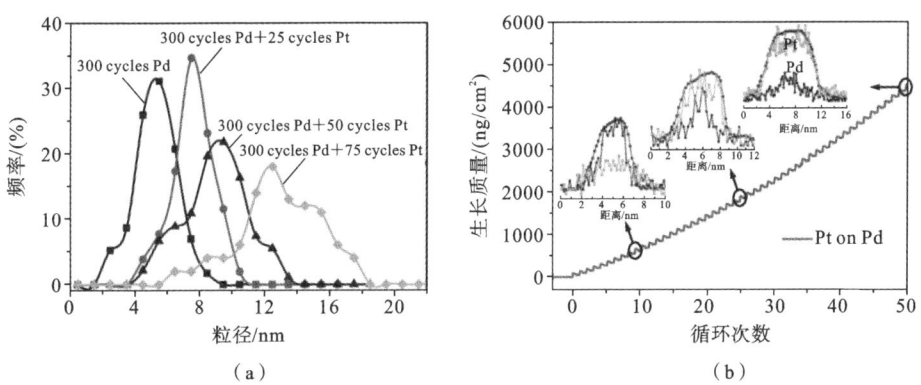

图 8-24　(a) 不同 Pt 壳层厚度的 Pd/Pt 纳米颗粒粒径分布;(b) Pt 壳层生长速率测试

Pt 原子单层/cycle,即每经历 7 次 ALD 循环,Pd 表面能够沉积生长一层 Pt 原子。

利用原子力显微镜(AFM)探究选择性 ALD 过程中各阶段样品表面形貌及高度的变化。如图 8-25(a)所示,未经 ODTS 改性的清洁硅片表面非常平整,表面粗糙度约为 0.3 nm。而经过 2 h ODTS 改性的基底(见图 8-25(d))不仅表面粗糙度增加,还出现了大量的针孔结构,这些针孔向下凹陷,露出了活性羟基。图 8-25(b)和(e)所示分别为 Pd 纳米颗粒在清洁硅片和 ODTS 改性基底上沉积 300 次循环后的形态。在未改性基底上,Pd 纳米颗粒平均高度约为 3.5 nm,而在 ODTS 改性基底上其平均高度仅约为 2 nm,这表明 Pd 纳米颗粒主要

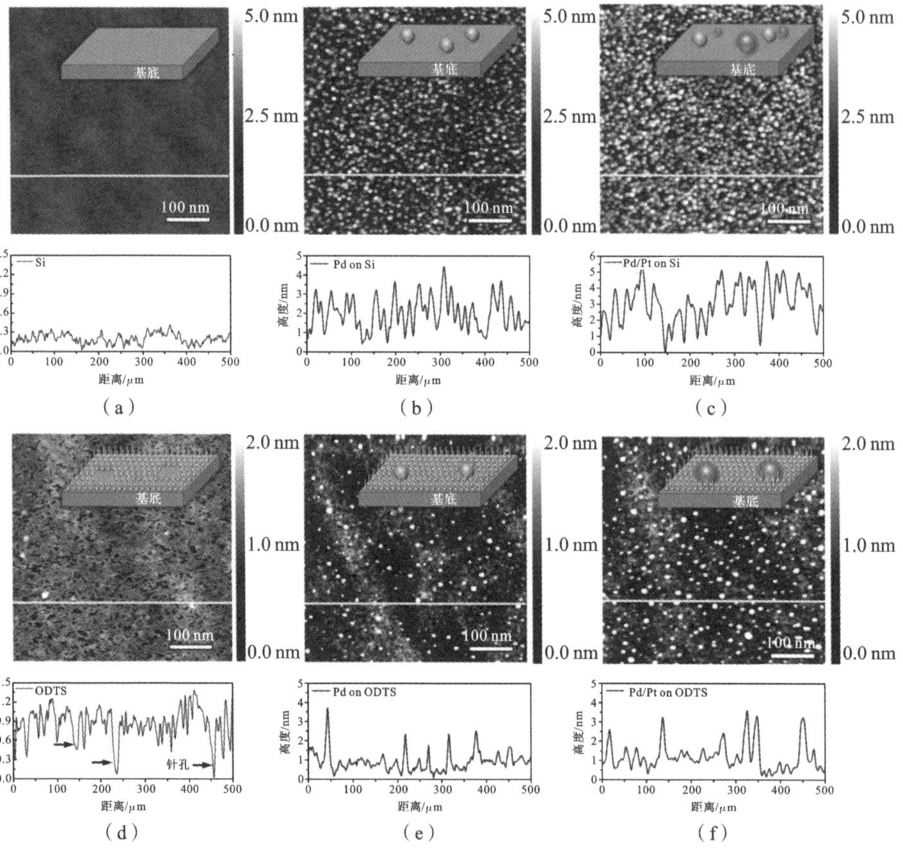

图 8-25 样品的 AFM 表征:(a) 未改性基底(硅片);(b) 未改性基底生长 300 次循环 Pd;
(c) 未改性基底生长 300 次循环 Pd 后继续生长 25 次循环 Pt;(d) 经过 2 h
ODTS 改性的基底;(e) 改性基底生长 300 次循环 Pd;(f) 改性基底生长 300 次
循环 Pd 后继续生长 25 次循环 Pt

生长在针孔结构中。如图 8-25(c)和(f)所示,在这两种基底上继续沉积 Pt(循环次数为 25),清洁硅片上纳米颗粒密度明显增加,新的形核点为单组分的 Pt 纳米颗粒;而改性基底上的颗粒密度基本未变,说明 Pt 主要选择性地沉积在 Pd 表面,未形成新的形核点。

图 8-26(a)展示了 Pd、Pt 以及 Pd 表面生长 Pt 膜的 XRD 测试结果。从图中可以看出,Pd 和 Pt 都呈现面心立方(FCC)结构,并且由于这两种金属的晶格常数几乎一致,峰位置之间并没有显著差异,这表明两种金属在相互外延生长时采用了外延生长模式,具有很低的晶格错配度。图 8-26(b)展示了不同 Pt 包覆层厚度的 Pd/Pt 核壳纳米颗粒的 CO-DRIFTS 测试结果。纯 Pd 的测试中出现了一个位于约 1950 cm^{-1} 处的特征吸附峰,该峰对应于 CO 在 Pd 表面的桥位吸附。当 Pt 开始在 Pd 表面沉积时,出现两个新的峰:在 2090 cm^{-1} 处出现了一个较强的吸附峰,对应于 CO 在 Pt 表面的线性吸附;在 1800~1900 cm^{-1} 处出现一个宽化的吸收峰,对应于 CO 在 Pt 表面的桥位吸附。当 Pt 的沉积循环次数小于 5 时,测试信号中同时出现了 Pd 和 Pt 的 CO 特征吸附峰,说明此时纳米颗粒表面处于一种合金状态,即 Pd 和 Pt 两种元素共存。随着沉积循环次数的增加,Pd 表面完全被 Pt 包覆,仅剩下 CO 在 Pt 表面线性吸附和桥位吸附的两个红外特征峰,这表明此时纳米颗粒表面仅存在 Pt 元素,形成了核壳结构,内部完全由 Pd 元素构成。随着 Pt 的进一步沉积,CO 的化学吸附峰不再变化,与纯 Pt 的吸附峰一致。

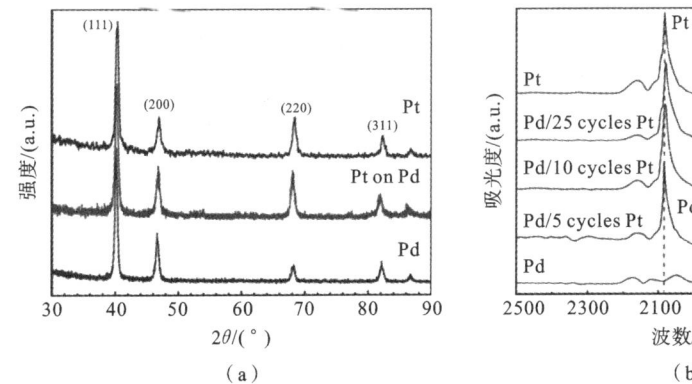
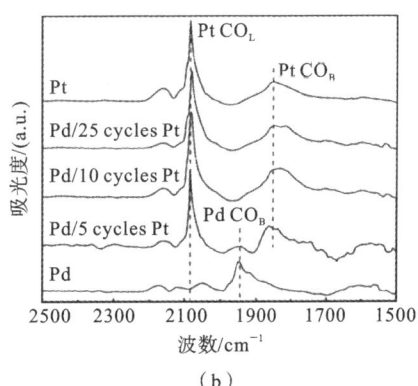

图 8-26 (a) Pd、Pt 以及 Pd 表面生长 Pt 膜的 XRD 测试;(b) Pt、Pd 以及 Pd/Pt 核壳结构的 CO-DRIFTS 测试

图 8-27(a)~(c)所示分别为沉积 25 次、50 次、75 次循环 Pt 壳层的单颗 Pd/Pt 核壳结构纳米颗粒的 EDX 元素成分线扫描图谱。从图中可以看到,Pt

元素存在于颗粒表面，Pd 元素分布在颗粒的中心。两种元素的间隙反映了壳层的厚度。图 8-27(d)展示了颗粒平均粒径随 Pt ALD 循环次数变化的趋势，可以看出，平均粒径与循环次数成线性关系。同时该图给出了核壳结构中 Pd 原子所占比例与 Pt ALD 循环次数的关系，可以看出，随着循环次数的增加，Pd 原子所占比例不断减小，根据平均粒径可计算 Pd 核心与 Pt 壳层的尺寸，从而计算颗粒中 Pd 的体积所占比例随 Pt ALD 循环次数的变化趋势，该变化趋势符合颗粒中 Pd 原子所占比例与 Pt ALD 循环次数的关系，两者基本保持一致。由于 Pd 与 Pt 的晶格常数几乎相同，因此两种原子的数量比与体积比几乎一致，说明能够通过循环次数来调控核壳结构的成分比例。上述结果证实，通过调控沉积壳层元素的循环次数可精确控制壳层厚度。

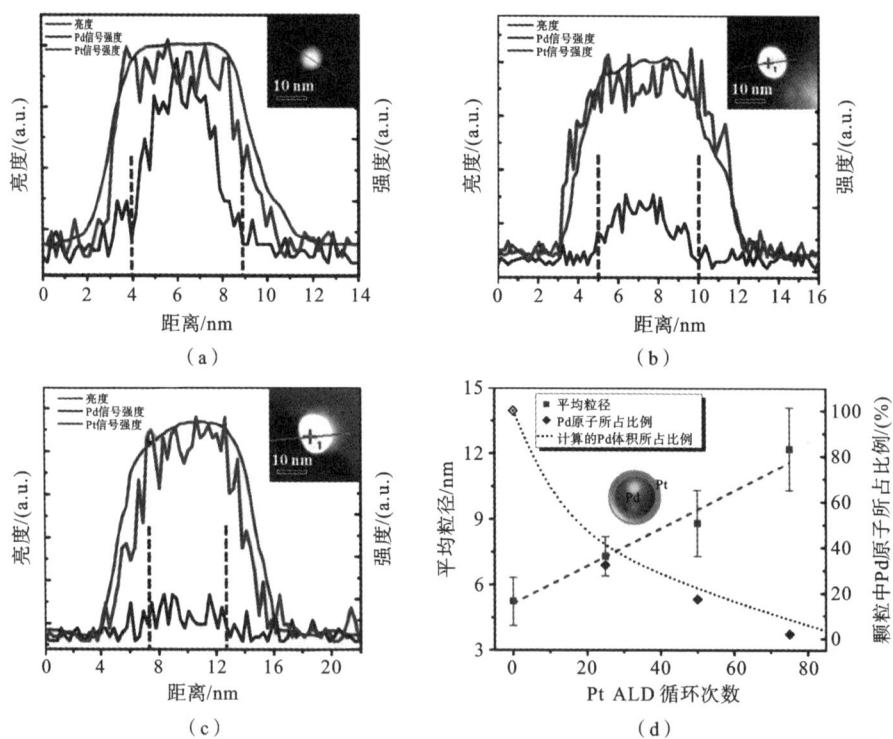

图 8-27 沉积(a)25 次循环、(b)50 次循环、(c)75 次循环 Pt 壳层的单颗 Pd/Pt 核壳结构
纳米颗粒的 EDX 元素成分线扫描图谱；(d)Pd/Pt 核壳纳米颗粒平均粒径与颗
粒中 Pd 原子所占比例随 Pt ALD 循环次数的变化关系

在本节中，基于选择性 ALD 技术在不同的金属颗粒表面引入第二相物质形成包覆结构，通过优化 ALD 工艺参数并改变后处理手段，成功实现网状包覆

型结构、核壳结构等不同的包覆构型。这些包覆构型能够提高负载型金属催化剂的活性和选择性,具有极高的应用潜力。

8.3 表面位点选择性修饰

8.3.1 晶面选择性修饰

在高温应用环境下,例如,汽车尾气处理过程中,Pt 纳米颗粒容易发生迁移和团聚,导致催化剂活性下降或丧失。为了提升催化剂的热稳定性,氧化物包覆 Pt 纳米颗粒的方法已被证明可以有效防止团聚。然而,要精确控制包覆层厚度和连续性仍是一大挑战,不恰当的包覆会阻碍反应物与 Pt 表面活性位点的接触,降低催化性能。开发能在纳米尺度上精确调控包覆层结构的方法,在保持催化活性的同时提高热稳定性,成为优化催化剂性能的关键。晶面选择性 ALD 技术,通过精细的表面工程和材料设计,为解决这一问题提供了新的视角和方法。

如图 8-28 所示,通过调控 ALD 工艺流程,可精确控制 CeO_x 在 Pt 纳米颗粒表面的精确生长,实现 Pt 纳米颗粒的可控包覆[8]。未沉积 CeO_x 时,Pt 纳米颗粒在基底表面均匀分布,其平均粒径约为 2 nm;随着 CeO_x 沉积循环次数的增加,从 50 次循环开始,CeO_x 逐渐在 Pt 表面形成包覆层,初步形成核壳结构;当循环次数达到 100 时,大部分 Pt 纳米颗粒已被 CeO_x 完全包覆;继续增加循环次数,CeO_x 也在基底上生长,最终形成连续且紧密相连的 CeO_x 薄膜,使催化剂结构更加稳定。

基于椭偏仪测试和 QCM 测试探究 CeO_x 在 Pt 表面和 Al_2O_3 表面的生长速率。如图 8-29 所示,两种测试结果均证明 CeO_x 在 Pt 表面的生长速率比在 Al_2O_3 表面快,利用 ALD 技术更容易在 Pt 表面实现 CeO_x 的包覆沉积。由于 Pt 本身具有催化性能,其表面能够吸附并解离氧以形成活性氧,这些活性氧有利于 Ce 源前驱体在 Pt 表面进行化学吸附和随后的氧化反应,而 Al_2O_3 表面吸附和解离氧的能力都较弱,Ce 源前驱体在其表面单次循环反应的吸附量较小。因此,CeO_x 在 Pt 表面的生长速率要快于在 Al_2O_3 表面的生长速率,这种较快的生长速率体现了 CeO_x 在 Pt 表面生长的优先性。

图 8-30 展示了经过 50 次、100 次、200 次循环 CeO_x 包覆的 Pt 纳米颗粒的 HRTEM 图像和原子排列结构示意图。Pt 纳米颗粒呈现单晶体结构,单晶 Pt 纳米颗粒的立体结构为十四面立方晶体结构,外露晶面由 8 个 (111) 晶面和 6

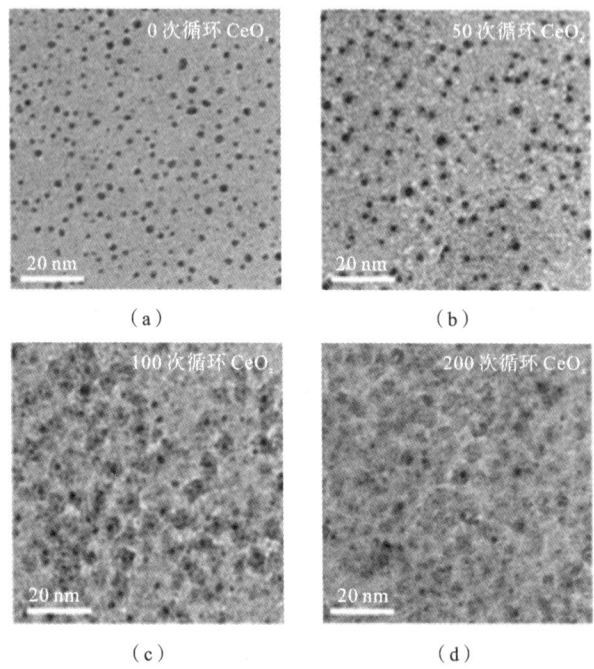

图 8-28　不同循环次数 CeO_x 包覆的 Pt 纳米颗粒的 TEM 图像

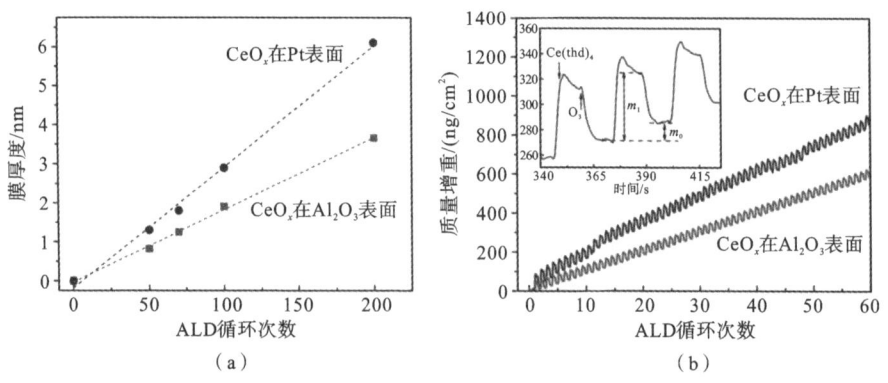

图 8-29　CeO_x 在 Pt、Al_2O_3 表面的生长速率:(a) 椭偏仪测试;(b) QCM 测试

个(200)晶面组成。观测到的大多数 Pt 纳米颗粒呈现平面六边形结构,包含 4 个(111)晶面和 2 个(200)晶面。CeO_x 优先在 Pt 的(111)晶面生长,并且 CeO_x 的外延生长方向也是(111)晶面。当循环次数增加到 100 时,发现 Pt(111)晶面上 CeO_x 厚度持续增加,并且开始在多个 Pt(111)晶面都观测到 CeO_x 的生长,

但在 Pt(200) 晶面没有观测到 CeO_x 生长,这表明 CeO_x 在 Pt 表面生长具有选择性。具体来说,CeO_x 选择性地在 Pt(111) 晶面生长,并且外延晶面也为 CeO_x(111) 晶面。随着 CeO_x 的生长,在将 Pt 所有(111) 晶面包覆后,相邻的 CeO_x 开始相互连接,而在 Pt(200) 晶面没有观测到明显的 CeO_x 外延生长层,这种现象是 Ce 源前驱体在 Pt 不同晶面的吸附能差异引起的。

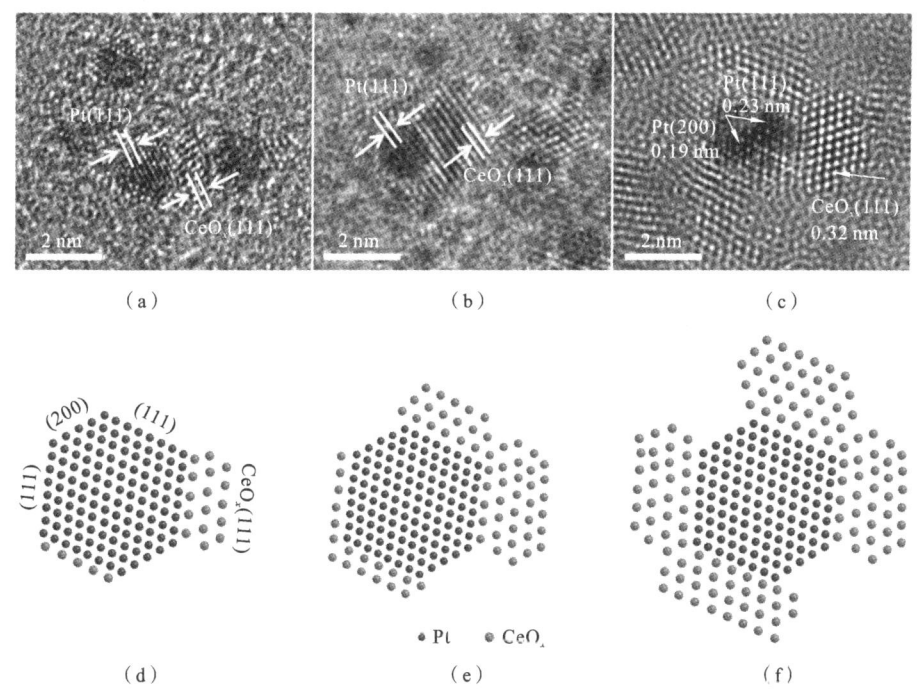

图 8-30　不同循环次数 CeO_x 包覆的 Pt 纳米颗粒的 HRTEM 图像:(a) 50 次、(b) 100 次、(c) 200 次;(d)~(f) 对应的原子排列结构示意图

采用 CO 氧化反应验证 CeO_x 晶面包覆 Pt 催化剂的性能,并建立构效关系。如图 8-31 所示,使用不同循环次数的 CeO_x 对 Pt 纳米颗粒进行包覆后,观察到 CO 氧化起燃曲线发生了变化。结果表明,包覆 CeO_x 后,曲线开始向低温区域偏移,这意味着活性得到了提高。随着 CeO_x 包覆层厚度的增加,转化温度持续降低。然而,当 CeO_x 包覆层厚度增加到一定程度时,催化剂活性开始下降。T_{50}(CO 转化率达到 50% 时的温度)随着 CeO_x 包覆层厚度的增加呈先降低后升高的趋势,在此过程中温度回滞现象增加,这表明 CeO_x 在 CO 氧化中起到了储氧作用,提供了良好的低温催化性能。

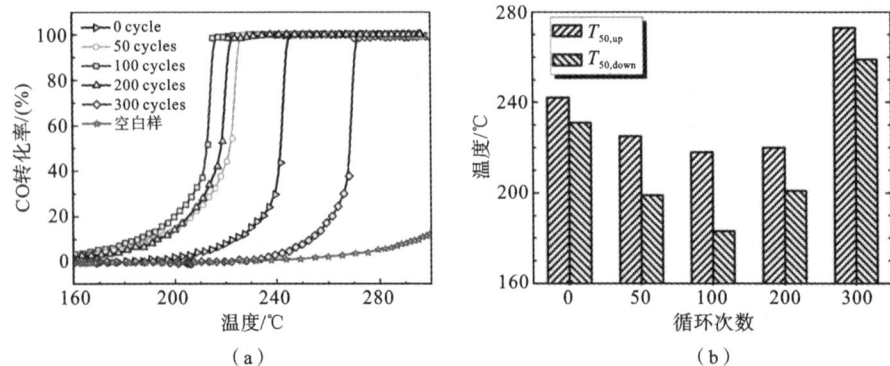

图 8-31 (a) 不同循环次数 CeO_x 包覆的 Pt 纳米颗粒的 CO 氧化催化性能测试;(b) T_{50} 与循环次数的关系

8.3.2　活性位点的钝化修饰

苯甲醇选择性氧化是化学品生产中的基本反应之一,但该反应的反应路径难以控制,这使得产物分布较广,降低了目标产物苯甲醛的产率。对于 Pd 基催化剂,醇的氧化脱氢反应在所有暴露 Pd 的表面都可以发生,然而苯甲醇脱羰基生成甲苯这一主要副反应优先发生在 Pd(111)晶面的中空位点,这抑制了 Pd 基催化剂在苯甲醇选择性氧化中的选择性。基于 ALD 工艺设计并制造了原子级 MnO_x 修饰 Pd 纳米颗粒的结构,通过 MnO_x 沉积选择性钝化 Pd(111)晶面,调节 Pd 的电子结构,有效改变苯甲醇选择性氧化的反应路径,避免副产物甲苯的形成,从而提高催化剂的选择性[9]。

基于 ALD 技术,在 Pd 表面分别沉积 1 次、2 次、4 次、6 次循环,形成了不同厚度的 MnO_x 包覆结构。利用 XRF 进行测量和校准,将包覆层厚度转换为相应的 MnO_x 负载量,分别为 0.1%、0.2%、0.4%、0.6%(质量分数)。如图 8-32 所示,在所有 Pd/Al_2O_3 样品中,均观察到典型的对应于 Al_2O_3 载体的衍射峰,并且在 33.8°和 54.7°处的衍射峰证明了 PdO 物种的存在。对于 $MnO_x/Pd/Al_2O_3$ 样品,XRD 图谱中没有出现明显的对应于 MnO_x 的衍射峰,这是因为 MnO_x 以超低负载量高度分散在 Pd 纳米颗粒表面。随着 MnO_x 负载量的增加,位于 40.2°处的金属 Pd 的衍射峰强度逐渐增大,而 PdO 物种的衍射峰强度则随着 MnO_x 负载量的增加逐渐减小,这表明在 MnO_x 选择性包覆过程中,金属态 Pd 的浓度会增大。

采用 TEM 观察 Pd 颗粒与 MnO_x 包覆层的形貌。如图 8-33(a)~(c)所示,

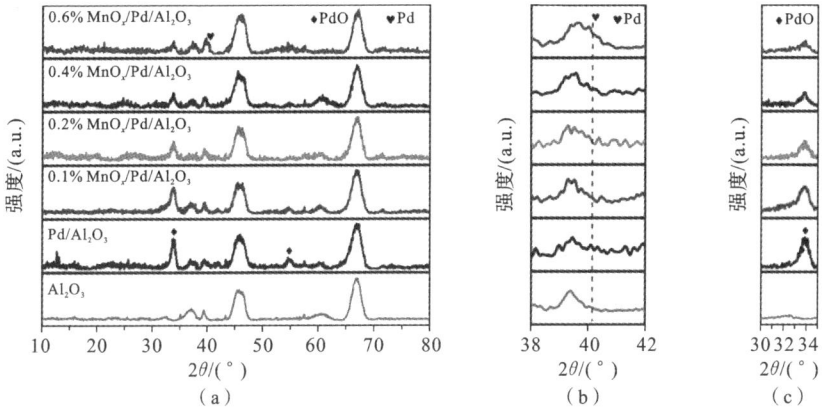

图 8-32 Al_2O_3、Pd/Al_2O_3 和不同 $MnO_x/Pd/Al_2O_3$ 样品的 XRD 图谱

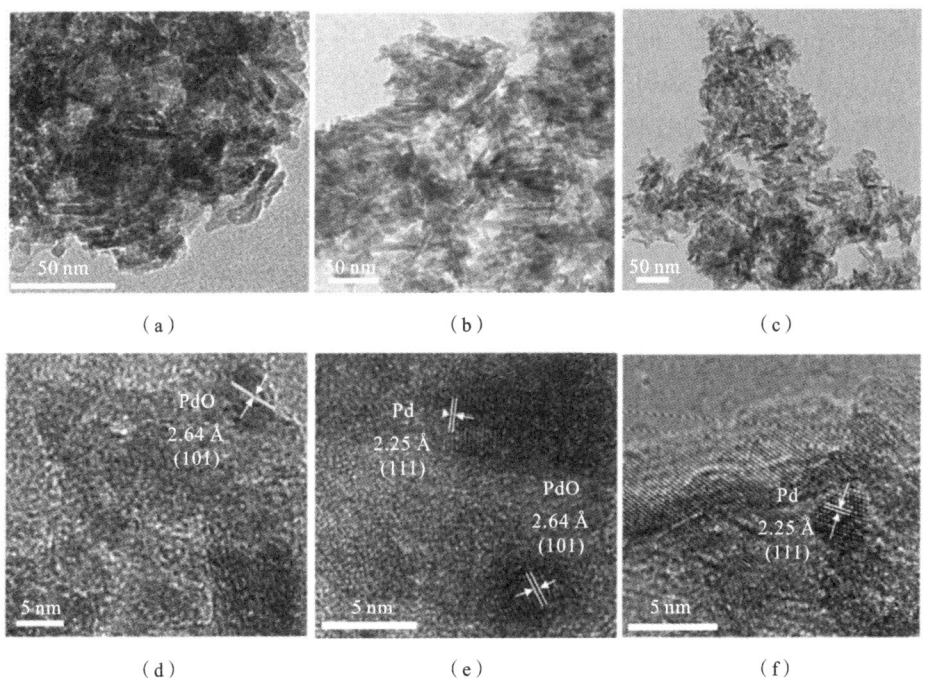

图 8-33 TEM 图像:(a)、(d) Pd/Al_2O_3;(b)、(e) 0.2% $MnO_x/Pd/Al_2O_3$;
(c)、(f) 0.6% $MnO_x/Pd/Al_2O_3$

由于低倍率和对比度的限制,载体上的 Pd 物种难以清晰分辨,且没有观察到大直径的 Pd 纳米颗粒,这表明 Pd 纳米颗粒高度分散在载体上。如图 8-33(d)～(f)所示,Pd 纳米晶体的晶格条纹间距为 2.25 Å,PdO 相的晶格条纹间距为 2.64 Å。统计分析表明,$MnO_x/Pd/Al_2O_3$ 催化剂中金属态 Pd 的数量要多于未

改性的 Pd/Al_2O_3 催化剂。大量金属态 Pd 的形成源于包覆层 MnO_x 与 Pd 之间的相互作用。

CO 的吸附对裸露的 Pd 台阶位和台阶边缘非常敏感,通过 CO 红外光谱表征 Pd/Al_2O_3 和 $MnO_x/Pd/Al_2O_3$ 表面可用的活性位点。如图 8-34 所示,在 Pd/Al_2O_3 样品中,观察到 2090 cm^{-1} 处的一个强峰,以及 2170 cm^{-1}、2120 cm^{-1}、1990 cm^{-1} 和 1930 cm^{-1} 处的四个弱峰。其中,2090 cm^{-1} 处的谱峰与 Pd(111)缺陷上的顶部键合的 CO 相关,而 1930 cm^{-1} 处的谱峰则与 Pd(111)上的桥位键合的 CO 相关,1990 cm^{-1} 处的谱峰则归因于 Pd(100)上的桥位键合的 CO,2170 cm^{-1} 处的谱峰可归因于 Pd^{2+} 上的线性键合的 CO,2120 cm^{-1} 处的谱峰则与离子态 Pd 上的线性键合的 CO 相关。结合 XRD 测试结果可知,未包覆的 Pd/Al_2O_3 催化剂中存在 PdO 物种。在 CO 吸附过程中,部分 PdO 物种可以被还原为 Pd,所以在 Pd/Al_2O_3 样品中观察到了金属 Pd 物种。随着 MnO_x 负载量的增加,MnO_x 修饰的 Pd 样品中 Pd^{2+} 和 Pd 的峰强度逐渐减小。随着 MnO_x 包覆层厚度的增加,Pd(111)缺陷上的顶部键合的 CO 处的谱峰强度急剧下降,而 Pd(100)上的桥位键合的 CO 的谱峰强度在较少的循环内相对增加,这是由位点包覆和 Mn 源前驱体调控的双重作用导致的,即 MnO_x 在 Pd(111)晶面上的沉积速率更快,从而暴露出 Pd(100)晶面。此外,以采用共浸渍法制备的 MnO_x 修饰 Pd 样品作为对比。红外光谱结果表明,该样品没有表现出选择性包覆的特性,其中 MnO_x 随机覆盖 Pd 的表面位点,从而均匀地降低了 CO 化学吸附强度。这显示出 ALD 技术的独特优势,采用 ALD 工艺沉积金属氧化物包覆层可以对 Pd 的表面活性位点和晶面进行定向和选择性修饰。

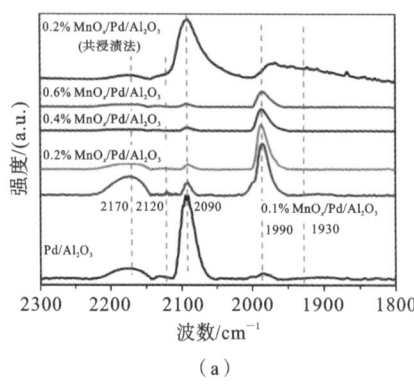

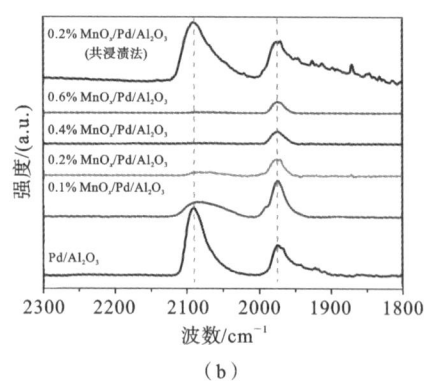

(a)　　　　　　　　　　　　　(b)

图 8-34　Pd/Al_2O_3 和不同 $MnO_x/Pd/Al_2O_3$ 样品的谱图:(a) CO 吸附光谱;(b) N_2 吹扫去除物理吸附的 CO 后的红外光谱

图 8-35 展示了 Pd/Al_2O_3 和 MnO_x 修饰的 Pd/Al_2O_3 样品对苯甲醇选择性氧化的催化性能。对于 Pd/Al_2O_3 样品,苯甲醇的转化率最低,仅为 72.03%。随着 MnO_x 负载量的增加,苯甲醇的转化率呈现出先升高后降低的趋势。当 MnO_x 的负载量小于 0.2% 时,催化剂的活性随着 MnO_x 含量的增加而显著提高,这种提高可归因于催化剂表面金属态 Pd 含量的增加以及氧迁移能力的增强。然而,随着 MnO_x 负载量的进一步增加,催化剂表面更多的 Pd 位点被覆盖,导致反应的活性下降。除此之外,随着 MnO_x 的包覆,目标产物苯甲醛的选择性也表现出与催化剂活性相似的火山状的趋势,即苯甲醛的选择性随着 MnO_x 负载量的增加呈先上升后下降的趋势,其中选择性的提升源于 MnO_x 对 Pd(111) 晶面的选择性钝化,这有助于抑制副产物甲苯的形成。对于 0.2% $MnO_x/Pd/Al_2O_3$ 样品,苯甲醇的转化率高达 84.72%,苯甲醛的产率达到 76.54%。

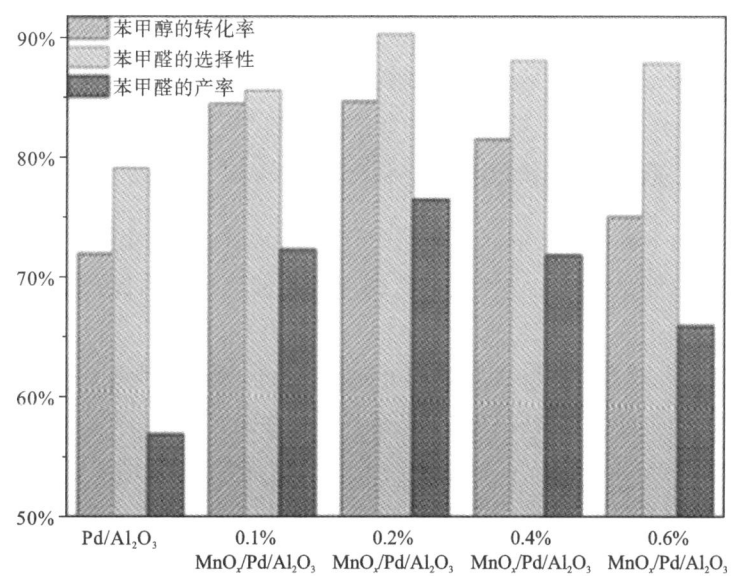

图 8-35 Pd/Al_2O_3 和不同 $MnO_x/Pd/Al_2O_3$ 样品对苯甲醇选择性氧化的催化性能测试

MnO_x 修饰的 Pd/Al_2O_3 催化剂表面苯甲醇无溶剂氧化的机理如图 8-36 所示。对于 Pd/Al_2O_3 催化剂,苯甲醇首先被吸附在 Pd 表面,Pd 原子插入醇的 O—H 键使其断裂,形成金属醇盐和金属氢化物,然后通过表面的 Pd 原子实现脱氢过程,从而形成苯甲醛。对于 MnO_x 修饰的 Pd/Al_2O_3 催化剂,MnO_x 沉积过程中 Pd 和 Mn 前驱体之间发生电子转移,电子从 Mn 源前驱体转移到缺电子的 Pd 位点,导致表面暴露出更多的金属态 Pd 物种,这有利于苯甲醇的吸附。同时,MnO_x 的添加增强了氧的吸附和活化能力,分子氧吸附在 MnO_x 上并被活化,这有利于后续吸附的金属醇盐的形成。因此,MnO_x 对 Pd(111)面的选择性钝化可抑制苯甲醛的脱羰反应,从而抑制甲苯的形成。

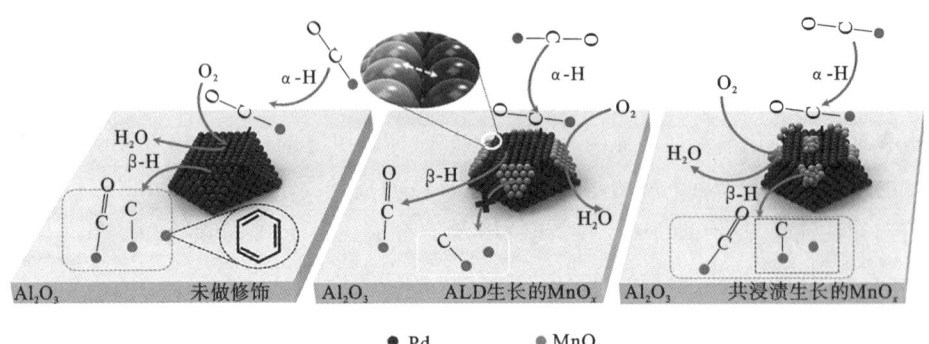

图 8-36 $MnO_x/Pd/Al_2O_3$ 样品构效关系机理示意图

8.3.3 双位点的协同修饰

双金属纳米颗粒催化剂通过调控成分、原子有序度、尺寸等参数,能够对单金属纳米颗粒催化剂的化学性质进行调节。其催化性能的提升得益于双活性位点的协同催化效应。利用选择性 ALD 技术构建双位点 Ru/Pt 双金属模型催化剂,能够实现对 Pt 在 Ru 特定晶面上的选择性包覆。这种 Ru 和 Pt 的双位点构型所产生的协同催化效应有助于提高其催化性能[10]。

如图 8-37 所示,利用 ALD 技术在 Al_2O_3 表面生长 Ru 纳米颗粒。Ru 以单晶纳米颗粒形式存在,主要呈现近六边形的形状,平均尺寸为 4.2 nm,测得的 0.20 nm 和 0.22 nm 的晶面间距分别对应着 Ru 的(101)和(001)晶面,这些是 Ru 的主要暴露晶面。在经过 10 次和 15 次 Pt ALD 循环后,分别能够在 Ru(001)表面形成了大约 2 个和 3 个原子层厚的 Pt,而在 Ru(101)晶面几乎没有观察到 Pt 的生长,这证实了在 ALD 初期 Pt 在 Ru 表面的晶面选择性生长,即 Pt 选择性生长在 Ru(001)晶面,并且所生长的 Pt 层厚度与 Pt 的 ALD 循环次数密切相关。

为了探究 Pt 在 Ru 纳米颗粒晶面上的选择性生长,通过理论计算得到了 Pt 在 Ru(101)和(001)晶面上沉积生长所需要的表面能,如图 8-38 所示。形成 Pt (111)/Ru(001)界面结构所需的能量比形成 Pt(111)/Ru(101)界面结构要低

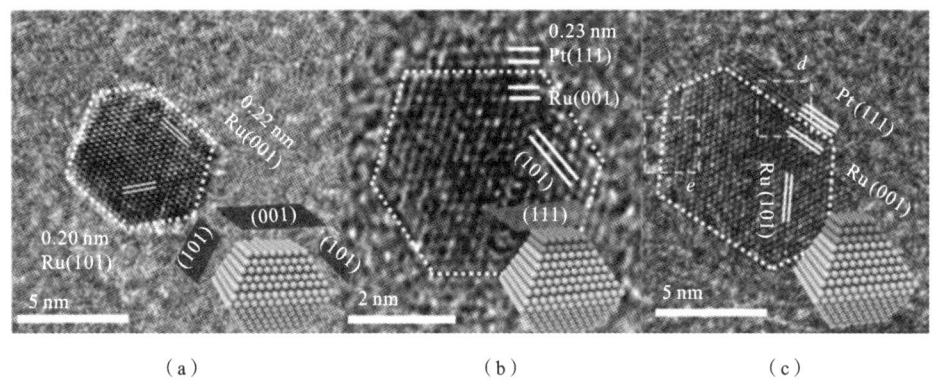

图 8-37 不同 Pt ALD 循环次数 Ru 样品的 HRTEM 图：(a) 0 次；(b) 10 次；(c) 15 次

$0.3 \ J/m^2$，这表明 Pt 更容易在 Ru(001)晶面沉积生长。观察到 Pt(111)晶面与 Ru(001)晶面之间具有较高的晶格匹配度，并形成了类似外延生长的界面，而 Pt(111)晶面与 Ru(101)晶面的匹配度较低，在界面处产生了分错，导致较大的晶间应力，这种应力会阻碍 Pt 在 Ru 表面的后续生长。因此，表面能的计算结果证实，利用选择性 ALD 技术在 Ru 表面沉积生长 Pt 时，更容易形成 Pt(111)/Ru(001)界面结构。

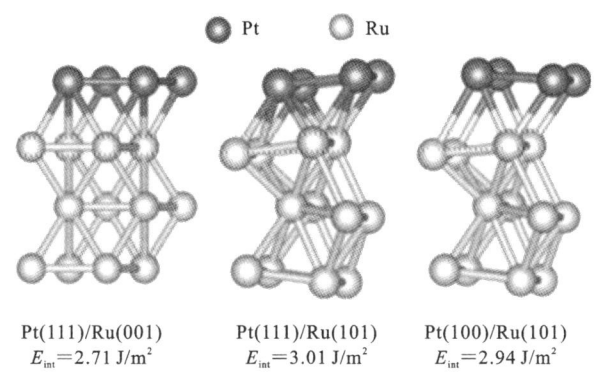

Pt(111)/Ru(001)
$E_{int}=2.71 \ J/m^2$

Pt(111)/Ru(101)
$E_{int}=3.01 \ J/m^2$

Pt(100)/Ru(101)
$E_{int}=2.94 \ J/m^2$

图 8-38 Pt 在 Ru(101)和(001)晶面上沉积生长所需的表面能

如图 8-39 所示，利用 QCM 技术原位监测 Pt 在 Ru 表面的生长过程。在 250 ℃下，前 100 次循环中，纯 Al_2O_3 表面的质量增量可以忽略不计，远小于在 Ru 纳米颗粒表面的质量增量。这表明 Pt 的生长主要在 Ru 表面进行。值得注意的是，从 Pt 在 Ru 表面沉积的 QCM 曲线可以看出，整个生长过程并不是线性的。在前 15 次循环内，质量增速较慢；15 次循环后，质量增速加快；40 次循环后,质量增量与 ALD 循环次数基本成线性关系,这表明在 ALD 初期可能因为 Pt 形核不均匀,或者只在部分 Ru 表面位点发生形核,导致生长速率较低。计算每次循环中前驱体 MeCpPtMe₃ 脉冲引起的质量增量 M_1 与 O₂ 脉冲导致的质量减量 M_2 的比值(即 M_1/M_2),在生长前期,如前 10 次循环内,实测 M_1/M_2 值主要分布在 3.50～3.80 范围内,与理论值(3.71,对应于断裂两个 CH₃ 基团的情况)相符,因此可以推测,在初始几次循环中,Pt 源前驱体的吸附主要以断裂两个 CH₃ 基团的形式为主。

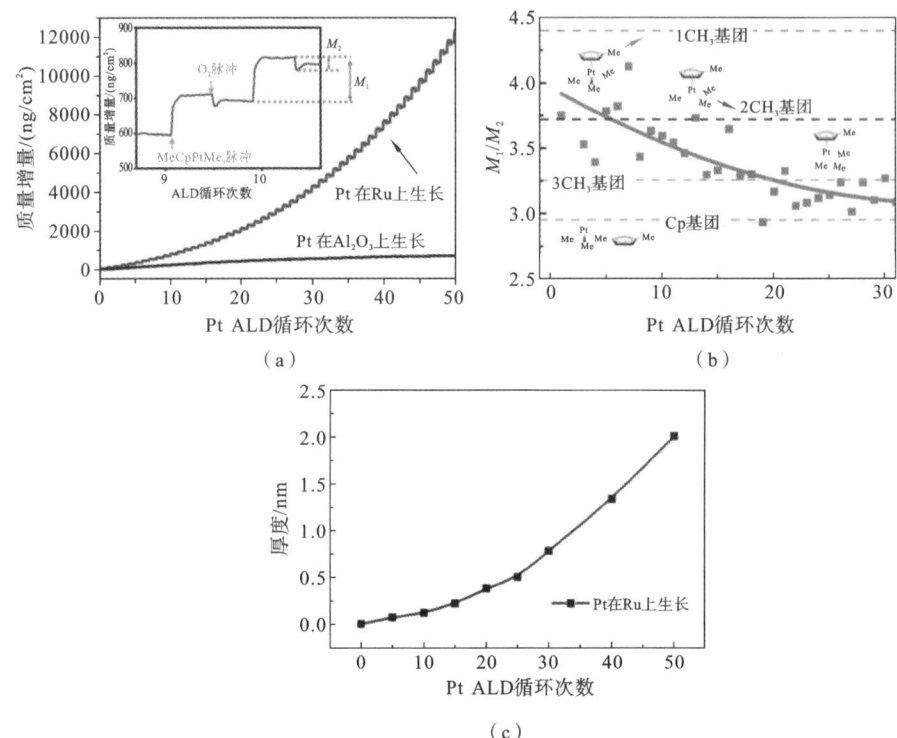

（a）

（b）

（c）

图 8-39　Pt 在 Ru 表面生长:(a) QCM 图,插图为初始阶段的放大图;(b) QCM 结果中的 M_1/M_2 值(图中给出了 Pt 源前驱体发生吸附时,不同断键情形下的理论 M_1/M_2 值);(c) 椭偏仪测得 Pt 的厚度与 ALD 循环次数之间的关系

不同的 Pt 沉积厚度对 Ru 的电子结构有一定影响,从而调节样品的催化性能。利用 XPS 探究了 Ru 与 Pt 之间的电子传输情况,如图 8-40 所示。461.9 eV 附近的 Ru 3p XPS 谱图可以分为 461.6eV 和 462.7eV 两个峰,分别归属于 Ru⁰ 和 Ru⁴⁺ 物种。对于纯 Ru 样品,其主要物种为金属态 Ru⁰,当 Pt 选择性生长在 Ru 特定晶面上时,Ru 的化学价态发生变化,其 Ru⁴⁺/Ru⁰ 的原子

比例则根据 Pt 沉积厚度发生变化,这体现 Ru 与外部 Pt 之间存在不同程度的电子转移。与纯 Ru 样品相比,1-ML Ru@Pt$_x^{(111)}$/Ru$_{1-x}^{(101)}$ 样品的 Ru^{4+}/Ru^0 的原子比例由 0.65 急剧增加到 1.58,表明 Ru 对 Pt 的电子供给量最大,这得益于 Pt 比 Ru 有着更大的电负性;随着 Pt 循环次数的增加,2-ML Ru@Pt$_x^{(111)}$/Ru$_{1-x}^{(101)}$ 和 5-ML Ru@Pt$_x^{(111)}$/Ru$_{1-x}^{(101)}$ 样品的 Ru^{4+}/Ru^0 的原子比例分别降至 1.08 和 0.94;对于 10-ML Ru@Pt 样品,其 Ru^{4+}/Ru^0 的原子比例为 0.7,与纯 Ru 样品相似。在 Pt 4f 图谱中,1-ML Ru@Pt$_x^{(111)}$/Ru$_{1-x}^{(101)}$ 样品的 4f 7/2 的峰从纯 Pt 样品的 71.3 eV 移至 70.9 eV,这表明 Pt 接收 Ru 处转移而来的电子导致表面电子云密度增大,同时,随着 ALD 循环次数的增加,这种电子转移效应逐渐减弱,说明外部 Pt 的原子层数影响着 Ru 与 Pt 之间的电子转移程度,单层 Pt 包覆对电子转移程度影响最大,其表面电子云密度最大。

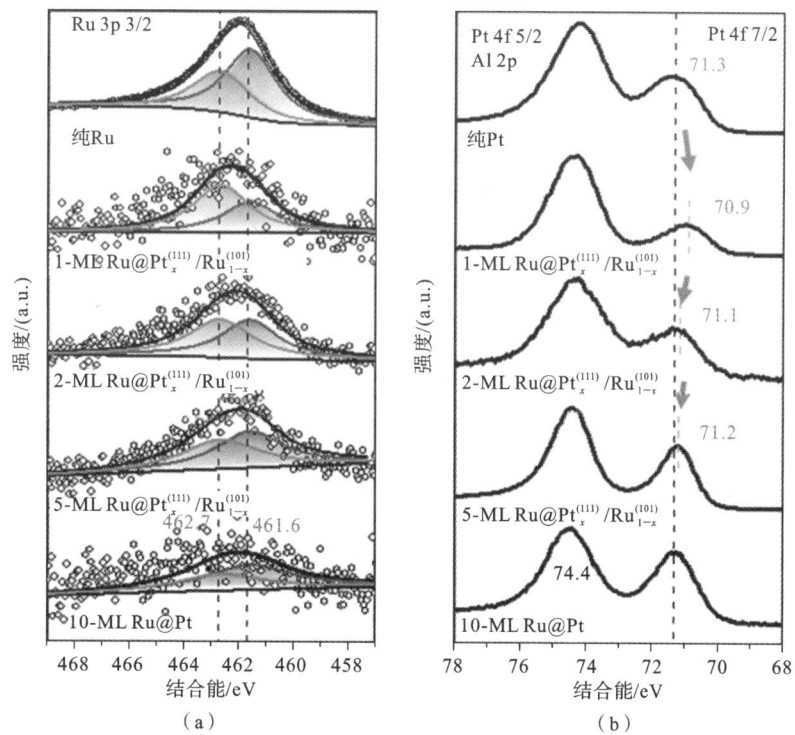

图 8-40　不同 Pt ALD 循环次数 Ru 样品的 XPS 能谱:(a) Ru 3p;(b) Pt 4f

通过理论计算来探究纯 Ru、Ru@Pt、1-ML Ru@Pt$_x^{(111)}$/Ru$_{1-x}^{(101)}$ 催化剂表面对 CO 吸附的能量差异。如图 8-41 所示,与纯 Ru 相比,Pt 在 Ru 外部沉积生长后,Pt 与 Ru 之间的电子传输能够显著降低 CO 在表面成键的能量势垒;与 Ru

@Pt 核壳结构相比,当 Pt 在 Ru(001)晶面选择性沉积生长并使 Ru(101)晶面暴露后,1-ML Ru@Pt$_x^{(111)}$/Ru$_{1-x}^{(101)}$ 催化剂表现出更低的能量势垒,仅有 0.55 eV,远低于其他两种构型,这得益于 1-ML Ru@Pt$_x^{(111)}$/Ru$_{1-x}^{(101)}$ 催化剂表面形成的双位点协同效应:一方面,暴露的 Ru(101)晶面可促进对 O$_2$ 的活化,从而为 CO 吸附提供大量活性氧物种;另一方面,Ru 与 Pt 之间强烈的电子传输效应会导致更弱的 CO 和 H 吸附,CO 毒化消除效应更加明显,H$_2$ 竞争氧化反应变弱,这导致 1-ML Ru@Pt$_x^{(111)}$/Ru$_{1-x}^{(101)}$ 催化剂具有最高的催化活性与选择性。

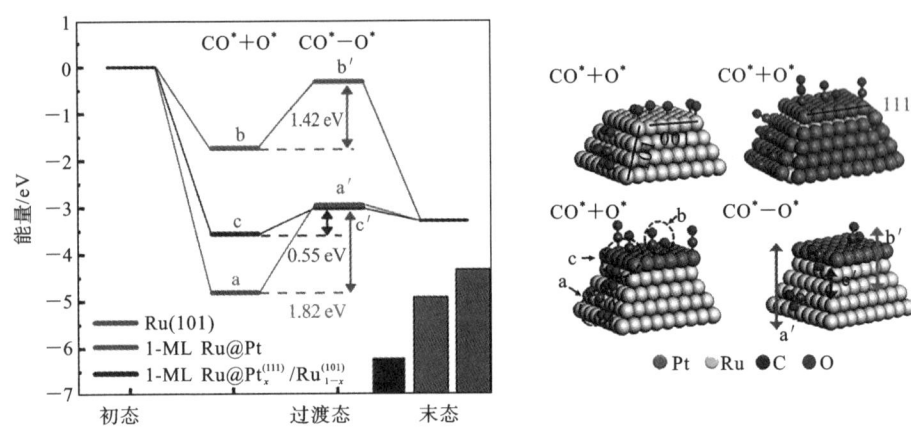

图 8-41 纯 Ru、Ru@Pt、1-ML Ru@Pt$_x^{(111)}$/Ru$_{1-x}^{(101)}$ 催化剂表面对 CO 吸附的过渡态搜索计算

8.3.4 棱边位点的功能化修饰

Pt 纳米颗粒的热烧结和团聚是导致其活性下降的主要原因,小颗粒团聚成大颗粒,使比表面积降低和表面活性位点减少,甚至导致固有的表面形貌和晶体结构发生变化,进而引起催化剂性能的衰退。对 Pt 纳米颗粒进行包覆能够提供有效的物理隔离,同时包覆层与 Pt 纳米颗粒之间形成的活性界面能够优化其催化性能。基于选择性 ALD 工艺,在 Pt 纳米颗粒表面沉积生长 NiO$_x$ 包覆层,NiO$_x$ 作为活性氧化物可对 Pt 纳米颗粒的表面单一位点进行精准包覆,使得 Pt 与 NiO$_x$ 之间形成高活性的界面,在提高催化活性的同时也显著提升了催化剂的稳定性,改善了 Pt 纳米颗粒在高温下的团聚现象[11]。

通过理论计算,研究 Ni 基前驱体在 Pt 纳米颗粒不同晶面上的吸附能,分析 NiO$_x$ 包覆层在 Pt 纳米颗粒表面的选择性沉积。如图 8-42 所示,在 ALD 沉积生长 NiO$_x$ 过程中,Ni 基前驱体在 Pt 表面三个不同位点的吸附能大小顺序为 Pt(111)>Pt(100)>Pt(211),这表明 Ni 基前驱体优先吸附在吸附能最低的

Pt(211)晶面,其次是 Pt(100)和 Pt(111)晶面。NiO$_x$ 包覆层对 Pt(211)晶面上不稳定位点的选择性修饰,能够提升 Pt 纳米颗粒的稳定性,同时保证大部分活性 Pt 位点外露。

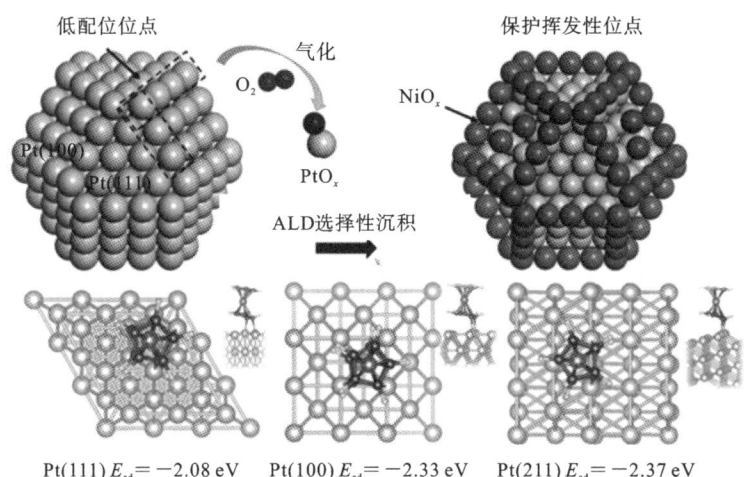

图 8-42　NiO$_x$ 包覆层修饰 Pt 纳米颗粒示意图与理论计算结果

　　利用 TEM 对 NiO$_x$/Pt/Al$_2$O$_3$ 样品的结构进行了表征。如图 8-43 所示,由 ALD 方法制备的 Pt 纳米颗粒的粒径主要分布在 0.5 nm 到 2.5 nm 之间,计算得到的平均粒径为 1.44 nm。在 NiO$_x$ 沉积后,NiO$_x$ 优先沉积在 Pt 表面,在 Pt 颗粒周围观测到的晶格条纹晶面间距为 0.208 nm,与 NiO$_x$(200)晶面相对应。通过调整 NiO$_x$ 沉积的 ALD 循环次数,可以精确调控 NiO$_x$ 包覆层的厚度,随着 NiO$_x$ 沉积循环次数的增加,可观察到 Pt 表面修饰的 NiO$_x$ 包覆层逐渐变厚。在 NiO$_x$ 生长初期,NiO$_x$ 在 Pt 的低配位点选择性生长,形成一个不连续的包覆结构,这有助于提升 Pt 纳米颗粒的活性和稳定性。

　　为了研究氧化物包覆后催化剂整体结构的变化,图 8-44 展示了不同循环次数 NiO$_x$ 包覆 Pt 的 CO-DRIFTS 表征结果。对于 NiO$_x$,未观测到 CO 的化学吸附峰,表明单独的 NiO$_x$ 不能吸附 CO。对于 Pt/Al$_2$O$_3$,红外光谱显示有两个 CO 吸附峰,分别对应于 CO 在单个 Pt 原子上的线性吸附(2082 cm^{-1} 处)和在多个 Pt 原子上的桥位吸附(1840 cm^{-1} 处)。在 NiO$_x$ 包覆后,线性吸附峰和桥位吸附峰的强度均随 NiO$_x$ 循环次数的增加而大幅降低,表明 NiO$_x$ 沉积在 Pt 表面,导致 Pt 表面吸附 CO 的活性位点减少,进而引起吸附强度的降低。该结果也表明 NiO$_x$ 没有完全包覆 Pt,这种不连续的包覆结构不仅使 Pt 催化反应活

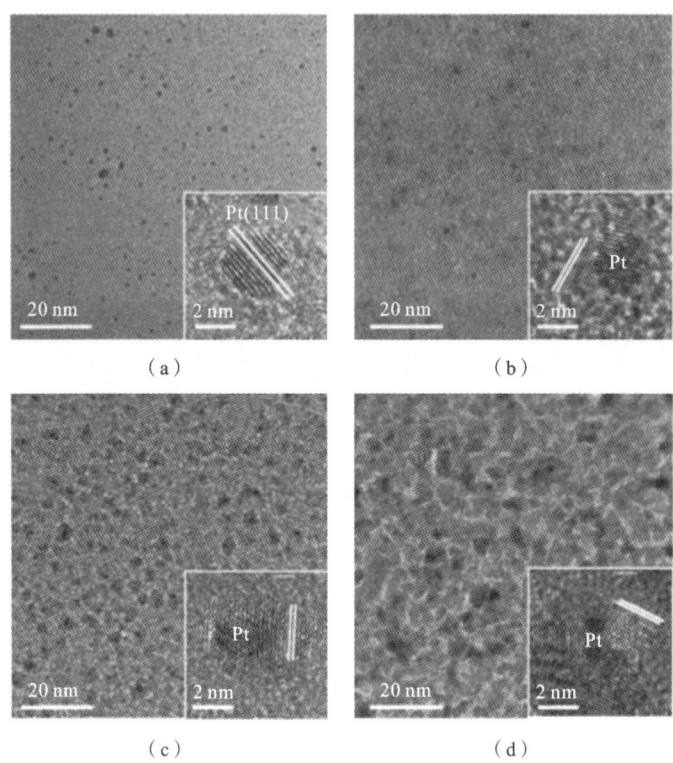

图 8-43　不同循环次数的 NiO_x 包覆 Pt 纳米颗粒的 TEM 图像：
(a) 0 次、(b) 10 次、(c) 50 次、(d) 200 次

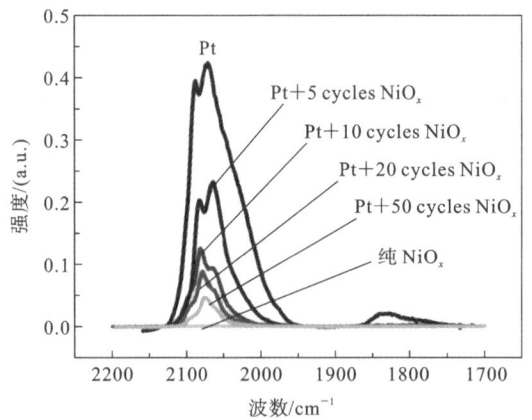

图 8-44　不同循环次数 NiO_x 包覆 Pt 纳米颗粒的 CO-DRIFTS 测试

性位点暴露，还形成了大量的 NiO_x/Pt 活性界面，这有助于增强反应活性。

　　基于 XAFS 测试研究 750 ℃ 煅烧前后催化剂中 Pt 的状态，在 XANES 图

谱中吸收边的强度反映了 Pt 的氧化状态,图 8-45(a)展示了 750 ℃煅烧后 Pt/
Al$_2$O$_3$ 和 NiO$_x$/Pt/Al$_2$O$_3$ 样品的 Pt L$_3$ 边 XANES 测试结果。对于 Pt/Al$_2$O$_3$,
Pt 在烧结后主要呈金属态,该结果表明小颗粒上的 Pt 原子在高温下会气化,随
后在大颗粒上沉积从而引起颗粒的团聚长大;而 NiO$_x$/Pt/Al$_2$O$_3$ 烧结后 Pt 处
于高氧化态,这表明 NiO$_x$ 把 Pt 稳定在高氧化态,从而防止了 Pt 的气化团聚,
提升了 Pt 在氧化性氛围中的稳定性。图 8-45(b)展示了 750 ℃煅烧后 Pt/
Al$_2$O$_3$ 和 NiO$_x$/Pt/Al$_2$O$_3$ 样品的 Pt L$_3$ 边 EXAFS 测试结果。对于 Pt/Al$_2$O$_3$,
可观察到显著的 Pt—Pt 键,这表明 750 ℃煅烧后 Pt 团聚成为大颗粒;而对于
NiO$_x$/Pt/Al$_2$O$_3$,对应的 Pt—Pt 键信号减弱,这表明 750 ℃煅烧后 Pt 和 NiO$_x$
之间的强相互作用仍然得到了保持,因此 Pt 纳米颗粒的烧结团聚被抑制。图
8-45(c)和(d)所示为 Pt/Al$_2$O$_3$ 和 NiO$_x$/Pt/Al$_2$O$_3$ 样品在不同气氛(He、O$_2$)中
烧结后的 Pt 4d XPS 图谱。对于 Pt/Al$_2$O$_3$,与在 He 气氛下的煅烧相比,在 O$_2$
气氛下煅烧后 Pt 4d 的峰值信号强度显著下降,这是由于气化的 PtO$_x$ 被 O$_2$ 流

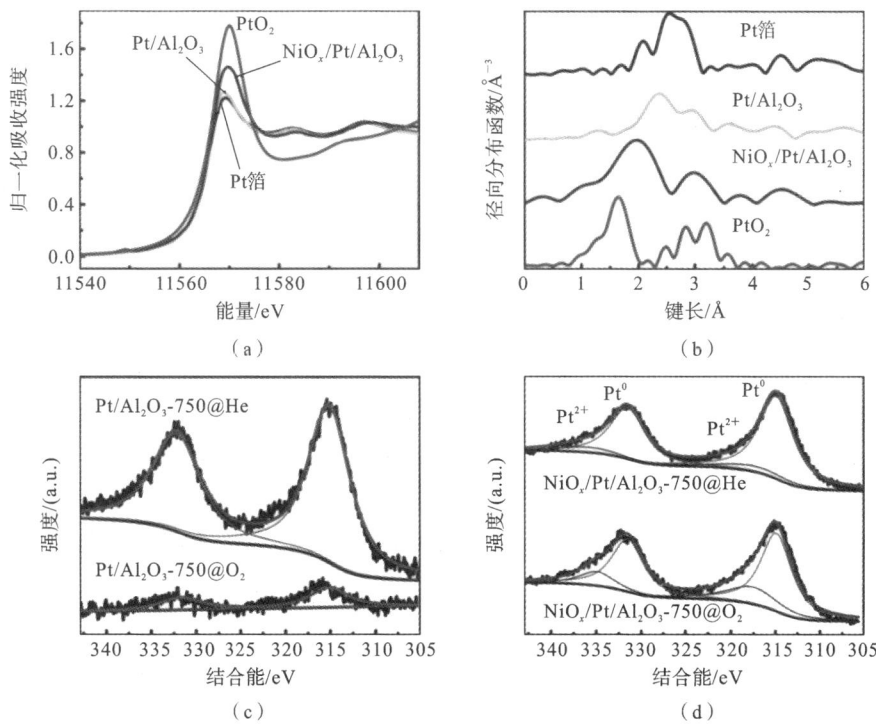

图 8-45 750 ℃煅烧后 Pt/Al$_2$O$_3$ 和 NiO$_x$/Pt/Al$_2$O$_3$ 样品电子结构表征:(a) XANES 测
试;(b) EXAFS 测试。不同气氛(He、O$_2$)中 750 ℃煅烧后(c) Pt/Al$_2$O$_3$ 和
(d) NiO$_x$/Pt/Al$_2$O$_3$ 样品的 Pt 4d XPS 图谱

带走。在两种不同气氛下煅烧后的 XPS 图谱对比结果也表明，O_2 氛围会诱导挥发性 PtO_x 的形成。对于 $NiO_x/Pt/Al_2O_3$，XPS 结果显示峰值强度仍然保持，而且发现 Pt^{2+}/Pt^0 的原子比例增加，这表明在高温煅烧下 NiO_x 与 Pt 的相互作用会引起 Pt 价态升高。XPS 和 XANES 结果表明，在氧化条件下煅烧时，Pt 会发生氧化，NiO_x 的存在有助于稳定 PtO_x，从而提高 Pt 纳米颗粒的抗烧结性能。

本节基于选择性 ALD 技术对催化剂表面暴露位点进行选择性修饰，通过在特定位点沉积金属或金属氧化物，能够实现对反应过程中不同活性位点的修饰，并通过构建双金属结构实现协同效应来增强对反应物的活化，利用金属与氧化物之间的相互作用同时增强活性位点的活化能力与稳定能力。这种选择性 ALD 技术在多相催化领域应用广泛，有望用于精确设计新一代高性能催化剂。

8.4　催化限域构型设计

8.4.1　阱嵌型界面结构的设计

为了提升贵金属纳米颗粒的热稳定性，学界已报道两种主要方法：一种是通过强化金属与载体间的化学作用来锚定纳米颗粒；另一种是利用经过控制制备的多孔氧化物外壳作为物理屏障，抑制纳米颗粒的迁移。虽然多孔氧化物包覆层能够有效提升纳米颗粒的热稳定性，但其制备过程复杂且控制难度大，这往往会导致纳米颗粒活性因被氧化物完全包覆而受损，目前迫切需要开发一种新的金属-氧化物结构，要求该结构既能锚定纳米颗粒，又能保留其表面活性位点用于催化反应，同时提升贵金属纳米颗粒的活性与热稳定性。基于区域选择性 ALD 技术，实现活性氧化物纳米阱结构的可控制备，这种多孔氧化物纳米阱结构能对 Pt 纳米颗粒提供物理阻隔和化学锚定作用，从而提升 Pt 纳米颗粒的热稳定性，并且所形成的 Pt 与氧化物的界面结构能够有效调节氧物种活性并优化 Pt 的电子结构。

图 8-46 展示了一种阱嵌型结构的制备流程示意图。基于区域选择性 ALD 技术，制备 Co_3O_4 氧化物包覆层来限域 Pt 纳米颗粒。所形成的 Co_3O_4/Pt 阱嵌型结构不仅成功锚定了 Pt 纳米颗粒，提高了其热稳定性，而且暴露的 Co_3O_4/Pt 界面展现了卓越的催化活性[12]。这种区域选择性 ALD 的实现依赖于外部添加的修饰剂，在 Pt 纳米颗粒表面引入十八硫醇（ODT），利用 ODT 的硫基

(—SH)与 Pt 原子的强烈吸附作用,使 ODT 分子选择性地在 Pt 纳米颗粒表面吸附和生长;利用 ODT 尾部的甲基(—CH₃)对 Co₃O₄ 包覆层沉积生长形成阻挡效果,实现 Co₃O₄ 仅在未被 ODT 覆盖的 Pt 纳米颗粒周围的载体上选择性生长;通过空气煅烧去除 Pt 表面的 ODT 层,重新暴露 Pt 活性位点,从而形成新的 Co₃O₄/Pt 界面。

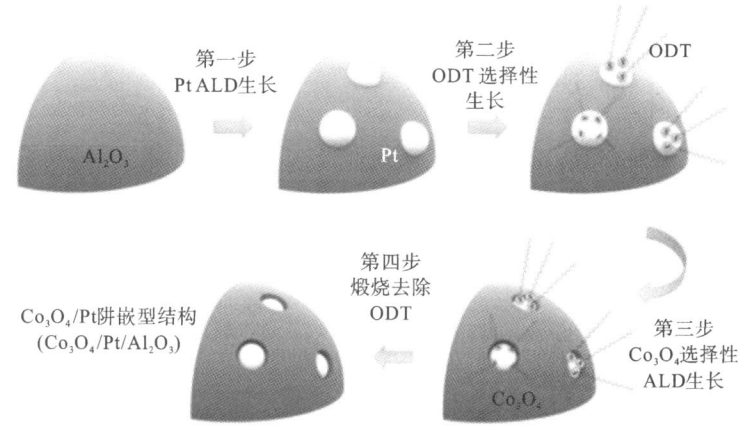

图 8-46　Co₃O₄/Pt/Al₂O₃ 阱嵌型结构的制备流程图

为去除 ODT,将 Co₃O₄/Pt/Al₂O₃-ODT 样品置于管式炉中,在空气氛围下以 5 ℃/min 的速率升温至 500 ℃,并保温 1 h,样品经此处理后标记为 Co₃O₄/Pt/Al₂O₃。使用 CO-DRIFTS 和原位 MS 监测 ODT 的去除过程,如图 8-47 所示,随着温度升高,C—H 振动区域(2850 cm⁻¹、2920 cm⁻¹、2950 cm⁻¹)逐渐出现负的振动信号,反应池中 CO₂ 分子的振动信号(2330 cm⁻¹、2360 cm⁻¹)逐渐增强,这表明 Pt 纳米颗粒表面 ODT 自组装膜正在被燃烧去除。此外,2073 cm⁻¹ 处的 CO 吸附信号的增强表明 Pt 纳米颗粒表面正重新暴露。当温度超过 325 ℃ 时,CO 的吸附强度减弱,可能是由于在高温下 Pt 表面的 CO 脱附速率增大。采用与 CO-DRIFTS 测试相同的升温速率和气体流量参数,通过原位 MS 在 253 ℃ 和 283 ℃ 处分别检测到大量的 H₂O 和 CO₂ 信号,进一步验证了由 CO-DRIFTS 图谱得到的结论。此外,图 8-47 中的插图显示的高分辨率 S 2p XPS 图谱证实了 Co₃O₄/Pt/Al₂O₃ 样品表面没有 ODT 中 S 的信号存在。

图 8-48 展示了经过上述制备流程后得到的 Co₃O₄/Pt/Al₂O₃ 样品的形貌。从图 8-48(a)中可以观察到,选择性生长的 Co₃O₄ 使 Al₂O₃ 载体表面出现了明显的氧化物生长。图 8-48(b)的 TEM 图像清晰显示了生长的 Co₃O₄ 具有明显

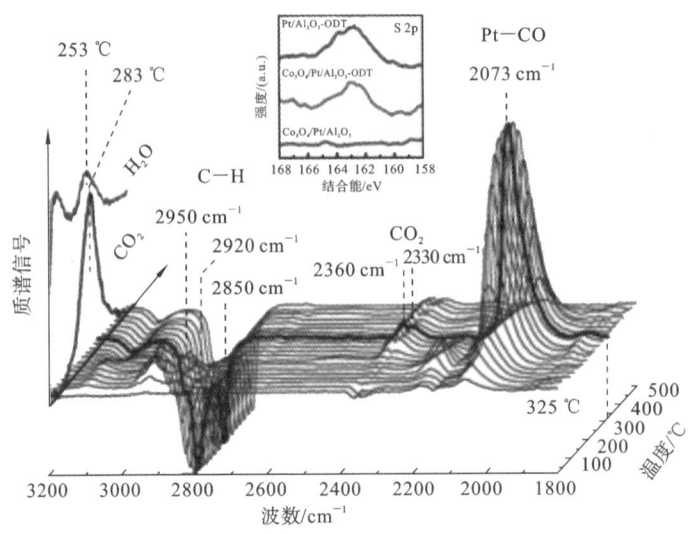

图 8-47　CO-DRIFTS 和原位 MS 监测 Pt 纳米颗粒表面 ODT 的去除过程

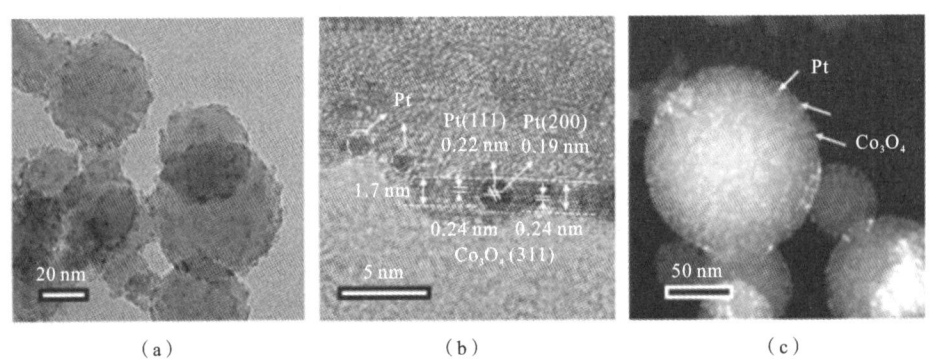

(a)　　　　　　　　　　(b)　　　　　　　　　　(c)

图 8-48　$Co_3O_4/Pt/Al_2O_3$ 样品的电镜图像：(a)、(b) TEM；(c) HAADF-STEM

的晶格条纹，测得的晶面间距为 0.24 nm，与 Co_3O_4(311)晶面相对应，且 Co_3O_4 的厚度为 1.7 nm，这与 $Co_3O_4/Pt/Al_2O_3$ 中 Co_3O_4 的包覆层厚度相一致。可以清楚地看出，在 $Co_3O_4/Pt/Al_2O_3$ 样品中，Co_3O_4 主要沉积在 Pt 纳米颗粒的周围，证实了 Co_3O_4/Pt 阱嵌型结构的可控制备。该阱嵌型结构不仅暴露了 Pt 纳米颗粒的(111)和(200)晶面，还形成了新的 Co_3O_4/Pt 界面，这对提升 Pt 纳米颗粒的催化活性极为有利。HAADF-STEM 图像（见图 8-48(c)）也明显显示了 Al_2O_3 载体表面被一层明亮的 Co_3O_4 所覆盖，这是由于 Co_3O_4 与 Al_2O_3 的原子序数衬度存在差异，并且能清晰观察到 Pt 纳米颗粒在 Al_2O_3 载体表面均匀分布。

进一步利用原位 CO-DRIFTS 图谱测试了 $Co_3O_4/Pt/Al_2O_3$ 样品来证明阱嵌型结构的形成。如图 8-49 所示,ODT 去除前 $Co_3O_4/Pt/Al_2O_3$-ODT 表面未观察到 CO 的吸附峰。当 ODT 去除后,$Co_3O_4/Pt/Al_2O_3$ 表面可以看到明显的 CO 吸附峰,而且其吸附强度与 Pt/Al_2O_3 接近,证明大部分 Pt 表面被暴露。

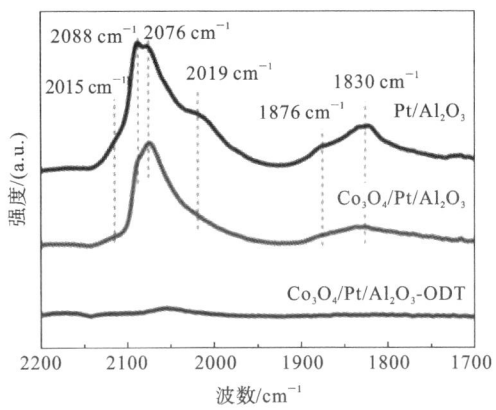

图 8-49　ODT 自组装膜去除前后的 CO-DRIFTS

为了评价 Co_3O_4 纳米阱对 Pt 纳米颗粒的催化活性的影响,对制备的催化剂进行了 CO 氧化活性测试。如图 8-50(a)所示,$Co_3O_4/Pt/Al_2O_3$ 样品表现出了优异的低温 CO 氧化活性,温度为 20 ℃ 时的 CO 转化率可达约 6%。与 Pt/Al_2O_3 样品相比,$Co_3O_4/Pt/Al_2O_3$ 的 T_{50} 降低了约 49 ℃。图 8-50(b)展示了相关动力学数据,可以看出 $Co_3O_4/Pt/Al_2O_3$ 样品的 CO 氧化反应速率明显高于 Pt/Al_2O_3,$Co_3O_4/Pt/Al_2O_3$ 的表观活化能为 0.23 eV,低于 Pt/Al_2O_3,这种本征催化活性的提升源于所形成的活性 Co_3O_4/Pt 界面结构。图 8-50(c)所示,$Co_3O_4/Pt/Al_2O_3$ 样品的活性比 Pt/Al_2O_3 差,其 T_{50} 比 Pt/Al_2O_3 升高了约 39 ℃,这是由于 Co_3O_4 完全覆盖了 Pt 纳米颗粒表面的活性位点。这也进一步表明了 Co_3O_4 区域选择性生长的重要性。利用选择性 ALD 技术生长制备的阱嵌型结构不仅能使 Pt 纳米颗粒本身的活性位点保持暴露,而且形成的 Co_3O_4/Pt 界面暴露于反应物中,增强复合催化剂的催化活性。图 8-50(d)展示了在 Al_2O_3 载体上直接沉积 50 次循环 Co_3O_4 样品(Co_3O_4/Al_2O_3)的活性,结果表明制备的 Co_3O_4 本身的催化活性较差,T_{50} 为 160 ℃,而且当对其在 500 ℃ 空气氛围下煅烧 2 h 后(Co_3O_4/Al_2O_3-500),其活性会进一步下降,说明 $Co_3O_4/Pt/Al_2O_3$ 样品中形成的 Co_3O_4/Pt 界面对于提高 CO 氧化活性具有重要作用。

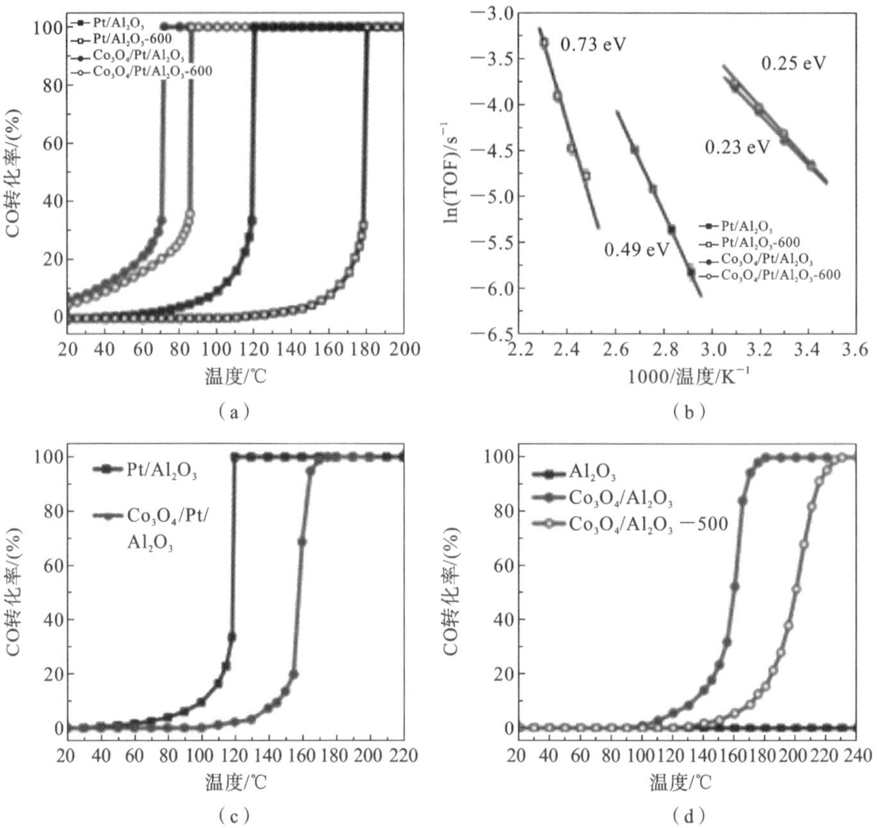

图 8-50　制备样品的(a) CO 转化率和(b)反应速率与温度的关系;(c)、(d)其他参比样品的 CO 转化率与温度的关系

　　最后,对制备的 $Co_3O_4/Pt/Al_2O_3$ 阱嵌型结构中 Pt 纳米颗粒的热稳定性进行了测试,将 $Co_3O_4/Pt/Al_2O_3$ 和 Pt/Al_2O_3 样品在 600 ℃空气中煅烧 2 h,煅烧后的催化剂分别标记为 $Co_3O_4/Pt/Al_2O_3$-600 和 Pt/Al_2O_3-600。图 8-51(a)中的 TEM 和 STEM 图像显示了煅烧后 $Co_3O_4/Pt/Al_2O_3$-600 样品中的 Pt 纳米颗粒尺寸只有轻微变化。相比之下,由于 Pt 纳米颗粒在高温下的烧结效应,从图8-51(b)的 TEM 和 STEM 图像中可以发现,Pt/Al_2O_3-600 样品中的 Pt 纳米颗粒尺寸明显变大。图 8-51(c)中 Pt 纳米颗粒的粒径分布显示,$Co_3O_4/Pt/Al_2O_3$-600 和 Pt/Al_2O_3-600 的平均 Pt 纳米颗粒粒径分别为约 2.91 nm 和 9.74 nm。相比于 Pt 纳米颗粒初始平均粒径(2.0 nm),可以看出 Co_3O_4 纳米阱明显提高了 Pt 纳米颗粒的稳定性。综上所述,Co_3O_4 纳米阱可以有效地锚定 Pt 纳米颗粒并提高催化剂的热稳定性和反应活性。

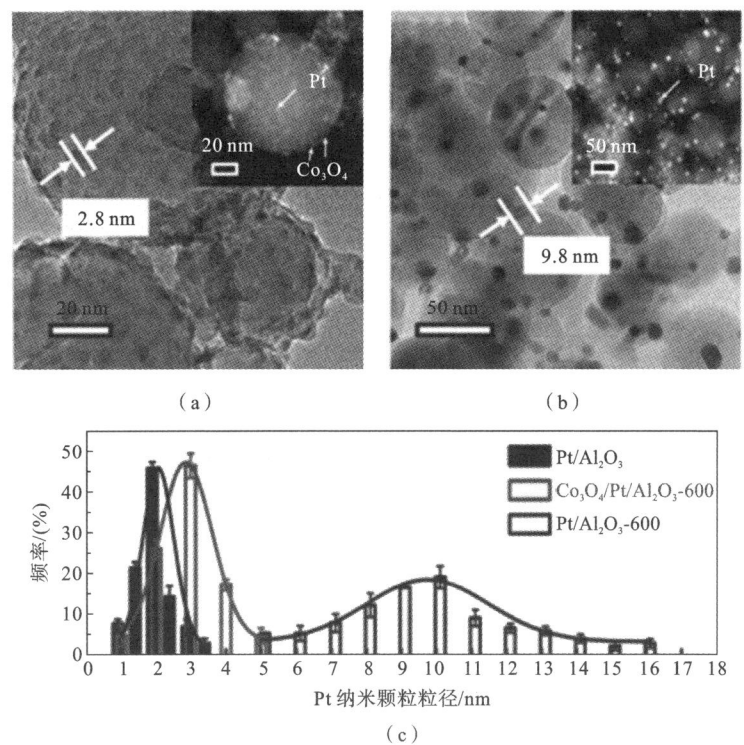

图 8-51 经 600 ℃煅烧后样品的 TEM 和 STEM 图像：(a) $Co_3O_4/Pt/Al_2O_3$-600；
(b) Pt/Al_2O_3-600。(c) 统计的不同样品中 Pt 纳米颗粒的粒径分布

8.4.2 纳米阱界面结构的设计

贵金属 Au 纳米颗粒的抗烧结策略主要包括表面粗糙化、载体掺杂、载体结构三维化以及表面包覆，其中表面包覆策略能够更好地孤立 Au 纳米颗粒，取得了良好的颗粒稳定化效果。尽管表面包覆策略在提升 Au 纳米颗粒抗烧结能力方面取得了显著成效，但会导致一部分 Au 活性位点被包覆层所遮蔽，从而引起 Au 纳米催化剂初始活性的下降。面对催化剂的稳定性提升与活性损失之间的矛盾，区域选择性 ALD 方法展现出了相当的优势，它可以实现仅在特定的生长区域进行原子层沉积，而不在非生长区域生长。开发 Au 纳米催化剂表面的区域选择性 ALD 方法，或将有效地解决负载型 Au 纳米催化剂的稳定性提升和活性损失之间的矛盾。

基于区域选择性 ALD 技术精确调控 TiO_2 纳米阱厚度，构建了 Au/TiO_2 三维界面结构，有望实现活性和稳定性兼顾[13]。图 8-52 展示的区域选择性

ALD 方法制备 TiO$_2$ 三维纳米限域结构的工艺流程,整体上可分为四步:第一步,通过沉淀法制备 Au/P25 催化剂作为模型催化剂;第二步,在选择性吸附阶段,筛选合适的阻断剂以实现对 Au 纳米颗粒的选择性吸附,并且可以被有效去除而不影响 Au/P25 的催化活性;第三步,采用 ALD 技术进行 TiO$_2$ 的沉积,实现 TiO$_2$ 选择性生长在 P25 载体上;第四步,通过后处理去除覆盖在 Au 纳米颗粒表面的阻断剂,以保证 Au 纳米颗粒的暴露程度,确保催化剂的最终催化活性。

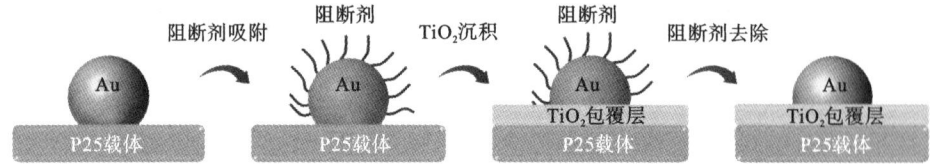

图 8-52 区域选择性 ALD 方法制备 TiO$_2$ 三维纳米限域结构工艺流程示意图

如图 8-53(a)所示,合适的阻断剂应能选择性地吸附在 Au 纳米颗粒表面,而不吸附在 P25 载体表面。选取了 ODT 和油胺(OAm)作为阻断剂,分别研究了这两种阻断剂在 Au/P25 和 P25 表面的吸附生长行为。对上述 ODT-P25、ODT-Au/P25、OAm-P25 和 OAm-Au/P25 四个样品进行了 CO-DRIFTS 测试,以探究两种阻断剂在表面的吸附情况。如图 8-53(b)所示,OAm-P25 和 OAm-Au/P25 的 DRIFTS 谱图并没有明显的差异,均在 2958 cm^{-1}、2924 cm^{-1} 和 2852 cm^{-1} 处表现出三个明显的由 C—H 键的拉伸振动引起的吸收峰,这表明 OAm 在 P25 载体和 Au/P25 催化剂表面均会存在明显的吸附行为,即 OAm 在 P25 载体和 Au 纳米颗粒表面的吸附行为没有明显的选择性。相比之下,ODT-P25 和 ODT-Au/P25 的 DRIFTS 谱图呈现出明显差异,如图 8-53(c)所示,ODT-Au/P25 在 2958cm^{-1}、2924 cm^{-1} 和 2852 cm^{-1} 处表现出明显的 C—H 键拉伸振动的红外吸收峰,而相应位置处 ODT-P25 样品中上述 C—H 键拉伸振动的红外吸收峰非常微弱,这表明 ODT 在 P25 和 Au 纳米颗粒表面的吸附是有选择性的。在 S 与 Au 纳米颗粒的强相互作用的影响下,ODT 会选择性地吸附在 Au 纳米颗粒的表面而非 P25 载体上。图 8-53(d)展示原位 CO-DRIFTS 测试结果,Au/P25 样品在 2105 cm^{-1} 处有着一个非常强的 CO 吸附峰,这是由 CO 在 Au 纳米颗粒表面的化学吸附引起的,而在 ODT 吸附以后,该 CO 吸附峰消失了,只剩下两个相对较弱的 CO 的气相峰,这进一步说明了 Au 纳米颗粒被 ODT 所覆盖。如图 8-53(e)所示,拉曼光谱测试结果表明,相比于 Au/P25,

ODT-Au/P25 在 275 cm^{-1} 处有一个吸收峰,根据文献报道,此峰归属于 S—Au 键。此外,如图 8-53(f)所示,水煤气变换(WGS)反应活性测试表明,经过 ODT 吸附所得到的 ODT-Au/P25 的 WGS 催化活性相比于 Au/P25 大幅衰减,即使在 400 ℃下,CO 转化率也仅有 5%,这是由于 ODT-Au/P25 中 Au 颗粒表面的活性位点被 ODT 覆盖。综上,相比于 OAm,ODT 可以有效地选择性吸附在 Au 纳米颗粒表面,是更为合适的阻断剂。

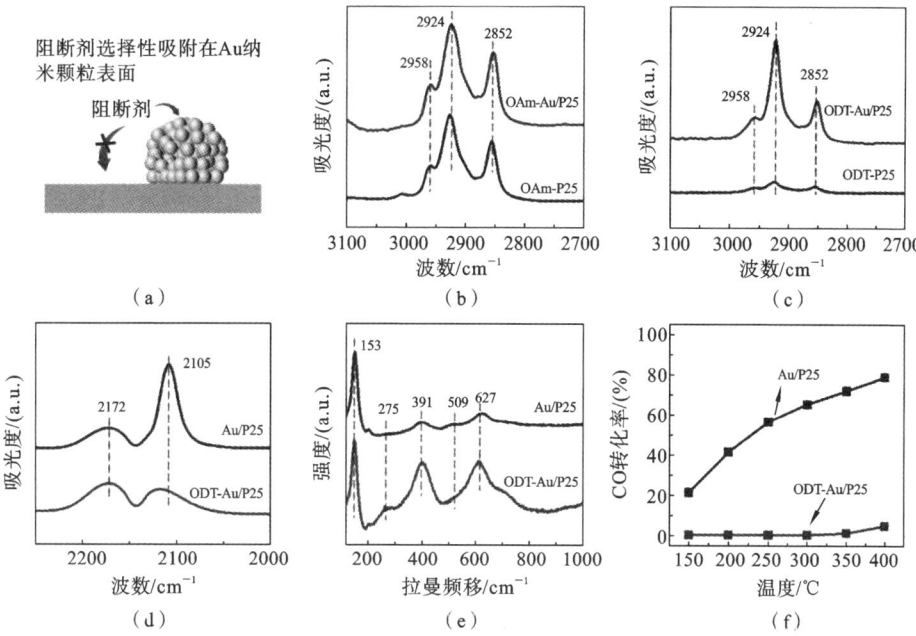

图 8-53 (a) 阻断剂在 Au/P25 表面选择性吸附示意图;(b) OAm-P25 与 OAm-Au/P25 的 DRIFTS C—H 键拉伸振动对比;(c) ODT-P25 与 ODT-Au/P25 的 DRIFTS C—H 键拉伸振动对比;(d) Au/P25 与 ODT-Au/P25 的 CO-DRIFTS 结果对比;(e) Au/P25 与 ODT-Au/P25 的拉曼光谱对比;(f) ODT 吸附前后 Au/P25 的 WGS 活性对比

采用空气氛围下 450 ℃煅烧方式对 Au/P25 表面的 ODT 进行去除,煅烧所得样品标记为 450-ODT-Au/P25。在得到上述样品后直接对其进行 WGS 活性测试,对比煅烧处理后的样品与 Au/P25 及 ODT-Au/P25 的 WGS 催化活性,测试结果如图 8-54 所示。尽管 450-ODT-Au/P25 的 WGS 活性比 ODT-Au/P25 的活性有所提高,但是与 Au/P25 的活性相比仍然较差,250 ℃时,450-ODT-Au/P25 所对应的 CO 转化率仅为 14.3%,远低于 Au/P25 所对应的 56.5%,也就是说,在空气氛围下 450 ℃煅烧方式并不能有效地去除 ODT 以恢

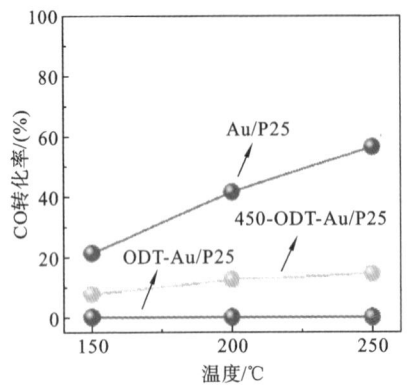

图 8-54　Au/P25、ODT-Au/P25 及
450-ODT-Au/P25 样品的
WGS 活性对比

复 Au/P25 原有的 WGS 活性。

　　因此,通过还原-氧化方法去除 Au 纳米颗粒表面的 ODT,具体步骤如下:将 ODT-Au/P25 置于程序升温仪中,以 5 ℃/min 的升温速率分别升温至 400 ℃、500 ℃、600 ℃,在 10% H_2/Ar 气氛下还原 2 h 后,降温至 300 ℃,通入 N_2 吹扫 30 min,最后在 20% O_2/N_2 气氛下继续以 300 ℃ 保温 1 h,所得到的样品分别标记为 H_2-400-ODT-Au/P25、H_2-500-ODT-Au/P25 和 H_2-600-ODT-Au/P25。如图 8-55(a)所示,利用 CO-DRIFTS 对 Au 位点的外露情况进行检测,结果显示,随着还原温度的升高,CO 在 Au 纳米颗粒表面的化学吸附峰逐渐增强,表明 ODT 被去除,Au 纳米颗粒再次暴露出来。如图 8-55(b)所示,TEM 表征结果显示,在还原-氧化处理后,Au/P25 样品表面的 Au 纳米颗粒仍保持着较好的颗粒分散性,尽管颗粒略有增大,但大部分仍分布在有效粒径的范围(<5 nm)内。综上所述,设计的还原-氧化方法有效去除了 ODT,并且不会导致明显的颗粒烧结和团聚。

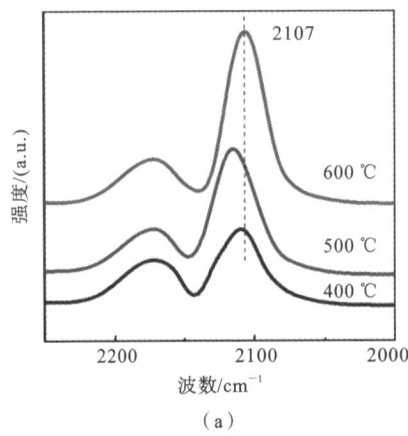

（a）

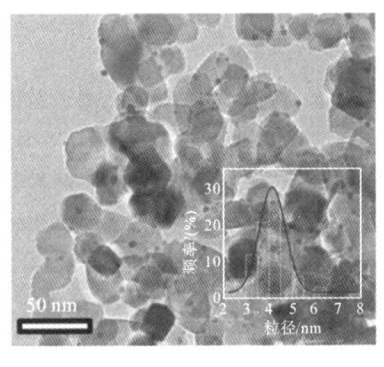

（b）

图 8-55　(a) 还原-氧化处理后样品的 CO-DRIFTS 图谱;(b) 还原-氧化处理后
Au/P25 的 TEM 图像及粒径分布

在选择 ODT 作为阻断剂并能够完全消除的基础上,进一步探讨 Au/TiO₂纳米限域结构的可控制备,如图 8-56 所示。利用区域选择性 ALD 方法,通过调控 TiO₂ ALD 的循环次数来制备纵深可控的 TiO₂ 纳米限域结构,循环执行上述 ALD 15 次、25 次和 35 次,得到了不同包覆层厚度的 TiO₂ 纳米阱界面结构,分别标记为 $15cTiO_2$-Au/P25、$25cTiO_2$-Au/P25 和 $35cTiO_2$-Au/P25。

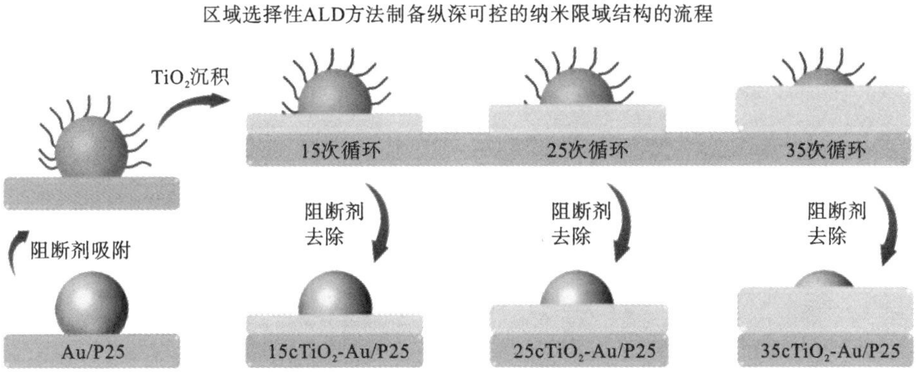

图 8-56 纵深可控的 Au/TiO₂ 纳米限域结构的制备流程示意图

如图 8-57 所示,利用 TEM 对四种制备的催化剂微观形貌进行了表征分析,发现 Au 纳米颗粒均表现出较好的分散性。通过粒径统计分析,计算 Au/P25、$15cTiO_2$-Au/P25、$25cTiO_2$-Au/P25 和 $35cTiO_2$-Au/P25 中 Au 纳米颗粒的平均尺寸,分别为 2.5 nm、4.3 nm、4.1 nm 和 4.1 nm。在 TEM 高分辨率模式下,可以清晰地观察到 Au(111)、Au(400)、TiO₂(200) 和 TiO₂(101) 晶面,显示载体 P25 具有良好的结晶性。在三个 TiO₂ 选择性沉积的样品的高分辨率图像中,观察到载体表面有不同厚度的无定型 TiO₂ 包覆层,这些包覆层环绕在 Au 纳米颗粒周围,形成纳米限域结构。随着 TiO₂ ALD 循环次数的增加,TiO₂ 包覆层的厚度逐渐增加,分别为 1.32 nm、2.31 nm 和 3.51 nm。

如图 8-58 所示,相比于 Au/P25,所制备的具备 TiO₂ 纳米限域结构的样品的 CO 转化率曲线不同程度地向高温方向偏移,其中 $35cTiO_2$-Au/P25 的 CO 转化率曲线偏移最明显,$25cTiO_2$-Au/P25 表现出与 Au/P25 最为接近的催化活性,其所对应的 $T_{50} = -11$ ℃,50 ℃下的 TOF 为 0.074 s^{-1}。在上述 CO 氧化活性测试中,$25cTiO_2$-Au/P25 比 $15cTiO_2$-Au/P25 以及 $35cTiO_2$-Au/P25 表现出更好的催化活性,这可能是由于 $25cTiO_2$-Au/P25 相较于 $15cTiO_2$-Au/P25 以及 $35cTiO_2$-Au/P25 有着更多的界面位点。

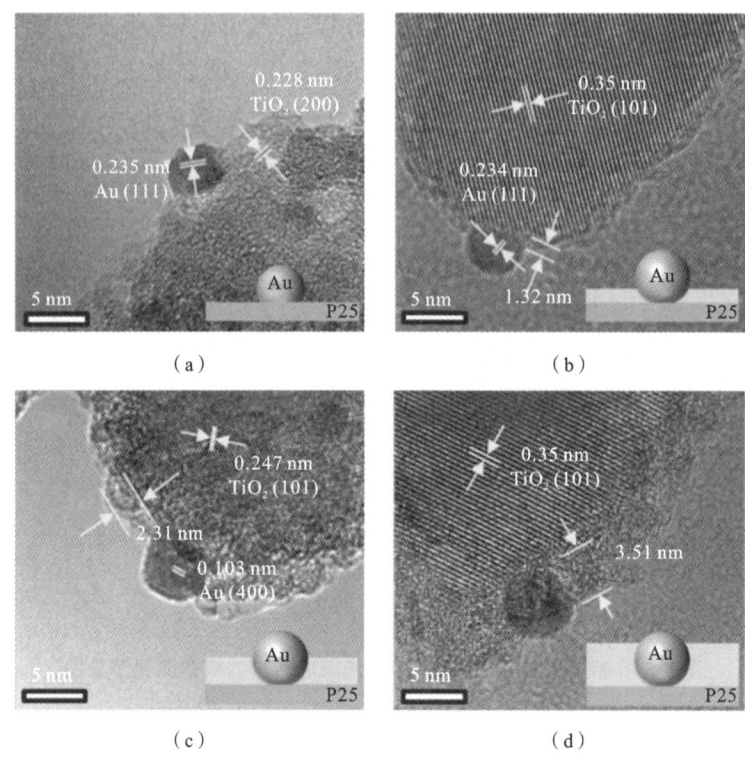

图 8-57　所制备样品的 TEM 图像：(a) Au/P25；(b) 15cTiO₂-Au/P25；
(c) 25cTiO₂-Au/P25；(d) 35cTiO₂-Au/P25

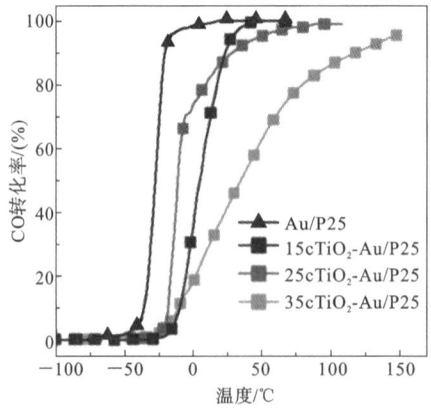

图 8-58　不同包覆层厚度的 Au/P25
样品的 CO 催化活性测试

如图 8-59 所示，利用 TEM 对经过 700 ℃高温煅烧后的样品进行了表征分析。高温煅烧后，Au 纳米颗粒粒径均增大，基于粒径分布统计数据，Au/P25 中的 Au 纳米颗粒发生严重团聚，其平均粒径为 21.14 nm。相比之下，具备纳米阱界面结构的样品在 700 ℃高温煅烧后的粒径明显减小，其中 700-15cTiO₂-Au/P25、700-25cTiO₂-Au/P25 和 700-35cTiO₂-Au/P25 的平均粒径分别为 9.69 nm、8.42 nm 和 8.09 nm，这表明所构造的 TiO₂ 纳米阱界面结构能有效防止 Au 纳米颗粒的烧结长大。

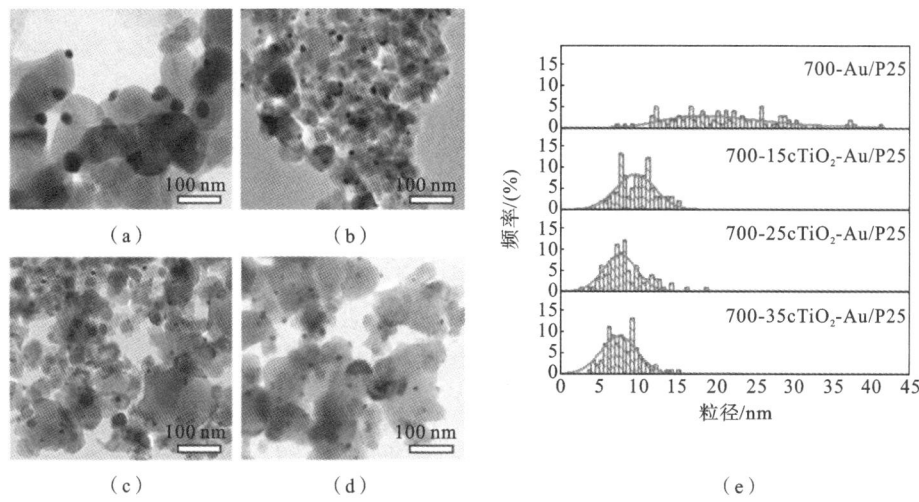

图 8-59 700 ℃高温煅烧后样品的 TEM 图像：(a) 700-Au/P25；(b) 700-15cTiO$_2$-Au/P25；
(c) 700-25cTiO$_2$-Au/P25；(d) 700-35cTiO$_2$-Au/P25。(e) 不同样品的粒径分布对比

8.4.3 限域型双活性位点的设计

负载型 Au 纳米催化剂在 WGS 反应过程中会生成碳酸盐和甲酸盐等中间
物种，这些物种如果不能及时分解和脱附，会毒化界面活性位点，导致催化剂活
性衰减。已有研究通过元素掺杂和表面修饰，调控界面空位浓度和酸碱性，以
弱化中间物种的吸附并促进其分解和脱附，提升催化剂的抗毒化能力。将 Pt
引入 Au 催化剂体系，利用 Pt 来促进碳酸盐和甲酸盐的分解，有望消除这些中
间物种对界面位点的毒化，提升催化剂的抗毒化能力[14]。

利用选择性 ALD 方法实现 Pt 亚纳米团簇在 Au/CeO$_2$ 样品表面的选择性
位点修饰，详细的制备过程如图 8-60 所示。通过水热法合成 CeO$_2$ 纳米棒载
体，然后利用沉积沉淀法将 Au 纳米颗粒负载到 CeO$_2$ 纳米棒载体表面，所得到
的催化剂标记为 Au/CeR。随后，采用两种不同的 ALD 方法将 Pt 引入
Au/CeR 催化剂：一种方法是直接在 Au/CeR 表面进行 Pt ALD，所得到样品标
记为 Pt@Au/CeR；另一种方法是借助阻断剂实现选择性 ALD，以 ODT 为阻断
剂，通过液相方式让 ODT 自组装吸附到 Au 纳米颗粒表面，在得到的 ODT-
Au/CeR 的表面继续进行 Pt ALD，标记为 Pt-ODT-Au/CeR，通过高温煅烧去
除 ODT 使 Au 纳米颗粒重新外露，得到的样品标记为 Pt＋Au/CeR。

在上述 Pt 选择性 ALD 工艺流程中，ODT 的选择性吸附和有效去除起着

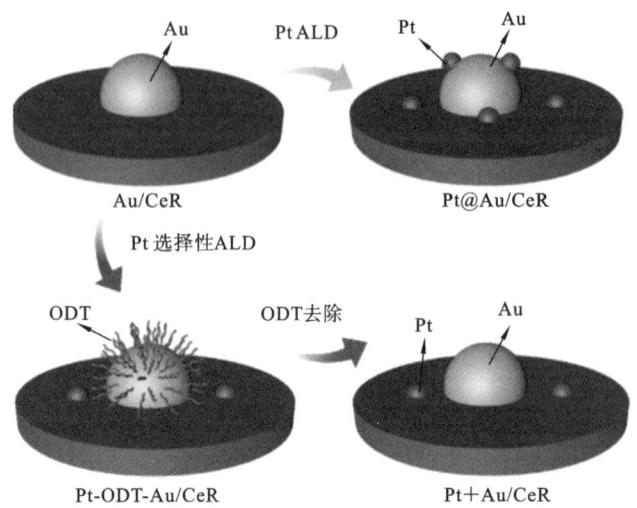

图 8-60　Pt＋Au/CeR 双金属催化剂制备流程示意图

至关重要的作用。为了验证 ODT 在 CeR 载体和 Au 纳米颗粒之间是否存在选择性吸附,对 CeR 载体采取与之前 ODT 在 Au/CeR 上吸附相同的工艺进行处理,并将所制备的样品标记为 ODT-CeR。为了对比 ODT 在 Au/CeR 与 CeR 表面的吸附行为差异,对所制备的 ODT-Au/CeR 和 ODT-CeR 进行了 DRIFTS 实验。如图 8-61(a)所示,可以看到 ODT-Au/CeR 的 DRIFTS 图谱中呈现出三个明显的 C—H 键伸缩振动峰,分别位于 2958 cm^{-1}、2920 cm^{-1} 和 2850 cm^{-1} 处,而在 ODT-CeR 的 DRIFTS 图谱中这些峰却非常微弱,这表明相比于 CeR 载体,ODT 更倾向于在 Au 纳米颗粒表面吸附。如图 8-61(b)所示,在 Au/CeR 的 CO-DRIFTS 图谱中可以观察到两个峰,其中位于 2108 cm^{-1} 处的峰归属于 Au 纳米颗粒表面化学吸附的 CO,位于 2170 cm^{-1} 处的峰则归属于气相的 CO。相比之下,在吸附 ODT 后,Au 纳米颗粒被 ODT 所覆盖,ODT-Au/CeR 的 CO-DRIFTS 图谱仅呈现出两个位于 2170 cm^{-1} 和 2119 cm^{-1} 处的气相 CO 峰,观察不到明显的 Au 纳米颗粒表面化学吸附的 CO 峰。上述实验结果表明 ODT 能够选择性地吸附在 Au 纳米颗粒表面,而不吸附在 CeR 表面。

为了有效去除吸附在 Au 纳米颗粒表面的 ODT,在空气氛围下对所制备的样品进行了 450 ℃高温煅烧处理,并利用红外光谱仪和质谱仪对 ODT 去除过程中分解产生的 CO$_2$ 和 H$_2$O 信号,以及不同煅烧温度对应的 DRIFTS 图谱进行了检测。如图 8-62 所示,一方面,随着煅烧温度升高,ODT-Au/CeR 的 DRIFTS 图谱中 C—H 键拉伸振动峰(2958 cm^{-1}、2920 cm^{-1} 和 2850 cm^{-1} 处)

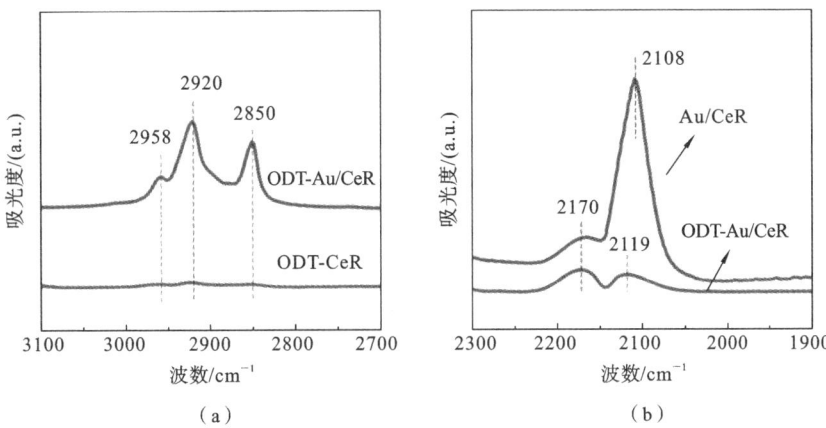

图 8-61 （a）ODT-Au/CeR 与 ODT-CeR 的 DRIFTS 图谱对比；（b）Au/CeR 与 ODT-Au/CeR 的 CO-DRIFTS 图谱对比

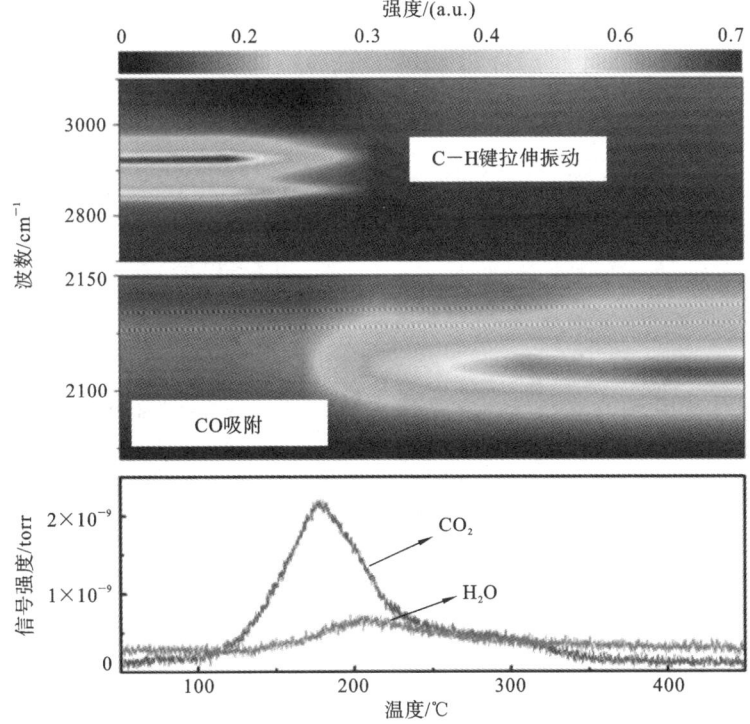

图 8-62 ODT-Au/CeR 在空气氛围中不同煅烧温度下的 DRIFTS 图谱以及 MS 信号

的强度逐渐减小,并在 200 ℃ 左右消失;另一方面,随着煅烧温度升高,CO 在 Au 纳米颗粒表面的化学吸附峰强度从 200 ℃ 附近开始逐渐增强。上述结果表明,随着煅烧温度的升高,吸附在 Au 纳米颗粒表面的 ODT 逐渐被分解去除,Au 纳米颗粒逐渐重新暴露出来。

在制备得到 Pt＋Au/CeR 和 Pt@Au/CeR 后,首先通过 TEM 对其微观形貌进行了表征分析。如图 8-63(a)、(b)所示,Pt ALD 工艺对 Au/CeR 的载体形貌以及 Au 颗粒的分散性没有明显的影响,所制备的 Pt＋Au/CeR 和 Pt@Au/CeR 中载体 CeR 仍保持较好的纳米棒形貌,且 Au 纳米颗粒仍保持着较好的分散性。粒径统计分析表明,Pt-Au/CeR 和 Pt@Au/CeR 中 Au 颗粒的平均粒径分别为 4.2 nm 和 4.1 nm,这与前述 Au/CeR 中 Au 颗粒的粒径尺寸相一致。为了进一步探究 Pt＋Au/CeR 和 Pt@Au/CeR 中 Pt 沉积位点的差异,利用 HAADF-STEM 模式对其进行表征。如图 8-63(c)、(d)所示,在 Pt＋Au/CeR 的 HAADF-STEM

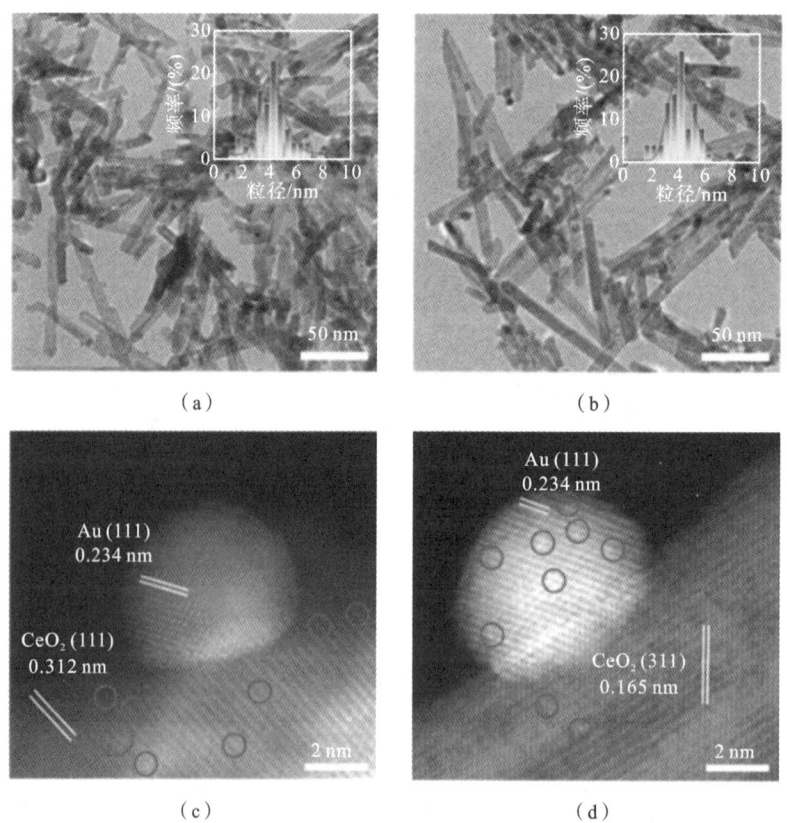

图 8-63　TEM 和 HAADF-STEM 图像:(a)、(c) Pt＋Au/CeR;(b)、(d) Pt@Au/CeR

图像中,Pt 亚纳米团簇主要分布在 CeR 载体表面而不是 Au 纳米颗粒的表面;相比之下,直接在 Au/CeR 执行 Pt ALD 工艺得到的 Pt@Au/CeR 中,在 Au 纳米颗粒和 CeR 载体表面都可以观察到明显的 Pt 亚纳米团簇。

利用 XPS 对所制备样品的表面氧物种进行了进一步分析。如图 8-64(a)所示,在 C 1s XPS 图谱中,在三种样品上均没有观察到其他含碳物种的峰。如图 8-64(b)所示,Au/CeR、Pt+Au/CeR 和 Pt@Au/CeR 样品的 XPS O 1s 图谱均被拟合分峰为 3 个峰,其中位于 529.5 eV 附近的峰归属于 CeR 晶格氧(O_{latt}),位于 531.7 eV 附近的峰归属于与表面氧空位相关的氧物种(O_v),位于 533.4 eV 附近的峰归属于催化剂表面吸附的碳酸盐、水中的氧(O_{ads})。对 Au/CeR、Pt+Au/CeR 和 Pt@Au/CeR 中不同氧物种进行了积分,并计算了不同氧物种的占比,Au/CeR、Pt+Au/CeR 和 Pt@Au/CeR 中 O_v 的占比分别为 20.8%、

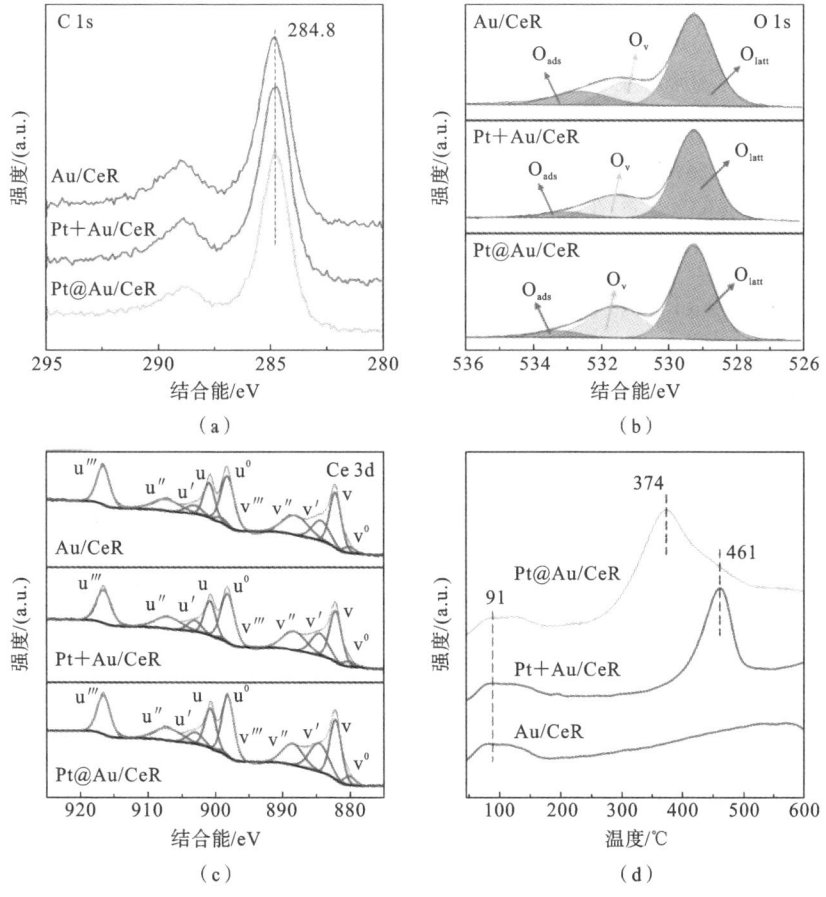

图 8-64　所制备样品(a) C 1s、(b) O 1s、(c) Ce 3d 的 XPS 图谱和(d) H₂-TPR 图谱

25.6％和30.8％,可以看到 Pt 的引入提高了 Au/CeR 表面氧空位的浓度。如图 8-64(c)所示,三种样品的 Ce 3d 图谱均被拟合分峰为 10 个峰,其中 v^0、v'、u^0 以及 u' 四个拟合峰归属于 Ce^{3+},剩下的 v、v''、v'''、u、u'' 和 u''' 六个拟合峰归属于 Ce^{4+},对上述 Ce 3d 的分峰拟合结果进行了积分分析,Au/CeR、Pt＋Au/CeR 和 Pt@Au/CeR 中 Ce^{3+} 的占比分别为 34.1％、35.6％和38.7％,这与前述关于 O 1s 的分析结果相一致,即在 Au/P25 表面沉积 Pt 后会产生大量氧空位,这些氧空位能够活化氧气而形成大量活性氧物种。除此之外,利用 H_2-TPR 对所制备的催化剂表面氧物种的迁移能力进行了分析。如图 8-64(d)所示,可以看到相比于 Au/CeR,Pt＋Au/CeR 在 300 ℃到 500 ℃的温度范围内呈现出额外的还原峰,归属于催化剂表面及亚表面的氧物种的还原峰,这表明相比于 Au/CeR,Pt＋Au/CeR 表面和亚表面有更多可还原氧物种,这与前述关于催化剂表面的氧物种分析的结果是相符的。Pt@Au/CeR 比 Pt＋Au/CeR 的表面及亚表面氧物种表现出更低的还原温度和更大面积的还原峰,表明 Pt@Au/CeR 样品的氧化还原能力远远强于其他两种样品。

如图 8-65(a)所示,可以观察到,低温(< 200 ℃)下,Pt＋Au/CeR 催化剂的 WGS 活性与 Au/CeR 的 WGS 活性接近,二者在 200 ℃时所对应的 CO 转化率分别为 78.0％和 73.2％。相比之下,直接在 Au/CeR 表面进行 Pt 沉积所得到的 Pt@Au/CeR 的低温 WGS 活性较差,其在 200 ℃时所对应的 CO 转化率仅为 41.9％。Pt＋Au/CeR 和 Pt@Au/CeR 展现出明显的 WGS 催化活性差异,这是由于两者中 Pt 的沉积位点不同,Pt＋Au/CeR 中 Pt 是选择性地沉积到了 CeR 载体上,不在 Au 纳米颗粒上沉积。而 Pt@Au/CeR 中的 Pt 既会沉积到 CeR 载体上也会沉积到 Au 纳米颗粒上,沉积在 Au 纳米颗粒表面的 Pt 覆盖了 Au 的表面、界面位点,从而导致其 WGS 活性的下降。TOF 计算结果表明,温度在 200 ℃下,Au/CeR、Pt＋Au/CeR 和 Pt@Au/CeR 的反应速率分别为 $0.017\ s^{-1}$、$0.020\ s^{-1}$ 和 $0.013\ s^{-1}$,这与上述对应的 CO 转化率的数据相一致。随着反应温度的升高,Pt＋Au/CeR 展现出比 Au/CeR 更高的 CO 转化率。250 ℃下,Pt＋Au/CeR 和 Au/CeR 所对应的 CO 转化率分别为 96.7％和 88.3％。如图8-65(b)所示,进一步基于 TOF 结果对所制备的三种催化剂的表观活化能进行了计算,结果表明 Pt@Au/CeR 的表观活化能(65.9 kJ/mol)明显高于 Pt＋Au/CeR(46.9 kJ/mol)和 Au/CeR(49.6 kJ/mol)的表观活化能,这是由于 Pt@Au/CeR 中 Pt 对 Au 的表面、界面位点形成了覆盖。

利用选择性 ALD 技术在负载型贵金属催化剂表面设计催化限域构型,利

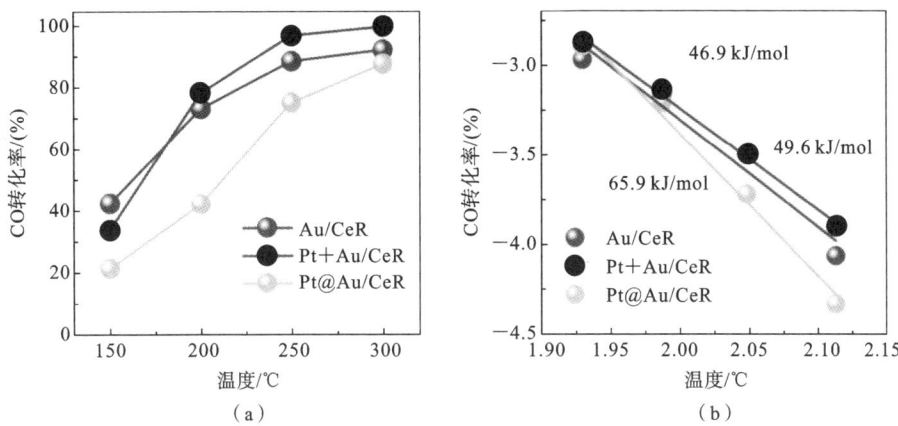

图 8-65　所制备的催化剂在 WGS 反应中催化性能测试和动力学测试：(a) CO 转化率
与温度的关系；(b) 表观活化能测试

用金属、金属氧化物将贵金属颗粒活性位点锚定,实现了活性位点的选择性暴
露,同时金属氧化物与贵金属之间的相互作用有助于提升其抗烧结能力。所研
究的催化限域构型能够极大改进负载型金属催化剂的催化性能,在实际应用中
具有突出潜力。

本章参考文献

[1] GEORGE S M . Atomic layer deposition: an overview[J]. Chemical Reviews, 2010, 110(1):111-131.

[2] CAO K, CAI J M, LIU X,et al. Review article: catalysts design and synthesis via selective atomic layer deposition[J]. Journal of Vacuum Science & Technology A, 2018, 36(1):010801.

[3] CAI J M, LIU Z, CAO K,et al. Highly dispersed Pt studded on CoO$_x$ nanoclusters for CO preferential oxidation in H$_2$[J]. Journal of Materials Chemistry A, 2020, 8(20):10180-10187.

[4] LIU X, JIA S F, YANG M,et al. Activation of subnanometric Pt on Cu-modified CeO$_2$ via redox-coupled atomic layer deposition for CO oxidation[J]. Nature Communcations, 2020, 11:4240.

[5] LIU X, TANG Y T, SHEN M Q,et al. Bifunctional CO oxidation over Mn-mullite anchored Pt sub-nanoclusters via atomic layer deposition[J].

Chemical Science, 2018, 9:2469-2473.

[6] CAO K, GONG M, YANG J F, et al. Nickel catalyst with atomically-thin meshed cobalt coating for improved durability in dry reforming of methane[J]. Journal of Catalysis, 2019, 373:351-360.

[7] CAO K, LIU X, ZHU Q Q, et al. Atomically controllable Pd@Pt core-shell nanoparticles towards preferential oxidation of CO in hydrogen reactions modulated by platinum shell thickness[J]. Chemcatchem, 2016, 8 (2):326-330.

[8] CAO K, SHI L, GONG M, et al. Nanofence stabilized platinum nanoparticles catalyst via facet-selective atomic layer deposition[J]. Small, 2017, 13(32):1700648.

[9] YANG J F, CAO K, GONG M, et al. Atomically decorating of MnO_x on palladium nanoparticles towards selective oxidation of benzyl alcohol with high yield[J]. Journal of Catalysis, 2020, 386: 60-69.

[10] DU X D, LANG Y, CAO K, et al. Bifunctionally faceted Pt/Ru nanoparticles for preferential oxidation of CO in H_2[J]. Journal of Catalysis, 2021, 396:148-156.

[11] CAI J M, ZHANG J, CAO K, et al. Selective passivation of Pt nanoparticles with enhanced sintering resistance and activity toward CO oxidation via atomic layer deposition[J]. ACS Applied Nano Materials, 2018, 1 (2):522-530.

[12] LIU X, ZHU Q Q, LANG Y, et al. Oxide-nanotrap-anchored platinum nanoparticles with high activity and sintering resistance by area-selective atomic layer deposition[J]. Angewandte Chemie International Edition, 2017, 56(6):1648-1652.

[13] TANG Y T, MA X Y, DU X D, et al. Breaking the activity-stability trade-off of Au catalysts by depth-controlled TiO_2 nanotraps[J]. Journal of Catalysis, 2023, 423:145-153.

[14] TANG Y T, LIU Z, YE R L, et al. Selectively located Pt clusters on Au/CeO_2 for highly robust water-gas shift reaction via atomic layer deposition [J]. Applied Catalysis B: Environment and Energy, 2024, 356:124218.

第9章
原子层沉积在能源材料领域的应用

随着能源危机和环境污染问题的日益严重,二次能源技术和新一代能源材料成为业界关注的焦点。原子层沉积(ALD)技术在能源材料领域展现出广阔的应用前景。在含能材料领域,ALD技术实现了对材料的精准设计和定制合成,满足不同应用场景的特定需求。通过调整ALD反应参数,可以精确控制含能材料的表面形貌、成分和孔隙分布,从而优化其燃烧速率、爆炸能量和稳定性。ALD的精细调控有助于提高含能材料的能量转化效率、安全性和环境适应性,推动其在军事、航天和能源等领域的广泛应用。ALD技术还可使含能材料表面形成均匀致密的薄膜,从而防止外界物质渗透,减缓老化和分解,提高材料的稳定性和可靠性[1]。

在锂离子电池和燃料电池领域,ALD技术的应用是当前研究的热点。它在电极材料表面涂层、固体电解质界面调控和材料功能化修饰等方面展现出巨大潜力[2]。ALD技术应用于锂离子电池正极材料,提高了电池的安全性和循环稳定性[3]。在燃料电池领域,通过ALD制备的催化剂具有高度均匀的表面,这提高了催化活性和稳定性,进而提升了能量输出、延长了使用寿命。它将推动燃料电池在交通运输、能源供应和环境保护等领域的广泛应用,为清洁能源技术的发展提供新的动力和可能性。

ALD技术凭借原子级别的精确控制和高均匀性沉积特点,在复杂纳米结构和薄膜材料的制备方面具有独特的优势,在光电领域展现出巨大的潜力和广泛的应用前景,尤其是在光电化学和钙钛矿太阳能电池领域。在光电化学领域,ALD技术广泛用于制备高效的光电极,通过精确调控材料的厚度、成分和界面结构,显著提升光催化效率和稳定性。在钙钛矿太阳能电池领域,ALD技术用于制备高质量的电子传输层和空穴传输层,以改善界面质量和传输性能,从而提高电池的光电转换效率和长期稳定性[4]。

本章将探讨ALD技术在含能材料、锂离子电池、燃料电池和光电材料等能源材料领域的应用,并论述其在能源材料领域的广阔前景和重要科学价值。

ALD 技术应用于能源材料,不仅提升了材料的性能,还拓展了材料在实际应用中的潜力,为能源材料的研究、开发和应用提供了新的思路和方法。

9.1 含能材料超薄包覆稳定化研究

9.1.1 三氢化铝颗粒稳定化方法

与传统铝粉相比,三氢化铝(AlH_3)作为固体推进剂的高能添加剂具有高理论氢容量、高比冲和低着火温度等优势,可以部分替代传统铝粉。由 AlH_3 与其他含能黏合剂组成的固体推进剂的标准理论比冲比传统推进剂高 20%~25%,并且因使用环保洁净而应用更加广泛。AlH_3 由于自然氧化,表面会形成天然的 Al_2O_3 涂层,这一涂层通常伴有孔洞和裂纹缺陷。外界水氧会通过这些缺陷直接与 AlH_3 接触并反应,从而释放氢气,降低其稳定性。研究人员已经对 AlH_3 的稳定化进行了大量研究,其中 AlH_3 的稳定性与服役性之间的平衡是研究重点。AlH_3 的微观表面形貌如图 9-1 所示,本节引入原子层沉积技术对 AlH_3 颗粒进行涂层包覆,在保证 AlH_3 本身高能量特性的同时实现了高稳定性。

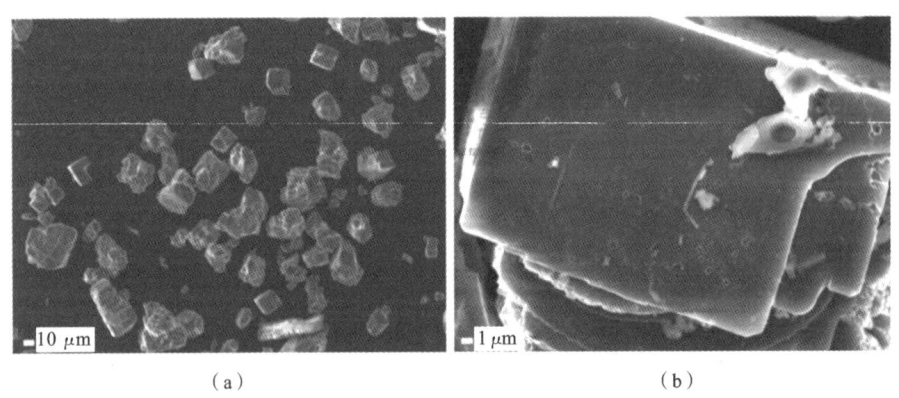

(a)   (b)

图 9-1 α-AlH_3 在 SEM 下的表面形貌

α-AlH_3 颗粒分解的机理是:表面形成的氧化铝薄膜破裂,颗粒内部的 AlH_3 与外界气态环境接触,由于 AlH_3 本身还原性较强,氢原子相互结合形成氢气分子并从暴露处逸出[1]。因此,AlH_3 颗粒的原子层沉积需保证在沉积条件下其表面自然氧化层不破裂。AlH_3 表面自然氧化层的破裂主要是由于温度升高时,内部的 AlH_3 的热膨胀系数大于表面的氧化铝层,氧化铝层被胀破使得 AlH_3 内核暴露于外界环境。

如图 9-2(a)所示的 TEM 图像,包覆 Al_2O_3 后样品表面形成核壳结构。内部 AlH_3 晶体的晶格条纹明显,而外部 Al_2O_3 包覆层是非晶结构,因此没有观察到晶格。Al_2O_3 层均匀地覆盖在 AlH_3 颗粒的表面,同时沿核的形状呈现出了良好的保形性。根据电镜结果,100 次循环后的薄膜厚度为 14.1 nm,沉积速率为 1.40 Å/cycle。微观的 TEM 结果显示,ALD Al_2O_3 层在单颗粒和多颗粒整体上包覆是均匀的。虽然通过 ALD 制备的 Al_2O_3 薄膜致密、无孔洞,但在空气水分子中的氢原子仍能和 Al_2O_3 表面上羟基中的氢发生置换,以氢原子的形式穿透薄膜到达内部被包覆材料的表面。因此 Al_2O_3 薄膜作为阻隔材料,对厚度有一定的要求。同时,AlH_3 颗粒粗糙表面上的均匀和保形沉积能够确保各区域的阻隔性能均达到要求。α-AlH_3 样品的 TEM 图像在已有的文献中鲜有报道[5],主要原因是其在高能电子束下迅速分解,内部 AlH_3 的晶格逐渐消失,样品内核逐步分解为单质铝,如图 9-2(b)所示。

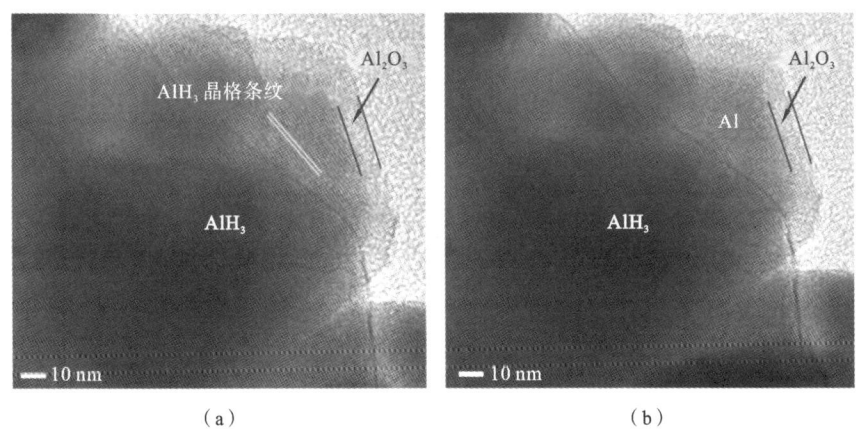

图 9-2 α-AlH_3 包覆氧化铝后的 TEM 图像:(a) 采用过筛上清液取样方法;(b) 暴露在电子束 120 s 后图像

为确定表面包覆层的元素成分,通过 200 次循环沉积得到较厚的薄膜,对包覆的样品进行了 XPS 测试。表面元素分析旨在了解样品的表面元素组成,考察谱线之间是否存在相互干扰,同时为获取窄区谱提供能量设置范围的依据。如图 9-3(a)所示,除由测试环境导致的 C 1s 污染源外,表面成分仅包含 O 和 Al 元素,且 Al 2p 的峰非常明显,这证明确实存在 Al_2O_3 包覆层。对于 200 次循环样品,利用 XRD 来确认包覆层和包覆工艺对 AlH_3 颗粒晶体结构的影响。如图 9-3(b)所示,通过对比衍射尖峰和标准衍射卡的谱线可知,包覆后的

样品仍然保持了 α-AlH$_3$ 的晶体结构。谱线在低角度范围内出现的"馒头"峰符合非晶氧化铝的衍射特征,证明了包覆的有效性。

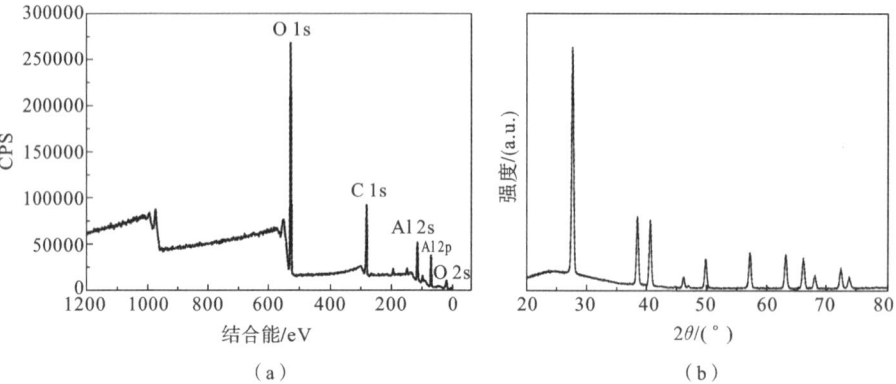

（a）　　　　　　　　　　　　（b）

图 9-3　(a) α-AlH$_3$@Al$_2$O$_3$ 表面元素的 XPS;(b) α-AlH$_3$@Al$_2$O$_3$ 的 X 射线衍射图谱

含氢量是 α-AlH$_3$ 颗粒在实际应用中重要的性能指标,因此 ALD 工艺应用前提是包覆后含氢量不能大幅降低。表 9-1 展示了包覆前后样品根据质量变化得到的含氢量以及直接利用燃烧法检测得到的含氢量,测试误差为测量结果的 3.2%。在包覆前,样品的含氢量为 9.67%。在 100 次和 200 次循环后,α-AlH$_3$ 颗粒的含氢量分别为 9.34% 和 9.14%。单位质量内含氢量的这种减小主要是因为包覆层 Al$_2$O$_3$ 不含氢,其依据是根据增重结果计算,除包覆层外样品的含氢量分别下降至 9.60% 和 9.19%,与测试结果一致,因此可以认为原子层沉积过程不会对样品造成破坏。由于实际包覆层为纳米级,α-AlH$_3$ 颗粒为微米级颗粒,包覆层厚度远小于 α-AlH$_3$ 颗粒直径,故其对整体含氢量的影响可以忽略不计。所以,这种原子层沉积的表面钝化方法可以在不影响有效含氢量的前提下实现稳定化处理。

表 9-1　α-AlH$_3$ 包覆 Al$_2$O$_3$ 前后质量增重、含氢量变化

循环次数	$M_{\text{AlH}_3@\text{Al}_2\text{O}_3}$ /mg	$H_{\text{conts-exp}}$/(%)
0	1000	9.67
100	1028	9.34
200	1060	9.14

在长期储存过程中,α-AlH$_3$ 表面的微小孔洞和本身的还原性,会使其与空气中的水和氧气发生缓慢的反应,导致含氢量逐渐降低,最终失效。而且

α-AlH$_3$ 表面的自然氧化层薄且不均匀,不能很好地对内部的 α-AlH$_3$ 起到隔水隔氧的保护作用。因此,本节利用原子层沉积技术制备均匀致密的非晶 Al$_2$O$_3$ 薄膜来解决这一问题。对包覆后样品进行湿热老化侵蚀实验,测试其含氢量的变化,利用扫描电子显微镜观察不同包覆厚度下湿热老化后样品的表面形貌,进而分析钝化层对 α-AlH$_3$ 的保护作用。如表 9-2 所示,在水氧测试后,未包覆样品的含氢量从 9.67%±0.31% 下降到 1.89%±0.06%。这说明在 12 h 的水氧环境暴露阶段,空气中的水蒸气和氧气与 α-AlH$_3$ 颗粒发生反应,生成了 Al$_2$O$_3$,并释放出 H$_2$。对于包覆 100 次循环 Al$_2$O$_3$ 薄膜的样品,其含氢量下降到 5.31%。当样品包覆有 200 次循环 Al$_2$O$_3$ 薄膜时,其含氢量在暴露后为 9.19%,与湿热老化前样品基本一致,比湿热老化后的未包覆样品高出近 4 倍,这说明 Al$_2$O$_3$ 薄膜具有良好的水氧阻隔性能。

表 9-2　α-AlH$_3$ 包覆 Al$_2$O$_3$ 前后及老化前后含氢量变化

循环次数	H/(%)	H_{aging}/(%)
0	9.67	1.89
100	9.34	5.31
200	9.14	9.19

如图 9-4(a)～(c)所示,包覆 Al$_2$O$_3$ 前后的样品形貌未发生明显变化,均呈现典型的立方体结构。老化后原始 α-AlH$_3$ 颗粒的表面(见图 9-4(d))相比老化前更加粗糙,有多处大尺寸的孔洞和裂隙,表面内部的 α-AlH$_3$ 与水和氧气分子发生反应释放出氢气。当包覆有 100 次循环 Al$_2$O$_3$ 薄膜时,SEM 观察到的表面情况如图 9-4(e)所示,与图 9-4(d)相比,其表面的孔洞和裂隙明显减少,尺寸也明显减小。当包覆循环次数增加到 200 时,如图 9-4(f)所示,其表面与湿热老化前相比变化不大,包覆层仍然能够保证 100% 的覆盖率,说明 200 次循环 Al$_2$O$_3$ 层能够有效阻止水和氧气分子的渗透,防止内部 AlH$_3$ 被侵蚀而释放氢气。Al$_2$O$_3$ 薄膜作为一种阻隔水氧渗透膜需要具有一定的厚度,已有文献报道 Al$_2$O$_3$ 层厚度达到 25 nm 时具有有效的隔水性能,其水汽阻隔率低于 10^{-5} g/(m^2·d)[6]。200 次循环 Al$_2$O$_3$ 包覆层(对应厚度约为 28 nm)表现出了比 100 次循环时更好的隔水隔氧性能,可以满足长期稳定储存的需要。

在工作温度下 AlH$_3$ 快速、彻底的热分解特性对其实际使用性能具有重要的作用。通过热重测试来验证包覆的钝化层薄膜是否会影响其热分解特性,观察分解温度和释放氢气的速率、释放耗费时间,以判断包覆层在实际需求中对

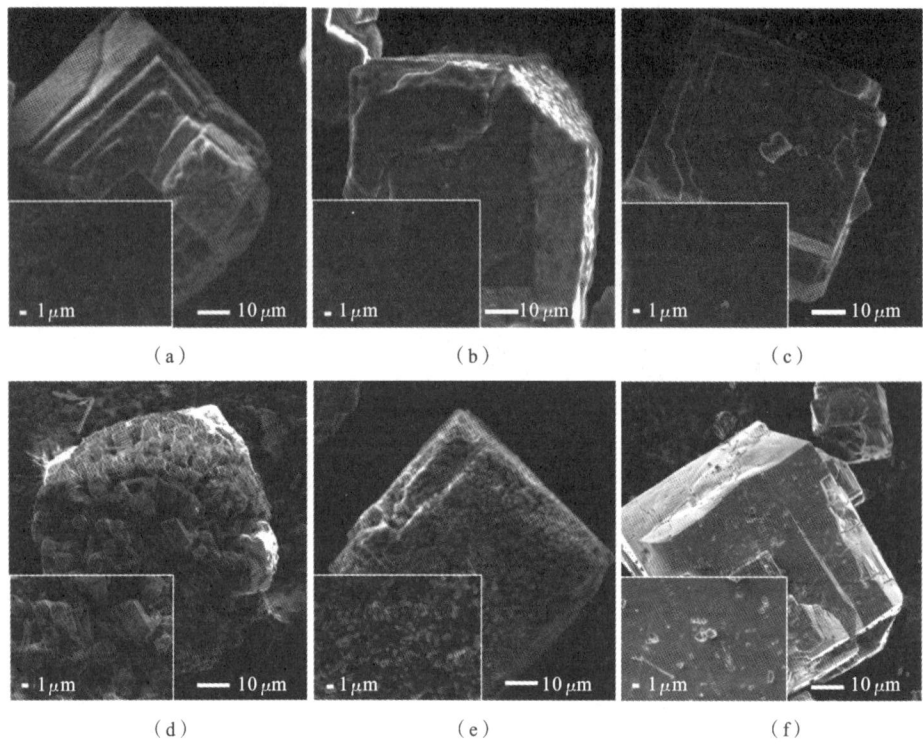

图 9-4　不同 Al_2O_3 包覆厚度 α-AlH_3 样品表面的 SEM 图：未包覆 AlH_3（a）老化前与
（d）老化后；包覆 100 次循环 Al_2O_3 样品（b）老化前与（e）老化后；包覆 200 次循环
Al_2O_3 样品（c）老化前与（f）老化后

快速放能特性的影响。图 9-5（a）显示了未包覆和分别包覆 100 次、200 次循环
Al_2O_3 样品的热重曲线，对应的微商热重曲线如图 9-5（b）所示。对于未包覆样
品，其在 117.1 ℃时开始分解，最终在 177.0 ℃下分解完全，分解最快的温度
（即峰值分解温度）为 153.4 ℃。对于包覆 100 次循环 Al_2O_3 样品初始分解温
度提升到 121 ℃，峰值分解温度提高到 158.1 ℃。对于包覆 200 次循环峰值分
解温度提高到 159.2 ℃。通过峰值分解温度的变化可知，尽管钝化层会造成起始
分解温度和峰值分解温度的上升，但是这种变化非常小。AlH_3 的分解主要是由
于在加热条件下颗粒膨胀，且其膨胀系数 $5×10^{-5}$/K 大于表面钝化层材料的膨胀
系数 $(0.9～2)×10^{-5}$/K。尤其当颗粒直径大于 100 μm 且钝化层尺寸为纳米级
时，钝化层难以承受内部 AlH_3 膨胀产生的热应力，极易破裂，故在上述尺度条
件下，包覆层不会对 AlH_3 的热分解特性造成明显影响。

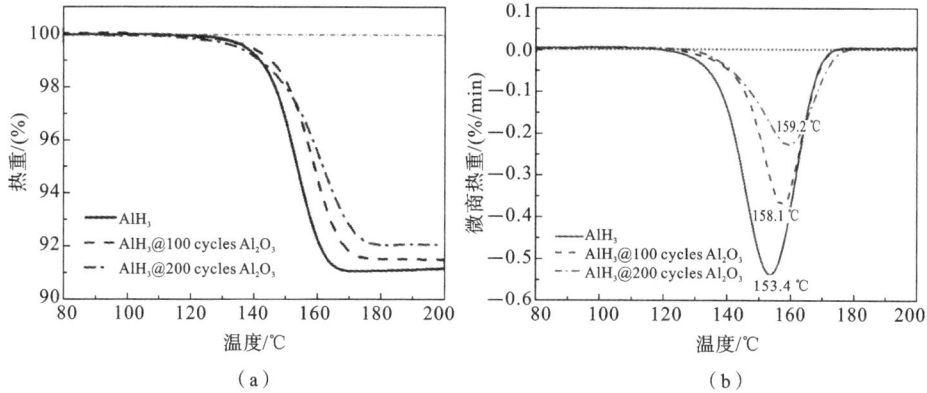

图 9-5　氮气环境下升温速率为 2 ℃/min 时,AlH_3 和 $AlH_3@Al_2O_3$ 的
(a) 热重曲线和(b) 微商热重曲线

9.1.2　氧化钛阻隔层制备与性能研究

TiO_2 在 AlH_3 表面的 ALD 生长工艺是指 TTIP(钛酸四异丙酯)和 H_2O 在 AlH_3 表面交替反应形成 TiO_2 薄膜。如图 9-6(a)所示,ICP-OES 测得的 AlH_3 @TiO_2 样品中 Ti 质量分数随循环次数线性增加,计算得到 TiO_2 在 AlH_3 表面的沉积速率约为 0.08 nm/cycle。本节测试了 TiO_2 薄膜包覆前后样品的含氢量,通过 TiO_2 涂层的质量增益可以计算出 $AlH_3@TiO_2$ 样品的含氢量,将样品含氢量的计算值与实际值进行对比。随着循环次数的增加,含氢量降低,每涂覆一层 ALD-TiO_2,样品含氢量降低 0.0026%。此外,测得的含氢量与计算的

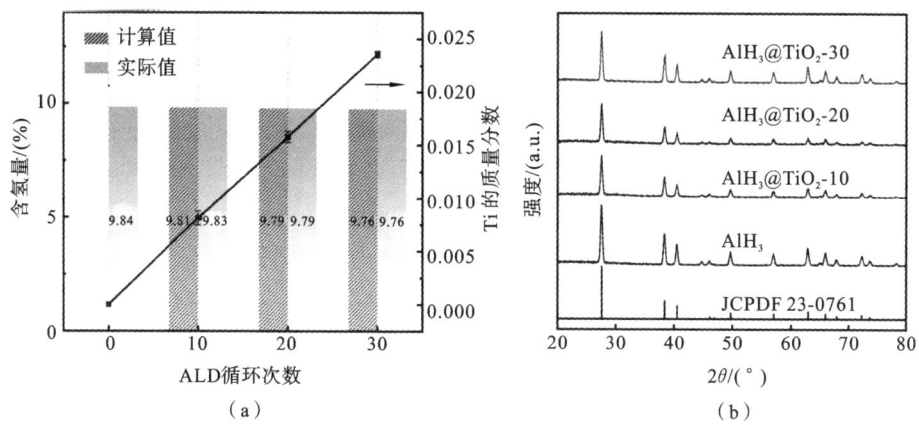

图 9-6　(a) 不同 ALD 循环次数下 $AlH_3@TiO_2$ 样品的含氢量与 Ti 的质量分数;
(b) XRD 对比图

含氢量一致，说明在 70 ℃下 ALD TiO₂ 过程不会导致 AlH₃ 额外释放氢。如图
9-6(b)所示，与 AlH₃ 相比，AlH₃@TiO₂ 没有出现新的 XRD 峰，说明在 AlH₃
表面包覆 TiO₂ 没有改变 AlH₃ 的晶体结构。

XPS 表征了原始样品和包覆样品的表面薄膜的组成和化学键结构。从图
9-7(a)中可以观察到，随着 TiO₂ 涂层数的增加，样品的 Ti 2p 信号峰增强。如
图 9-7(b)所示，AlH₃ 的 O 1s 信号峰分裂成双峰，531.20 eV 对应 Al₂O₃ 中的
O＝Al键(晶格氧)，532.21 eV 对应 Al(OH)₃ 中的 Al—O—H 和 O—H 键(吸
附氧)。由于存在 TiO₂ 薄膜，AlH₃@TiO₂ 的 O 1s 信号峰分裂出了 Ti—O 键
信号峰，峰位于 530.00 eV 处。计算得到样品中吸附氧的比例分别为 56%
(AlH₃)、30%(AlH₃@TiO₂-10)、28%(AlH₃@TiO₂-20)和 25%(AlH₃@TiO₂-
30)，随着 TiO₂ 涂层数的增加，吸附氧的比例逐渐降低，说明 TiO₂ 涂层修饰了
AlH₃ 表面的缺陷。

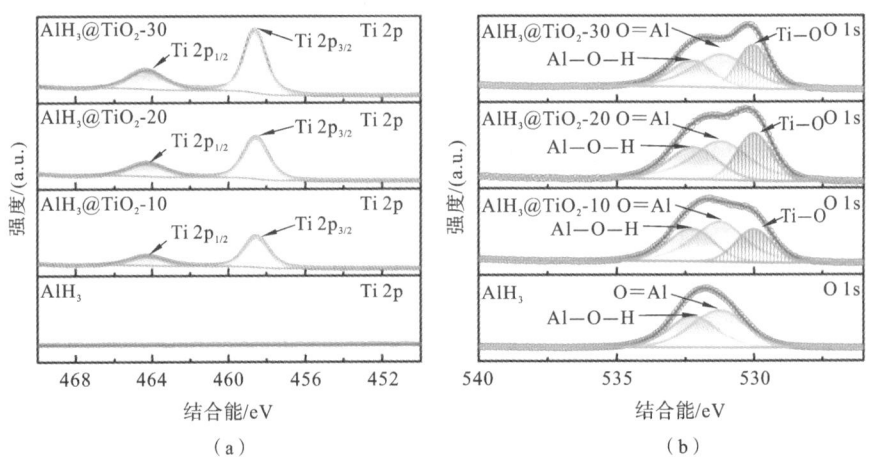

图 9-7 包覆 TiO₂ 前后样品的(a) Ti 2p 信号峰和(b) O 1s 信号峰对比图

采用 SEM 和 TEM 表征技术分析包覆 TiO₂ 前后样品的形貌。由图 9-8
(a)、(d)可知，AlH₃ 的粒径分布在 10.0 μm 左右，颗粒呈典型的立方体结构。
如图 9-8(c)所示，AlH₃ 表面有一层自然氧化的 Al₂O₃ 膜，厚度为 2.3 nm，样品
的晶格条纹清晰可见，晶格条纹间距为 0.22 nm，对应 AlH₃ 的(110)晶面。如
图 9-8(b)、(e)所示，AlH₃@TiO₂-50 的粒度和形貌与裸样 AlH₃ 相似，变化可
以忽略不计，这与 ALD 包覆后含氢量和 XRD 的变化趋势是一致的。在图
9-8(f) 中可以观察到明显的双核壳结构，该双核壳结构由自然氧化的 Al₂O₃ 薄
膜(2.3 nm)和 ALD 包覆的 TiO₂ 薄膜(4.2 nm)组成。计算得到 TiO₂ 薄膜的

生长速率为 0.08 nm/cycle,与前期的计算结果一致。如图 9-8(g)～(j)所示,利用 EDS 映射扫描对 $AlH_3@TiO_2$ 的表面元素分布进行分析,发现 $AlH_3@TiO_2$ 表面 Ti 和 O 分布均匀,说明利用 ALD 技术在 AlH_3 表面包覆的 TiO_2 薄膜均匀。

图 9-8　(a)、(b) AlH_3 和(d)、(e) $AlH_3@TiO_2$-50 的 SEM 图像;(c) AlH_3 和(f) $AlH_3@$ TiO_2-50 的 TEM 图像;(g) $AlH_3@TiO_2$、(h) Al、(i) Ti、(j) O 的 EDS 图像

通过热重/微商热重法(TG/DTG)来验证 TiO_2 涂层是否会影响 AlH_3 热分解特性,主要观察分解温度和释放氢气的速率、释放耗费时间,以判断包覆层是否影响含能材料在实际需求中的快速放能特性。如图 9-9 所示,AlH_3 和 AlH_3 $@TiO_2$ 呈现出相同的吸热分解过程。质量损失(ML)表示在加热试验过程中样品氢的释放量,峰值分解温度 T_p 表示样品热分解速度最快时的温度。包覆前后样品的 ML 值均在 8.35% 左右,且 $AlH_3@TiO_2$-30 样品的 ML 值仅比 AlH_3 样品低 0.14%,说明 ALD-TiO_2 包覆对 AlH_3 的含氢量影响甚微。随着涂层数的增

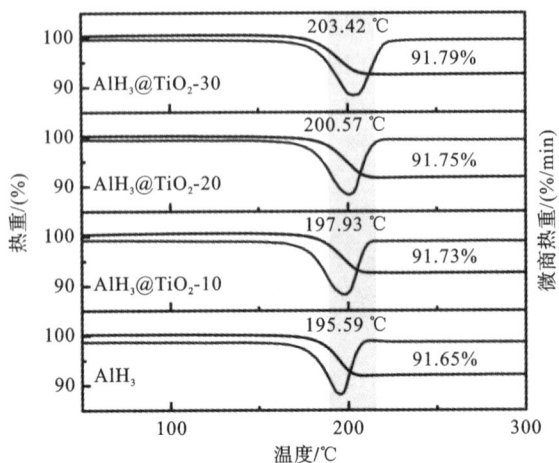

图 9-9　AlH₃ 样品和不同 AlH₃@TiO₂ 样品的热重分析曲线

加，T_p 值逐渐增加，这是由于 AlH₃ 表面的 TiO₂ 涂层限制了形核位点的形成，与 AlH₃ 相比，AlH₃@TiO₂-30 的 T_p 值提高了 7.83 ℃，说明包覆 TiO₂ 涂层可以提高 AlH₃ 的稳定性。

　　在 130 ℃、140 ℃、150 ℃和 160 ℃及升温速率为 10 ℃/min 的条件下，测定了 AlH₃ 和 AlH₃@TiO₂ 样品的等温分解性能。图 9-10(a) 对比了包覆 TiO₂ 前后样品的分解过程，在相同温度下，所有样品的分解曲线均呈 S 形，对应 AlH₃ 分解的三个阶段。诱导期斜率变化明显，是影响 AlH₃ 热稳定性的主要阶段，且 AlH₃ 表面 TiO₂ 涂层越厚，分解速率越慢。如图 9-10(b) 所示，同一样

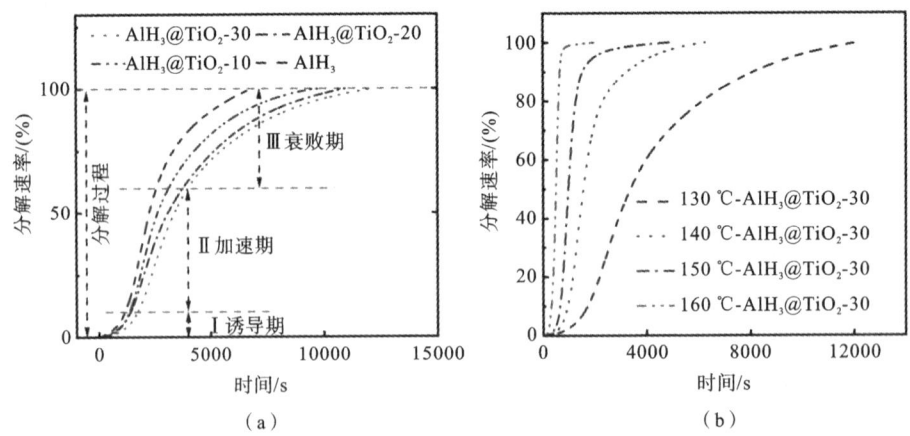

（a）　　　　　　　　　　　　　　（b）

图 9-10　(a) 不同 AlH₃ 样品在 130 ℃下的分解速率；(b) AlH₃@TiO₂-30 在不同温度下的分解速率

品的分解速率随着温度的升高而迅速增加,这是由 AlH₃ 和 TiO₂ 涂层的热膨胀系数不同造成的。随着温度的升高,AlH₃ 颗粒比 TiO₂ 涂层膨胀得更快,当表面的 TiO₂ 涂层被破坏时,AlH₃ 会迅速发生氢释放反应。

根据 AlH₃ 和 AlH₃@TiO₂ 在不同加热温度下的热分解速率,计算不同样品的活化能 E_a。采用 Avrami-Erofeev 方程和 Arrhenius 公式求得 AlH₃ 的脱氢动力学参数。

$$\ln[-\ln(1-a)] = n\ln k + n\ln t \tag{9-1}$$

$$\ln k = \ln A - \frac{E_a}{RT} \tag{9-2}$$

式(9-1)中,a 为等温分解过程中的反应速率,n 为等温分解过程中生成物质的形核形态维度,k 是温度 T 下的反应速率常数,t 是氢释放时间。式(9-2)中,R 为理想气体常数(8.314 J/(mol·K))。由图 9-11 可知,AlH₃ 的 E_a 值为 86.77 kJ/mol,E_a 值随着 TiO₂ 涂层厚度的增加而增大,实验中 AlH₃@TiO₂ 的 E_a 值可达到 112.39 kJ/mol,而 E_a 值与样品的分解难度相对应,说明在 AlH₃ 表面涂覆 TiO₂ 薄膜可以有效提高其热稳定性。

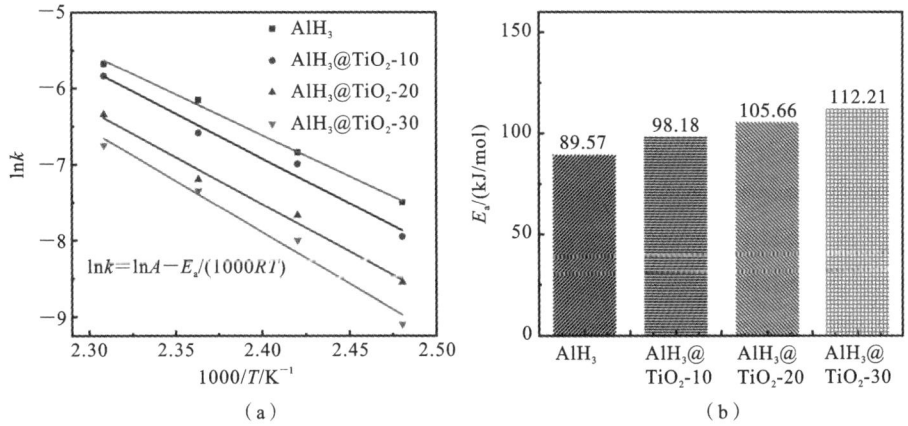

图 9-11 (a) 包覆前后样品 $\ln k$ 与 $1000/T$ 的对应关系;
(b) AlH₃ 与 AlH₃@TiO₂ 样品的 E_a 值

如图 9-12 所示,在真空环境下,老化 7 d 后 AlH₃ 的氢释放量达到 0.14%(质量分数),而随着 TiO₂ 包覆层数的增多,样品的氢释放量逐渐减小,AlH₃@TiO₂-30 的氢释放量仅为 0.08%。

如图 9-13(a)所示,在 25 ℃、85% RH 老化环境中,随着 TiO₂ 包覆层数的增加,样品的吸湿速率逐渐减慢。老化 15 d 后,AlH₃@TiO₂-30 的总吸湿增重率仅为 0.33%(质量分数),比 AlH₃(1.96%)低。如图 9-13(b)所示,老化后样

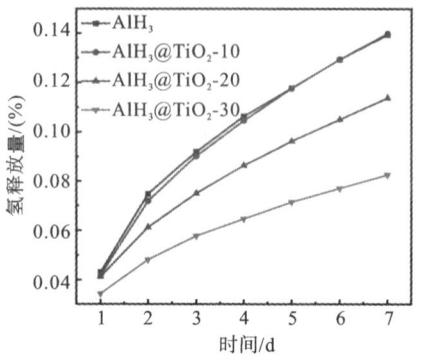

图 9-12　AlH₃ 与 AlH₃@TiO₂ 样品在真空环境中的氢释放情况

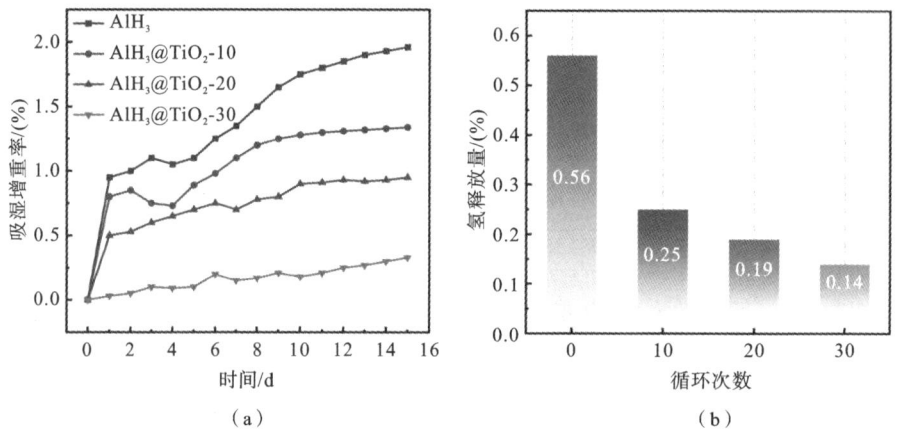

（a）	（b）

图 9-13　(a) AlH₃ 与 AlH₃@TiO₂ 样品在 25 ℃、85％ RH 环境中的吸湿增重曲线；(b) AlH₃
与 AlH₃@TiO₂ 样品在 25 ℃、85％ RH 环境中老化 15 d 后的氢释放情况

品的氢释放量随着 TiO₂ 包覆层数的增加而减小，老化后 AlH₃@TiO₂-30 的氢
释放量仅为 0.14％。

　　如图 9-14(a)、(b)所示，老化过程中 AlH₃ 粉末团聚，而包覆样品老化后仍
呈松散的粉末状，说明 TiO₂ 包覆层可以减缓 H₂O 的进入。如图 9-14(c)、(d)
所示，对比老化后两种样品的 SEM 图，AlH₃ 表面出现了大量裂纹，而 AlH₃@
TiO₂-30 仍保持立方体结构。由于 AlH₃ 的氢释放过程是从颗粒表面进行的，
因此提出了 TiO₂ 涂层在 AlH₃ 上的钝化机理，如图 9-14(e)所示。从微观上
看，由于自身氧化，AlH₃ 表面形成一层 Al₂O₃ 膜，膜上有孔洞和一些裂纹（统称
为缺陷），这些缺陷为 O 和 H 原子的交换提供一个快速通道。致密的纳米级
TiO₂ 涂层作为保护层在 AlH₃ 颗粒上修饰了原生 Al₂O₃ 膜的表面缺陷。根据

XPS 数据分析,吸附氧越少,氧空位(即表面缺陷)越少。此外,由于 TiO_2 薄膜的热膨胀系数远小于 AlH_3 颗粒的热膨胀系数,因此在对 $AlH_3@TiO_2$ 进行高温加热的过程中,TiO_2 薄膜破裂,氢气完全释放。

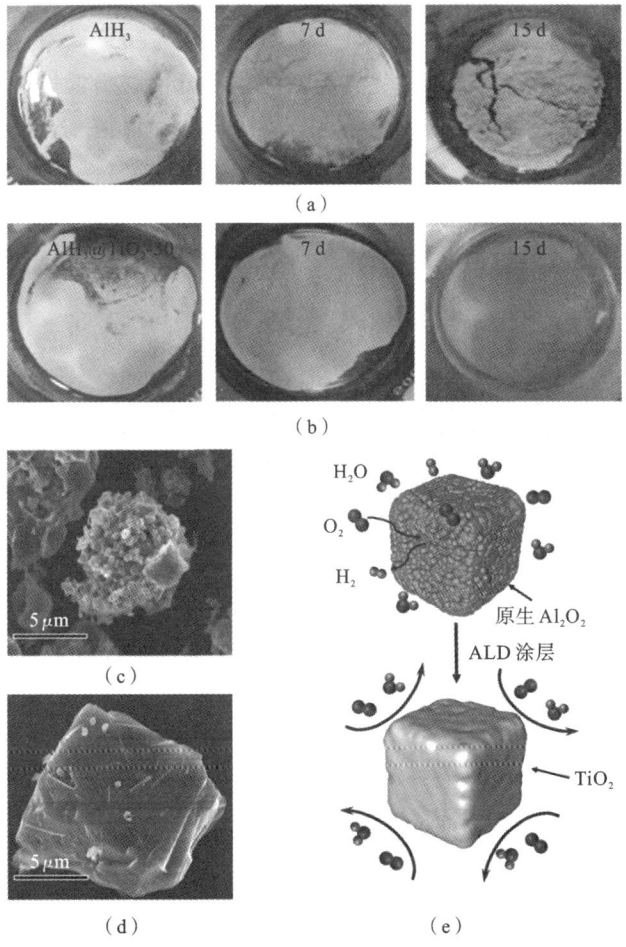

图 9-14 (a) AlH_3 与(b) $AlH_3@TiO_2$-30 样品在 25 ℃、85% RH 环境中的吸湿实物图;(c) AlH_3 与(d) $AlH_3@TiO_2$ 样品在 25 ℃、85% RH 环境中老化后的 SEM 图;(e) $AlH_3@TiO_2$ 稳定化原理

9.1.3 纳米铝粉稳定化方法

纳米铝粉作为一种关键的添加剂,广泛应用于含能材料领域,如炸药、火箭推进剂、火药等。纳米铝粉独特的纳米级尺度、高能量密度和高反应活性使其

在含能材料中发挥重要的作用。添加纳米铝粉可以提高含能材料的能量密度、能量释放速率和燃烧性能,从而增强其爆炸威力。在炸药中,纳米铝粉可以提高爆炸速率和威力,广泛应用于军事和民用领域;在火箭推进剂中,纳米铝粉能够增加推进剂的比冲和推力,提高火箭性能;在火药中,纳米铝粉可以改善燃烧速率和效率,提高火药的爆炸性能[7]。此外,纳米铝粉还可以用于制备烟火剂、火工品、弹药等含能材料,通过其优异的性能改善含能材料的性能。然而,纳米铝粉的应用还面临着一些挑战,如制备技术要求高、存在安全性问题以及成本较高等。纳米铝粉的宏、微观形貌如图 9-15 所示。

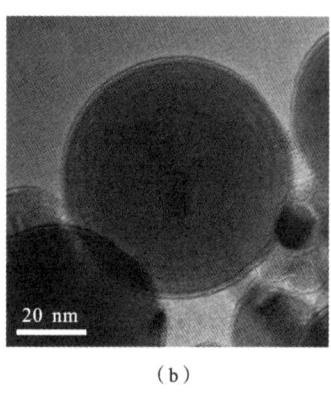

（a）　　　　　　　　　　　　（b）

图 9-15　(a) 纳米铝粉实物图;(b) 纳米铝粉 TEM 图

　　为了保护纳米铝粉不受空气中水氧的影响,通常需要在存储空间内通入惰性气体,以隔绝其与空气的接触,并在纳米铝粉表面覆盖一层惰性薄膜,以进一步隔绝其与空气的接触。然而,单纯依靠惰性气体的保护往往难以达到预期效果,这是因为纳米铝粉活性较高,即使存储环境中只含微量水氧,也会发生氧化反应。并且,将样品从惰性气体中取出后暴露在空气中时,也会迅速发生氧化反应。现有的文献报道称,根据阻隔膜层材料的不同,纳米铝粉稳定化方法可分为无机材料稳定化方法和有机材料稳定化方法。这些方法旨在通过涂覆具有较高氧气和水汽阻隔性能的无机或有机材料,形成稳定的保护膜,以有效隔绝纳米铝粉与外界环境的接触,减缓氧化反应的发生,从而保持纳米铝粉的活性和稳定性。无机材料稳定化方法和有机材料稳定化方法各有特点和适用场景,研究人员可以根据具体需求选择合适的稳定化方法来保护纳米铝粉,以确保在存储和应用过程中其性能得到有效保障。

　　本节对纳米铝粉进行表面钝化薄膜的包覆。由于原子层沉积工艺可以分为两个半反应,每个半反应均为具有自限制性的表面化学反应,因此可以对基底形成完全的包覆并且厚度可控。对铝纳米颗粒进行 TEM 表征,如图 9-16 (a)、(b)所示,铝纳米颗粒为 50~100 nm 直径的球形颗粒,经过 ALD 包覆 4.5 nm 厚的 ZrO_2 层(见图 9-16(c)、(d))和 6.1 nm 厚的 Al_2O_3 层(见图 9-16(e)、(f))后依然保持球形,这是因为原子层沉积技术具有高保形性。

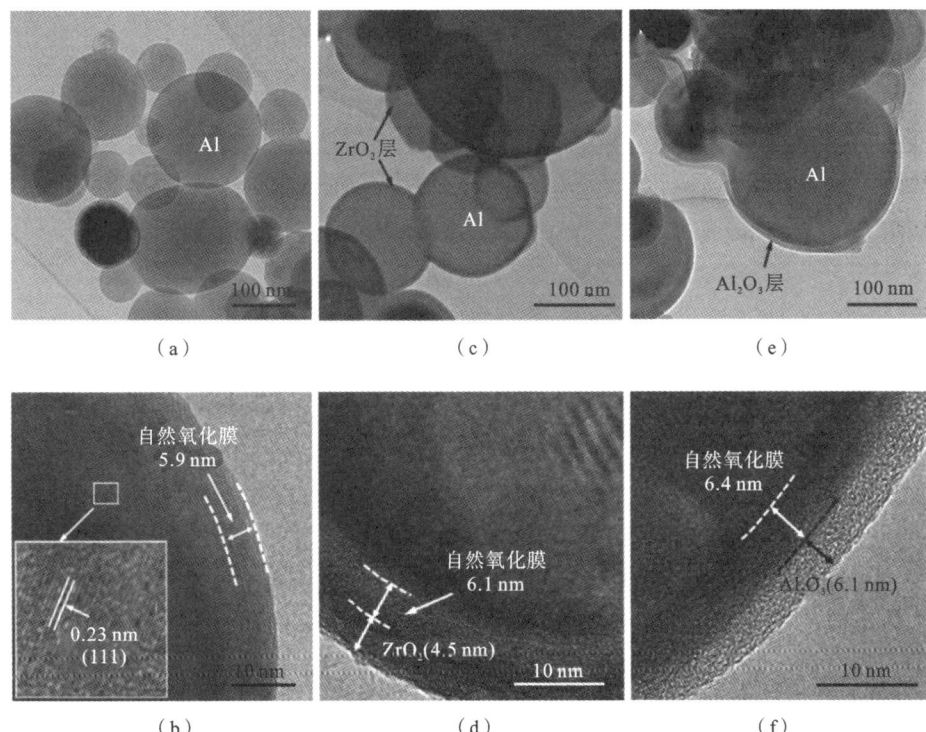

图 9-16　(a)、(b) 未包覆的铝纳米颗粒;(c)、(d) 利用原子层沉积方法包覆 ZrO_2 薄膜的铝纳米颗粒;(e)、(f) 利用原子层沉积方法包覆 Al_2O_3 薄膜的铝纳米颗粒

纳米铝粉在存储和应用的过程中活性铝成分的丧失主要与存储环境中的湿度、温度和氧气含量有关,其中湿度对其的影响应该是排在首位的。以活性铝含量下降 10% 为失效判据,预估直径为 200 nm 铝粉在 25 ℃下的存储寿命为 468 d,且随着纳米铝粉直径的减小,其存储寿命会缩短。因此,通过纳米铝粉和热水反应来模拟其加速失效的过程和实际应用环境,并选择合理的温度范围以达到研究目的。

在选择纳米铝粉相关的测试基准时,选用 40 ℃、60 ℃、80 ℃ 作为测试温度,所选样品的直径为 20~200 nm,反应测试的时长为 2 h,采用水浴锅加热的方式,同时通过收集反应生成的氢气来表征反应的开始时间和反应速率。实验中用于沉积氧化铝薄膜的前驱体为三甲基铝(TMA)和水,沉积温度为 120 ℃,纳米铝粉在此温度下有可能与作为前驱体的水发生反应,因此需要排除沉积过程中水对纳米铝粉的影响,防止在沉积过程中作为前驱体的水蒸气和纳米铝粉接触反应,导致纳米铝粉的氧化失效。取原始纳米铝粉的样品质量为 0.2 g,分别沉积不同循环次数,沉积后样品的质量如表 9-3 所示。

表 9-3   沉积后样品的质量

循环次数	原有质量/g	沉积质量/g
10	0.200	0.209
30	0.200	0.234
50	0.200	0.255
80	0.200	0.288
100	0.200	0.311

图 9-17 所示为采用原子层沉积技术制备的核壳结构 $Al@Al_2O_3$ 样品的质量增加曲线及其 TEM 图像。由曲线斜率可知,样品的平均生长速率为 1.1 mg/cycle,由于样品是直径为 20~200 nm 的不均匀球形颗粒,因此其生长近似

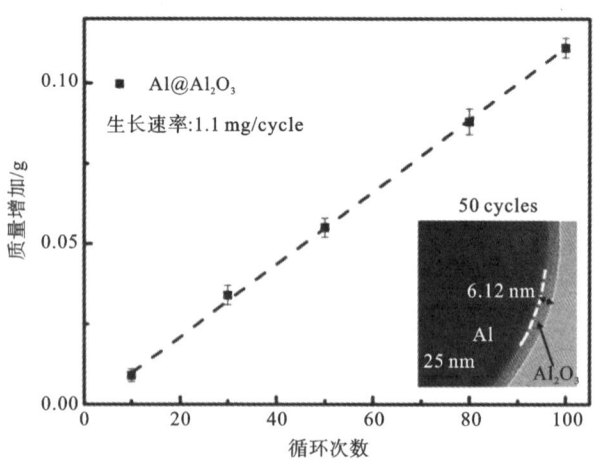

图 9-17 $Al@Al_2O_3$ 质量增加曲线及其 TEM 图像

为线性生长；由包覆 50 次循环氧化铝薄膜的纳米铝粉的 TEM 图像可知，纳米铝粉外表面有一层厚度约为 6.12 nm 的氧化铝薄膜，因此推算 ALD 氧化铝薄膜的平均生长速率为 1.2 Å/cycle。

图 9-18 所示为在 40 ℃、60 ℃、80 ℃ 的条件下未包覆任何钝化薄膜的纳米铝粉与水反应的产氢速率曲线。反应物为 100 mg 的纳米铝粉与 200 mg 的水（后续实验中纳米铝粉与水的质量均与此相同）。由图中可知，纳米铝粉在 40 ℃ 的条件下 80 min 内没有产生氢气，即几乎没有与水发生反应；而在 60 ℃ 和 80 ℃ 的条件下与水发生反应并产生大量的氢气，且反应较为剧烈，均在 20 min 内反应完毕。

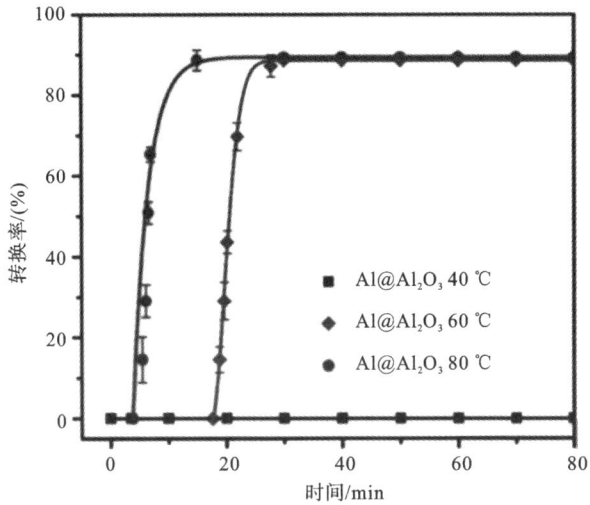

图 9-18　不同温度下纳米铝粉与水产氢速率曲线

纳米铝粉与水的反应方程式为

$$2Al + 3H_2O \longrightarrow Al_2O_3 + 3H_2$$

在 20 ℃ 和 1 个标准大气压下，100 mg 纳米铝粉理论上产生的氢气的体积为 124.4 mL；而在实际的 60 ℃ 和 80 ℃ 条件下，它产生氢气的最终体积分别为 122 mL 和 123 mL，均可视为完全反应，因此在后续的实验过程中，选择 60 ℃ 作为水浴反应的温度，采用排水法收集反应产生的氢气，并且氢气的体积均已换算为 20 ℃、1 个标准大气压下的体积。

针对包覆不同循环次数氧化铝薄膜的纳米铝粉在 60 ℃ 下收集反应所产生的氢气，结果如图 9-19 所示。由图可知，包覆不同厚度的氧化铝薄膜能够延长纳米铝粉与热水反应开始时间，且厚度越大，反应开始越晚，同时纳米铝粉与水的反应速率也随之降低；但氧化铝薄膜不能完全隔绝水分，即使在有包覆层的情况下，内部的活性铝成分仍有可能接触水。

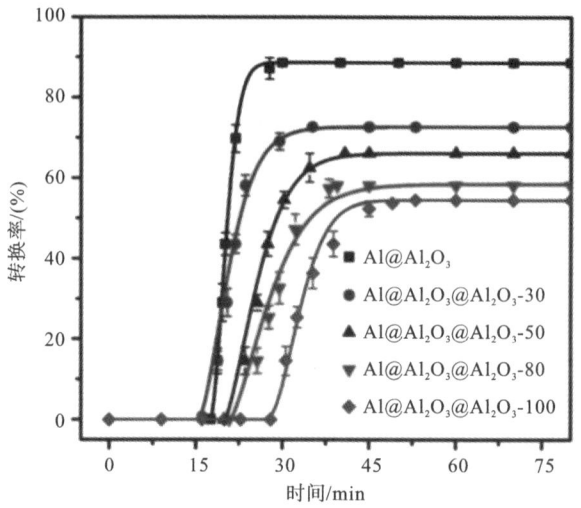

图 9-19 60 ℃ 时 Al@Al$_2$O$_3$ 与水反应的产氢速率曲线

9.1.4 氧化锆阻隔层制备与性能研究

同样利用原子层沉积方法，在纳米铝粉表面进行氧化锆薄膜的包覆。由前文可知，利用水作为沉积材料的前驱体源不会使纳米铝粉中的金属铝含量降低。利用四(二甲氨基)锆(Zr(NMe$_2$)$_4$)作为锆的前驱体源，反应在 150 ℃ 的条件下进行。图 9-20 所示为采用原子层沉积技术制备的核壳结构 Al@ZrO$_2$ 样品的质量增加曲线及其 TEM 图像。由曲线斜率可知，样品的平均生长速率为 1.76 mg/cycle；由包覆 50 次循环氧化锆薄膜的纳米铝粉的 TEM 图像可知，纳米铝粉外表面有一层厚度约为 4.53 nm 的氧化锆薄膜，其平均生长速率为 0.9 Å/cycle。

在 60 ℃ 下进行相同的测试，与氧化铝包覆样品不同的是，Al@Al$_2$O$_3$@ZrO$_2$-1 样品在水中的钝化效果明显提升，如图 9-21(a)所示。此外，Al@Al$_2$O$_3$@ZrO$_2$-5 样品可以完全抵御 60 ℃ 水对金属 Al 的氧化作用，这可能与 Al 纳米颗粒表面形成的连续膜有关。当温度升至 80 ℃ 时，通过增加沉积 ZrO$_2$ 薄膜的 ALD 循环次数也可以完全抵御氧化作用，如图 9-21(b)所示。

当 Al@Al$_2$O$_3$ 样品在 60 ℃ 的水中时，其表面的 Al$_2$O$_3$ 涂层与水反应生成水化产物 AlOOH，AlOOH 通过产生氢气与金属铝核反应。如图 9-22(a)所示，

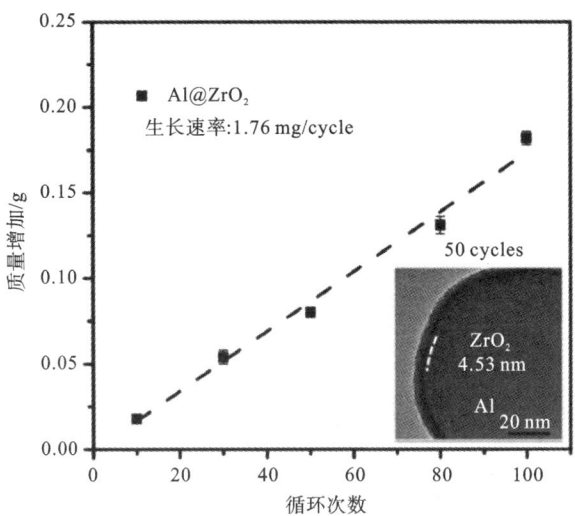

图 9-20　Al@ZrO$_2$ 质量增加曲线及其 TEM 图像

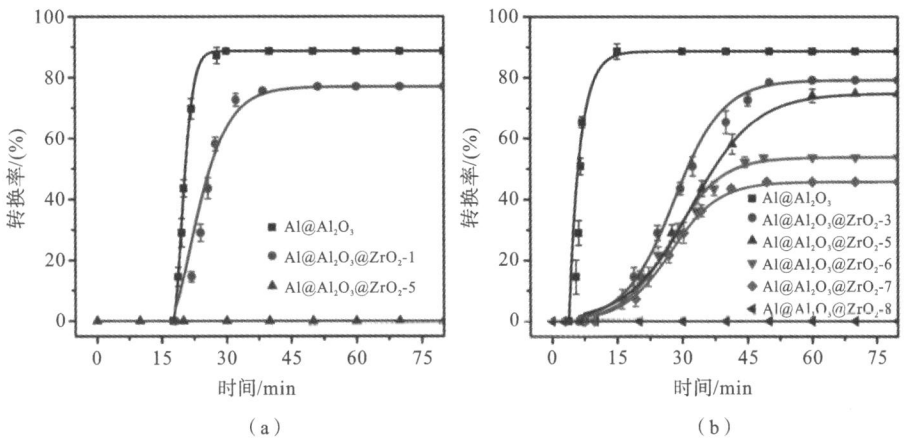

（a）　　　　　　　　　　　　（b）

图 9-21　Al@Al$_2$O$_3$ 和 Al@Al$_2$O$_3$@ZrO$_2$ 在（a）60 ℃和（b）80 ℃时与水反应的
产氢速率曲线

生成的氢气会破坏 Al$_2$O$_3$ 涂层并从表面逸出，导致 Al$_2$O$_3$ 钝化膜失效。因此，多厚的 Al$_2$O$_3$ 涂层也不能完全阻断 Al$_2$O$_3$ 与水的反应。另外，超薄 ZrO$_2$ 涂层可以大大增强 Al$_2$O$_3$ 膜的疏水性，这是由于在 Al$_2$O$_3$ 膜和 ZrO$_2$ 膜之间的界面处形成了 ZrAl$_x$O$_y$ 相。因此，Al 纳米颗粒表面连续超薄的 ZrO$_2$ 涂层可以完全抵御氧化作用，如图 9-22（b）所示。对于热膨胀系数小于 Al 纳米颗粒的 Al@ZrO$_2$，ZrO$_2$ 涂层应足够厚，从而避免因 ZrO$_2$ 涂层中存在拉应力而形成裂纹。

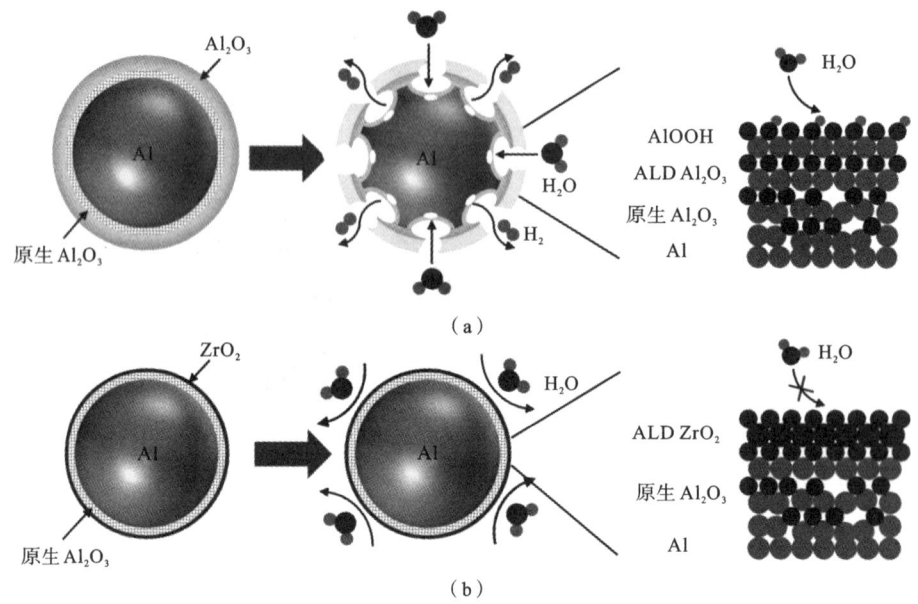

图 9-22　(a) Al_2O_3 薄膜失效机理；(b) ZrO_2 薄膜钝化机理

本节实现了 200 次循环氧化铝薄膜的包覆，有效提升了 AlH_3 颗粒的稳定性和安全性。这种包覆层减少了水分子的进入，延缓了颗粒的老化过程，并使颗粒表面免受裂纹影响，维持了其立方体结构。TiO_2 包覆层修饰了表面缺陷，减少了吸附氧，从而增强了颗粒的稳定性。在高温加热下，TiO_2 薄膜的热膨胀系数较小，有效避免了氢气的释放。在 60 ℃ 水中，$Al@Al_2O_3$ 样品的表面 Al_2O_3 涂层与水反应生成 AlOOH，导致涂层失效并释放氢气。增加 Al_2O_3 涂层厚度也无法完全阻止此反应。相比之下，超薄的 ZrO_2 涂层显著提高了 Al_2O_3 薄膜的疏水性，并在 Al_2O_3 膜和 ZrO_2 膜之间界面处形成了 $ZrAl_xO_y$ 相，有效抵御了氧化作用。对于热膨胀系数小于 Al 纳米颗粒的 $Al@ZrO_2$，确保 ZrO_2 涂层足够厚以防止裂纹形成至关重要。

9.2　锂电池电极材料改性及性能优化

9.2.1　氧化铝包覆层稳定正极材料及锂电池性能的提升

锂电池的电极材料是决定其性能和循环寿命的关键因素之一。当前，锂电池电极材料的发展主要集中在正极材料和负极材料两个方面。在正极材料方面,当下广泛应用的是锂离子插层化合物,如磷酸铁锂（$LiFePO_4$）、钴酸锂（$LiCoO_2$）、镍钴锰酸锂（$LiNi_xCo_yMn_{1-x-y}O_2$）等。这些材料具有高比能量、较高的电压平台和较长的循环寿命。然而,正极材料仍面临着能量密度不足和寿命限制的挑战。为了克服这些问题,研究人员正在探索新型材料,如高容量的锂硫（Li-S）、锂空气（$Li-O_2$）电池等。在负极材料方面,目前主要采用的是碳材料,如石墨、硅碳复合材料等。碳材料具有较高的嵌锂容量和较好的循环稳定性,但容量仍然有限。为了提高能量密度,研究人员正在开发新型负极材料,如硅基材料和金属锂负极等。这些材料具有更高的嵌锂容量,但也面临着体积变化、界面稳定性和循环寿命等方面问题。此外,还有其他类型的锂电池材料正在发展中,如钠离子电池、锌离子电池、锂硫化物电池等。这些新型电极材料具有高能量密度和低成本优势,但仍面临诸如电解液稳定性、循环寿命和成本等方面的挑战。总的来说,锂电池电极材料的发展目标是提升能量密度、循环寿命和安全性。通过持续的材料设计和结构优化,以及对新材料的探索和应用,实现锂电池电极材料更高的能量密度和更长的循环寿命,从而推动电动汽车、可再生能源储存等领域的发展。

高镍正极材料（$LiNi_xCo_yMn_{1-x-y}O_2$,$x \geqslant 0.6$,NCM）具有能量密度高和成本相对较低的特点,因而成为一种理想的电动汽车动力锂电池正极材料[2]。然而,由于 NCM 表面结构和化学的不稳定性,NCM 易与电解液发生严重副反应,造成材料分解及放热,从而限制了 NCM622（$LiNi_{0.6}Mn_{0.2}Co_{0.2}O_2$）的寿命和安全性。尽管单晶 NCM 通常具有良好的结构稳定性,但在放电-充电循环过程中,表面残留的锂化合物（LiOH 和 Li_2CO_3）与电解液仍会发生严重的副反应。同时,表面残留的锂化合物可与电解液中的 $LiPF_6$ 反应,在 NCM 表面形成 LiF 并产生 CO_2,进而增加界面电阻和电池内压,并导致发热,引发严重的安全问题[8]。因此在基于液体电解质的锂离子电池中,确保高镍正极材料的化学稳定性并减少 NCM 表面残留的锂化合物对于改善锂电池的稳定性和安全性十分重要[9]。

利用 ALD 结合退火后处理工艺制备的均匀 Al_2O_3 薄膜提升了 NCM622 的表面化学稳定性并减少了残留的锂化合物,从而提高了 NCM622 阴极的循环稳定性。在 ALD 过程中,LiOH 可以被还原,在退火后处理之后随着表面 Al 掺杂,Li_2CO_3 被还原。表面锂化合物的还原减少了 LiF 的沉积和充放电循环后 Li^+/Ni^{2+} 阳离子的混合,从而维持了 Li 离子的界面导电性。ALD 涂覆过程中表面锂化合物的行为,对提高富镍 NCM 阴极的稳定性至关重要。使用原子层沉积在 NCM622 三维非规则微米颗粒上包覆均匀的 Al_2O_3 薄膜,并通过退火后处理实现 NCM622 的表面 Al 掺杂。ALD Al_2O_3 在 NCM622 颗粒表面的包覆使颗粒形态与性质改变。在 NCM622 颗粒上进行 0 次、2 次、4 次和 8 次 ALD 循环沉积 Al_2O_3,所得样品分别称为 Bare、2AL、4AL 和 8AL NCM622 颗粒。在 ALD Al_2O_3 之后,样品随后在 500 ℃ 的空气中退火 3 h,命名为 2AL-A、4AL-A 和 8AL-A NCM622。

如图 9-23 所示,TEM 和 EDS 用来表征 2AL 和 2AL-A NCM622 颗粒的表面形态和成分。如图 9-23(a) 所示,2AL NCM622 颗粒的边缘是光滑的。图 9-23(b) 所示的高分辨率 TEM 图像显示,晶格间距为 0.472 nm,分配给 NCM622(003)晶面。由于 2 次循环后 Al_2O_3 的理论厚度为 2～3 Å,因此无法观察到明显的 Al_2O_3 涂层。为了识别 Al_2O_3 涂层,图 9-23(c)中的 EDS 显示了一个清晰的 Al 信号,在 NCM622 颗粒的边缘位置(P1)的 Al 原子浓度为

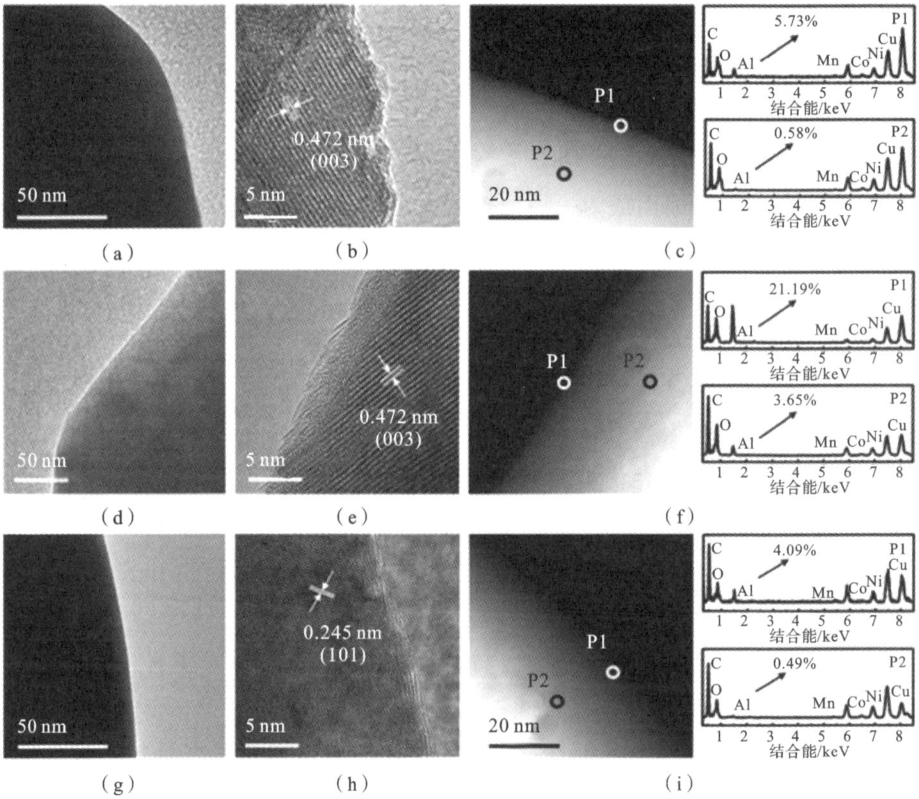

图 9-23 (a)～(c) 2AL NCM622、(d)～(f) 20AL NCM622、(g)～(i) 2AL-A NCM622 的 TEM 图像及对应的元素含量

5.73％。相比之下，由于 NCM622 的大量过渡金属信号，在内部位置（P2）检测到原子浓度为 0.58％的弱 Al 信号。此外，在由相同 ALD 工艺制备的 NCM622 颗粒上进行 20 次 ALD 循环沉积 Al_2O_3。如图 9-23(d)所示，20AL NCM622 颗粒也呈现出光滑的边缘。从图 9-23(e)所示的高分辨率 TEM 图像中可以清楚地观察到 2.6 nm 无定形 Al_2O_3 涂层，生长速率计算值为 1.3 Å/cycle，这与之前的报道非常吻合[10]。图 9-23(f) 中的 EDS 显示，20AL NCM622 的 Al 原子浓度比 2AL NCM622 高得多，这归因于较厚的 Al_2O_3 涂层。如图 9-23(g)、(h)所示，在 2AL-A NCM622 颗粒上很难观察到 Al_2O_3 涂层。0.245 nm 的晶格间距分配给 NCM622(101)晶面。如图 9-23(i)所示，EDS 还显示了 2AL-A NCM622 表面的 Al 信号，Al 原子浓度下降可以归因于 Al 原子在退火后扩散到大部分 NCM622 颗粒中。

利用 XPS 研究 Al_2O_3 涂层的成分。如图 9-24(a)所示，2AL NCM622 的 Al 2p 峰对应的结合能为 74.5 eV。退火后，2AL-A NCM622 的 Al 2p 峰的结合能转移到 73.6 eV，这说明表面形成了 $LiAlO_2$。随着 ALD 循环次数的增加，与 2AL NCM622 相比，4AL NCM622 和 8AL NCM622 的 Al 2p 峰对应的结合能没有变化，而当以 Ni 3p 峰为参考时，Al 2p 峰的强度增加。研究 NCM622 颗粒表面的铝含量，Al/Ni 原子比如图 9-24(b)所示。与 2AL NCM622 相比，4AL NCM622 和 8AL NCM622 的 Al/Ni 原子比分别增加到 3.67 和 6.45，这是由于 Al_2O_3 涂层厚度增加。2AL-A NCM622 的 Al/Ni 原子比略有下降，这表明退火后处理导致 Al 原子扩散到 NCM622 颗粒中。从图 9-24(c)中可以观察到 529.5 eV 和 532.1 eV 处的两个峰，它们分别对应 NCM622 中的晶格 O 以及 Li_2CO_3、LiOH 和 Al_2O_3 中的表面 O[11]。表面 O 的强度随着循环次数的增

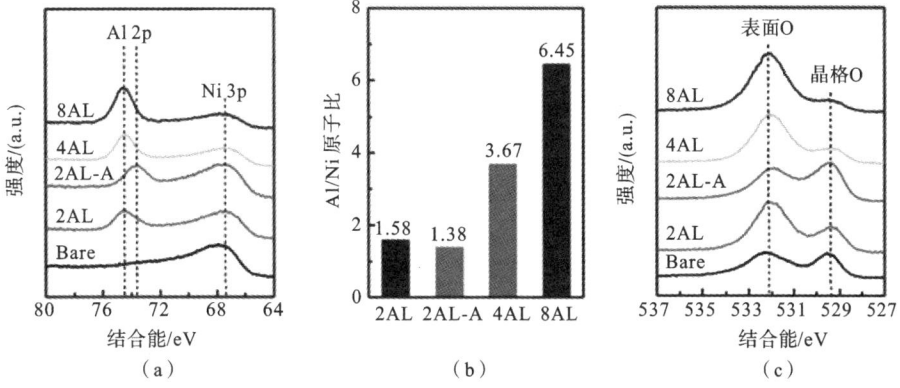

图 9-24　(a) Al 2p 和 Ni 3p XPS；(b) Al/Ni 原子比；(c) 不同 NCM622 颗粒的 O 1s XPS

加而增加。与 2AL NCM622 和 Bare NCM622 相比,2AL-A NCM622 的表面 O 强度显著下降,这可能归因于 Al_2O_3 涂层在表面转化过程中引发的 Al 消耗,以及表面 Li_2CO_3 的减少。

如图 9-25 所示,对 Bare、2AL、2AL-A NCM622 的 Li 1s XPS 图谱进行分峰处理,3 个明显的峰分别对应 NCM622 的晶格 Li、表面 LiOH 中的 Li 以及 Li_2CO_3 中的 Li。经过 2 次 ALD 循环 Al_2O_3 包覆后,可以观测到 LiOH 中 Li 的峰面积显著下降。对不同峰面积进行分析计算,可观察到 LiOH 中的 Li 占比显著下降,这说明表面 LiOH 的含量显著减小。退火处理后,可以观察到 Li_2CO_3 中 Li 的峰面积显著下降。对不同峰面积进行分析计算,可观察到 Li_2CO_3 中的 Li 占比显著下降,这说明表面 Li_2CO_3 的含量显著减小。同时,通过对 Bare、2AL、2AL-A NCM622 的水悬浊液的 pH 值进行测量,发现经过 2 次 ALD 循环 Al_2O_3 包覆后,NCM622 悬浊液 pH 值显著降低,而在退火处理后,NCM622 悬浊液 pH 值再次降低。这验证了 LiOH 和 Li_2CO_3 分别在 Al_2O_3 ALD 和退火过程中被消减。

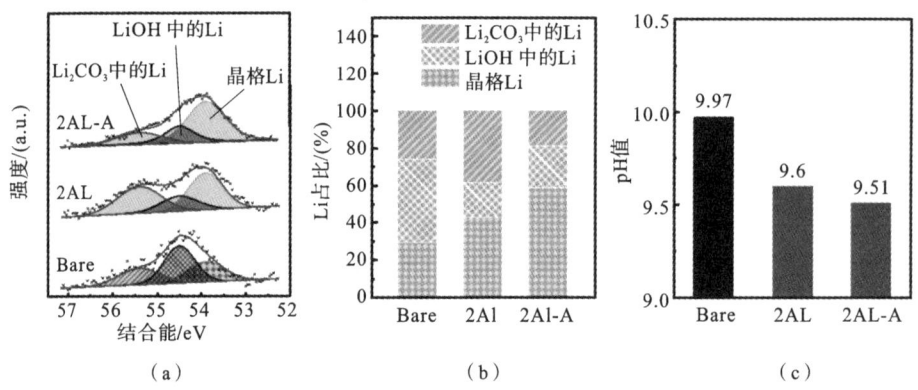

图 9-25 Bare、2AL、2AL-A NCM622 的(a) Li 1s XPS、(b) 表面含 Li 物质的相对含量和(c) 悬浊液 pH 值

在带有锂金属阳极的纽扣电池中,对 ALD 和退火处理后的 NCM622 阴极的电化学性能进行了评估。如图 9-26(a)、(b)所示,初始放电能力随着循环次数的增加而下降,这与极化电压的增加有关。随着偏振电压的降低,退火后处理可以增强具有相同循环次数的 NCM622 阴极的初始放电能力。2AL-A NCM622 阴极的库仑效率可以达到 82.94%,与 Bare NCM622 阴极(83.41%)接近。图 9-26(c)、(d)也显示了与带有 Al_2O_3 涂层的 NCM622 阴极的初始放电能力相同的趋势,这可以归因于导电性下降。尽管如此,在 0.5 C 和 1 C 下,2Al-A

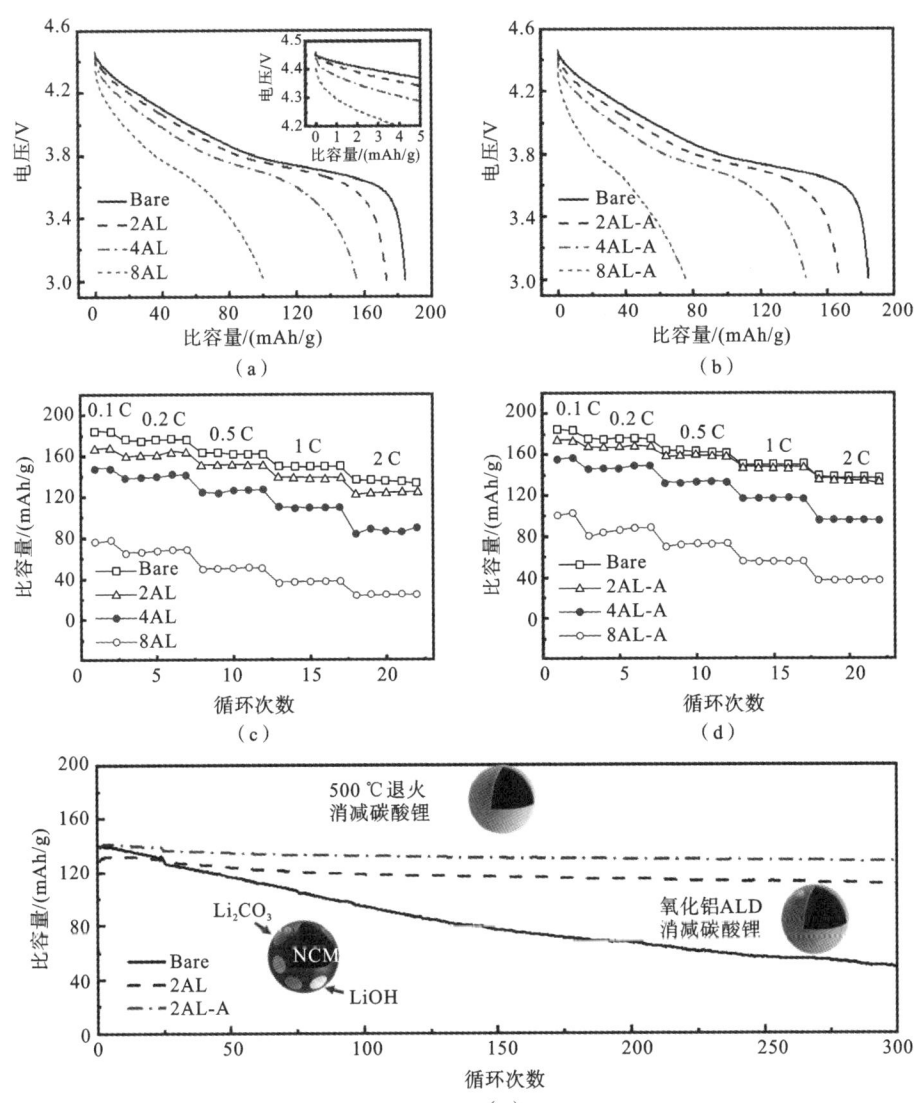

图 9-26 （a）Bare、2AL、4AL 和 8AL NCM622 与（b）Bare、2AL-A、4AL-A 和 8AL-A
NCM622 的初始放电曲线；（c）Bare、2AL、4AL 和 8AL NCM622 与（d）Bare、2AL-
A、4AL-A 和 8AL-A NCM622 的速率性能；（e）Bare、2AL 和 2AL-A NCM622 的循
环稳定性

NCM622 阴极的放电能力接近 Bare NCM622 阴极的放电能力。2C 时 2AL-A
NCM622 阴极的放电能力大于 2AL NCM622 阴极。图 9-26（e）显示了 Bare、
2AL 和 2AL-A NCM622 阴极在 1 C 时的循环性能。Bare NCM622 阴极电化学

性能下降明显,容量保留率为 34.8%,300 次充电-放电循环后最终比容量为 48.5 mAh/g。退火后处理对 Bare NCM622 阴极的速率性能和循环稳定性没有明显影响。虽然 2AL NCM622 阴极的初始比容量较低,但它的容量保留率更高,为 86.1%,最终比容量为 111.0 mAh/g。与 Bare 和 2AL NCM622 阴极相比,2AL-A NCM622 阴极表现出最佳的容量保留率(92.2%)和最高的最终比容量(128.4 mAh/g)。由 Al_2O_3 ALD 和退火后修饰的 NCM622 阴极表现出出色的容量保留率,它每个循环过程的容量损失仅为 0.026%,低于通过其他方法改性的大多数 NCM622 阴极。

对 ALD 循环后的 Bare、2AL、2AL-A NCM622 阴极进行微观形貌、成分和晶体结构分析,可以观察到 2AL-A NCM622 阴极展现出最少的表面固体电解质界面膜(SEI)增长、最小的表面 LiF 含量以及最低的 Li^+/Ni^{2+} 离子混排程度。这说明 2AL-A NCM622 阴极具有更加稳定的表面和晶体结构,该特性正是提升 NCM622 循环稳定性的关键。图 9-27 显示了循环前后 NMC622 阴极的 SEM 图像。如图 9-27(a)~(c)所示,在表面观察到的斑点属于 NCM622 颗粒上的阴极电解质界面(CEI)层。在 2AL NCM622 颗粒上可以观察到许多斑点物种,这些颗粒是导致高极化和低初始库仑效率的主要因素。如图 9-27(d)~(f)所示,循环后在 NCM622 颗粒上可以清楚地观察到更厚的斑点层,这反映了 CEI 层的快速增长。相比之下,2AL 和 2AL-A NCM622 颗粒显示的斑点物种较少,这表明在循环过程中表面的副反应较少。为了探究 NCM622 颗粒和电解质之间的界面稳定性,进行了 XPS 表征,以研究表面含 F 的物种。如图 9-27(g)所示,685.0 eV 和 688.6 eV 处的 F 1s 峰可以分配给 LiF 和聚偏二氟乙烯(PVDF)。NCM622 阴极检测到明显的 LiF 信号,这表示 Li^+ 传输动力学受到抑制,并导致电池性能衰减。2AL-A NCM622 阴极表面的 LiF 最少,表明 Al_2O_3 ALD 和退火后处理有效抑制了副反应。用 XRD 对循环后的样品进行表征,以研究晶体结构变化。如图 9-27(h)所示,Bare、2AL 和 2AL-A NCM622 阴极的(003)与(104)衍射峰强度比值分别为 1.15、1.12 和 1.11,循环后分别下降至 0.51、0.59 和 0.61。其中,2AL-A NCM622 阴极的衍射峰强度比值变化最小,表明其 Li^+/Ni^{2+} 阳离子在循环过程中发生混排的程度最低,具有更优异的结构稳定性。这些结果表明,Al_2O_3 ALD 和退火后处理减少了循环过程中对活性 Li^+ 的消耗和抑制,这是高容量保留的关键。

9.2.2　氧化硼包覆层稳定正极材料及锂电池性能提升

锂离子电池充电速度对于缩短电动汽车充电时间至关重要。富含镍的 Li-

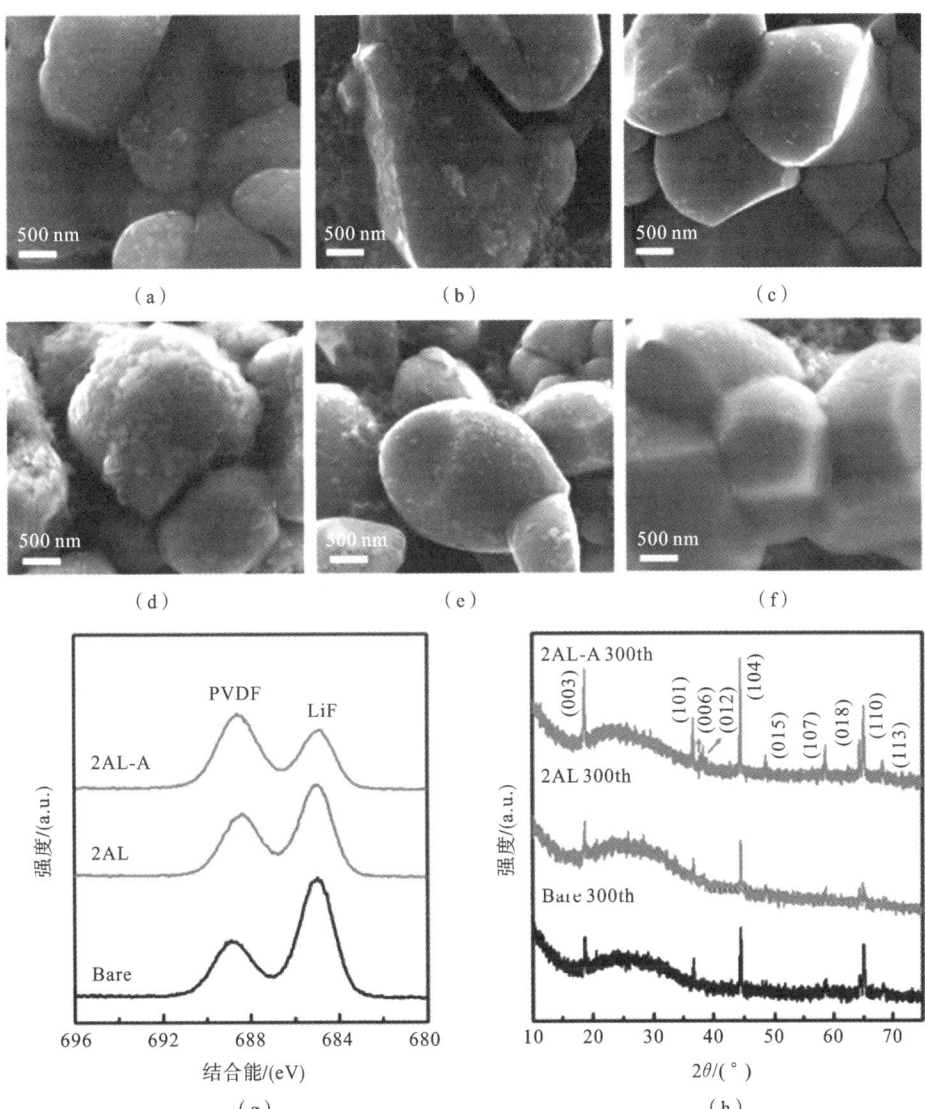

图 9-27　(a) Bare、(b) 2AL、(c) 2AL-A NCM622 阴极循环前的 SEM 图像；(d) Bare、
(e) 2AL、(f) 2AL-A NCM622 阴极循环后的 SEM 图像；Bare、2AL、2AL-A
NCM622 阴极循环后的(g) F 1s XPS 图谱和(h) XRD 图谱

$Ni_xCo_yMn_{1-x-y}O_2$ 正极(简称 NCM，其中 $x\leqslant0.6$)具备高能量密度、低成本和
环境可持续性等优点，因此备受关注。然而，富镍正极的表面和晶体结构存在
缺陷，不利于 Li^+ 在表面和内部的传输。这些缺陷包括电阻性表面杂质(如

LiOH 和 Li_2CO_3）、Li^+/Ni^{2+} 混合、过渡金属溶解、晶格收缩和晶间裂纹,它们都会损害 NCM 的充电速率能力[12]。因此,提高单晶 NCM 中 Li^+ 的扩散速率对于实现锂离子电池快速充电至关重要[13]。

涂层被认为是改善 NCM 中 Li^+ 扩散性的有效方法。利用 H_3PO_4、$(NH_4)_2HPO_4$ 或 $H_2C_2O_4$ 等酸性溶液将电极表面残留的锂杂质（如 Li_2CO_3）转化为 Li_3PO_4 涂层,生成的 Li_3PO_4 具有较高的锂离子传导率,能够作为一种良好的锂离子导体涂层,有利于 Li^+ 的扩散。引入普鲁士蓝将表面的锂杂质转化为有利于高 Li^+ 扩散速率的通道。尽管这些方法能够提高表面的 Li^+ 扩散性。由于块体的 Li^+ 扩散性较低,这些涂层对单晶 NCM 的倍率能力提升有限[13]。掺杂是优化 NCM 块体性能的有效方法,通过在晶格中引入 Na^+、F^-、Ce^{3+}、Zn^{2+} 和 Mg^{2+} 等各种掺杂剂来改变晶体结构。通过 ALD 结合退火后处理实现掺杂,同时减少表面锂杂质,是一种极具前景的方法。例如,在 NCM 材料中,通过涂覆和退火引入 Co^{3+}、Al^{3+}、Fe^{3+} 和 Ti^{4+},展现出良好的应用潜力。然而,B^{3+} 的偏析会降低 NCM 的电子导电率,从而限制其倍率性能。此外,B^{3+} 偏析还会导致 NCM 的表面结构从层状转变为岩盐状,从而阻碍 Li^+ 在表面的传输。原子层沉积具有精确控制厚度的优势,以及充分的气固接触和自限制反应特性,可用于研究 NCM 表面 B^{3+} 偏析的潜在来源[14]。

使用 B_2O_3 原子层沉积和退火后技术,探讨了反应性 B_2O_3 涂层和 B^{3+} 掺杂含量对 SC83 的影响。ALD 生长特征显示,B_2O_3 在 LiOH 表面的生长速率较快。表面分析表明,在 B_2O_3 ALD 过程中,表面的 LiOH 与 B_2O_3 反应生成 $LiBO_x$。经过退火后处理后,表面的 Li_2CO_3 减少,B^{3+} 扩散到 SC83 的晶格中。此外,B^{3+} 掺杂通过抑制 Ni^{2+} 迁移降低 Li^+/Ni^{2+} 混合度,并在特定浓度范围内引发晶格畸变导致 a、c 轴参数增大,其效果与掺杂位点及含量密切相关。当 B^{3+} 在 SC83 的体相中达到饱和时表面开始出现偏析,而在 B^{3+} 掺杂达到饱和但几乎没有表面偏析的情况下,SC83 的倍率性能得到了最大提升,同时其电子导电性和 Li^+ 扩散性也显著改善。

采用高温煅烧法合成了 SC83 材料。图 9-28（a）展示了 SC83 颗粒上的 B_2O_3 ALD 过程,使用电感耦合等离子体发射光谱（ICP-OES）测量了 SC83 中 B_2O_3 涂层的 B 浓度。如图 9-28（b）所示,当循环次数小于或等于 6 时,B 浓度与循环次数成线性关系。随着 ALD 循环次数的增加,B_2O_3 的生长速率逐渐减小,在 12 次 ALD 循环后稳定。尽管原子层沉积通常呈线性生长,但基底表面成分在初始阶段会影响生长速率。图 9-28（c）显示了在 6 次 ALD 循环后

SC83、LiOH 和 Li_2CO_3 颗粒上 B_2O_3 涂层的厚度变化。图 9-28(d)显示了在 B_2O_3 ALD 循环中质量变化的规律。结果表明,初始阶段的质量增加是恒定的,在 6 次 ALD 循环后质量增加逐渐减小,最终在 12 次 ALD 循环后趋于稳定。这与 ICP-OES 的结果一致,从而证实了 B_2O_3 ALD 的生长速率相对较低。在碱性表面上,TMB 易于化学吸附,而在酸性表面上则难以发生化学吸附。为了评

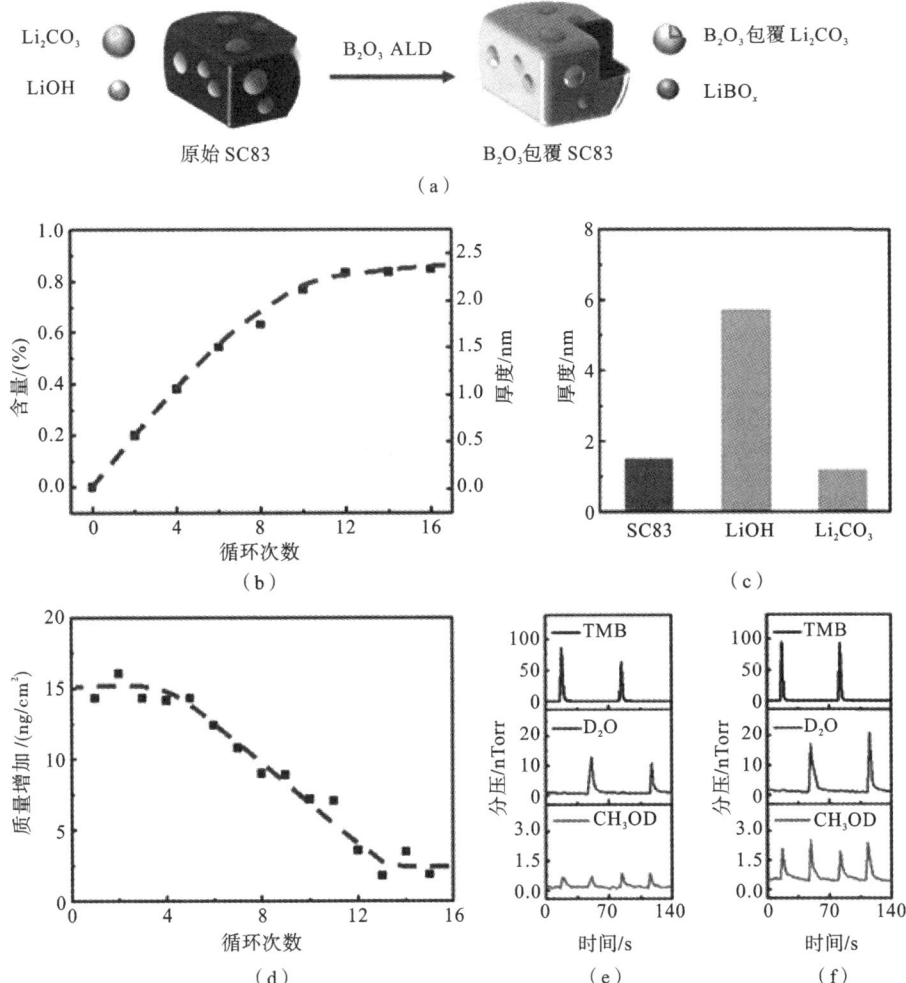

图 9-28　(a) SC83 颗粒上 B_2O_3 ALD 的示意图;(b) B_2O_3 包覆 SC83 颗粒的 B 浓度和 B_2O_3 薄膜厚度与 ALD 循环次数的关系;(c) 6 次 ALD 循环后 SC83、LiOH 和 Li_2CO_3 颗粒上的 B_2O_3 涂层厚度;(d) SC83 颗粒上在 B_2O_3 ALD 循环中质量变化的规律;在 B_2O_3 ALD 期间(e) SC83 和(f) LiOH 颗粒的残留气体检测

估 B_2O_3 ALD 对 SC83 和 LiOH 颗粒的反应强度,使用原位 QMS(四极质谱仪)监测了 B_2O_3 ALD 过程中的反应物和副产物浓度。图 9-28(e)显示了在 B_2O_3 ALD 期间 SC83 颗粒上 TMB 和 D_2O 脉冲峰。在 LiOH 颗粒上的 B_2O_3 ALD 过程中观察到了 CH_3OD 峰,如图 9-28(f)所示,其强度比 SC83 颗粒上的要高,表明 LiOH 颗粒上的反应强度更大。

使用 SEM 观察了 6B 和 6B-A SC83 颗粒的形态,如图 9-29(a)～(d)所示。6B SC83 颗粒的晶格间距为 0.477 nm,对应 SC83 的(003)晶面。可观察到其表面厚度为 1.4 nm 的非定形 B_2O_3 涂层,与 ICP-OES 计算结果一致。6B SC83 颗粒表面检测到了 B,但 B 的原子浓度较低,进一步验证了 B_2O_3 涂层的存在。6B-A SC83 颗粒的晶格间距为 0.246 nm,对应 SC83 的(101)晶面。6B-A SC83 颗粒表面未观察到涂层,B 的原子浓度降低可归因于退火后 B^{3+} 扩散到 SC83 颗粒中。通过 XPS 表征研究了 2B SC83 颗粒在 192.0 eV 附近的 B 1s 峰,结果表

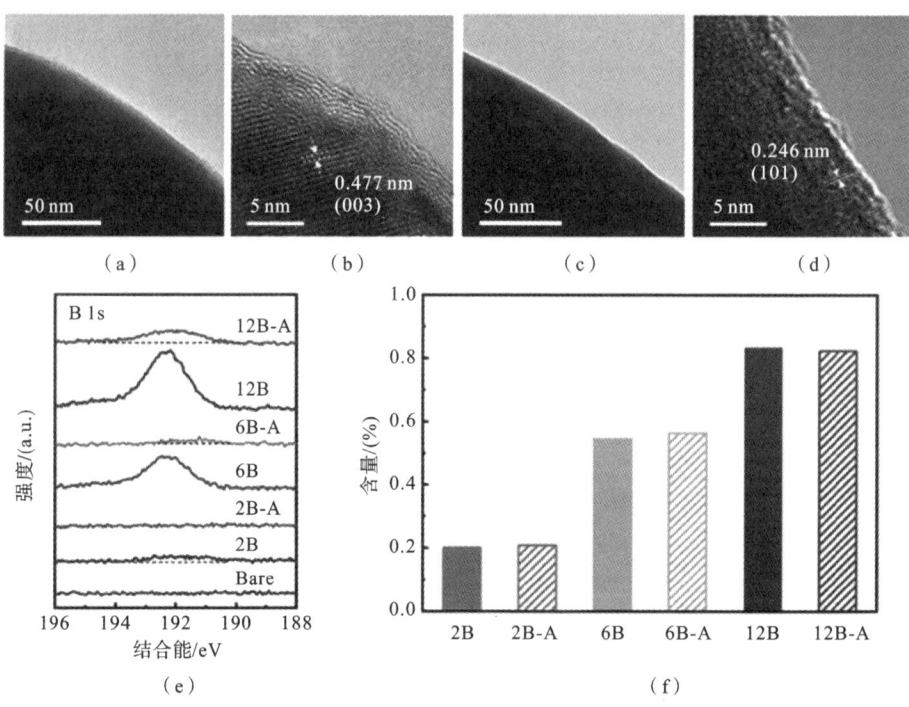

图 9-29　6B SC83 颗粒的(a) TEM 和(b) HRTEM 图像;6B-A SC83 颗粒的(c) TEM 和(d) HRTEM 图像;(e) Bare、B_2O_3 ALD 涂层、B_2O_3 ALD 涂层和退火 SC83 颗粒的 B 1s XPS;(f) 来自 ICP-OES 结果的 B_2O_3 ALD 涂层、B_2O_3 ALD 涂层和退火的 SC83 颗粒中的 B 浓度

明 B_2O_3 和 $LiBO_x$ 共存于表面,表明 LiOH 表面的 B_2O_3 ALD 导致了 $LiBO_x$ 的形成,如图 9-29(e)所示。ICP-OES 结果显示,退火与未退火的 SC83 颗粒中的 B 含量基本相同,如图 9-29(f)所示。结合 XPS 结果分析 B 元素在材料颗粒的分布情况。对于 2B-A SC83 颗粒,未观察到 B 1s 峰,表明表面的所有 B^{3+} 都扩散到了颗粒内部。然而,随着 B_2O_3 涂层厚度的增加,观察到了 B^{3+} 的偏析现象。对于 6B-A SC83 颗粒,只观察到一个非常小且宽的 B 1s 峰,且峰的位置较低,表明 B_2O_3 涂层转化为 B^{3+} 掺杂。

通过 XRD 分析 Bare、6B 和 6B-A SC83 颗粒的晶体结构。如图 9-30(a)所示,所有样品显示出分离良好的(006)/(012)峰和(018)/(110)峰,表明具有典型的 α-$NaFeO_2$ 层状结构。在 6B SC83 颗粒的 XRD 图谱中未检测到额外的峰或峰位移,表明 B_2O_3 ALD 工艺未改变 SC83 的晶体结构。如图 9-30(b)所示,6B-A SC83 颗粒的(003)峰向较低位置移动,反映了(003)面间距的增加。Bare、6B 和 6B-A SC83 颗粒的(003)/(104)比分别为 1.37、1.35 和 1.87。B_2O_3 ALD 几乎未改变(003)/(104)比,但退火后,这一比值显著增加,反映出 Li^+/Ni^{2+} 混合的减少。图 9-30(c)显示,Bare、2B、6B、12B、Bare-A SC83 的 a 轴和 c 轴长度几乎相同,表明 B_2O_3 ALD 或退火对 SC83 的晶格影响不大。对于 B^{3+} 掺杂的 SC83,a 轴和 c 轴略有膨胀,因为 B^{3+} 可能占据 Li 和 TMB 层中填充氧的四面体间隙,扩大了晶格参数。此外,图 9-30(d)显示,在初始阶段 B^{3+} 掺杂降低了 SC83 的 Li^+/Ni^{2+} 混合程度,可能是由于 B^{3+} 阻断了 Ni 离子通过 Li 层向 Li 位点的迁移途径。随着 B^{3+} 掺杂量进一步增加,由于过量的 B^{3+} 加速了 Ni^{3+}/Ni^{2+} 的转化以进行电荷补偿,12B-A SC83 的 a 轴和 c 轴略有收缩,Li^+/Ni^{2+} 混合也稍有减少。另外,XPS 分析显示 Bare、6B、6B-A 和 12B-A SC83 颗粒表面 Ni 的价态分布。如图 9-30(e)所示,855.5 eV 和 873.0 eV 处分别对应 Ni 2p 3/2 和 Ni 2p 1/2 主峰,其中 Ni^{2+}(854.7 eV 和 872.2 eV)和 Ni^{3+}(856 eV 和 873.5 eV)的结合能可分别确定。根据峰面积计算,如图 9-30(f)所示,B_2O_3 ALD 未改变表面上 Ni^{2+} 的含量。退火后 Ni^{2+} 含量显著降低,表明表面 Li^+/Ni^{2+} 混合减少。然而,12B-A SC83 颗粒表面 Ni^{2+} 含量增加,进一步证明过量的 B^{3+} 会影响 Li^+/Ni^{2+} 的混合比例。

图 9-31(a)显示了 Bare、6B 和 6B-A SC83 阴极的倍率能力。随着充放电速率的增加,每个阴极之间的容量差距变得更加明显,6B-A SC83 阴极的比容量最高。B_2O_3 ALD 与退火后工艺相结合,使 a 轴和 c 轴膨胀,同时降低了 SC83 中 Li^+/Ni^{2+} 的混合程度,从而提高了 Li^+ 的扩散率。其中,6B-A SC83 阴极的 c

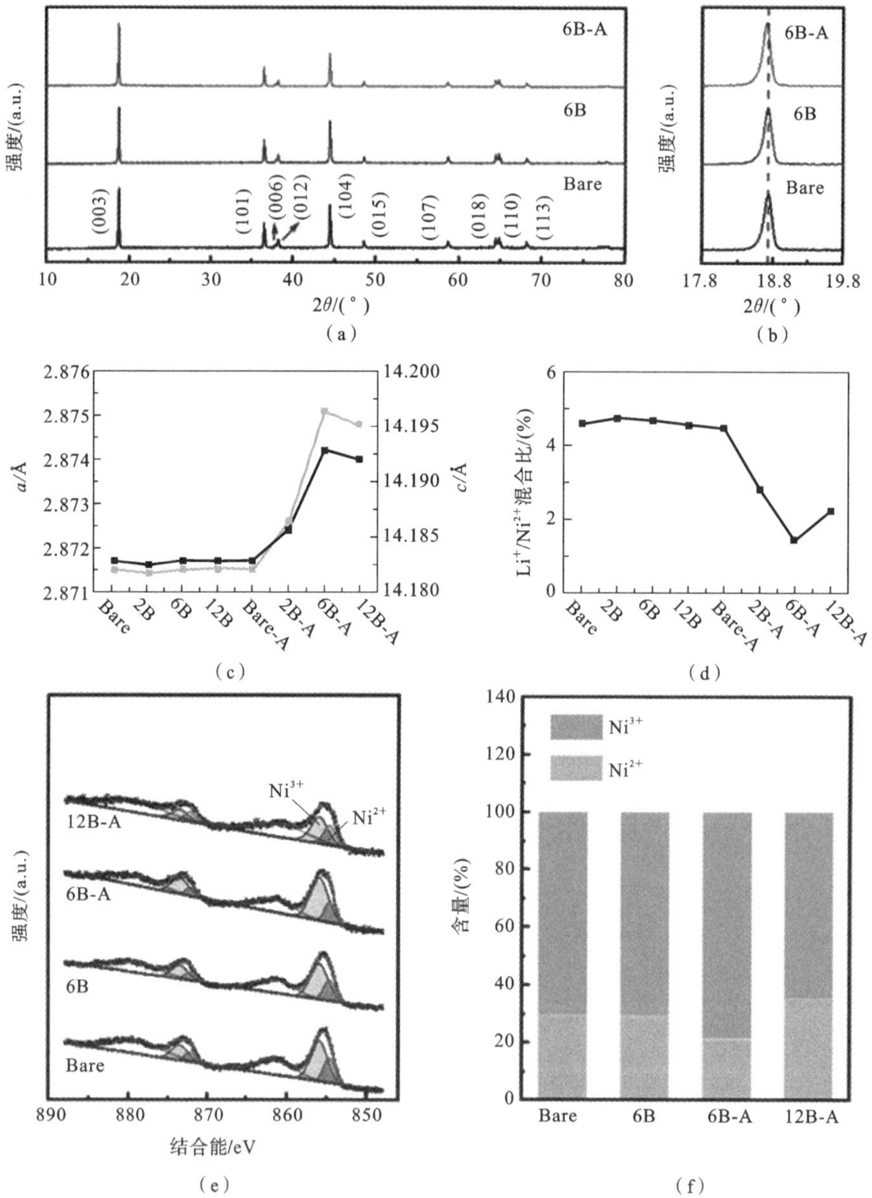

图 9-30 (a) Bare、6B 和 6B-A SC83 颗粒的(003)峰的 XRD 图谱和(b)放大区域;(c) Bare、B_2O_3 ALD 涂层、退火、B_2O_3 ALD 涂层与退火 SC83 样品的 a 轴和 c 轴长度;(d) Bare、B_2O_3 ALD 涂层、退火、B_2O_3 ALD 涂层与退火 SC83 样品的 Li^+/Ni^{2+} 混合程度;(e) Bare、6B、6B-A 和 12B-A SC83 颗粒的不同价态 Ni 离子的 XPS;(f) 不同价态 Ni 离子相对组成

轴膨胀最为显著,Li$^+$/Ni^{2+} 混合程度最低,因此其倍率性能最优。尽管 12B-A SC83 阴极的晶格参数与 6B-A SC83 阴极的相似,但较小的电子电导率可能会限制其容量释放。图 9-31(b)显示了 Bare、6B 和 6B-A SC83 阴极在 0.1~2 C 下的平均放电电压。随着充放电速率的增加,各阴极之间的平均放电电压差增大,6B-A SC83 阴极的平均放电电压最高,极化最低。进行循环测试以评估 SC83 阴极的电化学稳定性。如图 9-31(c)所示,Bare、6B 和 6B-A SC83 阴极的比容量从 173.5 mAh/g、171.2 mAh/g 和 177.6 mAh/g 开始,分别到 71.4 mAh/g、77.2 mAh/g 和 116.6 mAh/g 结束,300 次充放电循环后容量保持率为 41.2％、45.1％和 65.7％。6B-A SC83 阴极比 Bare SC83 阴极具有更高的容量保持率。图 9-31(d)显示了循环期间的平均放电电压。相较而言,6B-A SC83 阴极的平均放电电压最高,电压衰减最慢。

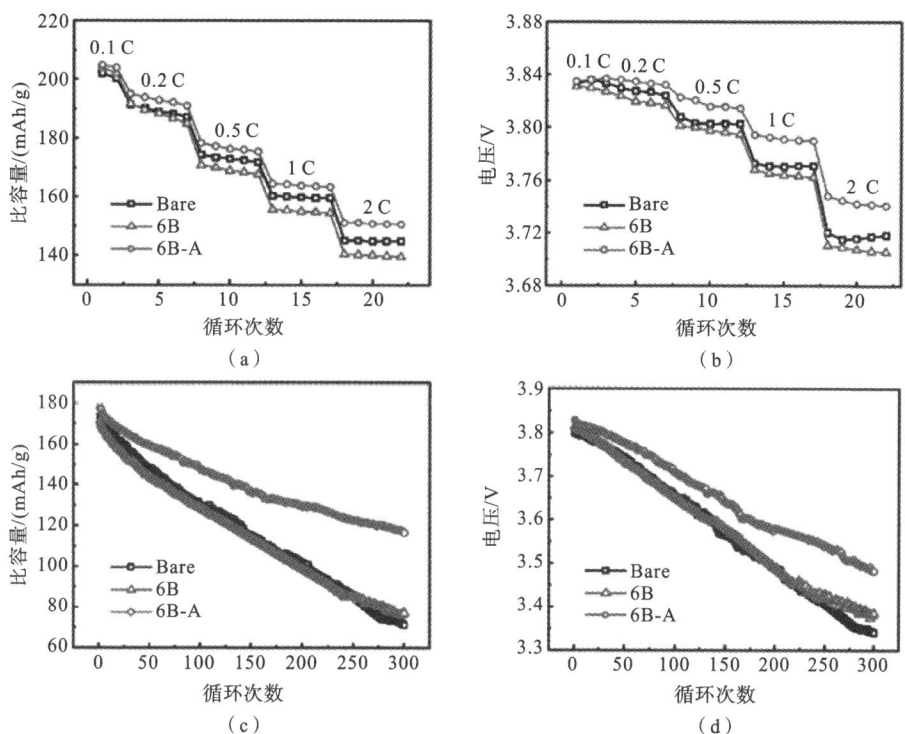

图 9-31 (a) Bare、6B 和 6B-A SC83 阴极的倍率能力;(b) Bare、6B 和 6B-A SC83 阴极在 0.1~2 C 时的平均放电电压;(c) Bare、6B 和 6B-A SC83 阴极在 1 C 时的循环稳定性;(d) Bare、6B 和 6B-A SC83 阴极在 1 C 时的平均放电电压

图 9-32(a)所示为 Bare、2B-A、6B-A 和 12B-A SC83 阴极在充电过程中的 Li$^+$ 扩散速率。如图 9-32(b)所示,所有 SC83 阴极在 4.1 V 时的(003)峰位置相同,表明它们的 c 轴长度一致。当电压增加到 4.4 V 时,所有 SC83 阴极的(003)峰都向更高的位置移动,但 B^{3+} 掺杂 SC83 阴极的(003)峰位移明显小于 Bare SC83 阴极,如图 9-32(c)所示。6B-A 和 12B-A SC83 阴极在 4.4 V 时的(003)峰位置几乎相同,且低于 2B-A SC83 阴极的(003)峰位置。从 4.1 V 到 4.4 V,Bare 和 6B-A SC83 的 c 轴长度分别减小了 0.2808 Å 和 0.1152 Å,结果显示 6B-A SC83 的 c 轴收缩率比 Bare SC83 低 59.0%。较长的 c 轴有利于 Li$^+$ 的迁移,这解释了 4.4 V 时 6B-A SC83 阴极的 Li$^+$ 扩散速率明显高于 Bare SC83 阴极的原因。上述现象表明 B^{3+} 可能存在于 Li 层中,起到支撑 Li 层的作用,减少了 SC83 在 H2-H3 相变过程中的 c 轴收缩。因此,B^{3+} 掺杂使 SC83 阴极在 4.4 V 下表现出更好的 Li$^+$ 动力学性能。此外,随着 B^{3+} 掺杂量的增大,SC83 晶格的稳定性提升,直到其在 SC83 主体中达到饱和状态。

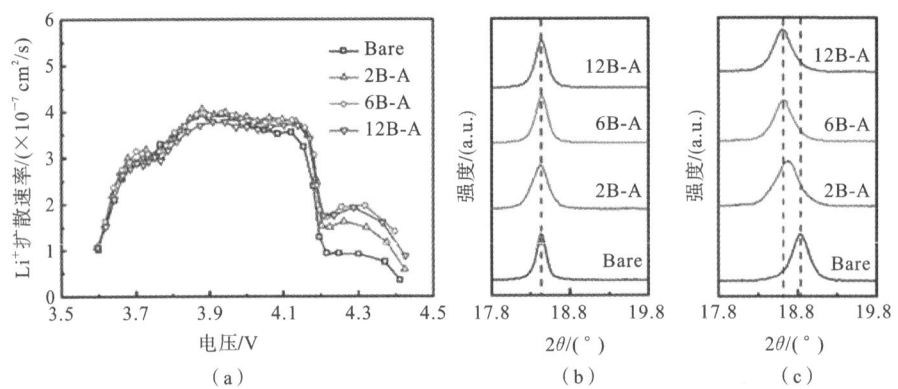

图 9-32 (a) Bare、2B-A、6B-A 和 12B-A SC83 阴极在充电过程中的 Li$^+$ 扩散速率;Bare、2B-A、6B-A 和 12B-A SC83 阴极的(003)峰在(b) 4.1 V 处和(c) 4.4 V 处的放大区域

分析差分容量图可以了解 Bare 和 6B-A SC83 阴极在充放电循环中的电化学行为。如图 9-33(a)所示,SC83 阴极显示了 3 个氧化还原峰,分别代表第 4 次充电循环中的 H1-M 相变、M-H2 相变和 H2-H3 相变。然而,在第 300 次充电循环中,只有一个代表 H1-M 相变的峰仍可辨认,其峰位置右移且强度下降。图 9-33(b)同样显示出 6B-A SC83 阴极区的 3 个氧化还原峰。此外,6B-A SC83 阴极的峰位置偏移和强度降低的辐度较小,这表明其具有更好的可逆性,在放电过程中也观察到了这种现象。这表明 6B-A SC83 阴极在充放电循环中

的退化更少。图 9-33(c)所示为 Bare 和 6B-A SC83 阴极在带电状态下第 4 次充放电循环后的电化学阻抗谱(EIS)。Bare SC83 阴极和 6B-A SC83 阴极的表面膜阻抗相似,但 6B-A SC83 阴极的电荷转移电阻 R_{ct} 明显低于 Bare SC83 阴极,这表明其在电解质界面处具有更高的 Li 离子动力学响应。此外,低频阻抗反映了 SC83 阴极主体中 Li^+ 的扩散速率。上述结果表明,B^{3+} 掺杂可显著改善 SC83 阴极的电化学性能,增强其循环稳定性和动力学响应。

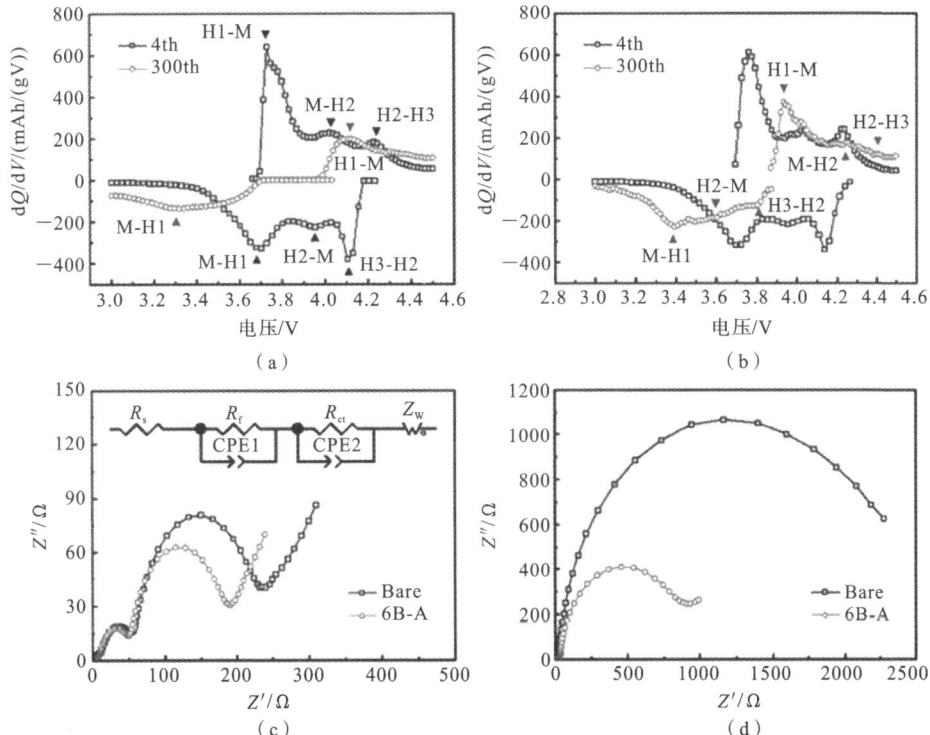

图 9-33　(a) Bare 和(b) 6B-A SC83 阴极在第 4 次和第 300 次充放电循环中的差分容量-电压曲线;带电状态下(c) 第 4 次充放电循环后和(d)第 300 次充放电循环后 Bare 和 6B-A SC83 阴极的 EIS

　　为了研究在循环期间 SC83 阴极在微观层面上的降解机制,利用 SEM 对从纽扣电池中回收的 SC83 阴极进行观察。如图 9-34(a)所示,SC83 颗粒边缘粗糙。图 9-34(b)显示 SC83 表面呈现出岩盐 NiO 的无定形结构,这种结构可能由岩盐 NiO 结构转化而来。此外,在 SC83 内部观测到多晶畴,可能是层状结构严重变形的结果。图 9-34(c)展示了 6B-A SC83 的光滑边缘,6B-A SC83 的表面和内部呈现出单晶层状结构,不过其表面存在晶格畸变,如图 9-34(d)所

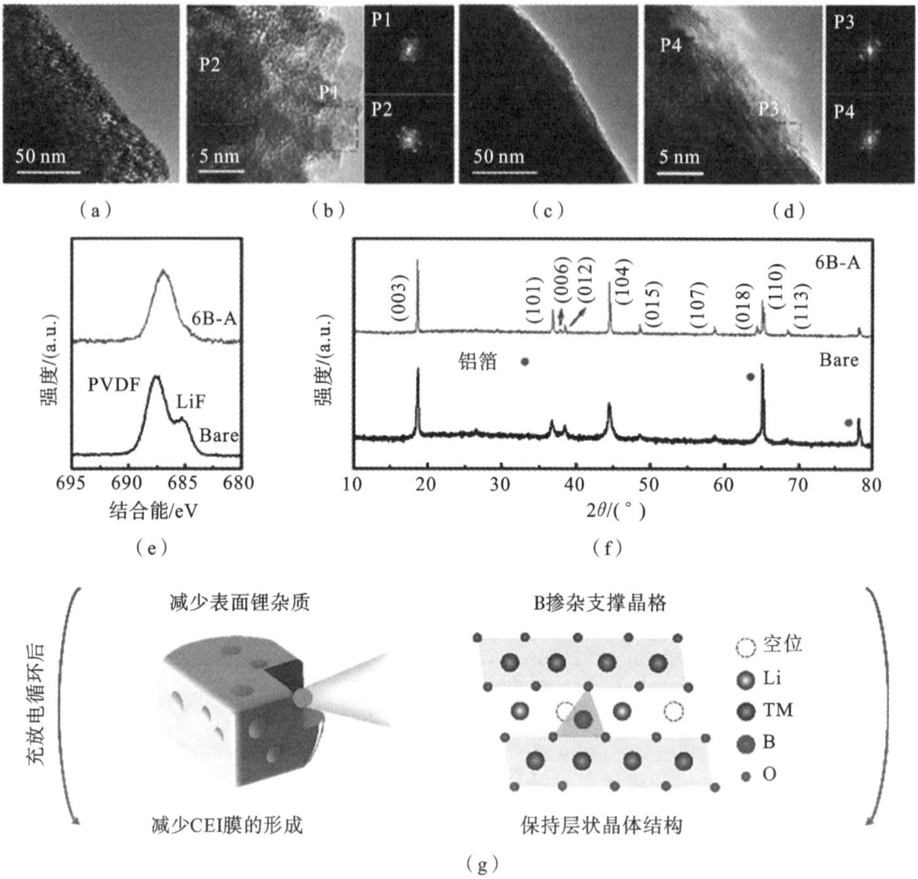

（a）　　　　　　　　（b）　　　　　　　　（c）　　　　　　　　（d）

（e）　　　　　　　　　　　　　　　（f）

（g）

图 9-34　循环后从纽扣电池中回收的 Bare SC83 阴极的（a）TEM 图像和（b）HRTEM 图像；循环后从纽扣电池中回收的 6B-A SC83 阴极的（c）TEM 图像和（d）HRTEM 图像；循环后从纽扣电池中回收的 Bare 和 6B-A SC83 阴极的（e）F 1s XPS 图谱和（f）XRD 图谱；（g）在循环过程中 6B-A SC83 的表面和晶体结构示意图

示。这些结果表明，在循环过程中 6B-A SC83 表面结构的稳定性优于 Bare SC83。进行 XPS 表征以检测 SC83 阴极表面的含 F 物质。如图 9-34（e）所示，685.1 eV 和 687.5 eV 处的 F 1s 峰分别代表 LiF 和 PVDF。6B-A SC83 阴极的 F 1s 峰在 685.1 eV 处的强度远低于 Bare SC83 阴极，表明在循环过程中 6B-A SC83 阴极表面形成的 LiF 较少。因为 Li$^+$ 迁移动力学较慢，所以减少 LiF 的形成有助于提高 SC83 阴极的容量保持能力。此外，还进行了 XRD 表征以研究循环后 SC83 阴极的晶体结构。如图 9-34（f）所示，Bare SC83 阴极的半峰宽（FWHM）比 6B-A SC83 阴极大，说明 Bare SC83 阴极的结晶度较低。在 6B-A

SC83 阴极中,(006)/(012)峰和(018)/(110)峰可以被清晰分辨,而在 Bare
SC83 阴极中则难以分辨。这表明 B_2O_3 ALD 耦合退火后处理能够稳定 SC83
的表面和晶体结构。图 9-34(g)显示,在循环过程中,还原的表面锂杂质减少了
SC83 上 CEI 的形成。B^{3+} 体掺杂对晶格起到了支撑作用,在循环过程中能更好
地保持 SC83 的晶体结构,保留了 B^{3+} 掺杂 SC83 中的 Li^+ 传输通道和存储位
点,从而提高了 B^{3+} 掺杂 SC83 阴极的容量保持率。

本节通过原子层沉积技术在 NCM622 材料表面包覆 Al_2O_3 薄膜,并结合
退火后处理实现了表面 Al 掺杂,以改善其循环稳定性。研究发现,Al_2O_3 ALD
过程消除了表面残留的 LiOH 和 Li_2CO_3,减缓了 SEI 层生长速率,降低了 LiF
生成量,以及减少了 Li^+/Ni^{2+} 混排现象。此外,利用 B_2O_3 ALD 耦合退火后处
理成功制备出 B^{3+} 掺杂的 SC83 材料,该材料晶体结构中 a 轴和 c 轴长度得到扩
展,Li^+/Ni^{2+} 混合水平降低,电子电导率和 Li^+ 扩散速率提高。这些改进不仅
提升了材料的循环稳定性,还有效减少了 CEI 层的形成,保持了晶体结构的完
整性,提高了富镍 NCM622 和 SC83 材料的稳定性。

9.3　燃料电池贵金属催化剂改性及性能优化

9.3.1　原位构筑金属间化合物及燃料电池性能提升

催化剂通过降低化学反应的活化能来加快反应速率,但催化剂本身在反应
过程中保持不变。催化剂的性能受到其组成、结构、尺寸和支撑材料的影响。
传统的催化剂制备方法,如浸渍法、离子交换法和沉淀法,可能因缺乏对催化剂
组成和结构的精细调控而影响性能。为了提高金属催化剂的稳定性,通常会引
入保护层以防止催化剂烧结。尽管溶胶-凝胶法和化学气相沉积法在催化剂涂
层的功能化中应用广泛,但用这些方法在颗粒表面形成涂层时可能存在非均匀
性、多孔等问题,并可能导致颗粒团聚。因此,需要改进这些方法以实现更均匀
和可控的涂层沉积。

ALD 技术具有亚纳米级的厚度控制和三维共形沉积特性,适用于多孔和
高深宽比结构的催化剂改性。ALD 可以在纳米尺度上精确调控催化剂的组
成、结构和尺寸,从而建立起催化性能与这些因素之间的关系。本节主要讨论
了基于 ALD 的催化剂改性策略,包括采用原子层沉积技术构筑超小金属间化
合物以及提高铂(Pt)纳米颗粒低配位点的稳定性。将 Pt 与廉价的过渡金属合
金化是一种提高氧还原反应(ORR)活性的有效策略。利用过渡金属的 3d 轨道

与 Pt 的 5d 轨道之间的强耦合,能够削弱中间氧物质的结合并加速 ORR 动力学。然而,过渡金属在酸性条件下容易被浸出。为解决这一问题,具有长程有序结构的 Pt 基金属间化合物纳米晶体受到了广泛关注。这些化合物在催化反应中展现出比无序合金更高的稳定性,但需要 500 ℃ 或更高的温度来克服原子扩散和有序化的势垒。然而,高温有序化过程会导致金属间化合物纳米晶体的烧结和团聚,使得常规合成的有序 Pt 基催化剂尺寸较大且尺寸分布宽。因此,如何制备高分散性的小尺寸 Pt 基金属间化合物成为焦点。研究的方法包括在退火前包裹聚合物或金属氧化物保护壳、基质辅助退火、金载体辅助法、化学气相沉积法和硫锚定法等。制备均匀的小尺寸 Pt 基金属间化合物对提升催化剂的活性和稳定性至关重要。当颗粒尺寸较大时,随着粒径的减小,比表面积增大,可以参与反应的活性位点越来越多,因此整体活性逐渐提升,但是当颗粒尺寸小于 3 nm 时,未配位的铂位点增加而导致活性下降,因为低配位的铂对氧物种有更强的吸附作用,更容易被氧化,会发生脱合金而严重失活,导致稳定性较差。类似的规律在 Pt 基金属间化合物中也有所体现,在实际应用中,粒径过小反而不利于氧还原反应的快速进行。因此,需要优化 PtZn 金属间化合物的粒径,最大限度发挥金属间化合物尺寸效应,充分提高 Pt 原子利用率。

通过区域选择性原子层沉积策略,成功地原位构建了用于氧还原的超小 PtZn 金属间化合物纳米粒子。结构有序、尺寸超小的 PtZn 金属间化合物纳米粒子粒径分布窄($2.50 \text{ nm} \pm 0.65 \text{ nm}$),且具有良好的分散性。尺寸小于 3 nm 的 PtZn 金属间化合物制备原理如图 9-35 所示。

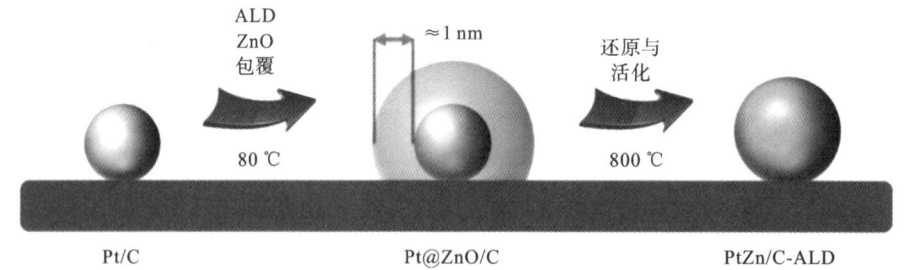

图 9-35 尺寸小于 3 nm 的 PtZn 金属间化合物制备原理

如图 9-36 所示,Pt/C、Pt@ZnO/C 和 PtZn/C 的 XRD 图谱显示了相似的较宽衍射峰,表明它们的粒径较小。在 26.3°处,三种催化剂都显示出碳载体的衍射峰。Pt/C 的 XRD 图谱展示了典型的面心立方(FCC)铂晶型特征,在 39.8°、46.3°和 67.5°处观察到明显的(111)、(200)和(220)晶面的衍射峰。对于

Pt@ZnO/C,尽管在 Pt 晶面位置依然可见衍射峰,但在后续区域,即氧化锌层的(100)、(002)和(110)晶面衍射峰较弱,表明氧化锌层的晶格结构相对较弱。经过 800 ℃ 还原退火后,PtZn/C 的 XRD 图谱中几乎不再显示氧化锌的信号,与四方 PtZn 的 XRD 图谱(PDF♯06-0604)高度匹配。在 31.1°、52.2°和 71.3°处的衍射峰分别归属于 L10-PtZn 的(110)、(002)和(202)超晶格峰。进一步计算(110)/[(111)+(200)+(002)]峰的强度比,测量值为 0.088,接近于块状 L10-PtZn 的值(0.107),表明 PtZn/C 具有较高的有序度(约 83%)。

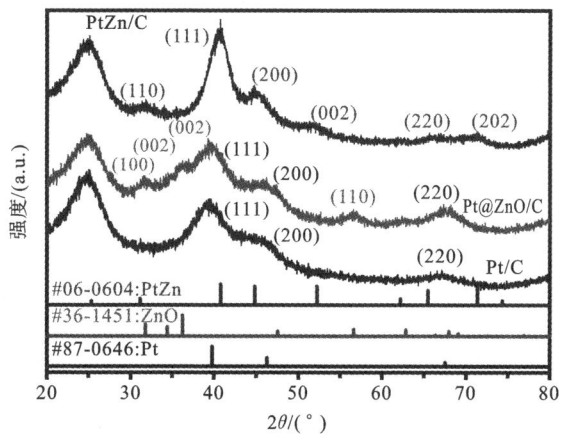

图 9-36 Pt/C、Pt@ZnO/C、PtZn/C 的 XRD 图谱

表 9-4 所示为通过 Debye-Scherrer 方程计算得出的 Pt/C 和 PtZn/C 基于 XRD 的粒径统计结果。Pt/C 的粒径为 2.9 nm,高温还原后 PtZn/C 的粒径为 3.7 nm,因为 XRD 通常对粒径为 5～100 nm 的颗粒统计较准确,粒径非常小时需要通过透射电子显微镜进行表征以得到更准确的粒径统计数据。

表 9-4 Pt/C 和 PtZn/C 基于 XRD 的粒径统计结果

样品	粒径/nm	空间群
Pt/C	2.9	Fm-3m(225)
PtZn/C	3.7	P4/mmm(123)

基于 TEM 统计的结果更准确地反映了催化剂的粒径大小。图 9-37(a)显示了 Pt 纳米颗粒均匀地分散在球形碳载体表面,平均粒径为 1.85 nm±0.35 nm,粒径分布范围较窄。图 9-37(b)中,晶格条纹的间距约为 0.226 nm,对应 Pt 的(111)晶面,与 XRD 结果一致。图 9-37(c)显示了 Pt 纳米颗粒的良好形貌和分布。在图 9-37(d)的高分辨率 TEM 图像中,观察到 Pt 纳米颗粒表面约 1

nm 厚的晶体 ZnO 壳,ZnO 的(002)晶面的间距为 0.260 nm。图 9-37(e)中高温还原处理后,PtZn/C 的形貌无显著变化,PtZn 纳米晶体的平均粒径为 2.50 nm±0.65 nm。ZnO 壳层的保护作用,有效地抑制了 Pt 纳米颗粒的自烧结,使其保持了较窄的尺寸分布。图 9-37(f)的高分辨率 TEM 图像中所测得的平面间距为 0.221 nm 和 0.202 nm,它们分别对应 L10-PtZn 的(111)和(200)晶面。

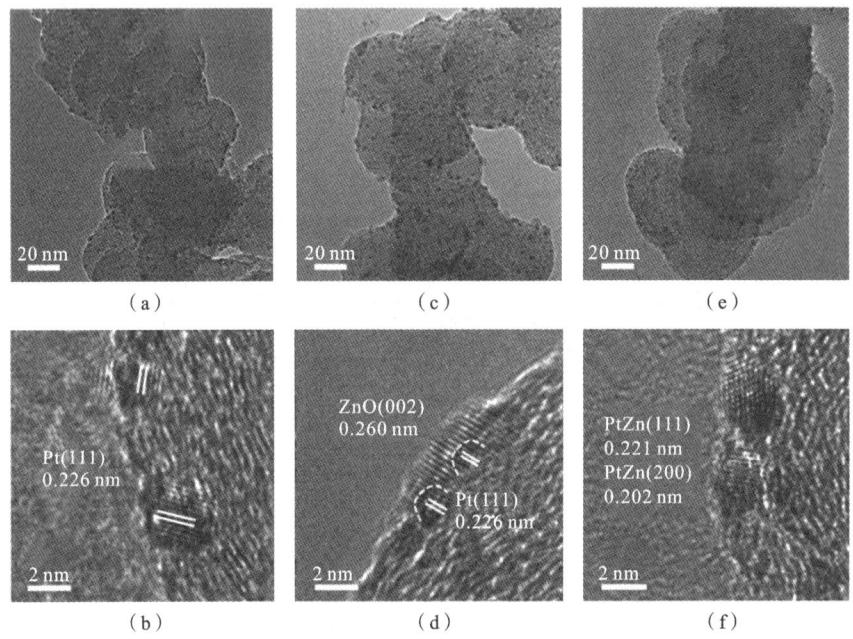

图 9-37 Pt/C 的(a)低倍和(b)高倍 TEM 图像;Pt@ZnO/C 的(c)低倍和(d)高倍 TEM 图像;PtZn/C 的(e)低倍和(f)高倍 TEM 图像

利用 XPS 测定催化剂的组成及价态变化。图 9-38(a)显示,Pt/C 样品主要包含 Pt、C 和 O 元素。原子层沉积 ZnO 后的 Pt@ZnO/C XPS 全谱中出现了明显的 Zn 2p 信号和更强的 O 1s 信号,表明成功引入了 ZnO。在高温还原后,PtZn/C 的 Zn 2p 和 O 1s 信号均减弱,原因是还原性气氛下 ZnO 被还原,氧物种减少,同时高温导致部分锌元素流失。结合图 9-38(b)中 Zn 2p XPS 图谱以及表 9-5 中的 Zn 2p 拟合峰不同价态的相对含量,可以看出,Pt@ZnO/C 样品中 Zn 以 Zn^{2+} 存在。高温还原使氧化态 Zn 的比例减小至 70.9%,转化为金属态 Zn 的比例约为 29.1%。这种转化是由于 ZnO 壳中的锌在高温下扩散到 Pt 纳米颗粒中,与 Pt 原子配位形成金属间化合物。Zn 的电负性小于 Pt,因此电子从 Zn 转移到 Pt,从而改变 Pt 的价态并调节对氧物种的吸附强度。

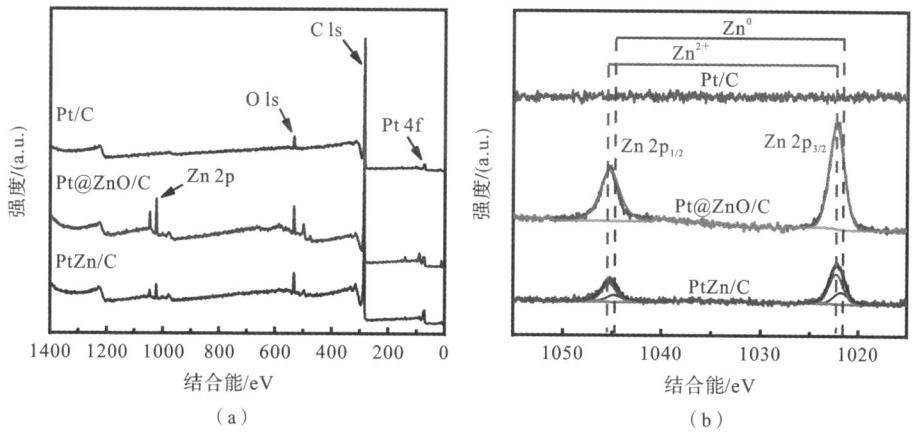

图 9-38　(a) Pt/C、Pt@ZnO/C 和 PtZn/C 的 XPS 全谱；(b) Pt/C、Pt@ZnO/C 和 PtZn/C 的 Zn 2p XPS 谱图

表 9-5　催化剂中 Pt^0、Pt^{2+}、Pt^{4+} 以及 Zn^0、Zn^{2+} 的相对含量

样品	$[Pt^0]$	$[Pt^{2+}]$	$[Pt^{4+}]$	$[Zn^0]$	$[Zn^{2+}]$
Pt/C	26.5%	57.4%	16.1%	—	—
Pt@ZnO/C	32.6%	55.0%	12.4%	0	100%
PtZn/C	38.2%	49.5%	12.3%	29.1%	70.9%

图 9-39 显示了 Pt 4f 的 XPS 图谱，经分析拟合后可以得出三种价态 Pt（Pt^{4+}、Pt^{2+} 和 Pt^0）的变化情况。由于 Pt 纳米颗粒和碳载体之间存在相互作用，Pt/C 中的 Pt 呈较高的氧化态，其中 Pt^{4+}、Pt^{2+} 和 Pt^0 的比例分别为 16.1%、57.4% 和 26.5%。Pt@ZnO/C 中 Pt^{4+}、Pt^{2+} 和 Pt^0 的比例分别为 12.4%、55.0% 和 32.6%，可以发现 Pt@ZnO/C 中的金属态 Pt 多于 Pt/C，这可能是由于 ALD 过程中二乙基锌前驱体还原了 Pt 纳米颗粒表面部分的 Pt，以及 ZnO 壳中的电子向 Pt 原子转移。此外，在高温还原后，PtZn/C 中 Pt^{4+}、Pt^{2+} 和 Pt^0 的比例分别为 12.3%、49.5% 和 38.2%，与 Pt/C 和 Pt@ZnO/C 相比，PtZn/C 的 Pt $4f_{7/2}$ 峰的结合能从 71.75 eV 转变为 71.52 eV，负移 0.23 eV，这表明 Zn 的引入使 Pt 原子的 5d 带中心向下移动，这种微弱的变化可以重构 Pt 的表面电子结构，进而削弱 Pt 与氧化中间体之间的结合，并增强 ORR 活性。

利用 XAFS 来测试 Pt/C、Pt@ZnO/C 和 PtZn/C 催化剂中 Pt 的精细结构，在透射模式下分别对 Pt/C、Pt@ZnO/C 和 PtZn/C 的 Pt L_3 边吸收谱进行了测

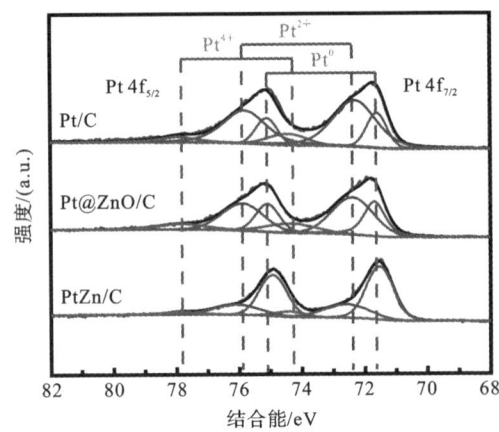

图 9-39   Pt/C、Pt@ZnO/C 和 PtZn/C 的 Pt 4f XPS 图谱

试。为防止杂质气体干扰测试结果，测试过程中均使用高纯 N_2 作为保护气。为了便于比较，选择 Pt 金属片和 PtO_2 作为参考样品，通过 Demeter 软件来处理实验中所获得的 XAFS 原始数据。

如图 9-40(a)所示，首先用 Athena 程序对 XANES 光谱进行背景扣除与归一化处理。Pt/C、Pt@ZnO/C 和 PtZn/C 的 Pt L_3 边 XANES 光谱均介于 PtO_2 和 Pt 片之间，它们的白线峰强度依次为 PtZn/C＜Pt@ZnO/C＜Pt/C，表明它们具有不同的氧化态。当在 Pt 纳米颗粒周围包裹 ZnO 壳形成 Pt@ZnO 核壳结构后，Pt 纳米颗粒中的氧化态 Pt 变少，高温还原形成 PtZn 金属间化合物后，氧化态 Pt 进一步减少，更接近 Pt 金属片，这与 Pt 4f XPS 数据相符。PtO_2、Pt/C、Pt@ZnO/C、PtZn/C 和 Pt 片的 EXAFS 的傅里叶变换（Fourier transform，FT）曲线如图 9-40(b)所示。Pt 片在 2.52 Å 处表现出典型的第一壳层 Pt—Pt 键，而 PtO_2 在 1.63 Å 处表现出典型的 Pt—O 键。从 Pt/C、Pt@ZnO/C 到 PtZn/C，Pt—O 键的信号逐渐变弱，表明 Pt—O 键的配位数在减少，Pt—Zn 键在 2.32 Å 处的信号不断增强，证实了 PtZn 金属间化合物的形成，并且可以得出 Pt—Zn 键的键长明显小于 Pt—Pt 键的键长，这一变化有助于调控氧物种在 Pt 上的吸附，减小的氧物种吸附能可以促进 ORR 的快速进行。

小波变换图谱分析可以区分不同的散射原子，并且可以同时在 k 空间和 R 空间中提供更高的分辨率。如图 9-41(a)所示，PtO_2 和 Pt 片中 Pt—O 键和 Pt—Pt 键配位的信号强度峰值分别位于 6.1 Å^{-1} 处和 10.3 Å^{-1} 处。如图 9-41(b)所示，Pt/C 在 k 空间中的强度最大值接近 5.1 Å^{-1}，可归因于 Pt—O/C 键

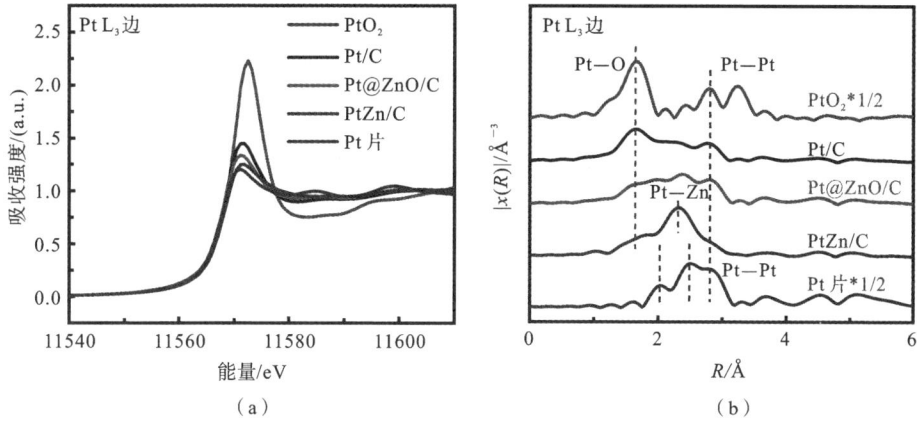

图 9-40 (a) PtO₂、Pt/C、Pt@ZnO/C、PtZn/C 和 Pt 片的 Pt L₃ 边 XANES 光谱;
(b) PtO₂、Pt/C、Pt@ZnO/C、PtZn/C 和 Pt 片的 Pt L₃ 边 EXAFS 光谱

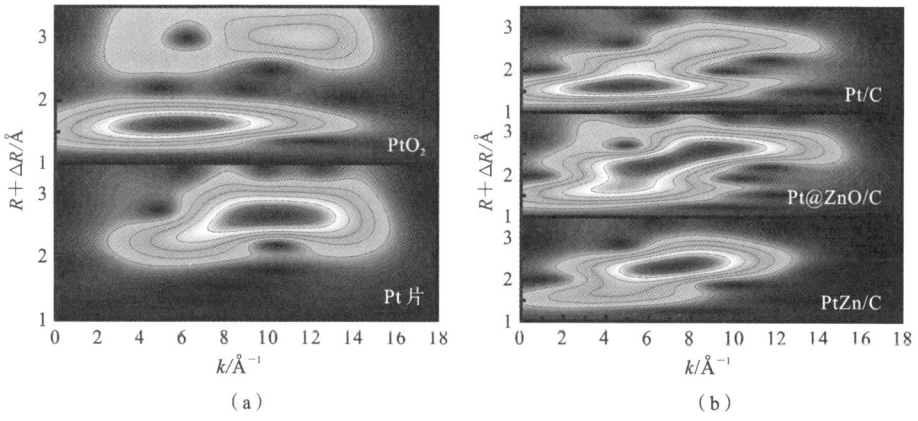

图 9-41 (a) PtO₂ 和 Pt 片以及(b) Pt/C、Pt@ZnO/C 和 PtZn/C 的小波变换图谱

的贡献,而没有出现 Pt—Pt 键最强峰,这是因为 Pt/C 催化剂中 Pt 纳米颗粒的
尺寸非常小,平均粒径仅有 1.85 nm,导致大量的表面 Pt 原子与载体中的 C 或
O 原子发生散射。PtZn/C 图谱的强度最大值位于 7.2 Å⁻¹ 处,可归因于 Pt—
Zn 键的散射路径。与 Pt/C 和 PtZn/C 不同的是,Pt@ZnO/C 在 5.7 Å⁻¹ 和 8.7
Å⁻¹ 处均出现信号较强峰,分别对应 Pt—O 和 Pt—Pt 配位。

在 R 空间和 k 空间中进行 EXAFS 拟合,以获得样品中 Pt 的更加精确的定
量结构配置。具体而言,利用 Artemis 程序对 Pt 的 L₃ 边拓展边谱进行拟合,
拟合参数如下:中心原子配位数 N、原子间键长(R,Å)、Debye-Waller 因子(σ^2,

Å^2）、X 射线吸收边的能量偏移（ΔE_0，eV）等。使用 Pt 和 PtO$_2$ 的理想模型拟合了 Pt 片和 PtO$_2$ 的拓展边谱，在对比样品 Pt 片的拟合过程中需要将 Pt—Pt 键的配位数固定为 12，然后将对比样品 PtO$_2$ 中 Pt—Pt 键配位数固定为 6，Pt—O 键配位数也固定为 6。拟合 Pt 片数据的第一层后，确定振幅衰减因子 $S_0^2 = 0.797$，并将这一结果应用于后续的 Pt/C、Pt@ZnO/C、PtZn/C 拟合中。如图 9-41(b)所示，在 Pt—Pt，Pt—O 和 Pt—Zn 键范围内，拟合的曲线与实验曲线吻合良好。

如表 9-6 所示，Pt 片 Pt—Pt 键键长为 2.762 Å，对比样品 PtO$_2$ 中 Pt—Pt 键键长为 3.131 Å，Pt—O 键键长为 2.022 Å，这一结果与文献报道吻合[15]。Pt/C 中 Pt—Pt 键、Pt—O 键平均配位数为 3.82 和 2.92，与 Pt 片和 PtO$_2$ 相比，总配位数明显减少，表明 Pt/C 样品中 Pt 纳米颗粒的尺寸较小，这与 XRD、TEM 结果吻合，Pt/C 中 Pt—Pt 键键长为 2.741 Å，比 Pt 片中 Pt—Pt 键键长 2.762 Å 略小。Pt@ZnO/C 中的 Pt—Pt 键增加而 Pt—O 键减少，部分 Pt 表面被二乙基锌前驱体还原。Pt@ZnO/C 中 Pt—Pt 键键长为 2.736 Å，比 Pt/C 中 Pt—Pt 键键长减小了 0.005 Å，说明 ZnO 壳包覆后，与 Pt 发生弱相互作用，引起少量晶格错位。高温还原后 Zn 深入 Pt 纳米颗粒内部，形成有序的 PtZn 金属间化合物纳米颗粒，故 PtZn/C 拟合结果中 Pt—Zn 键配位数高达 3.09，验证了有序相的成功合成，此时 Pt—Pt 键键长减小到 2.724 Å，比 Pt/C 中 Pt—Pt 键键长减小了 0.017 Å，这一变化有效调控了铂电子分布，有利于 ORR 反应的快速进行。

表 9-6　从催化剂的 Pt L$_3$ 边 EXAFS 光谱获得的结构信息和拟合参数

催化剂	键	N	R/Å	σ^2/Å^2	ΔE_0/eV
Pt 片	Pt—Pt	12	2.762±0.002	0.0043±0.0002	7.29±0.43
PtO$_2$	Pt—Pt	6	3.131±0.043	0.0043±0.0020	11.48±1.72
	Pt—O	6	2.022±0.009	0.0015±0.0012	
Pt/C	Pt—Pt	3.82±0.72	2.741±0.009	0.0079±0.0011	8.07±1.64
	Pt—O	2.92±0.38	2.025±0.012	0.0033±0.0015	
Pt@ZnO/C	Pt—Pt	5.59±0.55	2.736±0.004	0.0078±0.0006	5.89±0.79
	Pt—O	1.64±0.31	2.042±0.018	0.0041±0.0023	
PtZn/C	Pt—Pt	2.48±0.65	2.724±0.030	0.0115±0.0025	4.45±2.13
	Pt—Zn	3.09±1.87	2.646±0.015	0.0080±0.0042	
	Pt—O	1.36±0.89	1.977±0.036	0.0056±0.0023	

线性扫描伏安曲线测试结果如表 9-7 所示，在较低的过电位下电流表现为混合动力学/扩散状态。在该区域，半波电位常用于评估催化剂性能。半波电位按以下顺序增加：Pt@ZnO/C＜Pt/C＜Pt/C-commercial＜PtZn/C。PtZn/C 具有最大的半波电位，为 0.903 V，最大的起始电位为 0.991 V，以及最高的极限电流密度为 6.02 mA/cm^2。其中半波电位比 Pt/C-commercial（$E_{1/2}$＝0.869 V）高出 34 mV。与浸渍法制备的 Pt/C 催化剂相比，PtZn/C 的半波电位提升了 61 mV，这种活性的增强归因于 Zn 配体效应和由 Zn 掺入引起的晶格应变效应，这些因素削弱了 Pt 和 O 物种之间的吸附能。在较高的过电位下，除了 Pt@ZnO/C 样品外，其他催化剂的电流均达到其扩散极限值，由于铂纳米颗粒被包覆，Pt@ZnO/C 的活性位点被覆盖，导致活性降低。同时，这也说明氧化锌本身不具备 ORR 催化活性，只有通过后期高温处理实现掺杂形成 PtZn 金属间化合物后，活性才显著提升。为了比较催化剂的 ORR 动力学反应速率，绘制了电压与动力学电流密度之间的对数关系，即塔费尔（Tafel）曲线。如图 9-42（b）所示，性能最好的 PtZn/C 催化剂具有最小的 Tafel 斜率（51 mV/dec），表明金属间化合物 PtZn/C 催化剂的动力学过程更快，能够有效促进 ORR 的四电子快速转移过程，Pt/C-commercial 的 Tafel 斜率为 56 mV/dec；初步浸渍的 Pt/C 的 Tafel 斜率略大于 Pt/C-commercial，为 60 mV/dec，与半波电位性能相似。Pt@ZnO/C 的 Tafel 斜率为 91 mV/dec，动力学活性最低，这是由于氧化锌包覆阻挡了活性位点。

表 9-7　Pt/C、Pt@ZnO/C、PtZn/C 和 Pt/C-commercial 的电化学结果

样品	E_{onset}/V	$E_{1/2}$/V	ECSA/(m^2/g$_{Pt}$)
Pt/C	0.972	0.842	83.37
Pt@ZnO/C	0.889	0.697	8.49
PtZn/C	0.991	0.903	56.45
Pt/C-commercial	0.976	0.869	63.69

通过加速耐久性测试（ADT）来评估不同样品的稳定性（测试条件为：在 N$_2$ 饱和的 0.1 mol/L HClO$_4$ 溶液中，在 0.6～1.0 V 范围内进行电位循环，扫描速率为 100 mV/s）。图 9-43 显示了 PtZn/C、Pt/C 和 Pt/C-commercial 在 N$_2$ 饱和的 0.1 mol/L HClO$_4$ 溶液中 ADT 前后的电流密度-电压曲线。结果表明，即使在 30000 次电位循环后，PtZn/C 仍基本保持稳定，显示出优异的稳定性。相比之下，Pt/C、Pt/C-commercial 催化剂发生了明显的衰减。半波电位的变化也

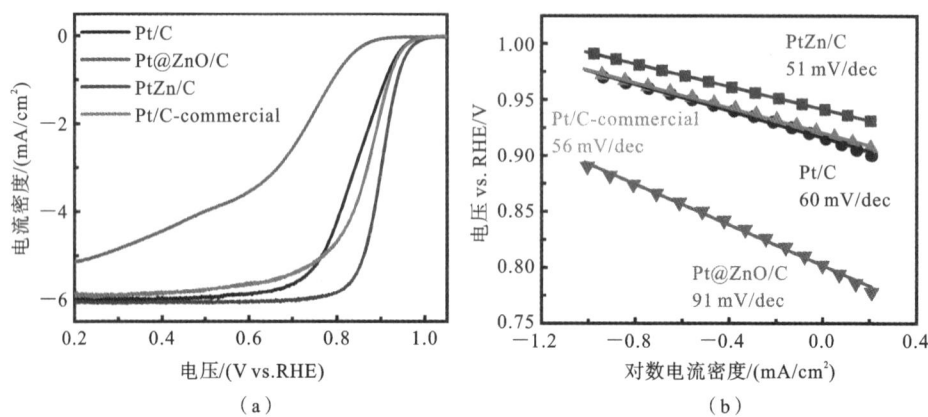

图 9-42 Pt/C、Pt@ZnO/C、PtZn/C 和 Pt/C-commercial 的
(a) ORR 极化曲线和(b) 塔费尔曲线

可以反映稳定性的差异,10000 次电位循环后,Pt/C-commercial 的性能严重退化,$E_{1/2}$ 损失 57 mV,Pt/C 的 $E_{1/2}$ 也显著衰减,损失了 51 mV。而 PtZn/C 的半波电位表现出优异的稳定性,在 10000 次电位循环后 $E_{1/2}$ 没有明显的变化,即使在 30000 次循环后也仅有 13 mV 的负移。

根据在 0.05 V 至 0.40 V 之间与氢的吸附和脱附相关的电荷,并假设吸附单层氢的转换因子为 210 $\mu C/cm^2$,可以计算出催化剂的电化学活性面积(ECSA),相关数据如图 9-44 所示,可以看到 PtZn/C 的 ECSA 即使在 30000 次循环后仍基本保持稳定,经过 10000 次循环后,ECSA 从最初的 59.43 m^2/g_{Pt} 增加到 60.00 m^2/g_{Pt},这可能归因于 PtZn 金属间化合物纳米颗粒表面的粗糙化,以及表面部分锌物种逐渐被浸出,留下稳定的 Pt 表面,20000 次循环后 ECSA 仍然保持在 56.34 m^2/g_{Pt},即使在经过 30000 次老化循环后,ECSA 最终维持在 55.16 m^2/g_{Pt},总损失仅为 7.18%,显示出较好的电化学循环稳定性。相比之下,经过 10000 次循环后,Pt/C 和 Pt/C-commercial 的电化学活性面积损失严重,Pt/C 的 ECSA 从 83.37 m^2/g_{Pt} 减小到 55.29 m^2/g_{Pt},损失了 33.68%;Pt/C-commercial 的 ECSA 从 63.69 m^2/g_{Pt} 减小到 34.70 m^2/g_{Pt},损失了 45.52%。

图 9-45 显示了 PtZn/C、Pt/C、Pt/C-commercial 三种催化剂中纳米颗粒粒径变化的特点,Pt/C、Pt/C-commercial 这两种纯铂催化剂均会在电化学循环后发生较大的粒径宽化;PtZn/C 催化剂中的 PtZn 金属间化合物纳米颗粒具有高分散性且粒径均一,不容易发生电化学奥斯特瓦尔德熟化,同时表面的铂壳比较耐腐蚀,能够对内部元素起到一定的保护作用,并且内部的 PtZn 是有序结

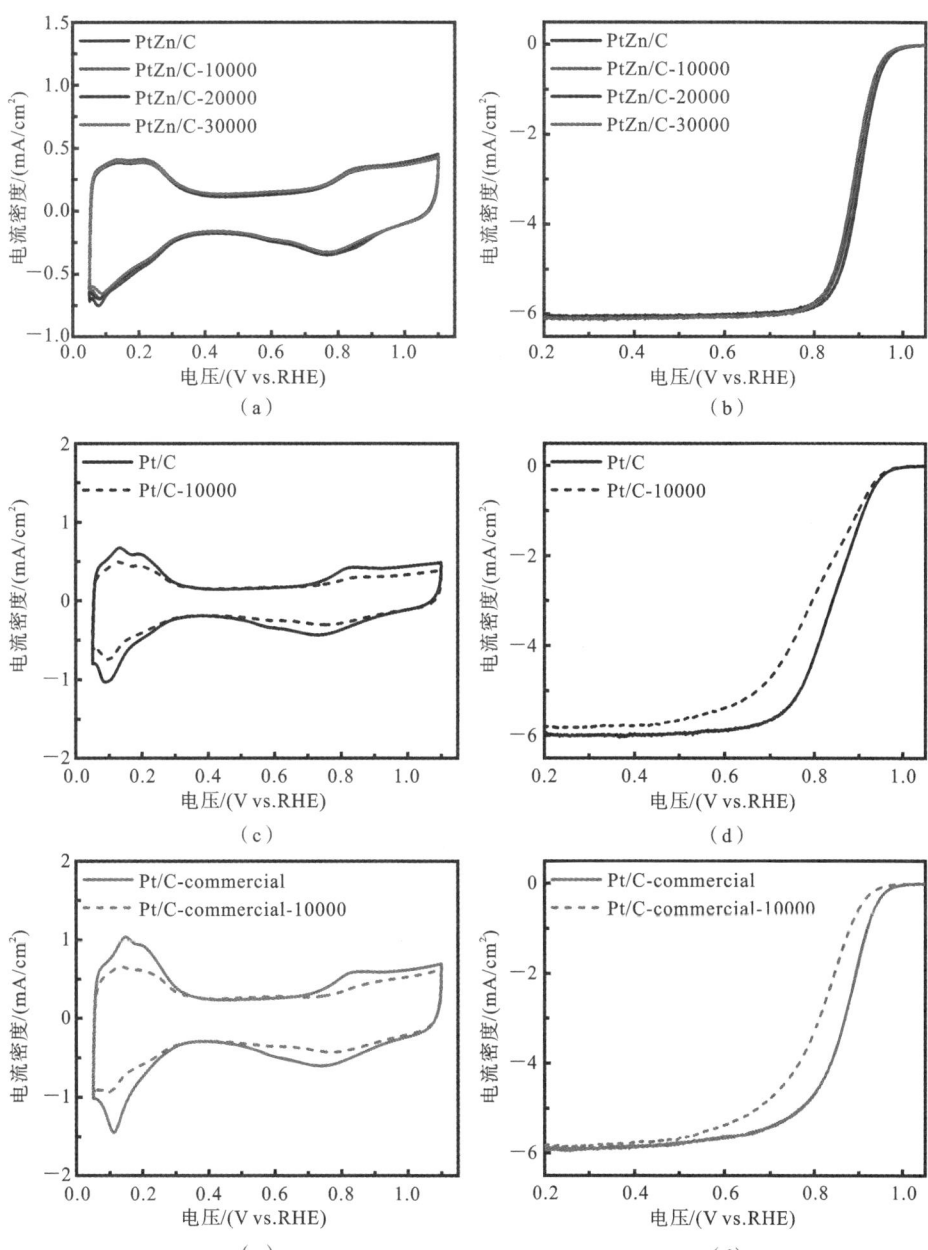

图 9-43　稳定性测试前后 PtZn/C、Pt/C、Pt/C-commercial 的循环伏安曲线和 ORR 极化曲线

构,Zn 原子具有较大的空位形成能,这使催化剂在电化学循环过程可以保持长期稳定性。

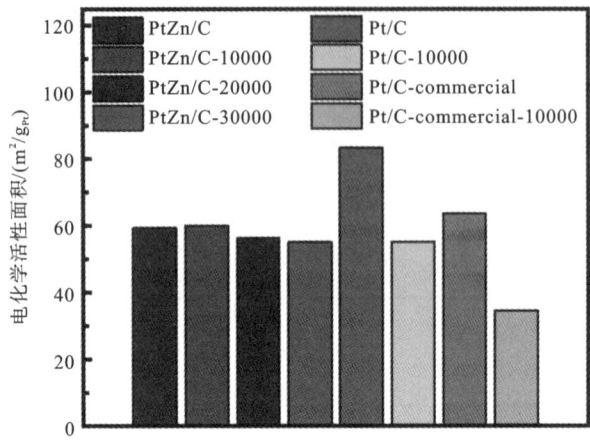

图 9-44　稳定性测试前后 PtZn/C、Pt/C、Pt/C-commercial 的电化学活性面积变化

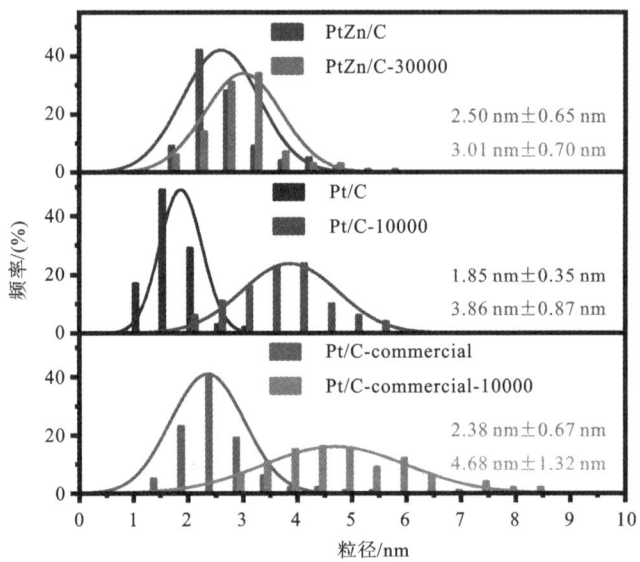

图 9-45　老化前后催化剂中的纳米颗粒粒径变化对比

图 9-46 显示了 PtZn/C 和 Pt/C-commercial 在 80 ℃时的 H_2-O_2 燃料电池极化曲线。PtZn/C 在动力学范围内表现出较高的性能，与 Pt/C-commercial 相比有了很大改善。PtZn/C(0.07 mg$_{Pt}$/cm^2)的最大峰值功率密度高达 1.568 W/cm^2，远高于 Pt/C-commercial(0.14 mg$_{Pt}$/cm^2)的 1.244 W/cm^2。

如图 9-47 所示，在 N_2 气氛中，以 100 mV/s 的扫描速率在 $0.6\sim0.95$ V 范

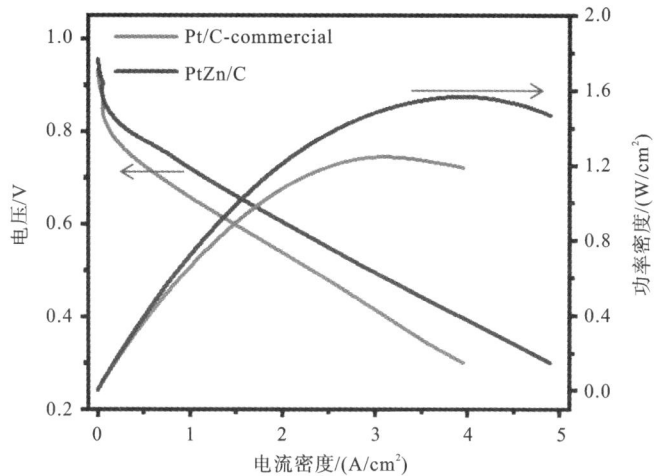

图 9-46　PtZn/C 和 Pt/C-commercial 在 80 ℃时的 H₂-O₂ 燃料电池极化曲线

围内进行 30000 次电压循环后,PtZn/C 催化剂在质子交换膜燃料电池(PEM-FC)阴极中表现出极高的耐久性,这与半电池测试结果相似。其电压-电流密度曲线的变化比较小,功率密度峰值从 1.568 W/cm² 下降到 1.487 W/cm²,仅损失了 5.17%。相比之下,Pt/C-commercial 催化剂在 30000 次循环后性能损失比较严重,功率密度峰值从 1.244 W/cm² 下降到 1.072 W/cm²,损失将近 13.83%。

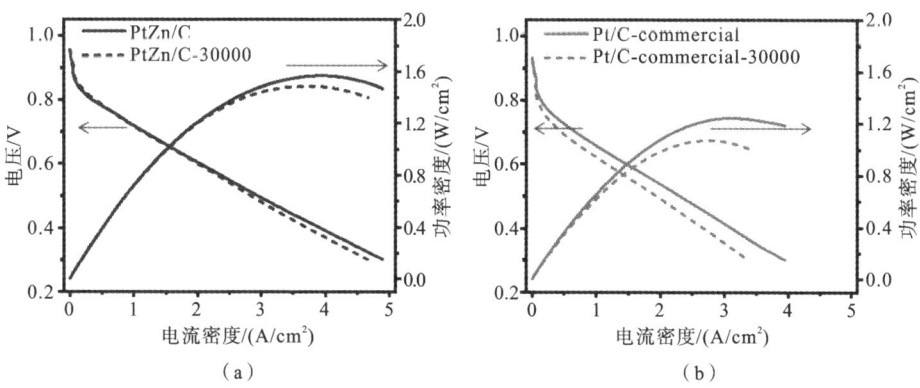

（a）　　　　　　　　　　　　（b）

图 9-47　老化前后 PtZn/C 和 Pt/C-commercial 在 80 ℃时的 H₂-O₂ 燃料电池极化曲线

通过优化 Pt 粒径,最终在 800 ℃高温下成功合成了结构有序的 2.5 nm±0.65 nm 超小尺寸 PtZn 金属间化合物纳米粒子。这些纳米粒子具有良好的分散性和优异的稳定性。该催化剂在酸性介质中表现出优异的 ORR 活性和稳定性,在 0.9 V 时质量活性为 0.60 A/mg$_{Pt}$(是 Pt/C-commercial 催化剂的 6 倍),经过 30000 次加速耐久性试验循环后,半波电位仅下降 13 mV。活性和稳定性的提升归因于 Pt 壳与 PtZn 核之间的压缩应变,这会降低氧物种的结合能。同时,纳米颗粒内部的有序化结构有效防止了过渡金属在电化学循环过程中的流失,从而保证了催化剂的稳定性。为了更全面地了解催化剂在实际应用中的活性与稳定性,将超小尺寸 PtZn 金属间化合物纳米粒子催化剂应用于燃料电池单电池膜电极(MEA)阴极。在阴极负载仅为 0.07 mg$_{Pt}$/cm^2 的条件下,其功率密度达到 1.568 W/cm^2,显著优于 Pt/C-commercial 催化剂(0.14 mg$_{Pt}$/cm^2,1.244 W/cm^2)。经过 30000 次加速耐久性试验循环后,该催化剂的功率密度仅衰减了 81 mW/cm^2,其稳定性也比 Pt/C-commercial(功率密度损失为 172 mW/cm^2)更优异。这些结果在器件层面验证了超小尺寸 PtZn 金属间化合物催化剂优异的活性与稳定性,并证明了其在燃料电池实际应用中的潜力。

9.3.2 铂颗粒表面修饰与氧还原性能的提升

由于 PEMFC 长期处于酸性、湿润且富氧的工作环境中,铂碳催化剂会发生不同形式的失活,例如 Pt 颗粒的脱落、团聚、溶解、电化学奥斯特瓦尔德熟化以及碳载体的腐蚀等,这严重影响了器件的使用寿命,进而限制了 PEMFC 的大规模商业化应用。提升 Pt 催化剂稳定性的关键因素之一是降低 Pt 的溶解速率。Pt 的溶解速率与 Pt 颗粒最外层原子的几何构型强相关,并且这种相关性又与原子的平均配位数直接相关。低配位的表面原子,如棱边位和 Pt(110) 晶面,最容易发生溶解;而具有最高原子配位数的 Pt(111) 晶面的原子则表现出极强的电化学稳定性。此外,低配位的 Pt 表面原子对 ORR 过程中的氧物种有很强的结合能,导致中间产物难以脱附,从而降低了 ORR 效率。因此,对 Pt 颗粒表面低配位原子进行改性有利于提升 Pt 催化剂的活性和稳定性。为了选择性地保护 Pt 颗粒表面的低配位原子且尽可能不影响高配位原子,研究人员提出利用 Pt 颗粒表面不同位点对物质的结合能差异,在低配位原子上选择性包覆更耐久的材料。近年来,研究人员基于 ALD 技术报道了多种在 Pt 表面的位点选择性修饰的改进策略,例如在 Pt 颗粒低配位点沉积 Al$_2$O$_3$、NiO$_x$、CoO$_x$ 以及 FeO$_x$ 等金属氧化物。然而,这些金属氧化物在酸性条件下易被腐蚀溶解,难以满足 PEMFC 的实际工作需求。因此,迫切需要设计一种既耐酸腐蚀又能提升 Pt 催化剂活性和稳定性的表面位点修饰方法。本节在 Pt 颗粒表面的低配位位点上选择性沉积 TiO_xN_y,并探究了该改性方法对催化剂的活性与稳定性的影响。表面位点修饰策略如图 9-48 所示。

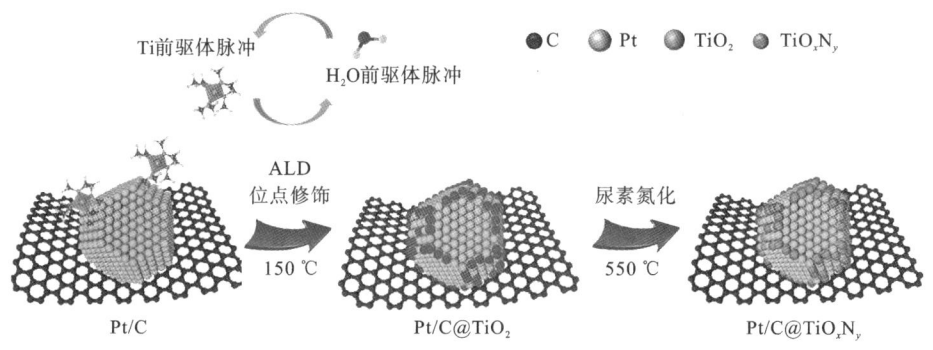

图 9-48　表面位点修饰策略示意图

图 9-49(a)~(e)展示了 Pt/C-commercial 和 Pt/C@TiO_2、Pt/C@2TiO_2、Pt/C@3TiO_2 的 CO 电氧化测试曲线和对应的局部放大图。由图 9-49(a)可知,Pt/C-commercial 具有最高的 CO 脱附峰,随着 ALD 循环次数的增加,脱附峰的面积逐渐减小,这说明 Pt/C-commercial 的 Pt 颗粒表面暴露的 CO 吸附位点同样随 ALD 循环次数的增加而逐渐减少。对比图 9-49(b)、(c)可以发现,第 1 次循环后,缺陷位峰、棱边位峰和(100)峰的峰面积大幅减小,而(111)峰的峰面积反而有所增大,这可能是由于 Pt(111)晶面上存在的缺陷位对 CO 有很强的吸附能力,从而影响了缺陷位周边原子对 CO 的吸附强度。在经过 ALD 沉积 TiO_2 后,缺陷位点被覆盖,周边原子恢复到正常的原子状态,使得 Pt(111)晶面的 CO 吸附位点数量上升。随着循环次数的增加,Pt 表面的缺陷位、棱边位和(100)晶面所对应的峰面积逐渐减小,而 Pt(111)晶面对应的峰面积基本保持不变。这说明,在 1~3 次循环的 ALD 中,TiO_2 优先沉积在 Pt 表面的缺陷位、棱边位、晶面(100)的位点,即沉积在 Pt 表面低配位原子处且暴露出拥有最高配位数的 Pt(111)晶面。

图 9-50(a)、(b)展示了改性前后 Pt/C-commercial 催化剂的形貌。可以看到,表面位点改性后催化剂的整体形貌几乎没有改变,催化剂上均匀负载了大量 Pt 颗粒。分别统计 100 个颗粒的粒径。改性前 Pt/C-commercial 的平均粒径如图 9-50(c)所示,为 2.00 nm±0.50 nm。改性后 Pt/C-commercial 的平均粒径变化不大,如图 9-50(d)所示,为 2.11 nm±0.48 nm。对比粒径分布图可以发现,改性后,粒径在 1.0~1.5 nm 范围内的 Pt 颗粒比例有所减小,这是由

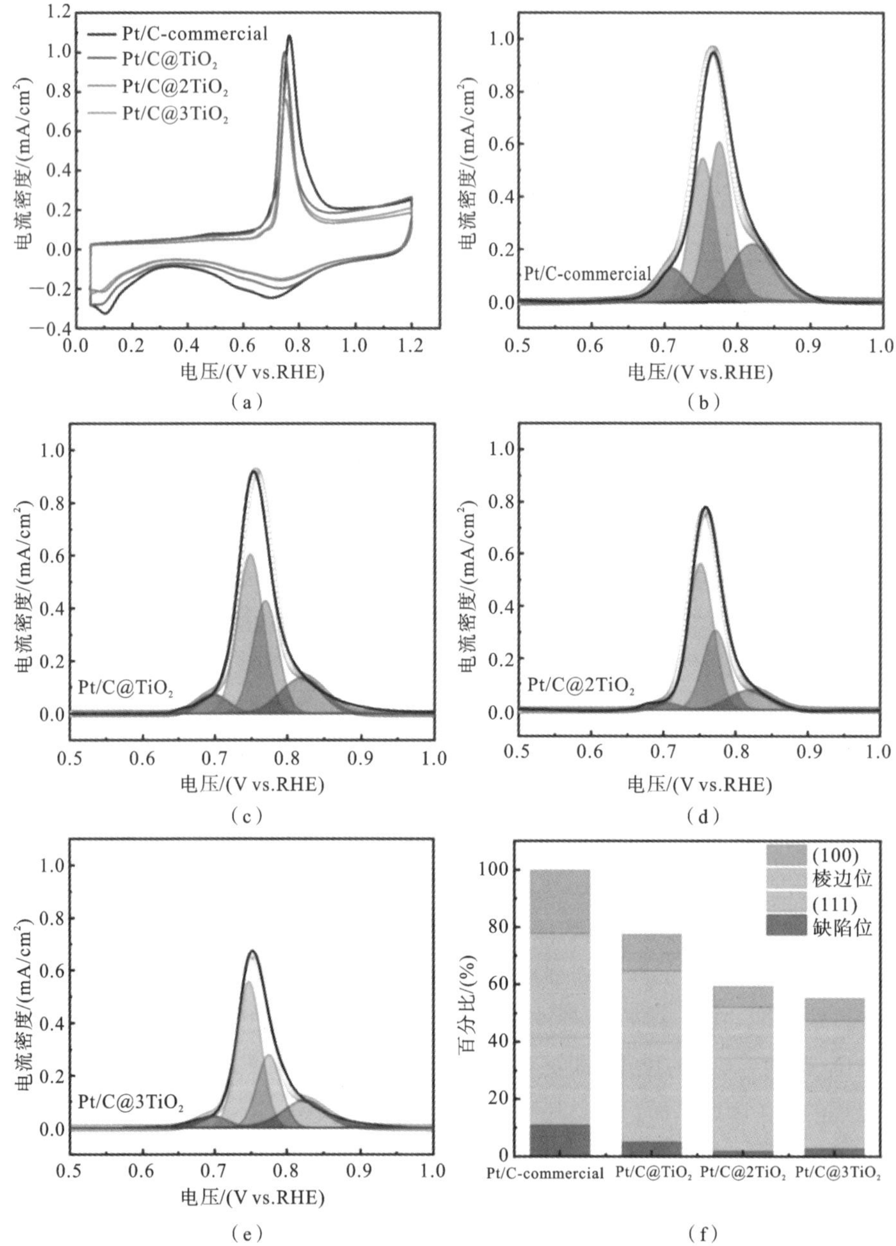

图 9-49 （a）～（e）不同 Pt/C 催化剂的 CO 电氧化测试曲线和对应的局部放大图；（f）暴露
的不同位点的比例统计

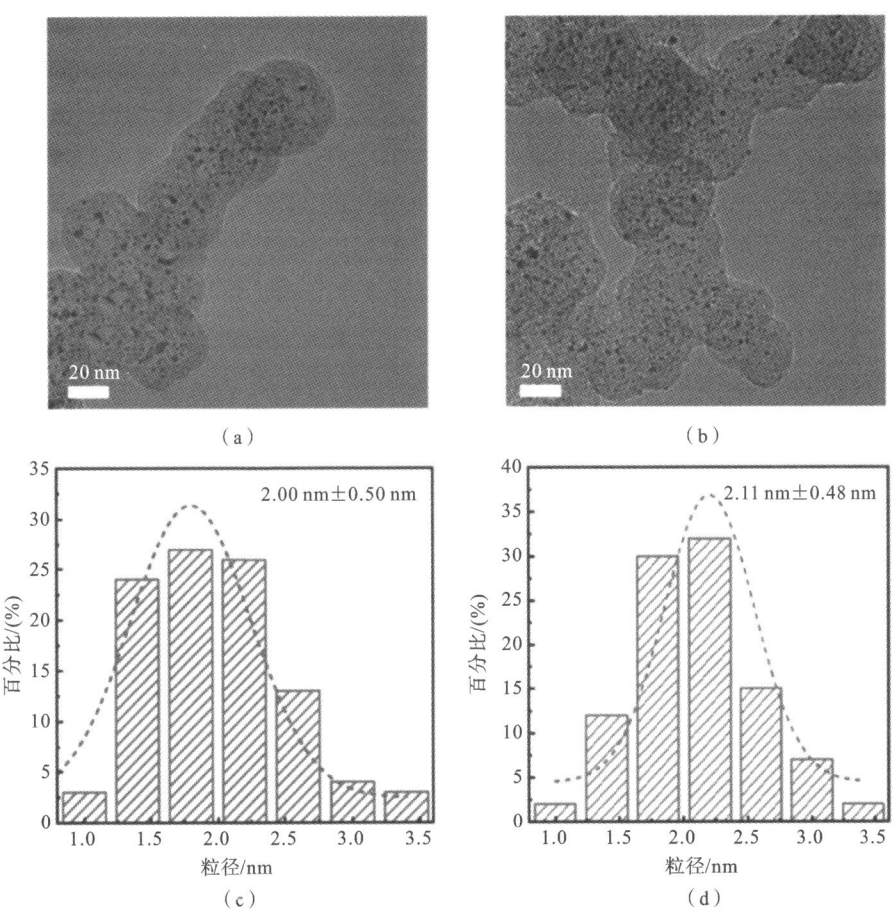

图 9-50　Pt/C-commercial(a)、(c)改性前和(b)、(d)改性后的 TEM 图像和粒径分布图

于在 540 ℃高温氮化还原过程中小颗粒 Pt 发生了迁移团聚或奥斯特瓦尔德熟化。

　　催化剂在 ALD 和氮化处理前后的价态变化通过 XPS 进行测定,测试结果如图 9-51 所示。从图 9-51(a) 中的 XPS 全谱可以看出,表面位点改性前后的样品中均仅检测到 C、O、Pt 元素的峰,这是由于仅经过 1 次循环的 ALD 沉积的 TiO$_2$ 含量过低,未达到 XPS 的检出下限。从图 9-51(b)所示的 C 1s 图谱中可以看到,在 284.8 eV、285.5 eV、286.6 eV 处分别存在 C—C、C—O、C =O 三种类型的峰。在 ALD 后,C—O 和 C =O 对应的峰强度均有所减弱,这意味着碳载体上化学吸附的含氧物种可能是 ALD 的沉积位点。如图 9-51(c)所示,对 Pt/C、Pt/C@TiO$_2$ 和 Pt/C@TiO$_x$N$_y$ 表面的活性中心 Pt 进行了 XPS 分析。Pt

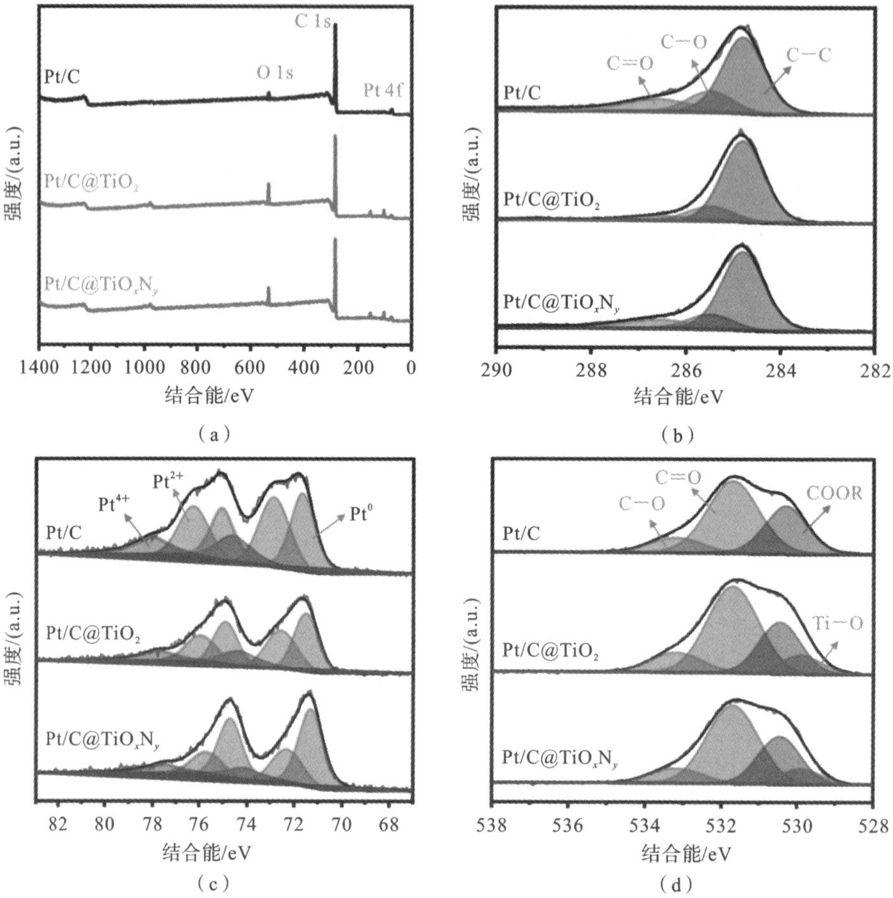

图 9-51 Pt/C、Pt/C@TiO$_2$ 和 Pt/C@TiO$_x$N$_y$ 的(a) XPS 全谱以及

(b) C 1s、(c) Pt 4f、(d) O 1s 的高分辨率 XPS 图谱

的 4f$_{7/2}$ 峰被拟合成位于 71.5 eV、72.55 eV 和 74.35 eV 处的三个峰,分别对应 Pt 的 Pt^0、Pt^{2+} 和 Pt^{4+} 三种化学价态。图 9-51(d)所示的 O 1s 图谱显示,在 530.5 eV、531.7 eV、533.2 eV 处分别对应 COOR、C═O、C—O 三种不同类型的峰,在 ALD 后出现了位于 529.9 eV 的 Ti—O 峰,这证明了 TiO$_2$ 的成功沉积。

对三种价态的 Pt 进行定量化解卷积分析,得到表 9-8 所示的不同催化剂中 Pt^0、Pt^{2+}、Pt^{4+} 的比例。可以看出,Pt/C 中 Pt^{2+} 的比例(58.5%)最大,而在 ALD 后 Pt^0 的比例显著增大(45.6%),后续经氮化还原后 Pt^0 比例增大,高价态 Pt 的比例减小。这是由于 TiO$_2$ 和 TiO$_x$N$_y$ 与贵金属 Pt 之间存在强相互作用[16],导致 Pt 的 d 带中心下移并使反键轨道下移,从而使 Pt 存在更多的电子填充反键轨道。当 Pt 与氧物种相互作用时,电子转移减少,导致 Pt—O 键的键能降低,最终 Pt 与氧物种的结合能下降,这有利于中间产物的脱附,反应遵循四电子反应路径,从而提升了 ORR 性能。

表 9-8　催化剂中 Pt、O、C 比例

元素	价态	Pt/C	Pt/C@TiO$_2$	Pt/C@TiO$_x$N$_y$
Pt 4f	Pt^0	21.5%	45.6%	50.2%
	Pt^{2+}	58.5%	44.2%	41.4%
	Pt^{4+}	20%	10.2%	8.4%
O 1s	C—O	11.4%	12.2%	10.3%
	C=O	56.8%	52.4%	54.2%
	COOR	31.8%	25.6%	26.9%
	Ti—O	—	9.8%	8.6%
C 1s	C—C	64.3%	76.6%	72.8%
	C—O	17.8%	14.2%	14.4%
	C=O	17.9%	9.2%	12.8%

　　为了对比表面位点改性后的样品性能,对催化剂进行 ORR 性能测试。同时,为了评估单独氮化处理对 Pt/C-commercial 的影响,对未经 ALD 修饰且氮化后的样品(Pt/C-NC)也进行了相应的测试。图 9-52 展示了 Pt/C、Pt/C@

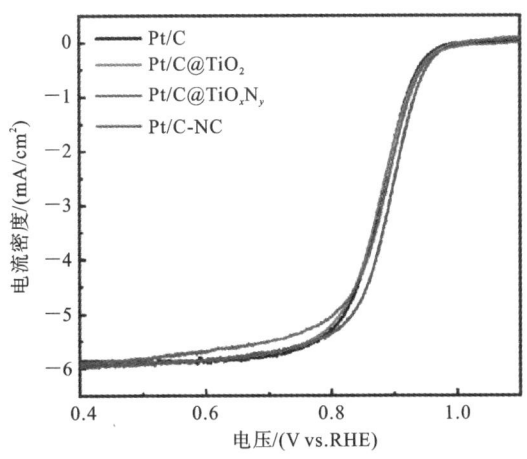

图 9-52　Pt/C、Pt/C@TiO$_2$、Pt/C@TiO$_x$N$_y$ 和 Pt/C-NC 的 LSV 曲线图

TiO_2、$Pt/C@TiO_xN_y$ 和 $Pt/C-NC$ 在 1600 r/min 转速下的线性扫描伏安 (LSV)曲线，其中 $Pt/C-commercial$ 的 $E_{1/2}$ 为 0.878 V，质量活性(MA)为 129.0 mA/mg，这与大多数文献报道的 $Pt/C-commercial$ 性能一致[17]。改性后的 $Pt/C@TiO_xN_y$ 的 $E_{1/2}$ 达到 0.892 V，过电势减小了 14 mV，并且质量活性达到 219.3 mA/mg，提升了 70%。相比之下，单纯经过 ALD 处理或氮化处理的催化剂的 $E_{1/2}$ 几乎没有变化，说明单独 ALD 或氮化处理对 $Pt/C-commercial$ 的电化学活性没有明显提升效果。

对 $Pt/C-commercial$ 和改性后的 $Pt/C@TiO_xN_y$ 进行 ORR 的动力学分析。图 9-53(a)和(b)分别展示了 Pt/C 和 $Pt/C@TiO_xN_y$ 在 400～2580 r/min 转速下的 LSV 曲线。图 9-53(c)和(d)展示了拟合的 Koutecky-Levich 曲线，可以看出 $Pt/C@TiO_xN_y$ 曲线具有更小的斜率，表明其电子转移数更大。通过 1600 r/min 的 LSV 曲线可以计算出图 9-53(e)所示的塔费尔曲线。从图中可以看出，$Pt/C@TiO_xN_y$ 的斜率为 62.5 mV/dec，略小于 $Pt/C-commercial$ 的斜率 65.4 mV/dec，这意味着表面位点修饰后，Pt 的本征电化学活性有所提升。图 9-53(f)展示了旋转环盘电极测试结果，该测试可以直接计算 H_2O_2 产率和对应的电子转移数 n。在 0.8 V 的条件下，两种催化剂均达到最大的电子转移数和最小的 H_2O_2 产率。由式(9-3)和式(9-4)计算得知，在 0.3～0.9 V 范围内 $Pt/C@TiO_xN_y$ 的 H_2O_2 产率为 0.2%～3.4%，电子转移数 n 为 3.93～3.98，均优于 $Pt/C-commercial$ 的 1.31%～6.89% 和 3.86～3.97。这验证了表面位点修饰改性有利于促进 $Pt/C-commercial$ 在 ORR 反应过程中趋向四电子反应路径，同时减少 H_2O_2 副产物的生成，从而提升了 ORR 活性。

$$Y_{H_2O_2} = 200 \times \frac{I_R/N}{I_D + I_R/N} \tag{9-3}$$

$$n = 4 \times \frac{I_D}{I_R/N + I_D} \tag{9-4}$$

其中，$Y_{H_2O_2}$ 为 H_2O_2 产率，I_R 为环电极电流，I_D 为盘电极电流，N 为环盘电极收集系数(0.37)，n 为电子转移数。

为了探究选择性位点修饰对催化剂稳定性的影响，对 $Pt/C-commercial$ 和改性后的 $Pt/C@TiO_xN_y$ 进行 0～30000 圈的电化学加速循环老化测试，每隔 5000 次老化循环测试催化剂的电流密度-电压和 LSV 曲线。如图 9-54(a)的电流密度-电压曲线所示，$Pt/C-commercial$ 在经历了 30000 圈 ADT 测试后，0.05～0.4 V 对应的 H 的吸、脱附峰面积大幅减小，这意味着催化剂的电化学活性面积变小，直接影响催化剂的活性位点数量。如图 9-54(c)的 LSV 曲线所

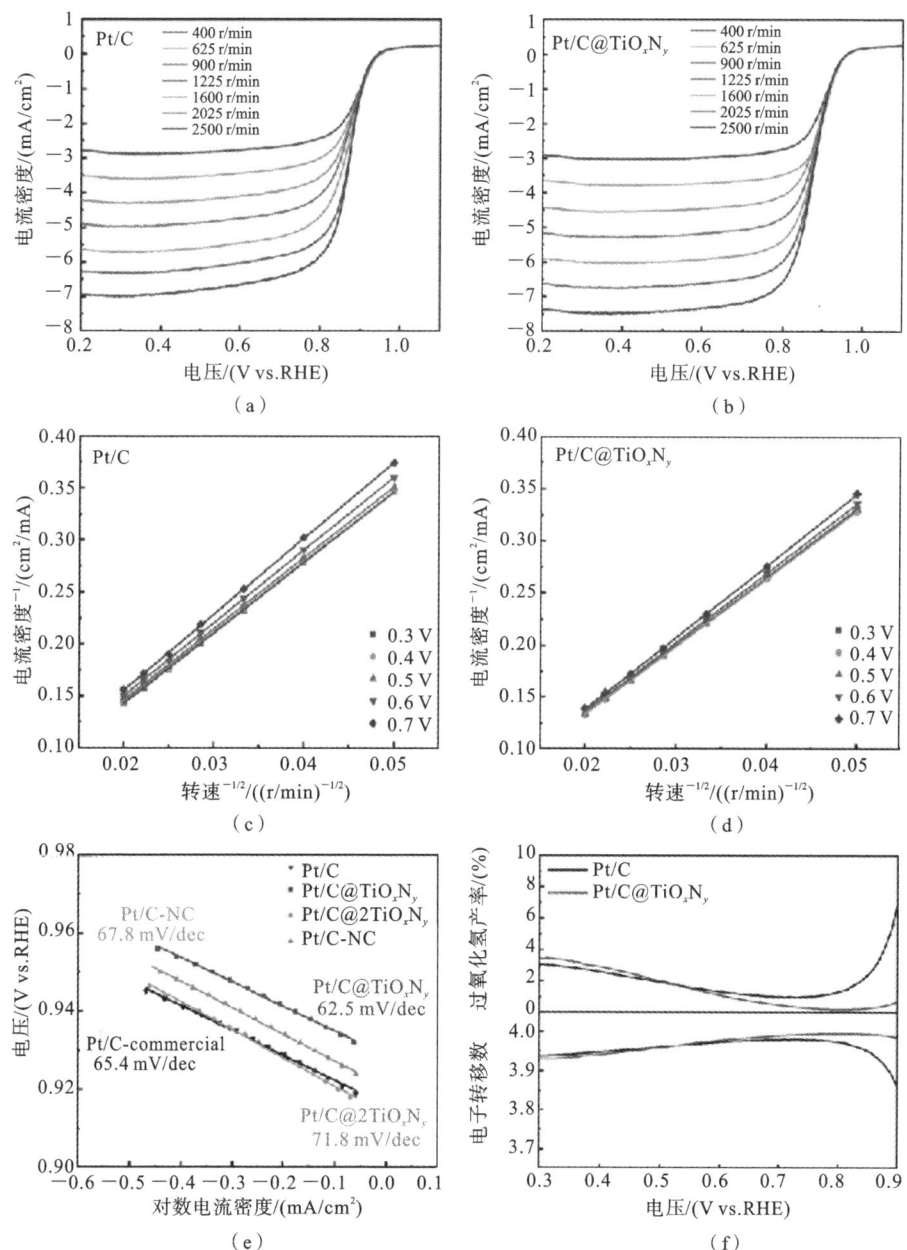

图 9-53　(a) Pt/C 和 (b) Pt/C@TiO$_x$N$_y$ 不同转速下的 LSV 曲线；(c) Pt/C 和 (d) Pt/C@TiO$_x$N$_y$ 不同电压下的 K-L 曲线；(e) 塔费尔曲线；(f) 过氧化氢产率和电子转移数

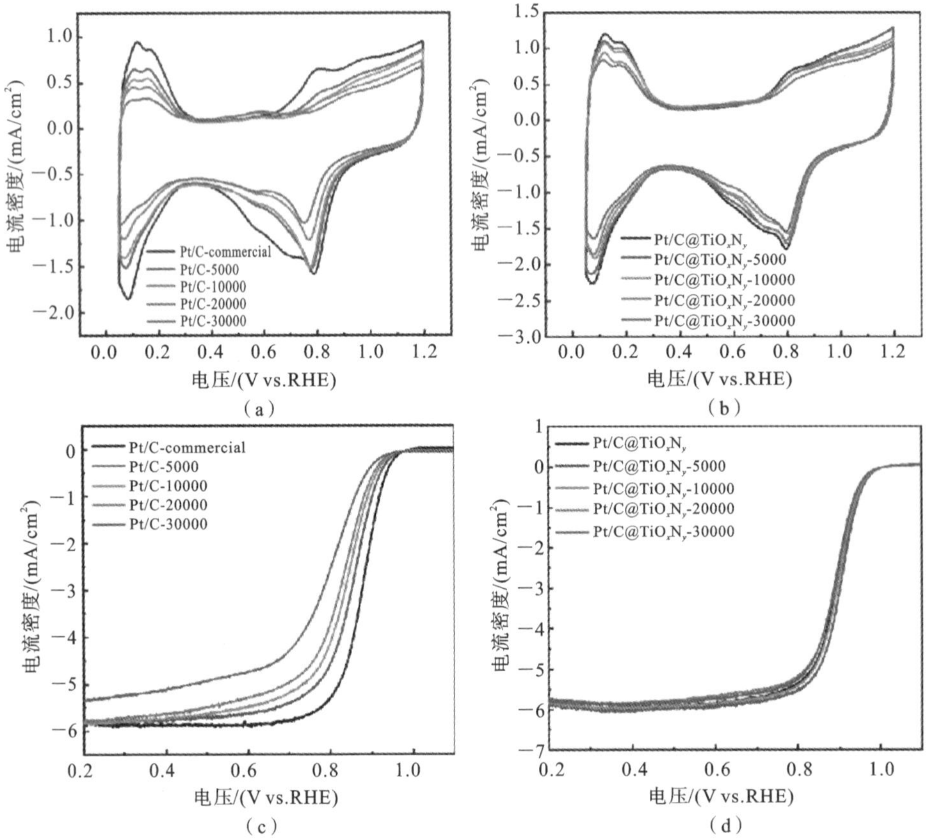

图 9-54 （a）Pt/C-commercial、（b）Pt/C@TiO$_x$N$_y$ 在 0~30000 圈 ADT 前后的电流密度-电压曲线对比以及（c）Pt/C-commercial、（d）Pt/C@TiO$_x$N$_y$ LSV 曲线对比

示,Pt/C-commercial 在经历 30000 圈 ADT 后的 $E_{1/2}$ 从 0.878 V 衰减至 0.800 V,过电势增加了 78 mV,此外极限电流出现突降,这可能与长时间的老化导致的碳载体腐蚀或 Pt 颗粒脱落有关。相比之下,如图 9-54（b）所示,在 30000 圈 ADT 后 Pt/C@TiO$_x$N$_y$ 的电流密度-电压曲线中,H 区的峰面积衰减程度较小,图 9-54（d）展示了对应的 LSV 曲线,经过 30000 圈 ADT 测试后,极限电流仅从 5.94 mA/cm^2 衰减至 5.88 mA/cm^2;$E_{1/2}$ 从 0.892 V 衰减至 0.888 V,仅衰减 4 mV。

　　对比 0~30000 圈的电流密度-电压曲线可以发现,经过老化后 Pt 颗粒的形状发生变化。图 9-55 展示了在 0.05~0.4 V 电压范围内进行的欠电势沉积氢（HUPD）测试结果,Pt/C-commercial 和 Pt/C@TiO$_x$N$_y$ 催化剂均表现出与多晶 Pt 电极相似的双电流峰特征,这反映了 Pt 表面的氢吸附特性[18]。随着加速耐久性测试(ADT)循环次数的增加,Pt/C-commercial 的两个电流峰强度逐渐减弱,其曲线逐渐趋近于 Pt(111) 单晶的典型特征,表明催化剂表面低配位 Pt 原子在老化过程中持续溶解,最终仅保留最稳定的 Pt(111) 晶面原子。相比之下,Pt/C@TiO$_x$N$_y$ 催化剂在 20000 次循环测试中始终保持原有的电流峰位置,说明 TiO$_x$N$_y$ 修饰能有效稳定 Pt 颗粒中的低配位原子,从而维持其强氢吸附能力,证明了表面修饰对 Pt 晶体结构的保护作用。

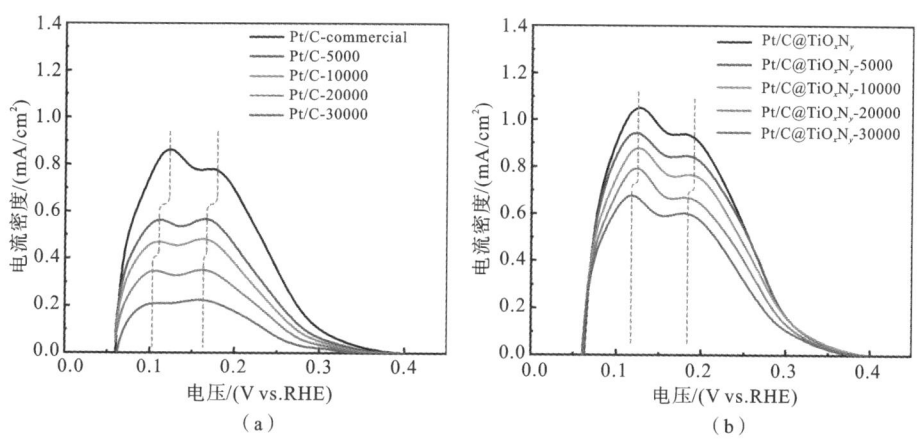

图 9-55　0～30000 圈 ADT 前后的(a) Pt/C-commercial 和
(b) Pt/C@TiO$_x$N$_y$ 的 H 脱附峰对比图

为了探究所制备的膜电极能达到的最大功率密度,采用优化后的活化工艺对 MEA 进行 10 h 的充分活化处理。图 9-56(a) 展示了活化完成后的催化剂极化曲线,从图中可以看到,改性后的 Pt/C@TiO$_x$N$_y$ 催化剂的功率密度最大达到 1.30 W/cm^2,是未改性 Pt/C-commercial(1.21 W/cm^2)的 1.07 倍。这与半电池的测试结果一致。如图 9-56(b) 所示,活化 10 h 后的奈奎斯特对比图表明,由 ALD 改性前后的催化剂制备的 MEA 在高频区的阻抗环路几乎是一致的,这说明阳极电极的制备工艺具有良好的一致性。对比中频区的阻抗环路,阻抗半圆逐渐减小,这意味着改性后的 Pt/C@TiO$_x$N$_y$ 的 ORR 电荷转移电阻更小,有更佳的 ORR 活性。为了探究表面位点修饰改进策略在全电池测试中的稳定性,对所制备的膜电极进行 ADT 测试,其中扫描速率为 100 mV/s,扫描电压为 0.6～0.95 V。如图 9-56(c) 和(d)所示,经过 30000 圈 ADT 后,由 Pt/C@TiO$_x$N$_y$ 制备的 MEA 老化前后的极化曲线在高电位基本重合,在低电位处出现最大功率密度的略微下降,峰值功率密度从 1.30 W/cm^2 下降到 1.26

W/cm²,仅衰减了 3.1%。相比之下,Pt/C-commercial 的极化曲线出现大幅下降,最大功率密度降到 0.97 W/cm²,衰减至初始功率密度的 80.2%。这与半电池的稳定性测试结果大致吻合。

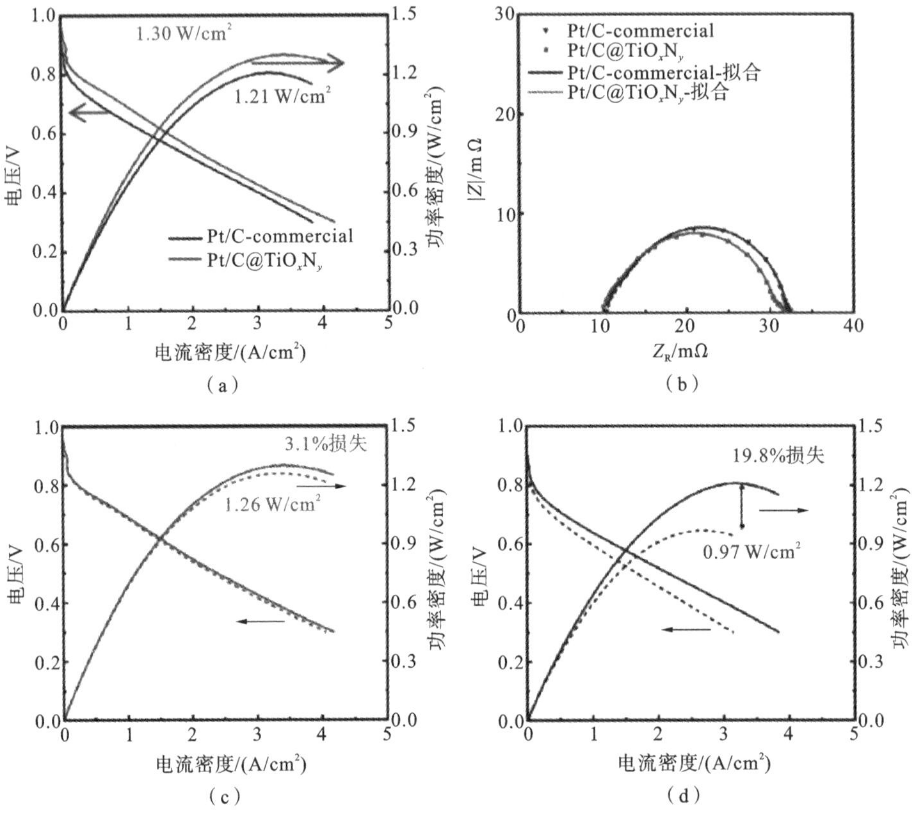

图 9-56 ALD 改性前后催化剂 Pt/C-commercial 及 Pt/C@TiOₓNy 的(a)极化曲线图和
(b)奈奎斯特对比;加速循环老化前后(c)Pt/C@TiOₓNy 和(d)Pt/C-commer-
cial 的极化曲线对比

  本节开发了一种选择性原子层沉积策略,通过在铂表面低配位原子位点优先沉积 TiO₂,使 Pt 颗粒暴露出稳定性最佳的(111)晶面,同时保持其粒径和碳载体结构不变。该修饰方法不仅调控了 Pt 的电子结构,提升了氧还原反应(ORR)活性,还利用 TiO₂ 的物理阻隔作用减少了低配位 Pt 位点与氧物种的接触,从而有效抑制了 Pt 的溶解。电化学测试结果表明,经此表面修饰的商用 Pt/C 催化剂展现出优异的 ORR 催化活性和稳定性。

9.4 光电材料改性及性能优化

9.4.1 金属氧化物复合材料异质结构筑及光电化学性能提升

光电化学(PEC)是一种利用光能来驱动化学反应的技术,主要用于水分解产生氢气或二氧化碳还原生成有机化合物(或燃料)等。它通过光电极吸收光能产生电子-空穴对,这些电子-空穴对可以促使电解质中的氧化还原反应发生,是一种绿色、可持续的能源转换方式[19]。纳米 TiO_2 由于价格便宜、无毒、稳定性优异以及光氧化能力强,在过去数十年里成为科学家的热门研究材料,广泛应用于光催化、光降解、染料敏化太阳能电池等能源领域。近年来,通过阳极氧化制备的高度有序氧化钛纳米管(TiO_2 NTs)因具有高机械稳定性、良好的化学稳定性、大比表面积以及优秀的电子输运能力而受到广泛关注。然而,由于 TiO_2 材料本身禁带宽度的限制,纯相 TiO_2 只能吸收紫外光,而这部分光能仅占太阳光总能量的很小一部分。为了提高 TiO_2 材料的光能利用效率,科学家提出了一些 TiO_2 改性方法,包括金属/非金属元素掺杂、对 TiO_2 表面进行染料敏化以及与其他窄禁带半导体复合形成异质结材料等。这些方法有助于将 TiO_2 的光吸收范围扩展至可见光区域,从而提高其光能利用效率[20]。

利用 ALD 方法制备了 Co_3O_4 负载层厚度精确可控的 Co_3O_4/TiO_2 NTs 复合材料,基于 ALD 自限制的气相沉积特性,优化了实验参数以在整个纳米管结构中沉积薄膜,保持了衬底的纳米管状结构。这种方法不仅增强了材料的可见光吸收能力,还通过优化 ALD 循环次数获得了最佳 PEC 性能所需的薄膜厚度。研究显示,ALD 保持了 TiO_2 的纳米管结构,并且优化后的 Co_3O_4 层厚度是实现优异 PEC 性能的关键因素[21]。在含 NH_4F 和乙二醇的电解液体系中进行阳极氧化来制备 TiO_2 NTs。氧化条件的设定涉及电压、温度和氧化时间等参数。制备完成后,样品经过清洗和烘干,再在管式炉中进行退火处理。ALD 氧化钴工艺研究结果表明,保持沉积温度在 150 ℃ 有利于获得均匀的包覆膜。

图 9-57 展示了沉积 Co_3O_4 前后 TiO_2 NTs 的紫外-可见漫反射光谱。纯相 TiO_2 在约 390 nm 处开始吸收光线,这与锐钛矿相 TiO_2 的禁带宽度($E_g = 3.2$ eV,对应 $\lambda = 387$ nm)一致。在沉积 Co_3O_4 薄膜后,复合材料在 420 nm 至 600 nm 的可见光区域呈现出显著增强的吸收现象,这是由于 Co_3O_4 具有较窄的禁带宽度(约 2.07 eV),能够有效吸收波长较长的可见光。这验证了经 Co_3O_4 复合后的 TiO_2 NTs 相较于纯 TiO_2 NTs 在可见光吸收能力方面有了显著提升。

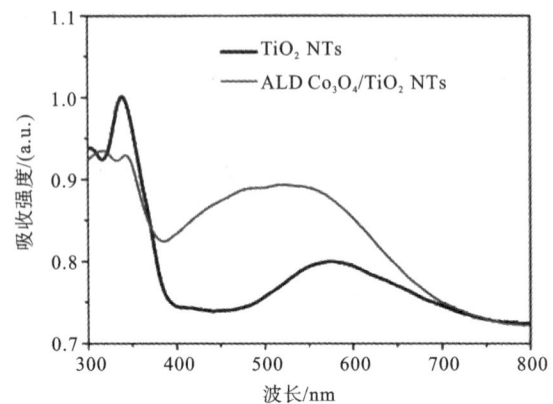

图 9-57　沉积 Co_3O_4 前后 TiO_2 NTs 的紫外-可见漫反射光谱

对纯 TiO_2 NTs、液相 Co_3O_4/TiO_2 NTs 和 ALD Co_3O_4/TiO_2 NTs 在可见光下的 PEC 性能进行了测试。图 9-58(a)展示了三种样品的光电流密度-偏压曲线。结果显示,无论是通过液相法还是 ALD 法复合 Co_3O_4,其光电流密度相较于纯 TiO_2 NTs 均显著提升,表明 Co_3O_4 能有效增强材料对可见光的响应。特别是,ALD Co_3O_4/TiO_2 NTs 的饱和光电流密度为 $90.4\ \mu A/cm^2$,分别是液相 Co_3O_4/TiO_2 和纯 TiO_2 NTs 的 3 倍和 14 倍。图 9-58(b)展示了它们的光电转化效率。纯 TiO_2 NTs、液相 Co_3O_4/TiO_2 NTs 和 ALD Co_3O_4/TiO_2 NTs 的最高光电转化效率分别为 0.0146%、0.0196% 和 0.084%。这表明由 ALD 方法制备的 Co_3O_4/TiO_2 具有更出色的 PEC 性能,突显了 Co_3O_4 微观形貌对 PEC 性能的重要影响。此外,图 9-58(c)还展示了在 0.2 V 偏压下三种样品的瞬态光电流响应。相较于纯 TiO_2 NTs,ALD Co_3O_4/TiO_2 NTs 的光电流密度提升了一个数量级以上。

为了揭示 Co_3O_4/TiO_2 NTs 样品 PEC 性能提升的原因,首先对三种样品进行了电化学阻抗谱(EIS)测试以表征其载流子输运能力(测试频率为 $0.01\ Hz\sim 100\ kHz$)。图 9-59 所示为在光照条件与黑暗条件下的 EIS 测试结果,可见所有的奈奎斯特图均在高频波段出现了半圆形阻抗弧,表明电极表面的电荷转移过程主导着电极的表面反应;而在低频波段出现的直线则是由电极表面的扩散过程导致的。根据分析结果,图 9-59 中的插图给出了整个电极表面反应的等效电路图,其中 R_s 是整个电极与电解液的接触电阻,R_{ct} 是电荷转移阻抗,C_{dl} 与 W_e 均源于扩散过程,分别代表双电层电容与 Warburg 阻抗。其中电荷转移阻抗 R_{ct} 的大小代表电极表面反应电荷转移的难易程度,即载流子参与光解水反应的难易程度。

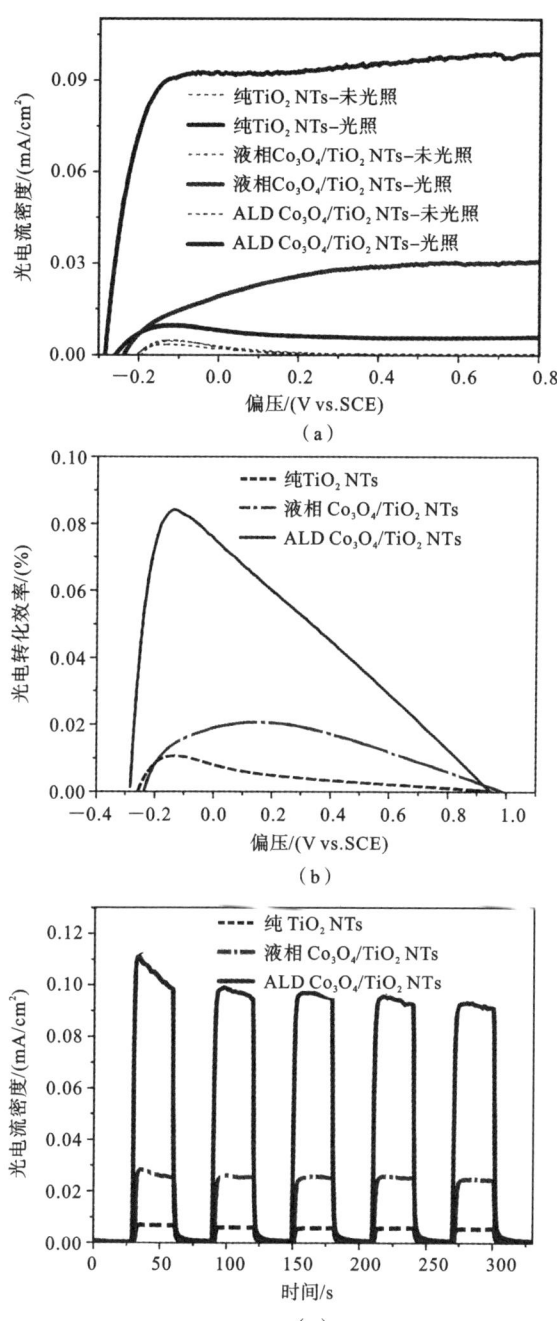

图 9-58 不同 TiO_2 NTs 样品的(a) 光电流密度-偏压曲线、(b) 光电转化效率-偏压曲线
和(c) 光电流密度-时间曲线

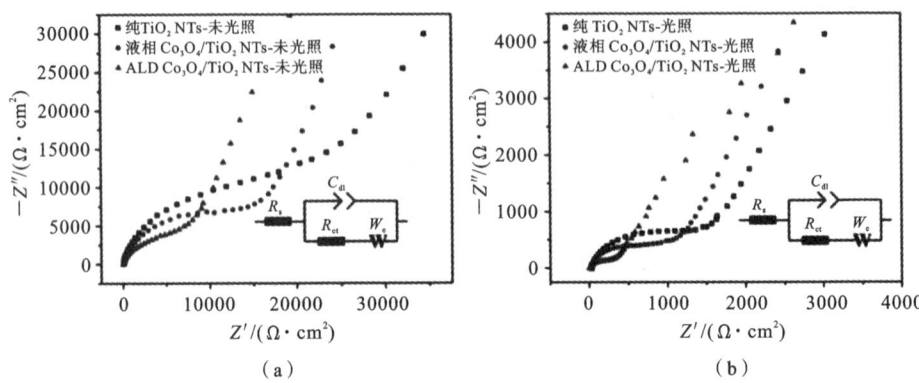

图 9-59　三种样品在(a) 黑暗条件和(b) 光照条件下的奈奎斯特图

等效电路的拟合结果总结在表 9-9 中,在 TiO_2 NTs 表面沉积了 Co_3O_4 之后,其电荷转移阻抗 R_{ct} 明显变小,表明在界面处电荷传递变得更加容易。相比于其他两种样品,ALD Co_3O_4/TiO_2 NTs 在光照条件下具有最小的 R_{ct},这与其具有最高的光电流密度结果一致。EIS 测试结果表明,在 TiO_2 NTs 内部均匀地沉积一层异质结材料 Co_3O_4 能够有效地分离光生电子-空穴对,并且降低电极表面的电荷转移阻抗。

表 9-9　三种样品 EIS 阻抗谱的拟合结果以及对应的光电流密度

样品	$R_{ct}/(\Omega \cdot cm^2)$	光电流密度/$(\mu A/cm^2)$
纯 TiO_2 NTs-光照	1437.2	6.5
液相 Co_3O_4/TiO_2 NTs-光照	986.7	29.2
ALD Co_3O_4/TiO_2 NTs-光照	543.8	90.4

如图 9-60(a)所示,Co_3O_4 的少子扩散距离约为 2 nm。当 Co_3O_4 膜层较薄时载流子数目 $N_{electrons}$ 随着膜层厚度的增加而增加。当 Co_3O_4 膜层厚度进一步增加时,半导体内部载流子的复合速率会增加,最终使载流子数目趋于饱和。因此,最佳的 Co_3O_4 膜层厚度约为 4 nm。这一结果与先前的 EIS 分析一致,表明 ALD 法制备的 Co_3O_4/TiO_2 NTs 样品在光解水反应中的表现优于液相合成的样品。

利用 XPS 价带谱测试 Co_3O_4/TiO_2 异质结的能带结构,结果如图 9-61(a)、(b)所示。采用外延法测试的纯 Co_3O_4 与 TiO_2 材料的价带顶(VBM)分别为

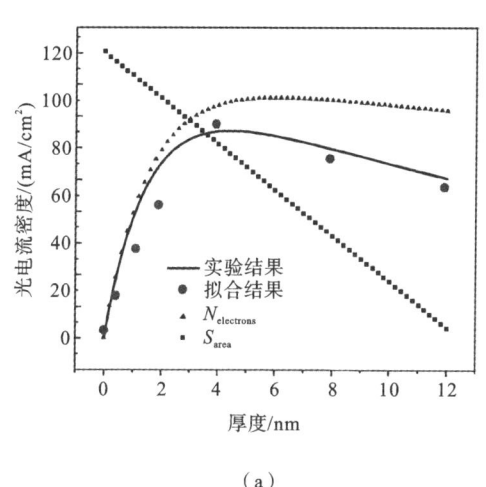
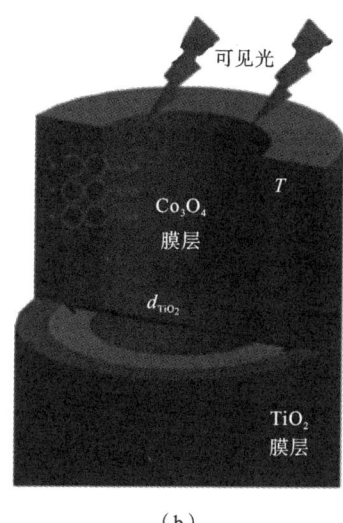

（a）　　　　　　　　　　　　　（b）

图 9-60　（a）光电流密度随 Co_3O_4 膜层厚度变化的实验值和拟合值；
（b）TiO_2/Co_3O_4 复合材料的 PEC 过程示意图

0.56 eV 和 2.78 eV。Co_3O_4 与 TiO_2 复合之后的结合能变化如图 9-61(c)、(d) 所示。复合之后 Ti $2p_{3/2}$ 的结合能由 459.41 eV 变为 459.22 eV，Co $2p_{3/2}$ 的结合能由 779.82 eV 变为 780.43 eV。

根据以上数据，Co_3O_4/TiO_2 异质结的能带偏移可通过式(9-5)计算（数据总结在表 9-10 中）。

$$\Delta E_{V(Co_3O_4/TiO_2)} - (E_{Co_{2p}} - E_{VBM})_{Co_3O_4} - (E_{Ti_{2p}} - F_{VBM})_{TiO_2}$$
$$- (E_{Co_{2p}} - E_{Ti_{2p}})_{Co_3O_4/TiO_2} \tag{9-5}$$

其中，$(E_{Co_{2p}} - E_{VBM})_{Co_3O_4}$ 是 Co 2p 结合能值与 Co_3O_4 VBM 值的差值，$(E_{Ti_{2p}} - E_{VBM})_{TiO_2}$ 是 Ti 2p 结合能值与 TiO_2 VBM 的差值，$(E_{Co_{2p}} - E_{Ti_{2p}})_{Co_3O_4/TiO_2}$ 是复合之后 Ti 2p 与 Co 2p 结合能的差值。根据上述数据，计算得出价带偏移值为 1.42 eV。进一步考虑 Co_3O_4 和 TiO_2 的禁带宽度分别为 2.07 eV 和 3.2 eV，异质结材料的倒带偏移值为 0.29 eV。

表 9-10　VBM 值和 Ti、Co 元素复合前后结合能的变化

材料	Co $2p_{3/2}$ 的结合能/eV	Ti $2p_{3/2}$ 的结合能/eV	VBM/eV
Co_3O_4	779.82	—	0.56
TiO_2	—	459.41	2.78
Co_3O_4/TiO_2	780.43	459.22	—

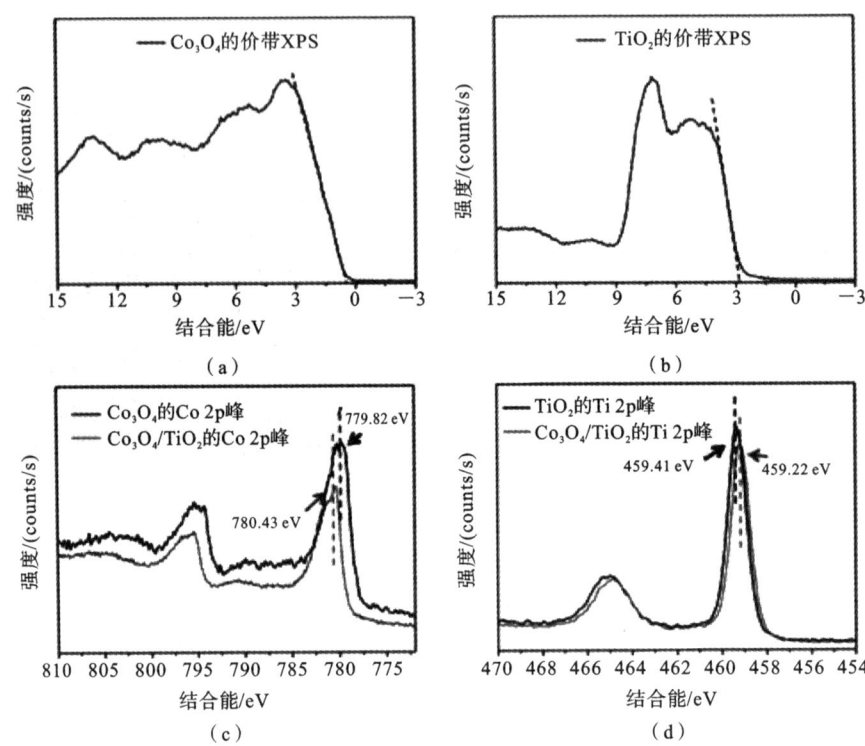

图 9-61　(a) Co₃O₄ 和 (b) TiO₂ 的价带 XPS;(c) Co 2p 和 (d) Ti 2p
在复合前后结合能的变化

Co_3O_4/TiO_2 材料的光电化学(PEC)电荷传递过程如图 9-62 所示。其中，$p\text{-}Co_3O_4$ 与 $n\text{-}TiO_2$ 之间形成的异质结对载流子的产生与输运至关重要。在光照条件下，Co_3O_4 吸收可见光,产生光生电子和空穴。空穴直接参与光解水反应,而电子则通过异质结传导至 TiO_2,最终在对电极上将 H_2O 还原为 H_2。由于通过 ALD 方法制备的 Co_3O_4 层与 TiO_2 之间实现了紧密的化学结合,光生载流子能沿一维纳米管壁有序输运,从而显著提升了 PEC 性能。相反,液相合成的 Co_3O_4/TiO_2 颗粒大,会堵塞纳米管口,这不仅限制了载流子输运,还充当了复合中心,故 PEC 性能提升有限。由 ALD 方法制备的复合纳米管阵列之所以具有优异的电荷输运性能,主要归因于其紧密的异质结结构和有序的载流子输运路径。Co_3O_4/TiO_2 异质结不仅扩展了可见光吸收范围,还提高了光生电子-空穴的分离效率。ALD 方法保持了 TiO_2 NTs 的纳米管状以及开口的结构,这种结构能够提供有效的一维电子输运通道。优化 Co_3O_4 膜层厚度有效地限制了材料内部载流子的复合速率,使更多的载流子能够参与到 PEC 过程中。据此得出结论:均匀的 Co_3O_4 膜层包覆以及较大的比表面积是 ALD Co_3O_4/TiO_2 NTs 具有较高 PEC 性能的主要原因。

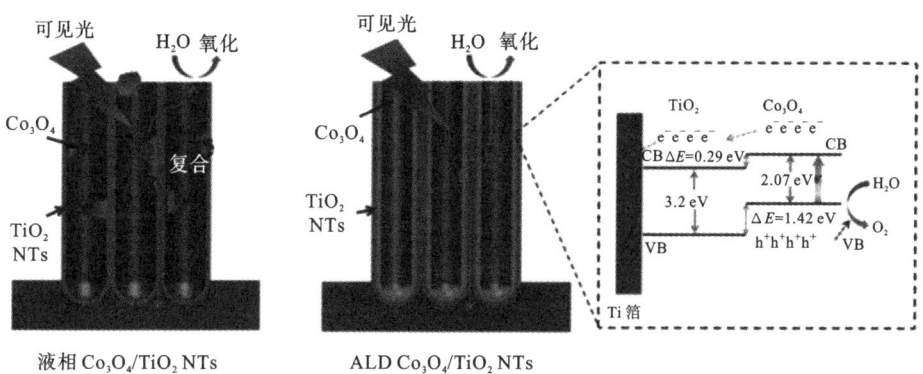

图 9-62 液相合成以及由 ALD 方法制备的 Co_3O_4/TiO_2 NTs 在可见光照射下的 PEC 过程示意图

9.4.2 大面积倒置钙钛矿太阳能组件中的电子传输层性能提升

钙钛矿太阳能电池(PSC)因其高效率和低成本的溶液制造而备受关注。其功率转化效率(PCE)已从 3.8% 提升至 25.7%,适用于小面积($\leqslant 1$ cm²)器件,有巨大的商业潜力。然而,将 PSC 拓展应用到大面积($\geqslant 50$ cm²)钙钛矿太阳能组件(PSM)则面临重大挑战,尤其是在保持高效率方面。倒置型 PSC(p-i-n 结构)由于具有良好的可重复性和与可扩展制造技术的兼容性,成为工业化生产的理想选择。在大面积倒置型 PSC 中,实现高性能的关键在于开发均匀一致的电子传输层(ETL)。氧化锡(SnO_2)因高迁移率、宽带隙、出色的透明性和优异的空穴阻断性能,常被用作倒置型 PSC 中的高性能 ETL。因此,追求可扩展和高性能的 SnO_2 对推动倒置型 PSM 的工业化生产至关重要[22]。

ALD 能够实现近乎完美的均匀覆盖,并可进行原子级厚度控制,是制造高质量 SnO_2 ETL 的理想选择。先前的研究表明,ALD 在低温($\leqslant 120$ ℃)下能够制得高导电性的 SnO_2,这有助于增加电荷转移并减少离子迁移降解,小面积 PSC 的 PCE 超过 20%[23]。然而,由于 ALD 生长速率缓慢且腔体尺寸有限,目前大多数研究仍集中在小面积 PSC 上,这限制了其在大面积 PSM 中的应用。空间原子层沉积(SALD)通过将原子层沉积的精确性和均匀性与大气压下的高通量大面积薄膜沉积相结合,克服了这些限制,为工业化生产 PSM 提供了有利条件[24]。因此,使用 SALD 优化 SnO$_2$ ETL 的电导率是实现高效、大面积反相 PSM 的一种有前景的方法[25]。

利用 SALD 技术沉积高性能 SnO$_2$ ETL,旨在促进大面积、高效的反相 PSM 的可扩展制造。这种方法实现了高度均匀的大规模沉积,薄膜不均匀性仅有约 2.36%,这对大面积应用至关重要。通过精确控制氧源和载气流量,优化了沉积过程中的氧空位缺陷。利用 TDMASn 和 H$_2$O$_2$,在 100 ℃下获得了迁移率高达 19.4 cm^2/(V·s)的 SnO$_2$ 薄膜。这种高迁移率源于氧空位的最佳浓度,有助于增强电荷载流子的传输。采用 H$_2$O$_2$ 沉积的 SnO$_2$ ETL 在 400 cm^2 的 PSM 中展示出卓越的性能。18.8% 的 PCE 和 82% 的填充因子(FF)突显了 SALD 在推动可扩展、高效 PSM 制造中的潜力。

SnO$_2$ 薄膜通过自制的 SALD 系统沉积,如图 9-63(a)所示,该系统装有多个喷头。在每次循环中基底依次暴露于 TDMASn、N$_2$ 和 O$_2$ 喷头,如图 9-63(a)所示。在第一个半循环中,TDMASn 与表面羟基反应(半反应 A),随后使用 N$_2$ 清除副产物。第二个半循环中,氧前驱体与表面结合(半反应 B),通过调节氧源 (H$_2$O、H$_2$O$_2$ 或 O$_2$)和载气流量精确控制 SnO$_2$ 薄膜中的氧空位,如图9-63(b)所示。生长速率对氧源流量的依赖性评估结果(见图 9-63(c))显示,当氧源流量超过 50 sccm 时,SnO$_2$ 薄膜的生长速率达到饱和,分别为 1.36 Å/cycle、1.76 Å/cycle 和 2.05 Å/cycle。与 O$_2$ 和 H$_2$O 相比,使用 H$_2$O$_2$ 显示出更高的生长速率饱和度,这可能归因于其更强的配体反应性。锡前驱体和氧源之间的化学反应对于精确控制 SnO$_2$ 的生长至关重要。如图 9-63(d)所示,SnO$_2$ 薄膜的生长速率在 100~160 ℃温度范围内保持稳定,此温度范围为薄膜的最佳沉积温度范围。温度超过 160 ℃时,薄膜的生长速率会显著降低,这可能是由于 TDMASn 发生自分解。在低于 100 ℃的温度下,O$_2$ 沉积薄膜和 H$_2$O$_2$ 沉积薄膜的生长速率随着温度的降低而增加,而 H$_2$O 沉积薄膜的生长速率则减小,这是因为 O$_2$ 沉积薄膜和 H$_2$O$_2$ 沉积薄膜通过增强烷基胺前体的表面缩合来促进 CVD。在较低的基底运动速度下,SnO$_2$ 的生长速率较高,基底运动速度超过 75 mm/s 时,生长速率下降,表明最佳基底运动速度为 75 mm/s,如图 9-63(e)所示。与其他薄膜相比,O$_2$ 沉积薄膜的生长速率下降较慢,可能是由于 O$_2$ 分子的有效扩散导致沉积区域的 O$_2$ 浓度过高。将 SALD SnO$_2$ 薄膜整合到大规模光电子器件中,关键在于确保基底上的薄膜厚度均匀。使用可扩展的模块化多通道进样器 SALD 系统,成功沉积了宽度为 20 cm 的 SnO$_2$ 薄膜。图 9-63(f)展示了薄膜厚度与基底运动速度的关系,测试范围为 50~100 mm/s,沉积循环超过 200

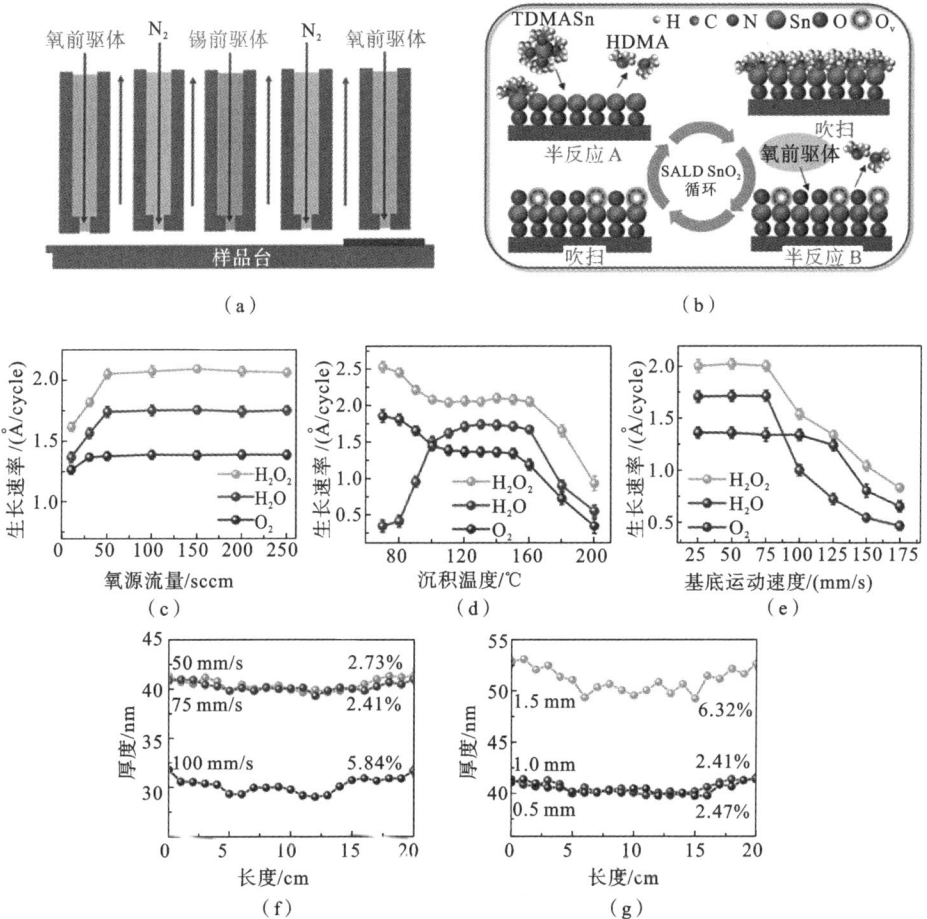

图 9-63　使用 SALD 优化 SnO₂ 沉积过程：(a) SnO₂ 沉积示意图；(b) TDMASn 和氧前驱体沉积 SnO₂ 薄膜流程；(c) 氧源流量、(d) 沉积温度和(e)基底速度对生长速率的影响；(f) 基底运动速度和(g)微间隙对薄膜厚度的影响

次。当基底运动速度从 50 mm/s 增加到 75 mm/s 时,薄膜不均匀性从 2.73% 降至 2.41%。当基底运动速度超过 75 mm/s 时,由于前驱体曝光不足,薄膜均匀性和生长速率均下降,导致不饱和吸附。在高速下,气体夹带会捕获足够的前驱体,诱导基底边缘过量的 CVD 生长,从而加剧了薄膜的不均匀。如图 9-63(g)所示,注射器和基底表面之间的微间隙是影响 SALD 薄膜均匀性的关键参数。当微间隙从 0.5 mm 增加到 1.0 mm 时,薄膜不均匀性从2.41% 升至 2.47%。当微间隙超过 1.0 mm 时,薄膜的生长速率增加,均匀性降低,因为较

大的微间隙削弱了前驱体之间的隔离,促进了 CVD 反应。最终,以 75 mm/s 的基底运动速度和 1 mm 的微间隙将 SnO_2 薄膜沉积在 20×20 cm^2 的硅基底上。结果显示,薄膜的不均匀性仅为 2.36%。

SnO_2 的电性能受氧源、载气流量和沉积温度的显著影响,因此需要详细研究这些参数。在比较氧源的影响时,以低载气流量(50 sccm)在 100 ℃下,分别使用 H_2O(L-H_2O)、O_2(L-O_2)和 H_2O_2(L-H_2O_2)制备了 SnO_2 薄膜。结果显示,L-H_2O_2 表现出最佳的电性能,如图 9-64(a)所示。其载流子浓度达到 5.3×10^{20} cm^{-3},显著高于 L-H_2O(2.4×10^{20} cm^{-3})和 L-O_2(1.3×10^{20} cm^{-3})。此外,L-H_2O_2 还展现出高达 19.3 cm^2/(V·s)的迁移率。在电阻率方面,L-H_2O_2 表现出最低值,如图 9-64(b)所示,这归因于其高载流子浓度和迁移率。H_2O_2 载气流量对以 H_2O_2 为氧源的 SnO_2 薄膜电性能有显著影响。随着 H_2O_2 载气流量从 250 sccm 降至 50 sccm,载流子浓度从 3.5×10^{19} cm^{-3} 增加到 5.3×10^{20} cm^{-3},迁移率从 3.8 cm^2/(V·s)增加到 19.3 cm^2/(V·s),如图 9-64(a)所示。此外,如图 9-64(c)所示,H_2O_2、H_2O 和 O_2 沉积的 SnO_2 薄膜中氧空位浓度的差异,可能源于它们与 TDMASn 反应活性的不同。H_2O_2 反应活性更强,易加快生长速率,导致更多氧空位;而 H_2O 和 O_2 反应活性较低,有助于更充分的氧掺入,空位更少。如图 9-64(d)所示,电子顺磁共振(EPR)检测显示了 SnO_2 薄膜中氧空位的存在。所有样品都表现出 EPR 信号,峰值强度表明 L-H_2O_2 具有更高的氧空位含量。降低 H_2O_2 载气流量导致 EPR 峰值强度增加,进一步证实了氧空位的增加。拉曼光谱如图 9-64(e)所示,L-H_2O_2 样品的 E_1 峰值强度显著升高,这表明氧空位引起了结构紊乱。因此通过调节氧源和载气流量,可以有效控制 SnO_2 薄膜中的氧空位含量,从而显著影响其电性能。基于上述表征结果,高氧空位含量的 SnO_2 薄膜展现出更高的载流子浓度、迁移率和低电阻率。氧空位是额外自由电子的主要来源,通过增加 SnO_2 中的自由电子,提高载流子浓度。根据渗流机制,当载流子浓度超过一定阈值时,无定形氧化物的迁移率会增加。高载流子浓度有助于形成更多导电通路,使载流子能够更有效地穿越局部障碍物,从而提升了电导率。如图 9-64(f)所示,L-H_2O_2 表现出最低的折射率,这是由于 L-H_2O_2 具有较低的密度,导致其更易于在材料中形成较高的电子密度,进而增强了其光学特性。

图 9-65(a)展示了 L-H_2O_2、L-H_2O 和 L-O_2 的透光率与波长的关系。为了详细探究电子提取特性,使用紫外光电子能谱(UPS)研究了三种条件下 SnO_2 薄膜的能带结构,如图 9-65(b)所示。结果表明,L-O_2、L-H_2O 和 L-H_2O_2 的带

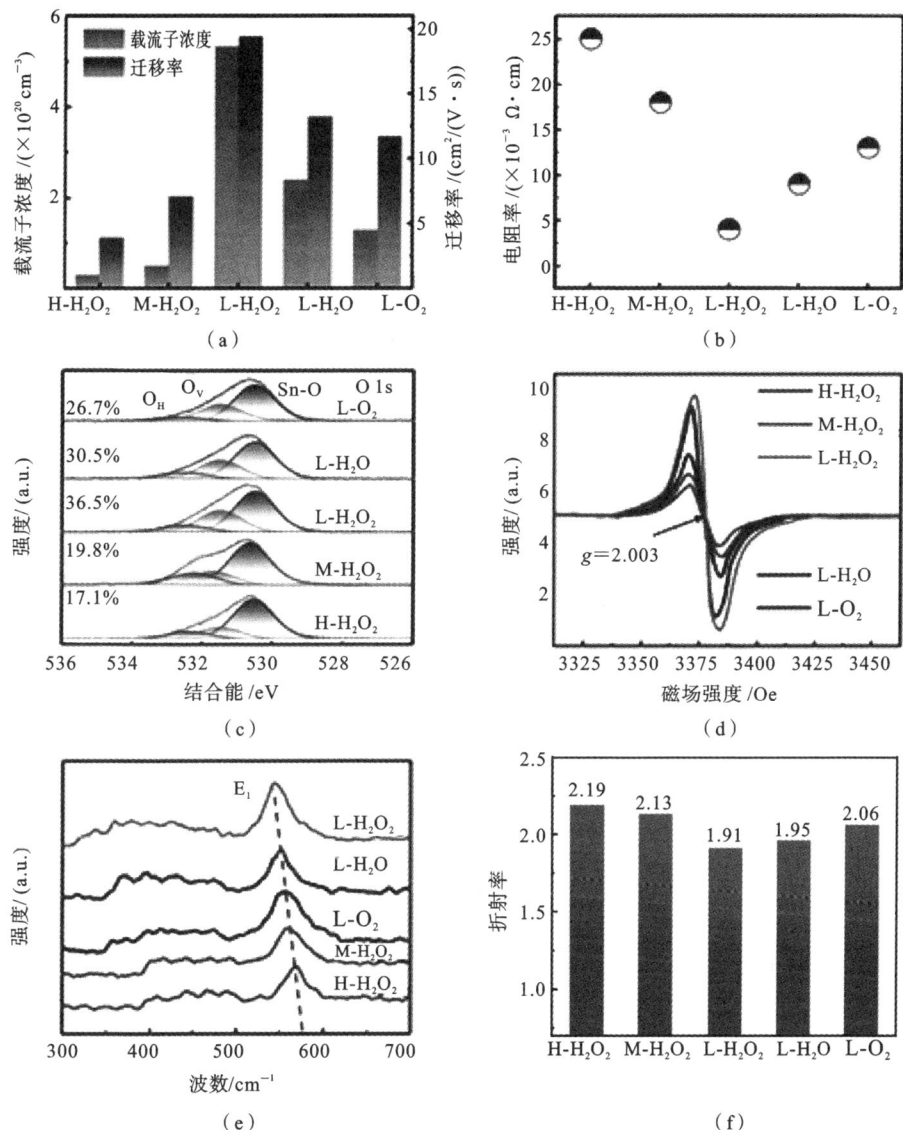

图 9-64 SnO$_2$ 薄膜的电性能和氧空位变化:(a) 载流子浓度和迁移率;(b) 电阻率;
(c) O 1s XPS;(d) EPR 光谱;(e) 拉曼光谱;(f) 折射率比较

隙分别为 3.54 eV、3.62 eV 和 3.66 eV,而费米能级则向上移动至 -4.33 eV、
-4.16 eV 和 -3.98 eV。这是由于具有更多氧空位的薄膜产生了更高的载流
子浓度。根据 Burstein-Moss 理论,载流子浓度增加会导致光吸收和光带隙的
蓝移。作为 n 型半导体,SnO$_2$ 的导带最小值(CBM)分别为 -4.21 eV、-4.08

eV 和−3.95 eV,从而导致钙钛矿能量势垒分别为 0.31 eV、0.18 eV 和 0.05 eV,如图 9-65(c)所示。这进一步证实了 L-H_2O_2 在电子提取方面能力更强。为了验证 L-H_2O_2 的电子提取特性,对沉积在不同 SnO_2 薄膜上的钙钛矿薄膜进行了稳态光致发光(PL)和时间分辨光致发光(TRPL)光谱分析,如图 9-65(d)和图 9-65(e)所示。结果表明,L-H_2O_2 样品的 PL 强度最低,其 PL 寿命为 98.3 ns,明显短于 L-O_2(157.6 ns)和 L-H_2O(125.4 ns)。这一差异表明 L-H_2O_2 具有更强的电子提取能力,主要由于其减少了陷阱态导致的非辐射复合。为了准确评估 SnO_2 层从钙钛矿中提取电子的能力,通过在黑暗中测试纯电子器件的电流-电压曲线来测量陷阱填充极限电压(VTFL),从而评估陷阱态密度,如图 9-65(f)所示。与基于 L-H_2O 和 L-O_2 的器件相比,基于 L-H_2O_2 器件的 VTFL 为0.40 V,较低的 VTFL 值表明其界面缺陷较少。在正向偏置条件下,L-H_2O_2 器件表现出更小的暗电流和更陡的提取斜率,显示出更高的电荷提取效率,如图 9-65(g)所示。此外,使用电化学阻抗谱(EIS)研究了器件的电荷传输和复合行为,如图 9-65(h)所示。高频部分反映了半导体内部界面处的电荷转移,而低频部分则反映了电荷复合现象。与其他器件相比,L-H_2O_2 器件在高频时表现出更小的半圆,表明电荷传输和转移增强;在低频时表现出较大的半圆,表明电荷复合被抑制。此外,L-H_2O_2 器件的理想系数为 1.14,显著低于其他器件,如图 9-65(i)所示,这进一步证明了其在减少界面非辐射复合和缓解缺陷方面的优势。综合分析表明,L-H_2O_2 不仅有效提升了 SnO_2/钙钛矿界面的电荷提取能力,还显著抑制了电荷复合,验证了 PL 结果的结论。

为评估 SnO_2 对光伏电池效率的影响,使用 SALD 制备了 PSM,其中 SnO_2 作为电子传输层。图 9-66(a)展示了这些器件的横截面 SEM 图像,它们的结构为 FTO/NiO/FAPbI^3:0.38MDACl_2/C_{60}/SnO_2/Cu。如图 9-66(b)所示,在光电特性方面,基于 L-H_2O_2 ETL 的器件显示出显著的性能提升,其 PCE 为 18.8%,J_{sc}=0.83 mA/cm^2,V_{OC}(开路电压)=1.15 V,FF(填充因子)=82%。相比之下,基于 L-H_2O ETL 和 L-O_2 ETL 的器件表现出较低的 PCE,这主要归因于 J_{sc} 和 V_{OC} 较低,以及 FF 较低。这种性能改进可以归结为 L-H_2O_2 的高迁移率、良好的电导率以及电子传输过程中能量损失的减小,进而提高了光生电荷载流子的收集和转移效率。通过 PSM 的统计分析,进一步确认了具有 L-H_2O_2 ETL 的器件性能优势,如图 9-66(c)和(d)所示,其显示出最高的 V_{OC} 和 FF,以及最高的 PCE(18%～20%)。

本节采用 ALD 方法制备了 Co_3O_4/TiO_2 NTs 异质结材料,确保了薄膜沉

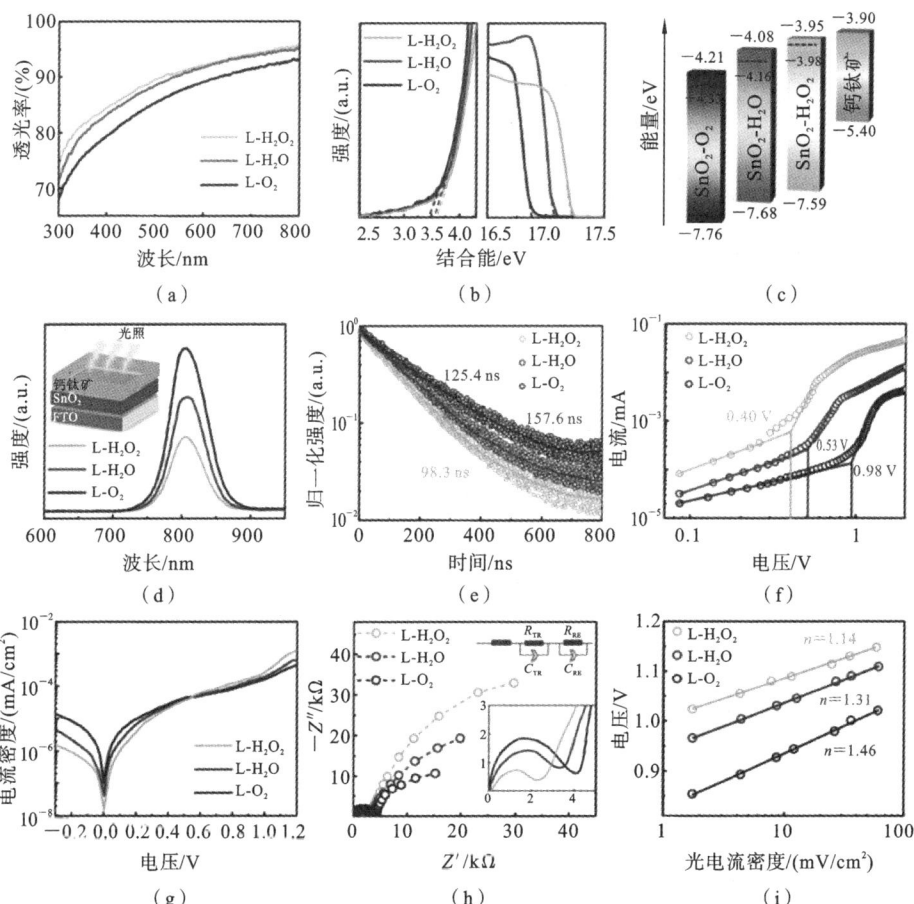

图 9-65 SnO₂ 薄膜的光学表征和 SnO₂ 作为 ETL 的能力:(a) 透光率;(b) UPS;(c) SnO₂
和钙钛矿之间的能级对;SnO₂ 薄膜上钙钛矿薄膜的(d) PL 和(e) TRPL 光谱;
(f) 纯电子器件的电流-电压曲线;(g) 电流密度-电压曲线;(h) EIS;(i) 挥发性
有机化合物对设备光强度的依赖性

积的均匀性和对膜层厚度的精确控制。通过 ALD 引入 Co_3O_4 后,材料对可见
光的吸收能力显著增强,同时大幅降低了电荷传递阻碍。特别是,当 Co_3O_4 膜
层厚度达到 4 nm 时,材料表现出最佳的 PEC 性能。这些结果充分证明了 ALD
技术在纳米结构制备方面的优越性及其广泛的应用前景。利用 SALD SnO_2 电
子传输层在大规模倒置 PSM 中的高性能,证明了其广阔的商业应用前景。所
制备的 SnO_2 薄膜具有优异的均匀性,其非均匀性仅为 2.36%。通过细致地控
制氧源和载气流量,优化了沉积过程中的氧空位缺陷。采用 TDMASn 和

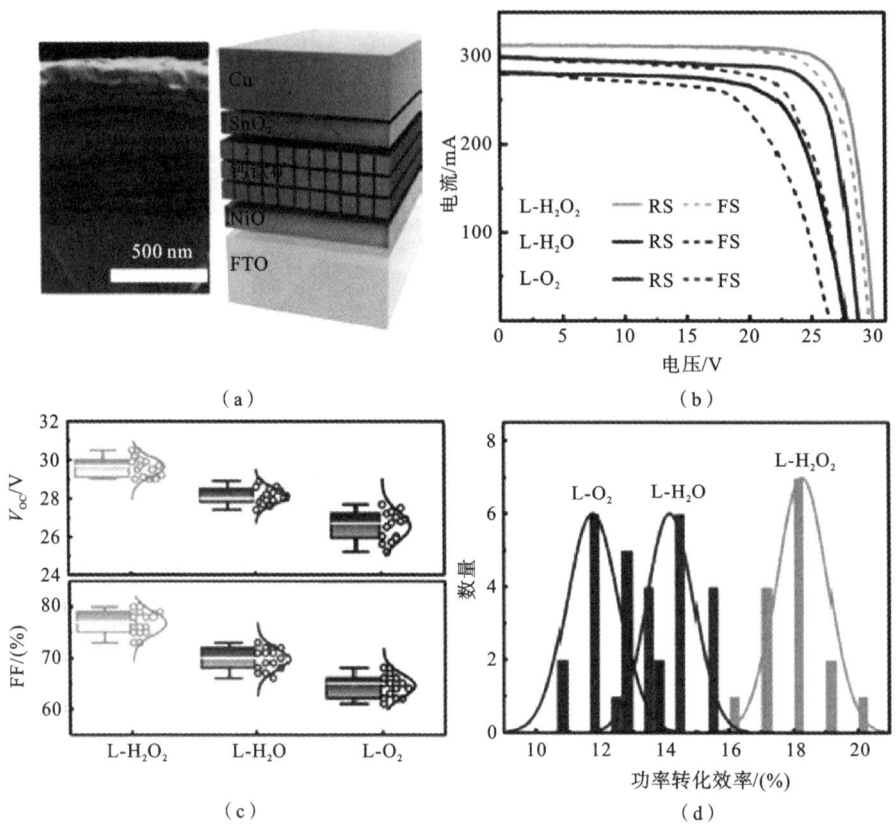

图 9-66 钙钛矿太阳能组件的性能:(a) 器件的示意图、结构和横截面 SEM 图像;(b) 正向扫描 (FS) 和反向扫描 (RS) 电流-电压曲线;(c) FF 和 V_{OC} 的分布;(d) 功率转化效率分布

H_2O_2,得到了 19.3 $cm^2/(V \cdot s)$ 高迁移率的 SnO_2 薄膜。在 400 cm^2 的大面积 PSM 中,掺入 H_2O_2 沉积的 SnO_2 电子传输层,实现了 18.8% 的 PCE 和 82% 的 FF。

本章参考文献

[1] HU Z J, XU X X, SHAO H C, et al. Catalytically ultrathin titania coating to enhance energy storage and release of aluminum hydride via atomic layer deposition[J]. Chemical Engineering Journal, 2024,499: 155809.

[2] LI J W, XIANG J R, YI G, et al. Reduction of surface residual lithium

compounds for single-crystal LiNi$_{0.6}$Mn$_{0.2}$Co$_{0.2}$O$_2$ via Al$_2$O$_3$ atomic layer deposition and post-annealing[J]. Coatings, 2022, 12(1): 84.

[3] GAO Y X, LIU H, WANG X T, et al. Spatially confined alloying of Pt accelerates mass transport for fuel cell oxygen reduction[J]. Small, 2024, 20(49): 2405748.

[4] CHEN R, DUAN C L, LIU X, et al. Surface passivation of aluminum hydride particles via atomic layer deposition[J]. Journal of Vacuum Science & Technology A, 2017, 35(3):03E111.

[5] DUAN C L, LIU X, SHAN B, et al. Fluidized bed coupled rotary reactor for nanoparticles coating via atomic layer deposition[J]. Review of Scientific Instruments, 2015, 86(7):075101.

[6] JOHNSTON B, MAYO M C, KHARE A. Hydrogen: the energy source for the 21st century[J]. Technovation, 2005, 25(6): 569-585.

[7] CHEN R, QU K, LI J W, et al. Ultrathin zirconia passivation and stabilization of aluminum nanoparticles for energetic nanomaterials via atomic layer deposition[J]. ACS Applied Nano Materials, 2018, 1(10): 5500-5506.

[8] CHENG Z P, YANG Y, LI F S, et al. Synthesis and characterization of aluminum particles coated with uniform silica shell[J]. Transactions of Nonferrous Metals Society of China, 2008, 18(2): 378-382.

[9] LIU H, WOLFMAN M, KARKI K, et al. Intergranular cracking as a major cause of long-term capacity fading of layered cathodes[J]. Nano Letters, 2017, 17(6):3452-3457.

[10] WANK J R, GEORGE S M, WEIMER A W. Coating fine nickel particles with Al$_2$O$_3$ utilizing an atomic layer deposition-fluidized bed reactor (ALD-FBR)[J]. Journal of the American Ceramic Society, 2004, 87(4): 762-765.

[11] GAO Y, PARK J, LIANG X H. Comprehensive study of Al- and Zr-modified LiNi$_{0.8}$Mn$_{0.1}$Co$_{0.1}$O$_2$ through synergy of coating and doping[J]. ACS Applied Energy Materials, 2020, 3:8978-8987.

[12] WOOD K N, TEETER G. XPS on Li-battery-related compounds: analysis of inorganic SEI phases and a methodology for charge correction[J]. ACS Applied Energy Materials, 2018, 1(9): 4493-4504.

[13] RYU H H, NAMKOONG B, KIM J H, et al. Capacity fading mecha-nisms in Ni-rich single-crystal NCM cathodes[J]. ACS Energy Letters, 2021, 6(8): 2726-2734.

[14] LI J W, XIANG J R, YI G, et al. Stabilization of the surface and lattice structure for $LiNi_{0.83}Co_{0.12}Mn_{0.05}O_2$ via B_2O_3 atomic layer deposition and post-annealing[J]. Energy Advances, 2024,3(7):1688-1696.

[15] ZHU J, LI Y J, XUE L L, et al. Enhanced electrochemical performance of Li_3PO_4 modified $Li[Ni_{0.8}Co_{0.1}Mn_{0.1}]O_2$ cathode material via lithium-reactive coating[J]. Journal of Alloys and Compounds, 2019, 773: 112-120.

[16] ZHANG B F , LI G Z , ZHAI Z W, et al. PtZn intermetallic nanoalloy encapsulated in silicalite-1 for propane dehydrogenation[J]. AIChE Jour-nal, 2021, 67(7):e17295.

[17] LALETINA S S, MAMATKULOV M, SHOR E A, et al. Size-depend-ence of the adsorption energy of CO on Pt nanoparticles: tracing two in-tersecting trends by DFT calculations[J]. The Journal of Physical Chem-istry C, 2017, 121(32): 17371-17377.

[18] LIU H, LU Q Z, GAO Y X, et al. Nitrogen doped titania stabilized Pt/ C catalyst via selective atomic layer deposition for fuel cell oxygen reduc-tion[J]. Chemical Engineering Journal, 2023, 463: 142405.

[19] GÓMEZ R, ORTS J M, ÁLVAREZ-RUIZ B,et al. Effect of tempera-ture on hydrogen adsorption on Pt(111), Pt(110), and Pt(100) elec-trodes in 0.1 M $HClO_4$[J]. The Journal of Physical Chemistry B, 2004, 108(1): 228-238.

[20] HUANG B, YANG W J, WEN Y W, et al. Co_3O_4-modified TiO_2 nano-tube arrays via atomic layer deposition for improved visible-light photo-electrochemical performance[J]. ACS Applied Materials & Interfaces, 2015, 7(1): 422-431.

[21] HOANG S,BERGLUND S P, HAHN N T, et al. Enhancing visible light photo-oxidation of water with TiO_2 nanowire arrays via cotreatment with H_2 and NH_3:synergistic effects between Ti^{3+} and N[J]. Journal of the American Chemical Society, 2012,134 (8):3659-3662.

[22] DAI G P, YU J G, LIU G. Synthesis and enhanced visible-light photo-electrocatalytic activity of p-n junction $BiOI/TiO_2$ nanotube arrays[J]. The Journal of Physical Chemistry C, 2011, 115 (15): 7339-7346.

[23] NGUYEN V H, AKBARI M, SEKKAT A, et al. Atmospheric atomic layer deposition of SnO_2 thin films with tin (Ⅱ) acetylacetonate and water[J]. Dalton Transactions, 2022, 51(24): 9278-9290.

[24] BAENA J P C, STEIER L, TRESS W, et al. Highly efficient planar perovskite solar cells through band alignment engineering[J]. Energy & Environmental Science, 2015, 8(10): 2928-2934.

[25] HOFFMANN L, THEIRICH D, PACK S, et al. Gas diffusion barriers prepared by spatial atmospheric pressure plasma enhanced ALD[J]. ACS Applied Materials & Interfaces, 2017, 9(4): 4171-4176.